高原动物生理学

Physiology of Plateau Animals

徐业芬　主编

中国农业大学出版社

· 北京 ·

内 容 简 介

本书以动物系统生理学为主干，着重于青藏高原家畜，兼禽类生理学部分。内容涵盖了动物生理学的主要基本知识点，从整体、器官、系统、细胞及分子水平系统地介绍了动物生理学的基本理论、基本知识和基本技能，并追踪高原尤其是青藏高原动物生理学的最新前沿科研成果和动态，突出该学科的时代特征，力争使本书在高原地区具有更加广泛的适用性。

图书在版编目(CIP)数据

高原动物生理学/徐业芬主编. —北京：中国农业大学出版社，2014.5(2021.5 重印)

ISBN 978-7-5655-0926-1

Ⅰ.①高… Ⅱ.①徐… Ⅲ.①高原-动物-生理学 Ⅳ.①Q4

中国版本图书馆 CIP 数据核字(2014)第 055609 号

书　　名　高原动物生理学

作　　者　徐业芬　主编

策　　划　赵　中

封面设计　郑　川

出版发行　中国农业大学出版社

社　　址　北京市海淀区圆明园西路 2 号

电　　话　发行部 010-62818525,8625

编辑部 010-62732617,2618

网　　址　http://www.cau.edu.cn/caup

经　　销　新华书店

印　　刷　北京鑫丰华彩印有限公司

版　　次　2014 年 6 月第 1 版　　2021 年 5 月第 2 次印刷

规　　格　787×1 092　　16 开本　　25.5 印张　　600 千字

定　　价　65.00 元

责任编辑　冯雪梅　王笃利

责任校对　陈　莹　王晓凤

邮政编码　100193

读者服务部 010-62732336

出　版　部 010-62733440

e-mail cbsszs @ cau.edu.cn

编写人员

主　　编　徐业芬

副 主 编　曹随忠　强巴央宗　牛家强

苏胜彦　王桂荣　王　俊

编写人员　（以姓氏拼音字母为序）

曹随忠（四川农业大学）

李军星（浙江农业科学院）

李　梅（南京农业大学）

刘锁珠（西藏农牧学院）

刘　凯（西藏职业技术学院）

牛家强（西藏农牧学院）

强巴央宗（西藏农牧学院）

邱　刚（西藏农牧学院）

苏胜彦（中国水产科学研究院淡水渔业研究中心）

田发益（西藏农牧学院）

王桂荣（甘肃农业大学）

王　俊（甘肃农业职业技术学院）

徐业芬（西藏农牧学院）

张爱华（南京医科大学）

张　霞（甘肃农业大学）

前　言

动物生理学是高原地区高等农业院校动物医学、动物科学、水产养殖、动植物检疫、生命科学和生物技术等专业的必修核心专业基础课之一，动物生理学课程在高原高等农业院校开设以来的近40年教学历程中，所使用的教材也一直在变化之中，由起初李鉴轩主编的《家畜生理学》、南京农业大学主编的《家畜生理学》(第2版)、杨秀平主编的《动物生理学》(第2版至第3版)，一直到陈杰主编的《家畜生理学》(第4版)。教材直接关系着教学质量和人才培养目标，为了紧紧围绕高原特色优势学科建设、专业建设以及适应高原经济发展对高素质应用型人才的需求，有必要在原有《动物生理学》的基础上，进行以高原为特色的地方教材建设。

本书组织有关院校和科研单位的专家学者15人编写，其中具有副教授或副研究员及以上职称14人，具有博士学位9人，他们具有多年的教学、科研和实践工作经验。本书编写中尽可能收集国内外关于高原(重点是青藏高原)动物(侧重家畜，涉及家禽)在生理学研究方面所取得的最新研究成果和文献资料，并结合对高原地区高等农业院校学生培养的目标需求以及适应国家执业兽医资格考试的形势，经过认真论证并编写。

本书以动物系统生理学为主干，着重于青藏高原家畜，兼禽类生理学部分。内容涵盖了动物生理学的主要基本知识点，从整体、器官、系统、细胞及分子水平系统地介绍了动物生理学的基本理论、基本知识和基本技能，并追踪高原尤其是青藏高原动物生理学的最新前沿科研成果和动态，突出该学科的时代特征，力争使本书在高原地区具有更加广泛的适用性。

国家执业兽医资格考试制度的实施是提高兽医队伍整体素质和从业能力的重要举措，同时也是检验高等农业院校动物医学专业教学质量的试金石。2010年起已经在全国推广执业兽医资格考试，高原地区高校动物医学专业学生也将面临执业兽医资格考试，考试内容包括基础科目、预防科目、临床科目以及综合应用科目等4个科目，涉及动物生理学等课程，故将国家执业兽医资格考试与之衔接起来，每章提炼出学习目的和要求，并附有思考题及国家执业兽医资格考试本章相关内容真题示例，以期更好地适应执业兽医师资格考试制度和适应高原经济建设和社会发展的需要。

全书具体编写分工如下：绪论，徐业芬；第一章，李军星、苏胜彦；第二章，徐业芬、牛家强；第三章，邱刚；第四章，王俊；第五章，苏胜彦、田发益；第六章，刘锁柱；第七章，王桂荣；第八章，王桂荣、张霞；第九章，曹随忠；第十章，曹随忠、徐业芬；第十一章，王俊、张爱华、刘凯；第十二章，徐业芬、强巴央宗、李梅。张爱华审读并协助修改了第七、八和十一章，李梅审读并协助修改了第三、四和十二章，这为本书的质量提供了一定的保证。

本书可作为高原地区高等农业院校动物医学、动物科学、水产养殖、动植物检疫、生命科学和生物技术等专业师生的教学参考书，还可供其他地区高等农业院校、普通师范院校、综合性大学、高等职业院校等有关生命科学的本、专科专业学生和教师参考，同时还适用于成人教育，并可作为科研工作者的参考书。

本书参考了大量相关图书、文献和资料，在此向引用资料的原作者致以真诚的感谢，但不免有一些遗漏、错误和不当之处，敬请谅解。在本书编写和修改过程中，南京农业大学谢庄教授提出了许多宝贵意见，谨向老师表示衷心的感谢。

本书的出版得到了“西藏自治区教育厅动物医学特色专业建设”和“中西部高校提升综合实力入选学校西藏自治区级动物生理学课程建设”项目的支持和部分资助，在此特别致谢。同时，还要向所有帮助本书编写和出版的同仁致以真诚的谢意。

本书在编写过程中力求完善，尽管各位编者已经做出巨大努力，但由于水平有限，虽然历经近 2 年的编撰，书中难免存在诸多疏漏和不足之处，敬请广大读者批评指正。

在本书即将出版面世之际，副主编之一的王俊因病英年猝逝，深表遗憾，谨此致哀。

编 者

2014 年 5 月

目　录

绪 论

学习目的和要求

1. 了解学习高原动物生理学的目的、研究内容和研究方法。
2. 掌握机体功能与环境的关系。
3. 掌握机体功能调节的方式。

第一节 概 述

一、高原动物生理学的内容

生理学(physiology)是研究生物机体生命活动及其规律的一门学科，根据其研究对象可以分为植物生理学、动物生理学和人体生理学，其中动物生理学(physiology of animals)又可根据其研究对象分为家畜生理学、家禽生理学、鱼类生理学、昆虫生理学等。根据不同环境和状态又可以分为宇宙(航空)生理学、潜水生理学、生态生理学、行为生理学等。

高原动物生理学是研究高原特殊环境下健康动物所表现的正常生命现象或生理活动及其规律性的科学，在农业范畴内，高原动物生理学研究对象主要包括高原家畜(牛、猪、羊、马)和家禽(鸡、鸭、鹅)，研究内容是其共性的生命活动现象及其规律。如：它们是如何吸入气体的，如何在体内运输，又是如何排出气体的；如何从外界摄取、消化、吸收机体所需的营养物质，又是如何转化、代谢并将代谢产物排出的；如何产生与其相似个体的后代而繁衍的。此外，高原动物生理学还应该研究与其生产性能紧密联系的生理学特性。例如，西藏畜禽生产性能较低，但是耐粗饲、抗病性强、低氧适应性好，因此，机体生理上必然发生变化，出现若干特殊规律性。

动物是由各器官系统构成的完整统一体，机体内的个别器官系统的生理活动，都与其他生理活动保持着复杂而精确的联系和相互制约的关系，也都适应于动物当时的整体生理活动的情况；另外，机体各器官系统的生理活动，又是以构成这些器官系统的细胞及其内部的物质分子的生物学特性为基础的。因此，本书编写将以器官和整体生理学为基本脉络，同时涉及有关的一些分子和细胞生理学及环境生理学内容。

二、动物生理学研究的三种不同水平

随着高科技的日益发展和应用，以及学科交叉的日益广泛和深化，动物生理学研究也相应发展，从微观至宏观多角度进行生理功能及其机制的研究。一般来说，涵盖以下 3 个不同层次：

1. 分子和细胞生理学水平

分子和细胞生理学水平是研究动物细胞及其物质分子结构与功能的关系，以及它们内部

所发生的各种生物化学变化和生物物理变化的过程和规律。没有细胞就没有生命体的存在，而细胞又是由各种分子组成，细胞功能与其构成分子有着密切关系。例如，神经细胞能够兴奋、肌肉细胞能够收缩、腺体细胞能够分泌都是由于其细胞的生理特性决定的，而生理特性依赖于其细胞的构成分子，不同结构和功能的细胞尽管具有相同的遗传物质但其基因表达不一样，最后导致细胞结构和功能各异。又例如，家畜在幼年和成年阶段内分泌细胞功能不一样，说明细胞基因表达具有时序性。

2. 器官和系统生理学水平

器官和系统生理学水平是研究各器官系统所表现的各种特殊生理活动的过程和规律，以及它们之间的相互关系。动物机体都是由各个器官、系统组成的，各器官和系统都有其生理学特性并具有一定的生理功能。例如，呼吸系统生理中，肺脏如何与外界环境进行气体的交换，并在神经、体液调节因素作用下适应急性缺氧，就属于器官和系统生理学水平的研究。

3. 整体和环境生理学水平

整体和环境生理学水平是从家畜的整体观点出发，研究机体对全部生理活动的调节、整合过程和规律及机体与生活环境的辩证统一关系。例如，从低海拔平原地区迁入高海拔青藏高原高寒缺氧环境中，动物的一些器官和系统生理活动便会发生各种调节和变化以适应这种环境的变化。

上述三个研究水平的研究不是孤立的，而是相互联系、相互补充的。

三、研究方法

人们对于动物机体功能活动的了解，不是通过想象和推理得来的，而是从实验中总结而来的，因此家畜生理学是一门实验科学，研究方法至关重要，生理学的研究方法分为慢性实验和急性实验两类。

（一）慢性实验

慢性实验(chronic experiment)是在无菌条件下对健康动物进行手术，暴露要研究的器官(如消化道各种造瘘手术)或摘除、破坏某一器官(如切除某一内分泌腺)，然后在正常生活的环境条件下，观察所暴露器官的某些功能，观察摘除或破坏某器官后所产生的功能紊乱等。这类实验可以在正常的饲养管理条件下，进行长时间的观察实验，故称之为慢性实验。慢性实验的优点是保存了机体的整体性，且在动物清醒状态和正常生活条件下长时间观察其生理活动，使实验结果更加接近正常生理状态。慢性实验的缺点是整体条件太复杂，不便于分析诸多的影响因素。

（二）急性实验

急性实验(acute experiment)分为：

1. 在体实验(in vivo)

是在麻醉无痛条件下，剖开动物身体，暴露所要观察或实验的器官，也称活体解剖实验。这类实验的优点是有利于对某一两个器官在机体内进行实验观察。

2. 离体实验(in vitro)

是在动物体内取出某一器官，置于与体内类似的人工环境中，在短时间内研究它的机能和有关因素的作用。例如，离体蛙心灌流实验过程中将蛙心取出置于人工环境中，观察钙离子、钾离子、乙酰胆碱、去甲肾上腺素等对离体心脏的影响。这类实验的优点是实验离开机体整体环境，易于控制实验条件，排除无关因素的影响，易于分析结果；但缺点是不一定代表离体器官在整体条件下的活动情况。

在体和离体实验通常实验时间都较短，一般实验完毕后动物都死亡不再存活，故称为急性实验。

以上各种生理学实验方法，必须根据具体需要加以利用，同时应当结合日新月异的其他自然科学和技术的发展，使生理学研究日益深入，使人们更加正确地了解生理功能的规律。

四、近代生理学研究的业绩

近 200 年来，生理学研究取得了巨大成绩，在 1901 年诺贝尔奖设立之初，生理学或医学奖即作为五大奖项之一，20 世纪 90 年代以来生理学诺贝尔奖见表 0-1。

表 0-1　20 世纪 90 年代以来生理学或医学诺贝尔奖

时间	获得者	国籍	业绩
1990 年	约瑟夫·默里	美国	发明应用于人类疾病治疗的器官和细胞移植术
	唐纳尔·托马斯	美国	
1991 年	厄温·内尔	德国	发现细胞中单离子通道的功能
	伯特·萨克曼	德国	
1992 年	埃德蒙·费希尔	美国	发现的可逆的蛋白质磷酸化作用是一种生物调节机制
	埃德温·克雷布斯	美国	
1993 年	理察·罗伯茨	英国	发现断裂基因
	菲利普·夏普	美国	
1994 年	艾尔佛列·古曼·吉尔曼	美国	发现 G 蛋白及其在细胞中的信号转导作用
	马丁·罗德贝尔	美国	
1995 年	爱德华·路易斯	美国	发现早期胚胎发育中的遗传调控机理
	克里斯汀·纽斯林-沃尔哈德	德国	
	艾瑞克·威斯乔斯	美国	
1996 年	彼得·杜赫提	澳大利亚	发现细胞介导的免疫防御特性
	罗夫·辛克纳吉	瑞士	
1997 年	史坦利·布鲁希纳	美国	发现朊病毒——传染的一种新的生物学原理
1998 年	罗伯·佛契哥特	美国	发现在心血管系统中起信号分子作用的一氧化氮
	路易斯·路伊格纳洛	美国	
	费瑞·慕拉德	美国	
1999 年	古特·布洛伯尔	美国	发现蛋白质具有内在信号以控制其在细胞内的传递和定位
2000 年	阿尔维德·卡尔森	瑞典	发现神经系统中的信号传导
	保罗·格林加德	美国	
	艾瑞克·坎德尔	美国	

续表 0-1

时间	获得者	国籍	业绩
2001 年	利兰·哈特韦尔	美国	发现细胞周期的关键调节因子
	蒂姆·亨特	英国	
	保罗·纳斯爵士	英国	
2002 年	悉尼·布伦纳	英国	发现器官发育和细胞程序性死亡的遗传调控机理
	H·罗伯特·霍维茨	美国	
	约翰·E·苏尔斯顿	美国	
2003 年	保罗·劳特伯	美国	在核磁共振成像方面的发现
	彼得·曼斯菲尔德爵士	英国	
2004 年	理查德·阿克塞尔	美国	发现嗅觉受体和嗅觉系统的组织方式
	琳达·巴克	美国	
2005 年	巴里·马歇尔	澳大利亚	发现幽门螺杆菌及其在胃炎和胃溃疡中所起的作用
	罗宾·沃伦	澳大利亚	
2006 年	安德鲁·法厄	美国	发现了 RNA 干扰——双链 RNA 引发的沉默现象
	克雷格·梅洛	美国	
2007 年	马里奥·卡佩奇	美国	在利用胚胎干细胞引入特异性基因修饰的原理上的发现
	马丁·埃文斯爵士	英国	
	奥利弗·史密斯	美国	
2008 年	哈拉尔德·楚尔·豪森	德国	发现了导致子宫颈癌的人乳头状瘤病毒
	弗朗索瓦丝·巴尔-西诺西	法国	发现人类免疫缺陷病毒(即艾滋病病毒)
	吕克·蒙塔尼	法国	
2009 年	伊丽莎白·布莱克本	澳大利亚	发现端粒和端粒酶如何保护染色体
	卡罗尔·格雷德	美国	
	杰克·绍斯塔克	英国	
2010 年	罗伯特·杰弗里·爱德华兹	英国	在试管婴儿方面的研究获奖
2011 年	布鲁斯·巴特勒	美国	他们对于先天免疫机制激活的发现
	朱尔斯·霍尔曼	法国	
	拉尔夫 ·斯坦曼	美国	他发现树突状细胞和其在后天免疫中的作用
2012 年	约翰·格登爵士	英国	发现成熟细胞可被重写成多功能细胞
	山中伸弥	日本	
2013 年	詹姆斯·E·罗斯曼	美国	在细胞内运输系统领域的新发现,三人发现了细胞囊泡交通的运行与调节机制
	兰迪-W·谢克曼	美国	
	托马斯-C·苏德霍夫	德国	

五、高原动物生理学的学习目的

在1901年诺贝尔奖设立之初，生理学或医学奖即作为五大奖项之一，可以毫不夸张地说，生理学是生物学和医学最为重要的支柱性学科之一。动物生理学作为生理学的一个分支，是动物医学、动物科学、动植物检疫等本科专业以及畜牧兽医、动物防疫与检疫等大专专业的重要专业核心必修基础课程。学习本门课程的目的，不仅在于认识、了解高原家畜（牦牛、猪、羊、马）和家禽（鸡、鸭、鹅）的生命活动规律，解释各种生理现象，更重要的是在于掌握生命活动规律，运用这些规律有效地预防和治疗家畜疾病，改进家畜的生产性能，促进畜牧业的发展。

因此，学习高原动物生理学的基本任务是：熟悉动物细胞、组织、器官及整个机体水平上生命活动的规律性；了解动物机体与周围环境相互作用机理；熟悉动物在进化和个体发育阶段的机能；熟悉各种家畜生理学质的差别；生理学还由于研究特殊的物质运动，即生命，这又可以为科学的辩证主义提供科学依据。

如何学好生理学？

首先，重视实验课，因为生理学是实验科学，如果不动手做实验，就不能真正理解生理学的知识和概念。

其次，要注重理解和记忆，真正理解的内容就容易记住并不易忘掉，要增强理解记忆就必须知其然，尤其是知其所以然。因此，不仅要上课认真听讲，还要多动脑筋、多想问题。

再次，要注意与其他课程的联系，在学习生理学之前已经学过数学、化学、生物学、物理、解剖学等课程，这些课程为生理学的学习奠定了很好的基础，生理学正是运用这些学科的理论和方法来探索解释各种生理活动机能。

第二节　动物高原生理适应概况

一、高原环境的特点

1.高原的概念

高原（high altitude）在不同的学科领域对于高原有不同的概念和解释。在地理学上，高原是指海拔高度在500 m以上，顶面平缓，起伏较小，而面积又比较辽阔的高地。在高原医学上，海拔高度3 000 m左右地区的人体一般不表现明显缺氧的临床症状，但可能会出现一些生理适应性或病理生理性变化，这一高原的海拔高度被认为是有生物学意义或称为能激发机体产生生物学效应的海拔高度。因此，在3 000 m海拔高度或高于这一海拔高度的高原被认为是高原医学或兽医学上的高原。

2.高原环境的特点

(1)低气压和低氧　大气的质量愈近海平面愈密集，大气压包括氧分压愈大；海拔越高，大气压及氧分压相应降低，海拔高度与大气氧含量的关系见表0-2。

表 0-2 海拔高度与空气氧含量的关系 %

项目	海拔(m)										
	0	100	1 000	2 000	3 000	4 000	5 000	6 000	7 000	8 000	9 000
空气含氧量	21.0	20.8	19.4	17.8	16.2	14.6	13.0	11.4	9.8	8.5	6.6
为0海拔含氧量的百分比	100	99.2	92.4	84.7	77.1	69.5	61.8	54	46.5	38.9	31.3

(2)寒冷　海拔每升高100 m,气温下降约0.6℃。高原地区因海拔高,气温比相同纬度地区明显寒冷。此外,高原地区空气稀薄、洁净、大气对地面的保温作用差,使得高原地区昼夜温差可达10～20℃,寒冷使耗氧和氧需求增加,机体负荷加重,促使组织缺氧的发生和发展。

(3)干燥　高原地区大气中水分随海拔增高而减少,海拔3 000 m大气水分只相当于平原的34%;海拔6 000 m时,仅为平原的5%。而高原地区因大风而使动物体表及呼吸道水分的散失明显高于平原,尤以运动时明显。同时,由于缺氧及寒冷等促利尿因素的影响,使机体水分含量减少,致使呼吸道黏膜和全身皮肤异常干燥。

(4)强辐射和强紫外线　高原地区日照时间长,太阳辐射强,中波长,空气稀薄、洁净及尘埃少,紫外线被空气吸收减少,以及积雪反射增强,使紫外线量较平原增加大于2.5倍。

二、动物高原适应特点

1. 呼吸系统

对于急进高原的动物由于空气中氧含量下降,引起肺泡气氧分压随之下降,输送到血液的氧分压减少,会引起呼吸频率增加。对于世居高原的动物,胸腔和肺活量都比较大,呼吸频率略高于世居平原地区动物。

2. 血液及循环系统

对于急进高原的动物,除呼吸频率增加外,心率也明显增加,并随着在高原的时间延长会逐步增加红细胞和血红蛋白的生成,以改善血液运输氧的能力。世居高原的动物,红细胞数和血红蛋白含量都高于平原地区动物,并且心脏,尤其是右心肥大,心率低于世居平原地区动物。

3. 其他

世居高原和来自平原地区的人还表现在生殖能力和劳动能力上:进入高原地区的人即使经过2个月的适应,其完成运动的能力也只有在海平面的68%,即使经过更长时间的适应,在日常体力活动中仍然会很快筋疲力尽,而世居者可以在高海拔地区进行日常体力劳动。移居高原的平原地区人的不育率和婴儿死亡率较高,血氧饱和度也有差异,4个月大的藏族婴儿为86%,汉族婴儿为75%,出生在低海拔地区的婴儿为98%。

三、动物高原病

20世纪初人们发现在引入美国科罗拉多高原牛群中常发生一种病,病牛常出现颈胸部的水肿,并可渐进发展为心力衰竭,临床治疗效果较差,但移入低海拔地区后一般可自行康复。因本病常表现有颈胸部的水肿,所以当地放牧员称此病为“兽胸病”(brisket disease)。“兽胸病”一词实际为人类对家畜高原性心脏病最初认识的文字记载。

家畜“高原病”是发生于高原低氧环境下的一种特发性疾病，表现有以下特点：①在高原环境下发病；②致病因子是高原低氧、低温、低湿、太阳辐射及紫外线强等环境因素，其中以高原低氧的影响最为显著，也最受国内外学者关注；③高原病病畜一般转至海拔较低处病情会好转，甚至不治可自行康复。在人类高原医学，高原病又称高山病，其中以因高原低氧引起的高原性心脏病或慢性肺源性心脏病为多见。在人类医学，有关“高原病”的研究报道较多，在高原病的命名，分型及名词等方面也已见有探讨性文章，但在兽医学方面研究报道少见。

第三节　生命的基本特征

地球上种类繁多的动物表现为多种多样的生命活动现象，但生物体生命活动有共同的基本特征，动物主要表现为新陈代谢、兴奋性、生殖和适应性。

一、新陈代谢

新陈代谢(metabolism)是指机体从外界环境摄取营养物转变为自身物质，同时将自身原有组成物质转变为废物排出到环境中的不断更新的过程。它包括物质代谢和能量代谢两个方面。

物质代谢是指生物体与外界环境之间物质的交换和生物体内物质的转变过程。可细分为：从外界摄取营养物质并转变为自身物质，即同化作用；自身的部分物质被氧化分解并排出代谢废物，即异化作用。

能量代谢是指机体物质代谢过程中伴随的能量交换和体内能量的转变过程。可细分为：储存能量(同化作用)和释放能量(异化作用)过程。

新陈代谢的作用是：从周围环境中获得营养物质；将外界引入的营养物质转变为自身需要的结构元件，即大分子的组成前体；将结构元件装配成自身的大分子，例如蛋白质、核酸、脂质等；分解有机营养物质；提供生命活动所需的一切能量。因此，新陈代谢是生命现象的一个最基本的特征，一旦新陈代谢停止，生命也即终结了。

二、兴奋性

兴奋性(excitability)是指一切活的组织或细胞，当其周围环境条件迅速改变时，有产生动作电位并发生反应(response)的能力或特性，称为兴奋性或应激性(感应性，irritability)。这种引起反应的环境条件的迅速改变称为刺激(stimulus)。兴奋性越高所需的刺激强度越小，动作电位的变化速度也越快。在动物组织中，通常以神经细胞、肌肉细胞和腺体细胞表现出较高的兴奋性，因此被称为可兴奋细胞或可兴奋组织(excitable tissue)。

细胞、组织、器官、机体受到刺激发生反应后的表现方式有兴奋和抑制两种形式：一种是由相对静止状态转变为显著活动状态或由活动弱变为活动强的过程，称为兴奋(excitation)；另一种是由显著活动状态转变为相对静止状态或由活动强变为活动弱的过程，称为抑制(inhibition)。兴奋和抑制二者矛盾统一，既相互联系又相互制约，保证机体正常生理功能。

三、生殖

生殖(reproduction)是个体生长发育到一定阶段时可产生相似的另一新个体的过程，是生物产生后代和繁衍种族所必需的过程，是生物界普遍存在的一种生命现象，自然环境下动物均为有性生殖，分为卵生和胎生。常见家畜，如牛、羊、猪等均为哺乳胎生动物，目前，随着动物克隆技术及干细胞定向诱导技术的应用，也可以脱离自然有性繁殖方式，以人工方式获得哺乳动物相似遗传基因的后代。

四、适应性

适应性(adaptation)是指机体随着外界环境变化调整自身机能以适应环境变化的现象。适应性是通过长期的自然选择，需要很长时间形成的。应激性的结果是使生物适应环境，可见它是生物适应性的一种表现形式。但生物体的有些适应特征(如北极熊的白色、绿草地中蚱蜢呈绿色等)是通过遗传传给子代的，并非生物体接受某种刺激后才能产生，这与应激性是不同的。

综上所述，新陈代谢、兴奋性、生殖和适应性是生命的基本特征，是从生命的普遍现象和种群角度出发的，其中生殖和适应性并不一定在每个生物个体表现出来，也不一定在个体生活史的每一个阶段表现出来。

第四节　动物内环境与稳态

一、内环境

外界环境的温度、空气、营养、光照、湿度、海拔等是动物机体生存的外部条件，称为外环境。外环境是多变的，其变化会引起动物机体功能的变化。

机体内多数器官、组织和细胞并不直接与外界环境接触，而在体液之中。动物体内所含的所有液体称为体液，即动物体内所含的水分及其中的溶质，总称为体液(body fluid)，约占体重的60%，它存在于细胞内和细胞外，分别称为细胞内液(intracellular fluid)(约占体液2/3)和细胞外液(extracellular fluid)(约占体液的1/3)。细胞内液约为细胞外液的2倍。

细胞外液包括：分布于心血管系统内的血液(blood)中的血浆(plasma)，分布于组织细胞间隙的细胞间液(interstitial fluid)或称组织液(tissue fluid)，分布于淋巴管内的淋巴液(lymph fluid)，以及分布于蛛网膜下腔、脑室、脊髓中央管内的脑脊液(cerebrospinal fluid)，即血浆、淋巴液、组织液和脑脊液，它们为细胞提供必要的理化环境和营养物质，并接纳细胞代谢废物，且细胞外液在体内的组分、数量和理化特性相当恒定，例如家畜血液的pH为7.4左右，波动范围很小，一般在7.35～7.45，极限是7.0～7.8。体内几乎所有的细胞都是生活在细胞外液之中，故称细胞外液为机体的内环境(internal environment)。

二、稳态

稳态(homeostasis)是指生命活动过程中，机体依赖调节机制对抗内外环境变化的影响，维持内环境的化学成分和理化特性维持相对恒定，以保持生命指标和生命现象动态平衡的相对稳定状态。

机体稳态的维持依靠机体各器官如血液、循环、呼吸、消化、泌尿等生理功能的不断调节，以适应内外环境变化，这些生理功能的调节又主要是通过体内神经调节、体液调节和自身调节等调节方式实现的，其中神经调节占主导作用，这种调节机制精密、细致，是任何工程系统所无法模拟和媲美的。

维持稳态具有重要的生理意义：①稳态是新陈代谢的必要保证。新陈代谢过程中发生很多酶促反应，当内环境（例如温度、pH）变化便会影响酶的活性而影响新陈代谢。②细胞正常兴奋性的维持需要膜内外离子浓度的相对稳定。③在外界环境剧烈变化时，内环境保持相对稳定是机体具有适应能力的前提。例如，外界环境温度极低时，家畜机体依靠其体温调节机制维持恒定体温状态，而不至于随外界环境温度变化而急剧变化，以此适应低温环境。

三、生物节律

在生理学中，把按一定的时间顺序发生变化，即按一定的时间重复出现、周而复始的功能活动变化节律叫做生物节律（biorhythm）。

生物节律可分为日节律、月节律、年节律等，日节律：以 24 h 为周期的节律，通称昼夜节律或日节律，如细胞分裂、高等动物组织中多种成分的浓度、活性的 24 h 周期涨落变化等；月节律：约 29.5 d 为一期，主要反映在一些动物动情和生殖周期上；年节律：动物的冬眠、夏蛰、洄游等现象均有明显的年周期节律。除天体物理因子外，光线、温度、喂食、药物等因素在一定程度上可起调时作用。通常把生物体内激发生物节律并使之稳定维持的内部定时机制称为生物钟。对生物钟有两种假说：一种认为机体系根据外界自然周期现象定时，因而产生了与天体物理因子等同步的节律；另一种认为生物钟是先天性和遗传性的，是一种内在的振荡机制。

目前认为，动物生物节律的形成既源于遗传的固有节律，又受环境影响，是动物对生存环境长期适应、世代积累的结果。

第五节　家畜生理功能活动的调节

一、家畜生理功能活动的调节方式

家畜机体不断地调节体内各器官、系统的活动，使它们相互密切协调配合，同时也要不断地调节机体的各种机能活动，以便与内、外环境的变化相适应。机体的这种调节作用称为整合作用（integration）。主要调节方式有神经调节、体液调节和自身调节三种，在动物机体整体条件下，它们互相配合、密切联系。

（一）神经调节

神经调节（neuroregulation）是指通过神经系统的活动对机体各组织、器官和系统的生理功能进行的调节作用。神经调节的基本方式是反射（reflex）。反射是指在中枢神经系统参与下，机体对内、外环境刺激所发生的反应。反射弧（reflex arc）是反射的结构基础。反射弧由感受器、传入神经、神经中枢、传出神经和效应器五个部分组成。感受器是神经调节接受刺激的器官，效应器是产生反应的器官；中枢在脑和脊髓中，传入和传出神经是将中枢与感受器和效应器联系起来的通路。例如，当血液中氧分压下降时，颈动脉等化学感受器发生兴奋，通过传入神经将信息传至呼吸中枢导致中枢兴奋，再通过传出神经使呼吸肌运动加强，吸入更多的氧使血液中氧分压回升，维持内环境的稳态。反射调节是机体重要的调节机制，反射弧的任何一个环节及其联接遭受破坏，将使相关反射消失，导致相关生理功能障碍和异常。

反射活动可进一步分为条件反射和非条件反射。非条件反射是先天遗传的，同类动物都具有的，是一种初级的神经活动。上述呼吸反射就是一种简单的非条件反射。条件反射是后天获得的，是个体在生活过程中按照它的生活条件而建立起来的，是一种高级的神经活动。诺贝尔奖获得者俄国生理学家伊万·巴甫洛夫(Ivan Pavlov，1870—1932)是最早提出经典性条件反射的人。

神经调节的特点是迅速而精确，作用部位准确，持续时间短暂。

(二)体液调节

机体的某些特定细胞(如内分泌细胞)能产生某些特异性化学物质(如激素，hormone)，通过血液或组织液等体液途径输送到特定的靶器官、靶组织、靶细胞，实现对其活动的调节，这种调节作用叫做体液调节(humoral regulation)。许多内分泌腺所分泌的各种激素，通过血液循环到达靶细胞实现对其功能的调节就属于最典型的体液调节。例如，胰岛B细胞分泌的胰岛素能调节组织、细胞的糖与脂肪的新陈代谢，有降低血糖的作用。内环境血糖浓度之所以能保持相对稳定，主要依靠胰岛素发挥的体液调节。又如，当血钙离子浓度降低时，甲状旁腺细胞能直接感受这种变化，促使甲状旁腺激素分泌增加，转而导致骨中的钙释放入血，使血钙离子的浓度回升，保持内环境的稳态。某些激素和化学物质也可不经过血液循环运输，可以经过组织液的扩散对邻近的细胞活动进行调节，称为局部性体液调节或旁分泌调节，例如，组织细胞的一些代谢产物在组织中含量增加时，能引起局部的血管舒张，使局部血流量增加，从而使积蓄的代谢产物能较迅速地被运走。

体液调节的特点是出现缓慢，作用部位较广泛，持续时间较长。

在人和大多数高等动物有神经调节和体液调节两种机制，二者相辅相成，共同完成机体机能调节的任务。大多数内分泌腺也直接或间接受到神经系统的控制，使体液调节成为神经调节的一环，相当于反射弧传出路径上的一个延续部分，这种情况称为神经-体液调节(neurohumoral regulation)。例如，下丘脑分泌促甲状腺激素释放激素促使垂体分泌甲状腺激素释放激素，使甲状腺分泌甲状腺激素；肾上腺髓质接受交感神经的支配，当交感神经系统兴奋时，肾上腺髓质分泌的肾上腺素和去甲肾上腺素增加，共同参与机体的调节。

(三)自身调节

自身调节(autoregulation)是指细胞、组织、器官在不依赖于外来的神经或体液调节情况下，自身对刺激发生的适应性反应过程。例如，骨骼肌或心肌的初长(收缩前的长度)能对收缩力量起调节作用；当初长在一定限度内增大时，收缩力量会相应增加，而初长缩短时收缩力量就减小。

自身调节特点是调节幅度较小，也不十分灵敏，但对生理功能的调节仍有一定意义。

二、机体机能活动的调控模式

运用20世纪40年代发展起来的控制论原理分析机体的调节活动，可将其分为非自动控制系统、反馈控制系统和前馈控制系统三类控制系统。

1. 非自动控制系统

非自动控制系统是一个开环系统，是单方向的，受控部分的活动不会反作用于控制部分。例如，各种有害刺激引起动物应激这样的调节活动，刺激决定着反应，而反应不能改变控制部分的活动，属开环系统。这种控制系统无自动控制的能力，只要刺激存在，反应就将继续下去。非自动控制系统在体内不多见。

2. 反馈控制系统

反馈控制系统是一个闭环系统，即控制部分可对受控部分发出指令，调节其活动，同时受控部分也不断将其活动状况作为反馈信息送回到控制中枢，使控制部分能根据反馈信息改变或调整自己的活动，从而改变它对受控部分的活动调控，这种调节方式称为反馈(feedback)调节。如图0-1所示，血液中某些代谢产物的浓度升高(或降低)作为一种刺激，导致内分泌细胞分泌某种激素水平的升高(或降低)，激素作用于靶细胞后引发靶细胞生物学效应，这些生物学效应作为一种反馈信息又作用于内分泌细胞最终使代谢产物的浓度降低(或升高)，从而使机体保持稳态。

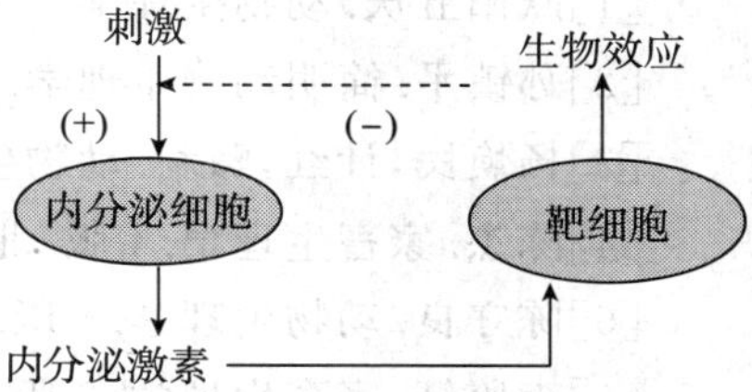

图0-1　简单反馈调节模式图

凡反馈信息的作用与控制信息的作用方向相同，对控制部分的活动起增强作用的，称为正反馈(positive feedback)。正反馈意义是加速生理过程，使机体活动发挥最大效应。

凡反馈信息的作用与控制信息的作用方向相反，对控制部分的活动起制约或纠正作用的，称为负反馈(negative feedback)。负反馈意义是减缓生理过程。

3. 前馈控制系统

前馈控制系统(feedforward control systems)是利用输入或扰动信号的直接控制作用构成的开环控制系统。这类按输入或扰动的开环控制通常与包含按偏差的闭环控制共同组成反馈-前馈控制系统，也称为复合控制系统。在前馈控制系统中监测装置(如感受器)不是检测输出变量的波动，而是直接检测到干扰信息(条件刺激)后发出前馈信息，作用于控制系统，调整控制信息以对抗干扰信息对受控系统的作用，从而使输出变量保持稳定。它可以避免反馈调节的波动性和反应滞后，更好地保持稳态，其预见性更具有适应性生理意义。

本章思考题

1. 名词解释：兴奋性、兴奋、抑制、内环境、稳态。
2. 简述动物高原适应特点。
3. 反射弧包括哪些部分？
4. 试述生命的基本特征。
5. 试述机体机能活动的调节方式有哪些，各有何特点？

6. 选取 2001 年至今的一个诺贝尔生理学或医学奖，写一篇课程论文，主要包含以下几个方面：为什么获奖？简单对获奖者进行一个介绍，再介绍一下其研究成果。

国家执业兽医资格考试本章相关内容真题示例

37. 内环境稳态是指 （ ）

A. 成分与理化性质均不变
B. 理化性质不变，成分相对稳定
C. 成分不变，理化性质相对不变
D. 成分与理化性质均保持相对稳定
E. 成分与理化性质均不受外界环境的影响

注：2009 年全国执业兽医资格考试（基础科目）A1 型题第 37 题，题号未变动。

本章参考文献

[1]欧阳五庆. 动物生理学. 2 版. 北京：科学出版社，2012.

[2]孙镇平. 简明动物生理学. 北京：中国农业出版社，2004.

[3]杨焕民，计红，甄莉. 动物生理学. 北京：中国农业出版社，2012.

[4]陈杰. 家畜生理学. 4 版. 北京：中国农业出版社，2003.

[5]陈守良. 动物生理学. 4 版. 北京：北京大学出版社，2012.

[6]李鉴轩. 家畜生理学. 2 版. 西宁：青海人民出版社，1992.

[7]肖向红. 动物生理学. 哈尔滨：东北林业大学出版社，2000.

[8]张庆如. 动物生理学. 北京：中国农业科学技术出版社，2012.

[9]许玉德. 动物生理学引论. 厦门：厦门大学出版社，2000.

[10]张彦博，汪源，刘学良，等. 高原疾病. 西宁：青海人民出版社，1984.

[11]赵国安. "高原"和家畜"高原病"概念初探. 青海畜牧兽医杂志，2001，01：34-35.

[12]冯荣感，吴清，贾熙娜，等. 高原环境与保健. 中华保健医学杂志，2012，06：501-502.

[13]陈明勇. 全国执业兽医资格考试试题解析和模拟试题. 北京：中国农业大学出版社，2011.

第一章　细胞生理

学习目的和要求

1. 了解动物细胞的基本组成结构，掌握细胞膜的组成及结构特点。
2. 了解物质跨膜运输的方式，掌握主动运输的类型及特点。
3. 了解跨膜信号转导的基本方式，掌握G-蛋白偶联受体介导的信号转导的机制。
4. 了解细胞的生物电现象，掌握静息电位及动作电位的产生机制。
5. 了解细胞凋亡与细胞坏死的区别，掌握缺氧对细胞膜通透性的影响

细胞是构成生命体的基本单位，著名的生物学家 E. B. Wilson 曾经说："一切生物学的答案都要到细胞中去寻找，因为所有生命体都是，或曾经是，一个细胞。"因此，没有细胞就没有生命体的存在。机体生长、发育、繁殖等生命现象都是由细胞参与完成的，都离不开细胞及其产物的物质基础，每一个细胞都是一个相对独立的代谢体系，是行使特定生理功能的基本单位。因此，掌握细胞的基本结构和功能，对认识各组织器官及整个动物机体的生理活动是必不可少的。本章将重点介绍动物细胞的基本结构、细胞内外的物质交换及信号转导、细胞的生物电现象等内容。

第一节　细胞的结构

动物细胞主要由三大基本结构构成：细胞膜系统、遗传信息表达系统以及细胞骨架系统。这三大基本体系组成了结构精细、高度分工的各种动物体细胞，参与完成不同的生理功能。

一、细胞膜系统

（一）细胞膜的结构

细胞膜（cell membrane）也称为质膜（plasma membrane），目前普遍认为它是由磷脂质双层分子及镶嵌于其中的蛋白质共同组成，厚度为 8～10 nm（图 1-1）。细胞膜是分隔细胞内外物质和空间的机械屏障，其功能主要是保证细胞内外物质与能量的交换以及信息的传导。关于细胞膜的结构，先后提出来几种不同的模型，包括双分子片层模型、单位膜模型及流动镶嵌模型等。其中，流动镶嵌模型突出了膜的流动性和不对称性，为组成膜的不同成分之间的相互作用提供了合理的解释，可以比较真实地反映细胞膜的结构和属性，被广泛接受。该模型由 Singer 和 Nicolson 在 1972 年首先提出，认为膜的组成成分主要是磷脂和蛋白质，还有少量的糖类；膜的基本结构为磷脂双分子层，其中磷脂分子的亲水性头部朝向两侧，疏水性的尾部朝向内侧；蛋白质分子有的镶嵌在磷脂双分子层表面，有的部分或全部嵌入磷脂双分子中，有的

横穿整个磷脂双分子层。

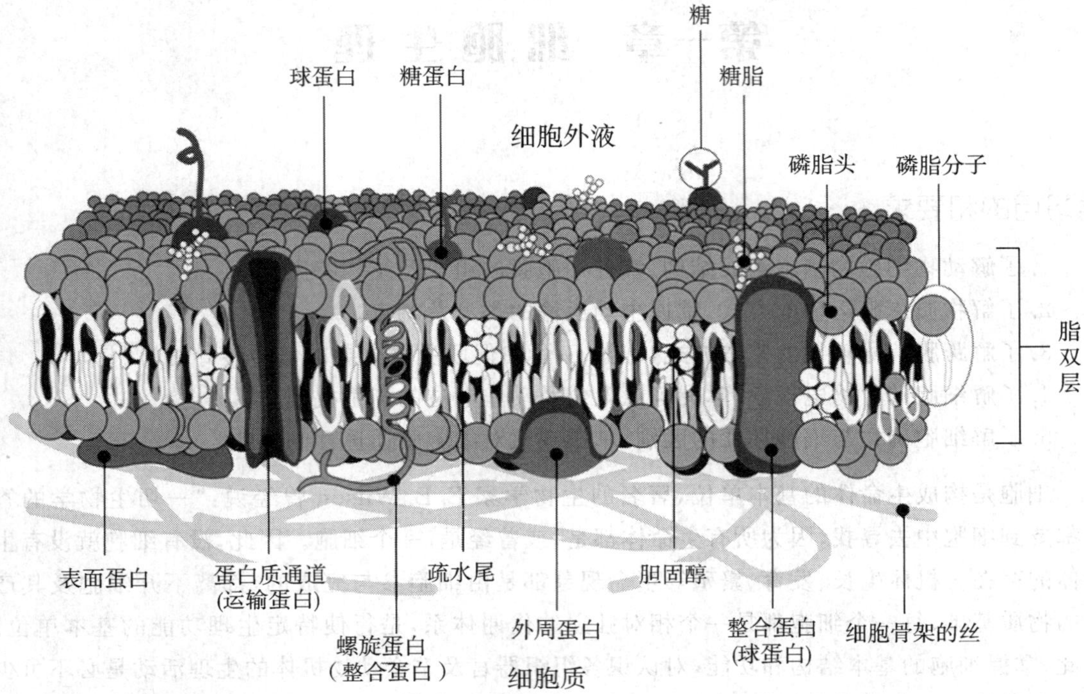

图 1-1 细胞膜的结构示意图

最近,提出来一个新的细胞膜结构模型-脂筏模型(lipid rafts model),脂筏是细胞膜上富含胆固醇和鞘磷脂的微小结构域,这种微小结构域有序富集而成的脂相,像"脂筏"一样承载的各种蛋白。由于鞘磷脂有着较长的饱和脂肪酸链,分子间的作用力较强,因此这些区域结构比较致密,介于无序液体与液晶之间,称之为有序液体。脂筏与膜的信号转导和蛋白质分选均有密切的关系,推测它可能最初在内质网上形成,然后被转运到细胞膜上。有些脂筏还在不同程度上与膜下细胞骨架蛋白相连,据推测一个 100 nm 大小的脂筏可能与约 600 个蛋白分子交联。这一模型可以解释细胞膜的某些功能和特性,但仍需要进一步的证据。

(二)细胞膜的组成

细胞膜主要由脂质、蛋白质和糖类构成,脂质构成膜的基本框架,蛋白主要行使膜的功能,糖类主要以糖蛋白和糖脂的形式存在。机体不同组织器官细胞膜的组分差异较大,这种组分变化与膜的功能有关,一般膜蛋白的种类和含量越多,膜的功能也就越丰富;膜蛋白的种类和含量越少,膜的功能也就越简单。

1. 脂类

存在于细胞膜中的脂质统称为膜脂(membrane lipid),主要包括磷脂(phospholipid)、糖脂(glycolipid)及胆固醇(cholesterol)。膜脂分子都具有一个亲水末端(极性端)和一个疏水末端(非极性端)。膜脂分子构成了膜的基本骨架,呈连续的双层排列结构,这种结构使生物膜具有屏障作用，水溶性物质一般不能自由通过，但脂溶性分子则容易跨膜通过。膜脂的主要功能是构成膜的基本骨架，此外，膜脂作为膜蛋白的溶剂，为部分膜蛋白提供了维持构象和活性的环境，一些膜脂还能够影响相关膜蛋白的活性，决定膜的物理状态。

磷脂是膜脂的主要成分，占膜脂总量的55%～75%。多数磷脂有两条脂肪酸侧链，分别为一条饱和脂肪酸侧链（如软脂酸）和一条不饱和脂肪酸侧链（如油酸），碳链长度通常为14～24个偶数碳原子。磷脂间的相对位置及膜的流动性受脂肪酸的碳链长度和不饱和程度影响。磷脂分为甘油磷脂（phosphatide）和鞘脂（sphingolipid）。其中甘油磷脂又包括磷脂酰胆碱（phosphatidylcholine，PC）、磷脂酰乙醇胺（phosphatidylethanolamine，PE）、磷脂酰丝氨酸（phosphatidylserine，PS）、磷脂酰肌醇（phosphatidylinositol，PI）和双磷脂酰甘油（diphosphatidyl glycerol，DPG）等。鞘脂在膜中的含量较少，主要为不同基团连接在鞘氨醇上的衍生物。

糖脂为一类含有一个或多个糖基的脂类，其含量一般小于膜脂总量的5%，在神经细胞膜上含量稍高，达5%～10%。目前已发现40多种糖脂，主要包括脑苷脂和神经节苷脂，前者是髓鞘的重要组成成分，后者是神经细胞膜的重要成分。糖脂在细胞与外环境的相互作用过程中发挥重要作用，主要参与细胞识别和一些免疫功能等。

胆固醇是一种环戊烷多氢菲的衍生物，广泛存在于动物体的细胞膜上，含量可达总膜脂的一半左右，其分子比其他膜脂小，属于中性脂类，双亲性比其他脂类低。细胞膜中的胆固醇和甘油磷脂的碳氢链相互作用，其亲水的头部朝向膜的外侧，疏水的尾部朝向脂质双层中央，从而干扰周围磷脂的运动，阻止磷脂凝集成晶体，这样可以调节膜脂的流动性，增强膜的稳定性，也可以降低水溶性物质的通透性。

2. 蛋白质

膜蛋白（membrane protein）是细胞膜的重要组成部分，是细胞膜功能的主要承担者。膜蛋白的种类多，分子大小及形态各异，在膜上镶嵌的位置及方式也不同。膜蛋白约有50多种，在不同细胞中膜蛋白的种类及含量差别较大，有的不到25%，有的达到75%。这种膜蛋白的种类及数量的差异决定了膜的功能也大不相同。

根据膜蛋白在膜中的相对位置及其与膜脂的结合方式的差异，可以将其分为3大类，即膜整合蛋白（integral protein）、外周蛋白（peripheral protein）及脂锚定蛋白（lipid-anchored protein）。膜整合蛋白又可以称为跨膜蛋白（transmembrane protein），占膜蛋白总量的70%～80%。此类蛋白都含有跨膜结构域，蛋白的肽链可以一次或多次穿过脂质双分子层，通过非极性氨基酸与脂质双分子层的非极性疏水区相互作用结合在膜上，肽链两端的亲水区伸出膜的两侧。蛋白的跨膜区域多为α螺旋，也有β折叠。膜周边蛋白为水溶性蛋白，在膜上镶嵌的位置较浅，分布在膜的外表面，通过肽链中的带电基团与膜表面脂质的极性基团相互吸引，以非共价键方式与膜表面的脂质分子或蛋白质分子结合。脂锚定蛋白位于脂质双分子层的外侧，通过共价键的方式与脂质分子结合，脂锚定蛋白既可以直接结合在脂质双分子层上，也可以通过糖分子的桥梁作用，间接与脂质双分子层结合。

3. 糖类

细胞膜中的糖类含量较少，占膜重量的2%～10%。其中绝大部分的膜糖（membrane carbohydrate）以共价键的形式与膜蛋白结合，形成糖蛋白（glycoprotein），糖蛋白主要存在于细胞膜的外表面,内膜表面糖蛋白含量极低;也有不足10%的膜糖与膜脂共价结合形成糖脂。细胞膜外表面有一层厚度约200 nm绒毛状的含糖物质层,这层含糖物质主要由组成细胞膜糖蛋白及糖脂等的寡糖链向外伸展交织而成,称为细胞外被(cell coat)或糖萼(glycocalyx)。细胞外被中的糖链由于各种糖基的异构性,糖链中糖基的种类、数量、排列方式以及结合位置有很大差异,构成了细胞表面复杂多样的微环境。糖蛋白的糖链通过其还原端与氨基酸共价结合,糖链的功能主要与细胞间接触抑制、分化、增值、识别、受体等相关。细胞外被具有许多重要功能,对细胞具有一定的保护作用,如在消化道、呼吸道等的上皮细胞的外被可以保护其免受蛋白酶及病原微生物的损害。不同细胞间也可以借助外被进行相互识别及信息交换,外被中的寡糖链单糖残基的特定排列顺序是其识别的分子基础,细胞间通过外被中的寡糖链相互识别,某些寡糖链还具有细胞受体作用,能通过与激素等信号分子特异性结合的方式进行信息传递。细胞外被中还拥有一些具有酶活性的糖蛋白,如小肠上皮细胞的游离端含有包括消化碳水化合物和蛋白质的各种酶。

(三)细胞膜的特性

膜的流动性和不对称性是生物膜完成其生理功能的重要保证,此外膜还具有区域性和分子结构稳定性等特性。

1. 膜的流动性

膜的流动性(membrane fluidity)包括膜脂的流动性及膜蛋白的运动性(mobility),膜脂的流动是导致膜流动的主要原因,膜脂的热运动方式主要由四种,第一种是侧向扩散(lateral diffusion),指膜脂分子在同一平面上移动,进行位置变换,这种运动方式是膜脂的基本运动方式;第二种是旋转运动(rotation),指膜脂分子在膜平面上围绕某一中心点做圆周运动;第三种是伸缩运动(flex),指膜脂的脂肪酸侧链在膜平面内做左右的摆动,或在垂直膜平面的方向做上下摆动;第四种是翻转运动(flip-flop),指膜脂分子从膜的一侧翻转到另一侧的镜像位置,这种运动需要翻转酶(flippase)的辅助,较少发生。膜蛋白的流动是指其在膜平面上所做的侧向扩散为主的运动,不需要ATP的参与,主要受温度影响。Frye和Edidin(1970)用仙台病毒诱导细胞膜上带绿色荧光标记的小鼠淋巴细胞和带有红色荧光标记的人淋巴细胞融合,融合后的异核体细胞初期呈现一半红色一半绿色的状态,但融合细胞培养一段时间后,红色和绿色荧光互相交叉均匀分布在整个细胞膜表面,这个实验证明了细胞膜上的分子处于不断运动状态。

膜的流动性主要取决于膜脂双层的物理状态,其物理状态主要受四个方面的影响,第一个是脂肪酸链的不饱和程度,不饱和脂肪酸链越多,膜脂的流动性越大;第二个是脂肪酸链的长度,短链脂肪酸越多,膜的流动性越高;第三是膜中胆固醇的含量,真核细胞膜中有大量的胆固醇穿插在膜脂之间,可以增强膜脂双层的稳定性,增加膜脂有序性并降低其流动性,调节膜的机械性能;第四个是膜中卵磷脂和鞘磷脂含量的比例,比例越高,膜的流动性越高。在生理条件下,膜脂多为液晶态,温度下降到临界值时,则变为晶态,一定温度下,晶态又可以熔解再变成为液晶态。此外,膜蛋白与膜脂的结合一定程度上降低了膜的流动性。

细胞膜的流动性是其行使正常功能的必需条件。细胞的物质运输、细胞识别、细胞免疫、细胞分化与信息转导等都与膜流动性有密切关系。例如细胞膜上的酶活性与流动性有很大关系,在一定范围内,膜的流动性大有利于膜分子侧向扩散和旋转运动,使酶活性增加。如果膜的流动性降低到一定程度，膜的功能会迅速下降甚至丧失部分功能，反之，如果膜的流动性过高，也会使膜的结构不稳定甚至溶解。

2. 膜的不对称性

细胞膜上的各种成分及其功能在细胞膜内外两侧分布的不对称现象称为膜的不对称性(membrane asymmetry)。膜脂、膜蛋白及膜糖在膜上都呈不对称分布，导致膜的功能的不对称性和方向性。膜脂的不对称性主要表现在膜两侧分布的脂质分子的种类和数量不同，细胞样品经冰冻断裂处理后，细胞膜的脂质双分子层会彼此分离，细胞膜外侧的脂质分子层的上下表面分别称为细胞外表面(extrocytoplasmic surface，ES)和细胞外小页断面(extrocytoplasmic face，EF)，细胞内侧脂质分子层的上下表面分别称为原生质小页断面(protoplasmic face，PF)及原生质表面(protoplasmic surface，PS)。外小页含鞘磷脂和磷脂酰胆碱较多，而原生质层含磷脂酰乙醇胺和磷脂酰丝氨酸较多。膜脂的不对称性是保证细胞膜行使生理功能的结构基础。膜蛋白也具有不对称性，每种膜蛋白分子在膜上都具有特定的排列方向及分布区域，如细胞膜上的受体是按一定方向传递信号。膜蛋白的不对称性保证了生物膜能够完成复杂而有序的生理功能。此外，膜糖的分布也具有不对称性，糖脂和糖蛋白只分布于细胞膜的外表面。

二、遗传信息表达系统

遗传信息表达结构系统包括细胞核和核糖体。细胞核中的染色质是纤维结构，由 DNA 和组蛋白构成。染色体的一级结构是由核小体组成的串珠结构，其直径 10 nm。核糖体是由大小两个亚基构成的颗粒状结构，大小为 15～25 nm，由 RNA 和蛋白质组成，细胞的蛋白质都在核糖体中合成。细胞核和核糖体共同构成细胞遗传信息的储存与复制、核酸转录与蛋白质翻译的体系。

(一)细胞核

细胞核是真核细胞内最大、最重要的细胞器，由核被膜、染色质、核仁及核骨架等组成。细胞核的形状多种多样，如圆形、网状或树枝状等，数量也不等，大多数细胞核位于细胞中央(图 1-2)。

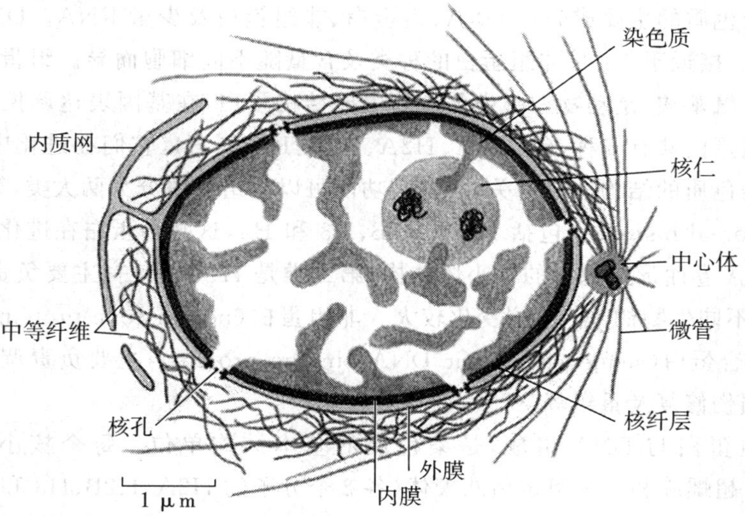

图 1-2 细胞核结构示意图(Alberts 等，2002)

1. 核被膜

核被膜(nuclear envelope)位于间期(细胞循环中细胞生长和工作的阶段,一个细胞在细胞循环 90%左右的时间是在间期中)细胞核的最外层,是细胞核与细胞质之间的分界,由两层单位膜组成。核被膜由内核膜(inner nuclear membrane)、外核膜(outer nuclear membrane)和核周隙(perinuclear space)三部分构成。外核膜表面附着有大量的核糖体颗粒,内核膜表面没有核糖体,有核纤层蛋白 B 受体等特定蛋白成分。核周隙宽 20～40 nm,是位于外核膜和内核膜之间的透明空隙,腔内电子密度低,一般不含固定的结构。外核膜与内质网相连,核周隙与内质网腔相通。核被膜像一个天然屏障将 DNA 与细胞质隔开,保护 DNA 分子免受细胞骨架运动所产生的机械力的损伤;使 DNA 的复制和 RNA 的翻译表达在时空上分隔开来,避免生命活动的互相干扰;此外,核被膜还是细胞核与细胞质物质交换的通道。

内外核膜在某些部位相互融合,两个相互融合的部位之间形成核孔(nuclear pore),是细胞核与细胞质之间物质交换的通道,核孔的直径为 80～120 nm。核孔中间镶嵌着多种核孔蛋白,这些核孔蛋白共同构成核孔复合体,核孔复合体是进出核物质的选择性通道,是一种特殊的跨膜运输的蛋白质复合体。核孔复合体具有双功能和双向性。双功能表现在两种运输方式:通过核孔复合体的被动扩散与通过核孔复合体的主动运输。双向性表现在既介导蛋白质的核输入,又介导 RNA 等的核输出。

2. 染色质与染色体

染色质是指间期细胞核内由 DNA、组蛋白(histone)、非组蛋白和少量 RNA 组成的复合体,是间期遗传物质存在的形式。当细胞进入分裂期,染色质进行高度的螺旋折叠,形成染色体。因此,染色质与染色体是细胞遗传物质在细胞间期与细胞分裂时的两种不同的存在形式。染色质可以分为常染色质(euchromatin)和异染色质(heterochromatin)两大类:常染色质呈较松散状态,它们均匀地分布在整个细胞核内,染色较浅,具有转录活性,构成常染色质的 DNA 主要是单一序列 DNA 和中度重复序列 DNA;异染色质在整个细胞周期都处于高度螺旋化压缩状态,在细胞核中形成染色较深的团块,以这种状态存在的基因没有转录活性。

动物细胞染色质的主要成分是 DNA、组蛋白、非组蛋白及少量 RNA。DNA 与组蛋白的重量比例较稳定,接近于 1∶1,非组蛋白的种类及含量随不同细胞而异。组蛋白为碱性蛋白,含有大量的碱性氨基酸,是动物细胞染色质的主要结构蛋白,在基因表达调控中起重要作用。动物染色质的组蛋白共有 5 种,包括 H1、H2A、H2B、H3 和 H4,它们在进化中高度保守。组蛋白的功能与染色质的结构构成有关,根据其功能可以将组蛋白分为两大类,第一类是核小体组蛋白(nucleosomal histone),包括 H2A、H2B、H3 和 H4,这几种蛋白在进化上特别保守,主要负责协助 DNA 卷曲形成稳定的核小体结构;第二类是 H1 组蛋白,主要负责不同核小体之间的连接作用,不同生物的 H1 序列变化较大。非组蛋白(non-histone protein)又被称为序列特异性 DNA 结合蛋白(sequence specific DNA binding protein),主要负责调控细胞内 DNA 的复制、转录、损伤修复及重组等。

核小体由组蛋白与 DNA 组成,是染色质的基本结构单位。每个核小体单位包括约 200 bp 的 DNA 超螺旋和一个组蛋白八聚体(各 2 个分子的 H2A、H2B、H3 和 H4)及一个 H1 蛋白分子组成。核小体在绕成一个中空的螺旋管,称为染色质丝。染色质丝与再与许多非组蛋白结合形成高度压缩的染色体结构。

3. 核仁

核仁是间期细胞核中最明显的结构，通常是匀质的圆形或椭圆形颗粒状小体，一个或多个。核仁的大小、形状和数目随生物的种类、细胞形状和生理状态不同而异。核仁的主要成分是蛋白质（约占干重的80%）和RNA（约占干重的10%），而DNA和脂类含量很少。核仁由纤维中心（fibrillar center，FC）、致密纤维组分（dense fibrilla component，DFC）和颗粒组分（granular component）三大组成成分。核仁的主要功能是进行核糖体RNA（rRNA）的合成；此外，核仁还是装配核糖体大小亚基的场所。

在细胞有丝分裂过程中，核仁呈现周期性变化。当细胞进入有丝分裂时，核仁变小，最后消失，所有rRNA合成终止，进入有丝分裂末期时，核仁又重新出现，rRNA合成也重新开始。核仁随细胞周期而呈现的这种周期性变化（形成和消失）称为核仁周期。

（二）核糖体

核糖体（ribosome）是生物体内最小的细胞器，最早由Ribinson和Broun在1953年用电镜观察植物细胞时发现。核糖体呈颗粒状，大小不等，平均直径23～25 nm。除哺乳类动物成熟的红细胞外，核糖体广泛存在于所有活细胞内，细胞所需要的蛋白质都在核糖体内进行合成。

核糖体的主要成分是位于核糖体内部的rRNA和位于核糖体表面的蛋白质，其中蛋白质含量约占40%，rRNA约占60%。单位核糖体由两个亚基组成，分别称为大亚基和小亚基，与核糖体大小亚基结合的r蛋白分别称为L蛋白和S蛋白。根据超速离心时的沉降系数，真核生物的核糖体为80S，由40S和60S两个亚基组成。其中40S亚基含有一个18S rRNA分子和约33种不同蛋白质；60S亚基含有5S rRNA、5.8S rRNA、28S rRNA各一个，以及约49种不同蛋白质。

核糖体的大小亚基在核仁中装配成熟后，通过核孔转运至细胞质中，形成有功能的核糖体。核糖体主要分为附着核糖体和游离核糖体两种，进行蛋白质合成时，附着核糖体附着在内质网的表面，游离核糖体游离在细胞质中。核糖体是蛋白质合成的细胞器。但核糖体在细胞内并不是单个独立地运行，而是由多个甚至几十个核糖体串联在一条mRNA分子上高效地进行肽链的合成。这种具有特殊功能与形态结构的核糖体与mRNA的聚合体称为多聚核糖体（polyribosome或polysome），每种多聚核糖体所含核糖体单体的数量是由mRNA的长度决定。以多聚核糖体形式进行蛋白质的合成大大提高了蛋白质合成的速度，提高了mRNA的利用效率，减少了基因的拷贝数，也因此减轻了细胞核的负荷。

三、细胞骨架系统

细胞骨架在细胞的生命活性中起着重要作用，狭义的细胞骨架是指细胞质骨架，包括微丝（microfilament）、微管（microtubule）和中间纤维（intemediatefilament）。广义的细胞骨架还包括核骨架（nucleoskeleton）、核纤层（nuclear lamina）和细胞外基质（extracellular matrix）。因此，细胞骨架（cytoskeleton）是指真核细胞中蛋白质纤维构成的网架结构，它充满整个细胞质的空间，与细胞质外侧的细胞膜和内侧的细胞核膜存在一定的结构联系，这种网架结构不仅在维持细胞形态、承受外来压力、保持细胞内部结构的有序性方面发挥重要作用，而且与细胞运动、分裂分化以及物质运输、能量交换、信息传递等生命活动密切相关。

（一）细胞质骨架

1. 微丝

微丝又称为肌动蛋白纤维，是指真核细胞中由肌动蛋白（actin）形成的直径为 5～7 nm 的多聚体螺旋状纤维骨架，呈束状、网状或分散存在于细胞质中。由于肌动蛋白具有收缩功能，因此，微丝也被称为细胞的“肌肉系统”。在哺乳动物和鸟类中已经发现至少有 6 种肌动蛋白异构体，其中 4 种为 α 肌动蛋白，分别为横纹肌、心肌、血管平滑肌和肠道平滑肌所特有，这些肌动蛋白组成细胞的收缩性结构；另外两种为 β 肌动蛋白和 γ 肌动蛋白，存在于所有肌细胞和非肌细胞中。肌动蛋白是一种在进化上十分保守的蛋白，在细胞中有两种存在形式，即球状纤维蛋白（globular actin，G-actin）和纤丝状肌动蛋白（filamentous actin，F-actin），前者是游离状态的单体，后者是纤维状肌动蛋白多聚体。肌动蛋白在肌动蛋白结合蛋白（actin binding protein）的协助下，可以形成多种多样的亚细胞结构，如肌肉肌原纤维、应力纤维等。

微丝的组装受多种因素调节，在大多数细胞中微丝处于一种动态平衡中，不断有新的微丝进行组装，同时也有微丝解聚，以达到维持细胞形态和细胞运动的功能。当肌动蛋白单体结合了 ATP 时，单体间彼此亲和力升高，单体趋向于组装成多聚体。相反，当 ATP 水解成 ADP 后，单体间亲和力就随之下降，多聚体就趋向解聚。微丝的组装及解聚在时空上受到多种肌动蛋白结合蛋白的调节，比如微丝成核蛋白（nucleating protein）可以提高肌动蛋白的聚合效率。

微丝有许多重要的生物学功能，它是微丝细胞骨架的重要组成部分，参与维持细胞的形态，在多数细胞中，细胞内的微丝通过形成细胞皮层（cell cortex）、应力纤维（stress fiber）等结构，为细胞提供了一定的强度和韧性。微丝以多种方式参与细胞的运动，细胞的各种运动如胞质环流、变形运动、细胞的吞饮活动等都与微丝密切相关。微丝参与细胞分裂，在动物细胞有丝分裂末期，胞质分裂（cytokinesis）需要位于质膜下的收缩环（contractile ring）的运动，随着收缩环的收缩，两个子细胞的胞质分离，这个过程中细胞内所产生的收缩环就是由大量平行排列但具有不同极性的微丝组成。微丝参与细胞内的物质运输，在微丝结合蛋白介导下，可与微管一起作为运输轨道进行细胞内物质运输，如小鼠黑色素细胞中的黑色素颗粒的运输即依赖于肌球蛋白。微丝参与细胞内的信号传导，可以作为一些信息传递的介质，如细胞外的某些信号可以通过细胞膜，进而作用于膜下微丝，引起肌动蛋白的结构变化，从而启动细胞内的信号转导过程，同样，细胞内的信号也可以通过该途径传递到细胞膜。此外，微丝还参与肌肉收缩以及受精作用等生命活动。

2. 微管

微管是由微管蛋白（tubulin）组成的中空管状结构，具有一定的刚性和弹性，在生物进化上可能是最稳定的蛋白分子之一。微管在维持细胞形态、参与细胞运动方面有着重要作用，因此被称为细胞的“骨骼系统”。微管在形态上呈管状纤维结构，在细胞内呈网状或束状分布。微管与微丝一样，是一种动态结构，能快速完成组装与去组装。微管的平均外径约为 24 nm，内径约 15 nm，长度变化较大，多数细胞中微管的长度只有几微米，但在有些细胞中，如中枢神经系统运动神经元的轴突中微管的长度可达几厘米。微管由微管蛋白亚基组成，微管蛋白亚基包括α微管蛋白(α-tubulin)、β微管蛋白(β-tubulin)及最新发现的γ微管蛋白，γ微管蛋白只占微管蛋白总含量的不到1%，但对微管的功能有重要影响。细胞中α微管蛋白和β微管蛋白常以二聚体形式存在，这种αβ微管蛋白异二聚体(heterodimer)是细胞内游离态微管蛋白的主要存在形式，也是微管装配的基本结构单位。微管原丝由αβ微管蛋白异二聚体首尾相接组成，微管壁由13根微管原丝排列构成。在细胞内，微管可装配成单管(singlet)、二联管(doublet)及三联管(triplet)。此外，细胞内还存在一些微管附属结构，这些附属结构的主要功能是调节微管装配、增加微管的稳定性和强度、在细胞内沿微管转运囊泡和颗粒以及作为细胞外信号的靶位点参与信号转导。

微管的组装和去组装是一种高度有序的过程，通过组装与去组装改变微管在细胞内的结构与分布，靠这种灵活多变的特性行使其功能。微管的组装受温度、Ca^{2+}浓度、压力以及时间和空间的控制。此外，一些药物对微管的组装也有明显的影响，如秋水仙素、长春花碱等能使微管解聚，紫杉酚能促进微管的组装并稳定已经组装好的微管。目前普遍认为，微管组装的动态调节遵循非稳态动力学模型(dynamic instability model)，微管的组装过程不断地在延长和缩短两种状态中转变，表现为动态不稳定性。

微管是普遍存在于真核细胞中的多功能细胞器，而且各种细胞在不同的生理状态下，微管的功能也不一样。微管在大多数真核细胞内构成细胞的支架，参与细胞结构和形态的维持，如在体外培养的神经元细胞，其轴突的延伸依赖微管，用秋水仙素等方法处理细胞，微管就会解聚，随之细胞变圆，失去原来的形态。微管还参与维持细胞膜内细胞器的空间分布及其移动，为细胞器的移动提供轨道，如驱动蛋白与内质网膜结合，沿微管向细胞的外周伸展分布。微管参与细胞内物质的运输，细胞内各类小泡、色素颗粒等的定向运输与微管密切相关。微管参与细胞内信号传导，微管在细胞内分布广泛，已经证明微管参与JNK、Wnt、ERK及PAK蛋白激酶信号通路。微管参与染色体的运动并调节细胞分裂，细胞分裂过程要求染色体准确地分配给每一个子细胞，微管可以为染色体的运动提供准确的路线。此外，微管还与细胞运动有着密切关系，纤毛、伪足等运动器官均由微管参与构成。

3. 中间纤维

中间纤维又称为中间丝，因其直径介于微丝和微管之间，故称其为中间丝。微管和微丝都是由球形蛋白装配而成，而中间纤维由长的杆状蛋白装配而成。中间纤维的成分比微丝和微管复杂，有组织特异性，类型复杂多样。根据中间纤维蛋白的氨基酸序列、组装特性等，将其分为六大类，分别是Ⅰ类酸性角蛋白，Ⅱ类中性和碱性角蛋白，Ⅲ类波形纤维蛋白、结蛋白、胶质纤维酸性蛋白、神经中间纤维蛋白，Ⅳ类神经元纤维蛋白，Ⅴ类核纤层蛋白，Ⅵ类巢蛋白。中间纤维蛋白具有相似的分子结构，具有共同的特点，即都是由头部、杆状区和尾部三部分组成。中间纤维结合蛋白(intermediate filament associated protein，IFAP)是一类在结构和功能上与中间纤维密切相关，但其本身并不参与中间纤维的构成。

中间纤维的装配是一个比微丝和微管的组装更复杂的过程，首先是在两个中间纤维蛋白的螺旋区形成双股超螺旋，再由两个双股超螺旋形成四聚体，目前认为四聚体可能是细胞质中间纤维蛋白组装或解聚的最小单位，然后四聚体之间再首尾相连，形成一条原纤维，最后由8条原纤维相互作用共同构成中间纤维。中间纤维蛋白游离的单体较少，细胞内的中间纤维蛋白绝大部分被组装成中间纤维。研究表明，中间纤维的装配与去装配也是动态的，其装配与温度和蛋白浓度无关，也不需要 ATP 或 GTP。

目前，对中间纤维的功能研究的还不够全面。中间纤维是起主要支撑作用的细胞骨架成分，使细胞具有张力和抗剪切力。中间纤维与 mRNA 的运输有关，胞质内的 mRNA 与纤维蛋白的结合可能与其在细胞内的定位相关。中间纤维参与细胞分化，如胚胎发育和上皮细胞分化，研究表明胚胎细胞能根据其发育的方向调节中间纤维蛋白的表达。此外，中间纤维还参与细胞内信息传递，中间纤维网络跨越了细胞外基质、质膜及细胞核骨架，因此，在细胞内形成一个穿膜信息通道。

（二）细胞核骨架

近年来，在真核细胞的细胞核中发现了一个新的骨架系统，即核骨架（nuclear skeleton）。核骨架是细胞核内主要由非组蛋白构成的三维纤维网架体系。狭义的核骨架是指核内基质，广义的核骨架还包括核纤层、核孔复合体及染色体骨架。

1. 核基质

核基质（inner nuclear matrix，inner mucleoskeleton）是指真核细胞的细胞核依次去除膜脂、可溶性蛋白、染色质后所剩下的以非组蛋白为主的网架结构。核基质的主要成分为非组蛋白，还含有少量的 RNA 和 DNA。核骨架蛋白主要包括 DNA 拓扑异构酶 II（DNA topoisomerase Ⅱ）、核基质蛋白（nuclear matrix）、附着区结合蛋白（attachment region binding protein，ARBP）等。最近还发现了一些核骨架结合蛋白，包括转录因子、酶、受体和供体等。分离的核骨架中还残留有少量的 DNA，即核骨架结合序列，约占总 DNA 的 3%。核基质参与维持细胞核的形态结构，而且还参与 DNA 复制、基因表达、染色体构建等细胞生命活动。

2. 染色体支架

关于染色体支架存在与否，目前尚有争议，有些研究认为染色体支架等同于核骨架，目前越来越多的研究支持染色体支架的存在。染色体支架的主要成分是非组蛋白，这类蛋白可以与特定的 DNA 序列结合。染色体支架的功能主要是参与染色体的构建以及 DNA 的复制、调控相关基因的转录等。

3. 核纤层

核纤层（nuclear lamina）是位于紧贴内层核膜下，由纤维蛋白构成的网状结构，与中间纤维及核内骨架有着密切联系。核纤层由核纤层蛋白（lamin）构成，哺乳动物和鸟类有三种核纤层蛋白，即核纤层蛋白 A、B、C。哺乳动物核纤层蛋白可以装配成二聚体蛋白。核纤层蛋白参与维持细胞核的形态，还参与染色质和细胞核的组装等。

第二节　物质的跨膜运输

细胞膜是细胞与外环境之间的一种选择性通道，不仅负责进出细胞的物质运输，还行使着信号传递、细胞识别等多种复杂功能。物质主要通过三种方式进出细胞：被动运输、主动运输及胞吞和胞吐作用，物质的跨膜运输对细胞的生存和生长十分重要（图 1-3）。

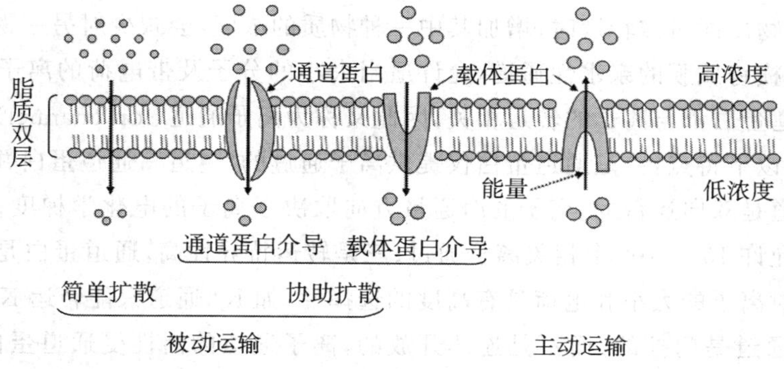

图 1-3 物质跨膜转运的主要途径和机理

一、被动运输

被动运输(passive transport)是指金属离子及小分子等物质由高浓度向低浓度的跨膜运输,主要包括简单扩散(simple diffusion)和协助扩散(facilitated diffusion)两种方式。被动运输是顺浓度梯度方向进行的物质转运,没有能量消耗。

(一)简单扩散

简单扩散又称为自由扩散(free diffusion),是指疏水小分子或不带电荷的极性小分子的最简单的跨膜运输方式。这种运输方式要求被运送的物质必须满足两个条件:一是溶质在膜两侧保持一定的浓度差,二是溶质必须能透过膜。运输速率主要与该物质的膜内外浓度梯度、分子大小及脂溶性等相关,浓度差越大,分子越小,脂溶性越强,穿膜速度越快。一些小分子物质如 CO_2、O_2、NO 及 H_2O 以及脂溶性物质如醇、苯等都是通过简单扩散进行跨膜运输。

(二)协助扩散

协助扩散也称促进扩散或易化扩散,是指各种极性分子及无机离子在膜转运蛋白协助下顺浓度梯度或电化学梯度的跨膜运输方式。这种转运方式虽不需要消耗细胞的能量,但需要特定膜蛋白的协助,因此称为协助扩散。协助扩散可以在两个方向上同时进行同一物质的跨膜运输,净通量的方向由物质在膜两侧的相对浓度决定。这种物质运输方式转运特异性强,运输速率也很快。

细胞膜上镶嵌有一些与物质运输有关的蛋白质,这类蛋白称为膜转运蛋白(membrane transport protein)。每种膜转运蛋白一般只负责一种特定物质的跨膜运输。膜转运蛋白主要分为两大类:载体蛋白(carrier protein)和通道蛋白(channel protein),其中载体蛋白既可以介导主动运输又可以介导被动运输,而通道蛋白只能介导被动运输。

载体蛋白在高浓度一侧与被运输物质结合,结合后的载体蛋白发生构象改变和易位(沿细胞膜平面翻转 180°),构象改变后载体蛋白与被结合物质的亲和力下降,随之被转运物质在细胞膜的另一侧被释放,通过这种方式将被运输物质从膜的一侧转运到另一侧。一些亲水性的物质如葡萄糖、氨基酸、核苷酸及细胞代谢物等就是通过载体蛋白的介导进行协助扩散。以载体蛋白介导的协助扩散具有以下特点:一是特异性,即载体蛋白与被转运物质的特异性结合;

二是可饱和性，当膜载体蛋白全部结合了被转运物质时，运输量达到饱和；三是竞争抑制性，当两种结构相似的物质同时被转运时，增加其中一种物质的浓度，会减少对另一物质的转运量。

通道蛋白是横跨质膜的亲水性通道，允许适当大小的分子及带电荷的离子顺浓度梯度通过，因为这些通道蛋白都与离子的转运相关，因此又称为离子通道(ion channel)。通道蛋白对离子的转运具有以下特点：一是通道蛋白仅提供离子通过的“隧道”，通道蛋白并不直接与被转运离子结合，通道是双向运行的，离子的净通量方向取决于离子的电化学梯度；二是转运速度快，每秒钟可以允许 10^6～10^8 个相关离子通过；三是转运特异性高，通道蛋白是跨膜转运的选择性离子通道，对离子的大小和电荷具有高度的选择性，如 K^+ 通道只能转运 K^+，而 Na^+ 不能通过；四是离子通道是门控的，而不是连续开放的，离子通道的活性受通道蛋白的构象决定。只有在膜电位改变或受到化学信号等的刺激时，跨膜离子通道才会开启。离子通道主要有以下三大类：一是配体门控通道(ligand-gated channel)，当细胞内或细胞外的相应配体与膜上的通道受体结合后，就可以因其通道蛋白的构象改变，将通道打开，允许特定离子通过；二是电压门控通道(voltage-gated channel)，即通过膜电位的改变影响通道内的带电基团的构象，从而控制通道的开关，主要有 Na^+、K^+、Ca^{2+} 等离子通道；三是应力激活通道(stress-activated channel)，通过应力影响通道蛋白改变构象，从而允许离子通过，如内耳听觉毛细胞顶部的听毛就具有应力激活通道，通过这种通道产生电信号，将声波信号传递给听觉神经元。

最近又发现了负责水分子高效跨膜转运的水通道蛋白，将其命名为水孔蛋白(aquaporin, AQP)。目前发现的哺乳动物水通道家族蛋白已有 11 个成员(AQP0～AQP10)，其中对 AQP1 研究的比较清楚，是一个四亚基复合体，每个亚基的中央有一个只允许水分子通过的微孔。AQP1 对水分子通透的选择性主要与其亚基上微孔的直径以及微孔内溶质结合位点相关。目前认为水通道是一个持续开放的膜通道蛋白，转运过程不需要消耗能量，转运的方向由膜两侧的渗透压差决定。水通道广泛存在于上皮细胞核内皮细胞的细胞膜上，参与机体的多种生理功能，如尿浓缩、保持水盐代谢平衡等。

二、主动运输

主动运输(active transport)是指由载体蛋白介导的逆浓度梯度或化学梯度将小分子物质从浓度低的一侧转运到浓度高的一侧的跨膜运输方式。主动运输具有以下特点：一是运输的方向是由低浓度一侧向高浓度一侧，如真核细胞胞外的 Ca^{2+} 浓度比胞内高上万倍，这种细胞内外浓度的高度差异就是通过主动运输实现的，以保证细胞的正常生命活动；二是膜转运蛋白依赖性，如 Na^+ 的主动跨膜运输需要一种被称为 Na^+ 泵的膜转运蛋白的参与；三是消耗能量，或直接利用 ATP 水解释放的能量，或与某种释放能量的过程偶联在一起。根据动物细胞主动运输过程中利用能量的方式，可将其分为 ATP 驱动泵和协同运输两种主要类型，前者由 ATP 直接提供能量，后者由 ATP 间接提供能量。

(一)ATP 驱动泵

ATP 驱动泵具有 ATP 酶的活性，可以将 ATP 水解成 ADP＋Pi，从而提供能量，驱动离子或小分子逆浓度梯度或电化学梯度进行跨膜运输。根据泵蛋白的结构和功能，可将 ATP 驱动泵分为四类：P-型离子泵、V 型离子泵、F 型质子泵和 ABC 转运体，前三种仅转运离子，最后一种主要转运小分子。

1. P-型离子泵(P-class ion pump)

P-型离子泵是位于真核细胞质膜上的穿膜蛋白,主要负责阳离子的跨膜运输。由于在运行过程中,都需要水解 ATP,形成磷酸化中间体,用“P”表示磷酸化,因此将这类蛋白称为 P-型离子泵。这类离子泵具有 2 个含有 ATP 结合位点的大亚基(α 亚基),通常还两个起调节作用的小亚基(β 亚基)。动物细胞内的 Na^+-K^+ 泵、Ca^{2+} 泵、H^+-K^+ 泵等都属于 P-型离子泵,具有代表性的是 Na^+-K^+ 泵。

Na^+-K^+ 泵又称为 Na^+-K^+ ATP 酶,是由两个 α 亚基和两个 β 亚基组成的异四聚体蛋白。α 亚基是跨膜蛋白,在膜的内侧具有 ATP 结合位点,α 亚基在胞质面有 3 个 Na^+ 高亲和结合位点和在膜外表面有 2 个 K^+ 的高亲和结合位点。β 亚基是具有组织特异性的糖蛋白,主要功能是协助内质网中新合成的 α 亚基正确折叠,也是 α 亚基维持酶活性的必要条件。

Na^+-K^+ ATP 酶通过磷酸化和去磷酸化发生构象的变化,导致其与 Na^+ 和 K^+ 的亲和力发生变化,从而实现两种离子的转运。每个循环消耗一个 ATP 分子,泵进两个 K^+ 的同时泵出 3 个 Na^+。大致过程如下:在细胞质中 α 亚基与 3 个 Na^+ 结合,激活其 ATP 酶活性,在分解 ATP 的同时,α 亚基被磷酸化,构象随之发生改变,使 Na^+ 的结合的部位转向膜外侧,此时 α 亚基对 Na^+ 的结合力降低,对 K^+ 的亲和力升高,因此将 Na^+ 释放到细胞膜的外侧,之后 α 亚基就结合 2 个 K^+,与 K^+ 的结合促使 α 亚基去磷酸化,α 亚基的构象恢复原状,K^+ 的结合部位转向膜的胞质一侧,并失去对 K^+ 的亲和力,将 K^+ 释放到细胞质内,完成一个循环。

Na^+-K^+ 泵使细胞吸收 K^+ 排出 Na^+,有利于维持细胞内的渗透压,保持细胞的体积。此外还可以维持低 Na^+ 高 K^+ 的细胞内环境,维持细胞的静息电位。

2. V-型质子泵(V-class proton pump)

V-型质子泵主要指存在于动物细胞溶酶体膜上的一类具有 ATP 酶活性的转运蛋白,也存在于某些分泌质子的特化细胞如肾小管上皮细胞的质膜上。V-型质子泵由多个亚基构成,水解 ATP 产生能量,但不发生自身磷酸化,主要负责将 H^+ 从胞质基质中转运到溶酶体等细胞器中。

3. F-型质子泵(F-class proton pump)

F-型质子泵主要存在于动物细胞线粒体内膜上,使 H^+ 顺浓度梯度运动,这个过程中释放的能量使 ADP 转化成 ATP,同时进行 H^+ 转运和 ATP 合成。因此,F 型质子泵也被称为 H^+-ATP 合成酶(ATPase),在细胞能量转换中起重要作用。

4. ABC 转运体(ABC transports)

ABC 转运体是一大类以 ATP 提供能量的运输蛋白,广泛分布于原核及真核细胞,形成一个庞大的 ABC 超家族(ABC superfamily)。每种 ABC 转运体只转运一种或一类底物,哺乳动物中已发现 50 多种不同的 ABC 转运蛋白。主要负责转运离子、氨基酸、核苷酸、多糖、多肽甚至小分子蛋白质,还可以催化脂质双分子层的脂分子在两个分子层之间翻转,对膜的发生和功能维护具有重要意义。

(二)协同运输

协同运输是指由 Na^+-K^+ 泵与载体蛋白共同作用,靠间接消耗 ATP 所完成的主动运输。

这种主动运输的能量不是由 ATP 直接提供，二是靠消耗储存在膜两侧离子梯度中的势能来完成。动物细胞的协同运输是利用细胞膜内外的 Na^+ 浓度差中储存的势能来完成，根据物质被运输的方向与离子沿浓度梯度的转移方向，可分为共运输(symport)和对向运输(antiport)。

1. 共运输

共运输是指物质被转运的方向与离子移动方向相同的跨膜运输。如动物小肠细胞对葡萄糖的吸收就是伴随着 Na^+ 同时进入，细胞内的钠离子又被钠钾泵排出到细胞外，细胞内始终保持较低的钠离子浓度，形成电化学梯度，储存能量。载体蛋白一次运输可以运送 2 个钠离子和 1 个葡萄糖分子通过细胞膜进入细胞质。每一种载体蛋白专一地运送一种糖或氨基酸等分子进入细胞。

2. 对向运输

对向运输指物质跨膜运输的方向与离子移动的方向相反。如动物细胞通常利用 Na^+-H^+ 交换载体(Na^+-H^+ exchange carrier)，通过对向运输的方式来转运 H^+ 以调节细胞内的 pH，在这个过程中 Na^+ 顺浓度梯度流进，而 H^+ 被泵出细胞，两种物质的运动方式相反。还有一种调节细胞内 pH 的方式是 Na^+ 驱动的 Cl^--HCO_3^- 交换器，需要用到细胞中的阴离子载体蛋白。在这个过程中，Na^+ 与 HCO_3^- 的进入伴随着 Cl^- 和 H^+ 的排出。在 pH 升高时，它的活性增加，排出 HCO_3^-，交换 Cl^- 进入细胞，使细胞内 pH 降低。

三、胞吞和胞吐

大分子和颗粒物质通过细胞膜包围形成囊泡，通过囊泡的形成和融合来完成运输过程，故被称作小泡运输(vesicular transport)，又称批量运输(bulk transport)。包括胞吞作用和胞吐作用。

(一)胞吞作用

细胞质膜内陷将外来的大分子或颗粒物质包围形成小囊泡并转运到细胞内的过程称为胞吞作用(endocytosis)。根据胞吞作用对向的大小、状态机特异性，将其分为三大类：吞噬作用、胞饮作用及受体介导的胞吞作用。

1. 吞噬作用

吞噬作用主要是指某些特定的免疫相关细胞捕获较大的颗粒物质或大分子物质时，细胞膜凹陷，将颗粒包裹后，转运到细胞内，吞噬过程中细胞膜形成的小泡称为吞噬体(phagosome)或吞噬泡(phagocytic vesicle)。中性粒细胞、单核细胞及巨噬细胞等都具有吞噬功能，对颗粒物质的吞入是由质膜下微丝和结合蛋白的介导。这几种细胞广泛分布于动物体内，对入侵机体的病毒和细菌等微生物具有清除作用，对机体自身的代谢物如衰老死亡的细胞也具有清除作用。

2. 胞饮作用

当胞吞作用吞入的物质为液体时，称为胞饮作用(pinocytosis)。当胞外的溶质达到一定浓度时，可通过胞饮作用被摄入细胞内，这个过程中所形成的小囊泡的直径小于 150 nm，小囊的形成受网格蛋白及结合素蛋白的介导。根据细胞外物质是否吸附在细胞表面，将胞饮作用分为两种类型。一种是液相内吞(fluid-phase endocytosis)，这是一种非特异性的固有内吞作用，通过这种内吞作用，细胞把细胞外液及其中的可溶物吞入细胞内。另一种是吸附内吞（absorption endocytosis），细胞外大分子或小颗粒物质先以某种方式吸附在细胞表面，因此具有一定的特异性。如小肠上皮细胞、血管内皮细胞等具有吞饮作用。

3.受体介导的胞吞作用

通过与细胞膜表面特定受体结合，摄取细胞外蛋白、多糖或其他化合物的过程，称为受体介导的胞吞作用（receptor-mediated endocytosis）。因此，这种吞饮作用对摄入小泡的物质具有选择性，因此摄入的特异性强，效率更高。动物细胞对许多重要物质的吸收都是通过受体介导的胞吞作用来完成，包括多种蛋白质、生长因子、铁及维生素 B_{12} 等。如动物细胞对卵黄蛋白的摄入过程，需要卵黄蛋白首先结合到细胞表面的受体，然后质膜凹陷将形成的卵黄蛋白及受体复合物包裹，形成小泡，随后小泡脱离细胞膜进入胞质，完成吞饮作用。此外，动物细胞通过受体介导的胞吞作用获取所需的大部分胆固醇。

（二）胞吐作用

将细胞内的分泌泡或其他膜泡中的物质通过质膜运输到细胞外的过程称为胞吐作用（exocytosis），是指大分子或颗粒状物质由细胞内排到细胞外的过程，分为连续性分泌和调节型分泌两种。连续性分泌（constitutive secretion）又称固有分泌，存在于所有真核细胞中，指分泌蛋白在内质网合成后，转运到高尔基复合体，并在此形成分泌泡，分泌泡与质膜融合，将分泌物排出细胞外。分泌的物质主要用于质膜的更新，包括膜脂、膜蛋白、胞外基质、营养及信号分子等。调节型分泌（regulated secretion）主要存在于特化的分泌细胞，分泌的蛋白合成之后被储存在分泌囊泡中，只有当细胞受到相应胞外刺激信号后，才启动胞吐过程。这种分泌方式只存在于分泌激素、酶、神经递质的细胞内，如血糖升高后，细胞会发出信号释放胰岛素，从而降低血糖。

第三节 细胞信号转导

细胞内部各项功能的运作不仅依赖跨膜运输提供物质与能量，还需要细胞内外进行信号的传输，以有效控制及协调细胞内外及细胞间的行为，对于细胞的增殖、分化及细胞识别黏附等生理功能有着重要作用。细胞的信号传输一般包括信号的合成与释放、信号运输、信号识别、胞内信号转导等步骤，从而引发细胞内部的生理生化反应。

一、细胞通讯与细胞识别

（一）细胞通讯

细胞通讯（cell communication）是指一个细胞发出的信号通过介质传递给另一个细胞，并与该细胞上的受体相互作用，使其对信号产生相应的应答。细胞通讯有三种方式：一是接触性依赖的通讯，实现通讯的两个细胞直接接触，通过两个细胞表面的跨膜蛋白实现信号的传输；二是间隙连接通讯，由连接蛋白构成的细胞间隙连接广泛存在于脊椎动物细胞间，相邻细胞通过这种细胞间连接实现代谢偶联或电偶联通信；三是通过分泌化学信号进行通讯，指细胞释放信号分子，并通过信号分子将信息传递给其他细胞，这是多细胞生物普遍采用的通讯方式。

根据所分泌的化学信号的运输和作用方式不同，可将其分为四类：一是内分泌（endocrine），这种信号分子分泌后通过血液进行运输，对机体各处位置较远的靶细胞发挥作用，这种作用方式具有低浓度、全身性、长时效的特点；二是旁分泌（paracrine），指分泌的信号分子通过细胞间液扩散作用于邻近的靶细胞，包括各类细胞因子和气体信号分子；三是自分泌（autocrine），指细胞分泌的信号分子作用于细胞自身，其传递介质为胞液，这类作用方式常见于癌变的细胞；四是化学突触（chemical synapse），如神经递质由突触前膜释放后，经突触间隙扩散到突触后膜，通过突触后膜上门控通道将化学信号重新转为电信号，然后作用于特定的靶细胞。

（二）细胞识别

细胞识别（cell recognition）是指细胞通过其表面的受体与胞外的信号分子特异性的相互作用，进而导致细胞内发生一系列的生理生化反应，最后表现为细胞整体的生物学效应的过程。细胞识别是细胞发育和分化过程中一个十分重要的环节，如细胞通过识别作用和黏着形成不同类型的组织。细胞识别是通过各种不同的信号通路实现的，细胞接受外来信号，通过一系列的反应，将胞外信号转换成胞内信号，导致细胞应答反应，这个过程称为细胞信号通路（signaling pathway）。

二、细胞信号转导

细胞外的信号（通常被称为第一信使）如光、电、力、化学分子、激素等与细胞表面受体作用，并通过受体将细胞外的信号传递到细胞内，进一步通过细胞内的第二信使影响细胞内发生相应功能变化的一系列过程称为信号转导（signal transduction）。

（一）细胞的信号分子和受体

1. 信号分子

细胞可以接收多种多样的信号分子（signal molecule），信号分子有多种分类方法。根据信号分子的理化特性，可以将信号分为物理信号和化学信号，其中物理信号包括光、热、电流、力等，化学信号包括短肽、氨基酸、核苷酸、脂类及胆固醇衍生物等。根据信号分子的溶解性特点，可以将其分为水溶性信号分子和脂溶性信号分子，其中水溶性信号分子包括神经递质、细胞因子和水溶性激素等，这类信号分子不能穿过靶细胞的细胞膜，只能与膜表面受体蛋白结合，经特定的信号转换机制，通过细胞内的第二信使（如 Ca^{2+}、cAMP 等）或激活膜受体的激酶活性（如酪氨酸激酶），从而引起细胞的应答反应；脂溶性信号分子包括甾类激素和甲状腺素等，这类信号可以直接穿过细胞膜进入靶细胞，与胞内受体结合形成激素-受体复合物，调节基因表达。此外，根据信号产生和作用的方式，还可以将其分为内分泌激素、神经递质、局部化学介导因子和气体分子等。信号分子有以下三个共同特点：一是特异性，即只能与细胞上特定的受体结合，产生特定效应；二是高效性，少量信号分子即可产生明显的生物学效应；三是被灭活性，信息传递完成后，即可通过降解或修饰等方式使其失去生物学活性。

2. 受体

受体（receptor）是一类能识别和选择性结合某种配体（信号分子）的大分子物质，多为糖蛋白。配体（ligand）泛指各类信号分子，或能与受体结合并产生效应的物质。受体一般至少具有两个功能区：与配体结合的区域和产生效应的区域。受体与配体的结合具有特异性（specificity)、饱和性(saturation)、高亲和力(high affinity binding)及可逆性(reversibility)等特点。根据受体在靶细胞上的位置,可以将其分为两类:膜受体(membrane receptor)或细胞表面受体(cell surface receptor)和胞内受体(intracellular receptor)。

细胞表面受体位于细胞膜上,主要是同大的信号分子或小的亲水性的信号分子相互作用。细胞表面受体大约包括 20 个家族,目前研究的比较完整的有受体酪氨酸激酶(tyrosine kinase,trk)、G 蛋白偶联受体(G-protein coupled receptor)、细胞因子受体(cytokine receptor)、配体门控通道(ligand-gated ion channel)、鸟苷酸环化酶受体(guanylyl cyclase receptor)、受体 S/T 激酶(receptor serine/threonine kinase)、肿瘤坏死因子受体(tumor necrosis factor receptor family)、toll 样受体(toll like receptor)、hedgehog 受体(hedgehog receptor)、notch 受体(notch receptor)等。

根据在细胞内的位置,胞内受体又可分为胞质受体和核受体。胞内受体主要是同脂溶性的小信号分子作用,如甾类激素和甲状腺素。其中糖皮质激素和盐皮质激素的受体位于细胞质中,而维生素 D_3 等的受体位于细胞核内。此外有些受体可同时在细胞质及细胞核中存在,如雌激素受体及雄激素受体等。

(二)细胞内受体介导的信号传递

细胞内的受体在与脂溶性的信号分子结合后,形成受体配体复合物,作用于特异的基因调控序列,启动基因的转录及表达。胞内信号分子有甾类激素及 NO 等。

1. 甾类激素介导的信号转导

甾类激素相对分子质量为 300 u,是一类亲脂性的小分子,可以通过简单扩散进入细胞内,这类激素通常表现为影响细胞分化等长期的生物学作用。甾类激素诱导的基因活化分为两个阶段,即初级反应阶段和次级反应阶段。在初级反应阶段,甾类激素直接激活少数基因的转录,作用迅速;在次级反应阶段,由初级反应阶段的基因产物再活化其他基因,产生延迟的次级反应,对初级反应起放大作用。如类固醇激素可以通过扩散穿过细胞膜进入细胞,与胞质溶胶中的受体结合,导致抑制蛋白与受体解离,从而暴露出受体上与 DNA 结合及激活基因转录的位点,形成激素-胞浆受体复合物,形成的复合物发生构象改变后进入细胞核中,与核内受体结合成激素-核受体复合物,此复合物附着在染色体的特定位置,与基因增强子区域结合,启动受激素调节的 DNA 转录过程,促进 RNA 的形成,而后 RNA 进入胞浆,合成特定酶蛋白分子,使靶细胞的代谢发生相应的改变,发挥激素的生理效应。

2. NO 介导的信号转导

NO(nitric oxide)是一种在体内产生的气体性信号分子,它以自由基的形式形成细胞独特的信号通路。NO 可以迅速地穿过细胞膜作用于邻近的细胞,因此可以实现细胞与细胞间的信号扩散。血管内皮细胞和神经细胞是 NO 的生成细胞,在这些细胞内以 L 精氨酸为底物,由 NO 合成酶(nitric oxide synthase)催化,并由 NADPH 作为电子供体,生成 NO 和 L 瓜氨酸。NO 没有专门的储存及释放机制,靶细胞内 NO 的含量直接与其合成相关。如血管内皮细胞上的乙酰胆碱受体受到信号分子刺激被活化后,通过提高胞内 Ca^{2+} 浓度激活胞内的 NO 合成酶,合成的 NO 可以扩散到邻近的平滑肌细胞内,并通过一系列反应引起血管平滑肌的舒张,从而增加局部的血液供给。

(三)细胞表面受体介导的信号传递

亲水性的化学信号分子一般不能直接进入细胞,而是通过与细胞膜表面的受体相互作用,进行信号传导,从而引发靶细胞的生物学效应。根据信号转导机制和受体蛋白的差异,可以将其分为三大类:离子通道偶联的受体介导的信号转导、G-蛋白偶联的受体介导的信号转导和酶联受体介导的信号转导。

1. 离子通道偶联的受体介导的信号转导

离子通道型受体是一种同时具有受体和离子通道功能的蛋白质分子,属于化学门控通道,所接受的信号分子多为神经递质,受体被激活后,可以引起离子的跨膜运输,产生电效应,改变细胞膜的兴奋性。具有如下特点:一是受体同时又是离子通道,离子通道复合体由 4 次跨膜或 6 次跨膜的蛋白质组成;二是跨膜信号转导无需中间环节;三是这种受体主要存在于神经细胞或其他可兴奋细胞间的突触信号传递;四是具有选择性,即受体对配体的特异性选择及通道激活后对通过的离子具有选择性。如烟碱样乙酰胆碱受体(nAchR)、γ-氨基丁酸受体(GABAR)和甘氨酸受体等都是离子通道偶联受体。甘氨酸受体是中枢神经系统中一种重要的抑制性受体,是由 3 个 α 亚基和 2 个 β 亚基组成的五聚体,每个亚基都是四次跨膜蛋白。甘氨酸是中枢神经系统中重要的抑制性神经递质,它与甘氨酸受体 α 亚基上的配体结合位点结合后,引起受体蛋白的构象改变,开启受体内部的氯离子通道,发挥其抑制作用。

2. G-蛋白偶联受体介导的信号转导

鸟苷酸结合蛋白统称为三聚体 GTP 结合调节蛋白(trimeric GTP binding regulatory protein),简称 G 蛋白,广泛存在于真核细胞内,位于质膜的胞质侧,由 α、β、γ 三个亚基组成,其中 α 和 γ 亚基通过脂肪酸链共价结合在细胞膜上。G 蛋白在信号转导过程中具有分子开关的作用,当 α 亚基与 GDP 结合时处于关闭状态,当 α 亚基与 GTP 结合时处于开启状态。G 蛋白偶联型受体也被称为蛇形受体,一般由单一的多肽链或相同的亚基组成,为 7 次跨膜蛋白,位于胞外的结构域负责识别信号分子并与之结合,胞内结构域则与 G 蛋白偶联。受体与配体结合后,进而激活 G 蛋白,通过与 G 蛋白偶联调节相关酶的活性,在酶的作用下产生细胞内第二信使,从而将胞外信号跨膜传递到胞内。G 蛋白的效应蛋白比较复杂,所激活的效应蛋白的种类取决于细胞的类型和 α 亚基的类型,包括离子通道、腺苷酸环化酶、磷脂酶 C、磷脂酶 A2 及磷酸二酯酶等。这里主要介绍以 cAMP 为第二信使的信号通路(图 1-4)。

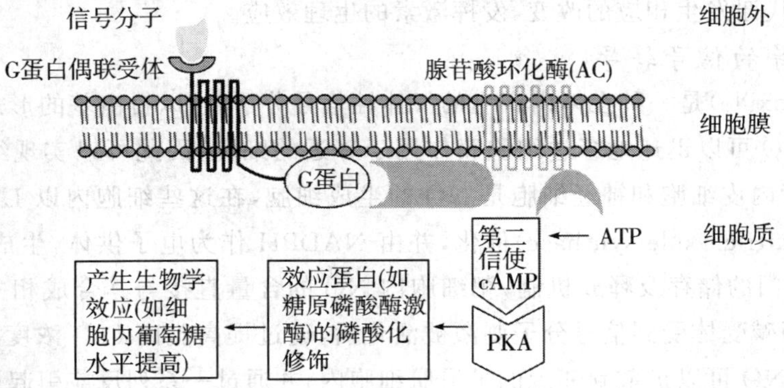

图 1-4　蛋白偶联受体介导的信号传导示意图

细胞外信号分子和相应受体结合，导致胞内第二信使 cAMP(环腺苷酸)的水平变化，从而引起细胞反应的信号通路。cAMP 信号通路主要包括以下组成成分：一是 G 蛋白偶联受体，包括激活型激素受体(Rs)或抑制性激素受体(Ri)；二是调节蛋白(G 蛋白)，包括活化型调节蛋白(Gs)或抑制型调节蛋白(Gi)；三是腺苷酸环化酶(adenylatecyclase，AC)，是 12 次跨膜的膜整合蛋白，分子质量 150 ku，它的氨基端和羧基端都朝向细胞质，在胞质面有两个催化结构域，AC 是 G 蛋白的效应蛋白，在 Mg^{2+} 或 Mn^{2+} 存在的情况下，腺苷酸环化酶催化 ATP 生成 cAMP；四是蛋白激酶 A(protein kinase A，PKA)，由两个催化亚基和两个调节亚基组成，在没有 cAMP 时，以钝化复合体形式存在，cAMP 与调节亚基结合，改变调节亚基的构象，使调节亚基和催化亚基解离，释放出催化亚基，活化的催化亚基可使细胞内某些蛋白的丝氨酸或苏氨酸残基磷酸化，改变这些蛋白的活性，进而影响到相关基因的表达；五是环腺苷酸磷酸二酯酶，可降解 cAMP 生成 5′-AMP，起终止信号的作用。

由肾上腺素诱导的肝糖原降低的信号途径就是 cAMP 为第二信使的信号通路。动物受到惊吓等应激之后，会增加肾上腺素的分泌量，进而导致肝糖原分解，血液中葡萄糖水平随之增加。当位于肝细胞质膜上的肾上腺素受体与肾上腺素结合后，激活受体，活化的受体与调节蛋白(G 蛋白)的 α 亚基结合并活化 α 亚基，活化的 α 亚基与 βγ 亚基解离，活化的 α 亚基与另外两个亚基分别或共同作用于 AC 并激活 AC，活化的 AC 催化产生第二信使 cAMP，cAMP 与胞内的 PKA 作用并使之活化，活化的 PKA 使糖原磷酸酶激酶发生磷酸化而被激活，促进糖原分解为葡萄糖，同时活化的 PKA 还可以使糖原合成酶磷酸化而失活，抑制糖原合成，从而共同提高葡萄糖水平。在这种情况下，cAMP 还可以同时调节降解糖原的相关基因的表达。环腺苷酸磷酸二酯酶可以特异性的水解 cAMP，灭活第二信使，终止对基因表达的信号调节。

3. 酶联受体介导的信号转导

酶偶联受体又称催化受体，受体本身具有酶的活性。这类受体具有与 G 蛋白受体完全不同的分子结构和特征，跨膜信号转导过程也不需要 G 蛋白的参与，也不产生第二信使。酶联受体都是跨膜蛋白质，N 端位于细胞膜外面的区域具有配体结合位点，C 端位于细胞质内的区域含有特异的酪氨酸激酶的活性。通常为一条链一次跨膜的糖蛋白，接受配体后构象发生变化而导致二聚化被激活，启动下游信号转导。根据酶的催化特点可以分为受体酪氨酸激酶、酪氨酸激酶连接的受体、受体酪氨酸磷脂酶、受体丝氨酸/苏氨酸激酶、受体鸟苷酸环化酶等。

目前，对于受体酪氨酸激酶(RTK)的信号途径研究的最清楚。受体酪氨酸激酶是胰岛素和多种生长因子等的受体，是细胞表面一大类的受体家族，具有自磷酸化特性。RTK 既是受体又是酶，能与可溶性的或膜结合的多肽和蛋白类激素配体结合，并把靶蛋白的酪氨酸残基磷酸化。RTK 的主要功能是控制细胞生长和分化，而不是调节细胞内的代谢。RTK 在与其配体如神经生长因子(RGF)、表皮生长因子(EGF)及血管内皮生长因子(VEGF)等结合后，导致 RTK 构象变化，形成 RTK 二聚体，二聚体内的 RTK 相互磷酸化被激活，磷酸化的酪氨酸残基可被含有 SH2 结构域的生长因子受体结合蛋白(Growth factor receptor binding protein 2，GRB2)所识别并与之结合，在鸟苷酸交换因子(SOS)的帮助下，生长因子受体结合蛋白的 SH3 结构域可以通过 SOS 的桥梁作用与 Ras 蛋白连接，并使 Ras 发生 GDP/GTP 交换，激活 Ras，活化的 Ras 诱发激酶磷酸化级联放大反应，使有丝分裂原活化蛋白激酶(MAPK)被激活，MAPK 被激活后可以转位进入细胞核，磷酸化核内的一些转录因子如 c-fos、c-Jun、Elk-1、c-myc 和 ATF2 等，从而参与细胞增殖与分化的调控。

（四）细胞表面的整联蛋白介导的信号传递

整联蛋白（integrin）是细胞表面的跨膜蛋白，是由 α、β 亚基组成的异二聚体，胞外段可以和多种细胞外基质组分（分布于细胞外表面的蛋白和多糖）结合。整联蛋白的主要功能是介导细胞附着并提供细胞外环境调控细胞内环境的渠道，在细胞内外信号转导中起着十分重要的作用。整联蛋白可与不同配体结合，介导细胞与基质、细胞与细胞之间的黏着。整联蛋白识别的主要部位是配体上的 RGD 三肽（Arg-Gly-Asp）结构。黏着斑是细胞通过肌动蛋白纤维和整联蛋白与细胞外基质之间的连接方式。黏着斑不仅具有维持细胞机械结构的功能，还具有信号传导功能。由黏着斑中整联蛋白介导的信号通路有两条：一是由细胞表面到细胞核的信号通路，即 Src 激酶和 FAK（黏着斑激酶）的活化，以 Ras 蛋白为分子开关，沿 MAPK 级联反应途径传递生长促进信号进入细胞核，激活有关生长增殖的基因转录；二是由细胞表面到细胞质核糖体的信号通路，使得某些特殊核糖体被优先利用，导致特定 mRNA 被优先翻译，指导合成细胞 G1 期至 S 期所需特定蛋白质。

第四节　细胞的兴奋性与生物电现象

一、细胞的兴奋性

（一）兴奋性

在 20 世纪中后期，生理学家用两栖类动物做实验时，发现某些组织在从机体上分离下来之后，仍能在短时间内维持一定的生命现象。比如，当这些组织受到适当的外界刺激后，可以出现一些特定的应答反应或功能改变。生理学最早对兴奋性的定义就是指这些组织或细胞对外界刺激做出反应的能力。例如，把蟾蜍的腓肠肌和支配它的神经由体内剥离出来后，在神经游离端一侧轻轻地触动或以适当的电流刺激神经，经过一个极短的潜伏期后，就可以观察到肌肉出现一次快速的缩短和舒张；把类似的刺激直接作用于肌肉，也可以引起收缩反应。而且上述反应可以重复出现，这就是神经和肌肉组织具有兴奋性的有力证明。

几乎所有的组织细胞对外界的刺激都可以表现出不同程度的反应，生理学上把某些对外界刺激比较敏感的细胞称为可兴奋细胞或可兴奋组织，如神经细胞、肌细胞等。可兴奋细胞处于兴奋状态时，都有一个共同的早期反应，即受刺激处的细胞膜两侧出现一个特殊形式的电位变化，这就是动作电位。现代生理学将可兴奋细胞接受刺激后产生动作电位的能力称为兴奋性（excitability）。

（二）刺激引起兴奋的条件

外界环境中各种理化因素的改变都会对细胞产生刺激，但不一定所有的刺激都能引起细胞兴奋或出现动作电位。刺激能否引起细胞兴奋取决于 3 个条件：刺激的强度、刺激的持续时间、刺激的持续时间-强度的变化率。兴奋性的高低通常用使细胞发生兴奋所需的最小刺激量来衡量，称为阈刺激。在测定兴奋性时，常把刺激强度和刺激持续时间固定一个，多数情况下是固定刺激持续时间，然后测定能使细胞发生兴奋的最小刺激强度，称为阈强度。因此，阈强度是衡量兴奋性的指标。

（三）组织兴奋性的变化

组织的兴奋性并不是一成不变的，不同组织间兴奋性的高低有差异，同一组织在不同生理状态下的兴奋性也不同。比如钙离子、pH 及温度等的变化都可以引起组织兴奋性的变化。在细胞发生动作电位的过程中，细胞的兴奋性会经历有一定规律的变化，然后恢复正常。兴奋性的一个周期变化可依次分为以下几个时期：绝对不应期、相对不应期、超长期和低常期。绝对不应期(absolute refractory period)也叫有效不应期，在这个时期无论施以多大的刺激强度，都不能引起第二次兴奋，其兴奋性下降到零，阈强度无限大。相对不应期(relative refractory period)指从绝对不应期到动作电位恢复初始值的时期，这个阶段细胞的兴奋性逐渐恢复，但阈强度仍然大于正常值。超常期指兴奋性轻度增高，阈下刺激也可引起第二次兴奋。低常期指兴奋性低于正常值，需要超过阈值的刺激才能引起兴奋。以上各期的长短，在不同细胞可以有很大差异；一般绝对不应期较短，相当于或略短于前一刺激在该细胞引起的动作电位主要部分的持续时间，如它在神经纤维或骨骼肌只有 0.5～2.0 ms，在心肌细胞可达 200～400 ms；其他各期的长短变化较大，易受代谢和温度等因素的影响。在神经纤维，相对不应期约持续数毫秒，超常期和低常期可达 30～50 ms。

二、细胞的生物电现象

细胞水平的生物电现象主要有两种表现形式，这就是它们在安静时具有的静息电位和它们受到刺激时产生的动作电位。体内各种器官或多细胞结构所表现的多种形式的生物电现象，大都可以根据细胞水平的这些基本电现象来解释。

（一）静息电位和动作电位

由于各种方式的离子跨膜运输，细胞膜内外两侧形成不同离子的浓度差，因而就产生了膜两侧的电位差。在细胞外及细胞内同时插入微电极就可以测量细胞内外的电位差，即膜电位(membrane potential)。静息电位(resting potential)指细胞未受刺激时存在于细胞内外两侧的电位差。静息电位在所有类型的细胞中都存在，细胞膜内为负值，膜外为正值，这种状态称为极化(polarization)，其强度一般在－15～－100 mV 范围内。当膜内负值增大，膜电位绝对值增大，称为超极化(hyperpolarization)；膜内负值减小时，膜电位绝对值减小，称为去极化(depolarization)；细胞受刺激后，先发生去极化，再恢复为安静时膜内负值，形成极化状态，称为复极化(repolarization)。静息电位是稳定的直流电位，不同细胞的静息电位不同，同种细胞的静息电位相对比较稳定，如神经元静息电位为－60 mV。

动作电位(active potential)指可兴奋细胞受到阈值或高于阈值的刺激时，所产生的电位变化。细胞受到刺激后兴奋，膜在静息电位基础上，会经历一次迅速而短暂的膜电位倒转和恢复过程，如神经细胞在兴奋时，其细胞内的电位由静息期的－70～－90 V 迅速转变为＋20～＋40 V，随之又很快出现膜内电压的下降，并逐渐恢复静息时的膜内负电位。神经细胞在一次的兴奋过程中，一次经历了绝对不应期、相对不应期、超常期和低常期四个阶段。

(二)静息电位和动作电位产生的机制

1.静息电位产生的机制

静息电位主要由两个因素决定:一是离子顺浓度梯度的电渗现象形成的扩散电位(diffusion potential);二是 Na^+-K^+ 离子泵导致的膜电位差。由于离子泵的作用,细胞内的 K^+ 浓度约为细胞外的 28 倍,而细胞外的 Cl^- 浓度约为细胞内的 30 倍,胞内高浓度的 K^+ 是由细胞内的 Cl^- 和一些带负电的有机分子如蛋白质所平衡。处于静息状态的细胞内的 K^+ 可以通过细胞膜上开放的许多非门控的 K^+ 通道转移到细胞外,而胞内的阴离子不能通过通道流向细胞外,随着 K^+ 不断地向膜外转移,膜内就剩下了过多的负电荷,形成膜内负电位。因此,静息电位主要是由于胞内 K^+ 外流造成的,细胞膜对 K^+ 的通透性被认为是决定细胞静息电位的最重要因素(图 1-5)。

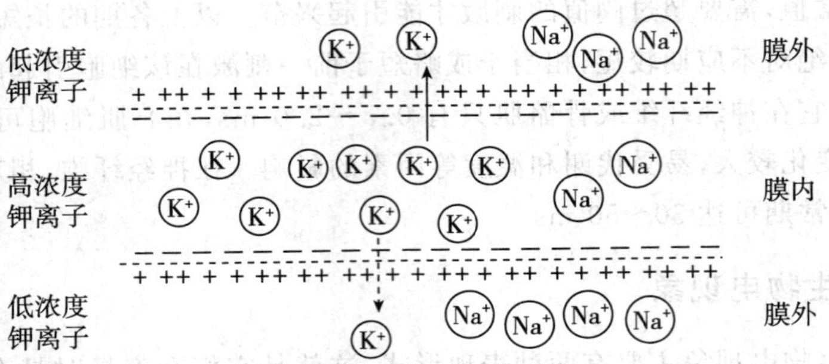

图 1-5 细胞静息电位产生机制示意图

2.动作电位产生的机制

细胞受到刺激后,膜上一些 Na^+ 通道会相应打开,Na^+ 可以顺浓度梯度扩散到细胞内,带正电荷的 Na^+ 中和部分膜内电压负值,导致膜内电位降低,也就是膜的去极化。去极化过程会引起更多的 Na^+ 通道开放,短时间内大量 Na^+ 流入细胞,引起进一步去极化,使膜电位很快发生逆转,变为正电位(约为 40 mV),接近 Na^+ 平衡电位,形成内正外负的膜电压差,因此动作电位的产生是一个级联放大过程。这时几乎所有的 Na^+ 通道都处于开放状态,但这些通道会在极短的时间内关闭,阻止 Na^+ 进一步流入细胞,同时电压门控 K^+ 通道开放,K^+ 顺电化学梯度迅速向细胞外流出,使质膜重新极化,以至于超过原来的静息电位,形成超极化状态。形成超极化状态后,K^+ 通道关闭,膜电位恢复到静息电位。细胞膜电位的变化,对神经元、肌细胞、内分泌细胞和卵细胞等可兴奋细胞有着重要作用,是化学信号及电信号引起的兴奋传递的重要方式(图 1-6)。

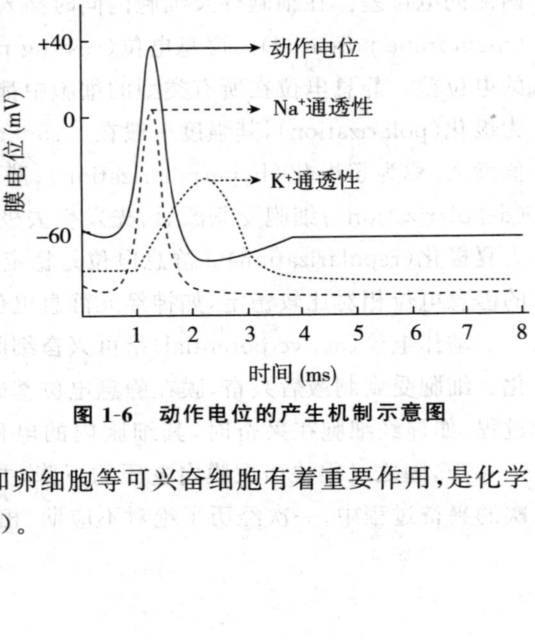

图 1-6 动作电位的产生机制示意图

3. 阈电位和峰电位

当膜电位去极化达到某一临界值时，就会引起膜上 Na^+ 通道大量开放，导致 Na^+ 大量流入膜内而产生动作电位，这个足以引起动作电位产生的膜电位的临界值称为阈电位。动作电位全过程包括峰电位（spike potential）和后电位（after potential）两大部分。峰电位在刺激后几乎立即出现，其幅度为静息电位与超射值之和，并服从“全或无”定律，即动作电位要么不产生，一旦产生就会达到最大值。峰电位持续时间约 0.5 ms，在此期内，神经纤维不再对第二个刺激发生反应，即处于绝对不应期。峰电位过后即为历时较长的后电位：先为负后电位（negative after potential），历时约 15 ms，其幅度约为锋电位的 5%～6%，前半期与兴奋后兴奋性变化周期中的相对不应期相当，其机制同 Na^+ 通道仅部分地恢复有关；后半期大致和超常期相对应，此时膜处于部分去极化状态。然后为正后电位（positive after potential）其幅度仅为峰电位的 0.2%，与低常期同时出现，可能是由于膜在复极化过程中，膜外阳离子暂时性积聚造成的轻度超极化所致。

4. 局部电位

阈下刺激未能使静息电位的去极化达到阈电位，但它也能引起局部膜中所含 Na^+ 通道的少量开放，这是少量 Na^+ 内流造成的去极化和点刺激造成的去极化叠加起来，在受刺激的膜内部出现一个较小的去极化。阈下刺激只能引起细胞微弱的反应，局限于受刺激的局部，不能传向远处，这种反应称为局部兴奋。当一处产生的局部兴奋扩散使邻近处的膜也出现轻度的去极化，同时另一刺激也在该邻近处的膜上产生了局部兴奋，虽然二者单独出现时都不足以引发一次动作电位，但如果在同一部位同时出现时具有叠加效应，便有可能达到阈电位而引发一次动作电位，这称为兴奋的空间性总和（spatial summation）；两个不足以引起动作电位的局部兴奋也可以在膜上的同一点按时间顺序叠加，当前面刺激引起的局部兴奋尚未消失时，与后面刺激引起的局部兴奋发生叠加，也可能足以引起一次动作电位，这称为兴奋的时间性总和（temporal summation）。因此，局部兴奋与峰电位不同，不符合“全或无”定律，而是随刺激强度的增大而增强；局部兴奋也不能在膜上远距离传播，只能扩散到邻近的部位；局部兴奋在相邻时间或空间上具有叠加效应。

（三）动作电位在同一细胞上的传导

膜两侧的溶液都是导电的，在已兴奋的神经段和与它相邻的未兴奋的神经段之间，由于电位差的出现而发生电荷移动，称为局部电流。动作电位在细胞膜的某处产生后，可沿细胞膜传导，无论传导距离多远，其幅度和形状保持不变。无髓神经纤维细胞膜已经兴奋的部位通过局部电流效应，使周围多个方向上未兴奋部位的膜产生兴奋性，直到整个细胞膜都出现动作电位，通过这种方式使整个细胞兴奋。

在有髓神经纤维中，动作电位以另外一种更快的方式传导。有髓神经纤维的轴突外面被一层较厚的髓鞘包裹，髓鞘的主要成分是脂质，因此髓鞘是不导电或不允许带电离子通过的。髓鞘并不覆盖整个轴突，而是间断性的覆盖在轴突上，在两段被覆盖处的中间还有间隙，这种间隙处被称为郎飞氏结，结与结之间的距离为 0.2～2 mm。因此，只有在髓鞘暂时中断的郎飞氏结处，轴突膜才能和细胞外液接触，使跨膜离子移动得以进行。因此，当有髓纤维受到刺激时，动作电位只能在邻近刺激点的朗飞氏结处产生，而局部电流也只能发生在相邻的郎飞氏结之间，其电路要通过髓鞘外面的组织间液介导才能联通，因此，动作电位表现为跨过每一段髓鞘，沿着轴突从一个郎飞氏结"跳"到另一个郎飞氏结，这称为兴奋的跳跃式传导（saltatory conduction）。以跳跃的方式进行传导，一定长度的轴突内需产生动作电位的次数较少，所以有髓鞘轴突中动作电位传导的速度较无髓鞘轴突的传导快。有髓鞘神经纤维及其跳跃式传导是生物进化的产物，高等动物以轴突的髓鞘化来提高传导速度。

第五节 细胞凋亡

动物体内的细胞存在正常的新陈代谢，动物机体需要及时清除正常衰老死亡的细胞，同时也需要清除由于病理损伤而导致的非正常死亡的细胞，这样才能保证整个机体内环境的协调稳定。

一、细胞坏死与细胞凋亡

细胞坏死（necrosis）是指细胞在外界理化因素及生物因素等条件的影响下而产生的快速死亡现象，这些因素包括强酸、强碱、低温或高温、辐射、病原及其毒素等，这种死亡现象是细胞受外界因素影响而产生的被动死亡。细胞凋亡（apoptosis）是指细胞自发的、由细胞自主控制的程序性死亡（programmed cell death，PCD），是受细胞内部基因调控的一种细胞的"自杀"现象。

细胞凋亡与细胞坏死有根本的区别，首先细胞凋亡是一种细胞自身主动的细胞自我毁灭的过程，细胞坏死是由于外界环境因素影响引起细胞损伤而导致的被动死亡。细胞凋亡过程中，整个细胞先降解为由细胞膜包裹的多个凋亡小体，再由周边细胞或吞噬细胞将这些凋亡小体吞噬，在整个过程中，不存在细胞内容物外泄的现象，不会引发机体的炎症反应。细胞坏死则不同，在细胞坏死过程中，首先产生细胞质及细胞器肿胀，然后细胞膜完整性被破坏，细胞内容物释放到胞外空间，从而引发机体的炎症反应。

二、细胞凋亡的机制

Caspase 家族是最近发现的位于细胞质中的一类半胱氨酸蛋白酶，这类酶分子中都拥有 Cys（半胱氨酸）和 Asp（天冬氨酸）残基，其中半胱氨酸是整个酶的活性中心，天冬氨酸残基后的肽键是酶的裂解活性位点。通常细胞凋亡程序启动之后，在后期都会导致 Caspase 家族蛋白酶的激活。该家族蛋白酶是多数细胞凋亡过程中的死亡效应分子，可以特异性的切割细胞质及细胞核内一些蛋白的特定位点，切割后使蛋白活化或失活，最终导致凋亡细胞产生一些特征性的形态学变化。比如核小体 DNA 的片段化就是由于 Caspase 介导的核酸内切酶活化所导致的，活化的核酸内切酶将 DNA 分子切割成特定长度的寡核苷酸分子。同样，Caspase 还会切割降解核纤层蛋白（lamin），进而导致细胞核体积缩小。此外，Caspase 还会切割降解细胞骨架蛋白，如肌动蛋白（actin）和胞衬蛋白（fodrin）等，细胞骨架蛋白的降解会导致细胞形态丧失。

Caspase 可通过外源性途径（受体途径）或内源性途径（线粒体途径）被激活。肿瘤坏死因子(tumor necrosis factor，TNF)受体超家族就是位于细胞膜上的一类“死亡受体”(death receptor)，这类受体包括 CD95(APO-1/Fas)及 TRAIL 受体等，死亡受体被激活后可进一步活化 Caspase-8，活化的 Caspase-8 可以通过切割作用激活后续的效应蛋白 Caspase-3 等，并通过这种方式将凋亡信号放大。线粒体途径可通过释放线粒体内部的凋亡因子到细胞质中而被激活，这些凋亡因子包括细胞色素 C(cytochrome c)、凋亡诱导因子(apoptosis inducing factor，AIF)、Smac/DIABLO 及 Omi/Htr A2 等。一旦细胞色素 C 被释放到细胞质中，就会形成 cytochromec/Apaf-1/caspase-9 凋亡小体复合物，从而激活效应蛋白 Caspase-3；而 Smac/DIABLO 及 Omi/Htr A2 则通过拮抗其他因子对 Caspase 的抑制作用，促进 Caspase 活化。一旦细胞凋亡启动之后，凋亡诱导因子就转移到细胞核中，并以 Caspase 非依赖性的方式诱导大量的 DNA 降解。

三、细胞凋亡的意义

细胞凋亡是机体生长发育过程中极其重要的组成部分。在机体的发育、维持体内细胞稳态、抵御外界因素干扰等方面都有重要作用。通过细胞凋亡可以清除机体内衰老、畸变或已完成生理功能的细胞，也可以通过这种方式完成细胞的新老更替。在胚胎发育过程中，神经系统及免疫系统的发育就是通过先产生大量的相关细胞，然后再通过细胞凋亡的方式消除过量的细胞。细胞凋亡在维持成年动物组织器官的动态平衡过程中起着重要作用，比如在哺乳期过后乳腺的衰退、卵巢滤泡闭锁及产卵后的衰退以及通过使活化的免疫细胞发生凋亡而终止免疫应答等。细胞凋亡在机体抵御微生物感染中也发挥重要作用，通过清除微生物感染的细胞，阻止微生物在机体内的繁殖。此外，细胞凋亡机能紊乱可导致多种病理损伤，细胞凋亡功能减弱可导致细胞癌变及自身免疫病的发生，同样过度的细胞凋亡或不合理的细胞凋亡也会导致疾病发生，如心肌梗塞、糖尿病等。

四、缺氧对细胞的影响

高原气候的显著特征是缺氧、寒冷低温、干燥及强紫外线等，这些因素都会对动物体的生理功能产生影响，其中对动物机体影响最大的是缺氧，缺氧可导致动物中枢神经系统、呼吸系统、循环系统等动物体诸多生理功能的变化，而这一切变化都是通过影响细胞的生理功能而实现的。慢性缺氧时，细胞会通过增加内部线粒体的数量及膜的表面积，同时增强细胞内呼吸链相关酶的活性，从而增强细胞利用氧的能力。严重缺氧时，细胞也可通过增强无氧酵解的方式进行代偿。氧气供应减少会导致细胞内无氧代谢、ATP 含量减少及细胞膜损伤。缺氧引起的细胞损伤主要表现为细胞膜、线粒体及溶酶体等的变化。

(一)细胞膜的变化

1. 钠离子内流和钾离子外流

缺氧会导致细胞膜对粒子通透性增加，Na^+ 顺浓度梯度内流，导致细胞膜快速去极化。同时，为了将细胞内的多余的 Na^+ 及时排出细胞外，细胞内 Na^+/K^+ ATPase 酶的活性增高，从而消耗更多的 ATP，使细胞内的 ATP 浓度降低。细胞在持续缺氧状态下，细胞膜上的 Na^+/K^+ ATPase 酶的 α 亚单位被吞噬进入细胞内的速度加快，导致细胞膜上 Na^+/K^+ ATPase 酶活性降低。因此，细胞内 Na^+ 不能及时排出到细胞外，同时细胞外的 K^+ 也不能转运至细胞内。细胞内 Na^+ 浓度升高导致其渗透压增大，因子水分子由细胞外进入细胞内，导致细胞水肿。

2. 钙离子内流

正常情况下，细胞外 Ca^{2+} 浓度比细胞内高上千倍。缺氧状态下，细胞内 ATP 浓度降低，导致粒子驱动型 ATPase（即离子泵）失活，进而引起细胞膜去极化，同时也引起电压门控钙离子通道（voltage-gated Ca^{2+} channel）失控导致 Ca^{2+} 内流。细胞内 Ca^{2+} 浓度升高会激活 Ca^{2+} 依赖性的磷脂酶及蛋白酶，进而加剧膜的去极化，同时，细胞内电解质的增多，引起细胞肿胀，最终导致细胞坏死。如视网膜缺氧可引起细胞外谷氨酸盐的聚集，进而激活 AMPA 及 NMDA 受体，导致大量钙离子流入细胞内，引起视网膜神经节细胞的死亡。

（二）线粒体的变化

通常情况下，动物细胞线粒体内 F_1F_0-ATPase 是生产 ATP 的位置。然而，在缺氧状态下，细胞内无氧酵解增加，导致细胞内液酸化，这种酸化作用通过 Pi/H^+ 同向转运的方式传导至线粒体基质。为了维持线粒体膜内外的电压，F_1F_0-ATPase 通过主动转运的方式将线粒体基质中的质子泵出，F_1F_0-ATPase 在这个过程中反而成为消耗 ATP 的位置。严重时导致线粒体肿胀、外膜破裂及基质外流等病变。

（三）溶酶体的变化

缺氧时，细胞内磷脂酶活性增强，导致溶酶体膜磷脂降解，使膜的通透性升高。严重时可使溶酶体膨胀、破裂，释放出多种水解酶，不仅会引起细胞自溶，还会扩散至周围组织，引起周边细胞的坏死。

本章思考题

1. 畜禽机体结构和功能的基本单位是 （　　）

A. 细胞　　B. 组织　　C. 器官

D. 系统　　E. 体系

2. 细胞膜静息电位主要是 （　　）

A. K^+ 平衡电位　　B. Na^+ 平衡电位　　C. Mg^{2+} 平衡电位

D. Ca^{2+} 平衡电位　　E. Fe^{2+} 平衡电位

3. 小肠吸收葡萄糖的主要方式是 （　　）

A. 胞吞　　B. 易化扩散　　C. 简单扩散

D. 继发性主动转运　　E. 原发性主动转运

4. 神经元兴奋性突触后电位产生的主要原因是 （　　）

A. K^+ 内流　　B. K^+ 外流　　C. Na^+ 内流

D. Na^+ 外流　　E. Cl^- 内流

5. 生物膜内能调节其相变温度的成分是 （　　）

A. 水　　B. Na^+　　C. 糖类

D. 胆固醇　　E. 膜蛋白

6. 下列不属于细胞膜主要功能的是 （ ）
A. 表面的抗原决定簇，决定了细菌的抗原性
B. 选择性的吸收和运输物质
C. 转运电子
D. 传递信息
E. 参与细菌细胞壁的生物合成

7. 被称为细胞营养物质代谢的场所是 （ ）
A. 细胞壁 B. 细胞膜 C. 细胞质
D. 核质 E. 核糖体

8. Na^{+}由细胞膜浓度高一侧向浓度低一侧的流动，属于 （ ）
A. 简单扩散 B. 易化扩散 C. 主动转运
D. 胞吞 E. 胞饮

9. 细胞释放激素经血液转移到靶细胞的方式为 （ ）
A. 内分泌 B. 旁分泌 C. 自分泌
D. 化学突触 E. 自由扩散

10. 可兴奋细胞兴奋的共有特征是产生 （ ）
A. 神经活动 B. 反射活动 C. 动作电位
D. 静息电位 E. 局部兴奋

国家执业兽医资格考试本章相关内容真题示例

21. 动物进行新陈代谢、生长发育和繁殖分化的形态学基础是 （ ）
A. 细胞 B. 组织 C. 器官
D. 系统 E. 细胞器

注：2010 年全国执业兽医资格考试（基础科目）A1 型题第 21 题，题号未变动。

48. 构成生物膜的骨架是 （ ）
A. 蛋白质 B. 胆固醇 C. 糖聚合物
D. 脂质双分子层 E. 脂蛋白复合物

注：2010 年全国执业兽医资格考试（基础科目）A1 型题第 48 题，题号未变动。

52. 膜生物学功能的主要体现者是 （ ）
A. 膜脂 B. 膜蛋白 C. 膜糖
D. 胆固醇 E. 甘油磷脂

注：2011 年全国执业兽医资格考试（基础科目）A1 型题第 52 题，题号未变动。

21. 粗面内质网和滑面内质网在电镜下的主要区别是根据其表面是否附有 （ ）
A. 中心体 B. 核糖体 C. 溶酶体
D. 微体 E. 高尔基复合体

注：2012 年全国执业兽医资格考试（基础科目）A1 型题第 21 题，题号未变动。

22. 动物小肠黏膜吸收葡萄糖和氨基酸时伴有同向转运的离子是 （ ）
A. 钠离子 B. 钾离子 C. 钙离子
D. 氯离子 E. 镁离子

注:2012 年全国执业兽医资格考试(基础科目)A1 型题第 22 题,题号未变动。

本章参考文献

[1]欧阳五庆.动物生理学.2 版.北京:科学出版社,2012,13-33.
[2]孙镇平.简明动物生理学.北京:中国农业出版社,2004.
[3]杨焕民,计红,甄莉.动物生理学.北京:中国农业出版社,2012.
[4]Karp G.分子细胞生物学.3 版.北京:高等教育出版社,2002.
[5]杨恬.细胞生物学.2 版.北京:人民卫生出版社,2010.
[6]韩榕.细胞生物学.北京:科学出版社,2011.
[7]陈怀涛,许乐仁.兽医病理学.北京:中国农业出版社,2005.
[8]Bruce Alberts et al. Molecular Biology of the Cell 4th. Garland Science,2002.

第二章 血液生理

学习目的和要求

1. 了解血液的组成、理化特性及功能。
2. 熟悉红细胞的生理特性、主要功能和生成的调节。
3. 熟悉血浆蛋白、白细胞和血小板的生理功能。
4. 熟悉机体抗凝与纤维蛋白溶解系统。
5. 掌握生理止血机制和凝血机制。
6. 熟悉血型及输血的原则。

血液(blood)是充盈于心血管系统中的红色流动液体,是由血浆和血细胞组成的。心脏提供动力,使血液不断在心血管系统内循环流动,实现运输氧气、营养物质和代谢废物等生理功能。

第一节 血液概述

一、血液的组成和血量

(一)血液的组成

1. 血液的组成

血液由液体成分的血浆(plasma)和悬浮其中的有形成分—血细胞(blood cell)所组成。血液的组成及主要成分所占百分比如图 2-1 所示。

- 血液(全血)
  - 血浆(50%～60%)
    - 水(90%～92%)
    - 晶体物质(2%～3%)
    - 血浆蛋白(5%～8%)
      - 白蛋白
      - 球蛋白
      - 纤维蛋白
  - 血细胞(40%～50%)
    - 红细胞
    - 白细胞
    - 血小板

图 2-1 血液组成及主要成分百分比

将经过抗凝处理(离体血液中加入抗凝剂,如肝素、草酸钾、柠檬酸钠,混匀)的血液置入离心管中,经离心或静置后,可见血液分为 3 层如图 2-2 所示上层为微黄色或无色的液体部分即为血浆；血细胞则因比重较大而下沉并被压紧，底层为暗红色的红细胞(erythrocyte)；在红细胞层表面上有一薄层灰白色物质，就是白细胞(leucocyte)和血小板(thrombocyte)。

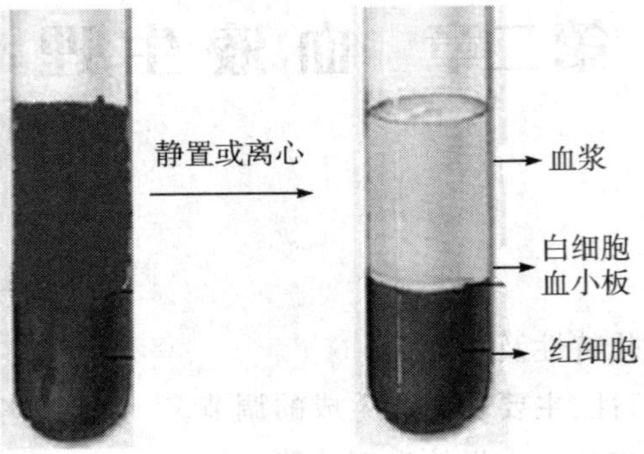

图 2-2 血液的组成

抗凝全血经离心后，测得沉淀压紧的血细胞在全血中所占的容积百分比，称为血细胞比容(hematocrit, Hct)，又名红细胞压积(packed cell volume，PCV)。在血细胞中，由于白细胞和血小板所占容积微小，可略而不计。红细胞压积的测定有助于了解红细胞的增多与减少，当各种原因所致的红细胞绝对值增高时，红细胞压积会有相应的增加；血液浓缩时红细胞压积也会增加，临床上常用于了解脱水家畜的血液浓缩程度。红细胞压积降低与各种贫血有关，因红细胞体积大小的不同，红细胞压积的改变并不与红细胞数量平行，需同时测定红细胞数量和血红蛋白浓度，并用于计算红细胞各项平均值才有参考价值。各种家畜血细胞比容见表 2-1。

表 2-1 不同健康成年动物血液学数值

动物	血量 (mL/kg 体重)	HCT 血细胞比容 (mL/100 mL 全血)	RBC 红细胞数量 (10^{12}/L)	HGB 血红蛋白含量 (g/L)	血沉 (mm/h)	血小板数量 (10^9/L)
马	109.6(赛马)	35(24～44)	7.5(5.0～10.0)	115(80～140)	64	200～900
牛	57.4(奶牛)	35(24～46)	7.0(5.0～10.0)	110(80～150)	0.58	260～710
猪	57	42(32～50)	6.5(5.0～8.0)	130(100～160)	30	130～450
犬	92.5	45(37～55)	6.8(5.0～8.0)	150(120～180)	—	199～577
绵羊	58	38(24～50)	12.0(8.0～12.0)	120(80～160)	0.8	170～980
山羊	70	28(19～38)	13.0(8.0～18.0)	110(80～140)	0.5	310～1 020
猫	66.7	37(24～45)	7.5(5.0～10.0)	120(80～150)	—	100～760
兔	56.4	—	6.9	117(80～150)	—	125～250

(引自陈杰，2003；李鉴轩，1992)

2. 血清和血浆的区别

血液流出血管不经抗凝处理，就会很快凝成血块，随血块逐渐紧缩所析出的淡黄色清亮液体，称为血清(serum)。血清与血浆的主要区别在于血清中没有纤维蛋白原，因为纤维蛋白原已转变成纤维蛋白而留在了血块中。同时，血浆中其他参与凝血的一些因子也会存在于血块中。

制备血浆时，离体血液中加入抗凝剂后，离心沉淀或自然沉淀后除去血细胞即得。制备血清时，不加抗凝剂，让血液自然凝固后渗出的液体，即为血清。开展科研工作时，要根据具体研究目的制备血浆和血清。

（二）血量

动物体内的血液总量，即存在于心血管系统中的全部血液量，简称血量（blood volume）。哺乳动物血量占其体重的5%～10%，每公斤体重有血液50～100 mL，正常成人血量占体重7%～8%，体重60 kg的成人血量4 200～4 800 mL。

血量测定有稀释法、标记红细胞法和电阻抗法等。其中稀释法是先用无害染料伊文思兰制成一定浓度，定量注射入动物静脉，使它在循环血中完全混合，再抽出定量的血液，用比色法测定其在血浆中的浓度，求出被稀释的倍数，即可算出血浆量，并换算各组分含量。实践中可采用半自动生化分析仪来测定，既精确又方便。

常见高原不同健康成年动物的血量见表2-2。

表2-2　高原不同健康成年动物血液学数值

动物	地点	海拔（m）	性别	血量（mL/kg 体重）	HCT 血细胞比容（mL/100 mL全血）	RBC 红细胞数量（10^{12}/L）	HGB 血红蛋白含量（g/L）	血沉（mm/h）	备注
牦牛	西藏那曲	4 500	母	95.05	47.48	8.87	11.86		江家椿，等1991
			公	98.81	51.03	9.5	12.86		
	西藏林芝	2 900	母	77.02	40.41	6.45	9.27	0.31	
			公	80.38	41.68	6.98	9.5	0.48	
黄牛	西藏工布江达	3 600	母			7.15		0.26	江家椿，等1991
			公			7.72		0.42	
绵羊	西藏那曲	4 500	母	91.88	43.64	11.91	12.03		江家椿，等1991
			公	93.88	44.44	12.19	12.64		
	西藏林芝	2 900	母	73.65	35.11	7.62	9.25		
			公	78.26	37.47	8.44	10.05		
山羊	西藏林芝	2 900	母	78.45	31.29				江家椿，等1992
			公	84.27	34.53				
藏猪	西藏工布江达	3 600	母	85.76	36.00	5.29	124.75		强巴央宗，等2011
			公		35.00	5.27	122.9		
长白猪	西藏林芝	2900	母		42.00	6.1	154.07		
			公		42.00	6.05	155.4		
家兔	西藏林芝	2 900	雌雄各半平均值		45.80	6.95	168		徐业芬，等2005

续表 2-2

动物	地点	海拔(m)	性别	血量(mL/kg体重)	HCT 血细胞比容(mL/100 mL 全血)	RBC 红细胞数量(10^{12}/L)	HGB 血红蛋白含量(g/L)	血沉(mm/h)	备注
犬	西藏林芝	2 900	母	58.1	53.20	8.07	17.4	0.7	田发益，等 1996
			公	58.5	53.90	8.25	18.1	1.0	
藏驴	西藏浪卡子	4 453	母			6.56			姜生成，等 1993
			公			6.77			
藏羚羊	青海西宁	2 295	母		49.00	15.17	169.67		王勇，等 2009
			公		52.00	15.8	172		

在安静状态下，血液中的大部分在心血管内循环流动，这部分血液量叫循环血量。另有一部分血液则滞留在肝、肺、脾、腹腔静脉丛和皮下静脉丛等处，这部分流动缓慢、红细胞比容较高的血液量叫贮备血量或贮血量。在激烈运动、大失血、情绪激动或应急状态时贮备血量会释放出来进入心血管成为循环血量，以补充其不足，满足机体此时的需要。

血量是相对恒定的，血量恒定具有重要生理意义，它能充盈于循环系统，维持动物机体正常血压和各器官的血液供应，维持机体生命活动正常进行。如果失血，血量减少，血压下降，血流速度下降，致使器官组织细胞缺血，养料和氧气供应不足、代谢废物蓄积，必定会损害细胞功能。一次失血不超过血量的 10%，一般不会影响正常生理活动，因为所失血液中的水和无机盐可在 1～2 h 内由组织液中得到补充，所失的血浆蛋白在肝脏内加速合成也可在 1～2 d 内复原，所失的红细胞和血红蛋白的复原较慢，人类一般在 1 个月内复原。但是，若是一次急性失血达血量的 20%，生命活动将受到明显影响，倘若一次急性失血超过血量的 30%，则会危及生命，这时就需急救，以输血或输液补充。

二、血液的理化特性

（一）颜色和气味

血液为不透明的红色液体。动脉血中，血红蛋白氧结合量高，呈鲜红色；静脉血中，血红蛋白氧结合量低，呈暗红色。血液中由于存在挥发性脂肪酸，故带有特殊的血臭，即血腥气。又由于血液中含有氯化钠而稍带咸味。

（二）比重

各种家畜的全血比重在 1.050～1.060，其中红细胞比重最大，白细胞和血小板次之，血浆的比重最小，在 1.025～1.030。全血比重的大小主要决定于红细胞比容的高低以及所含血红蛋白的浓度，也与血浆中血浆蛋白质的浓度有关。

（三）渗透压

促使纯水或低浓度溶液中的水分子通过半透膜向高浓度溶液中渗透的力量，称为渗透压(osmotic pressure)。血浆渗透压是晶体渗透压和胶体渗透压两部分的总和，哺乳动物和鸟类的血浆渗透压约为 709 kPa(5 330 mmHg)。血浆渗透压与血细胞的渗透压相等，也与机体各部位体液的渗透压基本相等。

1. 血浆渗透压的组成

(1)晶体渗透压　晶体渗透压是由血浆中的无机盐，主要是氯化钠，还有非电解质的小分子有机物，如葡萄糖和尿素等晶体物质颗粒所形成的渗透压。晶体渗透压约占血浆渗透压的96%，但由于晶体物质的分子小，能够自由出入毛细血管壁，所以，血浆与组织液之间的晶体渗透压相等。

(2)胶体渗透压　胶体渗透压是由血浆蛋白质等大分子胶体物质所形成的渗透压，约占血浆渗透压的4%，白蛋白是主要维持者。

2. 血浆渗透压的生理意义

(1)晶体渗透压　血浆晶体渗透压可以维持细胞内外的水平衡，对保持血细胞的大小、形态和功能具有重要生理意义，例如，血浆晶体渗透压升高，血细胞中水分外移，细胞失水皱缩。

(2)胶体渗透压　血浆胶体渗透压对维持血管内外水平衡有重要生理意义。蛋白质虽然因为分子数量少，所产生的渗透压很小，约 3.3 kPa(25 mmHg)，但是因为蛋白质相对分子量较大，不能透出毛细血管壁，导致血浆胶体渗透压高于组织液的胶体渗透压，这种压差对于维持家畜的水平衡具有重要作用，例如蛋白质长期饥饿或肝硬化时血浆蛋白合成减少，肾脏肾小球肾炎时血浆蛋白流失较多，则导致体内血浆蛋白所维持的血浆胶体渗透压下降出现水肿。

3. 生理溶液

具有与血浆渗透压相等的人工配制的溶液称为生理溶液。0.9%的氯化钠溶液(生理盐水)和5%的葡萄糖溶液的渗透压与血浆渗透压大致相等，故把这些溶液称为等渗溶液。临床采用等渗溶液输液。

高于血浆渗透压的溶液称为高渗溶液；低于血浆渗透压的溶液称为低渗溶液。

(四)黏滞性

液体流动时，由于内部分子间摩擦而产生阻力，表现为流动缓慢、黏着的特性，称为黏滞性(viscosity)。血液的黏滞性为水的4～5倍，血浆为1.6～2.4倍。血液黏滞性的大小，主要决定于红细胞数目的多少和血浆蛋白质的浓度。红细胞数目越多，血浆蛋白质浓度越高，血液黏滞性就越大。

黏滞性增高，血管内血流阻力增大，血流速度减慢，血压升高。黏滞性降低，血流阻力减小，流速增快，血压降低。可见血液的黏滞性在一定程度上也是影响血压的因素之一。

(五)pH

血液呈弱碱性，pH 为 7.35～7.45，平均 pH 存在种间差异，并因动物食性不同而不一样，如马为 7.40，牛为 7.50，猪为 7.47，鸡为 7.42。静脉血比动脉血 pH 略低。家畜 pH 极限在7.00～7.80。血液 pH 的相对恒定主要依赖血液中的缓冲系统(buffer system)。血液中的缓冲系统有：

碳酸氢盐缓冲系统：$NaHCO_3/H_2CO_3$，$KHCO_3/H_2CO_3$

红细胞中的缓冲系统：KHb/HHb，$KHbO_2/HHbO_2$

血浆蛋白质缓冲系统：蛋白质钠盐/蛋白质

磷酸盐缓冲系统：Na_2HPO_2/NaH_2PO_4，K_2HPO_4/KH_2PO_4

血浆中最主要的缓冲对为 $NaHCO_3/H_2CO_3$，当组织酸性代谢产物(如乳酸)大量进入血液时，$NaHCO_3$ 即与之起作用，生成酸性较弱的碳酸和中性乳酸盐，于是酸度降低。如下列化学式所示：

$$HL + NaHCO_3 \rightarrow NaL + H_2CO_3 \rightarrow H_2O + CO_2 \uparrow$$

$NaHCO_3$ 对血液酸碱度的缓冲能力起着重要作用，故常把血液中 $NaHCO_3$ 的含量称为血液的碱储(alkali reserve)。

三、血液的基本功能

1. 运输功能

运输功能是血液的基本功能。

(1)运输 O_2 和 CO_2　将 O_2 从肺运送到各器官，将 CO_2 从各器官运送到肺。

(2)运输营养物质　将由消化道吸收的葡萄糖、氨基酸、脂肪、无机盐和水分等物质依靠血液运输到达全身各组织。

(3)运输代谢产物　将组织代谢产生的代谢废物运输到适当的部位排出，例如运送到肾脏排出尿素、肌酐和无机盐等。

(4)把各种激素从分泌处运送到靶组织、靶细胞　动物机体正是依靠血液的运输功能来保证身体正常代谢的进行。血液的运输功能主要是靠红细胞来完成的。贫血时，红细胞的数量减少或质量下降，从而不同程度地影响了血液这一运输功能，出现一系列的病理变化。

2. 防御功能

机体具有防御或消除伤害性刺激的能力，涉及多方面，血液体现其中免疫和止血等功能。例如，血液中的白细胞能吞噬并分解外来的微生物和体内衰老、死亡的组织细胞，有的则为免疫细胞，血浆中的抗体如抗毒素、溶菌素等均能防御或消灭入侵机体的细菌和毒素。上述防御功能也即指血液的免疫防御功能，主要靠白细胞实现。此外，血液凝固对血管损伤起防御作用。

3. 参与体液调节

动物体内多数激素分泌进入血液后依靠血液输送到达相应的靶器官，使其发挥一定的生理作用。可见，血液是体液性调节的联系媒介。此外，如酶、维生素等物质也是依靠血液传递才能发挥对代谢的调节作用的。

4. 保持内环境稳态

由于血液不断循环及其与各部分体液之间广泛沟通，故对体内水和电解质的平衡、酸碱度平衡以及体温的恒定等都起决定性的作用。

第二节　血　　浆

制备血浆时，离体血液中加入抗凝剂后，离心沉淀或自然沉淀后除去血细胞即得，血浆主要是由水和其中的各种溶质组成，溶质的成分很复杂，除含有血浆蛋白质、脂类、葡萄糖及无机盐外，还含有一些代谢产物，如氨基酸、多肽、乳酸、酮体、尿素、尿酸、肌酸、肌酐、马尿酸、胆色素和氨，还含有 O_2、CO_2 和 N_2 等气体，以及微量的维生素、激素和酶等。

一、血浆蛋白质的种类及功能

在生物化学研究中，用盐析法可将血浆中的蛋白质分为白蛋白、球蛋白和纤维蛋白原三类，其中白蛋白含量最多，球蛋白其次，纤维蛋白原最少。

1. 血浆白蛋白(albumin)

血浆白蛋白又名清蛋白，血浆中含 4%左右，主要由肝脏合成，如果肝脏功能出现损害，则白蛋白/球蛋白(A/G)比值降低或倒置。

血浆白蛋白主要生理功能是：

(1)维持血浆胶体渗透压　血浆白蛋白分子量是血浆蛋白中最小的，但数量是最多的，所以血浆胶体渗透压 80%主要靠血浆白蛋白形成。

(2)组织修补和组织生长的材料　当机体受到损伤时，白蛋白可分解为氨基酸，再合成组织蛋白质。

(3)运输功能　白蛋白能与脂类、类固醇激素等水溶性较低的物质结合，有利于这些物质的有效运输。例如，胆固醇、甘油三酯和磷脂等均可以与白蛋白结合而具有水溶性，使之便于运输。若血液中脂含量过高，则脂类物质会渗透到血管壁而产生粥样物质导致动脉硬化及血管口径变小。

(4)缓冲功能　白蛋白和其钠盐可组成缓冲对，与其他缓冲对一起维持血浆酸碱度。

2. 血浆球蛋白(globulin)

血浆球蛋白成分复杂，用纸电泳法可分为 α_1、α_2、β、γ 球蛋白。

(1)α_1 和 α_2 球蛋白由肝脏合成，α_1 球蛋白可与糖结合形成糖蛋白，α_2 球蛋白可以与维生素 B_{12}、胆色素等多种物质结合形成结合蛋白质。

(2)β 球蛋白由肝脏合成，β 球蛋白主要与脂质结合形成脂蛋白，血液中的脂质大约有 75%是与 β 球蛋白结合。

(3)γ 球蛋白具有酶的活性，还参与抗体的形成。γ 球蛋白参与机体免疫功能，其中 γ 球蛋白几乎全都是免疫球蛋白(immunoglobulin, Ig)，即抗体，基本全是由淋巴细胞和浆细胞合成，已发现 5 类：IgG、IgA、IgM、IgD 和 IgE。大多数新生动物只能依靠吮吸母体初乳获得抗体而被动免疫。

3. 纤维蛋白原(fibrinogen)

纤维蛋白原是由肝脏产生，是血液凝固的重要物质，在凝血酶的催化下转变为纤维蛋白，形成血凝块，起止血和凝血作用。

4. 补体系统

补体并非单一分子，而是存在于血清、组织液和细胞膜表面的一组不耐热的经活化后具有酶活性的蛋白质，包括 30 余种可溶性蛋白和膜结合蛋白，故被称为补体系统(complement system)。补体广泛参与机体微生物防御反应以及免疫调节，也可介导免疫病理的损伤性反应，是体内具有重要生物学作用的效应系统和效应放大系统。

二、血浆中其他物质

1. 脂类

血浆中所含的脂类包括脂肪酸、甘油三酯、磷脂、胆固醇及其他酯等。血浆中脂类代谢的中间产物主要是酮体,血中酮体增多,大量酮体随尿排出,谓之酮尿症。

2. 糖类

血浆中的糖类以葡萄糖为主,称为血糖,直接氧化供给机体代谢活动所需能量,是非反刍动物体内最主要的供能物质。

3. 无机盐

血浆中重要的阳离子有 Na^+、K^+、Ca^{2+} 等,重要的阴离子有 Cl^-、HCO_3^-、HPO_4^{2-} 等。这些无机离子保持一定含量,对于维持神经和肌肉组织的兴奋性、心肌细胞的活动、体液的酸碱平衡和渗透压等起着重要作用。

4. 非蛋白含氮物

血液中除蛋白质以外的含氮物质,叫做非蛋白含氮物(non-protein-nitrogen,NPN)。非蛋白含氮物主要有尿素(urea)、尿酸(uric acid)、肌酸(creatine)、肌酐(creatinine)、氨基酸、氨、肽、胆红素(bilirubin)等物质。这些物质中绝大多数为蛋白质和核酸分解代谢的终产物,可经血液运输到肾随尿排出体外。当肾功能严重受损时,其排泄会受到影响导致在血中浓度升高,这也是血中 NPN 升高最常见的原因。此外,当肾血流量下降,体内蛋白质摄入过多,消化道出血或蛋白质分解加强等也会使血中 NPN 升高,临床上将血中 NPN 升高称之为氮质血症。

第三节 红 细 胞

一、红细胞的形态和数量

1. 红细胞的形态

哺乳动物成熟的红细胞(erythrocyte;red blood cell,RBC)是无核、双凹圆盘形细胞,骆驼和鹿的红细胞呈椭圆形。双凹圆盘形细胞容易变形。红细胞也没有线粒体,它们通过葡萄糖合成能量。

2. 红细胞的数量

红细胞是血细胞中数量最多的细胞,不同家畜红细胞数量不同,同种动物红细胞数量也因品种、年龄、性别、生理状态和生活环境不同而有所差异。高原常见健康动物红细胞数目见表 2-2。

一般影响红细胞数目的因素有:

(1)年龄,壮年家畜比老年家畜红细胞数目高。

(2)性激素,雄性家畜比雌性家畜红细胞数目高。

(3)生理状态,妊娠期红细胞数目相对减少。

(4)生活环境,例如,西藏高原不同海拔地区的牦牛其红细胞数有差异,海拔越高其红细胞数目相对越高。

(5)营养，营养良好家畜比营养不良家畜红细胞数目高。

二、红细胞的生理功能

1. 运输 O_2 和 CO_2

红细胞内充满着丰富的血红蛋白(haemoglobin，Hb)，血红蛋白约占细胞重量的32%，水占64%，其余4%为脂肪、糖类和各种电解质。红细胞的主要功能是运输 O_2 和 CO_2，这项功能是由血红蛋白来完成的。

(1)血红蛋白的结构　每一血红蛋白分子由四条链组成，两条α链和两条β链，每一条链有一个包含一个铁原子的环状血红素。血红素中铁为二价，与氧结合时，其化学价不变，形成氧合血红蛋白，呈鲜红色，与氧解离后带有淡蓝色。血红蛋白容易与氧疏松结合成氧合血红蛋白，在氧分压低时，氧又容易解离而释放出来。

血红蛋白也能与二氧化碳结合成氨基甲酸血红蛋白，或称碳酸血红蛋白，在 CO_2 分压低的环境中，CO_2 又解离释放出来。

血红蛋白还可以与一氧化碳结合，血红蛋白与一氧化碳的亲和力比对 O_2 的亲和力大200余倍，并结合成稳定的一氧化碳血红蛋白，即使浓度很低也能优先和血红蛋白结合，致使通往组织的氧气流中断，造成一氧化碳中毒。

血红蛋白分子结构或合成速率异常均引起疾病，例如，人β链合成不足可以引起β珠蛋白生成障碍性贫血，也叫β型地中海型贫血。本病的分子病理相当复杂，已知有50种以上的β基因突变可导致本病。

(2)血红蛋白的含量　血红蛋白含量以每升血液中含有的克数表示，高原健康成年动物血红蛋白含量值见表2-2。同种动物血红蛋白含量也因品种、年龄、性别、生理状态和生活环境不同而有所差异，在正常情况下，单位容积内红细胞数目与血红蛋白含量的高低是基本一致的。动物如果红细胞数目和血红蛋白含量都减少，或其中之一明显减少，都可视为贫血。也有偏高的情况，血红蛋白偏高的原因有很多，大体上可以分为生理性升高和病理性升高，生理性升高常见于高原动物、胎儿和新生幼畜、剧烈运动、大量出汗、恐惧等情况；病理性升高常见于严重腹泻、慢性肾上腺皮质功能减退、尿崩症、甲状腺功能亢进、心肺疾病、血管畸形等疾病。

2. 调节 pH

血红蛋白及其钾盐构成的缓冲对是调节血液酸碱平衡的重要缓冲物质。

三、红细胞的生理特性

1. 红细胞的渗透脆性

实验证明，如果将红细胞置于低渗溶液中，因水渗入，红细胞膨胀而破裂，血红蛋白逸出并进入血浆，这种现象称为红细胞溶解，简称溶血(hemolysis)。但是，红细胞在渗透压有所降低的溶液中并不一定发生溶血，说明红细胞对低渗溶液的溶解作用有一定的抵抗力。红细胞对低渗溶液的这种抵抗力，称为红细胞渗透脆性(erythrocyte osmotic fragility)或简称脆性。渗透脆性越大说明红细胞越容易发生破裂，一般衰老的红细胞脆性较大。

在体内，溶血可为溶血性细菌或某些蛇毒侵入、抗原-抗体反应（如输入配血不合的血液）、各种机械性损伤、红细胞内在（膜、酶）缺陷、某些药物等引起。溶血性细菌，如某些溶血性链球菌和产气荚膜杆菌可导致败血症。疟原虫破坏红细胞和某些溶血性蛇毒含卵磷脂酶，使血浆或红细胞的卵磷脂转变为溶血卵磷脂，使红细胞膜分解。

2. 悬浮稳定性

红细胞在血浆中保持悬浮状态而不易下沉的特性为悬浮稳定性（suspension stability）。从血管中抽取一定量的血液，经抗凝处理后放入有刻度的血沉管中，直立静置一段时间，可见红细胞因比重较大而逐渐下沉。在单位时间内红细胞下沉的距离，称为红细胞沉降率（erythrocyte sedimentation rate，ESR），简称血沉。常以血沉衡量红细胞悬浮稳定性。不同健康家畜血沉是不同的。

血沉快慢的关键，在于红细胞是否容易发生叠连。所谓叠连，指的是红细胞彼此重叠在一起成串钱状。叠连起来的红细胞与血浆接触的总表面积减小，而单位面积的重量增大，于是血沉加快。凡是影响红细胞叠连的因素，就是影响血沉快慢的因素。

影响红细胞叠连的主要因素在于血浆中。已知血浆中的球蛋白，特别是纤维蛋白原与胆固醇增多时，红细胞叠连增快，血沉加速。血浆中白蛋白与卵磷脂增多时，则起延缓叠连的作用。

3. 可塑变形性

正常红细胞在全身血管中循环运行时，常要挤过口径比它小的毛细血管和血窦间隙，这时红细胞将发生卷曲变形，在通过后又恢复原状，这种特性称为可塑变形性。影响因素有：与表面积/体积成呈相关；与红细胞的黏度呈负相关；与红细胞膜的弹性呈正相关。

四、红细胞的生成与破坏

血液中的红细胞不断进行更新，其生成和破坏保持着动态平衡，所以才能保证红细胞数目的相对稳定。

（一）红细胞的生成

1. 生成部位

动物胚胎期在卵黄囊造血，器官形成后由肝、脾造血，胎儿发育至中后期由骨髓开始造血，哺乳动物出生后，长骨两端、短骨、颅骨、肋骨和椎骨中的红骨髓是正常情况下生成红细胞的唯一器官。随着年龄增长，长骨中的骨干部逐渐变成黄骨髓，失去造血功能。

2. 生成原料

（1）蛋白质　红细胞的主要成分是血红蛋白，而血红蛋白主要由蛋白质组成，所以蛋白质是造血的主要原料。

（2）铁　也是红细胞中血红蛋白的主要成分，红细胞携带氧气和二氧化碳的功能主要依靠二价铁离子来完成。

红细胞生成原料以蛋白质、二价铁离子最为重要，若供应不足或摄取不足，造血发生障碍，出现营养不良性贫血。

（3）叶酸和维生素 B_{12}　是血细胞成熟过程中不可缺少的物质。在合成核酸（尤其是

DNA)中起辅酶作用,可促进骨髓原血细胞分裂增殖。如果体内叶酸和维生素 B_{12} 缺乏,则可引起红细胞分裂和成熟障碍,成熟红细胞数目减少,患巨幼红细胞性贫血。由胃腺壁细胞分泌的内因子参与维生素 B_{12} 吸收,因此,胃切除或萎缩性胃炎会导致胃腺壁细胞受损和内因子缺乏,最终影响维生素 B_{12} 吸收,也会患巨幼红细胞性贫血。

(4)其他 铜离子是合成血红蛋白的激动剂;还有多种激素,如性腺素也是造血过程中不可缺少的物质。

3. 生成过程

各种血细胞都起源于由间充质发生的多能干细胞。由它逐步分化成多种血细胞。血细胞在骨髓中的生成过程可以划分为三个阶段:

(1)第一阶段 多能造血干细胞分化为淋巴系干细胞和髓系干细胞,髓系干细胞又多向分化为各系祖细胞(巨核系祖细胞、粒系祖细胞、红系祖细胞、淋巴系祖细胞)。多能造血干细胞的基本特征有:①细胞数量少,约占骨髓有核细胞总数的千分之一(小鼠);②主要存在于造血组织中,只有少量循环于外周血液;③具有多向分化的能力;④具有自我复制的能力。自我复制和多向分化是两个最基本的特性,是机体保持正常造血功能的主要条件。

(2)第二阶段 红系祖细胞在促红细胞生成素诱导下增殖分化为原红细胞。

粒系祖细胞:动物和人的造血细胞在适当的集落刺激因子作用下,可以在体外琼脂或甲基纤维素培养体系中生成主要由粒系细胞、单核-巨噬细胞或两者混合组成的集落,这种细胞叫做粒系祖细胞或粒细胞-巨噬细胞集落生成细胞。值得注意的是,在这种情况下粒系祖细胞只能分化发育为中性粒细胞或单核-巨噬细胞。此外嗜酸粒细胞和嗜碱粒细胞也有它们各自的祖细胞。

巨核系祖细胞:造血干细胞在向巨核细胞方向分化中,也存在着巨核系祖细胞阶段。体外培养小鼠骨髓细胞,在巨核细胞集落刺激因子的作用下,可产生巨核细胞集落。证明巨核细胞也由相应的祖细胞发育形成。

淋巴系祖细胞:经体外培养初步证明了它们也有祖细胞阶段。B 淋巴系祖细胞和 T 淋巴系祖细胞分别在初级淋巴器官骨髓(鸟类为腔上囊)和胸腺中发育为 B 淋巴细胞和 T 淋巴细胞。小鼠骨髓细胞中不仅存在着多能造血干细胞,而且,还同时存在着髓系干细胞与淋巴系干细胞(尤其是 T 淋巴干细胞)。

(3)第三阶段 原红细胞分裂发育成熟。促红细胞生成素可以影响这些细胞的增殖活动,刺激血红蛋白的合成,并推进向红细胞成熟。1 个原红细胞经过 3～4 次分裂而形成发育成熟的 8～16 个红细胞大约需 5 天时间,人类和多数哺乳动物成熟红细胞的主要特征是无核和高浓度的血红蛋白。

在人医上,抽取正常人的骨髓(存有造血干细胞)给造血或免疫功能低下的病者进行骨髓造血干细胞移植,又称骨髓移植,可在病者体内重建造血和免疫功能。

4. 生成调节

红细胞生成的调节主要受促红细胞生成素(erythropoietin,EPO)的调节,雄激素等也参与其调节过程(图 2-3)。

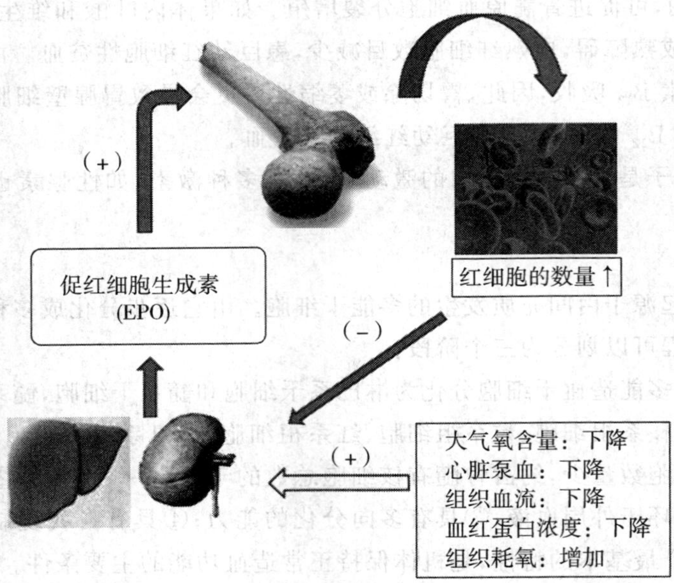

图 2-3 促红细胞生成素调节红细胞生成示意图

促红细胞生成素是由肾脏和肝脏分泌的一种激素样糖蛋白，然后再进入血液中，其会作用在骨髓上，促使红细胞前质物的生成及分化，以增加红细胞的数量。在正常情况下，红细胞生成素的数量并不需要太多就可以刺激骨髓制造红细胞。在贫血和低氧状态时，根据身体组织对氧的需要，促红细胞生成素的供给量将增加。

目前 EPO 已经被证明可以在脑、子宫、肾、肝、实质性肿瘤等中产生。在贫血患者体内，出现先升高后降低的表现。有实验表明，在模拟高海拔低氧情况下，暴露 24 h 后血清中 EPO 浓度存在明显不同的变化。在 1985 年重组 EPO 的出现，使得 EPO 在贫血的治疗中被广泛应用。EPO 是最早发现与低氧有关的基因。刘金凤等选取高海拔低氧环境饲养的藏猪、长白猪为研究对象，利用直接测序法和 PCR-RFLP 分子标记技术对 EPO 基因进行多态性分析，结果表明，藏猪 EPO 基因相对于长白猪存在 16 个转换，1 个 15 bp 片段的缺失，初步推断可能是藏猪属高原猪种，在长期的缺氧环境下导致基因突变。金双等对牦牛 EPO 基因进行克隆测序及多态性分析，发现牦牛与三江黄牛经过长期的遗传分化，在 EPO 基因的核苷酸水平上具有一定的差异。同时，研究还发现随着海拔高度的增加，A 基因频率逐渐升高，BB 型的频率则降低，群体杂合度和多态信息含量也逐渐降低，这种变化可能与牦牛对低氧的适应能力有关。

实验发现阉割后的雄鼠，造血机能下降，注射睾丸酮可刺激红细胞生成，而注射雌激素则无效，说明雄激素可促进红细胞生成素的生成，因此，雄性动物红细胞的数量要比雌性动物多。

红细胞在体内破坏增多时，从细胞内释放出来的产物也能刺激红细胞生成加速。

(二)红细胞的破坏

红细胞主要是因衰老而遭破坏。衰老红细胞的变形能力减退，脆性增大，因而易受血液的机械冲击而破损，容易被吞噬细胞所吞噬。马和牛的红细胞平均寿命约 150 d，猪平均约 85 d。老化的红细胞，主要在脾脏及肝脏的网状内皮系统中破坏分解，血色素变为胆红素、血球蛋白和铁。血浆的颜色就是由胆色素所构成的，因此血色素变为胆红素的这一过程使血浆变为淡黄色，被释出的铁离子大部分都会被保留起来，可利用于血色素的再合成，胆红素与白蛋白结合，运往肝脏，经处理后，以胆汁的形式排出至小肠还原生成胆素原，随粪便、尿液排出体外。同时血球蛋白可转成为氨基酸，利用于蛋白质的再合成。

第四节　白　细　胞

白细胞（white blood cell，WBC）是机体防御系统的一个重要组成部分。它通过吞噬和产生抗体等方式来抵御和消灭入侵的病原微生物。

一、白细胞的形态与数量

（一）形态

白细胞是比红细胞体积大、有细胞核、数目少、比重小的有核血细胞。白细胞无色呈球形。血涂片中白细胞，经复合染料染色后，可根据其形态差异和细胞质内有无特有的颗粒分为两大类五种细胞。颗粒白细胞（粒细胞）中含有特殊染色颗粒，用瑞氏染料染色可分辨出三种颗粒白细胞即嗜酸性粒细胞、嗜碱性粒细胞和中性粒细胞；无颗粒白细胞无细胞质颗粒，但有圆形细胞核，包括单核细胞和淋巴细胞。

（二）数量

白细胞数目的变动，相对而言比红细胞的变动范围要大。高原健康动物白细胞总数和各类白细胞之间数量百分比是相对稳定的，见表 2-3。

表 2-3　高原动物的白细胞数量及各类白细胞的百分比

动物	白细胞数量(10^9/L)	各类白细胞的百分比(%)							文献
		嗜酸性粒细胞	嗜碱性粒细胞	中性粒细胞			单核细胞	淋巴细胞	
				幼年型	杆形核	分叶核			
绵羊	9.23	5.87	0.38	0.37	1.31	29.82	1.87	60.38	家畜生理生化常值测定汇编(一)，1981
山羊	11.87	3.43	0.3	0.34	1.67	37.14	4.93	52.19	
黄牛	9.22	5.47	0.35	0.57	2.05	27.46	5.21	58.89	
牦牛	10.2	8.27	0.47	0.36	1.86	35.64	1.77	51.56	
藏猪	21.74	3.99	0.21	26.44			3.64	65.73	岳敏等，2011
家兔	9.03	35					1.1	67	徐业芬，等 2005
犬	19.1	4.77	0.3	61.9			2.4	29.3	田发益，等 1996
藏驴(公)	12.31	4.5	0.25	27.5			4	63.75	
藏羚羊(公)	4.35								

机体发生炎症或其他疾病都可引起白细胞总数及各种白细胞的百分比发生变化，因此检查白细胞总数及白细胞分类计数成为辅助诊断的一种重要方法。一般白细胞数目增多常见于急性炎症、细菌性感染、严重组织损伤、大出血、中毒和白血病等；白细胞数目减少见于镇痛药、磺胺类药的服用，免疫系统衰弱放，化疗的影响。

二、白细胞的生理功能

白细胞对动物机体主要具有保护防御功能，依据其功能的特点，可将白细胞分为吞噬细胞和免疫细胞两大类。吞噬细胞(phagocyte)主要指中性粒细胞和单核细胞；免疫细胞主要指淋巴细胞。吞噬细胞主要通过吞噬作用来消灭异物，不具有针对某一异物的特异性，故称为非特异性免疫。免疫细胞消灭异物的主要方式是产生抗体和局部细胞反应，都具有针对性很强的特异性，所以称为特异性免疫。

(一)颗粒细胞

1. 中性粒细胞

中性粒细胞吞噬和作变形运动的能力都很强，中性粒细胞内的颗粒为溶酶体，内含多种水解酶，能消化其所摄取的病原体或其他异物。一般一个中性粒白细胞处理5～25个细菌后，本身也就死亡。死亡的白细胞集团和细菌分解产物构成脓液。

2. 嗜碱性粒细胞

嗜碱性粒细胞与肥大细胞结构和功能相似，能释放组胺、过敏性慢作用物质、嗜酸性粒细胞趋化因子A、肝素等活性物质。肝素有抗凝血作用，组织胺可改变毛细血管的通透性，过敏性慢反应物质是一种脂类分子，能引起平滑肌收缩，机体发生过敏反应与这些物质有关。嗜碱性细胞在结缔组织和黏膜上皮内时，称肥大细胞。

3. 嗜酸性粒细胞

嗜酸性粒细胞与过敏反应有关，能抑制嗜碱性粒细胞释放组胺，在患有过敏反应及寄生虫病时其数量明显增加。这类细胞吞噬抗原-抗体复合物的能力较强。具有变形运动能力，它虽含有溶酶体，但缺乏溶菌酶，基本上不具杀菌能力。

(二)无颗粒细胞

1. 单核细胞

单核细胞能分裂增殖，能做变形运动，但吞噬能力很弱。单核细胞在血流中停留2～4 d后，随即进入肝、脾、肺、淋巴结和浆膜腔等部位，转变成巨噬细胞。巨噬细胞的特点是体积增大，溶酶体和溶菌酶增多，吞噬能力大为增强，但增殖能力丧失。因此，将二者合称为单核-巨噬系统，是机体内一个庞大的防御系统。其吞噬对象主要为进入细胞内的致病物，如病毒、疟原虫和细菌等。此外，它还具有识别和杀伤肿瘤细胞，清除衰老与损伤细胞的作用。

2. 淋巴细胞

淋巴细胞在机体特异性免疫过程中起主要作用。所谓特异性免疫，就是淋巴细胞针对某一种特异性抗原，产生与之相对应的抗体或进行局部性细胞反应，以杀灭特异性抗原。血液中淋巴细胞按其发生和功能的差异，分为如下几种。

(1)T细胞　主要参与细胞免疫：这种细胞在血液中占淋巴细胞总数的80%～90%。

T 细胞受抗原刺激变成致敏细胞后，其免疫作用表现以下三个方面。直接接触并攻击具有特异抗原性的异物，如肿瘤细胞，异体移植细胞；分泌多种淋巴因子，破坏含有病原体的细胞或抑制病毒繁殖；B 细胞与 T 细胞起协同作用，互相加强，来杀灭病原微生物。

(2)B 细胞　主要参与体液免疫：当此细胞受到抗原刺激变成具有免疫活性的浆细胞后，产生并分泌多种抗体，即免疫球蛋白，以针对不同的抗原。B 细胞内有丰富的粗面内质网，蛋白质合成旺盛。抗体通过与相应抗原发生免疫反应，抗体能中和、沉淀、凝集或溶解抗原，以消除其对机体的有害作用。

(3)K 细胞　主要杀伤靶细胞：借助抗体与靶细胞接触杀伤靶细胞，杀伤的靶细胞主要是肿瘤细胞、寄生虫细胞。主要特点是细胞表面具有 IgG 的 Fc 受体，当靶器官细胞与相应的 IgG 结合，K 细胞可与结合在靶细胞上的 IgG 的 Fc 结合，从而使自身活化，释放细胞毒素，裂解靶细胞。这种细胞在血液中占淋巴细胞总数的 5%～7%。

(4)NK 细胞　主要具有自然杀伤活性：NK 细胞的杀伤活性无 MHC 限制，不依赖抗体，因此称为自然杀伤细胞(natural killer cell，NK)，不仅与抗肿瘤、抗病毒感染和免疫调节有关，而且在某些情况下参与超敏反应和自身免疫性疾病的发生。这种细胞在血液中占淋巴细胞总数的 2%～5%。

三、白细胞的生成和破坏

(一)白细胞的生成

颗粒白细胞一般在骨髓中由原始粒系祖细胞分化而来；但淋巴细胞除来自骨髓外，还在淋巴组织包括胸腺、淋巴结、扁桃体等产生；单核细胞部分在骨髓，部分在网状内皮系统产生。

(二)白细胞的破坏

成熟白细胞一部分储存于贮血器官中，一部分于循环血液中，粒细胞和单核细胞在血液中只停留几小时或 2～4 d 即进入组织中发挥作用，一般生存时间都比较短。

淋巴细胞，只有几天或几周，记忆细胞寿命则可长达数年。记忆 B 细胞和记忆 T 细胞能长期保持免疫特异性，如果再次接触各自的相应抗原时，就能分别转变为浆细胞和 T 淋巴母细胞。

白细胞的破坏，可因衰老死亡和执行防御功能被消耗而致。有的被网状内皮系统吞噬，有的则通过消化、呼吸、泌尿道排出体外。

第五节　血小板与生理止血机制

一、血小板

血小板(platelets thrombocyte)是从骨髓成熟的巨核细胞胞浆裂解脱落下来的小块胞质。

(一)血小板的形态和数量

循环血液中的血小板形状不规则，无细胞核，它有质膜，没有细胞核结构，体积小于红细胞和白细胞，无色透明、无细胞核、一般呈圆形或杆形小体。

不同动物血小板数量有差异，一般健康马为 20.0 万～90.0 万个/mm^3，牛 26.0 万～71.0 万个/mm^3，绵羊 17.0 万～98.0 万个/mm^3，猪 13.0 万～45.0 万个/mm^3，骆驼 36.7 万～79.0 万个/mm^3，犬 19.9 万～57.7 万个/mm^3，猫 10.0 万～76.0 万个/mm^3，兔 12.5 万～25.0 万个/mm^3。若血小板数量过低，动物体将会出现异常，微小创伤或仅仅血压升高也会使皮肤、黏膜等出现血斑点，人医称为血小板减少性紫癜。人血小板数量正常为 10 万～30 万个/mm^3，若血小板数量过高，易造成血管内栓塞。

（二）血小板的生理特性

1. 黏附与聚集

黏附指血小板易于附着在异物表面。当血管内皮损伤，暴露出内皮下的胶原纤维时，使血小板激活并黏附其上。所谓聚集，是指血小板与血小板相互黏着在一起，聚集成团的现象。

2. 吸附与释放

血小板能吸附血浆中的凝血因子(blood coagulation factor)，使血小板聚集的局部凝血因子的浓度增高，促进凝血反应，血小板还能从血浆中主动吸收 5-羟色胺(5-HT)、儿茶酚胺等，贮存于致密颗粒中。

血小板激活后、可将贮存颗粒中的 ADP、5-HT 和儿茶酚胺等活性物质释放出来。内源性的 ADP 又进一步使血小板聚集，5-HT 和儿茶酚胺使小动脉收缩，均有利于止血。

3. 收缩

血小板内含有血小板收缩蛋白，使血小板具有收缩性，可促使凝血块紧缩、止血栓硬化，加强止血效果。

（三）血小板的功能

血小板的主要功能是参与止血(hemostasis)和加速血液凝固(blood coaguation)。

1. 参与生理止血过程

当血管破损时，血小板受到损伤部位激活因素刺激出现血小板的黏附与聚集，成为血小板凝块，起到初级止血作用，其后通过释放的血管收缩物质、血小板黏聚成团堵塞损伤的血管和促进凝血最终实现止血。

2. 凝血功能

接着血小板又经过吸附和释放作用，产生凝血酶，使邻近血浆中的纤维蛋白原变为纤维蛋白，互相交织的纤维蛋白使血小板凝块与血细胞缠结在血管破裂处加速形成血凝块，即血栓。

3. 对纤维蛋白溶解的作用

当血管损伤部位血栓形成，血液停止流失以后需要防止血栓的无限增大，避免由此而产生的血管阻塞。此时，由血小板所产生的 5-羟色胺等对血管内皮细胞起作用，使其释放纤维蛋白溶酶原激活因子，促使纤维蛋白溶酶形成，进而使血栓中的纤维蛋白溶解。

4. 营养与支持作用

血液在血管中迅速流动有时会损伤血管壁，血小板可从流动状态转而附在内皮细胞表面，两者之间的细胞膜消失，细胞质相互融合，从而使内皮细胞得到修复。

(四)血小板的生成与破坏

1. 血小板的生成

生成血小板的巨核细胞也是从骨髓中的造血干细胞分化发展来的。

2. 血小板的破坏

血小板生存时间很短,在循环血液中平均寿命只 7～14 d,并且只有在进入血液后的最初 2 天具有生理功能。血小板可因衰老而遭破坏或在发挥生理功能中被消耗,衰老的血小板绝大部分是在脾、肝、肺和骨髓内被网状内皮细胞所吞噬。

二、血液凝固

血液离开血管后,很快就由流动的溶胶状态变成不流动的胶冻状凝块,这一过程称为血液凝固(blood coagulation),简称血凝。这是由凝血因子参与的一系列蛋白质有限水解的过程。血液凝固的关键过程是血浆中的纤维蛋白原转变为不溶的纤维蛋白。

(一)凝血因子

血浆与组织直接参与凝血的物质,统称为凝血因子(blood clotting factors)。公认的凝血因子共有 12 种,国际命名法用罗马数字编号,见表 2-4。

表 2-4 凝血因子

编号	同义名	编号	同义名	编号	同义名
因子Ⅰ	纤维蛋白原	因子Ⅴ	前加速素	因子Ⅹ	Stuart-Prower 因子
因子Ⅱ	凝血酶原	因子Ⅶ	前转变素	因子Ⅺ	血浆凝血激酶前质
因子Ⅲ	组织凝血激酶	因子Ⅷ	抗血友病因子	因子Ⅻ	接触因子
因子Ⅳ	钙离子 Ca^{2+}	因子Ⅸ	血浆凝血激酶	因子ⅩⅢ	纤维蛋白稳定因子

凝血因子中,因子Ⅳ是钙离子,其余凝血因子均是蛋白质,其中因子Ⅱ、Ⅶ、Ⅸ、Ⅹ、Ⅹ、Ⅻ均为蛋白内切酶。通常在血液中因子Ⅱ、Ⅸ、Ⅹ、Ⅺ、Ⅻ都是以无活性的酶原形式存在,必须经过激活才具有活性,被激活的酶称为这些因子的活性型,习惯上于该因子代号的右下角标“a”表示,如因子Ⅹa 等。因子Ⅲ是以活性形式存在于血液中。因子Ⅲ正常时只存在于血管外的组织中。因子Ⅱ、Ⅷ、Ⅸ、Ⅹ都是在肝脏合成的,合成时需维生素 K 参与。

(二)凝血过程

凝血过程基本上是一系列蛋白质有限水解的过程,凝血过程一旦开始,各个凝血因子便一个激活另一个,形成一个“瀑布”样的反应链直至血液凝固。凝血过程大致可分为三个阶段(图 2-4)。

第一阶段:凝血因子Ⅹ激活成Ⅹa(活化型),并形成凝血酶原酶复合物。

凝血开始到形成凝血酶之前为止,是由内源性和外源性两个系统组成的。血液与异物表面(血管壁的胶原纤维等)接触时,第Ⅻ因子和第Ⅺ因子就被激活,当第Ⅵ因子被激活后,它再使无活性的第Ⅸ因子活化。另外,血小板也在异物表面上黏着、凝集,并引起血小板变性,释放血小板第Ⅲ因子。紧接着血浆中第Ⅷ因子和钙离子与这些有活性的第Ⅺ因子和血小板第Ⅲ因

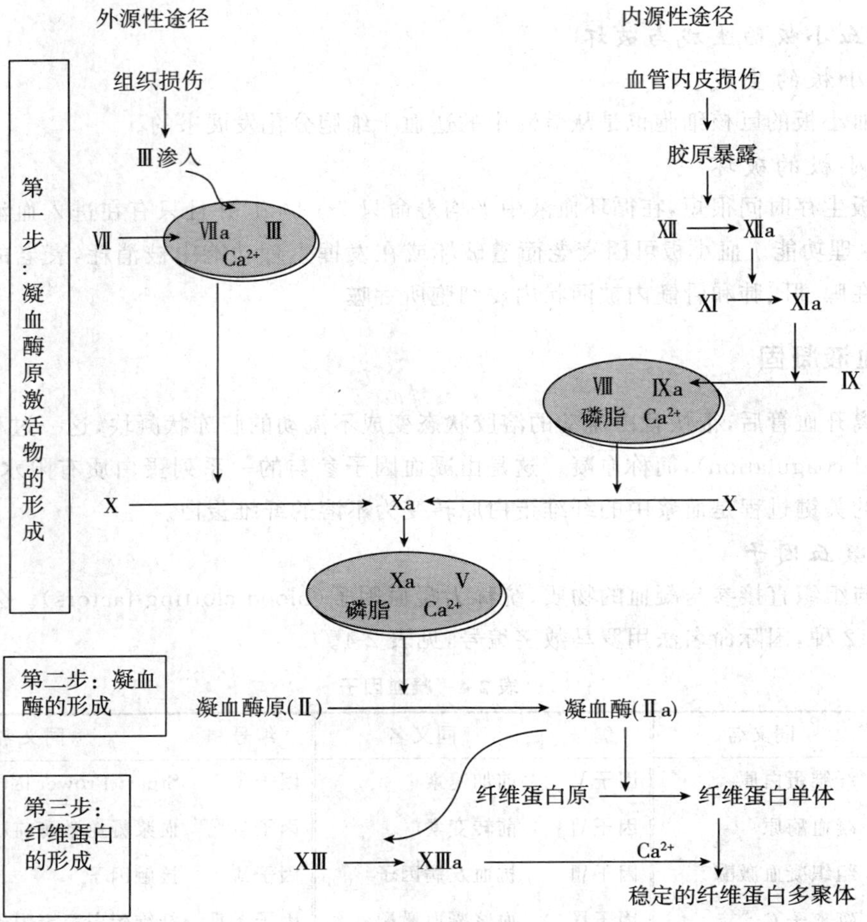

图 2-4 凝血过程示意图

子发生反应，把无活性的第Ⅹ因子激活。第Ⅴ因子再和血小板第Ⅲ因子作用于第Ⅹ因子，使凝血酶原转变为凝血酶。以上为内源性凝血的第一步、第二步的机制，但第一步的反应速度比较缓慢。因子Ⅹ如果完全依靠血浆内的凝血因子逐步使因子Ⅹ激活从而发生凝血的，称为内源性激活途径(intrinsic route)。因子Ⅹ如果是依靠血管外组织释放的因子Ⅲ来参与因子Ⅹ的激活的，称为外源性激活途径(extrinsic route)。

第二阶段：凝血酶原(Prothrombin)(因子Ⅱ)激活成凝血酶(thrombin)(Ⅱa)。

凝血第一阶段中被激活的第Ⅹ因子和第Ⅴ因子以及钙离子作用于凝血酶原使凝血酶原分子中的精氨酸-异亮氨酸的键发生断裂而形成凝血酶。

第三阶段：纤维蛋白原(因子Ⅰ)转变成纤维蛋白(fibrin)(Ⅰa)。

在凝血酶的作用下，纤维蛋白原分子中 α 键与 β 键间的精氨酸-甘氨酸键被断裂，并释放纤维蛋白肽 A 和 B，生成纤维蛋白单体(fibrinmon-omer)。纤维蛋白单体聚合成为不溶性的纤维蛋白多聚体，受凝血酶和钙离子的作用而活化的第Ⅷ因子(转谷氨酰胺酶)再与钙离子共同使纤维蛋白分子中的谷氨酰胺和赖氨酸间产生横键，而形成强固的纤维蛋白块，交织成网状。

三、抗凝血系统与纤维蛋白溶解

(一)血液中的抗凝系统

血液在心血管系统内循环,之所以不发生凝固一方面是因为血管内膜光滑,不出现异物面,凝血因子Ⅻ不可能发生表面激活,血小板的黏附、聚集也不能发生。另一方面,即使血浆中有少量凝血因子成了活化型,也将被稀释,不足以引起凝血反应,并由肝脏清除或被吞噬细胞吞噬。更重要的一个方面是血浆中存在着一些抗凝物质。通常把这些抗凝物质统称为抗凝系统。

现已查明,血浆中最重要的抗凝物质是抗凝血酶Ⅲ(antithrombin Ⅲ)和肝素,它们的作用约占血浆全部抗凝血酶活性的75%。

1. 抗凝血酶Ⅲ

抗凝血酶Ⅲ是血浆中一种丝氨酸蛋白酶抑制物(serine protease inhibitor)。因子Ⅱa、Ⅶ、Ⅸa、Ⅹa、Ⅻa 的活性中心均含有丝氨酸残基,都属于丝氨酸蛋白酶(serine protease)。抗凝血酶 Ⅲ分子上的精氨酸残基,可以与这些酶活性中心的丝氨酸残基结合,这样就"封闭"了这些酶的活性中心而使之失活。

2. 肝素

肝素首先从肝脏发现而得名,是一种酸性黏多糖,主要由肥大细胞和嗜碱性粒细胞产生,它除存在于肝脏外,也存在于肺、血管壁、肠黏膜、心和肌组织中。肝素在体内和体外都具有抗凝作用。肝素是动物体内一种天然抗凝血物质,现在主要从牛肺或猪小肠黏膜提取。

肝素抗凝血作用主要通过:

(1)增强抗凝血酶Ⅲ与凝血酶的亲和力,加速凝血酶的失活。

(2)抑制血小板的黏附聚集。

(3)增强蛋白质C的活性,刺激血管内皮细胞释放抗凝物质和纤溶物质。

蛋白质C是由肝合成的维生素K依赖因子。蛋白质C激活后,在磷脂和Ca^{2+}存在时,灭活凝血因子Ⅴa、Ⅷa;阻碍Ⅹa与血小板上的磷脂结合,削弱Ⅹa对凝血酶原的激活作用;刺激纤溶酶原激活物释放,增强纤溶酶活性,促进纤维蛋白溶解。

(二)纤维蛋白溶解

凝血过程中形成的纤维蛋白,在一定条件下又可以发生溶解的过程,称为纤维蛋白溶解(fibrinolysis),简称纤溶。

基本过程可分为纤溶酶原的激活与纤维蛋白和纤维蛋白原的降解两个阶段:

1. 纤溶酶原的激活

纤溶酶原很可能是在肝、骨髓、嗜酸性粒细胞和肾组织中合成,在激活物的作用下成为纤溶酶。

2. 纤维蛋白与纤维蛋白原的降解

纤溶酶是血浆中特异性很小而活性甚强的蛋白酶。它的主要作用是水解纤维蛋白原和纤维蛋白。除此之外还能水解其他一些蛋白质,如凝血酶、凝血因子Ⅴ和Ⅷ;激活因子Ⅻa;也能促进血小板的聚集和释放5-羟色胺,ADP等;还能激活血浆中的补体系统。纤溶酶对纤维蛋白的作用是水解纤维蛋白与纤维蛋白原分子中肽链上各部位的赖氨酸—精氨酸键，从而将纤维蛋白与纤维蛋白原分子分割成很多可溶性的小肽。这些可溶性的小肽，总称为纤维蛋白降解产物。纤维蛋白降解产物一般不能再出现凝固，其中一部分有抗血凝作用。

3. 抑制物及其作用

血浆中存在的纤溶抑制物主要是抗纤溶酶（antiplasmin），其特异性也不大。

四、促进和延缓血液凝固

（一）促凝

（1）机体受创伤出血时，使血液与粗糙面接触，这样既可促进凝血因子Ⅻ的激活，又可促进血小板聚集、解体并释放凝血因子，加速凝血反应的进程。提高创口部位的温度可以加快酶促反应的速度，也能加速血凝。所以，临床上用棉花球、明胶海绵、温热生理盐水浸渍的纱布按压创口，可收到良好的止血效果。

（2）维生素 K 在肝脏内参与凝血酶原和凝血因子Ⅶ、Ⅸ、Ⅹ等的合成过程，有加速凝血和止血的间接作用。

（二）抗凝

1. 移除血浆中的钙离子

钙离子几乎参与血液凝固的整个过程，在血液中加入草酸盐、柠檬酸钠、EDTA 时，之所以有抗凝作用，就是由于钙离子被除去的缘故，因为分别生成了草酸钙、柠檬酸钠钙、EDTA 螯合钙。但是草酸钙有毒，故常用作血液化验时的抗凝剂；柠檬酸钠无毒害作用，常做输血时的抗凝剂。

2. 去除纤维蛋白

用粗糙表面物（如小束木条）不断搅动血液，可使纤维蛋白原转变成纤维蛋白，除去纤维蛋白的血液不会凝固，但是这种方法会损伤红细胞。

3. 低温延缓凝血

较低的温度可使凝血过程中酶促反应减慢，使血凝延缓。

4. 血液与光滑面接触

避免与粗糙面接触，如容器内预先涂一层石蜡，可因凝血因子Ⅻ的活化延迟等原因而使血凝延缓。

5. 肝素

在有抗凝血酶Ⅲ存在时，肝素对凝血过程各阶段都有抑制作用。无论在体内或体外它都是很强的抗凝剂（anticoagulation），并具有用量少，对血液影响小，保存性好等优点。

6. 双香豆素

在肝脏合成凝血酶原和其他凝血因子（如Ⅶ、Ⅸ和Ⅹ因子）时，需有维生素 K 存在，由于双香豆素的化学结构和维生素 K 相似，与之竞争，阻抑肝脏对维生素 K 的利用，故可干扰肝脏对凝血因子的正常合成，而起抗凝血作用。

草木樨属植物含有无毒的香豆素，但在潮湿与发热状态下，草木樨干草不仅产生霉变，而且其中的香豆素也转变成了双香豆素。若果牛、羊采食过多这些饲料会引起肌肉、皮下、腹腔广泛出血，最后家畜终因遍及全身的大面积出血而死亡。对于那些怀胎的牛羊，双香豆素可渗入到它们的全身组织，尤其是对将要临产的牛羊，常常在生仔羔时引起大出血，很多小牛或小羊也往往由于大量出血而死亡。

第六节 血 型

血型(blood group)通常指红细胞膜上特异性抗原的类型。广义的血型定义是指由遗传决定的血液、脏器以及分泌物的各种特性。主要有两大类：一类是以细胞膜抗原结构的差异为特征的血细胞抗原型，即能用抗体进行分类的血细胞抗原型；另一类是以蛋白质化学结构微小差异为特征的蛋白质多态性和同工酶，即通过一定的方法能区分出的各种蛋白质和酶的遗传变异型，也即所谓的蛋白质型和酶型。

一、红细胞血型

通常所说的血型是指红细胞的血型，但是存在于红细胞上的血型抗原也存在于白细胞、血小板和一般组织细胞上。此外，在白细胞和血小板上还存在它们本身特有的抗原。红细胞血型是 1900 年由奥地利的 K・兰德施泰纳发现的。他把每个人的红细胞分别与别人的血清交叉混合后，发现有的血液之间发生凝集反应，有的则不发生。他认为凡是凝集者，红细胞上有一种抗原，血清中有一种抗体，从而发现人类 ABO 血型系统。1995 年国际输血协会认可的红细胞血型系统有 23 个，193 种抗原。医学上较重要的血型系统是 ABO、Rh、MNSs、Kell、Lutheran、Iewis、Duff 及 Kidd 等，它们都可产生溶血性输血反应，但与临床最密切的是 ABO、Rh 血型系统。

(一)人类的 ABO 血型系统

人类红细胞膜上含 A 凝集原(A 抗原)和 B 凝集原(B 抗原)两种抗原物质，血清中含 α 凝集素(抗 A)和 β 凝集素(抗 B)两种抗体。凡红细胞膜上只含 A 抗原者为 A 型，红细胞膜上只含 B 抗原的，称为 B 型；若 A 与 B'两种抗原都含有的称为 AB 型；这两种抗原都没有的，则称为 O 型。不同血的人的血清中含不同的凝集素，即不含有对抗他自身红细胞凝集原的凝集素。在 A 型人的血清中，只含有抗 B 凝集素；B 型人的血清中，只含有抗 A 凝集素；AB 型人的血清中没有抗 A 和抗 B 的凝集素；而 O 型血人的血清中则含有抗 A 和抗 B 两种凝集素。具体见表 2-5。

表 2-5 人类 ABO 血型系统抗原和抗体

血型	红细胞抗原(凝集原)	血清抗体(凝集素)
A 型	A	抗 B
B 型	B	抗 A
AB 型	A+B	无
O 型	无	抗 A+抗 B

(二)人类Rh血型系统

Rh是恒河猴(Rhesus Macacus)外文名称的头两个字母。兰德斯坦纳等科学家在1940年做动物实验时,发现恒河猴和多数人体内的红细胞上存在Rh血型的抗原物质,故而命名的。即把恒河猴的红细胞重复注射入家兔体内,引起家兔产生免疫反应,使家兔的血清中产生抗恒河猴红细胞的抗体(凝集素)。再用含这种抗体的血清与人的红细胞混合,发生血清凝集反应者称为Rh阳性血型,表明其红细胞上具有与恒河猴同样的抗原;若人的红细胞不被这种血清凝集,称为Rh阴性血型。根据有关资料介绍,Rh阳性血型在我国汉族及大多数民族人中约占99.7%,个别少数民族约为90%。在国外的一些民族中,Rh阳性血型的人约为85%,其中在欧美白种人中,Rh阴性血型人约占15%。

(三)动物的血型与输血

过去人们认为只有人才有血型,现在已知许多动物都有血型系统,家畜也有血型,马有4种,牛有3种,猪也有4种。家畜血清中天然存在的红细胞血型抗体已知的还不太多,而且免疫效价也很低,所以同种个体间首次输血,一般不会引起严重后果。但再次输血时就应该先做交叉配血试验,即把供血家畜与受血家畜的红细胞分别用对方的血清来做凝集反应,并判断是否可以输血。若供血家畜红细胞与受血家畜血清(主侧反应)发生凝集应禁止输血;主侧反应不凝集,次侧反应(供血家畜血清与受血家畜红细胞)凝集,在紧急情况下可少量、慢速输血。最好两侧均不凝集才可输血(图2-5)。

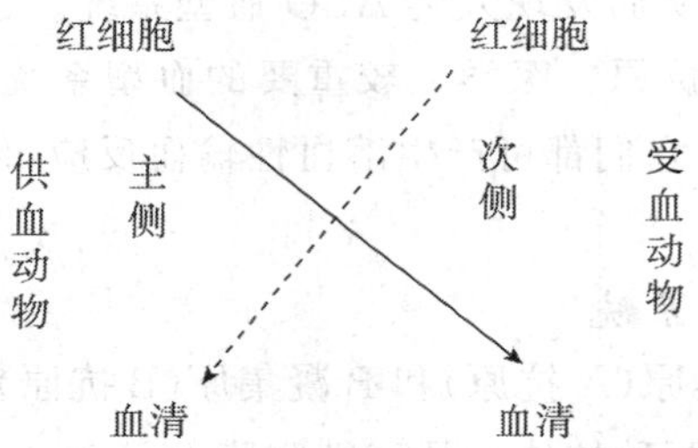

图2-5　交叉配血试验示意图

二、血型的应用

血型除在输血时有重要意义外,在医学实践中均有广泛应用。

(一)血统登记和亲子鉴定

血型是完全遗传而又终生不变的,血型遗传借助于细胞中的染色体。例如,人类细胞中共有23对染色体,每对染色体分别由两条单染色体组成,其中一条来自父亲,另一条来自母亲。染色体的主要成分是决定遗传性状和功能的脱氧核糖核酸,即人们常说的DNA。DNA可分为很多小段,每一小段都具有专一的遗传性状及功能,这些小段称为基因。一对染色体中两条单染色体上相同位置的DNA小片段,称为等位基因。人ABO血型系统的基因位点在第9对染色体上。人的ABO血型受控于A、B、O三个基因,但每个人体细胞内的第9对染色体上只有两个ABO系统基因,即为AO、AA、BO、BB、AB、OO中的一对等位基因,其中A和B基因为显性基因,O基因为隐性基因。因此,大多根据父母的血型即可判断出以后出生的子女可能出现的血型，见表2-6。

表2-6 人ABO血型的遗传规律表

父母血型	子女可能出现的血型	子女不可能出现的血型
O与O	O	A,B,AB
O与A	A,O	B,AB
O与B	B,O	A,AB
O与AB	A,B	O,AB
A与A	A,O	B,AB
A与B	A,B,O,AB	—
A与AB	A,B,AB	O
B与B	B,O	A,AB
B与AB	A,B,AB	O
AB与AB	A,B,AB	O

在家畜上，血型是完全遗传而又终生不变的，通过血型登记，记载能稳定遗传给后代的血型，从而把祖先和后代的登记联系起来，以建立准确的系谱资料，防止血统混乱，保证育种工作的可靠性。

（二）诊断异性孪生不育

牛怀孕异性双胎时，两胎儿间血管吻合发生率约有12%。在发生血管吻合的情况下，一方面，雄性胎儿性腺产生的雄激素可作用于尚未分化的雌性胎儿性腺，影响雌性胎儿性腺的分化，使产出的母犊日后缺乏生殖能力；另一方面，胎儿血管吻合后，造血器官中的原红细胞能进入对方体内。这样使胎儿具有两种红细胞，这一现象叫红细胞嵌合。

（三）血型与新生仔畜溶血病

母子间血型不合，胎儿的血型抗原物质进入母体后，引起母体产生血型抗体，这种抗体不能通过胎盘，只能在分娩之后经初乳转移给仔畜，造成仔畜的红细胞迅速破坏而发生溶血，呈急性溶血和黄疸症状，且能致死。马、驴、猪等有蹄动物偶有此病发生。

（四）组织相容性

异体器官或组织能相处并发挥正常功能的能力，称为相容性。由于存在免疫反应，机体往往对异体器官表现排斥反应。白细胞，特别是淋巴细胞血型所表现的相容性，能在一定程度上反映组织移植的相容性。因此，常将受体与供体的淋巴细胞混合作组织培养，根据细胞分裂状态来判别两者不相容的程度。随着组织细胞相容性抗原的研究不断深入，将有力推动器官移植工作的发展。

（五）血型与生产性能的关系

血型是动物的一种遗传性状，而动物的各种经济性状在某种程度上是受遗传控制所表现的遗传性状，控制动物这两类遗传性状的基因可能存在某种直接或间接的联系。这样就激起了许多学者探索血型与生产力、抗病力等相关性研究的极大兴趣，力图查明这种关系，以作为优良个体选育和品种改良的可靠依据。已有红细胞型与奶牛产奶量性能的关系之研究，运铁蛋白型与乳脂率、繁殖率的关系之研究等诸多有价值的研究报道。

本章思考题

1. 名词解释：内环境、血浆、血清、红细胞比容、红细胞沉降率、红细胞渗透脆性、促红细胞生成素、碱储、内源性凝血、血型。

2. 血液理化特性有哪些？

3. 试述血浆渗透压如何形成及其生理意义。

4. 白细胞包括哪些种类？各有何功能？

5. 简述血清与血浆的主要区别。

6. 简述血浆蛋白的主要功能。

7. 高原地区家畜和平原地区家畜相比，血液红细胞数目有何改变？原因是什么？

8. 血小板有何生理特性和生理功能？

9. 试述血液凝固的基本过程。

10. 有哪些促凝和抗凝措施？

11. 什么叫血型？输血原则是怎样的？

国家执业兽医资格考试本章相关内容真题示例

37. 血红蛋白包含的金属元素是　　（　　）

A. 铜　　B. 锰　　C. 锌　　D. 钴　　E. 铁

注：2010 年全国执业兽医资格考试试卷（上午卷）A1 型题第 37 题，题号未变动。

39. 凝血过程的第三阶段是指　　（　　）

A. 形成凝血酶　　B. 形成纤维蛋白　　C. 肥大细胞分泌肝素

D. 血小板释放尿激酶　　E. 血小板填塞血管损伤替换

注：2009 年全国执业兽医资格考试试卷（上午卷）A1 型题第 39 题，题号未变动。

本章参考文献

[1]陈杰. 家畜生理学. 4 版. 北京：中国农业出版社，2003.

[2]欧阳五庆. 动物生理学. 2 版. 北京：科学出版社，2012.

[3]孙镇平. 简明动物生理学. 北京：中国农业出版社，2004.

[4]杨焕民，计红，甄莉. 动物生理学. 北京：中国农业出版社，2012.

[5]陈守良. 动物生理学. 4 版. 北京：北京大学出版社，2012.

[6]李鉴轩. 家畜生理学. 2 版. 西宁：青海人民出版社，1992.

[7]肖向红. 动物生理学. 哈尔滨：东北林业大学出版社，2000.

[8]张庆如. 动物生理学. 北京：中国农业科学技术出版社，2012.

[9]许玉德. 动物生理学引论. 厦门：厦门大学出版社，2000.

[10]余承高，陈栋梁，秦达念，等. 图表生理学. 北京：中国协和医科大学出版社，2006.

[11]赵桐茂.人类血型遗传学.北京:科学出版社,1987.

[12]江家椿,嘎玛仁增,何玛丽.不同海拔高度西藏高原牦牛若干血液生理常值的比较.畜牧兽医学报,1991,01:20-26.

[13]江家椿.西藏高原藏南河谷不同海拔高度牦牛血液生理若干特性的研究.中国牦牛,1992,02:6-11.

[14]姜生成,江家椿,赵晓玲,等.西藏高原牦牛、黄牛及瘤黄杂种牛血细胞对比观察研究.中国牦牛,1994,04:14-18.

[15]江家椿,何玛利,嘎玛仁增,等.不同海拔高度西藏高原绵羊若干血液生理特性的对比分析.中国畜牧杂志,1991,06:13-16.

[16]江家椿,何玛利,嘎玛仁增,等.不同海拔高度西藏高原山羊若干血液生理特性的对比分析.西南农业学报,1992,01:79-83.

[17]江家椿,嘎玛仁增.西藏高原畜禽血液总量的研究.中国畜牧杂志,1990,03:4-7.

[18]强巴央宗,张浩,白玛央宗,等.高原环境中藏猪血液生理指标测定与比较.西南农业学报,2011,06:2382-2384.

[19]岳敏,范沛,唐华,等.西藏小型猪与高原藏猪的血液生理生化值的比较.中国实验动物学报,2011,05:431-432.

[20]姜生成,江家椿,(口戈)玛仁增,等.西藏高原藏驴血细胞的观察分析.甘肃畜牧兽医,1993,05:9-11.

[21]王勇,汪晓飞.藏羚羊、藏原羚和普氏原羚部分血液生理生化指标的测定.畜牧与兽医,2009,09:88-90.

[22]陈明勇.全国执业兽医资格考试试题解析和模拟试题.北京:中国农业大学出版社,2011.

[23]刘金凤,商鹏,旦增旺久,等.藏猪促红细胞生成素(EPO)基因多态性分析.湖北农业科学,2012,12:2590-2592,2601.

[24]许海霞.高海拔和低海拔部分家畜促红细胞生成素(EPO)基因遗传多态性研究.甘肃农业大学,2012.

[25]Ge R L,Witkowski S,Zhang Y,et al. Determinants of erythropoietin release in response to short-term hypobaric hypoxia. JAppl Physiol,2002,92(6):2361-2367.

[26]金双,钟金城,陈智华,等.牦牛 EPO 基因部分片段的克隆测序及其分析.畜牧与兽医,2007,39(2):25-27.

第三章　血液循环生理

学习目的和要求

1. 掌握心肌的生理特性。
2. 掌握动脉血压的形成及其影响因素。
3. 掌握心动周期的各种变化。
4. 掌握心血管活动的调节。
5. 了解各类血管的功能特点。
6. 了解微循环和血液循环的调节机理。

血液在心血管组成的循环系统中按一定的方向进行周而复始的流动称为血液循环。其功能为运输 O_2、CO_2、营养物质、代谢产物、激素和其他体液因子;分泌生物活性物质(心钠素,某些生物活性多肽,如抗心律失常肽和内源性洋地黄素等,肾素-血管紧张素-醛固酮系统等)。其意义在于血液循环对生命活动的正常进行起至关重要的作用,血液循环一旦停止,生命也随之终结。

哺乳动物的心脏由左右心房和左右心室组成。左右心房和左右心室之间完全分隔,这样,心脏形成了两个泵。血液先由左心室泵出,经动脉至毛细血管,在此与组织细胞进行物质交换,即送去养分、氧气,并带走代谢产物,然后经静脉回流入右心房。上述流动过程叫体循环(systemic circulation),因其循环线路长,故也称之为大循环。血液经右心房流至右心室,再由右心室射出,经肺动脉及肺毛细血管,并在此与肺泡内气体进行气体交换,即放出二氧化碳,吸取氧气。然后,含氧丰富的血液经肺静脉回流至左心房,进入左心室,这个流动过程,叫做肺循环(pulmonary circulation)。因其循环线路短,故也称之为小循环。

除上述两个循环路线外,部分组织液进入另一套封闭的管道系统,形成淋巴液。后者经小淋巴管、大淋巴管,再经左侧胸导管和右颈淋巴干分别进入左、右锁骨下静脉,形成淋巴回流,淋巴回流可视为体循环的一个旁支。

第一节　心脏的泵血功能

1. 循环系统

由心脏、血管组成的密闭管道系统。

2. 血液循环

血液在循环系统中按一定方向流动,称为血液循环。包括体循环(systemic circulation)、肺循环(pulmonary circulation)、淋巴回流(lymphatic return)(图 3-1)。

体　循　环

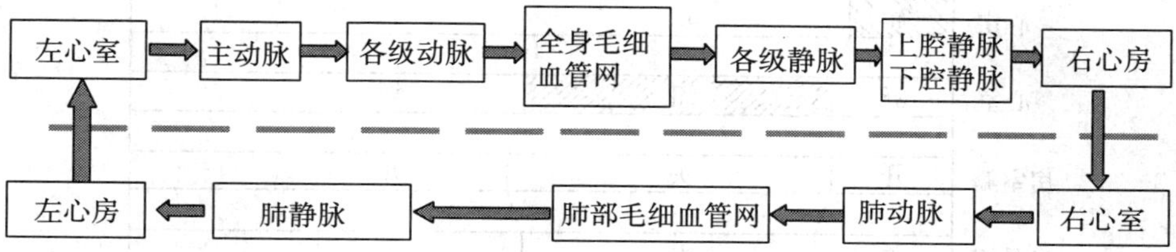

肺　循　环

图 3-1　血液循环系统示意图

3. 血液循环功能

完成体内的物质运输(运输代谢原料和代谢产物,使机体新陈代谢能不断进行)、体液调节、维持内环境稳定、机体防卫等。

4. 心脏功能

具有泵血、循环功能(物质运输、体液调节、维持内环境稳定、机体防卫)和内分泌功能等。分泌心钠素、生物活性多肽。

一、心动周期和心率

1. 心动周期

心脏每收缩和舒张一次,称为一个心动周期。一个心动周期中,两心房首先同时收缩,继而心房舒张;心房开始舒张时,两心室几乎立即同时收缩,随后进入舒张期,这时心房也处于舒张期,所以这一时期称为全心舒张期(共同舒张期)。左右两侧心房或两侧心室的活动则几乎是同步的。

以藏猪为例,成年藏猪在安静状态下平均心率为 75 次/min 时,则每个心动周期持续 0.8 s。其中心房收缩期约 0.1 s,心房舒张期约 0.7 s,心室收缩期约 0.3 s,心室舒张期约 0.5 s,心房和心室共同舒张的时间(间歇期)约 0.4 s,占心动周期的一半时间。而且在每一心动周期中,心房和心室的舒张时间都大于收缩时间。因此,心肌在每次收缩后有足够的时间补充消耗和排除代谢产物,用以保证心脏充盈血液和休息,这是心肌所以能够不断活动而不疲劳的根本原因。由于血液流动主要靠心室的缩舒活动推动,故常以心室的缩舒活动作为心脏活动的标志,把心室的收缩期称为心缩期,心室的舒张期称为心舒期,如图 3-2 所示。

由于在心动周期中心室收缩时间长,收缩力也大,它的收缩和舒张是推动血液循环的主要因素,故常以心室的缩舒活动作为心脏活动的标志,把心室的收缩期称为心缩期,心室的舒张期称为心舒期。

2. 心率

动物安静状态下一分钟内心脏搏动的次数称为心率。心率的快慢直接影响到每个心动周期持续的时间;当心率加快时,心动周期缩短,收缩和舒张期均相应缩短,但舒张期缩短的比例大,这样就不利于心脏的休息。坚持锻炼的人、调教有素的动物平时心率较慢,强烈运动时心率加快也不如缺乏锻炼的人那样显著,所以说生命在于运动。

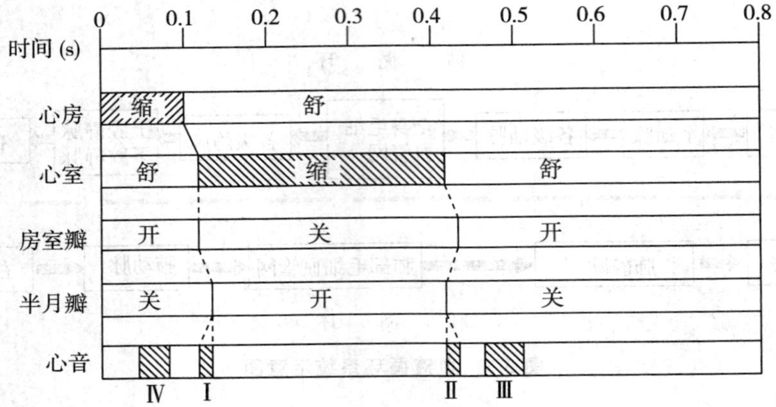

图 3-2　心动周期示意图(引自朱大年、王庭槐,2013)

动物种类、品种、性别和年龄不同其心率也不同(表 3-1)。一般来说,个体小的动物其心率较个体大的快。例如,大象心率为 28 次/min,而家鼠心率可达 1 000 次/min。年幼的动物其心率较成年动物的快;同一个体在安静或睡眠时的心率比活动或应激时的慢。总的来说,代谢越旺盛,心率越快;代谢越低,心率越慢。

表 3-1　畜禽心率的正常变动范围

动物	心率(次/min)	动物	心率(次/min)
骆驼	5～40	藏猪	60～80
马	28～42	犬	70～120
牦牛、奶牛、藏黄牛	60～80	猫	110～130
公牛	30～60	兔	120～150
藏系绵羊	60～80	藏鸡	260～390

二、心脏的泵血功能及机理

心脏之所以能不断地把来自低压的静脉血液射入到高压的动脉,推动血液沿着一定方向循环,主要是依靠心房和心室有次序地缩舒,造成心内容积和压力的改变以及心脏瓣膜启闭的协同活动。现以左心室为例,将一个心动周期中的压力、容积和瓣膜的开闭变化(图 3-3)阐述如下。

1. 心房收缩期

心房开始收缩前,心脏处于全心舒张期(间歇期),此时房室内压较低,接近大气压。然而,由于静脉血不断流入心房、心房压相对高于心室压,故房室瓣处于开启状态,由于心房腔与心室腔相通,故血液可由心房顺房-室压力梯度而进入心室,使心室充盈。此时,心室内压远比主动脉压低,故半月瓣是关闭着的。当心房开始收缩,心房容积缩小,内压升高,进一步挤压心房血使其快速进入心室。心房收缩首先在与外周静脉的交界处进行,这样才能阻断与外周静脉的通道,使心房收缩时心房内血液不致逆回到外周静脉中。心房收缩后即转入舒张期。心房收缩持续 0.1 s 左右。

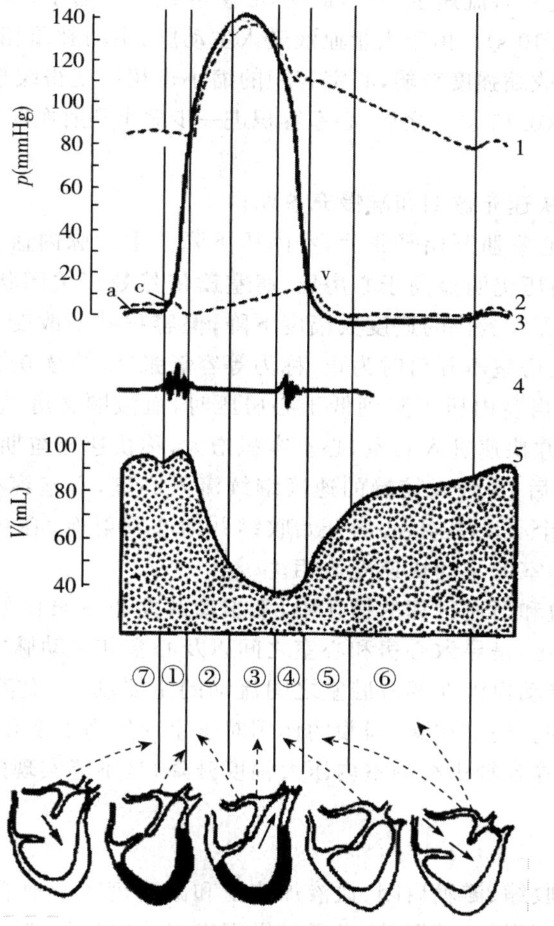

图 3-3　心动周期中压力、容积等变化

（仿自 Lewis 心动周期图解）

（1. 主动脉内压　2. 左心室内压　3. 左心房内压　4. 心音　5. 心室容积
①等容收缩期　②快速射血期　③缓慢射血期　④等容舒张期　⑤快速充盈期
⑥减慢充盈期　⑦心房收缩期）

2. 心室收缩期

包括等容收缩期、快速射血期和减慢射血期。

(1)等容收缩期　心房进入舒张期后，心室开始收缩，心室内压开始升高；当超过心房内压时，心室内血液出现由心室向心房返流的倾向，但这种返流正好推动房室瓣使之关闭，血液因此而不会倒流入心房。这时，室内压尚低于主动脉压，半月瓣仍然处于闭合状态，心室成为一个封闭腔，因血液是不可压缩的液体，心室肌的强烈收缩可导致室内压急剧升高，而心室容积并不改变；从房室瓣关闭直到室内压由接近心房压上升到超过主动脉压，以致主动脉瓣开启的这段时期，称为等容收缩相。其特点是室内压大幅度升高，且升高速率很快。这一时相持续 0.05 s 左右。

(2)射血期　等容收缩期间室内压升高超过主动脉压时，半月瓣被打开，等容收缩相结束，进入射血期。射血期的最初 1/3 左右时间内，心室肌仍在强烈收缩，由心室射入主动脉的血液量很大(占总射血量的 2/3 左右),流速也很快,此时,心室容积明显缩小,室内压继续上升达峰值,这段时期称快速射血相(0.10 s)。由于大量血液进入主动脉,主动脉压相应增高。随后,由于心室内血液减少以及心室肌收缩强度减弱,心室容积的缩小也相应变得缓慢,射血速度逐渐减弱,这段时期称为减慢射血期(0.15 s)。之后,心室容积进一步缩小到射血期的最小程度。

3. 心室舒张期

包括等容舒张期、快速充盈期和减慢充盈期。

(1)等容舒张相　心室肌开始舒张后,室内压下降。主动脉内血液向心室方向返流,推动半月瓣关闭。这时室内压仍明显高于心房压,房室瓣依然处于关闭状态,心室又成为封闭腔。此时心室肌舒张,室内压以极快的速度大幅度下降,但容积并不改变,从半月瓣关闭直到室内压下降到低于心房压及房室瓣开启时为止,称为等容舒张期,持续 0.06～0.08 s。

(2)心室充盈相　当室内压下降到低于心房压时,血液顺着房-室压力梯度由心房向心室方向流动,冲开房室瓣并快速进入心室,心室容积增大,称快速充盈期,期间进入心室的血液约为总充盈量的 2/3。随后,血液以较慢的速度继续流入心室,心室容积进一步增大,称减慢充盈相。此后,进入下一个心动周期,心房开始收缩并向心室射血,心室充盈又快速增加。亦有学者将这一时期称为心室的主动快速充盈相。

从以上对心室充盈和射血过程的描述中,不难理解左心室泵血的机制。心室肌的收缩和舒张,造成室内压力变化,是导致心房和心室之间以及心室和主动脉之间产生压力梯度的根本原因。而压力梯度是推动血液在相应腔室之间流动的主要动力,血液的单方向流动则是在瓣膜活动的配合下实现的。还应注意,瓣膜的作用对于室内压力的变化起着重要作用,没有瓣膜的配合,等容收缩相和等容舒张相的室内压大幅度升降,是不能实现的。

三、心音

心动周期中,心肌收缩、瓣膜启闭、血液加速度和减速度对心血管壁的加压和减压作用以及形成的涡流等因素引起的机械振动,可通过周围组织传递到胸壁;如将听诊器放在胸壁某些部位,就可听到声音,称为心音。心音:是由于心脏瓣膜关闭和血液撞击心血管壁引起的振动所产生的声音。若用换能器将这些机械振动转换为电信号记录下来,便得到心音图。

用听诊器在动物胸壁的一定区域听诊,在一个心动周期中一般可听到“通—塔”这两个心音,偶尔还可听到第三个心音。记录心音图(cardiophonogram)时,有时可发现第四心音。这 4 种心音分别是由不同部位产生的振动所引起的。因此,临床可根据这 4 种心音产生的强弱、持续时间的长短,来评价心脏的功能状态(表 3-2)。

1. 第一心音

发生在心缩期,音调较低,持续时间长,属浊音,在心尖搏动处听得最清楚。第一心音的产生主要由以下几个因素引起:①心室收缩时,房室瓣闭合运动和腱索张力增加时所发生的振动,以及心室内压增加血液冲击瓣膜叶片和腱索所引起的弹性振动;②心室射出的血液冲击主动脉壁及肺动脉壁所引起的振动;③心室肌收缩所引起的心室壁振动。第一心音主要反映心肌的收缩力量以及房室瓣的功能状况。

2. 第二心音

发生于心舒期,音调较高,持续时间较短。产生的主要原因是:①心室内压突然下降,引起心室壁振动;②主动脉瓣和肺动脉瓣迅速关闭所产生的振动。实质上,第二心音分主动脉音和肺动脉音，分别在主动脉和肺动脉听诊区可听得较清楚。第二心音主要反映动脉血压的高低以及半月瓣的功能状态。

3. 第三心音

发生于第二心音之后，是一种低频、低振幅的心音。它可能是由心室快速充盈末期，血流充盈减慢，流速突然改变，引起心壁和瓣膜发生振动而产生的。

4. 第四心音

是与心房收缩有关的一组心室收缩前的振动，故也称心房音。正常心房收缩时，听不到声音；但在异常有力的心房收缩和左室壁变硬的情况下，心房收缩使心室充盈的血量增加，心室进一步扩张，引起左心室肌及二尖瓣和血液的振动，则可产生第四心音。

心脏某些异常活动可以产生杂音或其他异常心音。因此，听取心音或记录心音图对于心脏疾病的诊断有一定的意义。心室肌肉肥厚时，心室收缩力增强，第一心音增强；心肌炎时，心室收缩力量减弱，第一心音减弱。房室瓣闭锁不全及动脉口狭窄时，可出现收缩期杂音。房室瓣口狭窄及动脉瓣闭锁不全时，可出现舒张期杂音。机体在病理状态下，出现第三、第四心音增强，并伴随第一、第二心音之后出现，可形成临床上所称的"奔马节律性心音"。

表 3-2 第一心音与第二心音的特点、成因、标志与意义

	第一心音	第二心音	第三心音	第四心音
特点	音调低沉(勒)持续较长	音调高清(达)持续较短	音调低浊持续短	音调低沉持续较长
成因	心室肌收缩和房室瓣关闭的振动；射血大动脉扩张及产生漩涡	动脉瓣关闭；射血突停导致大动脉和心室壁振动	心室充盈减慢，流速突变导致室壁及瓣膜振动	心房强烈收缩，射血撞击心室壁
标志	心室开始收缩	心室开始舒张	快速充盈期末	房缩强烈
意义	心室收缩力与房室瓣功能状态	动脉瓣功能状态	马属动物	部分老龄动物和心舒末期压力高

四、心输出量和心力贮备

(一)每搏输出量与每分输出量

在通常情况下，从左右心室射入主动脉或肺动脉中去的血量是相等的，这是体循环与肺循环保持协调的必要条件。因此，心输出量(cardiac output)可用任一心室射入动脉的血量来表示，不过，通常是指左心室射入主动脉的血量。

心输出量是评价循环系统效率高低的重要指标。一个心动周期中一侧心室射出的血量叫做每搏输出量(stroke volume)。在静息状态下，每搏输出量占心室舒张末期容积的40%～50%。通常把每搏输出量占心舒期的容积百分比称为射血分数(ejection fraction)。它是衡量心脏射血能力的重要指标，经过锻炼调教的动物的心脏，其射血分数相应较大，反映心肌射血能力强。反之，则反映心脏射血能力弱。每分钟由一侧心室输出的血量称为每分输出量(minute volume)，平时所指的心输出量，都是指每分输出量，通常用每搏输出量和心率的乘积来计算，即：心输出量＝每搏输出×心率。

心输出量是以个体为单位计量的，但个体大小对心输出量影响很大，所以用心输出量的绝对值，在个体大小不同的动物之间比较心脏的功能是不全面的。研究发现，在安静状态下心输出量与动物体表面积成正比，因此将每平方米表面积、每分钟的心输出量定义为心指数(cardiacindex)，用心指数在不同大小个体间评价心脏功能比较合理。

(二)心力贮备(cardiac reserve)

心输出量是和动物代谢水平相适应的，机体各器官活动加强时，为了适应代谢增强的需要，心输出量就增多。我们把心输出量随机体代谢的需要而相应增加的能力叫心力储备。当心力储备发挥最大限度的作用后仍不能适应机体需要时，就发生心力衰竭。心力贮备的大小反映心脏泵血功能对代谢需要的适应能力。

心力储备有两种表现形式：心率贮备和搏出量贮备。前者指加快心搏频率，以增加每分输出量；后者指心肌增强收缩，增加每搏输出量。锻炼和调教能促进心肌发达和改善神经系统对心脏功能的调节能力。因而能有效地提高心力储备。心力储备强大的心脏，最大心输出量可以比静息时的心输出量几乎提高10倍。而心力储备很小的心脏，在进行中等强度活动时，就会出现心力衰竭症状。

(三)影响心输出量的因素(心脏泵血功能的调节)

在体内，心脏的泵血功能是随生理状态的不同而改变的，剧烈运动时的心输出量可比安静时增加4～7倍，这种变化是在神经、体液及心脏自身调节机制下实现的。本文仅简要介绍心脏本身活动的改变，即每搏输出量的大小和心率对泵血功能的影响(心输出量取决于心率及每搏输出量，因此，心率的改变以及能影响每搏输出量的因素都可以引起心输出量的改变)。

1. 心肌的异长自身调节(前负荷)

心肌纤维初长度增加，可导致心肌收缩强度增加的这种特性，称为心肌的异长自身调节。当机体回心血量增加，心室容积增大时，心肌可通过这一机制加大心室肌的收缩强度，使搏出量增加，以防止心室舒张末期容积和压力发生过久和过度的改变，保持回心血量和射血量的动态平衡，实现心脏泵血机能的自身调节。

2. 心肌的等长自身调节(心肌的收缩能力)

与心肌初长无关，仅依靠心肌自身收缩强度的改变而影响每搏输出量的调节，心肌的这种特性称为心肌的等长自身调节；与机体做剧烈而持久的运动有关。

3. 外周阻力(后负荷)

外周阻力指血液在心脏以外流动过程中所受到的阻力。对左心室来讲，其外周阻力就是主动脉血压。当主动脉血压升高时，可使射血阻力增大，心室等容收缩期延长，射血时程缩短，最终导致搏出量减少；反之，搏出量增多。

4. 心率

在一定范围内，心率的增加能使心输出量随之增加。但心率过快就会使心动周期的时间缩短，特别是舒张期的时间缩短。这样就会造成心室在还没有被血液完全充盈的情况下进行收缩，以致每搏输出量减少。若心率过慢，由于回心血量大都是在心室快速充盈期进入心室的，在间歇期又使心室进一步充盈，心率变慢时，会使心舒期延长，并不能提高相应的充盈量，结果反而会因射血次数减少而使心输出量下降。

五、高原缺氧与右心肥大

有学者认为缺氧性肺小动脉受损及缺氧性肺动脉高压是导致高原缺氧性右心肥大的基础。新近研究资料表明，缺氧性肺动脉高压以缺氧性肺血管收缩为基础，而缺氧性肺血管收缩主要是肺血管平滑肌细胞收缩引起的，一般认为是因缺氧引起胞质内游离钙浓度增加，引起粗、细肌丝滑动的结果。缺氧主要通过受体依赖性钙通道和电压依赖性钙通道两条途径增加胞质内游离钙离子浓度。缺氧时各种血管活性物质作用于相应受体，引起受体依赖性钙通道开放，导致胞质内游离钙离子浓度增加。另外，缺氧可通过肺血管平滑肌细胞上的氧感受体降低平滑肌细胞的静息膜电位，通过电压依赖性途径，引起肺血管平滑肌细胞游离钙离子浓度增强，细胞兴奋性增加，引起肺动脉收缩，从而导致缺氧性肺动脉高压及缺氧性右心肥大。

第二节　心肌细胞的生物电现象与生理特性

心房和心室不停歇地进行有顺序的、协调的收缩和舒张交替的活动，是心脏实现泵血功能、推动血液循环的必要条件，而心脏舒缩活动的生理基础就在于心肌细胞在兴奋性、自律性、传导性和收缩性方面具有独特的生理特性。其中兴奋性、自律性和传导性是以心肌细胞的生物电活动为基础的，而收缩性则是在心肌细胞膜的动作电位触发下产生的机械性收缩反应（图 3-4）。

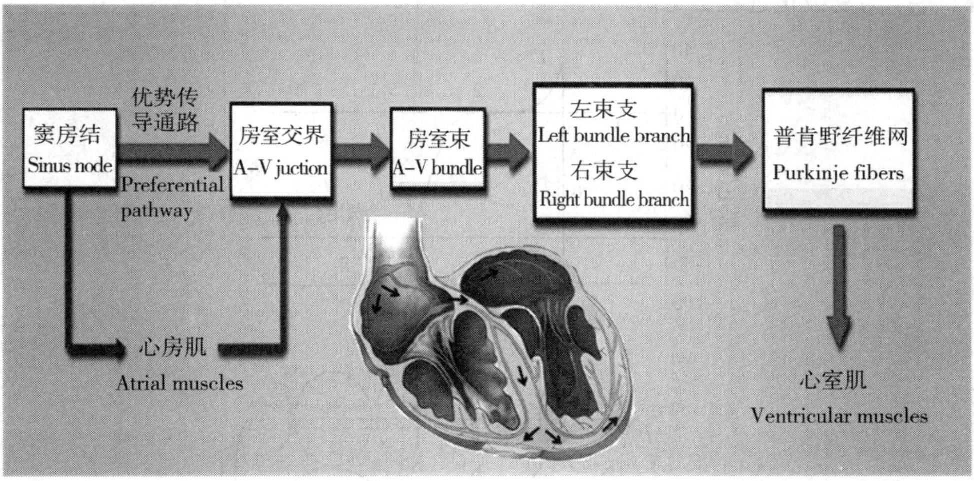

图 3-4　心脏传导系统示意图

一、心肌细胞的生物电现象

（一）心肌细胞的类型及特征

心脏的心肌细胞并不是同一类型的，根据它们的组织学特点、电生理特性以及功能上的区别，粗略地分为两大类型：普通心肌细胞和特殊分化的心肌细胞。两类心肌细胞分别实现一定的职能，互相配合，完成心脏的整体活动。

1. 普通心肌细胞

指心房和心室肌细胞。富含肌原纤维，主要功能是收缩做功，提供心泵活动的动力，所以又称为收缩细胞或工作细胞。具有接受外界刺激产生兴奋的能力，但不能产生自动节律性兴奋，属于非自律性细胞。

2. 特殊分化的心肌细胞

包括 P 细胞和浦肯野氏细胞。构成心传导系统，完成兴奋的传导功能。心传导系统包括窦房结、心房传导组织、房室结、房室束及其分支以及心室传导组织。它们含肌原纤维甚小或完全缺乏，故缺乏收缩能力，但具有产生自动节律性兴奋的能力，属于自律性细胞。P 细胞为卵圆形，小于普通细胞，主要存在于窦房结中，是窦房结中产生自动节律性兴奋的细胞，所以也称为起搏细胞。浦肯野氏细胞直径最大，广泛存在于除窦房结和房室结的结区以外的所有心传导系统中。

（二）普通心肌细胞的跨膜电位及形成机理

1. 静息电位

与其他可兴奋组织细胞的静息电位相同，也是由 K^+ 外流所形成的跨膜电位（膜外为正，膜内为负的极化状态）。

2. 动作电位

心室肌细胞受到刺激兴奋后产生的动作电位，也是由去极化、反极化和复极化部分组成，但与神经细胞、骨骼肌细胞的动作电位相比，心室肌细胞动作电位的主要特征为：其升降支不对称，复极化过程复杂，时间持续较长。整个过程可分为 5 个时期，其中 0 期为去极化和反极化过程，1～4 为复极化过程。见图 3-5。

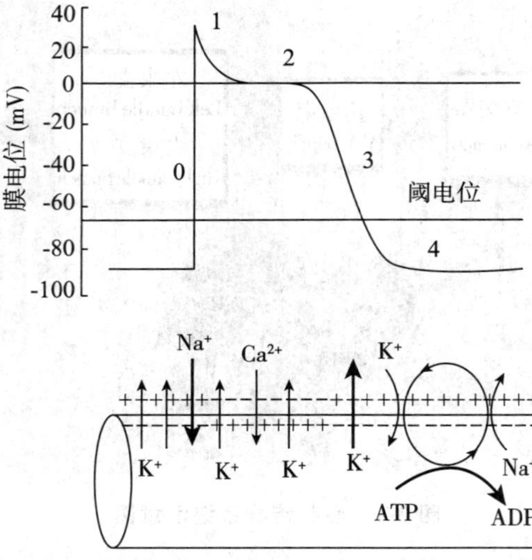

图 3-5　心室肌细胞的动作电位和主要离子活动（引自滑静，2009）

0 期：去极化期；快 Na^+ 通道开放导致 Na^+ 内流。

当心室肌细胞在窦房结传来的兴奋冲动影响下，使膜内电位上升至临界水平即阈电位（约为－70 mV）水平时，引起快钠通道蛋白构性变化，通道开放（激活），于是膜外钠离子顺着浓度差和电位差迅速内流，形成快钠内向电流，使膜内电位急剧上升，由静息时的－90 mV 跃升至＋30 mV，在 1～2 ms 内电位变化幅度达 120 mV，构成动作电位的上升支。决定 0 期去极的快钠通道，可被河豚毒（TTX）特异性阻断。

1 期：快速复极早期；瞬时的 K^+ 外流

膜内电位由＋30 mV 迅速下降到 0 mV 左右，此时快钠通道已关闭，但有短暂的钾离子外流。K^+ 通道可被四乙季胺和 4-氨基吡啶所阻断。0 期除极和 1 期复极这两个时期的膜电位变化都很快，记录图形上表现为尖峰状，故合称为锋电位。历时约 10 ms。

2 期：平台期或缓慢复极期；Ca^{2+} 内流 K^+ 外流

当 1 期复极膜内电位达到 0 mV 左右之后，复极过程就变得非常缓慢，膜内电位基本上停滞于 0 mV 左右，达 100～150 mV 之久。细胞膜两侧呈等电位状态，记录图形比较平坦，故复极 2 期又称为坪或平台期，是整个动作电位持续时间长的主要原因。2 期复极主要由于慢钙通道开放，Ca^{2+}（伴有少量 Na^+）内流和 K^+ 外流所形成的离子电流动态平衡。初期是钙离子内流占优势，随着时间的推移，钾离子外向电流逐渐增强，导致膜电位缓慢变负。慢钙通道可被 Mn^{2+} 和 Ca^{2+} 阻断剂所阻断。

3 期：快速复极末期；K^+ 外流

平台期后，由于 Ca^{2+} 通道完全失活，内向离子流终止，而 K^+ 外流则随时间而递增，因而膜的复极加速，导致膜电位快速复极化直至完成复极，占时 100～150 ms。

4 期：恢复期或静息期；Na^+—K^+ 泵运转，并进行 Na^+—Ca^{2+} 交换

3 期之后膜电位稳定在 −90 mV 的水平。此时的膜电位虽已恢复到静息水平，但离子分布状态尚未复原。在动作电位的变化过程中，Na^+ 和 Ca^{2+} 内流，K^+ 外流，造成细胞内 Na^+ 和 Ca^{2+} 较正常时多，而 K^+ 较正常时少。只有将进入细胞内的 Na^+ 和 Ca^{2+} 排出去，把外流的 K^+ 摄取回来，才能恢复细胞内外正常的离子浓度，保持心肌细胞的正常兴奋能力。心肌细胞膜上存在有 Na^+—K^+ 泵，通过泵的作用，将 Na^+ 的外运与 K^+ 的内运相偶联起来，形成 Na^+—K^+ 交换，实现 Na^+、K^+ 的主动转运。关于 Ca^{2+} 的逆浓度梯度外运，有人认为与 Na^+ 顺浓度梯度的内流相偶联，形成 Na^+—Ca^{2+} 交换。

（三）特殊分化的心肌细胞的生物电活动

1. 浦肯野氏细胞的跨膜电位及特征

浦肯野氏细胞动作电位的 0、1、2、3 期各期波形、幅度和形成机理，均与心室肌细胞相同，只是持续时间较长。但是 4 期却不同，浦肯野氏纤维细胞的 4 期电位并不稳定于静息电位水平，而是发生缓慢去极化过程，称为舒张期自动去极化。通常把这类心肌细胞复极 4 期起始部的膜电位称为舒张期最大电位或最大复极电位，以区别于普通心肌细胞 4 期中稳定的静息电位。浦肯野氏细胞的最大复极电位约为 −90 mV，一旦舒张期自动去极化达阈电位 −70 mV 时，快钠通道被激活、开放，即可触发一次动作电位。由于浦肯野细胞主要是通过快钠通道的激活而兴奋的，故称为快反应自律细胞。浦肯野细胞 4 期自动除极的离子基础是随时间而逐渐增强的内向电流和逐渐衰减的外向 K^+ 电流引起的。但是在整体心脏活动中，它的自动去极尚未达到阈电位时，就被来自窦房结的兴奋所激化，使它提前发生动作电位。而自身的自动节律性兴奋却被掩盖，因而没有机会激发其动作电位（图 3-6）。

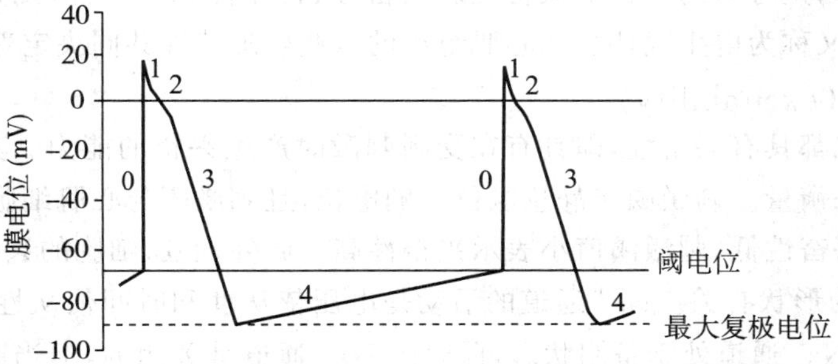

图 3-6　浦肯野氏细胞的跨膜电位特征

舒张期自动去极化的机理。是由于 Na^+ 和 Ca^{2+} 内流(以 Na^+ 为主)所引起。当 3 期复极电位约达 -60 mV 时,Na^+ 和 K^+ 通道被激活,而且随 3 期复极过程而递增其激活开放程度(即时间依从性离子通道)。一旦内向离子增到使膜电位达阈电位水平时,既引起自动去极化,动作电位从 4 期向 0 期转化。这里的内向 Na^+ 是一种泄漏(或背景)离子电流。它与快 Na^+ 通道无关,是少量的 Na^+ 不断地从膜外,由通道间的缝隙"渗漏"进入膜内的。

2. 窦房结 P 细胞的跨膜电位及特征

P 细胞的动作电位由 0、3、4 期组成,而没有 1、2 期。动作电位的幅值也小,约 70 mV,最大复极电位为 -60～-65 mV,所以超射也小。P 细胞 4 期自动除极是由随时间而增长的净内向电流所引起的。这个净内向电流由三部分组成:①时间依赖性的 K^+ 外流逐渐衰减(相当于内向电流的逐步增加);②进行性增强的内向离子流,主要是 Na^+ 流;③T 型钙通道激活和钙内流。T 型钙通道的阈电位为 -50～-60 mV,离 P 细胞最大复极电位很近(图 3-7)。

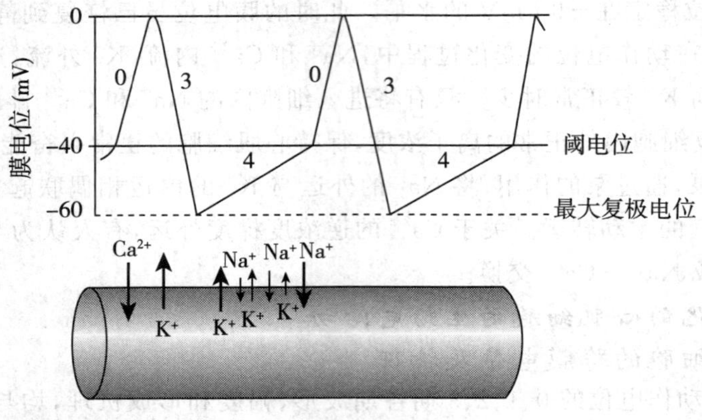

图 3-7 窦房结 P 细胞的动作电位和主要离子活动(仿自陈杰,2003)

当舒张期自动去极化达阈电位 -40 mV 时,激活 0 期去极;随后钙通道逐渐失活。Ca^{2+} 内流相应减少,此时钾通道开始激活,K^+ 外流逐增多,便相继形成动作电位的 1、2 和 3 各期的复极电位。复极过程的特点是:没有明显的复极 1 期和 2 期的区分,只有圆滑地过渡到 3 期。

二、心肌细胞的生理特性

心肌组织具有兴奋性、自律性、传导性和收缩性 4 种生理特性。心肌的收缩性是指心肌能够在肌膜动作电位的触发下产生收缩反应的特性,它是以收缩蛋白质之间的生物化学和生物物理反应为基础的,是心肌的一种机械特性。兴奋性、自律性和传导性,则是以肌膜的生物电活动为基础的,故又称为电生理特性。心肌组织的这些生理特性共同决定着心脏的活动。

(一)兴奋性(excitability)

各类心肌细胞都具有兴奋性,即具有在受到刺激时产生兴奋的能力。其兴奋性的高低可用阈值(刺激阈)来衡量。刺激阈=静息电位-阈电位,且刺激阈与心肌细胞的兴奋性呈反比,刺激阈值大表示兴奋性低,刺激阈值小表示兴奋性高。此外,心肌细胞的兴奋性还与心肌细胞膜上的 Na^+ 通道的形状有关。Na^+ 通道的活动是电压依从性和时间依从性的,当膜电位处于静息电位水平时,Na^+ 通道处于备用状态,此时的 Na^+ 通道是关闭的,但当膜电位去极化到阈电位水平时,即可被激活,使 Na^+ 快速内流,Na^+ 通道在激活后又立即失活、关闭。处于失活

状态的 Na^+ 通道不仅限制 Na^+ 跨膜扩散，并且不能再次激活，只有当膜电位恢复到静息电位水平时，才重新恢复到备用状态。所以，Na^+ 通道是否处于备用状态是心肌细胞是否具有兴奋性的前提。

心肌细胞每产生一次兴奋，其膜电位将发生一系列有规律的变化，膜通道由备用状态经历激活、失活和复活等过程，兴奋性也随之发生相应的周期性改变。兴奋性的这种周期性变化，影响着心肌细胞对重复刺激的反应能力，对心肌的收缩反应和兴奋的产生及传导过程具有重要作用。心室肌细胞一次兴奋过程中，其兴奋性的变化可分以下几个时期：

1. 有效不应期：绝对不应期（0～3 期－55 mV）和局部反应期（－55～－60 mV）

心肌细胞发生一次兴奋后，由动作电位的去极相开始到复极 3 期膜内电位达到约－55 mV 这一段时期内，如果再受到第二个刺激，则不论刺激强度多大，都不发生反应，称为绝对不应期；膜内电位由－55 mV 恢复到约－60 mV 这一段时间内，如果给予的刺激有足够的强度，肌膜可发生局部的部分去极化，但并不能引起动作电位，这一时期称为局部反应期。心肌细胞一次兴奋过程中，由 0 期开始到 3 期膜内电位恢复到－60 mV，这一阶段不能再产生动作电位，此时期称为有效不应期。其原因是这段时间内膜电位绝对值太低，Na^+ 通道完全失活，或刚刚开始复活，但还远没有恢复到可以被激活的备用状态的缘故。

2. 相对不应期：－60～－80 mV

指膜电位从－60 mV 继续复极化至－80 mV 期间，此时 Na^+ 通道的开放能力已逐渐恢复，但仍然低于正常，故只对阈上刺激能产生动作电位，而且表现为 0 期幅度和速度均较正常为小，传导速度也较慢。

3. 超常期：－80～－90 mV

心肌细胞继续复极，膜电位从－80 mV 继续恢复至－90 mV 的极短时间内，Na^+ 通道已恢复到可以再激活的状态，亦即兴奋性已基本恢复，而且此时的膜电位比正常电位更接近阈电位，因此以稍低于阈刺激的阈下刺激就足以使心肌兴奋，表明此期的兴奋性超过正常，故名超常期。随着膜通道经历上述变化直至正常膜电位恢复静息时的备用状态，心肌的兴奋性也恢复正常，从而为后继的动作电位做好准备。

特点：有效不应期特别长，一直持续到机械反应的舒张期开始之后，使心肌不会像骨骼肌那样产生完全强直收缩而始终缩舒交替的活动，从而使心脏有血液充盈的时期，这样才可能实现其泵血功能。有利于心脏的泵血功能。

（二）自律性（autorhythmicity）

心肌细胞在没有外来刺激的条件下，能自动发生节律性兴奋的特性和能力，称为自动节律性或自律性。具有自动节律性的组织或细胞，叫自律组织或自律细胞。很早以前就有人观察到，离体的动物心脏，在适宜的条件下即使未受到任何刺激，也能自动地、有节律地进行收缩，说明其具有自动节律性。高等动物心脏的自律性组织存在于心内膜下的心肌特殊传导组织中，包括窦房结（蛙类为静脉窦）、房室交界（结区除外）、房室束及浦肯野氏纤维等。这些组织的节律性高低不一，窦房结自律性最高，自动兴奋频率约 100 次/min；房-室交界自律性居中，自动兴奋频率约 50 次/min；浦肯野纤维自律性最低，自动兴奋频率约 25 次/min。

心脏始终是依照当时情况下自律性最高的部位所发出的兴奋来进行活动的。这就是说，各部分的活动统一在自律性最高部位的主导作用之下。在正常情况下，窦房结是支配整个心脏活动的节律起点，所以将窦房结称为心脏的(正常)起搏点，其所形成的节律称为窦性节律(sinus rhythm)；而窦房结P细胞以外的其他自律细胞在正常时都处于窦房结的控制之下而不表现自身的节律性，这些自律细胞称为潜在起搏点，所形成的节律性称为异位节律(ectopic rhythm)。潜在起搏点只有在窦房结功能发生障碍时，才发挥作用，以较低的频率引发心脏活动。

窦房结对于潜在起搏点的控制，通过如下两种方式实现：①抢先占领。窦房结的自律性高于其他潜在起搏点，所以，在潜在起搏点4期自动去极尚未达到阈电位水平之前，它们已经受到窦房结的激动作用而产生了动作电位，其自身的自动兴奋就不可能出现；②超速压抑或超速驱动压抑(overdrive suppression)。窦房结对于潜在起搏点，还可产生一种直接的抑制作用。例如，当窦房结对心室潜在起搏点的控制突然中断后，首先会出现一段时间的心室停搏，然后心室才能按其自身潜在起搏点的节律发生兴奋和搏动。出现这个现象的原因是：在自律性很高的窦房结的兴奋驱动下，潜在起搏点"被动"兴奋的频率远远超过它们本身的自动兴奋频率。潜在起搏点长时间的"超速"兴奋的结果，出现了抑制效应；一旦窦房结的驱动中断，心室潜在起搏点需要一定的时间才能从被压抑状态中恢复过来，出现它本身的自动兴奋。另外还可以看到，超速压抑的程度与两个起搏点自动兴奋频率的差别呈平行关系，频率差别越大，抑制效应越强，驱动中断后，停搏的时间也越长。因此，当窦房结兴奋停止或传导受阻后，首先由房室交界代替窦房结作为起搏点，而不是由心室传导组织首先代替；因为窦房结和房室交界的自动兴奋频率差距较小，超速压抑的程度较小。但这一事实提示我们，在人工起搏的情况下，如因故需要暂时中断起搏器时，在中断之前其驱动频率应该逐步减慢，以避免发生心搏暂停。

影响自律性的因素：

自律细胞的自动兴奋，是4期膜自动去极化使膜电位从最大复极电位达到阈电位水平而引起的。因此，自律性的高低，既受最大复极电位与阈电位的差距的影响，也取决于4期膜自动去极的速度。

1.4期自动除极的速度

除极速度快，到达阈电位的时间就缩短，单位时间内爆发兴奋的次数增加，自律性就增高；反之，除极速度慢，到达阈电位的时间就延长，自律性降低。4期自动去极化速度取决于慢钙内流与K^+外流的速度对比所产生的净内向电流的速度，所以，凡是能促进Ca^{2+}内流或阻止K^+外流的因素均可使自律性升高；反之，自律性下降。例如，交感神经兴奋可使窦房结P细胞慢钙通道大量开放，增大膜对Ca^{2+}的通透性，促进钙离子内流，使心率加速。

2.最大舒张电位的水平

最大舒张电位(或最大复极电位)的绝对值变小，与阈电位的差距就减小，到达阈电位的时间就缩短，自律性增高；反之，最大舒张电位的绝对值变大，则自律性降低。心迷走神经兴奋时，其递质可增加细胞膜对K^+的通透性，使最大舒张电位更负，是导致心率减慢的原因之一。

3.阈电位水平

阈电位降低，由最大舒张电位到达阈电位的距离缩小，自律性增高；反之，阈电位升高，则自律性降低。

(三)传导性(conductivity)

心肌细胞兴奋产生的动作电位能够沿着细胞膜传播的特性叫传导性，其高低用动作电位沿细胞膜传播的速度来衡量。传导机制：局部电流；结构：低电阻的缝隙连接——闰盘。

心脏内兴奋传导的途径：窦房结产生的兴奋，经过渡细胞传至心房，通过优势传导通路传导到房室交界（房结区、结区、结希区），再经房室束、房室束支、浦肯野氏纤维网至心室肌。

心肌兴奋的传导原理与神经、骨骼肌纤维相类似，其实质就是动作电位的传播，即局部电流学说；但又有其自身的特点，即心肌细胞的兴奋可以通过细胞间的闰盘（缝隙连接），从一个细胞扩布到其相邻的细胞，使心肌组织成为一个功能合胞体而表现为左、右心房或心室的同步兴奋和收缩。

1. 传导性的特点

心肌兴奋的传导原理与神经、骨骼肌纤维相类似，其实质就是动作电位的传播，即局部电流学说；但又有其自身的特点，即心肌细胞的兴奋可以通过细胞间的闰盘（缝隙连接），从一个细胞扩布到其相邻的细胞，使心肌组织成为一个功能合胞体而表现为左、右心房或心室的同步兴奋和收缩。

2. 传导速度

兴奋在心脏不同部位的传导速度不同，具有快—慢—快的特点。研究表明，整个心内传导时间约为 0.22 s，其中心房、心室内传导约需 0.06 s，房室交界区需 0.1 s。

窦房结发出的兴奋传到房室交界时，速度变慢，形成一个时间延搁，称为房室延搁。房室延搁可使兴奋到达心房和心室的时间前后分开，使心房收缩结束后才开始心室收缩，这样保证了心室收缩之前可充盈更多的血液，以利于泵血。

3. 影响心肌传导性的因素

①结构因素：由于兴奋传导是通过局部电流而实现的，故心肌细胞的直径是决定传导性的主要解剖因素。心肌细胞的直径与电阻呈负相关，所以，心肌细胞直径越小，电阻就越大，传导速度就越慢。浦肯野氏细胞直径最大，兴奋传导速度最快；房室交界，尤其是房室结区细胞的直径最小，所以传导速度最慢，因此有房-室延搁现象。在机体生存过程中，心肌细胞直径不会突然发生明显的变化，因此它只是决定传导性的一个比较固定的因素。此外，细胞间的缝隙连接数量也是影响心肌传导速度的重要因素，在窦房结或房室交界处，细胞间缝隙连接数量少，所以传导速度慢。

②生理因素：动作电位 0 期去极化的速度和幅度。

0 期去极化速度越快，局部电流形成就越快，兴奋传导速度就越快。去极化幅度越大，与邻近未兴奋部位之间的膜电位差就越大，形成的局部电流就大，兴奋传导速度就快。

邻近未兴奋部位的兴奋性

邻近未兴奋部位兴奋性高，传导速度就快；反之，传导速度就慢。如果邻近部位正好处在有效不应期内，那么兴奋就不能传导；如果处于相对不应期内，则兴奋传导速度减慢。

（四）收缩性（contractility）

心肌的收缩性是指心房和心室工作细胞具有接受阈刺激产生收缩反应的能力；在正常情况下，它们只接受来自窦房结节律性兴奋的刺激。心肌细胞收缩机理与骨骼肌相同，在受刺激时，先在膜上产生电兴奋，然后通过兴奋-收缩偶联使心肌纤维缩短。但是，心肌细胞的收缩性（contractility）有其自己的特点。

1. 对细胞外液中 Ca^{2+} 浓度的依赖性

Ca^{2+} 是一切肌细胞兴奋-收缩偶联的媒介。但是，心肌细胞肌质网终末池不发达，容积较小，Ca^{2+} 储量比骨骼肌的少。因此，心肌收缩所需的 Ca^{2+}，除从终末池释放外，尚需细胞外液

中的 Ca^{2+} 通过肌膜和横管内流（心室肌动作电位 2 期的 Ca^{2+} 内流）获得。兴奋之后，肌浆中的 Ca^{2+} 一部分返回终末池储存，另一部分转运出细胞。心肌细胞的横管系统比骨骼肌的发达，这对 Ca^{2+} 的内流提供了更大的面积。在一定范围内，细胞外液中的 Ca^{2+} 浓度升高，兴奋时内流的 Ca^{2+} 量增多，心肌收缩增强；反之，细胞外液中的 Ca^{2+} 浓度降低。则心肌收缩减弱。当细胞外液中 Ca^{2+} 浓度降得很低，甚至无 Ca^{2+} 时，心肌膜虽仍能兴奋产生动作电位，但细胞却不能收缩，这一现象，称为“兴奋—收缩脱偶联”。

2. 同步收缩（全或无收缩）

心房和心室内特殊传导组织的传导速度快，而心肌细胞之间的闰盘（缝隙连接）又为低电阻区，因此，兴奋在心房和心室内传导速度快，兴奋几乎同时到达所有的心房肌细胞或心室肌细胞，从而引起整个心房或心室同时收缩（同步收缩）。同步收缩的力量大，有利于射血。由于同步收缩，所以心房或心室要么不收缩，要么整个心房或整个心室一起收缩，这种收缩现象称为“全或无收缩”。

3. 不发生强直收缩

心肌兴奋性周期变化的特点是有效不应期特别长，相当于整个收缩期加舒张早期。在此期间，任何强刺激都不能引起心肌收缩。所以每次收缩后必有舒张，始终保持着收缩与舒张交替的节律活动。

4. 期前收缩与代偿性间歇

正常的心脏按照窦房结的节律进行活动时，窦房结发出的兴奋总是在心肌前一次兴奋的不应期终止之后，才传导到心房和心室。因此，心房和心室都能按照窦房结的节律，交替进行收缩和舒张的活动。但心室肌在有效不应期之后受到一次额外的（人工或病理）刺激，可产生一次额外的兴奋和收缩，由于它发生在下一次窦房结兴奋所产生的正常收缩之前，所以称为期前收缩或额外收缩（compensatory pause），也称早搏（premature pacemaker）。由于期前收缩的出现，使紧接而来的窦房结兴奋往往落在期前收缩的有效不应期内，以致心室不能表现收缩反应，必须等到下一次窦房结的兴奋传来时，心室才发生收缩。这样，在一次期前收缩之后，常有一段较长的心脏舒张期，称为代偿性间歇（compensatory pause）。心肌的这一特点，可以避免发生强直收缩，使心肌按照起搏点的节律性兴奋，进行舒缩交替活动，保证泵血功能的实现（图 3-8）。

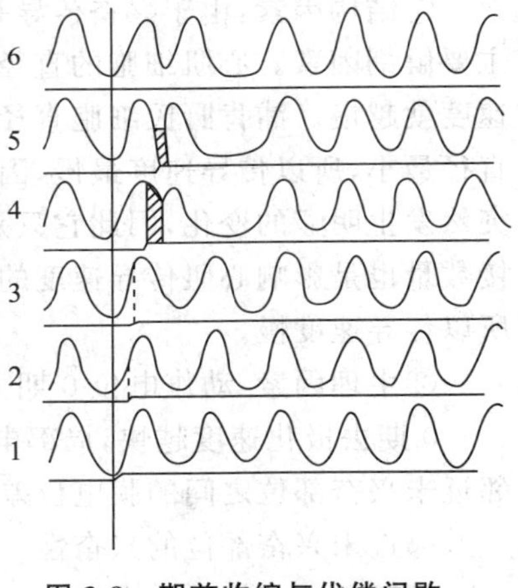

图 3-8　期前收缩与代偿间歇

（引自南京农业大学，2000）

三、心电图

在动物机体，由窦房结发出的一次兴奋，按一定的途径和进程，依次传向心房和心室，引起整个心脏的兴奋；因此，每一个心动周期中，心脏各部分兴奋过程中出现的电变化传播方向、途径、次序和时间等都有一定的规律。这种生物电变化通过心脏周围的导电组织和体液，反映到身体表面，使身体各部位在每一心动周期中也都发生有规律的电变化。应用心电图机在体表记录出的心脏活动时的电变化曲线称为心电图（electrocardiogram，ECG）。心电图反映心脏兴奋的产生、传导和恢复过程中的生物电变化，而与心脏的机械收缩活动无直接关系（图 3-9）。

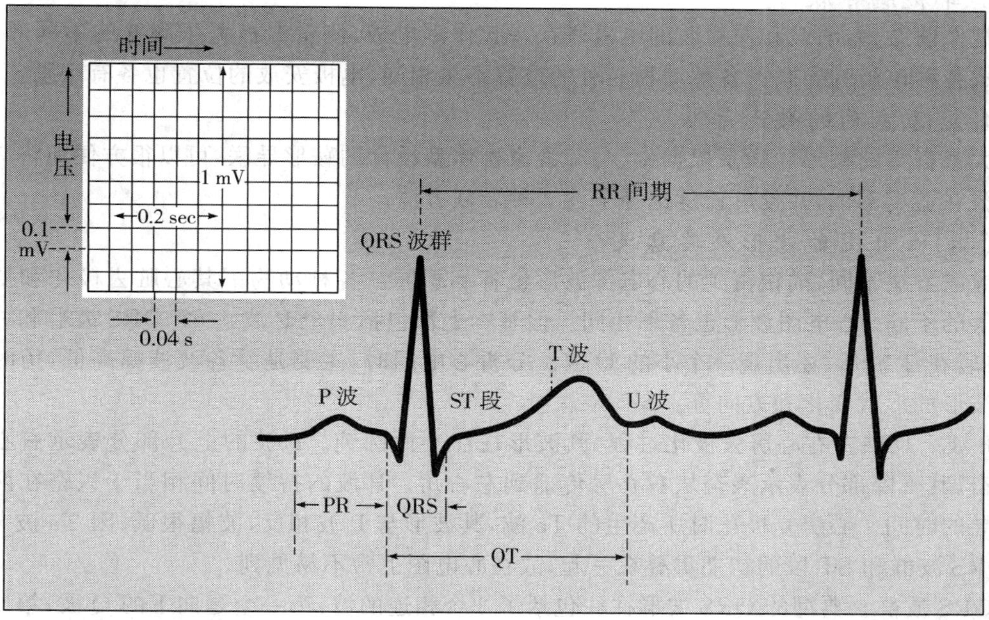

图 3-9 动物正常心电图

(一)容积导体与导联

动物体内含有大量体液和电解质，是具有长、宽、高三度空间的容积导体。心脏在兴奋过程中产生的电变化，可沿机体这个容积导体传播到体表面的各个部位。所以，用两条导线连接引导电极，放在体表的任何两个部位，与心电图机相接，都可记录出心脏周期性变化的电位图形。描记心电图时，引导电极安放的位置及其连接方式称为导联。根据容积导电的规律，在机体任何两点间都可以记录出心电图，因此就有无数个导联。但在临床心电图工作中，为了便于对不同患畜或同一患畜不同时期的心电图进行比较和诊断，对电极的安放部位和导联连接方法都做了严格的规定。目前常用的导联有标准导联、加压单极肢体导联和胸导联。

1. 标准导联

这是一种双极肢体导联，它又可分为Ⅰ、Ⅱ、Ⅲ3 种导联，它们具体的联接方法如下：

导联名称	正电极位置	负电极位置
Ⅰ导联	左前肢肘关节内侧	右前肢肘关节内侧
Ⅱ导联	左后肢膝关节内侧	右前肢肘关节内侧
Ⅲ导联	左后肢膝关节内侧	左前肢肘关节内侧

上述导联的两个电极都是有效电极，所记录到的是这两个接点之间的电位差。这种导联也称为双极肢体导联。

2. 加压单极肢体导联

把测量电极置于左前肢、右前肢肘关节内侧或左右膝关节内侧中任何一个肢体上，其余两个肢体的引导电极连接在一起作零电极，这样测得的心电图只反映测量电极所在部位的电位变化情况。由于其测得的心电图振幅可比标准导联测得的提高 1.5 倍，故称为加压单极肢体导联，通常用 aVL、aVR 和 aVF 代表。

3. 单极胸导联

把左前肢、右前肢和左后肢的电极联在一起作零电极，测量电极置于胸壁的不同部位，分别构成各种单极胸导联。各种动物心脏的位置不尽相同，电极安放的位置也各有区别。

4. 大家畜用的鞍形导联

大家畜用的鞍形导联是根据牛、马等大家畜体型设计的鞍形导联，可以很方便地将有关电极安放在适当部位，并且可任意选择上述 3 种导联方法。

(二)心电图的波形及其意义

导联方法不同，描记得到的心电图波形也各不相同。各种动物因其心脏去极化和复极化过程等的不同，心电图波形也各不相同。但基本上都包括一个 P 波，一个 QRS 波群和一个 T 波，有时在 T 波后，还出现一个小的 U 波。分析心电图时，主要是看各波波幅高低，历时长短以及波形的形状变化和方向等。

P 波　反映左右心房去极化过程，其波形往往小而圆钝。P 波的上升部分表示右心房开始兴奋，其下降部分表示兴奋从右心房传播到左心房。P 波的持续时间相当于兴奋在两个心房传导的时间。心房复极化时所产生的 Ta 波，其波形与 P 波相反，波幅很低，因 Ta 波与 P-R 段、QRS 波群和 ST 段的初期重叠在一起，故在心电图上常不易见到。

QRS 波群　典型的 QRS 波群往往包括了 3 个相连的波：第一个是向下的 Q 波；第二个是高而尖峭的向上的 R 波；第三个是一个向下的 S 波，它所反映的是左右心室兴奋传播过程的电位变化，其中 Q 波表示室间隔除极，R 波表示左右心室壁除极，S 波终点表示心室全部除极完毕。QRS 复合波所占的时间代表心室肌兴奋传播所需的时间。

T 波　是继 QRS 波群之后的一个波幅较低而持续时间较长的波，它反映心室兴奋后的复极化过程。复极化过程较去极化过程缓慢，故占用时间长。

P-Q 间期　是指 P 波起点到 QRS 波群起点的时间间隔，代表心房开始兴奋到心室开始兴奋的间隔时间，即兴奋通过心房、房室交界和房室束的时间。若 P-Q 间期显著延长，表明房室结或房室束传导阻滞，这在临床上有重要的参考价值。

Q-T 间期　是指 QRS 波群起点到 T 波终点的时间。代表心室开始去极到全部心室完成复极化所需的时间。其长短与心率有密切关系，心率越快，此间期越短。

S-T 段　是指 QRS 波群终点到 T 波起点的时间，代表心室各部分均处于去极化状态，无电位差，因此，它应位于等电位线上。若某一部位的心室肌因缺血、缺氧或出现病理变化时，该部位的电位与正常部位的电位之间会出现电位差，使 S-T 段偏离等电位线，如心肌炎时，S-T 段往往下移，这在临床上有极重要的参考价值。

U 波　在 T 波之后有时出现的一个小波。其产生原因还不太清楚。有人认为是心肌舒张时各部先后产生的负后电位形成的；有人认为是浦肯野氏纤维复极化时形成的。

左、右心室肥大特点：心电图对右心肥大的诊断敏感性较差，通常以 QRS 波群电压增高为标准。

(1)左心室肥大　先观察整个心电图是否显示有 1/2，如果有就能确诊左室肥厚，若无则观察 V5(第 5 肋间隙左腋前线上)的 R 波是否大于 2.5 mV 或伴有 ST-T 改变，如 V5 大于 5 格，而且上下大于 5 格加左偏为左心室肥大。

(2)右心室肥大　观察 V1(第 4 肋间隙胸骨右缘)大于 2 格，而且上下大于 2 格加右偏为右心室肥大。

以下为藏猪正常心电图数据(图 3-10)及统计结果(表 3-3 至表 3-5)：

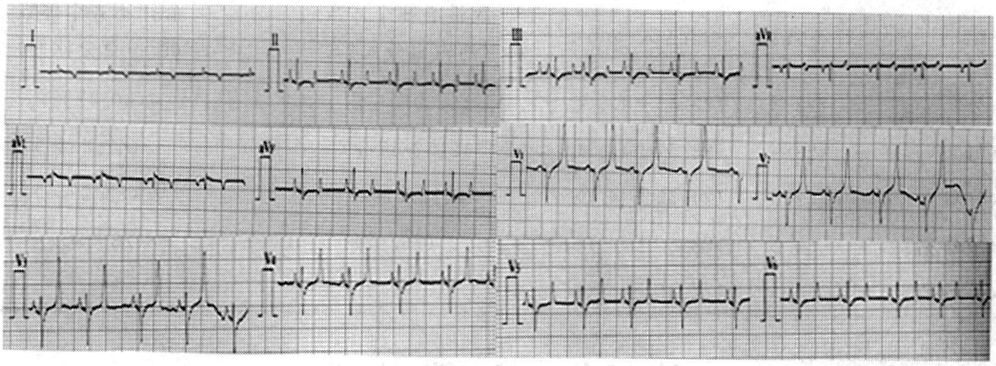

图 3-10　西藏林芝地区藏猪的心电图

表 3-3　西藏林芝地区品系内藏猪之间的心率、各波及其波群之间的平均值±标准差的比较

项目	心率(次/min)	P 波时间(ms)	P-R 间期(ms)	QRS 间期(ms)QRS	S-T 段时间(ms)	Q-T 间期(ms)	Q-Tc 间期(ms)	P 波振幅(mV)
藏猪(公)	123.45±43.05	37.41±6.85	82.32±13.13	50.55±8.01	112.45±15.35	225.29±17.82	225.17±30.23	0.11±0.053
藏猪(母)	123.57±43.10	36.42±7.75	84.45±12.85	50.76±7.98	113.74±15.55	226.22±19.34	225.64±31.12	0.10±0.069
藏猪(仔猪)	124.55±44.08	38.41±6.69	83.71±13.05	50.67±8.10	113.95±16.25	227.99±18.41	226.58±32.55	0.13±0.077
藏猪(成年猪)	123.59±44.06	36.44±7.68	82.98±13.08	50.09±9.13	112.93±14.57	225.27±18.66	225.33±31.27	0.10±0.049
藏猪(平均值)	124.59±44.06	37.17±7.85	83.62±13.15	50.86±8.13	113.24±15.25	226.23±19.12	225.47±31.23	0.12±0.054

表 3-4　西藏林芝地区藏猪 QRS 波心电轴

心电轴范围	例数	百分比(%)
−90°～−30°	8	17.39
−30°～0°	1	2.18
0°～90°	28	60.86
90°～120°	7	15.22
120°～180°	2	4.35

表 3-5　西藏林芝地区藏猪心率和心律检测结果

组别	样本含量	心率(次/min)	窦性心律个体数(所占百分比%)	心律不齐个体数(所占百分比%)
藏猪(公)	23	123.45±43.05	16(69.57%)	7(30.43%)
藏猪(母)	23	123.57±43.10	12(52.17%)	11(47.83%)
藏猪(仔猪)	12	124.55±44.08	2(16.67%)	10(83.33%)
藏猪(成年猪)	34	123.59±44.06	26(76.47)	8(23.53%)
藏猪(平均值)	—	124.49±44.06	—	—

第三节　血管生理

一、血管的种类和功能

血管可分为动脉、毛细血管和静脉 3 大类,如图 3-11 所示。各类血管因在整个血管系统中所处的部位不同,结构各异,因此在功能上也具有不同的特点。按生理功能可将血管分为以下几类。

1. 弹性贮器血管

指主动脉、肺动脉主干及其发出的大分支血管。这些血管的管壁坚厚,富含弹性纤维,具有较大的可扩张性和弹性,在心室收缩射血期被动扩张,贮存部分血液。心室舒张期大动脉管壁发生弹性回缩,释放贮存的部分血液,维持血流的连续性。意义:心脏间断射血,而血流是连续的。

2. 分配血管

指介于弹性贮器血管和小动脉之间的动脉管道,功能是输送血液至各组织器官。

3. 毛细血管前阻力血管

包括小动脉和微动脉。其中血液流动速度很快,口径又小,故血流阻力很大;管壁富含平滑肌,可作舒缩活动变化管径以改变血流阻力。

4. 毛细血管前括约肌

在真毛细血管的起始部环绕的平滑肌。可做舒缩活动控制真毛细血管的开放和关闭。

5. 交换血管

指毛细血管。管壁纤薄,仅由单层内皮细胞构成,内皮细胞间有裂隙,有很大的通透性,为血液与组织液进行物质交换的场所。

6. 毛细血管后阻力血管

指微静脉,管径小,对血流有一定阻力。

7. 容量血管

指静脉血管,与同级动脉相比,数量多,口径大,管壁薄,可扩张性较强,容量大,起血液贮存库的作用。在安静状态下,机体 60%～70%的循环血量容纳在静脉中。

8. 短路血管

指小动脉和小静脉之间的吻合支。它们可使小动脉内的血液不经过毛细血管而直接流入小静脉。动物机体的脚趾、耳廓等处的皮肤中有许多短路血管存在,它们在功能上与体温调节有关。

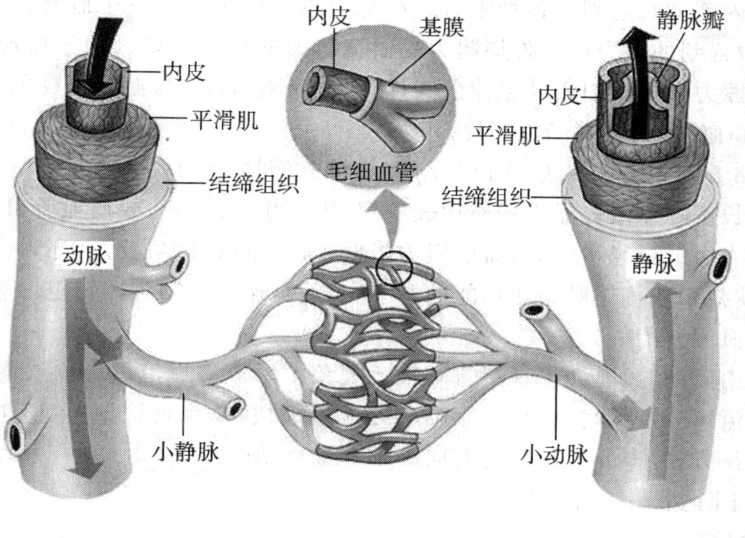

图 3-11　动脉血管、静脉血管和毛细血管示意图(引自杨秀平,2009)

二、血液在血管系统内的流动

血液在心血管系统中流动的一系列物理学问题属于血流动力学的范畴。血流动力学和一般的流体力学一样,其基本的研究对象是流量、阻力和压力之间的关系。由于血管是有弹性和可扩张的而不是硬质的管道系统,血液是含有血细胞和胶体物质等多种成分的液体,而不是理想液体,因此血流动力学除与一般流体力学有共同点之外,又有它自身的特点。

(一)血流量与血流速度

单位时间内流过血管某一截面的血量称为血流量,也称容积速度,其单位通常以 mL/min 或 L/min 来表示。血流量的大小主要决定于两个因素,即血管系统两端的压力差(Δp)和血管对血流的阻力(R)。三者关系为:血流量与血管两端的压力差成正比,与血流阻力成反比。即:血流量 $Q=\Delta p/R$,Δp 为血管系统两端的压力差;R 为血管对血流的阻力。

在体循环中,Q 相当于心输出量。按照流体力学规律,在封闭的管道系统中,各个横断面的流量都是相等的,因此,在整个循环系统中,动脉、毛细血管和静脉系统各段血管总横断面血流量也基本相等,即大致等于心输出量。Δp 在体循环中,相当于主动脉血压与右心房压之差,由于右心房接近于零值,所以 Δp 实际相当于平均动脉压。

对于某一器官来说,前一公式中的 Q 为器官血流量,即单位时间内流过该器官的血流量。Δp 为进出该器官的平均动脉压和静脉压的差,R 为该器官的血流阻力。在正常情况下,器官血流量是与该器官当时的代谢水平相适应的。

血流速度指血液中的一个质点在血管内移动的线速度。各类血管的血流速度与该类血管的总横断面积成反比。主动脉及其主要分支,血管口径虽然大,但其数量少,总横断面积最小,因而大、中等动脉内血流最快,如主动脉血流可达 40～50 cm/s。毛细血管虽细,但有无数分支,总横断面积最大,故毛细血管内血流最慢,仅达 0.05～0.08 cm/s,而这样的速度极有利于物质通过毛细血管壁进行交换。

（二）血流阻力

血液在血管内流动时遇到的各种阻力之和称为总外周阻力。在小血管（主要指小动脉和微动脉）内流动时遇到的阻力称为外周阻力。血流阻力的产生主要来源于血液内部和血液与血管壁之间的摩擦力。根据泊肃叶定律公式计算，血流阻力(R)与血管半径的4次方成反比，与血管长度(L)和血液黏滞性(η)成正比。

血流阻力$=8L\eta/\pi r^4$，L为血管长度，η为血液黏滞性，r为血管半径。

由于血管的长度和血液黏滞性相对比较稳定，因此血流阻力主要由血管口径，尤其是小动脉口径决定。阻力血管口径增大时，血流阻力降低，血流量就增多；反之，当阻力血管口径缩小时，器官血流量就减少。机体对循环功能的调节中，就是通过控制各器官阻力血管和口径来调节各器官之间的血流分配的。

血液在血管内流动时，还会出现层流和轴流现象。层流指血液因在血管内流动时的摩擦力不同而出现的流速分层的现象；在血管轴心处流速最快，越靠近管壁，流速越慢。轴流指血液在血管内以层流方式流动时，红细胞有向中轴部分移动的现象。

（三）血压(blood pressure)

1.概念及测定

血压是指血管内血流对于单位面积血管壁的侧压力，即压强。心血管系统中各部位的血压是不一样的，通常所说的血压是指一些常规检查部位的动脉血压，如肱动脉、颈总动脉、股动脉等处的动脉血压。按照国际标准计量单位规定，压强的单位为帕(Pa)，也常用mmHg来表示。

血压的测量方法有直接和间接测量两种。生理急性实验多用直接测量法，即将导管的一端插入动脉、静脉或心腔，将导管的另一端连至一装有水银的U形管，从U形管两边水银面高度的差即读得测定部位的血压值。此法测得的压力读数为平均血压的近似值，不能精确地测出心动周期中各瞬间的血压数值。现在已有多种类型的压力换能器，可将压强能的变化转变为电能的变化，并精确地测出心动周期中各瞬间的血压数值。在临床上，常用听诊器间接测定肱动脉的收缩压和舒张压。家畜血压的间接测定也常用听诊法，或采用压力传感器将压力转换为可直接读取的数值。

2.血压的形成

①血管内有血液充盈是形成血压的基础：循环系统中血液充盈的程度取决于血量和血管系统容量之间的相对关系。如果血量增多，或血管容量缩小，则血液充盈的程度就增高；反之，如果血量减少或血管容量增大，则血液充盈的程度就降低。用巴比妥麻醉的犬，在心跳暂停、血液不流动的条件下，循环系统平均充盈压约为0.93 kPa(7 mmHg)。在动物实验中，用电刺激造成心室颤动使心脏暂时停止射血时，血流也就暂停，因此循环系统中各处的压力很快就取得平衡。此时在循环系统中各处所测得的压力都是相同的，该压力数值即为循环系统平均充盈压(mean circu-latory filling pressure)。

②心脏射血是形成血压的动力：心室肌收缩时所释放的能量可分为两部分，一部分用于推动血液流动，是血液的动能；另一部分形成对血管壁的侧压力，并使血管壁扩张，这部分是势能。在心脏舒张时，大动脉管壁开始弹性回缩，将贮存起来的势能转化为推动血液循环的动能，使血液得以继续往前流动，这样动脉系统无论在心脏的收缩期还是舒张期都能保持稳定的血压来推动血液循环。

③外周阻力是形成血压的重要因素:血液在血管中向前流动的过程中,其动能因不断地被用来克服外周阻力而逐渐消耗,即将一部分势能转化为动能,用以保证血液继续得以从心脏射出,经动脉、毛细血管向前流动,血压也就随之下降。因此,机体内各部位的压力是不均等的,在体循环中,主动脉处血压最高,随着动脉分支变细,血流为克服血管阻力消耗的能量相应变大,血压逐渐降低。在颈静脉接近胸腔处,血压接近于零,即与大气压相等。血管系统产生的这种压力梯度具有极为重要的生理意义。若血管各部位所受的压力相等,血液就不能流动。正是由于这种压力差的存在,血液才得以从静脉再回流至心脏。由此可见,外周阻力是形成血压的重要因素。

三、动脉血压和动脉脉搏

(一)动脉血压(arterial blood pressure)

通常所说的血压,就是指体循环系统中的动脉血压,它是决定其他各类血管血压的主要动力。在每次心动周期中,动脉血压随着心室的舒缩活动而发生明显的波动。但是这种波动在小动脉后端已消失。

(1)收缩压(systolic pressure)　指心缩期中动脉血压所达到的最高值,也称为高压。

(2)舒张压(diastolic pressure)　指心舒期中动脉血压下降所达到的最低值,也称为低压。

动脉血压的数值通常以分数形式加计量单位来表示,收缩压为分子,舒张压为分母,即收缩压/舒张压 mmHg 或 Pa。

(3)脉搏压(pulse pressure)　收缩压与舒张压的差值,简称为脉压。

(4)平均动脉压(mean arterial pressure)　在一个心动周期中,每一瞬间动脉血压都是变动的,其平均值称为平均动脉压,表 3-6,为各种成年动物颈动脉或股动脉血压。

平均动脉压＝舒张压＋1/3(收缩压－舒张压)＝舒张压＋1/3 脉搏压

表 3-6　各种成年动物颈动脉或股动脉血压　kPa

动物	收缩压	舒张压	脉搏压	平均动脉血压
马	17.3	12.6	4.7	14.3
牦牛、黄牛	18.7	12.6	6.0	14.7
藏猪	18.7	10.6	8.0	13.3
绵羊	18.7	12.0	6.7	14.3
藏鸡	23.3	19.3	4.0	20.7
火鸡	33.3	22.6	10.6	25.7
兔	16.0	10.6	5.3	12.4
猫	18.7	12.0	6.7	14.3
犬	16.0	9.3	5.3	11.6
大鼠	13.3	9.3	4.0	11.1
豚鼠	13.3	8.0	5.3	9.7

(5)影响动脉血压的因素

①心输出量:每搏输出量和心率;心输出量增多,血压升高。

如果每搏输出量增大,心缩期射入主动脉的血量增多,心缩期中主动脉和大动脉内增加的血量变多,管壁所受的张力也更大,故收缩期动脉血压的升高更加明显。由于动脉血压升高,血流速度外周阻力和心率的变化不大,则大动脉内增多的血量仍可在心舒期流至外周,到舒张期末,大动脉内存留的血量和每搏输出量增加之前相比,增加并不多。因此,当每搏输出量增加而外周阻力和心率变化不大时,动脉血压的升高主要表现为收缩压的升高,舒张压可能升高不多,故脉压增大。反之,当每搏输出量减少时,则主要使收缩压降低,脉压减小。可见,在一般情况下,收缩压的高低主要反映心脏每搏输出量的多少。

如果心率加快,而每搏输出量和外周阻力都不变,由于心舒期缩短,在心舒期内流至外周的血液就减少,故心舒期末主动脉内存留的血量增多,舒张期血压就升高。由于动脉血压升高可使血流速度加快,因此在心缩期内可有较多的血液流至外周,收缩压的升高不如舒张压的升高显著,脉压比心率增加前减小。相反,心率减慢时,舒张压降低的幅度比收缩压降低的幅度大,故脉压增大。

②外周阻力:小动脉管径和血液黏滞度;外周阻力增大,血压升高。

如果心输出量不变而外周阻力加大,则心舒期中血液向外周流动的速度减慢,心舒期末存留在主动脉中的血量增多,故舒张压升高。在心缩期,由于动脉血压升高使血流速度加快,因此收缩压的升高不如舒张压的升高明显,脉压也相应减小。反之,当外周阻力减小时,舒张压的降低比收缩压的降低明显,故脉压加大。可见,在一般情况下,舒张压的高低主要反映外周阻力的大小。

外周阻力的改变,主要是由于小动脉管径(骨骼肌和腹腔器官阻力血管口径)的改变。另外,血液黏滞度也影响外周阻力。如果血液黏滞度增高,外周阻力就增大,舒张压就升高。

③主动脉的弹性:弹性降低,则血压升高。

主动脉管壁的扩张主要是起缓冲血压的作用,使收缩压降低,舒张压升高,脉搏压减少。老年人的动脉管壁硬化,大动脉的弹性作用减弱,使收缩压升高而舒张压降低,故脉压增大。

④循环血量和血管系统容量的比例:比例减小,血压降低。

循环血量和血管系统容量相适应,才能使血管系统足够地充盈,产生一定的体循环平均充盈压。正常情况下,循环血量和血管容量是相适应的,血管系统充盈程度的变化不大。失血后,循环血量减少,如果血管系统的容量改变不大,则体循环平均充盈压必然降低,使动脉血压降低。在另一些情况下,如果循环血量不变而血管系统容量增大,也会造成动脉血压下降。

上述影响动脉血压的各种因素,都是在假设其他因素不变的前提下,分析某一因素发生变化时对动脉血压可能产生的影响。实际上,在各种不同的生理情况下,上述影响动脉血压的各种因素可能同时发生改变。因此,在某种生理情况下动脉血压的变化,往往是各种因素相互作用的综合结果。

上述影响动脉血压的各种因素中,其中每搏输出量和外周阻力(小动脉管径)是影响血压变化的最经常和最主要的因素。动物有机体就是通过神经和体液途径,调节心脏收缩力和血管的舒缩反应,使血压的变化适应有机体不同状况下的需要。

(二)动脉脉搏(pulse)

脉搏:指每个心动周期中,随着心室收缩和舒张而引起血管壁的起伏波动。

在每个心动周期中，动脉内的压力发生周期性的波动。随着心脏节律性泵血活动，使主动脉管壁发生的扩张—回舒的振动以弹性波的形式沿血管壁传向外周，就形成了动脉脉搏。通常所说的脉搏就是指动脉脉搏。在手术时暴露动脉，可以直接看到动脉随每次心搏而发生的搏动。用手指也可摸到身体浅表部位的动脉搏动。

检查各种动物脉搏的部位：牛在尾动脉、颌外动脉、腋动脉或隐动脉；马在颌外动脉、尾中动脉或面横动脉；猪在桡动脉，猫和犬在股动脉或胫前动脉。

应用脉搏描记器记录下来的脉搏波形称为脉搏图。动脉脉搏的波形可因描记方法和部位的不同而有差别，但一般都包括以下几个组成部分。由一个升支和降支组成，升支较陡峭，代表心室收缩时射血，使主动脉内压急剧上升，管壁突然扩张。降支较为平缓，代表心室舒张时主动脉管壁弹性回缩，内压缓慢下降。降支中断常有小波出现，叫降中波，其中凹陷的切迹称为降中峡。降中波和降中峡的形成是由心室舒张后主动脉壁回缩以及主动脉血流撞击已关闭的半月瓣后又回弹的作用。

通过检查脉搏的速度、幅度、硬度和频率等特性，不但能够直接反映心率和心动周期的节律，而且在一定程度上能够反映整个循环系统的功能状态，所以检查动脉脉搏具有十分重要的临床意义。

四、静脉血压和静脉血流

(一)静脉血压与中心静脉压

静脉血压(venous pressure)是指静脉内血液对管壁产生的侧压力。当循环血液流过毛细血管之后，其能量的大部分因用于克服外周阻力而被消耗，再加上静脉管壁薄，易扩大，因此，静脉部位的血流对管壁产生的侧压力很小，故静脉血压很低。整个静脉系统中的压力梯度也很小。在小静脉处的血压只有 0.93～1.07 kPa(7～8 mmHg)。随着静脉管径增大，血压进一步降低，至右心房时，血压最低，已接近零。通常把右心房或胸腔内大静脉的血压称为中心静脉压(central venous pressure)。把各器官静脉的血压称为外周静脉压(peripheral venous pressure)。中心静脉压的高低取决于心脏的射血能力和静脉血回流的速度。如心脏机能良好，能及时将回心血液射入动脉，则中心静脉压较低；反之，心脏射血机能减弱时，回流的血液淤积于腔静脉中，致使中心静脉压升高。如回心血流速度慢，则中心静脉压下降。中心静脉压过低，常表示血量不足或静脉回流受阻。输血、输液过多或速度过快、超过心脏负担时，中心静脉压将升高。由此中心静脉压可作为临床输血或输液时输入量与输入速度是否恰当的检测指标。

(二)静脉脉搏

随着心房舒缩活动而引起大静脉管壁规律性的膨胀和塌陷便形成静脉脉搏。静脉脉搏波由 a、c、v 3 个波构成，a 波是由于心房收缩；c 波由于心室收缩，压力通过房室瓣传到心房和静脉；v 波由于静脉回流，心房逐渐胀大，使心房压升高。

马、牛等大家畜颈静脉的近心端，可以触摸到静脉脉搏，其传播方向与动脉脉搏相反。静脉脉搏可反映右心房在心动周期中的内压变化，以前常将它作为诊断心脏疾病的依据，但在心电图技术普遍应用的今天，它在临床检查中已很少使用。

(三)静脉回流

单位时间内由静脉回流心脏的血量等于心输出量。动物躺卧时，全身各大动脉均与心脏处于同一水平，可靠静脉系统中各段压差来推动血液回流到心脏。但动物处于站立时，因受重力影响血液将积滞在心脏水平以下的腹腔和四肢的末梢静脉中，这时就需借助外力因素促使其回流。主要的外力因素为：

1. 体循环平均充盈压

体循环平均充盈压升高，静脉回心血量也增加。所以，当全身血量增加或容量血管收缩时，体循环平均充盈压升高，静脉回心血量也就增多。反之，循环血量减少如失血，脱水或静脉血管扩张，静脉心血量减少。

2. 心脏收缩力量

心脏泵血过程中，如果心肌收缩力量强，收缩末期容量少，心舒期心室内压就较低，对心房和大静脉内血液的抽吸力量也就较大，回心血量就多。右心衰竭时，射血力量显著减弱，在收缩末期右心房和大静脉内血液淤积增多，回心血量大大减少。病畜可出现颈外静脉怒张，肝充血肿大，下肢浮肿等体征。左心衰竭时，左心房压和肺静脉压升高，引起肺瘀血和肺水肿。

3. 体位改变

动物从卧位转变为立位时，四肢部分静脉扩张，容量增大，故回心血量减少。

4. 骨骼肌的挤压作用

骨骼肌收缩时能挤压肌肉内或肌间深部静脉，使静脉内压力上升，推动血液向心脏方向流动。由于静脉中的瓣膜只能朝着心脏的方向开放，因此骨骼肌舒张时，静脉内的血液不会倒流。这样，骨骼肌的收缩和舒张运动就会像水泵一样，推动静脉内的血液向右心房方向流动，也称为肌肉泵或静脉泵。

5. 胸腔负压的抽吸作用

呼吸运动时胸腔内压产生的负压变化，也是促进静脉回流的另一个重要因素。胸腔内的负压，在吸气时更低，所以吸气时产生的负压可牵引胸腔内柔软而薄的大静脉管壁，使其被动扩张，静脉容积增大，内压下降，对静脉血液回流起到抽吸作用。此外，心舒期心房和心室内产生的较小的负压，对静脉回流也有一定的抽吸作用。

五、微循环

微循环是指微动脉和微静脉之间的血液循环。血液循环最根本的功能是进行血液和组织间的物质交换，这一功能就是在微循环部分实现的，如图 3-12 为微循环示意图。

(一)微循环的组成

各器官、组织的结构和功能不同，微循环的结构也不同。典型的微循环由微动脉、后微动脉、毛细血管前括约肌、真毛细血管、通血毛细血管(或称直捷通路)、动-静脉吻合支和微静脉等部分组成。

微动脉管壁有环行的平滑肌，其舒张可控制血管的血流量。后微动脉向一至数根真毛细血管供血。真毛细血管从微动脉垂直分出，起始端通常有 1～2 个平滑肌细胞，形成一个环，即毛-前括约肌。它的收缩状态决定进入真毛细血管的血流量。最小的微静脉管径不超过 20～30 μm，管壁没有平滑肌，发挥交换血管作用。较大的微静脉管壁有平滑肌，在功能上是毛细血管的后阻力血管。微静脉的舒张状态可影响毛细血管压，从而影响毛细血管处的液体交换和回心血量。血流从微动脉流向微静脉可通过三条途径：①动-静脉短路(非营养通路)吻合支管壁结构类似微动脉。手指、足指、耳廓等处，牛肉重多，平常处于关闭状态，环境温度升高大量开放。利于散热;温度下降,关闭,有利于保存体热。病理开放过度,组织缺氧。②直捷通路(快道),微动脉→后微动脉→通血毛细血管直接延伸,经常处于开放状态(交换功能不大),血流速度较快,骨骼肌组织的微循环中较为多见。可使一部分血液快速进入静脉,保证回心血量,不能使过分血液滞留于微循环处。③迂回通路(营养通路,慢道),易受调节,安静时20%～35%真毛细血管开放,以5～10次/min速率交替性收缩和舒张。(NE、SHT、代谢产物、CO_2、H^+、ATP、K^+、组胺等→后微动脉、毛-前括约肌。血流量稳定,虽微环境下变化。反微动脉分布有少量神经,局部体液性的调节)。微循环血流量和组织的代谢活动水平相适应。

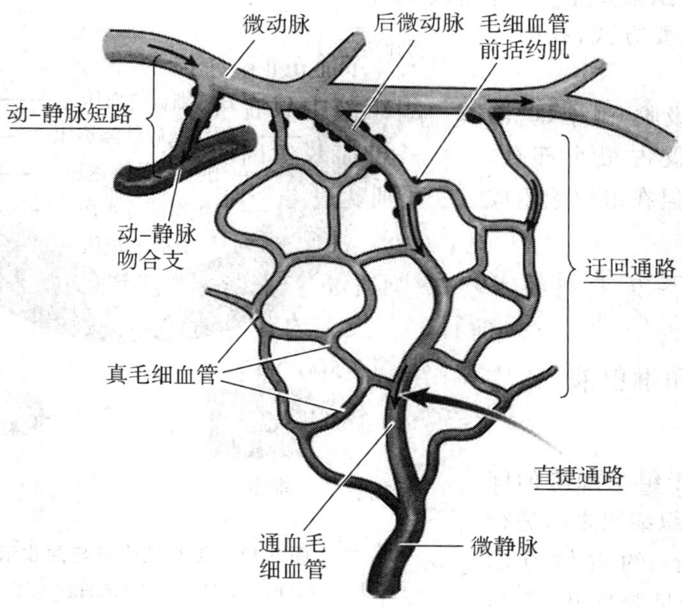

图 3-12　微循环示意图

(二)毛细血管血压(微循环的血流动力学)

血液在流经微循环血管时血压逐渐降低。在直径为8～80 μm的微动脉处,对血流的阻力最大,血压降落也最大。毛细血管靠动脉端30～40 mmHg,中段25 mmHg,靠静脉端10～15 mmHg。毛细血管血压的高低取决于毛细血管前阻力和毛细血管后阻力的比值。毛细血管前阻力和毛细血管后阻力的比值5∶1时毛细血管平均血压为2.7 kPa(20 mmHg)。比值大血压小,比值小血压大,微动脉系控制。(血流量$Q=\Delta P/R$,儿茶酚胺类肌源性自身调节,缺氧,酸性产物)。特点:搏动消失,各器官、组织间差异较大,肾60～70 mmHg,肺6～7 mmHg。

(三)血液和组织液间的物质交换(组织学)

1.毛细血管壁的结构和通透性

毛细血管壁由单层内皮细胞构成,外面有基膜包围,总厚度约0.5 μm,在细胞核的部分稍厚。内皮细胞之间相互连接处存在着细微的裂隙,成为沟通毛细血管内外的孔道。毛细血管内皮有4种类型:①连续内皮,皮肤、骨骼肌、平滑肌、心肌、肺等多数为连续内皮。厚0.1～0.2 μm,紧密连接,裂隙大小一般小于血浆蛋白质分子的大小:吞饮功能。②有孔内皮,胃肠黏膜、腺体、肾小球和肾小管周围毛细血管,5%～50%面积上厚度不到0.05 μm,有小孔。

③非连续内皮(窦性),肝、骨髓、脾、血窦。卵巢达 1 μm,基膜不连续,蛋白质可自由通过。④紧密连接内皮,中枢神经系统和视网膜,内皮细胞高大,少见吞饮。

2. 毛细血管的数量和交换面积

不同器官组织中毛细血管的密度有很大差异,心肌、胞、肝、肾,2 500～3 000 根/mm^3 组织;骨骼肌,100～400 根;骨、脂肪、结缔组织中较低。假设毛细血管平均半径为 3 微米,平均长度为 750 μm,则每根毛细血管的表面积约为 14 000 μm^2,加上有交换功能的微静脉总有效交换面积将近 1 000 m^2。

3. 血液和组织液之间物质交换的形式

①扩散:最主要方式,孔隙占总面积 1/4。

②滤过和重吸收:静水压、渗透压,与扩散比仅占很小部分,0.5%血浆滤出。但在组织液生成中起重要作用。

③吞饮:较大分子如血浆蛋白。

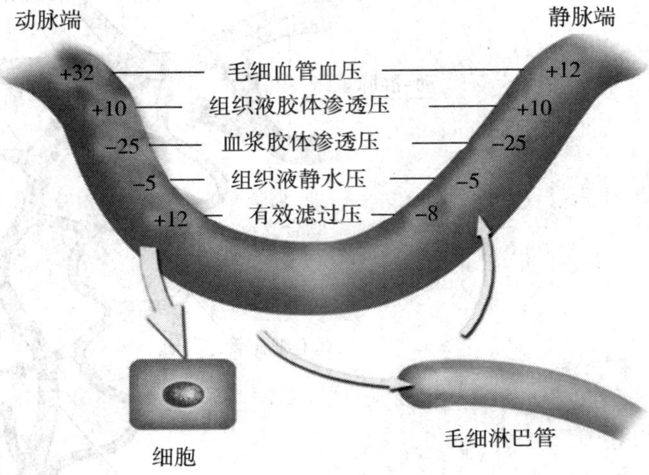

图 3-13　组织液生成与回收示意图

(单位:mmHg,注:1 mmHg=0.133 kPa)

(+代表促使液体滤出毛细血管的力量;一代表促使液体吸上回毛细血管的力量)(引自滑静,2009)

六、组织液和淋巴液

(一)组织液

组织液存在于组织细胞的间隙中,是血液与组织细胞之间进行物质交换的媒介,约占体重的 15%,它绝大部分呈胶冻状,不能自由流动,因此不会因重力作用而流至全身的低重部分,也不能用注射器抽取。组织液的基质为胶原纤维和透明质细丝,它不妨碍占较小部分的水及其溶质的自由流动,如图 3-13 为组织液生成与回收示意图。

(二)淋巴液及其回流

淋巴系统是组织液向血液回流的一个重要的辅助系统。毛细淋巴管以稍膨大的盲端起始于组织间隙,彼此吻合成网,并逐渐汇合成大的淋巴管。全身的淋巴液经淋巴管收集,最后由有淋巴导管和胸导管导入静脉。在毛细血管起始端,内皮细胞的边缘像互片般互相覆盖,形成向导管腔开启的单向活瓣。另外,当组织液积聚在组织间隙时,组织中的胶原纤维和毛细淋巴管之间的胶原细胞可以将互相重叠的内皮细胞边缘拉开,出现较大的缝隙。血浆蛋白质分子却可以自由进入。

淋巴液回流的生理功能:回收组织液中的蛋白质分子,能消除组织液中不能被毛细血管重吸收的较大分子,红细胞、细菌等;营养物质特别是脂肪的吸收起重要作用,肠道吸收脂肪的 80%～90%。维持循环血量,调节血浆与组织液之间的液体平衡;以及发挥淋巴结的防御、屏障作用等。

第四节　心血管活动的调节

机体在不同生理条件下，各器官组织的代谢水平不同，对血流量的需求也不同。机体的神经和体液机制可对心脏和各部分血管的活动进行调节，以适应各器官组织的需要，协同全身血流分配。

一、神经调节

心肌和血管平滑肌接受植物性神经支配。机体对血管活动的神经调节是通过各种心血管反射实现的。

（一）心脏的神经支配

支配心脏的传出神经为心交感神经和心迷走神经。从实验结果可知：

①交感神经兴奋，心脏活动增强，迷走神经兴奋，心脏活动受抑制。

②平常条件下二者均对心脏有作用，而以迷走神经支配占优，称迷走紧张。指迷走神经对心脏产生经常而持久的作用，使心脏活动的速度和强度限制在一定水平之内的情况。

（长期锻炼可使迷走神经紧张性提高，心率减慢）。可把它理解为心力贮备的中枢机制。

两类神经支配心脏的机制如下：

1. 通过Ⅰ～Ⅴ胸段脊髓灰质侧角

2. 通过延髓迷走背核、疑核（有种间差异）

①窦房结 4 期自动除极加快，心率加快。

②房室交界等慢反应细胞 0 期快，传导快，几乎同步。

③兴奋-收缩偶联增强，心缩力加大，活化 Ca^{2+} 泵，舒张完全心输出量大大增加（正性变时、变传导、变力作用）。

3. 支配心脏的肽能神经元

免疫细胞化学方法证明，心脏中存在多种肽类神经纤维，如神经肽 Y、血管活性肠肽、降钙素基因相关肽、阿片肽等。现已知一些肽类递质可与其他递质，如单胺和乙酰胆碱共存于同一神经元内，并共同释放。其作用还不完全清楚，也可能参与对心肌和冠状血管活动的调节。例如，血管活性肠肽对心机有正性变力作用和舒张冠状血管的作用，降钙素基因相关肽有加快心率的作用等。

（二）血管的神经支配

除真毛细血管外，血管壁都有平滑肌分布。有些血管平滑肌有自发的肌源性活动，另一些很少。但绝大多数血管平滑肌都受自主神经支配（毛-前括约肌除外）。通常把血管平滑肌的舒缩活动，称为血管运动。支配它们的神经则被称为血管运动神经纤维。按功能将其分为缩、舒血管神经纤维两大类。

1. 缩血管神经纤维。

都是交感神经纤维，其节前神经元位于脊髓、胸、腰段的中间外侧柱内，节后神经元位于椎旁和椎前神经节内（NE 激活 α 受体导致血管收缩；NE 激活 β 受体导致血管舒张。神经肽 Y 同时释放，结合力更强）。体内几乎所有的血管都受交感缩血管纤维支配，但不同部位的血管中缩血管纤维分布的密度不同（同一部位皮肤最密，骨骼肌内脏次之，冠状血管、脑血管较少。

动脉大于静脉，微动脉最密）。多数血管单一神经纤维支配缩和舒。安静状态下，持续发放1～3次/s的低频冲动(8～10次)，称交感缩血管紧张。

2.舒血管神经纤维

(1)交感血管神经纤维　犬、猫、山羊、绵羊骨骼肌微动脉(阿托品可对抗Ach)，中枢在大脑(新)皮质运动区，平时没有紧张性活动，情绪激动状态、发生防御反应舒张，血流量增加。

(2)副交感血管神经纤维　少数器官如脑膜、唾液腺、肠胃外分泌腺和外生殖器等，盆神经支配的膀胱、直肠，面神经支配的脑膜，迷走神经支配的肝。平时无紧张性，特殊刺激导致中枢冲动激活M受体，调节局部血流，对总外周阻力的影响很小。

(3)脊髓背根舒血管纤维　皮肤受伤害性刺激产生感觉冲动(末梢分叉处)传递到中枢。到达邻近受刺激部位的微动脉，舒张、血晕。轴突反射，递质可能是降钙素基因相关肽。

(4)血管活性肠肽神经元　有些自主神经元内有血管活性肠肽和乙酰胆碱共存，例如支配汗腺的交感神经元和支配颌下腺的副交感神经元等。这些神经元兴奋性(Ach导致腺细胞分泌；血管活性肠肽引起舒血管局部组织血流增加)。

(三)心血管中枢

在生理学中将与控制心血管活动有关的神经元集中的部位称为心血管中枢。是分布在从脊髓到大脑皮层各个水平上，一系列神经元及其间的复杂联系。它们的活动使整个心血管系统的活动协调一致，并与整个机体的活动相适应(脊髓交感神经元，副交感神经元)。

1.延髓心血管中枢

19世纪70年代Dittmar连续横断脑干实验。只要保留延髓及其以下中枢部分的完整，就可以维持心血管正常的紧张性活动(动脉血压无明显变化)，并完成一定的心血管反射活动(如刺激坐骨神经引起的升血压反射)。横断闩部时，血压下降40 mmHg。一般认为，延髓心血管中枢至少可包括以下4个部位的神经元。

(1)缩血管区(C1区)　头部和腹外侧部，肾上腺素作用于脊髓中间外侧柱。心交感紧张也起源于此。

(2)舒血管区(C1区)　尾端腹外侧部A1区，去甲肾上腺素能神经元。

(3)传入神经接替站　孤囊核。

(4)心抑制区　迷走神经背核和疑核。

传入冲动、所处环境导致紧张性活动，表现为心迷走神经纤维和交感神经纤维持续的低频放电活动。

2.延髓以上的心血管中枢(复杂的整合，相互协调)

下丘脑：在体温调节、摄食、水平衡以及发怒、恐惧等情绪反应的整合中起着重要作用，都包含有相应的心血管活动的变化。

大脑的一些部位，特别是边缘系统的结构，如额叶的眶面、扣带回的前部、杏仁隔、海马等，能影响下丘脑和脑干其他部位的心血管神经元的活动。新皮层运动区兴奋时骨骼肌收缩、该骨骼肌血管舒张。

刺激小脑顶核可引起血压升高，心率加快。该效应可能与姿势和体位改变时伴随的心血管活动变化有关。

(四)心血管反射

心血管反射一般都很快完成，其生理意义在于使循环功能适应机体状态和环境变化。

1. 颈动脉窦和主动脉弓压力感受性反射(降压反射)

(1)反射弧组成和反射过程:动脉血压升高(管壁牵张增强)引起颈动脉窦、主动脉弓压力感受器兴奋性增高(冲动增多,窦神经、迷走神经、吞咽神经)神经冲动传递到延髓孤囊核再到达脑桥、下丘脑等。

动物实验中,隔离出颈动脉窦区。压力感受反射在中间部分较陡,向两端渐趋平坦。(正常平均压力水平 100 mmHg,最为敏感。纠正偏离能力最强。高血压病人或动物,曲线右移,重调定)。

(2)特点和生理意义

①负反馈机制,经常地、自动地纠正,避免动脉血压发生过分的波动(犬 24 h,平均动脉压 100±(10～15)mmHg,100±50 mmHg)。

②牵张感受,只感受迅速变化,对波动性压力敏感,缓适应。缓冲神经。

③感受器灵敏范围,8.24 kPa(60～180 mmHg),此范围外其他方式,引出化学感受。

2. 心肺感受器引起的心血管反射

心房、心室、肺循环大血管壁(机械牵张:低压力感受器容量感受器;化学物质:前列腺素、缓激肽等药物藜芦碱等)。

反射效应:交感紧张降低,心迷走紧张加强。血压降低;肾交感紧张降低明显,肾血流量增加,排水、钠离子增强,血量变化导致体液成分和量发生变化;血管升压素的释放使肾排水增多。

3. 颈动脉体和主动脉体化学感受性反射(升压反射)

外周化学感受器:颈动脉体(Ⅰ型细胞(球细胞)含 Ach、儿茶酚胺等囊泡;Ⅱ型细胞(辅细胞)类神经胶质细胞,窦神经的传入纤维末梢穿插之间,与Ⅰ型细胞形成特化接触:单向突触、交互突触反馈回路调节化学感受器敏感性,缝隙连接等)、主动脉体(周围包绕以毛细血管窦,血液供应十分丰富)。

中枢化学感受器延髓腹外侧浅表左右对称。头中尾三个区为感受中继站。

还有传出神经支配,借调节血流以改变化学感受器活动,如图 3-14 所示。

正常情况下,对呼吸中枢反射更重要,只有严重缺氧,动脉血压过低(如人小于 8 kPa)才引起脑的血压升高。

特点:① CO_2 是调节呼吸的最重要的生理性体液因子。兴奋作用是必要的。(p_{CO_2} 过低,呼吸暂停,p_{CO_2} 过高(CO_2 麻醉),堆积压抑 CNS(含呼吸中枢)。② H^+ 中枢化学感受器为外周化学感受器敏感性的 25 倍,但通过血脑屏障的速度慢。脑脊液中的 H^+ 才是中枢化学感受器的最有效刺激。③动脉

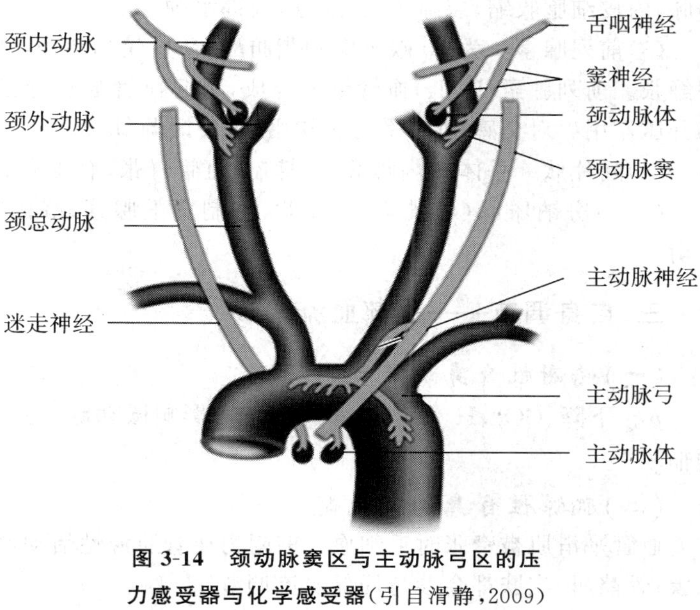

图 3-14　颈动脉窦区与主动脉弓区的压力感受器与化学感受器(引自滑静,2009)

p_{CO_2} 下降至 80 mmHg 才出现反应，可见其对正常呼吸调节作用不大；低 p_{CO_2} 对中枢的直接作用是压抑，CO_2 久留中枢化学感受器适应后，驱动呼吸的主要刺激下降。外周化学感受器兴奋呼吸中枢兴奋以对抗，严重低氧时不足以对抗，终将导致呼吸障碍。此时吸入纯氧气，对外周化学感受器刺激解除，会引起呼吸暂停。

二、体液调节

影响心血管活动的化学物质，有些是通过血液携带的，可广泛作用于心血管系统；有些则在组织液中形成，主要作用于局部的血管，对局部组织的血流起调节作用。其中最主要的是肾上腺素和去甲肾上腺素。

肾上腺素(Ad)　心 β_1 受体，正性变时和变力作用，心输出量增加。α、β 受体几乎相同。血管 α 受体占优势，(大剂量)皮肤、肾、胃肠收缩；β_2 受体占优势，(小剂量)骨骼肌、肝、冠状血管舒张(强心急救药，入血几分钟后消失。导致激动和焦虑)。

去甲肾上腺素(NE)　主要与 α 受体结合，与心 β_1 受体结合，与血管 β_2 结合力弱。使全身血管广泛收缩，动物血压升高，压力感受反射活动增强。(心率减慢，升压药，激动但不焦虑)。

肾素-血管紧张素系统(RAAS)——可能在血压的缓慢而长期的调节中起重要作用。略、详见泌尿调节。

(一)血管升压素(Antidiuretic hormone，ADH)

ADH 是下丘脑视上核和室旁核的一部分神经元内合成的。正常情况下，血浆中 ADH 升高首先出现抗利尿效应；只有当其浓度明显高于正常时(舒张 1 000 倍，药理作用，肺咯血)，才引起血压升高。它提高压力感受性反射和敏感性，缓冲升压效应。在失水、失血等情况下，ADH 释放增强，对保留体内液体量，维持动脉血压都起重要作用。

(二)局部性体液调节

(1)激肽释放酶——激肽系统　局部主要是舒血管效应。

(2)组织胺　存在于皮肤、肺、肠黏膜的肥大细胞中，具有舒血管作用。局部毛细血管、微静脉，内皮细胞收缩，裂隙扩大，通透，局部水肿。

(3)前列腺素　为 20 碳不饱和脂肪酸(环戊烷)，$PGF_{2\alpha}$ 引起静脉收缩；PGE_2 引起血管强烈舒张。前列腺素(PGI_2)血管组织合成，引起血管强烈舒张，对抗血管紧张素Ⅱ和儿茶酚胺的升压作用。对交感-血管平滑肌作用，负反馈调节。

(4)阿片肽　垂体 β-内啡肽，心抑制，血管舒张，血压降低。

(5)心房钠尿肽(心钠素)　8 肽，抑制肾上腺素、醛固酮和 ADH 的合成和平衡。水盐平衡。

三、自身调节——局部血流调节

(一)代谢性自身调节机制

p_{O_2} 下降、CO_2、H^+、腺苷、ATP、K^+ 等影响微动脉，毛细血管前括约肌舒张，局部血流量增加。

(二)肌源性自身调节机制

血管平滑肌被牵张时毛细血管前阻力血管肌源性活动增强，血流量稳定；肾、脑、心、肝、肠系膜、骨骼肌、皮肤都会参与局部血流调节。

第一时期 30 s 内容量感受器等交感神经兴奋；第二时期组织液回流加强，1 h 内；第三时期 1 h 后，ADH 上升，肾上腺素升高，Na^+、水重吸收加强；第四时期，肝加速合成血浆蛋白，1 d，骨髓造血，数周至 1 个月。

第五节　器官循环的特点

一、冠状循环

心肌的毛细血管网分布极为丰富。毛细血管：心肌纤维＝1∶1；心肌横截面上 2 500～3 000 根/mm^2 占心输出量的 4%～5%。活动增强，冠脉达到最大舒张状态时，300～400 mL/(100 g・min)。动脉舒张压(外周阻力)的高低和心舒期(心率)的长短是影响冠脉血流量的重要因素。心舒促进灌流。对冠脉血流进行调节的各种因素中，最重要的是心肌本身的代谢水平。心缩能量来源几乎唯一地靠有氧代谢。其摄氧能力强(动脉血中 65%～75%)，摄氧潜力较小。只有靠增大血流量满足其代谢增强的需要。事实上，代谢增强导致腺苷上升引起冠脉舒张。几秒钟内腺苷破坏。

二、肺循环

呼吸性小支气管以上的呼吸道——体循环的支气管动脉、肺循环的支气管动脉末梢吻合支，掺入主动脉血，1%～2%静脉血。肺动脉及其分支较粗短，管壁较主动脉及其分支薄 1/3。肺动脉可收缩、扩张，其血压等于右心室压 22 mmHg。阻力小、血压水平低。肺循环的全部血管都在胸腔内，负压环境。肺毛细血管压 7 mmHg，血浆胶体渗透压 22 mmHg。肺的血容量约为 450 mL，占全身血量的约 9%，用力呼气时 200 mL，深吸气达 1 000 mL(吸气开始动脉血压下降，后半期最低然后升高，呼气相后半期最高点然后降低)。贮血库，机体失血时，补充至体循环。

调节：交感神经、Ach 导致收缩阻力大，迷走神经、儿茶酚导致舒张阻力大，肺泡气 p_{O_2} 降低，p_{CO_2} 升高，毛细血管收缩。

三、脑循环

50～60 mL/(100 g・min)，重量占体重的 2%，血流量却占 15%，耗氧量大，占全身 20%[3～3.5 mL/(100 g・min)]。耐受极限 4～6 min。颅腔容积恒定不容变动大。平均动脉压 60～140 mmHg 时，自身调节，恒定。血-脑屏障，血-脑脊液(组织液和淋巴液)总量 150 mL，每天生成 800 mL 更新率较高，主动运输。

本章思考题

1. 名词解释：血液循环、传导系统、快反应细胞、慢反应细胞、平台期、最大舒张电位、有效不应期、自律性、窦性节律、潜在起搏点、房室延搁。"全或无"式收缩、早搏、代偿间歇、心动周期、心率、心输出量、心力贮备、心音、心电图、标准导联、弹性贮器血管、器官血流量、外周阻力、收缩压、舒张压、脉压、平均动脉压、脉搏、中心静脉压(CVP)、微循环、直捷通路、毛细血管有效滤过压、心迷走紧张、血管紧张性收缩、心血管中枢、降压反射、化学感受性反射、肾素-血管紧张素-醛固酮系统。

2.心肌有哪些生理特性？与心脏机能有何联系？

3.简述心动周期中心脏所伴随的各种变化及相互联系。①血液在心脏和血管中的单方向流动是怎样实现的？②动脉内压力比较高，心脏是怎样将血液射入动脉的？③压力很低的静脉血液是怎样返回心脏的？④心房、心室收缩哪一个更重要？⑤心室收缩和舒张哪一个更重要？

4.心音有几个？各自是如何形成的？

5.心电图各波及各间期的含义是什么？

6.简述各类血管的结构与机能特征。

7.分析影响动脉血压及静脉回流的因素。

8.试述淋巴液生成与回流、淋巴循环的过程与生理意义。

9.以心率为例阐述外来神经对心脏活动的调节机制。

10.给正常家兔耳缘静脉注射少量肾上腺素，兔动脉血压会发生什么变化？是如何实现的？

11.简述脑、肺、肝、肾循环主要特点及其与各自功能的关系。

国家执业兽医资格考试本章相关内容真题示例

38.动物第一心音形成的原因之一是（　　）

A.房室瓣关闭　B.半月瓣关闭　C.心室的舒张

D.心房的收缩　E.心室的充盈

注：2010年全国执业兽医资格考试试卷（上午卷）A1型题第38题，题号未变动。

40.促使毛细血管内液体向外滤过的力量是（　　）

A.毛细血管血压、组织液静水压　B.毛细血管血压、血浆胶体渗透压

C.组织液静水压、血浆胶体渗透压　D.组织液静水压、组织液胶体渗透压

E.毛细血管血压、组织液胶体渗透压

注：2009年全国执业兽医资格考试试卷（上午卷）A1型题第40题，题号未变动。

本章参考文献

[1]欧阳五庆.动物生理学.2版.北京：科学出版社，2012.

[2]陈杰.家畜生理学.4版.北京：中国农业出版社，2003.

[3]朱大年，王庭槐.生理学.8版.北京：人民卫生出版社，2013.

[4]杨秀平.动物生理学.北京：高等教育出版社，2002.

[5]杨秀平.动物生理学.2版.北京：高等教育出版社，2009.

[6]陈守良.动物生理学.4版.北京：北京大学出版社，2012.

[7]陈守良.动物生理学.3版.北京：北京大学出版社，2005.

[8]南京农业大学.家畜生理学.3版.北京：中国农业出版社，2000.

[9]王光亮.生理学基础.武汉：华中科技大学出版社，2011.

[10]梅岩艾.生理学原理.北京：高等教育出版社，2011.

[11]滑静.动物生理学.北京：化学工业出版社，2009.

[12]张志雄.生理学.2版.上海:上海科学技术出版社,2011.

[13]管茶香.生理学.长沙:中南大学出版社,2010.

[14]陈明勇.全国执业兽医资格考试试题解析和模拟试题.北京:中国农业大学出版社,2011.

[15]中国兽医协会.2013年执业兽医资格考试单元强化自测与详解(兽医全科类)全套.北京:中国农业出版社,2013.

[16]徐惊涛,魏雅萍,韩吉庆,等.青海省高寒牧区公牦牛19项生理生化指标的研究.青海畜牧兽医杂志,2008,38(4):1-3.

[17]白海涛.玉树牦牛12项血液生理生化指标的测定.青海畜牧兽医杂志,2009,39(1):8-9,11.

[18]卢福山,张才骏.高原型牦牛8项血液指标的测定.青海畜牧兽医杂志,2006,36(4):3-4.

[19]江家椿,姜生成,边巴次仁,等.西藏高原工布江达牦牛、藏黄牛、甲哑牛八项生理常值的对比分析.中国牦牛,1991(1):32-37.

[20]王柱三.家畜生理生化常值汇编(一).中国兽医杂志,1982(2):44-47.

[21]王震.西藏林芝地区藏猪心电图测定和分析,西藏大学农牧学院.2010.

第四章 呼吸生理

学习目的和要求

1. 掌握呼吸、肺通气、肺通气量等呼吸生理的基本概念及其生理意义。

2. 掌握呼吸器官的构成及其功能。

3. 掌握肺通气的原理以及气体在体内的运输和交换过程。

4. 掌握呼吸运动的调节因素以及高原缺氧环境对呼吸的影响。

消耗氧气产生二氧化碳，是有机体新陈代谢过程的普遍规律。陆生动物体内氧的储存量极为有限，代谢产生的二氧化碳累积过多又会破坏体内的酸碱平衡。因此，机体必须不断从外界摄取氧气维持细胞所需，并及时排出过多的二氧化碳，确保机体内氧气和二氧化碳的动态平衡，维系新陈代谢正常进行。机体与外界环境之间的这种气体交换过程称为呼吸（respiration）。呼吸是维持机体新陈代谢及一切机能活动所必需的基本生理过程，呼吸一旦停止，生命也将终止。

第一节 呼吸的过程和呼吸器官

一、呼吸的过程

高等动物的呼吸过程包括三大环节：

1. 外呼吸（external respiration）

又称肺呼吸，指肺泡气与外界空气之间的气体交换以及肺泡气与肺毛细血管之间的气体交换过程，前者称为肺通气，后者称为肺换气。

2. 气体在血液中的运输

通过血液循环，将从肺泡摄取的氧运送到组织细胞，同时把组织细胞产生的二氧化碳运送到肺。

3. 内呼吸（internal respiration）

又称组织呼吸，指细胞通过组织液完成与血液间的气体交换过程，该过程包括组织细胞代谢中产生的二氧化碳释放入组织液，再进入毛细血管血液，同时，毛细血管血液中的氧进入组织液后再被组织细胞摄取。内呼吸过程有时也包括细胞内的氧化过程。

呼吸过程的三个环节在呼吸系统和血液循环系统的协同配合下互相衔接，同时进行，共同完成气体交换的全过程（图 4-1）。

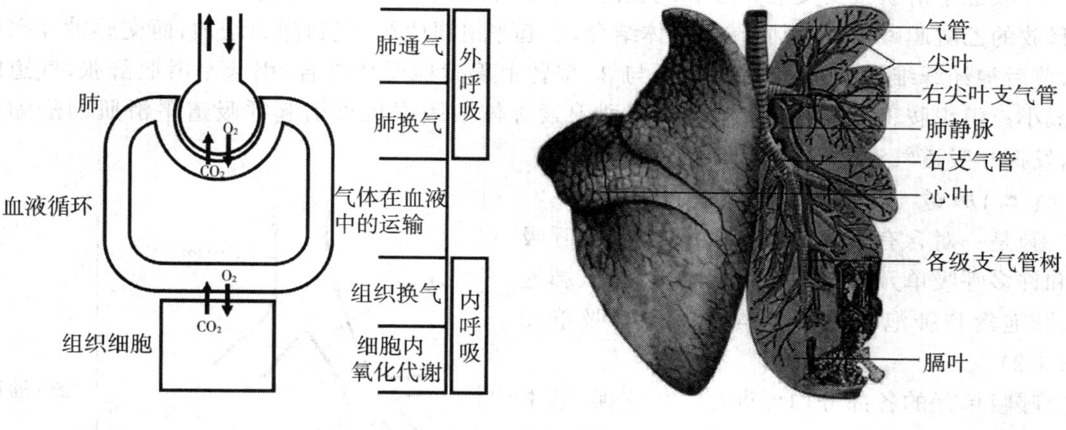

图 4-1 呼吸全过程示意图

二、呼吸器官及其功能

实现肺通气的呼吸器官包括呼吸道、肺泡及胸廓。呼吸道是肺泡与外界环境相连的通道，肺泡是血液与肺泡气进行气体交换的主要场所，而呼吸肌舒张、收缩引起胸廓的节律性运动则是产生通气的原动力之一。

(一)呼吸道

呼吸道包括上呼吸道和下呼吸道。上呼吸道由鼻、咽、喉组成，下呼吸道由气管、支气管直至呼吸性支气管以前的终末细支气管构成。呼吸道的管腔自上而下不断分支，形成倒置的树状结构，从支气管起可分为 23 级，称之为支气管树。呼吸道不具有气体交换功能，其管壁均含有平滑肌纤维，从气管至呼吸性细支气管之所以能主动收缩和舒张，就在于管壁平滑肌的作用。呼吸道黏膜和管壁平滑肌主要发挥保护和调节呼吸道阻力的作用。

1. 呼吸道黏膜

呼吸道黏膜内壁，尤其是鼻、咽部黏膜具有丰富的毛细血管网，并有黏液腺分泌黏液，调节吸入空气的温度和湿度。如果吸入气温的温度较高或过低，则通过呼吸道血流的作用，使吸入的空气在到达肺之前接近体温水平。呼吸道的这种空气调节功能使呼吸道上皮、纤毛及腺体不易受到损伤，起到保护肺组织的重要作用。

此外，黏液腺分泌的黏液，对吸入气体中的尘埃、细菌等异物有黏附作用，而后通过黏膜纤毛的节律运动将异物推送至咽喉部，继而以痰液的形式被排出呼吸道，从而保证了入肺气体的洁净。呼吸道黏膜上含有各种化学感受器，可以感受有刺激性或有害气体和异物的刺激，并引起咳嗽、喷嚏等保护性反射动作对其加以排除。少量细微的异物颗粒或细菌有可能进入呼吸性细支气管、肺泡管，甚至肺泡，但会被存在于这些部位的巨噬细胞所吞噬。此外，黏液腺分泌的黏液中的免疫球蛋白也可以发挥黏膜免疫作用，起到防止感染和维护黏膜完整性的作用。

2. 呼吸道平滑肌

气管由许多呈“C”状的环形软骨组织、平滑肌和弹性纤维组成。而平滑肌从气管到终末细支气管均有分布，随着支气管和细支气管上软骨组织的逐渐减少，平滑肌的舒缩作用成为影响管腔口径的主要因素，也是形成气道阻力的主要部位。

呼吸道平滑肌接受交感神经和副交感神经的双重支配。当迷走神经兴奋时，节后神经纤维释放的乙酰胆碱与M型胆碱能受体结合，引起平滑肌收缩，气道阻力增加；而交感神经兴奋时，节后神经纤维释放去甲肾上腺素，与β_2型肾上腺素能受体结合，引起平滑肌舒张，气道阻力减小。组织胺、5-羟色胺、缓激肽、前列腺素等体液因素也可引起呼吸道平滑肌的舒缩活动，发挥呼吸道气流阻力的辅助调节作用。

（二）肺泡

肺是一对含有丰富弹性组织的气囊，由呼吸道和许多呼吸单元构成。呼吸性小支气管、肺泡管、肺泡囊和肺泡4个部分构成一个呼吸单元（图4-2）。

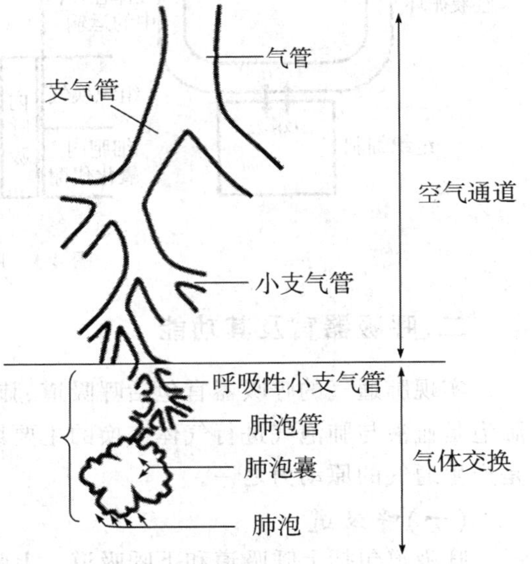

图4-2　呼吸单元结构示意图（引自陈杰，2003）

呼吸单元的各部分均可进行气体交换，其中以肺泡为主。肺泡上皮细胞分为扁平上皮细胞和分泌上皮细胞，扁平上皮细胞（Ⅰ型细胞）呈鳞状，相互连接成薄膜状，覆盖大部分肺泡表面；分泌上皮细胞（Ⅱ型细胞）呈圆形或立方形，散布于Ⅰ型细胞之间，合成和分泌肺表面活性物质。肺泡与肺泡之间的组织结构称为肺泡隔，隔内含有丰富的毛细血管网、弹力纤维及少量胶原纤维，使肺具有一定的弹性。

研究表明，高海拔地区牦牛肺脏单位面积内的肺泡数量多于低海拔地区牦牛，肺泡隔也厚于低海拔地区牦牛，以增大肺气体交换的表面积。牦牛肺泡中的Ⅰ型上皮细胞菲薄，为非连续性上皮，使得气-血屏障厚度薄于其他家畜，更利于气体交换。

1. 呼吸膜

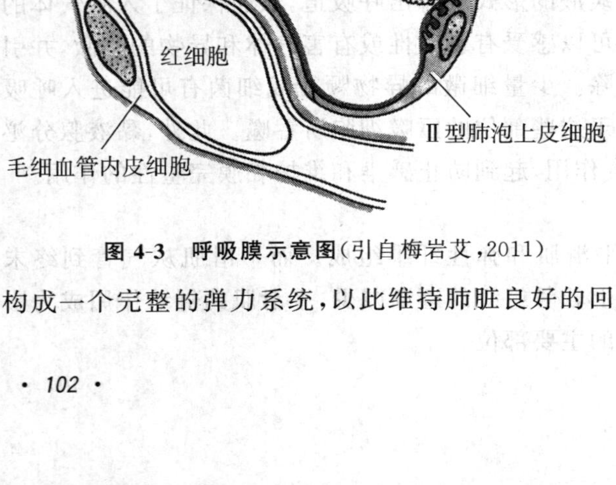

图4-3　呼吸膜示意图（引自梅岩艾，2011）

肺泡气与肺毛细血管之间进行气体交换的组织结构叫呼吸膜（respiratory membrane）。呼吸膜由肺表面活性物质、液体分子、肺泡上皮细胞、弹力纤维和胶原纤维间隙、毛细血管基膜、毛细血管内皮细胞等六层结构组成（图4-3）。六层结构的总厚度仅为0.2～1 μm，通透性大，有利于气体的扩散通过。

高原世居动物肺泡隔内的弹力纤维不仅比平原动物的数量多而且更粗大。研究表明，牦牛的肺泡隔内，不但含有丰富的弹力纤维，而且与肺胸膜、小叶间隔、各级支气管管壁、血管壁相互联系，构成一个完整的弹力系统，以此维持肺脏良好的回缩弹性，确保肺内气体更好地排出。

2. 肺表面活性物质

肺泡上皮的内表面分布有极薄的液体层，它与肺泡气体形成气-液界面。界面上的表面张力由液-液分子间的吸引力与气-液分子间的吸引力之差产生，该力使液体表面有收缩的倾向，从而使肺泡趋向回缩。肺扩张后的回缩力约 2/3 来自肺泡表面张力，按照普拉普斯定律，液泡内由表面张力形成的回缩力(P)与表面张力(T)成正比，与液泡半径(r)成反比，即：

$$P=2T/r$$

如果把表面张力相同而直径大、小不同的两个液泡联通，由于小液泡的回缩力大于大液泡，所以小液泡内的气体将顺着压力梯度流向大液泡，从而使小液泡趋于萎缩，而大液泡则趋于膨胀。肺由数亿个直径大小不同的肺泡组成，根据以上原理，气体将从小肺泡不断流向大肺泡，结果将导致小肺泡萎缩，大肺泡极度膨大(图 4-4)。但在正常有机体内并不发生这一现象，这是因为肺泡壁Ⅱ型细胞能合成并分泌一种能减弱肺泡表面张力作用的物质，这种物质称为肺表面活性物质。

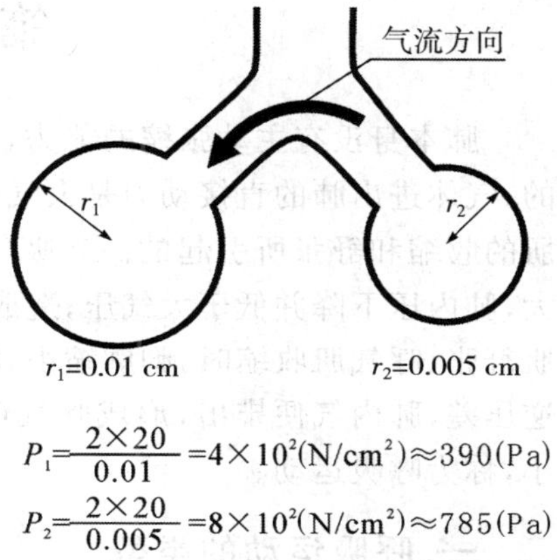

图 4-4　联通的大小不同的液泡内压、气流方向及结果示意图

肺表面活性物质(pulmonary surfactant)是复杂的脂蛋白混合物，其主要成分是二棕榈酸卵磷脂(dipalmitoyl phosphatidyl choline，DPPC)，它的分子和细胞膜的磷脂结构类似，其亲水极性端伸入液体层，疏水极性端伸入肺泡气中，改变了气-液界面的结构，从而大大降低肺泡的表面张力，其生理意义主要有：

(1)维持肺泡容积的相对稳定　肺表面活性物质的密度可随肺泡半径的不同而不同。在大肺泡里和吸气时，其密度较小，降低表面张力的作用较弱，肺泡回缩力较大，因而肺泡不至于过度膨胀；相反，在小肺泡里和呼气时，表面活性物质的密度大，降低表面张力的作用强，因而肺回缩力小，肺泡不至出现塌陷，从而维持了肺泡容积的相对稳定(图 4-5)。

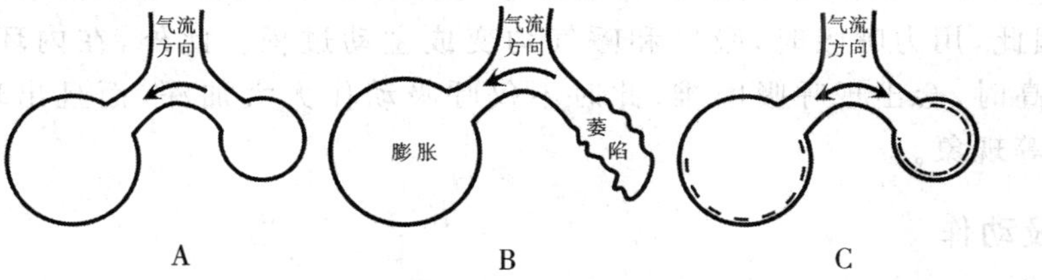

A. 大小肺泡在无表面活性物质时表面张力相同；B. 为 A 的结果：大肺泡膨胀、小肺泡萎缩；C. 大肺泡表面活性物质分布密度小、表面张力大，小肺泡表面活性物质分布密度大、表面张力小，大小肺泡容易相对稳定。

图 4-5　表面活性物质的作用示意图

(2)防止液体在肺泡内积聚　由于肺泡表面张力的回缩作用，肺组织间隙趋向于扩大，使得组织间液静水压降低，导致毛细血管内的液体流入肺泡过多而引起肺水肿。但由于肺表面活性物质的存在，表面张力减少，从而有效防止液体在肺泡内积聚，保证了肺换气的正常进行。

(3)降低吸气阻力　肺表面活性物质能减少吸气做功，增加呼吸的顺应性，早产儿可因肺泡表面活性物质的缺乏，发生肺不张而导致呼吸困难或死亡。

(三)呼吸肌

参与呼吸运动的肌肉称为呼吸肌。膈肌和肋间外肌等能使胸廓扩大，参与吸气动作的肌肉叫吸气肌；肋间内肌和腹肌等能使胸廓缩小而产生呼气动作的肌肉叫呼气肌。此外，还有一些肌肉参与辅助呼吸，如斜方肌、胸锁乳突肌等，因此被称为辅助呼吸肌，这些肌肉只在用力呼吸时才参与呼吸运动。

高原世居动物与平原动物相比，具有更发达的呼吸肌，以适应高原低氧环境。例如，高原牦牛比平原黄牛多一对肋骨，且肋骨狭长，肋间距大，肋间肌发达。

第二节　呼吸运动

肺本身没有主动张缩的能力，在自然条件下，它的张缩是由胸廓的扩大和缩小被动引起的，气体进出肺的直接动力是大气和肺泡气之间的压力差。而胸廓的扩大和缩小又是由呼吸肌的收缩和舒张所引起的。当吸气肌收缩、呼气肌舒张时，胸廓扩大，肺随之扩张，肺容积增大，肺内压下降并低于大气压，造成顺压差，空气进入肺，形成吸气（inspiration）；反之，当吸气肌舒张、呼气肌收缩时，胸廓缩小，肺也随之缩小，肺容积减小，肺内压升高并高于大气压，造成逆压差，肺内气便排出，形成呼气（expiration）。呼吸肌收缩、舒张所造成的胸廓的扩大和缩小，称为呼吸运动。

一、呼吸运动的类型

呼吸运动可分为平静呼吸和用力呼吸两种类型。平静呼吸（eupnea），是指安静状态下的呼吸运动，它是由膈肌和肋间外肌的舒缩引起的，平静呼吸的主要特点是呼吸运动较为平衡均匀，吸气过程是主动的，而呼气过程则是被动的。

家畜运动时，用力而加深的呼吸称为用力呼吸（forced breathing）。用力吸气时，膈肌和肋间外肌加强收缩，同时其他辅助吸气肌也参加收缩，使胸廓进一步扩大，吸气量增加。当呼气时，呼气肌收缩加强，并在辅助呼气肌的参与下使胸廓和肺容积尽量缩小，呼气量增加，因此，用力呼吸时，吸气和呼气均变成主动过程。此外，在内环境缺氧或二氧化碳浓度过高时，会出现呼吸困难，此时不仅呼吸动作大大加深，而且出现鼻翼扇动，动物感觉不适等现象。

二、呼吸动作

呼吸动作由呼吸肌的舒缩而产生，包括吸气动作和呼气动作两部分。

1.吸气动作

吸气动作由吸气肌的收缩而产生。平静呼吸时主要的吸气肌是膈肌和肋间外肌。

膈肌的舒缩在肺通气中发挥着重要作用。膈的形状似钟罩，位于胸腔和腹腔之间，其外围附着于胸壁上，构成胸腔的底部，静止时凸向胸腔（图 4-6）。收缩时膈肌后移，胸腔的前后径增大，胸腔和肺容积增大，产生吸气动作。由于胸廓呈圆锥形，其横截面积前部小、后部大，因此，膈肌稍稍后移就可使胸腔容积大大增加，而膈后移的距离随其收缩强度的变化而变化。据估测，平静呼吸时，因膈肌的收缩而增加的胸腔容积相当于总通气量的4/5。

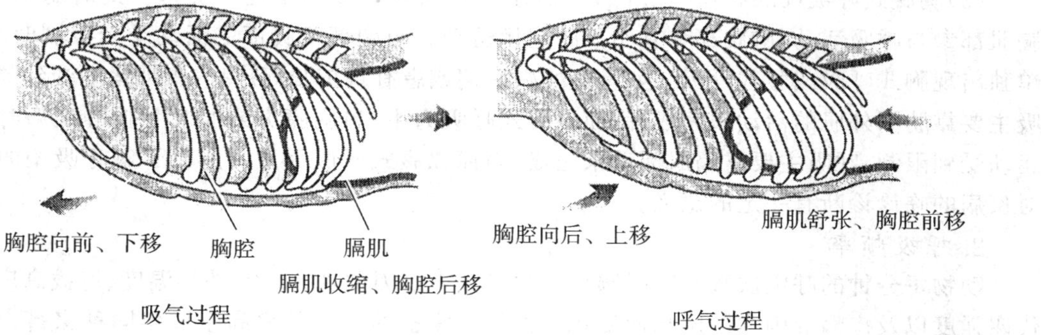

图 4-6 膈在呼吸运动中的位置变化（仿自梅岩艾，2011）

肋间外肌的肌纤维起自前一肋骨的近脊椎端的后缘，斜向后下方走向，止于后一肋骨近胸骨端的前缘。由于肋骨上端与椎骨形成关节，下端由肋软骨与胸骨相连，当肋间外肌收缩时，牵拉后一肋骨产生前移、外展运动，胸骨下沉，胸腔的左右径和上下径同时增大，造成胸廓扩大（图 4-7），肺也随之被牵张扩大，肺容积增大。肺内压低于大气压，形成顺压差，空气随即经呼吸道进入肺内，引起吸气动作。

在平静呼吸中肋间外肌所起的作用较膈肌小，而当家畜紧张、使役或患某些疾病时，可引起呼吸加强或呼吸困难，此时除膈肌和肋间外肌收缩增强外，吸气上锯肌、斜角肌和提肋肌等也发生收缩活动，使吸气动作显著增强。

2. 呼气动作

平静呼气时呼气是被动的，呼气运动不需要呼气肌收缩的参与，只要膈肌与肋间外肌舒张，依靠胸廓及肺本身的回缩力即可回位，恢复至其吸气开始前的位置，产生呼气。只有在深呼吸时，呼气肌才参与收缩，使胸廓进一步缩小，呼气动作才有了主动的成分。主要的呼气肌是肋间内肌和腹肌，肋间内肌走行方向与肋间外肌相反，收缩时使肋骨产生后移、内收运动，胸骨上移，胸腔缩小，协助呼气。腹肌的收缩，压迫腹腔脏器向前移动，推动膈肌前移，使胸腔容积缩小，增强呼气动作。

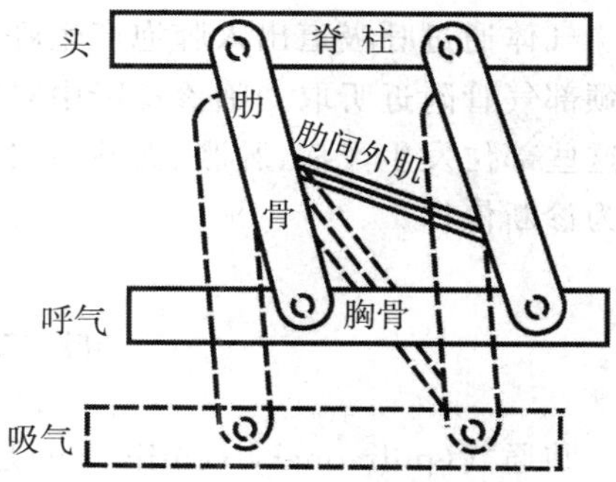

图 4-7 呼吸运动中肋骨运动模式图

（引自陈杰，2003）

三、呼吸类型、呼吸频率和呼吸音

1. 呼吸类型

根据在呼吸过程中呼吸肌运动的强度和胸腹部起伏变化的程度，将呼吸分为三种类型：

(1)胸式呼吸(thoracic breathing)　主要由肋间肌舒缩，使肋骨和胸骨运动而产生的呼吸运动。胸式呼吸时胸部起伏明显。

(2)腹式呼吸(abdominal breathing)　因膈肌收缩、膈后移，腹腔脏器因受压迫而使腹壁外展、腹围增大；膈肌舒张时，腹腔脏器恢复至原来位置，这种主要由膈肌舒缩引起的呼吸运动称为腹式呼吸。腹式呼吸时腹壁起伏明显。

(3)胸腹式呼吸(chest breathing)　健康家畜的呼吸多属于这一类型。此时肋间外肌和膈肌都参与呼吸活动,胸腹部都有明显的起伏运动。当胸部或腹部的活动受到限制时才可能单独出现胸式呼吸或腹式呼吸。如母畜妊娠后期或患有胃扩张等疾病,腹部运动受到限制,呼吸主要靠肋间外肌的活动来完成,因而以胸式呼吸为主;患胸膜炎或肋骨骨折等疾病时,胸部运动受到限制,呼吸主要靠膈肌活动来完成,因而以腹式呼吸为主。所以了解呼吸型的特征,对疾病的临诊诊断有一定的意义。

2. 呼吸频率

动物每分钟的呼吸次数叫呼吸频率。呼吸频率可因种别、年龄、外界温度、海拔高度、新陈代谢强度以及疾病等因素的影响而变化。如幼龄家畜的呼吸频率高于成年同种家畜;高产乳牛呼吸频率高于低产乳牛;家畜患某些疾病,如肺水肿,呼吸频率高于健康家畜的4～5倍。青藏高原家畜呼吸频率常值见表4-1。

表4-1　青藏高原家畜呼吸频率常值(平均值)

畜别	牦牛	黄牛	绵羊	山羊	猪	马
频率(次/min)	19.5	20.1	27.6	22.6	28.0	25.5

3. 呼吸音

气体通过呼吸道出入肺泡产生呼吸运动时,因摩擦产生的声音叫呼吸音。常于胸廓表面或颈部气管附近听取。临诊诊断中对喉音、气管音和肺泡音的正常节律和音色均有具体描述。当这些部位发生炎症、肿胀、炎性渗出或管道狭窄、肺泡破裂等疾患时,呼吸音的异常变化可以作为诊断依据。

第三节　肺通气原理

肺通气(pulmonary ventilation)是指肺与外界环境之间的气体交换过程。气体进出肺取决于气体流动的动力和阻力之间的相互作用,只有在动力克服阻力的情况下,才能实现气体在肺内的自由出入,完成肺通气。

肺通气的动力来自于呼吸肌的舒缩引起的胸廓张缩,在胸廓张缩的牵引下,肺容积产生规律性改变,造成肺内压和大气压之间的压力差,气体在此压力差的直接推动下进出肺。

一、肺内压和胸膜腔内压

1. 肺内压(intrapulmonary pressure)

即肺泡内的压力。肺通过口、鼻与外界环境相通,所以当肺的容积不变时,肺内压和大气压大体相等。呼吸过程中肺内压发生周期性变化,平静吸气之初,肺内压暂时下降,空气顺气压差进入肺泡,肺内压随之逐步升高,至吸气末,肺内压等于大气压(图4-8);平静呼气初,肺内压暂时高于大气压,肺内气体顺气压差向呼吸道外排出,至呼气末,肺内压又降至大气压。这种周期性的肺内压与大气压之间的压力差,是实现肺通气的直接动力,肺内压变化的程度受呼吸的缓急、深浅和呼吸道阻力的影响。

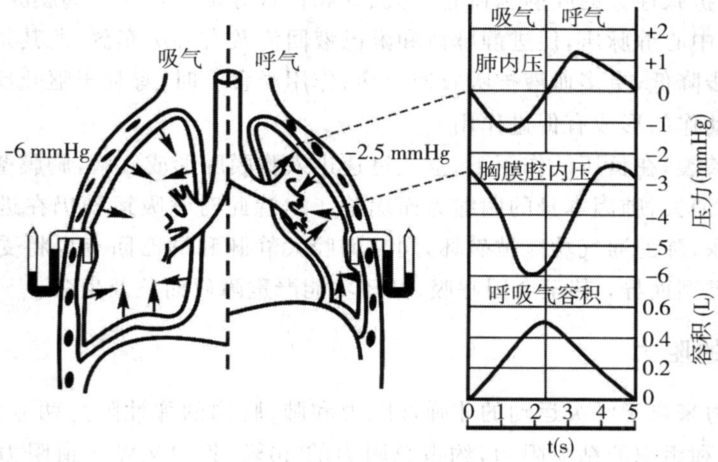

图 4-8 吸气和呼气时肺内压、胸膜腔内压及呼吸气容积的变化过程(右)
和胸膜腔内压直接测量示意图(左)(引自陈杰,2003)

2. 胸膜腔内压(intrapleural pressure)

胸膜腔由两层胸膜构成,内层是脏层,紧贴于肺表面,外层为壁层,紧贴于胸廓内壁。一般情况下,两层胸膜之间仅有少量浆液,这些浆液既起到润滑、减小摩擦作用,又将两层胸膜黏附在一起,不易分开,从而构成一个密闭的腔隙,即胸膜腔。由于胸膜腔和肺可扩张性的共同作用,肺在呼吸运动中可随着胸廓的运动而运动。

胸膜腔内的压力即为胸膜腔内压,可用连有检压计的针头刺入胸膜腔内直接测定(图 4-8)。测定结果表明,无论是吸气还是呼气过程,胸膜腔内压始终为负压。由于非反刍动物处于胸腔深处的食管平时是闭合的,其内压基本接近于胸膜腔内压,因此也可以用测定胸腔段食管内压来代替胸内压,而反刍动物的反刍动作常造成食管发生强烈的逆蠕动,造成食管内压高于胸膜腔内压。

3. 胸膜腔内压的形成原理

在平静呼吸过程中,胸膜腔内压低于大气压,始终是负压。其内压是由加于胸膜表面的压力间接形成的,胸膜的壁层紧贴于胸廓,受到胸廓骨骼和肌肉的保护,故不受大气压的影响,而胸膜脏层表面的压力来自于肺内压(吸气末与呼气末时与大气压相等,使肺泡扩张)和肺的回缩力(其作用方向与肺内压相反,使肺泡缩小)之差(图 4-8,箭头所示)。

胸膜腔内压=肺内压(大气压)-肺回缩力

若以大气压为零位标准,肺内压在吸气末和呼气末等于大气压,则:

胸膜腔内压=-肺回缩力

正常情况下,肺总是表现为回缩倾向,因而胸膜腔内压通常为负压。吸气时胸廓扩大,肺被牵拉扩张,回缩力增大,胸膜腔内负压也增大,相反,呼气时胸膜腔内负压减小。

4. 胸膜腔内压的生理意义

胸膜腔内压具有重要的生理意义:一是使肺和小气道维持扩张状态,不致因回缩力而使肺完全塌陷,从而能持续地与周围血液进行气体交换。二是有助于静脉血和淋巴液的回流。尤其是对管壁薄、可扩张性大的腔静脉血管、淋巴管和食管等影响较大。胸膜腔内负压作用于腔静脉和心脏，降低中心静脉压，促进静脉血和淋巴液回流及右心房充盈，尤其是在做深吸气时，胸膜腔内压进一步降低，更多血液被吸收回心房；作用于食管时，有利于呕吐反射的形成，尤其对反刍动物反刍动作的形成有促进作用。

如果胸膜腔破裂，在负压的作用下，空气迅速进入胸膜腔形成气胸，胸膜壁层、腹层彼此分开，胸膜腔内负压消失，肺因本身的回缩力而塌陷。尽管此时呼吸运动仍在进行，但由于失去了胸廓运动的牵张，肺的通气功能被破坏，同时胸腔大静脉和淋巴回流也将受阻，其危害程度视气胸的程度和类型而异，甚至会因呼吸、循环功能严重障碍而危及生命。

二、肺通气的阻力

肺通气的阻力来自于呼吸运动的非弹性阻力和肺、胸廓的弹性阻力两方面。前者包括气道阻力、惯性阻力和组织的粘滞阻力，约占总阻力的30%，其中又以气道阻力为主；肺和胸廓的弹性阻力是平静呼吸时的主要阻力，约占总阻力的70%。

（一）非弹性阻力

非弹性阻力(non-elastic resistance)　主要由惯性阻力、黏滞阻力和气道阻力组成。惯性阻力是气流在发动、变速、改变方向时因气流和组织的惯性所产生的阻止运动的因素。平静呼吸时，惯性阻力小。黏滞阻力来自呼吸时组织相对位移所发生的摩擦力。气道阻力来自气体流经呼吸道时气体分子间和气体分子与气道之间的摩擦，是非弹性阻力的主要成分，约占非弹性阻力的80%～90%。非弹性阻力属于动态阻力，产生于气体的流动过程，并随流速的加快而增大。

气道阻力(airway resistance)　受气流流速、气流形式和管径大小的影响。流速越快阻力越大，流速越慢阻力越小；气流形式分为层流和湍流，层流阻力小，湍流阻力大，气流过快、气道不规则容易发生湍流，如气管内有黏液、渗出物、异物等常引起气道不规则，临床上可用排痰、清除异物、减轻黏膜肿胀等方法减少湍流，降低阻力、改善呼吸；气道管径大小是影响气道阻力的重要因素，阻力随管径的缩小而增大(气道阻力 R 与气道半径 r 的4次方成反比：$R\propto 1/r^4$)。

影响气道管径的因素有：①气道内外压力差。吸气时胸内压下降，气道周围的压力下降，跨壁压增大，管径被动扩大；呼气时则管径缩小，阻力增大。②自主神经调节气管平滑肌的舒缩。迷走神经兴奋，使气管平滑肌收缩，管径缩小而阻力增大；交感神经兴奋则使气管平滑肌舒张，管径增大而阻力下降，呼吸更为畅通。③体液中化学物质影响气管平滑肌的舒缩。如血液中的儿茶酚胺能使气管平滑肌舒张，气道管径增大、阻力下降、呼吸通畅。气道上皮合成并释放的内皮素，可使气道平滑肌收缩，气道管径缩小、阻力增大、呼吸急促。

（二）弹性阻力和顺应性

弹性阻力(elastic resistance)　是指弹性组织在外力作用下变形时，产生的对抗变形和弹性复位的倾向力。用同等大小的外力作用于弹性组织时，变形程度小者弹性阻力大，变形程度大者弹性阻力则小。弹性阻力一般用顺应性(compliance)来度量，顺应性是指在外力作用下弹性组织的可扩张性。容易扩张者顺应性大、弹性阻力则小，反之顺应性小，弹性阻力大。

顺应性(C)与弹性阻力(R)成反比关系，即：

$$C=1/R$$

顺应性的大小，通常用单位压力(1 cm H_2O)变化下所能引起的容积变化(*L*)来表示。(1 cm H_2O=0.098 kPa)

$$顺应性(C)=容积改变(\Delta V)/压力变化(\Delta p)$$

因为肺和胸廓都是弹性组织，故顺应性包括肺的顺应性和胸廓的顺应性。测定肺的顺应性时，Δp 是指跨肺压的改变，即肺内压与胸内压之差的变化，ΔV 指跨肺压改变下的肺容量变化。测定胸廓的顺应性时，Δp 是指跨壁压，即胸内压与大气压之差的改变。

这种压力与肺容量之间的关系变化曲线，称为压力-容量曲线(图 4-9)。它表明肺充盈的容量越大，胸廓和肺对抗肺扩张的阻力越大，用于克服阻力所需的肌肉收缩力也相应增大。

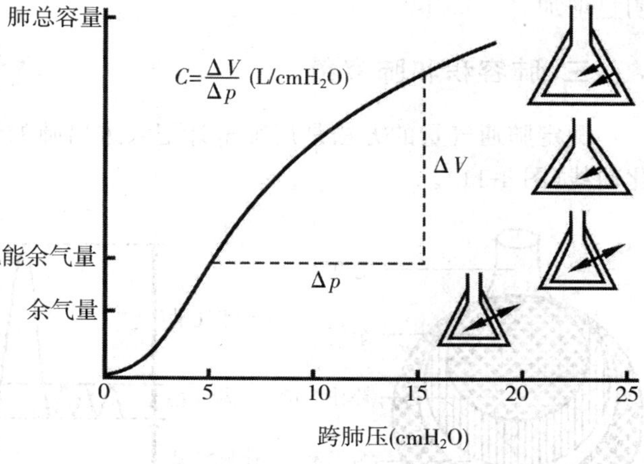

图 4-9　肺压力-容量曲线

1. 肺的弹性阻力

(1)肺扩张的弹性阻力(即肺组织的回缩力)　包括肺组织弹性纤维的回缩力和肺泡的表面张力，两者均使肺倾向于回缩，肺组织的弹性阻力主要由弹性纤维和胶原纤维产生。当肺扩张时，弹性纤维和胶原纤维受到牵拉而倾向于回缩。肺扩张越大，对纤维的牵拉就越大，回缩力越大，弹性阻力也越大，反之则小。

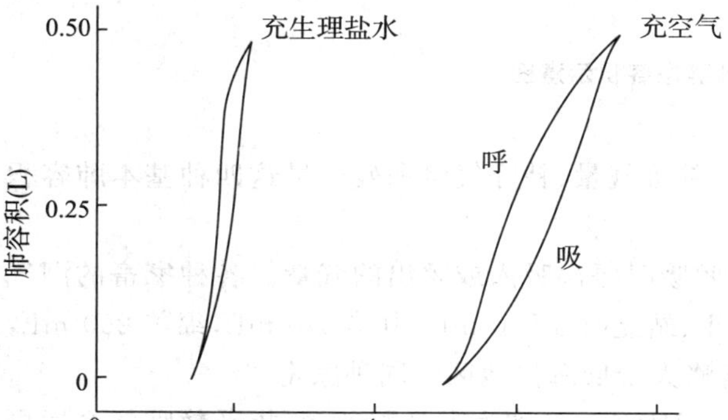

图 4-10　充空气和充生理盐水时肺的顺应性曲线

(1 cmH_2O=0.098 kPa)

(2)肺泡表面张力　离体的肺在充空气和充生理盐水时各自的顺应性曲线如图 4-10 所示。充空气扩张的肺所需的跨肺压力约为充生理盐水扩张的肺的 3 倍。这是因为充气时，肺泡气与肺泡液体分子层之间存在气-液界面，从而产生表面张力。球形气-液界面的表面张力方向指向球体中心，使肺泡倾向缩小，产生弹性阻力。而灌注生理盐水时，不存在气-液界面，也就不存在表面张力，仅有肺组织的弹性回缩力。由此可见，肺组织的弹性阻力仅约占肺总弹性阻力的 1/3，而表面张力约占到 2/3。因此，表面张力是形成肺弹性阻力的主要因素，对肺的张缩发挥着重要作用。

2. 胸廓的弹性阻力

胸廓在呼吸运动中也可产生弹性阻力。胸廓处于自然位置时的肺容量占肺总容量的 67%左右，此时胸廓不表现弹性回缩力(图 4-9)，当肺容量小于总量的 67%时，胸廓被牵引向内收缩，胸廓产生向外的弹性回缩力，形成吸气的动力、呼气的弹性阻力；肺容量大于肺总量的

67%时，胸廓被牵引向外扩张，其弹性回缩力向内，又形成呼气的动力、吸气的弹性阻力。所以胸廓的弹性回缩力因胸廓的位置不同，既可以是吸气的动力，也可能是吸气的弹性阻力，这与肺的弹性回缩力始终是吸气的弹性阻力不同。

3. 呼吸功

呼吸功(work of brething)是指呼吸过程中，呼吸肌完成肺通气时克服通气阻力所做的功。在平静呼吸时，呼吸肌所做的机械功是很有限的，呼吸功约为 0.25 J，仅占全身消耗能量的 3%左右，其中 2/3 用于克服弹性阻力，1/3 用于克服非弹性阻力。当激烈运动时，呼吸功将明显增加。

三、肺容积和肺容量

测定肺通气量的方法是用肺量计记录进出肺的气量，由此即可绘制出呼吸时肺容量的变化曲线(图 4-11)。

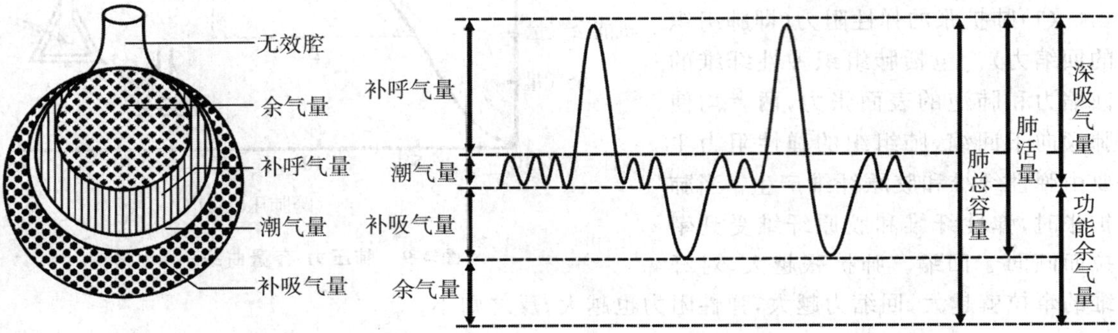

图 4-11 肺静态容积示意图

(一)肺容积

如图 4-11 所示，肺的最大容量由潮气量、补吸气量、补呼气量和残气量这四种基本肺容积(pulmonary volume)构成。

(1)潮气量(tidal volume，TV) 指平静呼吸时每次吸入或呼出的气量。各种家畜的潮气量大约为：马 6 000 mL，奶牛躺卧时 3 100 mL、站立时 3 800 mL，山羊 310 mL，绵羊 260 mL，猪 300～500 mL。高海拔地区家畜的潮气量略大于低海拔地区的同种家畜。

(2)补吸气量(inspiratory reserve volume，IRV) 又称为吸气贮备量，指平静吸气之后再尽力吸气所能吸入的最大气量。

(3)补呼气量(expiratory reserve volume，ERV) 又称为呼气贮备量，指平静呼气之后再尽力呼气所能呼出的最大气量。

(4)残气量(residual volume，RV) 又称为余气量，指最大呼气之后，仍存留于肺中不能再呼出的气量。余气量无论如何用力也无法将其呼出，只能用间接方法测定。

(二)肺容量

肺容量(pulmonary capacity)是指基本肺容积中两项或两项以上的联合气量(图 4-11 右)

(1)深吸气量(inspiratory capacity，IC) 指从平静呼气末再做最大吸气时所能吸入的气量，是衡量最大通气潜力的一个重要指标，数值上等于潮气量和补吸气量之和。胸廓、胸膜、肺组织和呼吸肌等的病变，均可降低深吸气量。

(2)功能余气量(functional residual capacity，FRC) 指平静呼气末肺内存留的气量。数值上等于余气量和补呼气量之和。功能余气量的生理意义是缓冲呼吸过程中肺泡气中氧和二氧化碳分压(p_{O_2} 和 p_{CO_2})的急剧变化。由于功能余气量的缓冲作用，吸气时，肺内 p_{O_2} 不至急剧升高，p_{CO_2} 不至下降过快；同样，呼气时肺内 p_{CO_2} 则不会降得太低，p_{O_2} 不会升得太高。这样，呼吸运动就不会引起肺泡气和动脉血液中 p_{O_2} 和 p_{CO_2} 发生大幅度的波动，以利于气体交换的顺利进行。生理条件下，功能余气量约为潮气量的 4 倍，家畜每千克体重的功能余气量为 8～10 mL。

(3)肺活量(vital capacity，VC) 指最大吸气后，再用力呼气所能呼出的最大气量。数值上等于潮气量、补吸气量和补呼气量之和。肺活量的个体差异较大，与躯体的大小、性别、年龄、体征、呼吸肌强弱等因素有关。

(4)肺总量(total lung capacity，TLC) 指肺所能容纳的最大气量，数值上等于潮气量、补吸气量、补呼气量、余气量之和。肺总量因性别、年龄、运动状况和体位不同而不同。

四、肺通气量

(1)每分通气量(minute ventilation volume) 是指每分钟吸入或呼出肺的气体总量。等于呼吸频率与潮气量的乘积。它比肺总量能更好地反映肺的通气功能。

(2)生理无效腔和肺泡通气量 上呼吸道至呼吸性细支气管之间的气体因不能参与气体交换，故将这部分结构称为解剖无效腔(anatomical dead space)。每次吸入气体的一部分将留在解剖无效腔内，无法进入肺泡内。进入肺泡内的部分气体，也因血流在肺内分布不均而未能参与血液的气体交换，这一部分的肺泡容量被称为肺泡无效腔(alveolar dead space)。解剖无效腔与肺泡无效腔统称为生理无效腔(physiological dead space)。健康动物的肺泡无效腔很小，可忽略不计。此时，生理无效腔与解剖无效腔容量大致相等。

由于无效腔的存在，吸气时首先吸入肺泡的是留在无效腔内的气体，这是上次呼气时留下的肺泡气，此后才是由外界吸入的新鲜空气。同样，呼气时首先呼出的是前一次吸气时留在无效腔内的新鲜空气，随后才呼出肺泡气。所以，每次呼吸真正进入肺泡进行气体交换的气体量并不是潮气量，而是潮气量减去无效腔容量。

肺泡通气量(alvmlar ventilation)是指每分钟吸入肺泡的新鲜空气量，等于：

$$(潮气量-无效腔气量)\times 呼吸频率$$

例如，潮气量为 500 mL，无效腔气量为 150 mL，功能余气量为 2 500 mL 时，则每次吸入肺泡的新鲜空气为 350 mL。每次呼吸更新的肺泡内气体仅为 14%。潮气量减少、无效腔气量增大(如支气管扩张)、功能余气量增加(如肺气肿)均使肺泡气体更新率降低，不利于气体交换。潮气量和呼吸频率的变化对肺通气量和肺泡通气量的影响见表 4-2。

表 4-2 不同呼吸频率和潮气量时的肺通气量和肺泡通气量变化

呼吸方式	呼吸频率(次/min)	潮气量(mL)	肺通气量(mL/min)	肺泡通气量(mL/min)
深而慢的呼吸	8	1 000	8 000	6 800
平静呼吸	16	500	8 000	5 600
浅而快的呼吸	32	250	8 000	3 200

从表 4-2 中可以看到，在潮气量减半、呼吸频率加倍，或潮气量加倍而呼吸频率减半时，虽然肺通气量保持不变，但肺泡通气量却发生了显著变化。因此，在一定范围内，深而慢的呼吸可使肺泡通气量加大，肺泡气更新率增大，有利于气体交换。

第四节　气体交换与运输

肺泡气在肺通气的作用下，确保了肺泡气 p_{O_2} 和 p_{CO_2} 的相对稳定，使气体交换得以顺利进行。机体的气体交换包括肺换气和组织换气两个环节，前者指肺泡与其周围毛细血管之间的气体交换，后者指血液与组织之间的气体交换。气体分压差是气体交换的动力，血液循环的运输功能将肺换气和组织换气联系起来(图 4-1)。

一、气体交换

(一)气体交换的动力

(1)气体分压　是指在混合气体中某一种气体分子运动所产生的压力。它不受其他气体及其分压存在的影响。在温度恒定时，某一气体的分压只决定于该气体的浓度，即该气体在总混合气体中所占的容积百分比。混合气体的总压力等于各气体分压之和。当大气压力已知时，根据各气体在空气中的容积百分比就能计算出各气体的分压：

$$气体分压(P)=大气压\times容积百分比$$

例如，青藏高原平均海拔高度 4 000 m，大气压平均值为 73.93 kPa，氧的容积百分比为 20.71%，则氧分压(p_{O_2})=73.92×20.71=15.31(kPa)。其他气体分压按同法计算。青藏高原空气中主要气体成分的平均分压值与海平面分压值对比见表 4-3。

表 4-3　青藏高原空气中主要气体成分的分压值与海平面分压值对比

项目	空气	N_2	O_2	CO_2	H_2O
容积百分比(%)	100.00	78.00	20.71	0.04	1.25
海平面分压值(kPa)	101.325	79.034	20.984	0.041	1.267
青藏高原平均分压值(kPa)	73.924	57.660	15.310	0.030	0.924

(2)体液中溶解气体的分压　呼吸气体的交换是以溶解于体液中的形式进行的，某气体溶解于溶液中的量，与该气体的分压成正比；当气体分压一定时，它在液体中的溶解度决定于液体理化性质。气体溶解于液体中的难易程度用溶解度表示。溶解度(solubility)是指单位分压下溶解于单位容积液体中的气体量，是以一个标准大气压(101.325 kPa)下，38℃的 100 mL 液体中溶解气体的毫升数来表示。氧和二氧化碳在不同液体中的溶解度见表 4-4。

表 4-4　氧气和二氧化碳在不同液体中的溶解度　　mL/100 mL

气体	水中	血浆中	全血中
O_2	2.39	2.14	2.36
CO_2	56.7	51.5	48.0

(3)分子扩散运动的动力　气体分压差(Δp)是气体分子扩散运动的动力，在能够透过气体分子的薄膜两侧，气体分子可从分压高的一侧向低的一侧扩散，分压差大则扩散快，反之则扩散慢，直至薄膜两侧分压相等、双向性分子运动达到动态平衡为止。

根据气体扩散规律，气体分子扩散速度与气体溶解度(S)成正比，与分子质量(Mr)平方根成反比。从表 4-4 中可以看到，二氧化碳在血浆中的溶解度约为氧气的 24 倍，二氧化碳与氧气分子质量的平方根之比为 1.14 : 1。因此，当分压差相等时，二氧化碳的扩散速度约为氧气的 21 倍。二氧化碳在血浆中的溶解度大，是它在体内易于扩散的主要原因，这也是临床多见到缺氧症而很少见到二氧化碳潴留症的原因之一。

在单位分压差下，单位时间内通过单位面积扩散的气体量称为气体扩散系数(diffusion coefficient)。除分压差、气体溶解度、气体相对分子质量外，还与扩散面积(A)、温度(T)成正比，与扩散距离(d)成反比：

$$D \propto \frac{\Delta p \cdot T \cdot A \cdot S}{d \cdot \sqrt{M_r}}$$

在此公式中，扩散面积和扩散距离对气体扩散速率的影响最大。

(二)气体交换的过程

气体分子可以透过细胞膜和毛细血管壁等构成的呼吸膜，当呼吸膜两侧各种气体存在分压差时，气体分子即可按扩散规律在膜两侧运动，实现气体交换。肺泡气、血液和组织液中的 p_{O_2} 和 p_{CO_2} 见表 4-5。

表 4-5　肺泡气、血液和组织液中的 p_{O_2} 和 p_{CO_2}　　kPa

项目	肺泡气	动脉血	静脉血	组织液
氧分压(p_{O_2})	13.6	13.3	5.33	3.99
二氧化碳分压(p_{CO_2})	5.33	5.33	6.13	6.66

在大气、肺泡气、血液与组织之间，存在着 O_2 的分压梯度，同时也存在着与其反方向的 CO_2 分压梯度(图 4-12)。

1. 肺泡间和血液的气体交换

肺通气随呼吸运动不断进行，新鲜空气不断进入肺内，由于肺泡毛细血管血液含有混合静脉血，因此，肺泡内的 p_{O_2} 总是高于肺泡毛细血管血液的 p_{O_2}，而肺泡内的 p_{CO_2} 则总是低于混合静脉血的 p_{CO_2}(图 4-13)。因此，氧气总由肺泡内扩散入静脉血，二氧化碳则总由静脉血向肺泡内扩散，从而静脉血经过肺部变为动脉血。氧气和二氧化碳的扩散速率都很快，仅 0.3 s 即可基本完成气体交换过程，而血液流经肺毛细血管的时间约为 0.9 s，所以当血液经过肺毛细血管全长的 1/3 时，静脉血与肺泡气之间就能完成气体交换，转变成动脉血(图 4-14)。

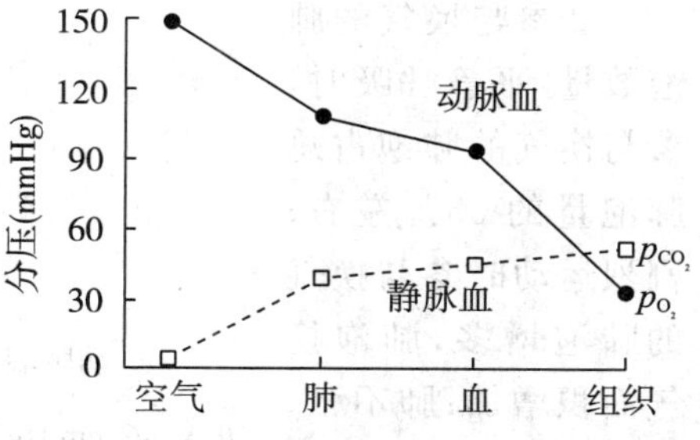

图 4-12　各区域间气体分压示意图

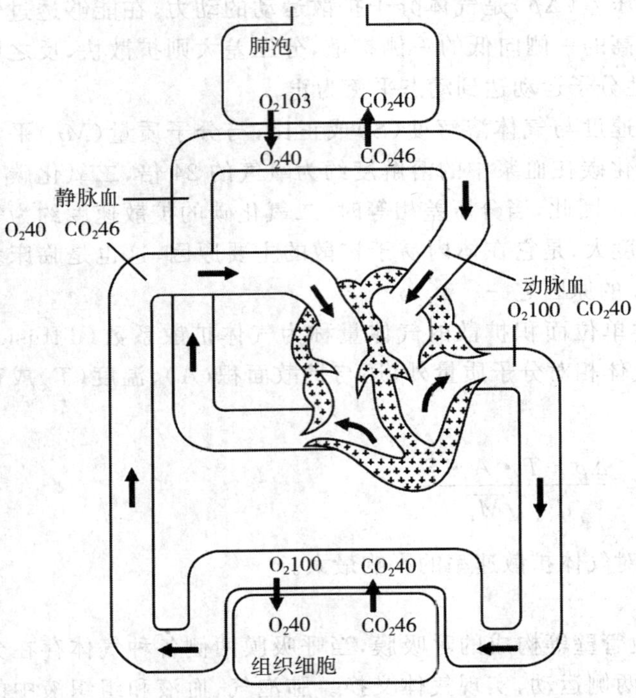

图 4-13　气体交换过程示意图(数值单位:mmHg)

扩散面积是指毛细血管血液进行气体交换的肺泡膜面积。安静状态下，肺泡扩散面积约 40 m^2，剧烈运动时，因肺毛细血管开放量的增多和进一步舒张，扩散面积可增至 70 m^2 以上。

2. 血液与组织间的气体交换

组织在代谢中不断消耗氧气，并源源不断地产生二氧化碳，使组织中的 p_{O_2} 远低于动脉血，而 p_{CO_2} 则略高于动脉血，两种气体顺着各自的压力差扩散。虽然二氧化碳的分压差不如氧气的大，但由于它的扩散速度远比氧气快，故仍能迅速完成气体交换，于是氧气进入组织，二氧化碳进入血液，动脉血失去氧气的同时得到二氧化碳，再次变成静脉血。

3. 影响气体交换的因素

(1)影响肺换气的因素　呼吸膜的厚度、参与换气肺泡的数量以及通气/血流比值是影响肺换气的三个主要因素。

①呼吸膜的厚度:呼吸膜的厚度影响膜的通透性和气体扩散的距离。气体扩散速率与呼吸膜的厚度成反比，呼吸膜愈薄，扩散速率就愈快，反之则越慢。正常情况下，呼吸膜的厚度小于 1 μm，而且与红细胞的距离很近，通透性很大，有利于气体交换，而在肺纤维化、肺水肿等病理状态下，呼吸膜增厚，换气能力下降。

②参与换气的肺泡数量:平静呼吸时，参与换气的肺泡占总肺泡量的 55%左右；剧烈运动时参与换气的肺泡增多，肺泡换气面积增加；肺不张、肺水肿、肺毛细血管闭塞等病理情况下，呼吸膜换气面积缩小，气体扩散速率也随之降低。

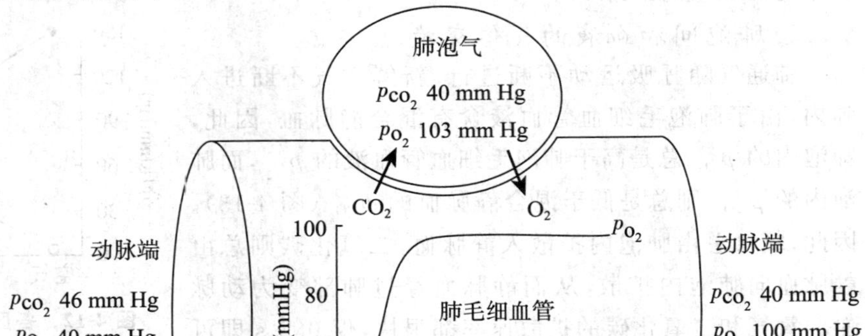

图 4-14　肺部呼吸气体的交换示意图

③ 通气/血流比

值(ventilation/perfusion ration,VA/Q):指每分钟肺泡通气量(VA)和每分钟血流量(Q)之间的比值,高效的气体交换需要适宜的 VA/Q 才能实现。正常情况下,VA/Q 的值约为 4.2/5=0.84。

肺的气体交换依赖“气泵”和“血泵”的协调工作。“气泵”吸入新鲜空气,排出二氧化碳,完成肺泡通气,使肺泡气得以不断更新;“血泵”源源不断地向肺循环泵入充足的血流量,使血液排出二氧化碳并溶入氧气,从而完成血液与肺泡气之间的气体交换。

当耗氧量增加和血液中二氧化碳的浓度增大的情况下,机体的调节机制不仅通过增大肺泡通气量以吸入更多的氧、排出更多的二氧化碳,而且还会通过增加肺部的血流量,提高单位扩散面积的换气效率来适应机体对气体代谢加强的需要。动物在运动时,肺的血流量会随着肺通气量的增加而加大,从而提高了换气效率。

当通气/血流比值为 0.84 时,流经肺部的混合静脉血与肺泡气进行充分的气体交换,全部变成动脉血;当比值大于 0.84 时,说明肺通气过度或肺循环的血流减少,则有部分肺泡气没有参与气体交换,生理无效腔增大,气体的交换效率下降;当比值小于 0.84 时,则通气不良或血流过多,此时,有部分静脉血未能完成气体交换,仍然以静脉血的形式混入动脉血中,降低了血液的携氧能力,造成气体交换质量下降(图 4-15)。

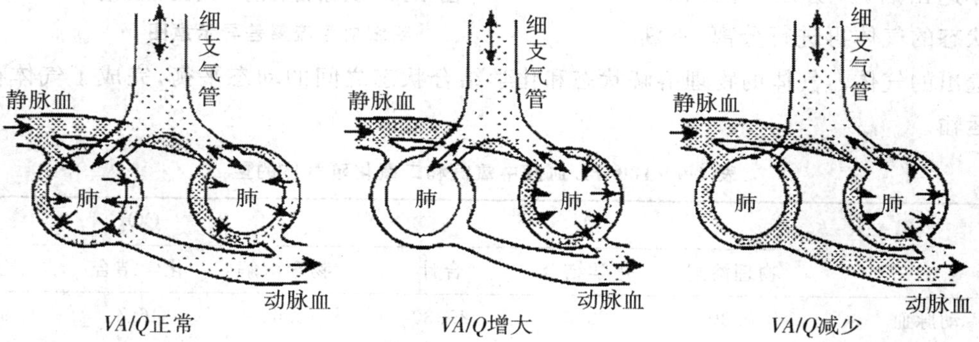

图 4-15　肺通气、肺血流变化示意图(引自欧阳五庆,2012)

肺的不同部位通气量和血流量的分布不均匀(图 4-16)。因此,各部位的 VA/Q 值也并不相同。由于重力等因素的影响,肺上部的通气量和血流量均小于肺的中、下部,血流量的减少尤其显著。通常情况下,肺上部 VA/Q 值偏高,肺下部的 VA/Q 值偏低,而肺中部的 VA/Q 值适中,肺换气效率高。

(2)影响组织换气的因素　影响血液与组织液之间气体交换的因素除受影响肺换气的因素影响外,还受组织细胞代谢水平和组织血流量的影响。当血流量不变,代谢增强、耗氧量增大时,组织液中的 p_{CO_2} 可高达 6.66 kPa 以上,p_{O_2} 可降至 4 kPa 以下。反之,当代谢强度不变,血流量加大时,则 p_{O_2} 升高、p_{CO_2} 降低。这些气体分压的变化将直接影响气体的扩散速率和组织换气的能力。

二、气体运输

血液对气体的运输是实现气体交换的重要环节,血液以物理溶解和化学结合两种状态运输气体。以物理溶解态运输氧和二氧化碳的量虽然很小(表 4-6),但却很重要。这是因为该方式不仅是化学结合态运输的中间阶段,也是最终实现气体交换的必经步骤,进入血液的气体首先以物理状态溶解于血浆,提高其在血液中的分压,然后才能进一步实现化学结合;气体从血液释放时,也是物理溶解状态的气体逸出后,其分压下降,化学结合状态的气体再进行分离,不断补充逸出的气体。气体的物理溶解状态和化学结合状态之间的动态平衡,完成了气体在血液中的运输。

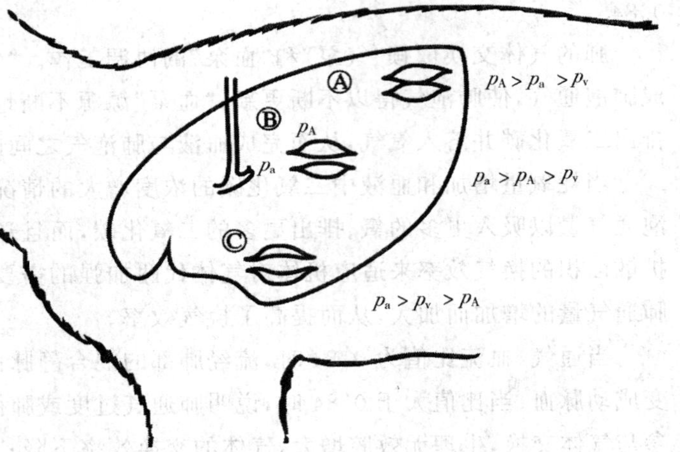

p_A:肺泡压　p_a:动脉端毛细血管压　p_v:静脉端毛细血管压

圆圈中的 A、B、C 代表肺的上、中、下三个区域

图 4-16　大家畜肺的不同区域肺泡毛细血管流量差异示意图

表 4-6　100 mL 血液中氧气和二氧化碳气体的量　mL

	O_2			CO_2		
	物理溶解	化学结合	合计	物理溶解	化学结合	合计
动脉血	0.30	20.0	20.30	2.62	46.4	49.02
静脉血	0.12	15.2	15.32	3.00	50.0	53.00

(一)氧的运输

1. 物理溶解形式的运输

气体在液体中的物理溶解量与该气体分压成正比。动脉血中 p_{O_2} 为 13.3 kPa,其物理溶解的氧气为 0.3 mL/100 mL,仅占血液运输氧总量的 1.5%。

2. 化学结合形式的运输

血液中的氧与血红蛋白(hemoglobin,Hb)结合,以氧合血红蛋白(HbO_2)的形式存在于红细胞内。每 100 mL 血液中血红蛋白结合氧气的最大量称为氧容量(oxygen capacity)。在一定氧分压下,血红蛋白实际结合氧气的量,称为氧含量(oxygen content)。氧含量与氧容量的百分比叫做“氧饱和度”(oxygen saturation)。

氧容量的大小受血红蛋白浓度的影响。例如,健康成年动物每 100 mL 血液中血红蛋白含量为 15 g,每克血红蛋白可结合 1.34 mL 氧,则血氧容量为 15×1.34=20.1(mL)。正常情况下，动脉血的氧饱和度为 97.4%，氧含量约为 19.4 mL/100 mL，而静脉血的氧饱和度为 75%，氧含量约为 14.4 mL/100 mL，即每 100 mL 动脉血转变为静脉血时可释放出 5 mL 氧。而高原世居动物血液中血红蛋白的含量明显高于平原动物，以适应高原低氧环境。

（1）氧合血红蛋白的生成与解离　每 1 个血红蛋白分子由 1 个珠蛋白和 4 个血红素组成。每个血红素又由 4 个中心含亚铁离子（Fe^{2+}）的吡咯基组成（图 4-17）。当氧气进入血液与红细胞结合后，血红蛋白中的铁离子没有发生电子转移，仍然是二价铁离子，因此这种结合不是氧化反应，而是一种疏松的结合，被称为“氧合”。氧合过程主要受 p_{O_2} 的影响，具有结合迅速（<0.01 s）、不需要酶的催化、既易结合又易分离的特点。当血液流经肺毛细血管与肺泡交换气体后，血液中 p_{O_2} 升高，Hb 与氧结合生成氧合血红蛋白（HbO_2）；当 HbO_2 经由血液运送到组织毛细血管时，由于组织代谢消耗氧，组织内 p_{O_2} 低，于是 HbO_2 便解离为去氧血红蛋白（HHb），释放出氧供组织代谢所需。这一过程可用下式表示：

$$Hb + O_2 \rightleftharpoons HbO_2$$

动脉血中多含呈鲜红色的 HbO_2，而静脉血中呈暗红色的 HHb 含量多。因此，动脉血比静脉血鲜红。当皮肤或黏膜表层毛细血管中 HHb 含量较高时，皮肤或黏膜则会表现为青紫色，称为紫绀，是缺氧的表现。另外，一氧化碳（CO）也能与 Hb 结合，而且结合力比 O_2 大 210 倍，形成呈樱桃红色的一氧化碳血红蛋白（HbCO），使 Hb 丧失运输氧的能力，但此时动物虽缺氧却不出现紫绀现象。

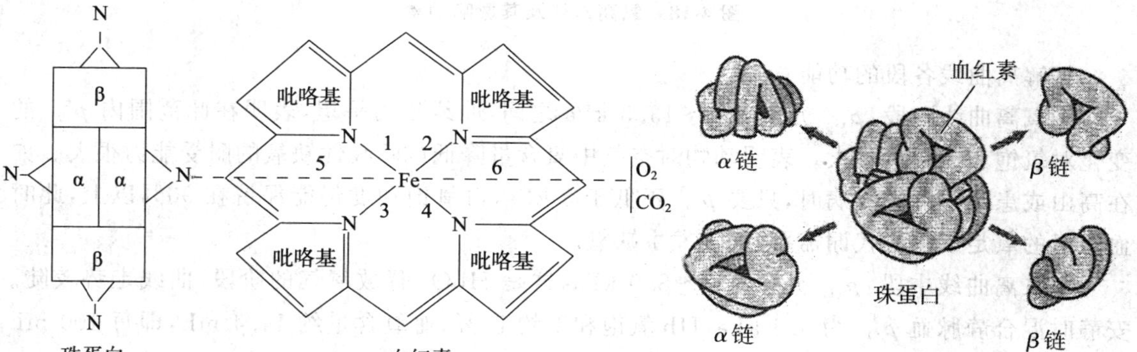

图 4-17　血红蛋白分子构型示意图（示一个血红素）（引自欧阳五庆，2012；梅岩艾，2011）

（2）氧离曲线及其生理意义　血红蛋白氧饱和度和氧分压之间关系密切，以氧分压为横坐标，氧饱和度为纵坐标，绘制出氧分压对血红蛋白结合氧量的函数曲线，称之为“氧离曲线”（oxygen dissociation curve）（图 4-18）。

从曲线可以看到，Hb 结合氧的能力随 p_{O_2} 的升高而升高，血氧饱和度随之增大，Hb 氧解离度减少，两者之间并非线性相关，而是呈“S”形曲线。这与 Hb 的变构效应有关，Hb 由一个珠蛋白通过 4 条多肽链和 4 个血红素联结，每个血红素的中心都含有一个亚铁离子（Fe^{2+}），每个 Fe^{2+} 均能结合一个 O_2，因此每个 Hb 分子最多可结合 4 个 O_2。每结合一个 O_2，都会使 Hb 的构型发生改变，进而影响与 O_2 的亲和力。目前认为，Hb 有两种构型：一种是紧密型 Hb（去氧 Hb，T 型)，另一种是疏松型 Hb(氧合 Hb，R 型)。当 O_2 与 Hb 的 Fe^{2+} 结合后，Hb 分子由 T 型向 R 型转变，对 O2 的亲和力也逐步增大。R 型对 O_2 的亲和力是 T 型的数百倍。Hb 的 4 个血红素亚单位在结合 O_2 或释放 O_2 时，存在协同效应，当 1 个血红素亚单位与 O_2 结合后，在变构效应的影响下，其他亚单位与 O_2 的结合能力也随之增大；反之，当 HbO_2 的 1 个亚单位释放出 O_2 后，其他亚单位的氧解离能力也随之增大，则更易释放出 O_2。这种变构效应对结合或释放 O_2 都具有重要意义，在氧分压高的肺部，变构效应能使 Hb 迅速与 O_2 结合达到氧饱和，而在氧分压较低的组织里，变构效应又能促使 O_2 的释放。

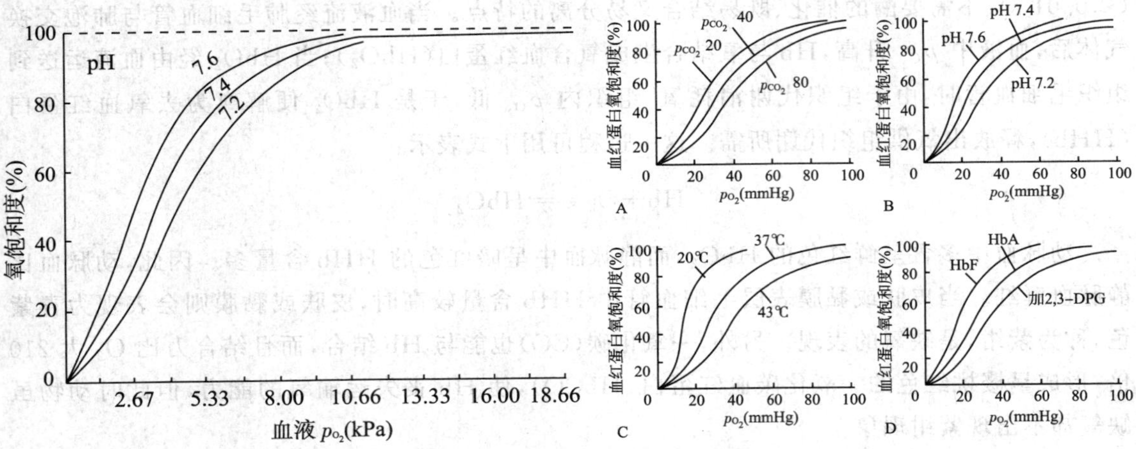

图 4-18　氧离曲线及其影响因素

氧解离曲线各段的功能意义：

①氧离曲线上段：p_{O_2} 介于 8.0～13.3 kPa 之间，曲线较为平坦，表明在此范围内 p_{O_2} 的变化对氧饱和度影响不大。表明动物对空气中氧含量降低或呼吸性缺氧的耐受能力很大。如在高山或患某些呼吸疾病时，只要 p_{O_2} 不低于 8 kPa，血氧饱和度仍能保持在 90%以上，此时血液里的氧足以供应代谢需要，不会发生缺氧。

②氧离曲线中段：p_{O_2} 介于 5.3～8.0 kPa，这是 HbO_2 释放氧气的阶段，曲线走势较陡。安静时混合静脉血 p_{O_2} 为 5.3 kPa，Hb 氧饱和度约 75%，血氧含量约 14.4 mL，即每 100 mL 血液流过组织时可释放 5 mL 氧气，能满足安静状态下组织的氧需求。

③氧离曲线下段：p_{O_2} 介于 2.0～5.3 kPa 之间，是曲线最为陡峭的部分。在此范围内 p_{O_2} 稍有变化，Hb 氧饱和度就会发生剧烈变化，释放出更多的氧气供组织利用。当组织活动加强时，耗氧量剧增，p_{O_2} 明显下降，甚至可低至 2.0 kPa，血液流经这些组织时，氧饱和度可降到 20%以下，血氧含量仅为 4.4 mL，即每 100 mL 血液释放的氧量可达 15 mL 之多。而在安静状态下，每 100 mL 血液释放 5 mL 氧气就可满足组织活动所需。因此该段氧离曲线反映机体的氧储备能力。

(3)氧离曲线的位移及其影响因素　氧离曲线在坐标系的位置可因各种因素的影响而发生偏移。通常以血氧饱和度为 50%时的 p_{O_2} 作为 Hb 氧亲和力的指标，用 p_{50} 表示，正常情况下的 p_{50} 为 3.5 kPa。如果达到 50%的血氧饱和度需要更高的 p_{O_2}，表示 Hb 对氧的亲和力降低，曲线右移。反之，达到 50%血氧饱和度所需的 p_{O_2} 降低，则表示 Hb 对氧的亲和力增加，曲线左移。

血液中影响氧离曲线移位的主要因素有：pH、p_{CO_2}、p_{O_2}、温度以及2,3-二磷酸甘油酸的含量等。

①pH和p_{CO_2}的影响：血液pH升高或p_{CO_2}降低，使曲线左移，Hb与O_2的亲和力增加，有利于O_2的结合。反之，血液pH下降或p_{CO_2}上升，Hb对O_2的亲和力降低，曲线右移，有利于Hb释放氧(图4-18A、B)。pH和p_{CO_2}的变化影响Hb与氧的亲和力的现象叫做波尔效应(Bohr effect)。当[H^+]增大、pH降低时，H^+与Hb多肽链上的氨基酸残基的相应基团结合，促使Hb分子构型由R型变为T型，Hb对O_2的亲和力降低。相反，当[H^+]减少、pH升高时，Hb分子构型由T型变为R型，Hb对O_2的亲和力增加。p_{CO_2}变化的影响，一方面是p_{CO_2}变化后，pH会发生相应变化；另一方面是CO_2与Hb结合后，直接影响Hb与O_2的亲和力。

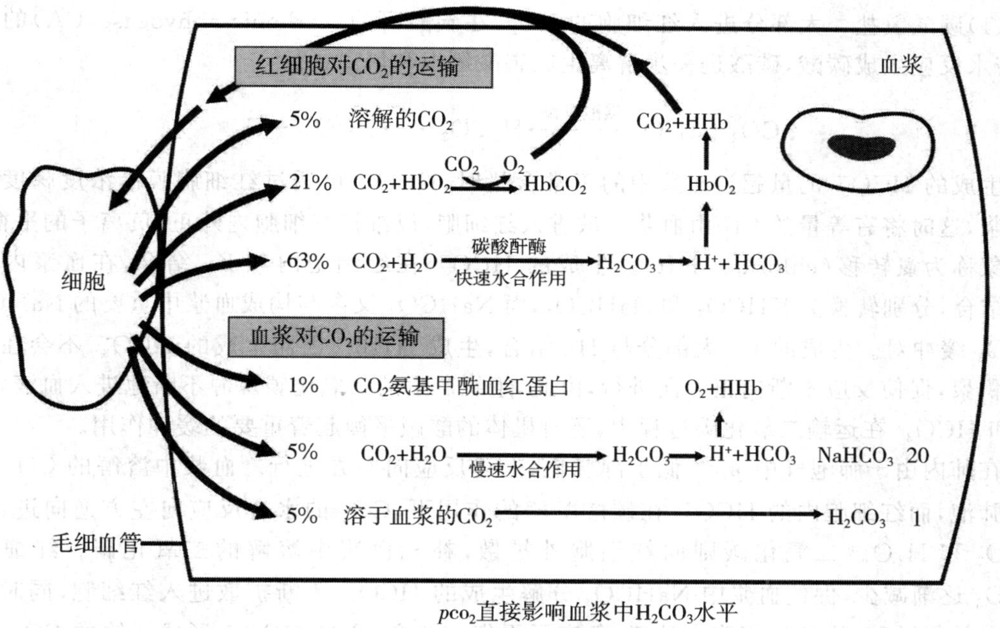

图4-19 血液运输氧和二氧化碳的全过程

pH和p_{CO_2}对Hb的氧亲和力的影响有着重要的生理意义：在肺通气时，二氧化碳由血液向肺泡扩散，血液p_{CO_2}下降、pH上升，使得Hb的氧亲和力增加，血液携带大量O_2；当血液流经组织时，CO_2从组织扩散进入血液，血液p_{CO_2}升高、pH下降，Hb与氧的亲和力下降、解离度升高，从而释放出O_2，供组织所需。

②温度的影响：体温升高时，氧离曲线右移，HbO_2可解离出更多O_2供组织利用。反之，当体温下降时，氧离曲线左移，HbO_2不易释放O_2(图4-18C)。因此，动物在高寒地区环境下容易引起组织缺氧，低温麻醉时也应注意防止组织缺氧。温度对氧离曲线的影响，可能与温度影响H^+的活性有关，温度升高，H^+活性增加，降低了Hb与O_2的亲和力，反之，则H^+活性降低，Hb与O_2的亲和力增加。

③2,3-二磷酸甘油酸(2,3-DPG)的影响:2,3-DPG是红细胞无氧酵解的代谢产物,它能与血红蛋白(Hb)结合,降低Hb对O_2的亲和力,当血液中2,3-DPG含量增加时,氧离曲线右移,在相同p_{O_2}下,HbO_2可解离出更多的O_2(图4-18D)。贫血和缺氧等情况下,红细胞进行无氧酵解,产生更多的2,3-DPG。动物由平原迁移到高原的最初几天,红细胞中2,3-DPG含量显著增多,这是有机体对高山缺氧的一种适应性反应。

(二)二氧化碳的运输

二氧化碳在血液中同样以物理溶解和化学结合两种方式运输,其中以物理溶解方式运输的量仅占血液总运输量的5%,而以化学结合方式运输的量则高达95%,其中以碳酸氢盐形式运输的占88%,以氨基甲酸血红蛋白形式运输的占7%。

1. CO_2的运输方式

血浆中溶解的二氧化碳以扩散的方式进入红细胞后,绝大多数形成碳酸氢盐和氨基甲酸血红蛋白(carbaminohemoglobin),而极少部分则以溶解态存在。

(1)碳酸氢盐　大部分进入红细胞的CO_2,在碳酸酐酶(carbonic anhydease,CA)的催化下,与水反应生成碳酸,碳酸进一步解离生成碳酸氢根和氢离子。

$$CO_2+H_2O\xrightarrow{\text{碳酸酐酶}}H_2CO_3\longrightarrow HCO_3^-+H^+$$

生成的HCO_3^-的量超过血浆中的正常含量时,HCO_3^-可透过红细胞膜沿浓度梯度扩散入血浆,这时将有等量的Cl^-由血浆扩散进入红细胞,以维持红细胞内外正、负离子的平衡,这一现象称为氯转移(chloride shift)。生成的HCO_3^-在红细胞内与K^+结合,在血浆内则与Na^+结合,分别转换为$KHCO_3$和$NaHCO_3$,而$NaHCO_3$又参与构成血浆中重要的$NaHCO_3/H_2CO_3$缓冲对。生成的H^+大部分与Hb结合,生成HHb。因而生成的HCO_3^-不会在红细胞内积聚,促使反应不断向正方向进行,由此,组织产生的二氧化碳源源不断地进入血液,同时Hb和HCO_3^-在运输二氧化碳过程中,还对机体的酸碱平衡起着重要的缓冲作用。

在肺内由于肺泡气中p_{CO_2}低于静脉血,上述反应向左方进行。血浆中溶解的CO_2先扩散入肺泡,而红细胞内的HCO_3^-在碳酸酐酶的作用下,CO_2的水合反应向左方逆向进行,生成CO_2和H_2O。二氧化碳则向红细胞外扩散,补充血浆中溶解的二氧化碳。红细胞内H_2CO_3逐渐减少,促使血浆中$NaHCO_3$分解生成的HCO_3^-不断扩散进入红细胞,同时发生反方向的氯转移,维持红细胞内外正、负离子平衡。这样,通过HCO_3^-形式运输的CO_2,不断经由血液进入肺泡,最终被排出体外。

(2)氨基甲酸血红蛋白　一部分进入红细胞的CO_2与Hb的$-NH_2$结合,形成氨基甲酸血红蛋白(Hb-NHCOOH),这一反应迅速、可逆、无需酶的参与,主要受氧合作用的调节。

HHb结合CO_2的能力大于HbO_2。由于在组织细胞附近血红蛋白释放O_2,生成HHb多,结合CO_2的量也就增加,促使生成更多的Hb-NHCOOH;在肺部Hb与O_2结合生成HbO_2,因而可促使CO_2释放进入肺泡,并被排出体外。这种形式运输CO_2的效率很高。虽然以氨基甲酸血红蛋白形式运输的CO_2仅占总运输量的7%左右,但在肺部排出的CO_2总量中,却有17.5%左右的CO_2是由氨基甲酸血红蛋白释放的。

血液运输氧和二氧化碳的全部过程见图4-19。

2. CO_2的解离曲线

血液p_{CO_2}与CO_2总含量之间数量关系的曲线被称为CO_2解离曲线(carbon dioxide dissociation curve)。由于 CO_2 解离曲线接近于直线，而且没有饱和点。因此，用容积百分比来表示 CO_2 解离曲线的纵坐标(图 4-20)。

CO_2 解离曲线由两条近乎平行的曲线组成。上一曲线表示静脉血中 CO_2 容积百分比，下一曲线表示动脉血中 CO_2 容积百分比。比较发现，在同样的 p_{CO_2} 下，动脉血中 CO_2 容积百分比较小，这说明 O_2 与 Hb 结合后促进了 CO_2 的释放，而 HHb 则更容易与 CO_2 结合，这种效应称为何尔登效应(Haldane effect)。造成这种效应的原因一是因为 HHb 携带 CO_2 的能力比 HbO_2 大，二是因为 HHb 结合 H^+ 的能力较强，因而 H_2CO_3 和 HbNHCOOH 解离过程中产生的 H^+ 被及时清除，从而推动解离反应的正向进行，提高了血液中 CO_2 的含量。

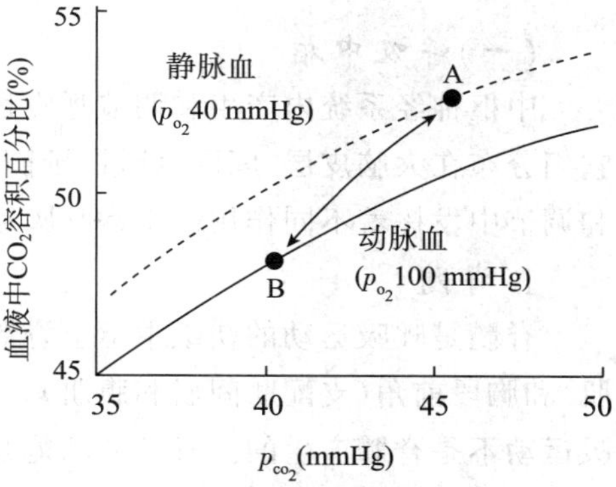

图 4-20 CO_2 的解离曲线

3. 血液 CO_2 的运输与酸碱平衡

CO_2 进入血液形成 H_2CO_3 和 HbNHCOOH，它们的解离过程产生 H^+，使血液 pH 降低。但实际上，血液在运输 CO_2 过程中 pH 并不显著变化(动脉血 pH 约为 7.4，混合静脉血的 pH 为 7.36)。这是因为血液中的缓冲系统能迅速纠正 pH 的偏离。

血红蛋白是一种两性电解质，具有缓冲酸碱度变化的能力。当与 O_2 结合时，其珠蛋白中的某些基团解离，释放出 H^+，酸性增强；当与 O_2 分离时，又可接受 H^+，碱性增强。在体循环毛细血管中，由于 CO_2 进入血液，血液趋于酸性，此时 HbO_2 释放 O_2 转化成 HHb，进一步消耗 H^+，缓冲了 pH 的下降。在肺循环毛细血管中，CO_2 的排出导致血液趋于碱性，此时 HHb 又与 O_2 结合，释放出 H^+，又缓冲了 pH 的上升。据估计，如果没有 Hb 的缓冲作用，静脉血在运输 CO_2 的过程中，其增加的酸度将比动脉血高出 800 倍。正是由于有了这种缓冲作用，才使血液既能最大限度地运输 CO_2，又保持最小程度的 pH 变化。

血液中 HCO_3^- 和 CO_2 的浓度也受机体调节。前者通过肾脏调节，后者由呼吸调节。呼吸系统病变、气体排出障碍时可导致血液 pH 改变。如血液出现 CO_2 潴留，则血液 pH 下降，造成呼吸性酸中毒；如血液 O_2 降低，诱发过度通气，会造成 CO_2 过度排出，血液 pH 升高，引起呼吸性碱中毒。因此呼吸运动在调节机体酸碱平衡中具有重要作用。

第五节 呼吸的调节

呼吸运动分为随意运动和自主运动。在清醒状态下由大脑皮层控制的随意性呼吸属于随意运动。不受大脑皮层的随意支配，而是在低位脑干控制下的自发的节律性呼吸属于呼吸的自主运动。呼吸运动的正常节律起源于中枢神经系统，机体内、外环境理化性质的变化通过神经反射调节呼吸运动的频率和深度，保持血液中氧气和二氧化碳含量的相对稳定。有机体的体液因素也能对呼吸运动的调节发挥重要作用。

一、神经调节

(一)呼吸中枢

中枢神经系统内产生和调节呼吸运动的神经细胞群,称为呼吸中枢(respiratory center)。它们分布在大脑皮层、间脑、脑桥、延髓和脊髓等部位。呼吸中枢的各部位在呼吸节律的产生和调节中发挥着不同作用。正常呼吸运动是在各级呼吸中枢的相互配合下进行的。

1. 脊髓

脊髓是呼吸运动的初级中枢。脊髓中支配呼吸肌的运动神经元位于第 3～5 颈段(支配膈肌)和胸段前角(支配肋间肌和腹肌)。切断延髓和脊髓的联系,呼吸则停止。可见,节律性呼吸运动不是脊髓产生的。脊髓的功能是联系上位呼吸中枢与呼吸肌、整合某些呼吸反射的初级中枢。

2. 低位脑干

低位脑干指脑桥和延髓。横切动物脑干的实验表明,呼吸节律产生于低位脑干,呼吸运动因脑干横断的位置不同而不同(图 4-21)。

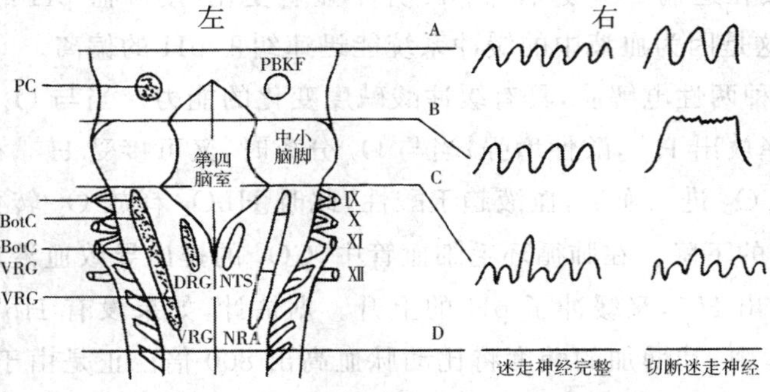

BötC: 包钦格复合体　cVRG: 尾段 VRG　DRG: 背侧呼吸组　iVRG: 中段 VRG
NRA: 后疑核　NTS: 孤束核　PBKF: 臂旁内侧核和 Kölliker-Fuse 核　PC: 呼吸调整中枢
pre-BotC: 前包钦格复合体　VRG: 腹侧呼吸组。IX、X、XI、XII分别为第9、10、11、12对脑神经。A、B、C、D为不同平面横切

图 4-21　脑干中与呼吸有关的核团(左)和从不同平面横切脑干后的呼吸变化(右)示意图(引自梅岩文,2011)

横断动物中脑和脑桥之间的联系(图 4-21A),呼吸无明显变化。在延髓和脊髓之间横切(图 4-21D),呼吸停止。上述结果表明呼吸节律产生于低位脑干,而高位脑对节律性呼吸不是必需的。如果在脑桥上、中部之间横切(图 4-21B),呼吸将变慢变深,若再切断双侧迷走神经,则吸气会大大延长,仅偶尔为短暂的呼气所中断,这种呼吸形式称为长吸呼吸(apneusis)。可见,脑桥上部存在抑制吸气的中枢,称为呼吸调整中枢(pneumotaxic center)。同时,来自肺的迷走传入冲动也可抑制吸气。当延髓失去来自这两方面对吸气运动的抑制作用后,吸气不能被及时中断,便出现长吸呼吸。如果从脑桥和延髓之间横切(图 4-21C),则不论迷走神经是否完整,长吸式呼吸都消失,而出现喘息样呼吸(gasping),或平静呼吸或不规则呼吸,或两者交

替出现，因而认为脑桥中下部存在长吸中枢。

孤立延髓实验进一步证明，延髓可独立地产生节律呼吸。20 世纪 20～50 年代期间形成了三级呼吸中枢理论：脑桥上部有呼吸调整中枢，中下部有长吸中枢，延髓有呼吸节律基本中枢。后来的研究肯定了早期关于延髓有呼吸节律基本中枢和脑桥上部有呼吸调整中枢的推论。

研究表明，在中枢神经系统内，有的神经元呈节律性放电，并和呼吸周期相关，这些神经元被称为呼吸相关神经元或呼吸神经元(respiratory neuron)。在吸气相放电的为吸气神经元，在呼气相放电的为呼气神经元，在吸气相放电并延续至呼气相的为吸气—呼气神经元，在呼气相放电并延续到吸气相的为呼气—吸气神经元，后两类神经元均系跨时相神经元。

呼吸神经元在延髓内相对集中，可分为两组。一组称背侧呼吸组(dorsal respiratory group, DRG)其呼吸神经元主要集中在孤束核的腹外侧部，主要为吸气神经元。轴突交叉到对侧后下行至脊髓颈段和胸段，支配腹侧呼吸组和对侧膈肌运动神经元的呼吸节律，兴奋时产生吸气。同时接受来自第Ⅸ、Ⅹ对脑神经的传入纤维的投射。另一组称为腹侧呼吸组(ventral respiratory group，VRG)其呼吸神经元主要集中在疑核、后疑核和面神经后核附近的包钦格复合体(Bötzinger complex，Böc C)。疑核呼吸神经元的轴突由同侧舌咽神经和迷走神经传出，支配咽喉部呼吸辅助肌，少部分纤维发出侧支支配膈肌的运动神经元。后疑核分前部和后部，前部主要是吸气神经元，其轴突绝大部分交叉到对侧下行，支配对侧肋间外肌神经元和少部分同侧膈肌运动神经元；后部主要是呼气神经元，轴突下行支配对侧肋间内肌和腹肌的运动神经元，兴奋时主要产生呼气，可见延髓呼吸神经元对呼吸肌的支配主要是对侧性的。Böc C 含呼气神经元，其轴突主要与背侧呼吸组的吸气神经元形成抑制性联系。若从延髓闩部中线纵切，呼吸神经元发出的冲动就不能向下传导，节律性呼吸运动就会停止(图 4-22)。

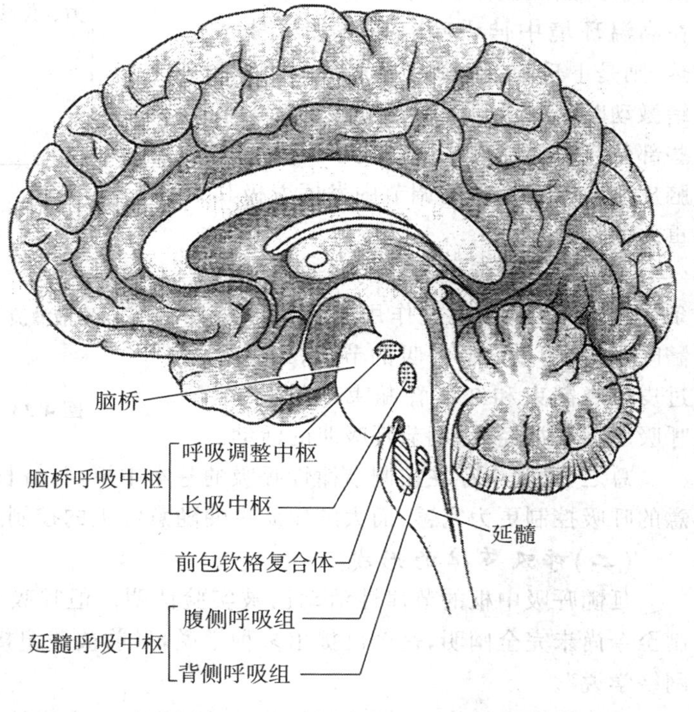

图 4-22　脑干的呼吸控制中枢(引自梅岩文，2011)

有实验证明，疑核和外侧网状核之间的 Böc C 有起步样放电活动，认为它可能起呼吸节律发生器的作用，是呼吸节律的起源部位。

在脑桥上部，呼吸神经元相对集中于臂旁内侧核(nucleus parabraehialis medialis, NPBM)和相邻的 Kolliker—Fuse(KF)核，合称 PBKF 核群。PBKF 核群和延髓的呼吸神经核团存在双向联系，形成呼吸调控的神经元回路。切断麻醉猫双侧迷走神经、损毁 PBKF，则出现长吸运动，表明呼吸调整中枢位于 BPKF 处，其作用为限制吸气，促使吸气向呼气转换。

3. 高位脑

呼吸还受大脑皮层、边缘系统、下丘脑等脑桥以上部位的影响，大脑皮层可在一定范围内可以随意调节呼吸运动，并建立条件反射，以便更灵活而精确地适应环境的变化。例如，在一定范围内的随意屏气或加强呼吸是随意调节的结果；经过训练形成条件反射的赛马，一进入跑道呼吸活动就开始加强，属于条件反射调节；犬在高温环境中伸舌喘息以增加机体散热，则是下丘脑参与调节的结果；动物情绪激动时，呼吸增强，则是边缘系统中某些部位兴奋的结果。这些现象均表明大脑皮质在呼吸运动的调节中发挥着极其重要的作用。

大脑皮质对呼吸运动的调节通过两条途径实现：一是通过作用于脑桥和延髓呼吸中枢，以调节呼吸的节律；二是通过皮质脊髓束和红核脊髓束，直接支配呼吸肌运动神经元，调节呼吸肌的活动。

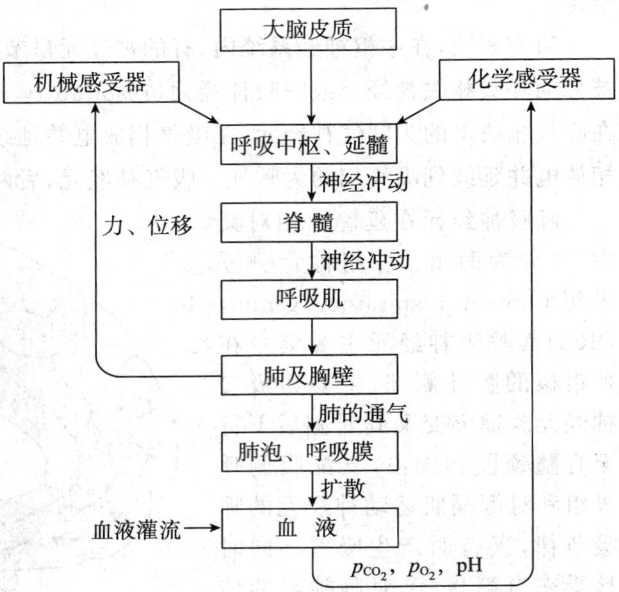

图 4-23　呼吸发生与调节过程示意图

总之，延髓中存在控制节律性呼吸的基本中枢，脑桥长呼吸中枢和呼吸调整中枢使得不随意的呼吸控制更为完善，而大脑皮质更使随意呼吸的控制达到了新的高度（图 4-23）。

（二）呼吸节律的形成

延髓呼吸中枢的节律性活动已被实验证明。但呼吸节律（respiratory rhythm）的形成机制至今尚未完全阐明，迄今已提出多种学说，目前被普遍接受的有"起步细胞学说"和"神经元网络学说"。

起步细胞学认为，如同心脏的节律性兴奋是由窦房结起步一样，呼吸节律是由延髓内与窦房结起搏细胞类似的具有起步样活动的呼吸神经元发挥呼吸节律发生器的作用，产生呼吸节律，有实验证据显示，这类神经元就存在于前包钦格复合体（pre-Bötzinger complex，pre-BöcC）内，并且有可能是维持成年动物呼吸节律的中枢节律发生器。

神经元网络学说认为，呼吸节律的产生是由中枢神经网络中神经元相互作用的结果。延髓内呼吸神经元通过相互兴奋和抑制而形成复杂的神经元网络，在此基础上产生呼吸节律。为解释平静呼吸时吸气的发动和向呼气的转换，有人提出延髓中存在中枢吸气发生器（central inspiratory activity generator）和吸气切断机制（inspiratory off-switch mechanism）两种神经元网络的说法。在中枢吸气发生器作用下，吸气神经元兴奋，其兴奋传至三个方向：一是脊髓吸气肌运动神经元，引起吸气、肺扩张；二是脑桥臂旁内侧核，加强其活动；三是吸气切断机制相关神经元，使之兴奋。

吸气切断机制接受来自吸气神经元、脑桥臂旁内侧核和肺牵张感受器三方面的冲动。随着吸气相的进行，冲动逐级加强，在吸气切断机制总和达到阈值时，吸气切断机制兴奋，发出冲动到达中枢吸气发生器或吸气神经元，以负反馈形式终止其活动，吸气停止，转为呼气（图 4-24）。

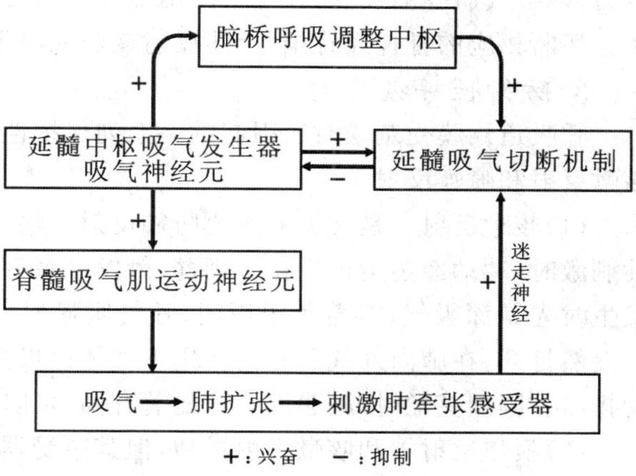

图 4-24 呼吸节律形成机制简化模式图

实验证明，切断迷走神经或毁损脑桥臂旁内侧核或将两者同时破坏，吸气切断机制达到阈值所需时间延长，吸气也随之延长，呼吸变慢。因此，凡影响中枢吸气发生器、吸气切断机制阈值或达到阈值所需时间的因素，均可影响呼吸过程和呼吸节律。

至于呼气如何转入吸气，呼吸加强时呼气又如何成为主动运动的，以及吸气发生器和吸气切断机制神经元的准确位置，目前尚不清楚，有待进一步研究。

（三）呼吸的反射性调节

虽然中枢神经系统产生呼吸节律，但其活动也受来自呼吸器官、骨骼肌肌以及其他器官感受器传入冲动的反射性调节，使呼吸运动的频率、深度和形式发生相应改变。

1. 肺牵张反射

由肺扩张或肺缩小引起的吸气抑制和兴奋的反射称为肺牵张反射（pulmonary stretch reflex），也叫黑-伯反射（Hering-Breuer reflex）。1868 年，E. Hering 和 J. Breuer 发现，肺过度通气会降低呼吸频率。持续充气会扩张麻醉动物的肺，可引起吸气抑制，呼吸停止在呼气状态。反之，可引起呼气抑制，呼吸停止在吸气状态。但如果切断双侧迷走神经，这些反射即消失。可见此反射是由迷走传入神经纤维引起的反射活动，故称之为肺牵张反射。按其刺激方式不同，肺牵张反射分为肺扩张反射和肺缩小反射。

肺扩张感受器位于支气管和细支气管壁的平滑肌里，对牵张刺激敏感，阈值低，属于慢适应感受器。当肺扩张牵拉呼吸道使之扩张时，感受器兴奋，冲动经迷走神经粗纤维传入延髓，再通过一定的神经联系使吸气切断机制兴奋，切断吸气，转入呼气。这一反射的作用在于阻止吸气过长过深，促使吸气转入呼气，从而加速了吸气和呼气的交替，使呼吸频率增加。在动物实验中，切断两侧迷走神经后，吸气过程延长、吸气加深，呼吸变得深而慢。

肺缩小感受器位于细支气管和肺泡内，阈值高，肺缩程度较大时才引起这一反射的出现。冲动沿迷走神经传入，引起吸气神经元兴奋。肺缩小反射在平静呼吸调节中意义不大，但对阻止呼气过深和肺不张等有一定作用。

2. 呼吸肌本位感受性反射

呼吸肌本位感受性反射是指呼吸肌本位感受器传入冲动引起的反射性呼吸变化。呼吸肌是骨骼肌，其本位感受器也是肌梭，当肌梭受到牵张刺激而兴奋时，冲动经背根传入脊髓中枢，反射性地引起感受器所在肌肉收缩加强。从动物实验中观察到，该反射在维持正常呼吸运动中起一定作用，尤其在运动状态或气道阻力加大时，呼吸运动立即加强。如在吸气时增加吸气阻力，则吸气肌收缩加强；在呼气时增加呼气阻力，则呼气肌收缩加强；除去阻力，呼吸恢复原状。切断相应的脊神经背根，上述反射减弱或消失，而切断迷走神经，该反射依然存在。

3. 防御性呼吸反射

呼吸道黏膜受刺激时所引起的一系列保护性呼吸反射称为防御性呼吸反射。其中主要有咳嗽反射和喷嚏反射。

(1)咳嗽反射　是常见的重要防御反射。喉、气管和支气管的黏膜感受器受到机械、化学性刺激时，冲动经迷走神经传入延髓，触发一系列协调的反射反应，引起咳嗽反射。咳嗽动作发生时先是深吸气，接着紧闭声门，呼气肌强烈收缩，肺内压和胸膜腔内压急速上升，然后声门突然打开，在肺内外气压差的作用下气体以极高的速度从肺内冲出，将呼吸道内异物或分泌物排出。剧烈咳嗽时，胸膜腔内压显著升高，可阻碍静脉回流，使静脉压和脑脊液压升高。

(2)喷嚏反射　和咳嗽反射类似，但其感受器在鼻黏膜，传入神经是三叉神经。发生反射时先出现轻微的吸气动作，同时腭垂下降，舌压向软腭，并产生爆发性呼气，使高压气体由鼻腔急促射出，以便清除鼻腔内的刺激物。

二、化学因素对呼吸的调节

血液中化学成分的改变，特别是 p_{O_2} 下降、p_{CO_2} 增高、H^+ 水平的变化以及某些药物，可刺激化学感受器，引起呼吸中枢活动的改变，从而调节呼吸的频率和深度，维持内环境因素的相对稳定。

(一)化学感受器

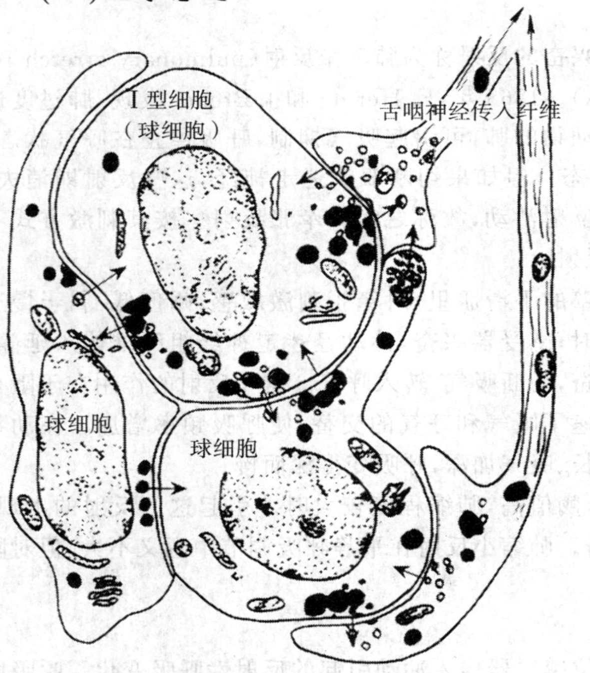

图 4-25　颈动脉体组织结构示意图(引自陈杰，2003)

感受血液和脑脊液中化学刺激的感受器称为化学感受器。与呼吸调节有关的化学感受器因其所在部位的不同，分为外周化学感受器(peripheral chemoreceptor)和中枢化学感受器(central chemoreceptor)两类。

1. 外周化学感受器

颈动脉体和主动脉体是调节呼吸和循环的重要外周化学感受器。在动脉血 p_{CO_2} 降低、p_{O_2} 或 $[H^+]$ 升高时受到刺激，冲动经窦神经和主动脉神经传入延髓，反射性地引起呼吸加深加快和血液循环的变化。就呼吸的调节而言，颈动脉体的作用大于主动脉体，而主动脉体在调节循环方面较为重要。由于颈动脉体便利的解剖位置，因此对外周化学感受器的认识主要集中在颈动脉体的研究上。颈动脉体含有球细胞(Ⅰ型细胞)和鞘细胞(Ⅱ型细胞)，它们周围包绕着毛细血管窦，血液供应十分丰富。例如，猫的颈动脉体仅重 2 mg，但在正常动脉血压下，平均血流量多达 40 mL。目前认为球细胞具有感受器的作用，而鞘细胞的功能类似神经胶质细胞。球细胞之间或球细胞与窦神经的传入纤维之间形成突触联系或缝隙连接(图 4-25)。比利时人 C. Heymans 因发现颈动脉窦和主动脉弓在呼吸中的调节作用而获得 1938 年的诺贝尔生理学或医学奖。

用游离颈动脉体观察颈动脉体能感受何种刺激以及刺激与反应之间的关系，发现颈动脉体感受器感受的不是动脉血氧含量，而是感受感受器所在处环境的 p_{CO_2} 变化。此外，p_{O_2}、p_{CO_2} 以及[H^+]三种刺激对化学感受器有协同增强作用，两种刺激同时作用时比单一刺激效应强，这种协同作用有重要意义，因为机体发生循环或呼吸衰竭时，总是 p_{CO_2} 升高和 p_{O_2} 降低同时存在，它们的协同作用加强了对化学感受器的刺激，促进了代偿性呼吸效应的增强。

2. 中枢化学感受器

摘除动物外周化学感受器或切断其传入神经，外周化学感受器的作用消失，但吸入 CO_2 仍能使呼吸加强。现在已知延髓腹外浅表部位另有一个化学感受器，它与延髓呼吸中枢截然分开，靠近舌咽神经和迷走神经根处，左右对称，分为头、中、尾三个区，称为中枢化学感受器(图 4-26A)。中枢化学感受器的头端区和尾端区都具有化学感受性，中间区不具有化学感受性，而是将头端区和尾端区的传入冲动投射到呼吸中枢的中继站。

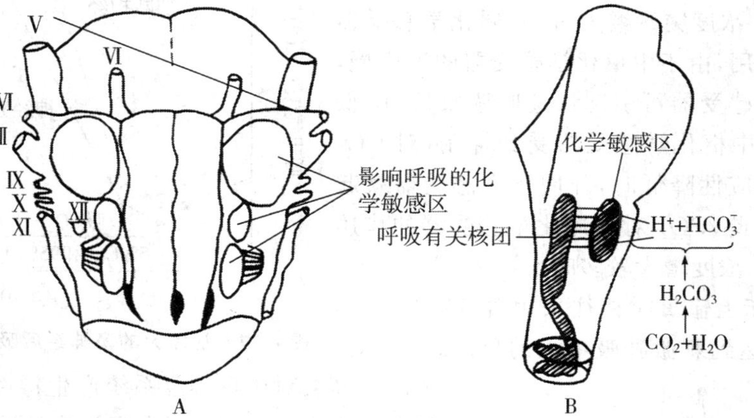

A. 延髓腹外侧的三个化学敏感区 B. 血液或脑脊液 p_{CO_2} 升高刺激呼吸的中枢机制

图 4-26 中枢化学感受器(引自陈杰，2003)

中枢化学感受器接受细胞外液[H^+]的刺激。血液中的 CO_2 能迅速通过血脑屏障，扩散到脑脊液和脑组织内，在碳酸酐酶作用下，与 H_2O 结合形成 H_2CO_3，然后解离出 H^+，使化学感受器周围液体中的[H^+]升高，从而刺激中枢化学感受器，引起呼吸中枢兴奋(图 4-26B)。由于血液中的 H^+ 不易通过血脑屏障，以及中枢化学感受器对 CO_2 的敏感度比外周化学感受器高，所以血液中[H^+]变化对中枢化学感受器的作用不及 CO_2 的影响大。同时，脑脊液中碳酸酐酶含量很少，CO_2 的水合反应进行得很慢，中枢化学感受器对 p_{CO_2} 变化存在一定的时间延迟，所以血液 pH 的变化对中枢化学感受器的直接作用不大，也较缓慢。

中枢化学感受器与外周化学感受器不同，它不感受缺氧的刺激，因此，中枢化学感受器的作用可能是调节脑脊液的[H^+]，维持中枢神经系统环境 pH 的稳定，而外周化学感受器的作用主要是当机体处于低氧状态时维持对呼吸的驱动。

(二)p_{CO_2}、p_{O_2} 和 H^+ 对呼吸的影响

1. p_{CO_2} 对呼吸的影响

p_{CO_2} 是促进呼吸的生理性刺激,是调节呼吸运动的最重要体液因素。一定水平的 p_{CO_2} 对维持呼吸和呼吸中枢的兴奋性是必要的。过度通气后的呼吸暂停和屏息后不自主地加强呼吸分别是血液 p_{CO_2} 降低和升高导致的结果;动脉血中 p_{CO_2} 下降,对化学感受器的刺激减弱,呼吸中枢兴奋性减弱,则导致呼吸运动减弱或暂停;当吸入气体中 CO_2 浓度增至 4%时,呼吸随之加深加快,促进 CO_2 排出,从而使动脉血 p_{CO_2} 维持正常水平。当吸入气体中 CO_2 浓度过量(超过 7%)时,导致 p_{CO_2} 剧增,CO_2 蓄积,则使呼吸中枢受到抑制,出现呼吸困难、昏迷等中枢征候。总之,在一定范围内动脉血 CO_2 的升高,对呼吸的刺激作用加强,但超过一定限度则会出现抑制和麻醉效应。

CO_2 对呼吸的影响是通过两条途径实现的:一是通过刺激中枢化学感受器引起呼吸中枢兴奋,二是刺激外周化学感受器,冲动沿窦神经和迷走神经传入延髓呼吸有关核团,反射性地加深、加快呼吸,增加肺通气。

CO_2 主要通过刺激中枢化学感受器调节呼吸运动。切断外周化学感受器的传入神经,CO_2 对呼吸运动的调节作用保持不变(图 4-27)。不过,当动脉血 CO_2 浓度突然增大时,外周化学感受器将发挥重要作用,由于中枢化学感受器的反应慢,此时外周化学感受器可引起快速呼吸反应,降低 p_{CO_2};另外,当中枢化学感受器受到抑制,对 CO_2 浓度变化的反应性降低时,外周化学感受器就起重要作用。因此,CO_2 对外周化学感受器的作用仅表现在 CO_2 浓度增大较多时。

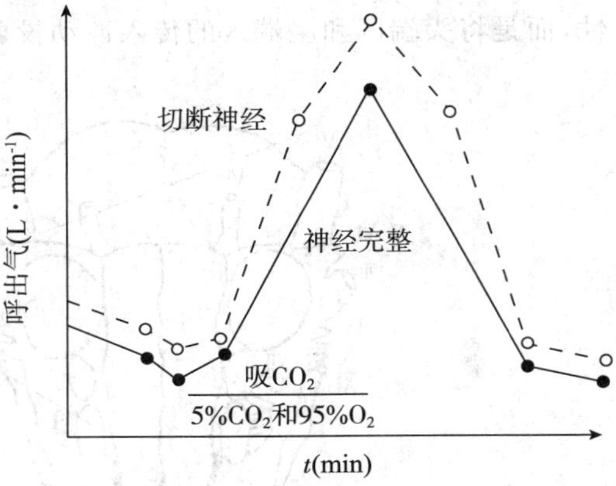

图 4-27 切断犬的窦神经后吸 CO_2 的呼吸反射

据此,临床上输氧时往往采用含 5% CO_2 的混合气体,已达到刺激呼吸中枢的目的。但 CO_2 浓度过高会对中枢神经系统产生毒性作用,例如吸入气含有 10%的 CO_2,可出现头疼和眩晕;吸入气 CO_2 浓度达到 15%,可引起肌肉强直、抽搐甚至惊厥;若吸入 CO_2 浓度超过 30%的气体,则可产生深度麻醉,导致呼吸停止。

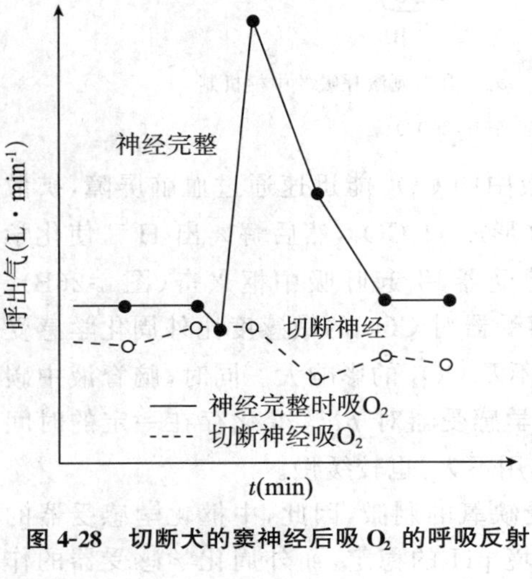

图 4-28 切断犬的窦神经后吸 O_2 的呼吸反射

2. p_{O_2} 对呼吸的影响

低氧对呼吸的影响是通过外周化学感受器实现的。如果切断动物外周化学感受器的传入神经,急性低氧的刺激作用就完全消失(图 4-28)。吸入气 p_{O_2} 降低时,肺泡气、动脉血 p_{O_2} 都随之降低,呼吸加深加快,肺通气增加(图 4-29)。动脉血 p_{O_2} 对正常呼吸的调节作用不大,仅在特殊情况下低氧刺激才有重要意义。

低氧对呼吸的刺激作用完全是通过外周化学感受器实现的。缺氧对呼吸中枢的直接作用是抑制，在没有外周化学感受器的情况下，逐步增加缺氧的程度，呼吸中枢会被逐渐抑制，最终呼吸停止；而在外周化学感受器存在的情况下，随缺氧程度的加深产生更多的冲动，推动并维持呼吸中枢的兴奋，在一定程度上抵消低氧对中枢的直接抑制作用。因此，缺氧时外周化学感受器引起的呼吸反射是机体重要的保护机制。不过在严重低氧时，当外周化学感受性反射的作用不足以克服低氧对中枢的抑制作用时，终将导致呼吸障碍。临床上，在给处于低氧状态的动物吸纯氧，由于解除了低氧对外周化学感受器的刺激，反而会引起呼吸暂停，应予以注意。

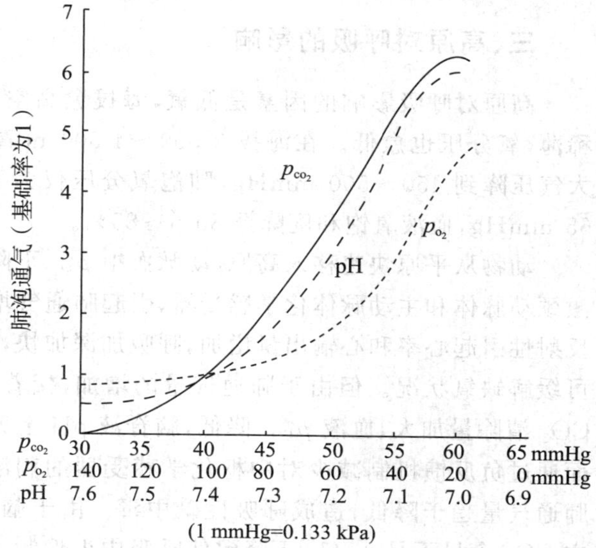

图 4-29　改变动脉血液 p_{CO_2}、p_{O_2} 和 H^+ 三因素之一，而维持另外两因素正常时的肺泡通气反应

p_{O_2} 下降对呼吸的加强作用远不如 p_{CO_2} 上升的作用，其原因可能有三：一是接受缺氧刺激的外周化学感受器对缺氧的敏感性较低。二是缺氧刺激呼吸运动，呼吸增强后致使血液 p_{CO_2} 下降，结果抑制了呼吸中枢，部分抵消了缺氧的刺激作用。三是缺氧能直接损伤中枢神经元的功能，降低呼吸中枢的反应性。

3. H^+ 对呼吸的影响

H^+ 是外周化学感受器的有效刺激物。动脉血中[H^+]降低，呼吸受到抑制；[H^+]增加，呼吸加深加快，肺通气增加(图 4-29)。H^+ 通过外周化学感受器和中枢化学感受器两条途径调节呼吸，中枢化学感受器对 H^+ 的敏感性约为外周化学感受器的 25 倍，但 H^+ 通过血脑屏障的速度较慢，限制了它对中枢化学感受器的作用，所以 H^+ 主要通过外周化学感受器调节呼吸运动，特别是通过颈动脉体发挥作用。动物实验证明，用酸性溶液灌流颈动脉体，可反射性地引起呼吸加强，通气量增大；相反，用碱性溶液灌流颈动脉体，则引起呼吸抑制。

(三) p_{CO_2}、p_{O_2} 和 H^+ 在呼吸中的相互作用

如果保持其他两个因素不变，而只改变其中一个因素，对通气量的影响见图 4-29。可以看出 p_{O_2} 下降对呼吸的影响较慢、较弱，当 p_{O_2} 低于 10.64 kPa(80 mmHg)以下时，通气量才逐渐增大。而 p_{CO_2} 和 H^+ 只要少许提高，通气量就明显增大，此现象在 p_{CO_2} 上尤为突出。

体内正常生理条件下，这三种因素中一种因素的改变通常会引起其他两种因素发生相应变化，三者之间相互影响、相互作用。从一种因素改变，另两种因素不加控制的情况(图 4-30)可以看出：p_{CO_2} 升高时[H^+]也随之升高，两者作用的叠加使肺通气较 p_{CO_2} 单独升高时大；[H^+]增加时，肺通气增大，CO_2 排出增加，p_{CO_2} 下降，抵消了[H^+]的部分刺激作用；CO_2 含量的下降，也使[H^+]有所降低，两者共同作用使肺通气的增加较[H^+]单独升高时小。p_{O_2} 下降时，因肺通气量增加，CO_2 呼出量增加，使 p_{CO_2} 和[H^+]下降，而削弱了低氧的刺激作用。

三、高原对呼吸的影响

高原对呼吸影响的因素是低氧，海拔愈高空气愈稀薄，氧分压也愈低。在海拔 3 500～4 500 m 高度，大气压降到 450～500 mmHg，肺泡氧分压仅为 60～65 mmHg，血液氧饱和度降至 80%～85%。

动物从平原快速移入高原，动脉血中 p_{O_2} 下降，刺激颈动脉体和主动脉体化学感受器，引起肺通气增加，反射性引起心率和心输出量增加，呼吸加深加快，暂时可缓解缺氧状况。但由于肺通气量的增加，接着导致 CO_2 清除量加大、血液 p_{CO_2} 降低，脑脊液 pH 上升，继而通过负反馈机制减少对中枢化学感受器的刺激，使肺通气量趋于降低，造成呼吸性碱中毒。由于脑脊液中 CO_2 含量不足，$[H^+]$下降致使呼吸中枢抑制，呼吸减弱，同时由于动脉 pH 升高，氧离曲线左移，造成组织缺氧，需氧量大的脑组织首先受损，其次则是心肌。

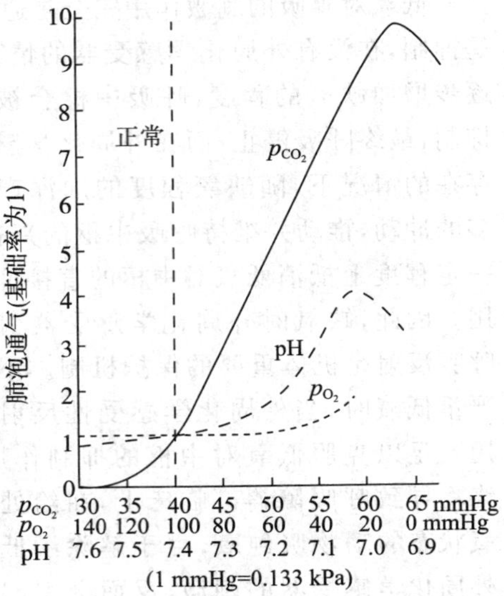

图 4-30 改变动脉血液 p_{CO_2}、p_{O_2} 和 H^+ 三因素之一，而不控制另外两因素正常时的肺泡通气反应

但是，如果低氧条件持续存在，动物经过长期适应后，对缺氧的耐受力增强，组织缺氧得到缓解。动物对高原低氧的这种适应性变化，称为风土驯化。经风土驯化的动物表现以下生理特点：一是肾脏对 HCO_3^- 的排出加强，脑脊液 pH 恢复正常，通气反射重新占据优势，肺通气量增大；二是呼吸中枢对 CO_2 的敏感性提高，外周化学感受器呼吸重新设置低 CO_2 耐受阈值；三是缺氧刺激产生促红细胞生成素，血液中红细胞数量和血红蛋白含量增加，血液氧容量增大，运氧能力增强；四是红细胞内 2,3-二磷酸甘油酸含量(DPG)增加，促使 HbO_2 解离更多的氧，缓解组织缺氧；五是组织的血管增生，形成新的回路，缩短气体向细胞扩散的距离；六是世居高原的动物心脏和肺体积增大，心肺功能较平原动物更强大。

本章思考题

1. 名词解释：呼吸、呼吸运动、潮气量、肺活量、肺总容量、生理无效腔、血氧容量、血氧饱和度、氧离曲线、肺牵张反射、呼吸中枢、肺泡表面活性物质、肺泡无效腔、解剖无效腔或死腔、余气、机能余气量、补呼(吸)气量。

2. 简述呼吸的全过程，其中外呼吸又包括哪些过程？

3. 简述呼吸单元的构成。

4. 什么是肺泡表面活性物质？有何生理作用？

5. 胸内负压有何生理作用？

6. 试述呼吸的类型以及各呼吸类型的特征和生理意义。

7. 试述气体交换的过程和机理。

8. 简述 O_2 和 CO_2 在血液中的运输方式。

9. 简述血红蛋白和氧结合的特点。氧离曲线为什么是特有的“S”形？

10. CO 中毒时，如何影响动脉血而造成机体缺氧？
11. 简述 2,3-二磷酸甘油酸的作用。
12. 试述呼吸的调节因素及其生理意义。
13. CO_2 调节呼吸活动是通过何种途径实施的？
14. 简述中枢化学感受器的位置与特点。
15. 简述肺牵张反射的特点。
16. 呼吸节律是怎样产生和维持的？
17. 简述颈动脉化学感受器的生理特点。
18. 由平原到高原的动物呼吸发生怎样的变化？机制如何？
19. 动物由休闲状态转为役用状态，其呼吸将发生什么变化？机制是怎样的？

国家执业兽医资格考试本章相关内容真题示例

39. 呼吸过程中的有效通气量是 （　　）

A. 肺活量　　B. 潮气量　　C. 补吸气量　　D. 补呼气量
E. 肺泡通气量

注：2010 年全国执业兽医资格考试（基础科目）A1 型题第 39 题，题号未变动。

40. 恒温动物呼吸调节的基本中枢位于 （　　）

A. 小脑　　B. 大脑　　C. 脊髓　　D. 延髓
E. 下丘脑

注：2010 年全国执业兽医资格考试（基础科目）A1 型题第 40 题，题号未变动。

本章参考文献

[1]陈守良. 动物生理学. 3 版. 北京：北京大学出版社，2005.

[2]陈杰. 家畜生理学. 4 版. 北京：中国农业出版社，2003.

[3]朱大年. 生理学. 7 版. 北京：人民卫生出版社，2008.

[4]欧阳五庆. 动物生理学. 2 版. 北京：科学出版社，2012.

[5]梅岩艾. 生理学原理. 北京：高等教育出版社，2011.

[6]杨秀平，肖向红. 动物生理学. 2 版. 北京：高等教育出版社，2009.

[7]陈明勇. 全国执业兽医资格考试试题解析和模拟试题. 北京：中国农业大学出版社，2011.

[8]中国兽医协会. 2013 年执业兽医资格考试单元强化自测与详解（兽医全科类）全套. 北京：中国农业出版社，2013.

[9]郭海涛，郭成裕，马文志，等. 我国地方猪种——迪庆藏猪的生理特性研究. 江西畜牧兽医杂志，2008(6)：11-12.

[10]家畜生理生化常值测定汇编(一). 中国兽医杂志，1981(2)：44-47.

[11]马森，张才俊，王荣鑫，等. 青海马、骡 8 项生理指标的测定. 青海畜牧兽医杂志，1991(2)：13-15.

[12]袁青研,谢庄.动物对高原低氧的适应性研究进展.生物科学进展,2005,36(2)179-182.
[13]魏青.不同发育阶段高原牦牛和平原黄牛肺泡显微结构的研究.青海大学,2007.
[14]靳新花.不同年龄牦牛肺内肺动脉组织结构及数值分析.甘肃农业大学,2009.
[15]http://www.ncbi.nlm.nih.gov/entrez/query.fcgi ………… 美国国家医学图书馆
[16]http://www.re-quest.net/science/anatomy/ ………………………… 解剖与生理网站

第五章 消化和吸收生理

学习目的和要求

1. 了解动物消化道和消化腺的特征，理解消化道的神经、体液调节方式，掌握消化道平滑肌的电生理特性。

2. 了解口腔咽的消化及其调节方式。

3. 掌握动物机体单胃的消化机能、运动以及调节方式。

4. 掌握动物机体复胃消化机能、运动及其调节方式，重点掌握瘤胃内消化机能。

5. 掌握小肠、大肠的消化和调节方式。

6. 掌握小肠各种营养物质的吸收方式和影响因素。

7. 掌握高原环境对动物消化、吸收的影响。

消化吸收是提供动物生长发育营养需求、维持生命基本需要、健康生理检测、饲料配方设计等诸多学科和功能实现的基础。动物消化吸收系统是一个完整的功能体系，涉及动物的消化吸收器官、消化液和消化酶、运动以及与它们相关的神经和体液调节等多个方面。长期生活在高原的动物具有适应低氧、低压等特有气候环境特征，而对于引进的高原动物有消化吸收系统的这种环境适应性改变。因此，本章在结构上和各个环节的叙述上收集有高原密切相关的消化吸收生理的最新研究进展。

第一节 消 化 道

消化道的特点与动物的进化及食性息息相关。消化道的长度与体长的比例差异较大，由于植物组织较肉类难消化，单位重量植物组织所含营养物质不如肉类多，因此延长消化道可以增加食物消化与吸收的时间。一般植食及杂食性动物消化道长度与身体的比例大于杂食动物，杂食动物的消化道长度大于肉食性动物，而家禽类动物的消化道最短，便于飞行。消化道的形态结构方面，草食性家畜增加了纤维素消化的器官，如反刍家畜的增加了 4 个胃(前三个胃可视为食管的膨大部)；马属动物大肠的功能相对增加。

消化(digestion)是指饲料或食物通过消化道后分解为结构简单、可被动物机体直接利用小分子物质的过程。这种经过消化后的小分子物质进入血液和淋巴循环的过程，称为吸收(absorption)。消化吸收是两个密不可分的生理过程。动物的消化从进化上看，有从细胞内消化到细胞外消化的高效率吸收方式演化。一般说来，单细胞动物如变形虫、草履虫进行细胞内消化，腔肠动物、扁形动物、环节动物、软体动物以及节肢动物能够区分细胞内消化和与细胞外消化。棘皮动物、甲壳动物、头足类、昆虫以及所有脊椎动物的消化为细胞外消化。值得提出的是在高等动物中，如白细胞还保留有细胞内消化的能力。消化器官包括消化道和消化腺。许多真骨鱼类在胃、肠交界处有幽门垂，具有消化、吸收功能。消化按照消化的先后顺序分为机械性消化和化学性消化。首先是机械性消化即在消化道运动的推动下，食物经切割、磨碎，不断与消化液混合形成食糜的过程；接着是化学性消化，即在消化液中各种消化酶的作用下，将食物中的营养成分分解为可被吸收小分子物质的过程。按照消化方式的不同，除了上述两种方式外，为微生物消化，即饲料或食物中的营养物质被微生物分解的过程。

一、消化道的解剖结构

消化道分为消化管和消化腺两种，消化道由黏膜、黏膜下层、肌层和外膜组成，它起自口腔，经咽、食道、胃和肠等部分，止于肛门。

（一）消化道

单室胃家畜的消化道：单室胃家畜的消化道组成包括消化腺和消化管两部分。消化管起于口腔、经咽、食管、胃、小肠、大肠、止于肛门。消化腺包括壁内腺和壁外腺两部分，主要的消化腺有唾液腺、肝、胰腺、胃腺和肠腺，图 5-1 是食糜在消化道中的消化过程。

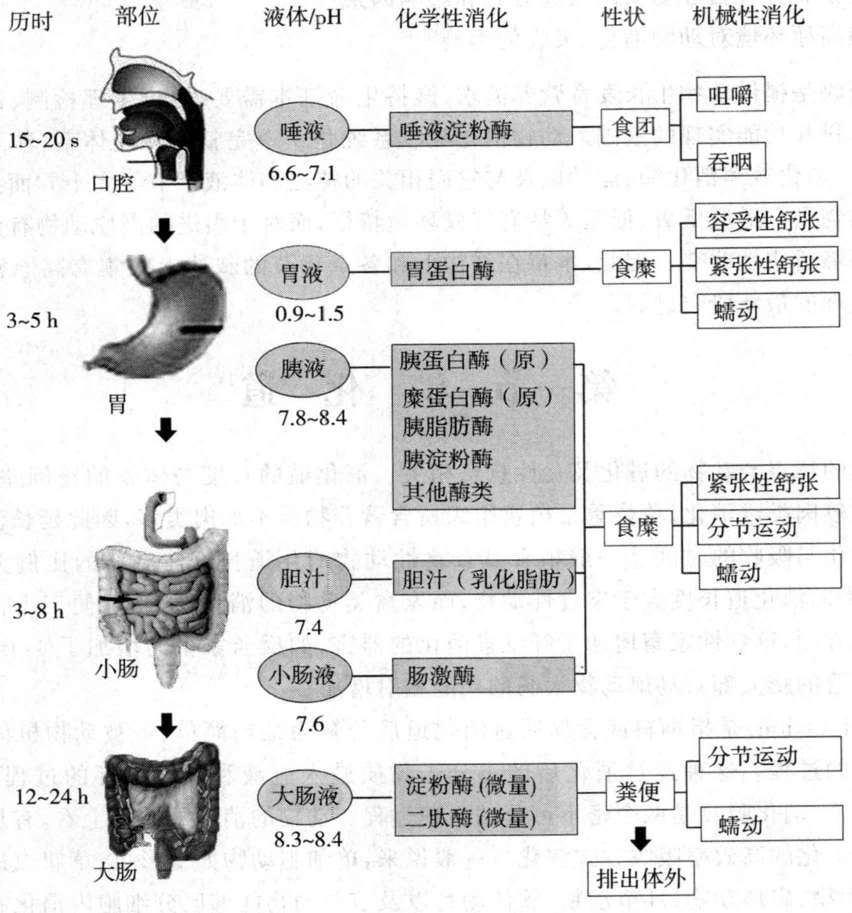

图 5-1 食糜在消化道中的消化过程

反刍家畜的消化道：牛(羊)的消化道特点主要体现在四个胃，胃为复胃，分瘤、网、瓣、皱四个室。前胃：瘤、网、瓣可视为食管的扩大部，主要起贮存食物和发酵，分解粗纤维的作用，临床上称为前胃。真胃：皱胃黏膜内分布有消化腺，机能同一般的单胃，所以又称为真胃。肠管和消化腺功能上与单室胃家畜没有多大区别。

家禽的消化道：上、下颌形成喙，硬腭后部有一个鼻后孔，其前方延续为腭裂。食管较长，鸡的在入胸腔前形成一扩大的嗉囊。胃分为腺胃和肌胃两部，腺胃为短的纺锤形，壁内有发达的腺体，开口于黏膜表面；肌胃位于腺胃之后、肝的后方偏左，是略侧扁的圆或椭圆形，它与腺胃和与十二指肠相通的两个口都在前缘，相距很近；肌胃壁肌层发达，黏膜内有腺体，分泌物在黏膜表面凝结成厚的角质膜。十二指肠形成一长襻，位于肌胃右侧，襻内夹有胰。空肠由肠系膜悬挂于腹腔右侧。回肠短而直，以系膜与两盲肠相连。盲肠有两条，后端壁内分布有丰富的淋巴组织，形成盲肠扁桃体。泄殖腔是消化、泌尿和生殖三个系统的共同出口，向后以泄殖孔开口于体外。泄殖腔可分前、中、后三部分：前部叫粪道，与直肠直接连续，仅较宽大；中部叫泄殖道，以环形襞与粪道为界，向后以半月形襞与泄殖腔后部的肛道为界，输尿管以及公禽输精管和母禽的阴道开口于此。后部肛道的背侧壁有腔上囊的开口。

鱼类的消化道：对于鱼类，口和咽没有明显界限，在鳃的部位为咽，其前方为口腔，一般合称为口咽腔。口咽腔的构造因鱼的食性不同而不同。比如，口裂的形状和大小与食性和摄取饵料的大小有关。肉食性鱼类如鲑鱼、鲈鱼等口裂较大，杂食性和植食性鱼类相对较小。鱼类齿可存在于颚、舌、口盖或咽上，而有的鱼无齿。鱼类的舌有起味觉作用的味蕾，但是没有肌肉。鳃耙是滤食性器官，植食性和肉食性鳃耙短而稀疏，以浮游生物为主的鱼类，鳃耙长而细密，并呈数量多、结构复杂的特点。大多数鱼类的食道较短，内壁有黏膜褶，可增强扩张能力。同样的食道具有横纹肌，在与胃交界处有食道括约肌。

(二)消化腺

1.肝脏和胆囊

单室胃家畜的肝脏及胆囊：肝大部分位于右季肋部，小部分位于左季肋部。猪的肝分为左外叶、左内叶、右内叶、右外叶，有胆囊。马属动物的肝无胆囊，脏面有肝门(门静脉、肝动脉、肝神经入肝)肝管、淋巴管由此出肝。划分：右、中、左三叶。右叶最大，后缘有较深的肾压迹，与右肾接触。中叶：被肝门分为背侧的尾叶，腹侧的方叶。尾叶的右端有尾状突，方叶的腹缘有一浅裂，称为脐切迹，内有圆韧带。左叶：位置较低。

反刍家畜的肝脏及胆囊：形态：牛(羊)肝扁而厚，略呈长方形。位置：位于右季肋部，其左叶在腹前方达第6～7肋骨，右叶在背后方达第1～2腰椎。壁面：凸，与膈接触，脏面凹，与网、瓣、皱、十二指肠和胰等接触，并形成相应的压迹。肝的背侧缘厚，腹侧缘薄，右侧缘有脐切迹，左侧缘中部有食管切迹，切迹上方有后腔静脉通过。分叶：分叶不明显，由胆囊和圆韧带肝分为左、中、右三叶。肝门将中叶又分成背侧的尾叶和腹侧的方叶，在尾叶和右叶的背侧缘有右肾压迹。肝门：门静脉、肝动脉、肝神经、肝管、淋巴管出入肝。牛羊肝有胆囊、呈犁状，肝管和胆囊管汇合成胆管，开口于十二指肠和十二指肠憩室。

家禽的肝脏及胆囊：肝较大，位于腹腔前下部，分为左右两叶。肝小叶不明显，肝小叶内肝细胞板是两行肝细胞构成。

鱼类的肝脏及胆囊：肝脏由胚胎期消化道的上皮突起发育形成，最简单的性状为分支的管状腺，如圆口类的肝脏。大多数鱼类的肝脏由相互交错的干细胞索组成，索之间有大量的毛细血管。肝细胞有两种类型，一种富含脂肪，一种富含糖原。不同鱼类的肝细胞类型不同。有的以糖元为主，有的以脂肪为主。肝细胞能分泌胆汁，通过肝管进入胆囊储存。肝管由许多细管汇成几只大管，然后合成一大的肝管在肝前部与胆囊管相通，二者相连后向前延伸形成胆管，末端进入前肠前部的右侧腹面。

2. 胰脏

单胃家畜的胰脏：胰分为内分泌部和外分泌部。外分泌部：占腺体的大部分，分泌胰液，对蛋白质、脂肪、糖有消化作用。内分泌部称胰岛，分泌胰岛素。形态：呈三角形，粉红色。位置：腹腔背侧，第16～18胸椎腹侧，大部分在中线之右。结构：胰头（中叶）在肝右叶之下向前向下伸入十二指肠肝门曲。胰尾（左叶），伸入胃盲囊与左肾之间，其腹侧面与盲肠底及右上大结肠末端接触。右叶位于右肾及右肾上腺的腹侧。胰管：由胰头走出，与肝管一起开口于十二指肠憩室，副胰管开口与十二指肠憩室对侧的黏膜上，驴常无。

反刍家畜的胰脏：形态：呈不整的四边形。位置：右季肋部和腰部，在肝门的正后方。划分：胰头（中叶），左、右三叶。胰头靠近肝；左叶呈小四边形，背侧缘附着于膈脚，腹侧与瘤胃背囊相连。右叶较长，向后伸至肝尾叶的后方。背侧与右肾相接。腹侧与十二指肠及结肠相邻。

家禽的肝脏及胆囊：淡粉色。可分为背叶、腹叶和脾叶，鸡的胰管有2～3条，与胆管、肝管并列开口于十二指肠末端。北京鸭的胰管有3条。

鱼类的胰脏：圆口类的胰脏由肠黏膜上含有酶原颗粒的外分泌腺细胞组成。软骨鱼类的胰脏发达，与哺乳动物类似为一致密型器官。大部分硬骨鱼类的胰脏为弥散型，由分散在肠表面的结缔组织、肠系膜、幽门盲囊周围或在肝脏、脾脏中的腺泡和分支小管组成。胰管单独开口于肠或幽门盲囊，或者与胆管联合进入肠。有些鱼类，如鲤鱼胰脏分散在肝脏中，成为肝胰脏，肝管和胰管在肝胰脏内交错排列，最后合成一大管与胆管相连。胰脏的外分泌细胞呈强嗜碱性，很有丰富的酶原颗粒，有些鱼类在肠系膜、幽门盲囊及胆囊附近散步的胰细胞具有内分泌功能，参与组成胃肠胰内分泌系统（gastro-enteropancreatic endocrine system，GEP）。

研究表明，慢性缺氧使得上消化道颜色暗红或橘红，黏膜增生增厚，胃、十二指肠表现为暗红，广泛充血水肿，发生部位依次为胃窦部、胃体部、幽门及十二指肠以及胃底部。组织学观察表明，黏膜结构较疏松。

二、消化道平滑肌的特性

消化道除口腔、咽、食管前端（猪和马的大部、牛羊全部）和肛门外括约肌外，其余部分都由平滑肌组成，因此，本文主要介绍平滑肌的特性。

（一）消化道平滑肌的一般特性

（1）伸展性：消化道可根据食物的容积进行伸展，可达到原来长度的两三倍，比如胃可以容纳好几倍于自己原来初容积的食物，对储存食物有利。

（2）紧张性收缩：是指消化道平滑肌经常处于一种持续的微弱收缩状态，这样可以使消化道各部分保持一定的形状、位置，是平滑肌本身所固有的属性。它能够使消化道内保持一定的基础压力，使胃肠容量与食物容积相适应。与骨骼肌相比，消化道平滑肌的兴奋性较低，收缩的潜伏期、收缩期和舒张期也比较长，即收缩缓慢。

(3)自动节律性：将平滑肌离体后，适当条件下，能够像心肌那样自动有规律的收缩，只是收缩速度慢，节律和振幅变异大。

(4)对各种刺激的敏感性：与骨骼肌不同，消化道平滑肌对电刺激不敏感，但对化学的，温度的和机械牵张刺激较敏感。比如微量的乙酰胆碱可使平滑肌收缩，微量的肾上腺素、去甲肾上腺素则使之舒张。

(二)消化道平滑肌的电生理特性

一般肌肉的收缩活动均与生物电变化密切相关，消化道平滑肌也不例外，并且消化系统的不同器官、同一器官的不同部位的电活动都不同，图 5-2 为消化道平滑肌的电活动与肌肉收缩的关系。

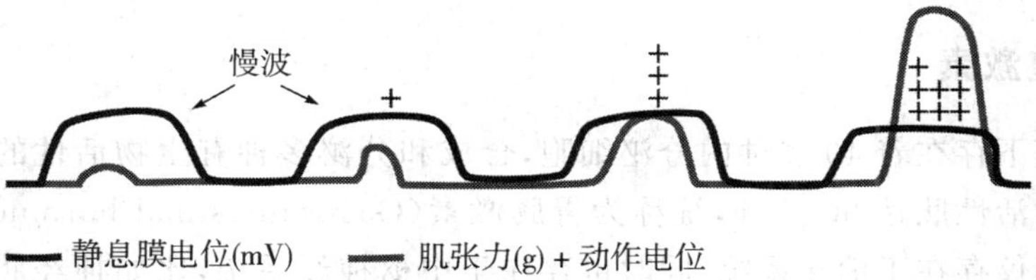

图 5-2 消化道平滑肌的电活动与肌肉收缩的关系

1. 静息电位(resting membrane potential)

消化道平滑肌细胞的静息膜电位不稳定，波动较大，范围为－50～－60 mV。处于静息电位的消化道平滑肌对 K^+、Na^+ 和 Cl^- 都有一定的通透性。K^+ 的外流是主要原因，也存在着少量 Na^+ 内流和 Cl^- 外流；Ca^{2+} 的跨膜扩散和 Na^+-K^+ 泵也参与了静息膜电位的产生。

2. 慢波电位(slow wave potential)

在静息电位基础上产生的有节律性、自发性的去极化、复极化电位变化，因频率较低而被称为慢波电位，波幅为 5 mV～15 mV。同一种动物、同一器官各部位的频率不变，不同动物、器官以及部位频率不同。慢波电位并不引起肌肉的收缩，但可使静息电位接近阈电位。一旦去极化达到了阈电位水平，即在其波幅上产生 1 至数个动作电位，因此，又被称为基本电节律。这可能与细胞膜上生电性 Na^+-K^+ 泵的周期性缓慢波动有关。

3. 动作电位(action potential)

在慢波的去极化电位达到或超过阈电位(－40 mV)时，即在其波幅上产生 1 至数个动作电位，其时程 10～20 ms、峰电位的振幅一般约为 60 mV。峰电位的上升支由一种慢通道介导的离子内流引起(主要是 Ca^{2+} 和少量 Na^+ 的内流)。其下降支主要是 K^+ 外流而产生的复极化。大量 Ca^{2+} 进入肌细胞，通过钙调素激活肌纤蛋白-肌凝蛋白—三磷酸腺苷系统，引起肌肉收缩。

除此之外，慢波能控制平滑肌的收缩节律、蠕动的方向和速度，每个慢波上出现峰电位的数目越多，肌肉收缩幅度和张力越大，但无法触发收缩。

三、消化道的神经、体液调节

消化道的活动受神经、体液的调节。支配消化道的神经包括内在神经系统(intrinsic

nervous system)和外来神经系统(extrinsic nervous system)两大部分。

(一)内在神经系统(肠神经系统)

由位于消化道管壁黏膜下层的黏膜下神经丛和位于环行肌与纵行肌之间的肌间神经丛组成,主要分布于食道中段至肛门上段的消化道管壁内,均含有感觉神经元和运动神经元。感觉神经元对消化道内化学、机械、温度等刺激起反应,运动神经元支配消化道平滑肌、腺体和血管。各种神经元之间通过神经纤维形成网络联系,神经纤维包括内在神经纤维和植物性神经纤维(交感和副交感神经)。

(二)外来神经(植物性神经)

内脏神经包括交感和副交感神经。消化道功能既受交感神经又受副交感神经的双重支配。交感神经的节后纤维属于肾上腺能纤维,分布在内在神经元上,主要抑制胃肠运动和腺体分泌。副交感神经主要是迷走神经,多数是胆碱能纤维,兴奋时引起胃肠道运动加强、腺体分泌增加。少数为非胆碱能、非肾上腺素能纤维,可引起胃容受性舒张。

四、胃肠道激素

消化道黏膜下存在着40多种内分泌细胞,合成和分泌多种有生物活性的化学物质,这些胃肠道内的生物活性肽达50多种,统称为胃肠激素(Gastrointestinal hormne)。一些胃肠激素近年来发现不仅存在于消化系统,同时也存在于中枢神经系统,比如神经肽,这类双重分布的激素被称为脑肠肽(brain-gutpeptide),已知的脑肠肽有20多种,如胃泌素、胆囊收缩素、P物质、生长抑素、神经降压素等。

研究报道显示急进高原个体胃动素、血管活性肠肽、P物质、胰高血糖素样肽及胃泌素显著改变,其中胃动素和P物质显著降低,其余显著升高。胃镜下胃蠕动缓慢及胃黏膜改变。并出现腹胀、食欲不振、恶心、呕吐等症状。

(一)胃肠道内的分泌细胞

消化道内分泌细胞分为两类,第一类可以直接感受胃肠道内食物成分和pH的刺激而分泌,为开放型细胞,又称感受器内分泌细胞,细胞顶端的微绒毛伸入胃肠腔,分泌的颗粒集中在细胞基底。分泌时,颗粒膜与基膜融合,将内容物向细胞外释放。第二类可接受胃肠腔的机械作用(如压力)、温度变化及组织液、血液等局部内环境变化的刺激,为闭合型细胞,顶端无微绒毛,位于基膜上,分泌物从细胞的基部释放出来。不同内分泌细胞的分泌颗粒大小、形态及密度均不相同,分泌物均从细胞基部释放。

(二)胃肠道内细胞的分泌方式

1. 内分泌(endocrine)方式

分为两种,一种是直接进入血液,通过血液循环到达靶细胞起作用,如胃泌素、胆囊收缩素等,另一种是激素自内分泌细胞分泌出后,顺着细胞侧壁的间隙到达消化道腔内,如分布于胃部的D细胞将生长抑素分泌入胃腔,调节胃酸和胃泌素的分泌;

2. 神经分泌(neurocrine)方式

胃肠激素作为神经递质或调质发挥作用;

3.其他分泌方式

一是胃肠激素通过细胞外液的局部弥散，作用于邻近细胞的旁分泌方式，二是胃肠激素分泌扩散至细胞间隙，再反过来作用于分泌细胞本身的自分泌方式。

(三)胃肠道激素的作用

(1)调节消化腺的分泌和消化道的运动　一种胃肠道可受多种胃肠激素的调节，一种激素又可对多种胃肠道功能进行调节；

(2)调节其他激素的释放　如：胆囊收缩素(CCK)能促进胰岛素、胰多肽和肠抑胃多肽(GIP)的释放；生长抑素能抑制胃泌素、胰泌素、胆囊收缩素、胰岛素、胰高血糖素等的分泌；

(3)营养作用　一些胃肠激素具有刺激消化道组织的代谢和促进生长的作用，如胃泌素能刺激泌酸部位的黏膜和十二指肠黏膜的DNA、RNA和蛋白质的合成。

五、摄食

(一)摄食方式

依据食物的来源可分为滤食、吸食、采食及捕食。滤食的来源是浮游生物，一般滤食性鱼类的鳃弓上一般都有鳃耙。吸食一般为摄取液体状食物，如哺乳动物吸食母体的乳汁。采食和捕食主要为大块或大颗粒为食物，如大多数草食、肉食与杂食性动物，如青鱼有强大的咽喉臼齿以压碎螺壳。

(二)摄食的调控

动物的摄食受两个方面的影响，一是饲料的组成、性质和饲养制度，二是胃肠道的消化机能和机体的代谢状态。饥饿状态下食欲加强，采食之后，食欲下降。而这些影响因素均可通过神经、内分泌系统进行调节。

1.采食中枢

位于下丘脑的外侧区的摄食中枢，平时呈持续兴奋状态，其兴奋时，动物摄食。摄食中枢下丘脑腹内侧区的饱中枢兴奋，动物停止摄食。而自由采食主要受神经调节，当然也有体液因素的调节。

2.反射性调节

一是依靠动物的感知器官，如视、听、嗅、味等感受器感受食物信号，来加强或降低采食中枢的活动。二是依靠胃肠道的机械、温度、化学、容积等感受器感受胃肠道的功能状态和食物的化学性刺激，把神经把信息传入下丘脑，加强或降低采食中枢的活动。

第二节　口咽腔的消化

口腔内的消化主要指咀嚼、磨碎，并与唾液混合，形成食团的过程，其中食物中的淀粉被唾液分解。

一、咀嚼及其调节

咀嚼是一种反射活动，受口腔感受器和咀嚼肌本体感受器传入冲动的刺激，一般由咀嚼肌有顺序地收缩引起，作用是咀嚼能切割和磨碎口腔内的食物，并能与唾液充分混合，形成食团。反刍动物如牛、羊经过几次咀嚼和吞咽往复才能将饲料仔细磨碎。

除此之外，咀嚼能反射性引起消化腺分泌和胃肠运动，为食物下游消化作铺垫。而鱼类没有咀嚼，只是各种类型的牙齿，用于捕食、撕裂和压碎食物，摄食后不咀嚼的还有禽类。

二、唾液

唾液(saliva)是指口腔内主要的唾液腺(腮腺、下颌腺、舌下腺)和许多小腺体分泌的混合物。

(一)唾液的成分及生理作用

唾液无色、无味、近于中性、略带黏性的低渗液体，水分约占99%，其中的有机物主要是粘蛋白、唾液淀粉酶(salivary amylase)、溶菌酶等。如果动物长期摄取多糖类食物，淀粉酶含量会增多。家禽的唾液腺主要分泌黏液，淀粉酶的含量很少，肉食性动物的唾液不含淀粉酶，而哺乳期幼畜的唾液还含有脂肪酶；无机物主要是钠、钾、钙、氯、磷酸盐、碳酸氢盐等。鱼类的口腔没有唾液腺，但它们能分泌黏液，有少数鱼类的食管能分泌消化酶，如在鲤、罗非鱼的食管内发现淀粉酶。

唾液的生理功能：①湿润食物，便于咀嚼，刺激味觉感受器产生味觉，利于吞咽；②唾液淀粉酶能分解淀粉为麦芽糖；③可清除口腔中的细菌和食物颗粒，如溶菌酶和免疫球蛋白具有杀菌、杀病毒作用。另外，反刍动物唾液中含有大量的缓冲物质碳酸氢盐，可以中和瘤胃中微生物发酵所产生的有机酸，使瘤胃能够维持较适宜的酸碱度。

(二)唾液分泌的调节

唾液的分泌为神经性反射调节，包括非条件反射和条件反射两种。非条件反射是食物经口腔内机械、温度、化学等感受器感受，引起神经冲动达各级中枢(初级中枢在延髓，高级中枢在下丘脑和大脑皮层等部位)，再经副交感神经和交感神经的传出纤维到唾液腺，引起唾液分泌。条件反射是由食物的形状、气味、颜色、进食环境等直接刺激而引起的唾液分泌，不经过感受器感受。

唾液分泌的传出神经以副交感(迷走)神经为主，递质为乙酰胆碱，通过唾液腺的血管扩张引起唾液分泌量增加。交感传出神经节后纤维释放的递质为去甲肾上腺素，作用于腺细胞膜上的β受体引起细胞内cAMP增高，唾液分泌增加。二者的区别在于副交感神经兴奋，唾液的分泌量大，含有机物少；交感神经兴奋，分泌的唾液量少，含有较多的唾液蛋白，图5-3为唾液分泌调节图。

三、吞咽

吞咽(swallowing or deglutition)是指食物从口腔经食管再到胃的一种复杂的反射活动。整个过程可以分为3个步骤，首先由来自大脑皮层的冲动舌活动从而食团由口腔进入咽。接着，食团刺激了咽部的感受器，引起一系列的肌肉收缩活动，使得食团由咽部进入食管上端。最后，食团刺激了软颚、咽、食管等部位的感受器，反射性地引起食管肌肉进行蠕动，从而沿食管下行至胃。禽类的吞咽通过头部上举，依靠重力和反射活动，经食管蠕动，食团进入嗉囊。大多数鱼类依靠水流的作用将食物送到咽部，再通过食管的吞咽反射，到达胃或肠。

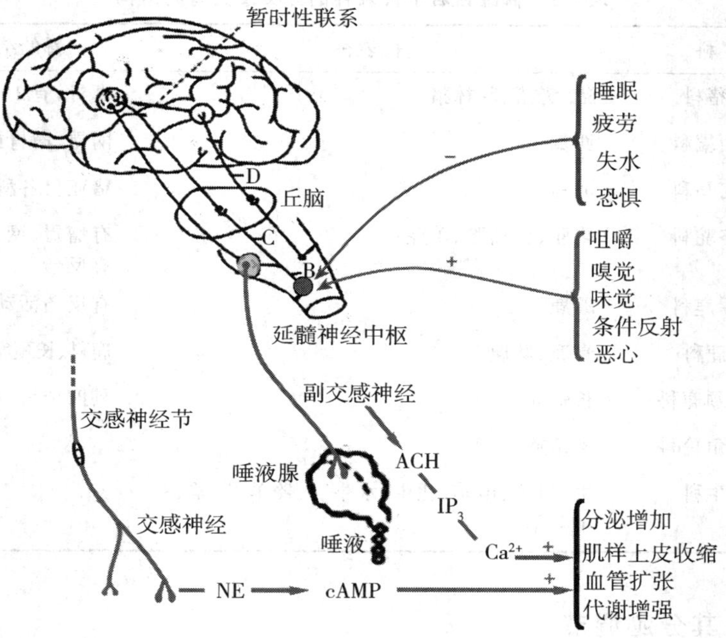

图 5-3　唾液分泌调节

为了能够阻止胃内容物逆行流入食管，生物体在接近胃贲门的食管管腔内有一段高压区，起到了生理性的括约肌作用，称为食管下括约肌(lower esophageal sphincter，LES)。它也接受神经、体液的调节。迷走神经的兴奋使食管下括约肌收缩；迷走神经抑制释放血管活性肠肽等递质使之舒张。此外，胃泌素、胃动素等的释放均可引起食管下括约肌收缩，而胰泌素、胆囊收缩素等则使其舒张。当食团进入食管，反射性地使食管下括约肌舒张，有利于食团下行入胃，当食团进入胃，胃泌素等激素的释放使该括约肌收缩，阻止胃内容物逆流。

四、嗉囊

嗉囊是禽类所特有的消化器官，主要功能为储存食物，其肌层由外纵形肌和内环形肌组成，黏膜内有丰富的黏液腺，可以湿润饲料，并为唾液淀粉酶和微生物提供适宜的环境，成年鸡嗉囊中的乳酸菌能将饲料中的糖进行初步发酵。嗉囊的运动形式主要是蠕动和排空。

五、鱼类的口腔咽

鱼类的口、咽和食道没有消化酶，即没有消化作用，它们只能分泌黏液，润滑食物，便于吞咽。

第三节　单胃消化

胃从机械性消化和胃液的化学性消化两个方面对食物进行作用，同时起到储存食物、吸收营养物质的功能，此外胃也是重要的内分泌器官。有些鱼类无胃，即不存在胃消化，大多数鱼类胃能分泌由盐酸、消化酶和黏液组成的胃液(表 5-1)。

表 5-1　偶蹄目若干代表种的分类及其胃的结构

亚目	科	代表种	胃的结构、反刍活动
猪亚目	猪科	猪、疣猪、巨林猪	真胃，有 1～2 个憩室，无瘤胃
	西貒科	西貒	网胃、瓣胃或皱胃
	河马科	河马	猪亚目各科均不反刍
骆驼亚目	骆驼科	骆驼、美洲驼、羊驼	有瘤胃、网胃和皱胃，缺瓣胃有反刍
反刍亚目	鼷鹿科	鼷鹿	有反刍活动
	鹿科	真鹿、麋鹿	鹿科、长颈鹿科、叉角羚科、牛科
	长颈鹿科	长颈鹿	具四个胃，有反刍活动
	叉角羚科	叉角羚	
	牛科	牛、绵羊、山羊、牦牛、水牛、大羚羊、羚羊、小羚羊	

一、胃液及其分泌调节

胃液是由胃外分泌腺和内分泌腺分泌物质的混合物。前者包括贲门腺、泌酸腺和幽门腺，其中，贲门腺分泌黏液。泌酸腺由壁细胞、主细胞、黏液颈细胞组成、分别分泌盐酸、胃蛋白酶原、内因子和黏液。哺乳期幼畜的主细胞还分泌凝乳酶。幽门腺分泌碱性黏液。后者分散在胃黏膜中，其中 G 细胞分泌胃泌素、D 细胞分泌生长抑素、肥大细胞分泌组胺等(表 5-2)。一些鱼类的胃液中除了胃蛋白酶之外还有其他的酶类，如罗非鱼、虹鳟胃中还有脂肪酶，太平洋鲱鱼分泌淀粉酶，日本鲭鱼有透明质酸酶等。纯净的胃液为无色透明的液体，pH 为 0.5～1.5，大多数硬骨鱼类在空腹时的胃液呈中性或弱酸性、或弱碱性。胃液中的无机物包括盐酸、Na^+、K^+、HCO_3^- 等离子，有机物包括粘蛋白、消化酶和糖蛋白。

表 5-2　胃肠道的内分泌细胞的分布及产物

细胞名称	分泌产物	分泌部位
A 细胞	胰高血糖素	胰岛
B 细胞	胰岛素	胰岛
D 细胞	生长抑素	胰岛、胃、小肠、结肠
G 细胞	胃泌素	胃窦、十二指肠
I 细胞	胆囊收缩素	小肠上部
K 细胞	抑胃肽	小肠上部
Mo 细胞	胃动素	小肠
N 细胞	神经降压素	回肠
PP 细胞	胰多肽	胰岛、胰腺、胃、小肠、大肠
S 细胞	胰泌素	小肠上部

高原环境下，尤其是高原红细胞增多者，胃泌素分泌增加，进一步使得胃酸和内因子分泌增加，促进铁和维生素 B_{12} 的吸收。

（一）胃液的成分及其生理功能

胃液是胃黏膜各种腺体所分泌的混合液，是无色透明的酸性液体，pH 为 0.5～1.5，由水、有机物、无机盐和盐酸所组成。有机物中主要是各种消化酶，包括胃蛋白酶、胃脂肪酶和凝乳酶。

1. 盐酸

也称胃酸，由壁细胞分泌，绝大部分处于游离状态，少部分与蛋白质结合。盐酸的最大排出量与胃黏膜壁细胞的数量有关，壁细胞多，排酸量大。

(1)其生理功能有：

①具有一定的抑菌和杀菌作用，可杀死随食物进入胃内的细菌；

②能激活胃蛋白酶原，使之转变为有生物活性的胃蛋白酶；

③为胃蛋白酶提供必要的酸性环境，使蛋白质变性有利于消化；

④盐酸随食糜进入小肠，可引起胰泌素的释放，从而促进胰液、胆汁、小肠液的分泌；

⑤盐酸所造成的酸性环境有助于小肠对铁、钙的吸收。

(2)盐酸的分泌

①盐酸中的 H^+ 来源于壁细胞内物质氧化过程产生的 H_2O，H^+ 被主动分泌到管腔，OH^- 留在细胞内。

②壁细胞中由代谢产生的 CO_2 以及从血浆中摄取的 CO_2 在碳酸酐酶的催化下与 H_2O 生成 H_2CO_3 后迅速解离成 HCO_3^- 和 H^+，H^+ 与上述 OH^- 生成 H_2O，HCO_3^- 通过弥散进入血液与 Na^+ 结合成 $NaHCO_3$。

③HCO_3^- 与 Cl^- 交换，Cl^- 由血浆到壁细胞内，并依靠壁细胞膜上的 Cl^- 泵，主动将 Cl^- 转运到小管腔，与 H^+ 形成盐酸，再进入胃腺管腔，如图 5-4 所示。

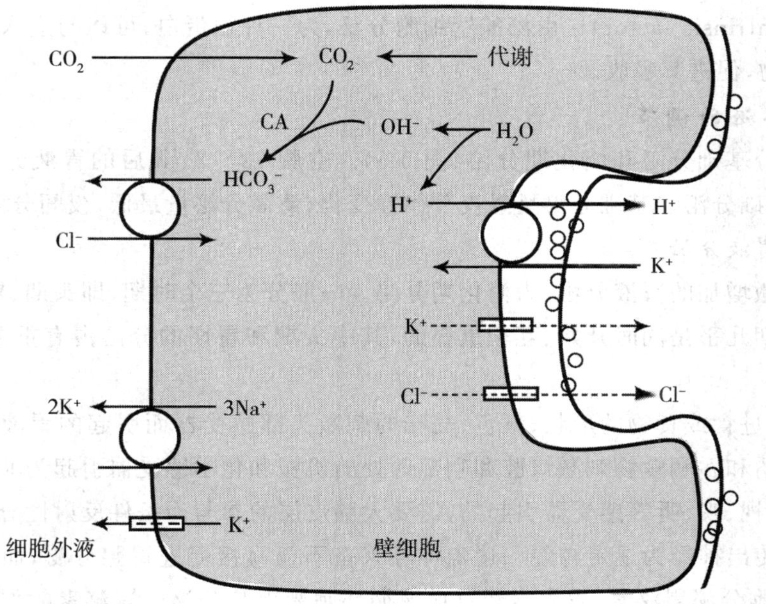

图 5-4　壁细胞分泌盐酸的模式图

2. 其他胃液的分泌

胃分泌盐酸通常是取食后增加，表现为胃液的 pH 降低，同时，盐酸进入小肠后可以促进胰液和胆汁的分泌，并使胆囊收缩和胆汁排出，也可促进小肠运动的作用。

(1)胃蛋白酶原(pepsin)　胃蛋白酶主要由胃腺的主细胞分泌的无生物活性的胃蛋白酶原。在胃酸或已经被激活的胃蛋白酶的作用下转变为具有活性的胃蛋白酶。胃蛋白酶为肽链内切酶，作用于酸性氨基酸和芳香氨基酸所形成的肽键，从而分解蛋白质为朊和胨及少量的多肽和氨基酸。胃蛋白酶的结构和特性如氨基酸组成、最适 pH，最适温度以及活性具有种类特异性。哺乳动物胃蛋白酶的最适 pH 为 2，分解的多肽和胨还必须在小肠中进一点消化为氨基酸后才能被吸收和利用。鱼类胃蛋白酶对黏蛋白、海绵硬蛋白、贝壳硬蛋白、角蛋白或分子量小的肽类不起作用。

(2)黏液(mucus)和 HCO_3^-　胃壁黏膜细胞还分泌一种黏性液体，呈碱性反应，形成一层黏液膜，覆盖在黏膜层表面，可以保护胃黏膜，免受机械的损伤，并能中和盐酸，防止胃酸对胃黏膜的侵蚀作用。

①黏液由胃表面上皮细胞及胃腺的黏液颈细胞和贲门腺、幽门腺所分泌，由可溶性的黏蛋白和不溶性的糖蛋白组成。胃黏液的黏稠度是水的 30～260 倍，呈自发的持续性分泌。

②胃内 HCO_3^- 主要由胃黏膜的非泌酸细胞所分泌，H^+ 和 HCO_3^- 等离子在黏液层内以相反方向扩散，两种离子在黏液层中发生中和，于是在胃黏液层中存在着一个 pH 梯度黏液层靠近胃腔的一面，呈酸性(pH 为 2 左右)，而在靠近肠上皮细胞表面呈碱性(pH 为 7 左右)。这种 pH 梯度使胃黏膜免受 H^+ 的侵蚀。同时还使胃蛋白酶丧失了分解蛋白质的作用。同时，黏液凝胶层的分子结构及其表面以共价结合的脂肪酸链构成了一道屏障，称为黏液-碳酸氢盐屏障(mucus-bicarbonate barrier)。

(3)内因子(intrinsic factor)　由泌酸壁细胞分泌，为一种糖蛋白，可以与进入胃内的维生素 B_{12} 形成复合物，促进其吸收。

(二)胃液分泌的调节

胃液的分泌分基础分泌和消化期分泌(图 5-5)。空腹 12～24 h 后的胃液分泌为基础分泌，硬骨鱼类无基础分泌。基础分泌呈昼夜节律性变化，清晨分泌量最低，夜间分泌量高。

1. 消化期的胃液分泌

接受进食刺激增加的胃液分泌，为消化期分泌。一般分为三个时期，即头期、胃期和肠期，实际上这三个时期几乎是同时开始、互相重叠的，其中头期和胃期的分泌占有重要位置，如图 5-6 所示。

头期：由动物进食或食物的形状、颜色、气味的刺激头部感受器而引起的胃液分泌为头期分泌。前者通过嚼和吞咽食物刺激口腔和咽部等处的机械和化学感受器引起为非条件反射性分泌，后者刺激了视、嗅、听等感受器引起的，需要大脑皮层的参与为条件反射性分泌。头期的胃液分泌的唯一传出神经为迷走神经。迷走神经兴奋不仅直接促进胃腺分泌，而且能够使幽门部黏膜的 G 细胞分泌胃泌素，胃泌素经过血液循环刺激胃腺分泌。胃泌素的作用较迷走神经强，能促进组胺的释放，组胺是以旁分泌的方式作用于壁细胞上的组胺Ⅱ型受体，从而促进胃酸的分泌。

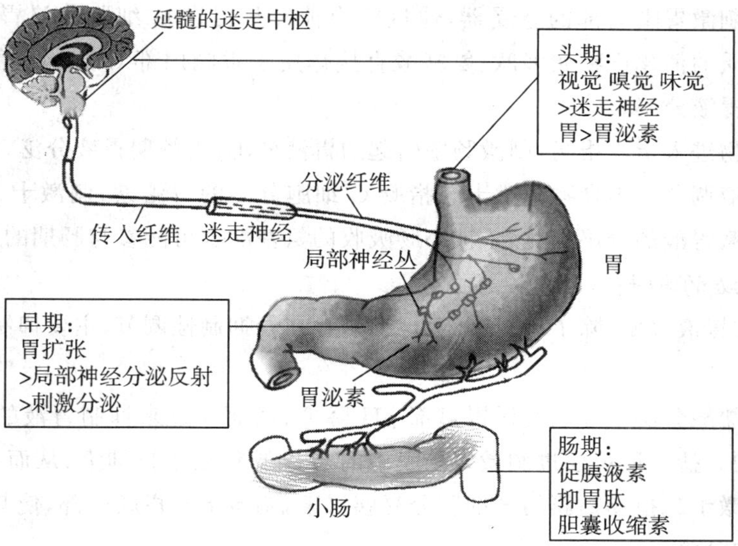

图 5-5　消化期胃液分泌调节示意图

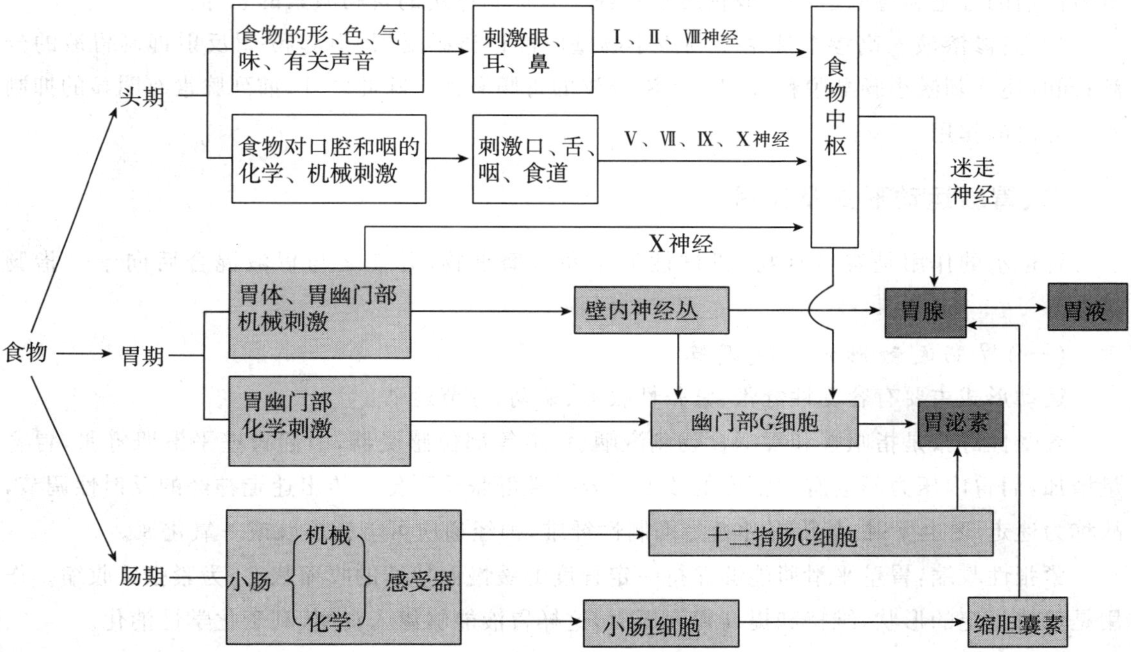

图 5-6　消化期胃液分泌

头期胃液分泌的特点是：潜伏期较长，分泌延续的时间长，分泌量大、胃液中胃蛋白酶的含量高，消化力强，并且分泌量与食欲有关。

胃期：由食物刺激胃部的机械感受器和化学感受器引起的胃液分泌，为胃期胃液分泌，约占总分泌量的60%,酸度高,酶少。胃期分泌的主要机制是:①扩张刺激胃底、胃体部感受器,通过壁内神经丛的局部反射;②迷走-迷走长反射直接或通过刺激胃泌素的释放间接引起的胃液分泌;③扩张刺激胃幽门部的感受器,通过壁内神经丛促进G细胞分泌胃泌素;④化学物质,尤其是蛋白质的消化产物如多肽、氨基酸直接作用于胃幽门部G细胞也能引起胃泌素的释放,继而促进胃液分泌。

肠期:由食物进入十二指肠,刺激肠壁引起的胃液分泌,为肠期胃液分泌,约占总分泌量的10%,主要受体液调节。由食物刺激十二指肠G细胞分泌的胃泌素,刺激十二指肠黏膜释放的肠泌酸素,刺激胃酸的分泌。此外,被小肠吸收的氨基酸也可能参与肠期的胃液分泌。

2. 胃液分泌的抑制

对消化期的胃液分泌,除了接受刺激分泌外,存在着抑制性调节,主要抑制因素是盐酸、脂肪和高渗溶液。

(1)盐酸　盐酸分泌量增加使得胃窦部pH降低,从而反过来抑制胃液的分泌,是一种负反馈的调节机制。盐酸还可通过刺激胃黏膜中的G细胞释放生长抑素,从而抑制盐酸和胃蛋白酶的分泌;刺激十二指肠黏膜的S细胞分泌胰泌素,刺激十二指肠球部,使其释放球抑胃素,从而抑制胃酸的分泌。

(2)脂肪　脂肪及其消化产物进入小肠,刺激小肠黏膜的,使之产生肠抑胃素,抑制胃酸、胃蛋白酶的分泌和胃的运动。该物质是几种具有抑制作用的胃肠激素的总称。

(3)高渗溶液　高渗溶液主要刺激小肠壁的渗透压感受器,引起肠-胃反射抑制胃液的分泌;同时还能刺激小肠黏膜释放抑制胃液分泌的胃肠激素。除此之外,前列腺素有明显的抑制胃液分泌的作用。

二、胃肠运动形式及作用

胃运动的作用是容纳食物,机械性消化和研磨食物,并使之与胃液混合后向十二指肠推送。

(一)胃肠运动形式以及调节

运动形式主要有容受性舒张、紧张性收缩、蠕动、分节运动。

容受性舒张是指咀嚼和吞咽食物刺激咽、食道等部位感受器,引起胃壁平滑肌舒张,胃容量增加,而胃内压力不会有大幅度的改变。容受性舒张受到传入传出迷走神经的反射性调节,故称为迷走-迷走反射,其传出神经为抑制性纤维,神经递质可能为多肽或一氧化氮。

紧张性收缩:胃壁平滑肌能够保持一定程度的缓慢而持续的收缩状态,为紧张性收缩。作用是保持一定的形状,维持和提高胃内压力,这样胃液能够渗入食糜,利于化学性消化。

蠕动是指食物进入胃5 min左右开始蠕动,节律性地从胃大弯向幽门方向传播,人胃的蠕动波约需1 min到达幽门。小肠蠕动形式分为蠕动和蠕动冲,在大肠为集团蠕动。消化道运动的作用为搅拌及碾磨食物,混匀食物与消化液,将食糜分批、少量地向消化道下段推移或排放;促进营养素的吸收,除此之外,胃能够贮存事物。神经和体液因素通过影响慢波及动作电位来影响胃的蠕动。迷走神经兴奋、胃泌素、胃动素和胆囊收缩素使得慢波和动作电位频率增加，胃蠕动的强度和频率随着提高；相反，随着交感神经兴奋、胰泌素、胰高血糖素、血管活性肠肽和抑胃肽促使胃蠕动降低。在鱼上，鲤鱼和虹鳟蠕动的强弱与消化道的部位有关，前部 2/5 强，中部 2/5 较弱，后部 1/5 最弱。在鳟鱼发现蠕动波以 2 厘米/分的速度移动，当温度上升到 18℃以上时，蠕动消失。

分节运动是指一系列等间隔的环形肌同时收缩，将食糜分段，然后节律性的收缩的部位开始舒张，而原先舒张的部位收缩反复运动形式。作用是便于食糜和消化液的充分混合，消化产物在肠黏膜的充分吸收。目前，在鲤鱼观察到整个肠道在作蠕动运动以外，每隔 2～3 cm 处有中间变细，然后复原，接着又变细的现象，这可能是分节运动。

（二）胃的排空及其调节

食糜从胃排入十二指肠的过程为胃排空。当胃处于静息状态时，幽门括约肌紧张性收缩使得该处的压力高于胃窦和十二指肠，保证了食物在胃内充分消化，防止了十二指肠的内容物向胃逆流；当由于胃的蠕动胃内压升高时，压力发生了逆转，食物克服幽门阻力使胃得以排空。一般流体的食物比固体的排空快，颗粒小的比大块食物排空快 ，等渗溶液的排空速度比非等渗溶液的快，糖类排空最快，蛋白质次之，脂肪排空最慢，易被消化的固体食物比难消化的排空快。另胃排空速度与摄食量的平方根呈正比。在鱼上，消化道排空的时候运动形式为摆动，即纵行肌缓慢而有规律的收缩。鳟鱼在 4～16℃时，摆动速度为 0.5 次/min；当温度上升到 30℃以上时，摆动速度可达 1.3 次/min，而在 4℃以下或 32℃以上时，摆动消失，但长时间保持适宜温度后又可恢复。摆动是肌原形的运动，不受神经控制，破坏神经的药物不影响摆动运动。

胃排空受到神经和体液的双重调节，胃内容物扩张刺激壁内神经丛和迷走-迷走长反射加强胃的运动，从而促进排空，蛋白质消化产物引起胃窦黏膜 G 细胞释放胃泌素促使幽门舒张，也可促进胃的排空。当食糜进入十二指肠，酸、脂肪、渗透压及机械扩张刺激肠壁上的迷走神经、壁内神经或者是交感神经，反射性抑制胃的运动，从而胃减慢排空，称为肠-胃反射。该反射对酸特别敏感。当酸或脂肪进入十二指肠，可引起小肠黏膜释放肠抑胃肽如胰泌素、抑胃多肽，从而抑制胃的运动，延缓胃的排空。随着盐酸在肠内被中和、食物消化产物被吸收，它们对胃的抑制性影响便渐渐消失。

模拟 5 000 m 高度狗餐后胃窦和十二指肠收缩振幅、收缩频率和动力指数明显低于海平面。临床研究表明，海拔 4 300 m，健康青年人的胃蠕动明显减弱，有些人进食 8.5 小时后，胃腔内食物仍未排空。

第四节 复 胃 消 化

相对于单胃动物，反刍动物的胃包括瘤胃、网胃、瓣胃和皱胃。前三个胃总称为前胃，前胃的黏膜没有胃腺，接受机械性消化和微生物消化。皱胃黏膜为腺黏膜，其功能与单胃动物的胃相似，牛胃液 pH2.0～4.1，比单胃动物的胃液酸度低，呈连续性分泌。

一、瘤胃的消化

(一)瘤胃内的微生物及共生存环境

瘤胃内存在大量的厌氧微生物，主要有纤毛虫、细菌和真菌。它们的种类和数量因饲料、动物年龄等因素而不同，它们产生的消化酶对饲料进行发酵，速度比化学消化要慢。瘤胃是一个极其复杂的微生物共生生态系统。瘤胃微生物种类和数量繁多，包括三大类微生物，即古细菌、细菌和真核生物。瘤胃含有大量细菌（细菌数约为 10^{11}/mL，200 多种）、原虫（数量为 10^4～10^6/mL，25 个属）、厌氧真菌（游动孢子数为 10^3～10^5/mL，6 个属），以及噬菌体（颗粒数为 10^7～10^9/mL）。三种主要的瘤胃微生物种群在瘤胃内主要以三种方式存在，一是存在于瘤胃液中，二是附着于瘤胃上皮上，三是黏附于饲料颗粒上，其中只有第三种直接负责纤维物质的降解。

1. 纤毛虫

1 g 瘤胃内容物含纤毛虫 60 万～180 万，分贫毛和全毛两类，都严格厌氧，前者全身被覆纤毛，后者纤毛成簇。西藏牛羊常见的纤毛虫属于①内毛虫属 *Entodinium* ②真双毛亚属 *Eudiplodinium* ③硬甲亚属 *Ostracodinium* ④无甲亚属 *Anoplodinium* ⑤多甲亚属 *Polyplastron* ⑥前毛虫属 *Epidinium* ⑦头毛虫属 *Ophryoscoex* ⑧均毛中属 *Isotricha* ⑨密毛虫属 *Dasytricha* ⑩布契利氏属 *Biitschlia* 等属中。纤毛虫有分解蛋白质的蛋白酶、脱氨基酶等、分解糖类的淀粉酶、蔗糖酶、呋喃果聚糖酶等和分解纤维素的纤维素酶和半纤维素酶。全毛虫主要分解淀粉等糖，产生乳酸和少量 VFA；贫毛类也以分解淀粉为主，还可发酵果胶、半纤维素、纤维素。饲料对瘤胃内纤毛虫的种类和数量具有显著影响，如果饲料中淀粉丰富。瘤胃内利用淀粉的纤毛虫则增多；如饲料中纤维素水平高，瘤胃内含纤维素酶的纤毛虫增多，见表 5-3。

表 5-3　西藏黄牛瘤胃液中分类纤毛虫数量变化特征

纤毛虫属名	上午(9:00)[1](10^3/mL±SD)	下午(6:00)[1](10^3/mL±SD)
Entodinium	603.1±32.6	1093.0±22.3
Anoplodinium	51.9±13.8	92.0±9.3
Dasytricha	59.2±22.1	81.5±18.0
Eremoplastron	37.4±4.7	66.0±8.8
Isotricha	24.7±7.5	45.5±7.9
Epidinium	18.7±11.7	33.0±8.4
Ostracodinium	19.9±14.5	31.5±6.9
Eudiplodinium	18.7±10	31.0±4.3
Charonina	15.1±6.4	19.5±3.3
Ophryoscoex	4.3±6.1	7.0±2.4
Polyplastron	3.2±0.7	5.0±1.5
Biitschlia	Rarely	Rarely
Total	856.2	1 507

注：1)均为饮水前取样。

(田发益等，2011 年)

2. 细菌

是瘤胃内最主要的微生物，1 g 瘤胃微生物中含细菌 150 亿～250 亿个，主要包括分解糖类乳酸细菌区系，西藏反刍家畜中瘤胃细菌主要包括白色瘤胃球菌（*R. albus*）、黄化球菌（*R. flavefaciens*）、产琥珀酸丝状杆菌（*F. succinogenes*）、甲烷甲酸杆菌（*M. formicicum*）。分解纤维素细菌区系可分解纤维素、半纤维素、果胶、纤维二糖等，分解蛋白质细菌区系，合成维生素细菌区系等。分解纤维素细菌区系在分解纤维素的同时能利用尿素合成蛋白质，纤维素的最终分解产物：乙酸、丙酸、丁酸、CO_2、CH_4 见表 5-4。

表 5-4 西藏黄牛瘤胃液中主要纤维素菌数量变化规律 个/mL

名称	上午(9:00)[1)]	下午(6:00)[1)]
总球菌数	$1.4\sim1.3\times10^5$	$1.7\sim1.5\times10^5$
白色瘤胃球菌数	$0.9\sim0.6\times10^4$	$1.5\sim1.4\times10^4$
黄化球菌数	$2.1\sim1.9\times10^4$	$3.0\sim2.8\times10^4$
产琥珀酸丝状杆菌	$1.5\sim1.3\times10^5$	$2.0\sim1.8\times10^5$
甲烷甲酸杆菌	$7.0\sim6.5\times10^3$	$10.0\sim9.2\times10^3$
厌氧真菌数	$2.5\sim2.4\times10^2$	$3.6\sim3.0\times10^2$

注：1)均为饮水前取样。

（田发益等，2011 年）

3. 瘤胃厌氧真菌

占瘤胃微生物总数的 8%。瘤胃真菌含纤维素酶、木聚糖酶、糖苷酶、半乳糖醛酸酶和蛋白酶等，对纤维素的消化能力很强。

4. 微生物的共生

瘤胃内的微生物不仅与宿主（动物）共生，微生物之间也存在着共生关系、微生物彼此之间相互制约、相互依存。纤毛虫内有细菌在其体内共生，有微型反刍动物之称。

（二）瘤胃微生物生存条件

瘤胃内不仅存在大量的微生物，同时具备厌氧微生物繁殖的良好环境条件：①发酵产热，温度相对较高且恒定（39～41℃）；②饲料发酵产生的大量酸与唾液中和，产生的挥发性脂肪酸被血吸收，pH 维持在 5.5～7.5；③内容物含水稳定，渗透压接近血液水平；④瘤胃高度乏氧，即使随食物有少量的氧进入瘤胃，也很快被微生物利用而消耗；⑤食物和水分相对稳定地进入瘤胃，供给微生物繁殖所需的营养物质，节律性运动，将内容物搅和，并不断地把瘤胃内容物向前推送。

（三）瘤胃内的消化代谢

瘤胃内的消化代谢过程是指饲料在瘤胃微生物作用下，经过一系列复杂的消化和代谢，产生供宿主（动物）机体利用的挥发件脂肪酸（VFA），合成微生物蛋白、糖原和维生素的过程。

1. 糖类的分解与利用

反刍动物饲料内的糖类物质主要是纤维素，其余为发酵速度最快和次快的可溶性糖类和淀粉，最慢的半纤维素。纤维素的 40%～45% 由细菌和纤毛虫的协同作用分解，先分解为纤维二糖，依次分解为葡萄糖、丙酮酸/乳酸，最终产生挥发性脂肪酸（VFA）、CO_2 和甲烷（CH_4）。VFA 主要是乙酸、丙酸、丁酸，这些低级脂肪酸可以由动物瘤胃壁吸收入血液被利用，如乙酸和丁酸是泌乳期合成乳脂的主要原料。泌乳牛吸收的葡萄糖 60%用来合成牛乳。瘤胃微生物将分解出来的和饲料中的单糖和双糖转化成自身的糖原，进入皱胃和小肠后，糖原被宿主利用，如图 5-7 所示。

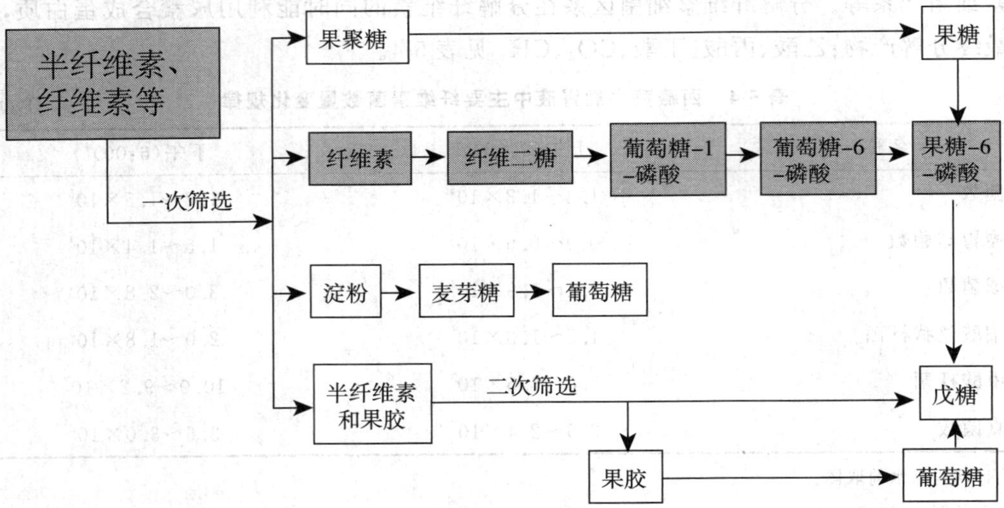

图 5-7　瘤胃内碳水化合物的发酵

对西藏农区黄牛自然采食的纤维素在瘤胃中的分解变化进行测定，发现牛对 NDF、ADF 和 Hemicellulose 的分解率随年龄的增长表现为下降趋势。NDF 的平均分解率 57.96%±10.29%，ADF 的平均分解率为 53.46%±12.62%，Hemicellulose 的平均分解率为 66.96%±15.16%。纤维素的综合消化率为 50.23%±17.48%，代谢利用率为(36.0599±19.4977) g/($W^{0.75}$·d)。

2.蛋白质的消化

反刍动物不仅能利用饲料中的蛋白氮，还可利用非蛋白氮，构成微生物自身的蛋白质，供宿主利用，其中，微生物蛋白酶将 50%～70%的饲料蛋白分解为多肽和氨基酸，氨基酸经脱氨酶的作用产生有机酸、氨和 CO_2。饲料中的非蛋白氮-尿素、铵盐、酰胺等被微生物分解后也可产生氨，部分氨可被微生物作为氮源，然后再合成蛋白质储存在微生物内，部分可被瘤胃壁吸收入血液，运输到肝脏经鸟氨酸循环生成尿素。一部分尿素随唾液被分泌或由尿排出；一部分可直接通过瘤胃上皮再次返回瘤胃，并被细菌分泌的尿素酶重新分解为 CO_2 和氨，被瘤胃的微生物再利用。这一过程称为尿素再循环。糖和挥发性脂肪酸为其合成氨基酸提供碳链，糖还提供能量，因此饲料中必须有足够的糖原。瘤胃中存在脲酶，可分解尿素产生氨，为了降低氨在瘤胃中的积累，不致发生氨中毒，生产中应用甲醛等预先处理饲料蛋白质可显著降低饲料蛋白质被微生物的分解量提高日粮蛋白质的利用率，如图 5-8 所示。

经过对西藏黄牛的粗蛋白进行测定分析，西藏农区黄牛的粗蛋白平衡值为(7.53±2.56) g/($W^{0.75}$·d)，N 的平衡代谢值为(1.19±0.43) g/($W^{0.75}$·d)。

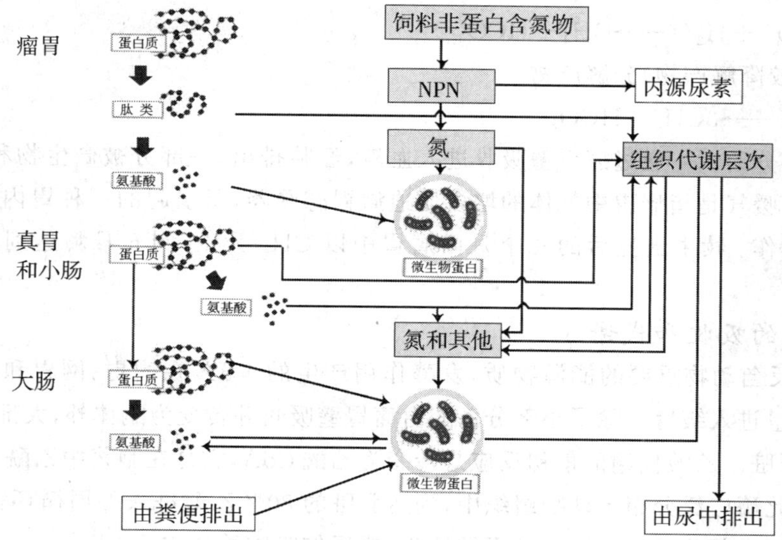

图 5-8　瘤胃内蛋白质和 NPN 代谢去向示意图

3. 脂肪的消化与代谢

反刍家畜一般情况下食入少量的脂类物质，饲料中的脂肪大部分经瘤胃微生物水解为甘油和脂肪酸，其中甘油发酵生成丙酸，少量被转化为琥珀酸和乳酸，不饱和脂肪酸可转化为饱和脂肪酸。细菌能合成奇数碳的脂肪酸、支链脂肪酸以及脂肪酸的各种反式异构体。

4. 维生素的合成

瘤胃中的微生物能够合成多种 B 族维生素和维生素 K。因此即使成年反刍动物饲料中缺少这类维生素，也不影响其健康。幼龄反刍动物瘤胃微生物发育不完善，有可能患 B 族维生素缺乏症。若缺 Co 可能患维生素 B_{12} 的缺乏症。

5. 气体的产生

瘤胃中的微生物在发酵过程中，产生大量气体，比如牛一昼夜可产生气体 600～1 300 L，主要是 CO_2、CH_4，还有少量的氮、氧和硫化氢。

CH_4 是瘤胃内发酵的主要终产物，由 CO_2 还原或甲酸分解产生。瘤胃内多数细菌能催化下列反应：

$$4H_2+HCO_3^-+H^+\longrightarrow CH_4+3H_2O$$

CO_2 主要由糖发酵和氨基酸脱羧产生，小部分由唾液内的 HCO_3^- 中和脂肪酸时产生或由脂肪酸吸收时透过瘤胃上皮交换的结果。催化这一反应的是甲酸脱氢酶。

$$HCOOH\longrightarrow CO_2+H_2$$

瘤胃内甲酸是丙酮酸转变为乙酸时产生的，瘤胃内 VFA 混合物 中大约含有 1%甲酸，氢能迅速被产甲烷菌利用，并作为微生物活动过程中其他还原反应的氢供体。所以在瘤胃内的氢分压维持在很低水平。瘤胃内通过某些细菌催化活动，还存在另外三种产生甲烷的反应。

甲酸易分解产生甲烷和 CO_2

$$HCOO^-+H_2O\longrightarrow CH_4+HCO_3^-$$

乙酸的分解产物

$CH_3COO^- + H_2O \longrightarrow CH_4 + HCO_3^-$

甲醇(果胶降解产物)分解产物

$4CH_3OH \longrightarrow 3CH_4 + HCO_3^-$

气体一部分约 1/4 通过瘤胃壁吸收进入血液,经肺排出,一部分被微生物利用,大部分通过嗳气排出。嗳气是指瘤胃中气体的增多压迫瘤胃感受器,所引起的一种胃内气体从口腔排出的反射性动作。犊牛出生后的几个月内瘤胃中以 CH_4 为主,到 6 月龄达到成年牛的气体组成。

6. VFA 的吸收和代谢

VFA 是反刍动物重要的能源物质,发酵作用产生的 VFA 在瘤胃、网胃和重瓣胃内被吸收,只有很少量进入皱胃。除了小部分乙酸由瘤胃壁吸收并转变为酮体外,大部分未经改变通过门脉进入肝脏。乙酸代谢的最初反应是转变为乙酰 CoA,它是在胞浆中乙酰 CoA 合成酶催化下进行的,此酶广泛分布于动物组织中,到达肝脏的 80%乙酸进入外周循环,血液中的乙酸被组织吸收后,大部分通过三羧循环而被填化,或用作脂肪酸合成。

乙酸是反刍动物脂肪合成的主要前体物,因为反刍动物缺乏足够量的 ATP-柠檬酸裂解酶,只能由葡萄糖提供有限数量的乙酰 CoA 作为含成脂肪酸的前体物。反刍动物脂肪组织中乙酰 CoA 合成酶的活性比大鼠大 2～3 倍,反映了在反刍动物脂肪组织中乙酸能以相当高的速度转变为脂肪酸。瘤胃产生足够的乙酸在维持适当数量的乳脂是必需的,乙酸也是包括软脂酸在内的乳中脂肪酸的前体物。

通过瘤胃上皮吸收的过程中,2%～5%丙酸转变为乳酸,其余以丙酸形式进入门脉。进入肝脏的大多数丙酸进行氧化合成葡萄糖。丙酰 CoA 通过丙酰 CoA 羧化酶的催化(此酶含生物素)转变为甲基丙二酰 CoA,再转变为琥珀酰 CoA。

丁酸在通过瘤胃上皮细胞吸收时,大部分转变为酮体。门脉中丁酸含量很低,生成的酮体 80%以上是羟丁酸,其余是乙酰乙酸和丙酮。β-羟丁酸可在骨骼肌和心肌中氧化,也可用于脂肪组织和乳腺的脂肪酸合成。进入肝脏的丁酸迅速被肝脏组织代谢。

二、复胃运动及其调节

皱胃运动与单胃相似,因此复胃运动主要针对前胃展开。前胃能够自发地产生周期性运动,在神经和体液因素调节下,瘤胃、网胃和瓣胃协调运动以完成消化功能。

1. 前胃的运动

(1)网-瘤胃的运动　网胃和瘤胃的运动密不可分,并且有严格的顺序性。网胃是运动的启动者或起步点。通过网-瘤胃有规律的收缩运动,促使瘤胃内食糜混合并推动瘤胃内容物向瘤胃后运送。在网-瘤胃协调运动过程中完成反刍、嗳气等至关重要的消化活动。

非反刍期间的网,瘤胃运动:

①网胃的两相收缩,第一相收缩时容积约缩小一半,并立即舒张,紧接着便发生第二相收缩。第二相收缩较为强烈,几乎是完全的收缩。网胃的两相收缩平均每 30～60 s 发生一次,采食时为 35～45 s 发生一次,每次约持续 7～12 s。

②瘤胃的原发性收缩当网胃第二相收缩至高峰时，瘤胃开始收缩。瘤胃收缩先由瘤胃前庭开始，沿着背囊由前向后扩散，最后到达背盲囊。背囊收缩期间腹囊处于舒张状态。背囊收缩完毕之后，腹囊开始由后向前收缩。瘤胃的这种运动起源于网胃两相收缩的收缩运动，称为瘤胃的原发性收缩，这时所描记的收缩波形称为 A 波。在瘤胃这种周期性收缩过程中，食糜从网胃被推入瘤胃前囊，并由前囊进入背囊。食糜进入背囊既可以通过前襄返回网胃，也可以由背囊转入腹囊，然后再进入后腹盲囊，最后从后腹盲囊经腹囊转向背囊和前囊，并返回网胃。半固体或流体的食糜就是随着网，瘤胃的收缩运动，在网胃和瘤胃之间循环运转。当动物休息期间(即既不采食也不反刍)，完成一次食糜运转需 30～50 s。

③瘤胃的继发性收缩与嗳气在瘤胃原发性收缩周期进行到约 2/3 时，往往还出现一次瘤胃的独立收缩，这种与网胃的两相收缩无关的独立收缩，称为瘤胃继发性收缩，或称 B 波收缩。瘤胃的继发性收缩仅涉及瘤胃部分区域，一般情况下收缩的部位是背侧冠状肌柱、后背盲囊和背囊，而后腹盲囊是舒张的。有时继发性收缩仅局限在背囊。牛完成一次继发性收缩约需 30 s。瘤胃继发性收缩的起点位下腹盲囊，也可能直接来自于原发性收缩。收缩波经过背盲囊、背囊和腹囊，最后回到腹盲囊。在瘤胃出现继发性收缩时动物往往发生嗳气活动，但并非总是与嗳气有联系。

(2)反刍期间的网-瘤胃运动　反刍活动的消化活动，它是由一系列相互联系的动作来实现，反刍活动发生时，首先也是从网胃的收缩运动开始的，这时在网胃的两相收缩之前发生一次附加的收缩，或第三次收缩，其收缩强度大于两相收缩。在网胃的第三次收缩处于高峰时发生瘤胃内食团经食管逆呕到口腔中来，因此，此时网胃的附加收缩又称为逆呕收缩或网胃的三相收缩。网胃三相收缩后相继发生的瘤胃运动模式，基本上与非反刍期间相同，但运动频率和收缩强度明显加快加大。

前胃具有自动节律性，该节律受神经调节。当食物进入前胃刺激机械和压力感受器后，反射性地引起前胃运动加强。前胃运动的调节中枢在延髓，高级中枢在大脑皮层。迷走神经兴奋，加强前胃运动，交感神经兴奋，抑制前胃运动。刺激十二指肠的化学感受器能抑制前胃的运动。

2. 嗳气

嗳气是指瘤胃中的部分气体经食管向外排出的过程。该过程起源于瘤胃的继发性收缩，后经瘤胃前庭和贲门，进入食管和鼻咽腔，在鼻咽括约肌收缩下，部分气体经口腔逸出，部分经声门进入肺被吸收入血液。此过程不畅，不能及时排出气体，临床上将发生瘤胃臌气。

3. 反刍

反刍是指瘤胃中被浸泡软化，并经一定时间发酵的没有充分咀嚼饲料，在动物休息时重新被逆呕回到口腔，再被咀嚼的消化过程。一般反刍分逆呕、再咀嚼、与唾液再混合以及再吞咽四个阶段。网胃的附加收缩，使部分胃内容物至贲门口，然后经贲门口进入食管，食管的逆蠕动使胃内容物回到口腔。此时再次分泌的唾液与逆呕的食团混合、经再次咀嚼、吞咽后进入瘤胃，其中较细的部分经网胃、瓣胃进入皱胃，刺激其感受器，反射性抑制网胃的收缩，逆呕停止，进入反刍的间歇期，食糜被推送到小肠。反之，新进入瘤胃的饲料又刺激网胃、瘤胃以及食管沟部分的感受器，逆呕再次开始，新一轮反刍开始。犊牛出生后第 3 周开始反刍。成年牛采食后 0.5～1.0 h 开始反刍，每次 40～50 min，一天进行 6～8 次。反刍是反应动物疾病、消化不良、发情等的重要指标。

4.食管沟(网胃沟)反射

食管沟起于贲门,止于网瓣胃孔。幼畜吸吮动作刺激唇、舌、口腔、咽等部位黏膜中的感受器,反射性引起食管沟唇形肌肉卷缩,闭合或密闭不全成管状,乳汁或其他液体经食管沟和瓣胃直接进入皱胃。食管沟反射的中枢在延髓,传入神经是舌神经、舌下神经、三叉神经;传出神经为迷走神经。这种反射活动随着动物的生长而逐渐减弱甚至消失。

影响食道沟闭合的因素:①摄乳方式,用桶饮乳的犊牛,乳汁容易进入瘤、网胃,这时不易排出的乳汁长时间后发生酸败而引起牛犊腹泻。②某些无机盐可刺激食管沟闭合,如先给牛饮服10%碳酸氢钠;给羊饮服硫酸铜,再投药能使药物经食道沟反射性闭合,直接进入皱胃发挥药效。

第五节 小肠消化

小肠消化是指排到小肠中的食糜在胰液、胆汁和肠液的化学性消化和小肠运动的机械性消化下,被分解为可吸收、可利用小分子的过程,是消化过程中最为重要的阶段。

一、小肠内的消化液及其作用

(一)胰液的分泌及调节

胰液为胰腺的外分泌物,其由胰腺腺泡细胞和导管上皮细胞分泌,并经胰腺导管进入十二指肠发挥作用,是一种非常重要的消化液。

1.胰液的成分和生理功能

胰液无色透明的液体,pH中性偏碱,范围为7.8~8.4,有与血浆相等的渗透压。由胰腺的腺泡细胞分泌的蛋白质是胰液中主要的有机成分,主要用来消化蛋白质、脂肪。由胰腺小导管上皮细胞分泌的HCO_3^-是胰液中最重要的阴离子且含量高,分泌量与胰液分泌速度呈正相关,主要功能是中和随食糜进入十二指肠的胃酸,保护肠黏膜免受胃酸的侵蚀,同时可提供适宜小肠内的消化酶所需的碱性环境。此外,胰腺中与HCO_3^-浓度相关的阴离子Cl^-,其浓度HCO_3^-呈反比,由于$HCO_3^- - Cl^-$的交换引起。胰液中主要的阳离子为K^+、Na^+、Ca^{2+}等,它们的浓度与其在血浆的浓度相近,而且不受胰液分泌速率的影响。

(1)胰蛋白酶　胰液中分解蛋白质的酶类主要胰蛋白酶、糜蛋白酶和胰弹性蛋白酶等肽链内切酶,它们都以酶元的形式存在于胰腺或被分泌,然后肠激活酶激活胰蛋白酶后,与胃酸、组织液一样都能激活其他蛋白酶以及胰蛋白酶本身。这些胰蛋白酶将蛋白质分解为脲和胨,肽以及少量氨基酸。其中,胰弹性蛋白酶又称胰肽酶(pancreatopeptidase),是唯一能够水解硬蛋白的酶。胰蛋白酶、糜蛋白酶作用极为相似,都能分解蛋白质为脲和胨。在肠激酶的作用下,胰蛋白酶原上由赖氨酸和异亮氨酸组成的肽键发生水解,形成胰蛋白酶和一个六肽的分子。另外,胃酸、胰蛋白酶本身,以及组织液也能使胰蛋白酶原和其他蛋白酶原激活。胰蛋白酶为肽链内切酶,最适pH为7.0,它作用的肽键中碳酰基必须来自精氨酸或赖氨酸。胰凝乳蛋白酶与胰蛋白酶类似,为肽链内切酶,由胰蛋白酶作用于胰凝乳蛋白酶原形成,最适pH为

8～9,作用的肽键中碳酰基必须来自芳香族氨基酸。含胰蛋白酶的鱼类大多含有胰凝乳蛋白酶。弹性蛋白酶原由胰蛋白酶作用于弹性蛋白酶原形成,水解弹性蛋白中的肽键,圆口类不存在此酶。肽键端解酶如羧肽酶A和羧肽酶B,其作用是肽链端解酶从肽链的羧基末端逐一水解肽键,这两种酶均由胰蛋白酶激活酶原形成。在鱼上,圆口类中只发现羧肽酶A。软骨和硬骨鱼类都发现羧肽酶的活性,但以哪种形式的活性为主具有种属特异性。以上几种胰蛋白酶在结构上类似,它们与其他几种蛋白水解酶的分子活性基团都含有丝氨酸,又称为丝氨酸蛋白酶。一般情况下,2个方式可以避免胰腺被胰液中的蛋白水解酶消化,一是胰腺中胰蛋白水解酶均以酶原形式存在;二是腺细胞在分泌水解蛋白酶的同时分泌少量的胰蛋白酶抑制物。

(2)胰脂肪酶　最适pH为7.5～8.5,并且只有在胆盐和辅脂酶共向存在下,才能将甘油三酯分解为甘油、脂肪酸和甘油一酯等。胆盐的作用是乳化并使脂肪变成分散的小滴。辅脂酶是一种介质,可对胆盐微胶粒和其他极性界面有较强的亲和性,这样形成了脂肪酶—辅脂酶—胆盐络合物,从而使得脂肪酶能够吸附脂滴表面,利于酶对脂肪的消化。此外,胰液中存在有分解胆固醇脂的胆固醇酯酶和分解卵磷脂的磷脂酶A_2。在鱼上,脂肪酶能切断酯键,可水解甘油三酯、磷脂和蜡酯。鱼类的消化系统多个部位均有脂肪酶的活性,但胰脏是它的主要分泌器官。通常致密型的胰脏比弥散型的胰脏含有更丰富的脂肪酶。

(3)胰淀粉酶　最适pH为6.7～7.0,可将淀粉水解为糊精、麦芽糖和麦芽寡糖,为一种水解效率高、速度快的α-淀粉酶。与唾液淀粉酶的差别在于它可以消化唾液淀粉酶不能消化的生淀粉。软骨和硬骨鱼类均含有淀粉酶,硬骨鱼类该酶的分布、活性与食性有关。植食性罗非鱼整个消化管均有淀粉酶活性,但由于最适pH在胰和肠,因此罗非鱼对糖类的消化作用主要发生这两个部位。杂食性鲤鱼的胰液中含有活性强的淀粉酶。

胰液中的胰核糖核酸酶和胰脱氧核糖核酸酶,可分解核糖核酸和脱氧核糖核酸为单核苷酸,此外胰液还可消化和清除肠腔内脱落的上皮细胞和细菌。一些鱼类,如鲤鱼的肝胰脏中还发现麦芽糖酶,在取食昆虫和甲壳类动物的鱼胰液总有壳多糖酶。

2.胰液分泌调节

胰液分泌分为消化和非消化期,在非消化间期,呈周期性分泌,但分泌量极少。在消化期,是指动物进食以后,开始分泌胰液。按接受食物刺激的先后可将胰液分成头期、胃期、肠期。头期又称神经期,主要通过迷走神经来调节胰液的分泌。胃期、肠期的胰液的分泌受多种因素的调节,其中肠期是胰液分泌活动中最重要的环节,受神经、体液双重调节,但以体液调节为主,如图5-9所示。

(1)神经调节　胰液分泌的消化期神经调节,主要是通过条件反射和非条件反射来接受食物刺激。其传出神经主要是迷走神经,迷走神经兴奋可通过两种方式刺激胰液分泌,一种是释放乙酰胆碱直接作用于胰腺腺泡细胞,另一种是通过增加胃泌素的分泌,间接地影响胰腺腺泡分泌。这种调节方式的结果是得到含有丰富消化酶,少量水和HCO_3^-的胰液。含有胆碱能纤维的胰腺内脏大神经也能增加胰液分泌,但其效应比迷走神经的弱。而含有肾上腺素能纤维的内脏大神经通过收缩胰腺血管来抑制胰液的分泌,并能明显抑制由迷走神经兴奋而引起的胰酶和HCO_3^-的分泌。

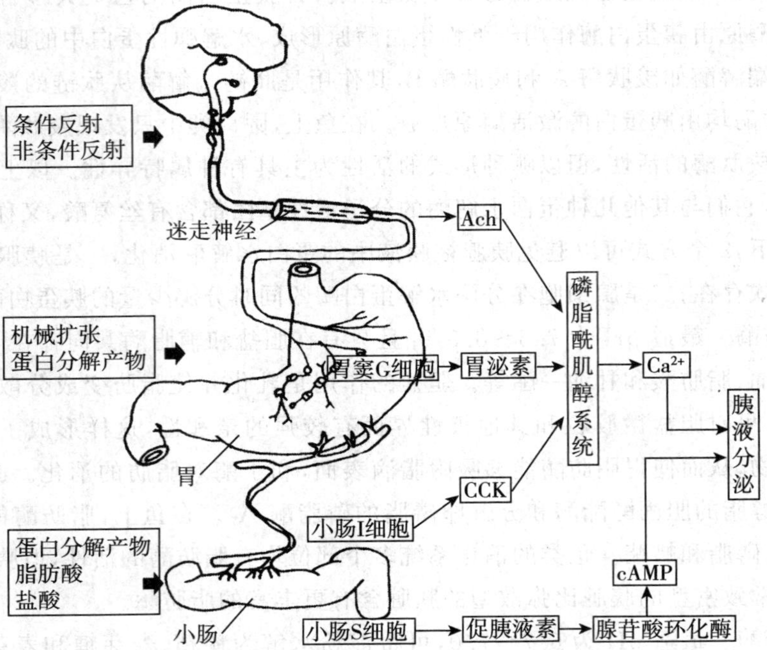

图 5-9 胰液分泌的调节

(2)体液调节　对胰液分泌的体液调节因素主要是胰泌素和胆囊收缩素。它们通过刺激与抑制胰腺分泌的调节,使胰液分泌处于相对稳定状态。

①胰泌素:主要是接受酸性食糜对十二指肠的刺激,由小肠黏膜中的S细胞释放的一种多肽激素。其作用于胰腺导管的上皮细胞,得到含有大量的水和 HCO_3^-,少量酶的胰液;胰泌素是以cAMP作为第二信使的细胞内信息传递机制对胰液的分泌起作用。引起胰泌素释放的最强刺激因子是HCl,其次是蛋白质水解产物和脂肪。

②胆囊收缩素(cholecystokin,CCK):是由小肠黏膜Ⅰ细胞释放的一种肽类激素。其主要作用是促进胰腺腺泡分泌各种消化酶,得到含酶多、水和 HCO_3^- 少的胰液,并能促使胆囊收缩,排出胆汁。近年来的研究证明,CCK可作用于迷走传入纤维,通过迷走—迷走反射刺激胰酶分泌。CCK通过激活磷脂酰肌醇系统,在 Ca^{2+} 介导下对胰腺起作用。促进CCK分泌的因子较多,从强到弱依次是蛋白质分解产物、脂肪酸盐、HCl、脂肪,其中蛋白质水解产物为小肠黏膜释放一种肽,称为胆囊收缩素释放肽(CCK releasing peptide),它刺激小肠黏膜Ⅰ细胞分泌CCK。胰岛素能够增强胆囊收缩素的促淀粉酶分泌效应。此外,促胃酸激素和胆碱能药物也能促进胰液分泌。抑制胰液分泌的激素有胰高血糖素、生长抑素、胰多肽、脑啡肽、促甲状腺激素释放激素、抑胰素和抗胆囊收缩肽。生长抑素是抑制作用最强的一种,可以抑制由胰泌素或十二指肠酸化,所引起的水和 HCO_3^- 的分泌。抗胆囊收缩肽可抑制胆囊收缩素对胰腺的促分泌作用、脑啡肪抑制因进食或十二指肠酸化所引起的胰泌素的释放,胰多肽抑制胰腺分泌消化酶,对水和 HCO_3^- 的分泌是先刺激后抑制。胰高血糖素抑制胰腺分泌水、HCO_3^- 和消化酶。值得提出的是胆囊收缩素和胰泌素互补性的刺激胰酶的分泌,促进水和 HCO_3^- 的分泌,

从而发挥相应的生理机能，而迷走神经可加强胰泌素的作用，实现了激素和神经调节的互作。

(3)胰液分泌的反馈性调节　在胆囊收缩素释放肽引起胆囊收缩素释放和胰酶分泌增加之后，胰蛋白酶促使胆囊收缩素释放肽失活，从而反馈性地抑制了胆囊收缩素和胰酶的进一步分泌。这种反馈性调节可防止胰酶的过量分泌。

(二)胆汁的分泌与排出

胆汁由肝管流出，经胆总管到十二指肠的胆汁为肝胆汁，在消化间期由肝管转入胆囊管，进入胆囊，进行浓缩储存，消化时再由胆囊排到十二指肠的胆汁为胆囊胆汁。胆汁是有机盐和无机盐的混合物。胆汁呈持续分泌状态，有些动物如马、骆驼等家畜没有胆囊，其机能由胆管替代。

1.胆汁的性质、成分及作用

(1)成分　具有苦味的有色液体，主要成分是胆汁盐、胆固醇、磷脂、胆汁色素、有机阴离子、糖蛋白和无机离子等。钠含量高，氯含量低，呈弱碱性。胆汁酸与甘氨酸或牛磺酸结合形成胆盐。胆汁盐在肝脏中由胆固醇衍生而来。软骨鱼类的胆汁盐多维胆汁硫酸酯，硬骨鱼类与哺乳动物类似。多数鱼类的胆汁中不含消化酶。正常情况下胆盐、胆固醇、卵磷脂之间维持适宜的比例，若胆固醇过多则形成胆固醇结石。胆色素是血红蛋白的分解产物，草食性动物以胆绿素为主。肉食性动物以胆红素为主。另外，具有肝胰脏的鱼类胆汁中具有胰蛋白酶、脂肪酶和淀粉酶等。

(2)胆汁的作用

①胆盐、胆固醇、卵磷脂等都可作乳化剂减低脂肪的表面张力，使脂肪乳化成微滴，增加了胰脂肪酶的作用面积，使其分解脂肪的作用加快。

②胆盐是胰脂肪酶的辅酶，可以增强其酶的活性；胆汁可以中和胃酸，为胰脂肪酶提供适宜的 pH。

③胆盐可与脂肪酸、甘油一酯形成水溶性复合物（混合微胶粒）；是不溶于水的脂肪分解产物及脂溶性维生素（A、D、E、K）到达肠黏膜表面所必需的运载工具。促进其吸收。

④胆盐在小肠被吸收后还可促进胆汁的自身分泌。

⑤鱼类的胆汁主要是沉淀经胃消化而产生的酸性变性蛋白胨等，使其停留在小肠，让胰液充分消化。与哺乳动物一致，胆汁盐能激活胰脂肪酶，消化分解脂肪，乳化脂肪酸、胆固醇和脂溶性维生素，利于吸收。

2.胆汁分泌和排出的调节

食物是引起胆汁分泌和排出的自然刺激物，高蛋白食物高于高脂肪或混合食物，糖类的作用最低。胆汁的分泌包括由肝脏向胆囊分泌已经由胆囊向肠腔分泌两个过程，如图 5-10 所示。

(1)神经调节　摄食或消化道内食物的刺激可以反射性地引起胆汁的少量分泌、胆囊的轻度收缩以及胆汁的排出，其传出神经为迷走神经。迷走神经除可直接作用于肝细胞和胆囊外，还可通过引起胃泌素的释放间接引起肝胆汁的分泌和胆囊收缩。交感神经可能起抑制性的作用。

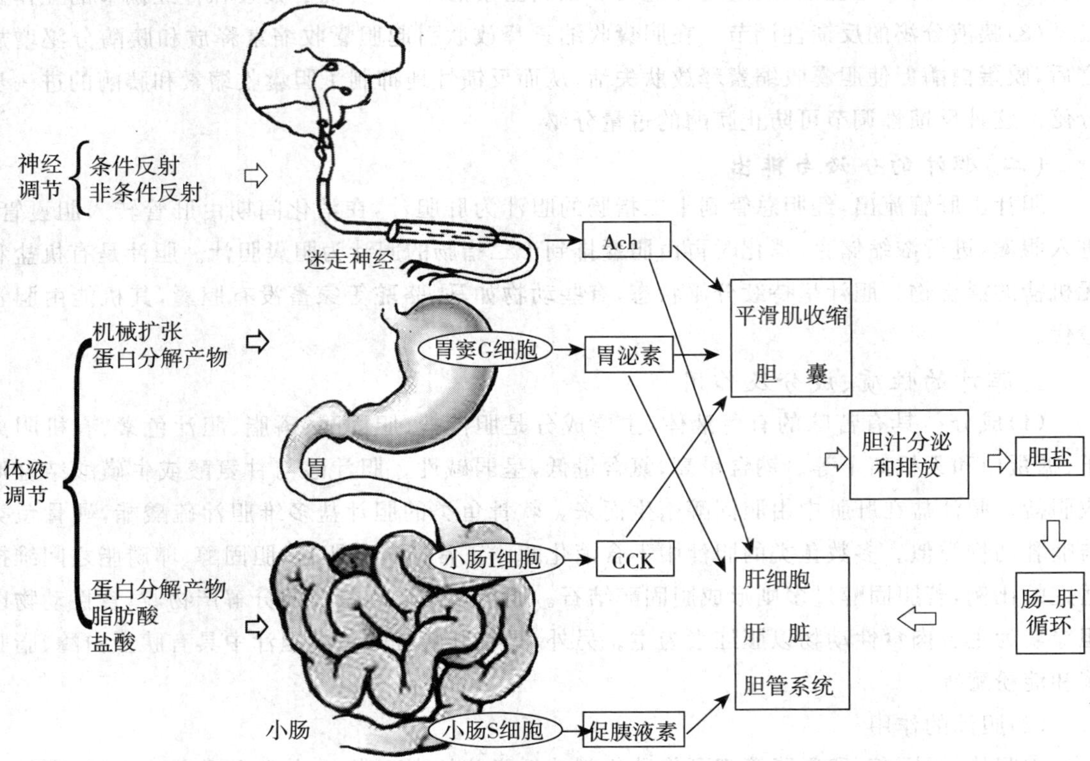

图 5-10　胆汁的分泌调节

(2)体液调节

①胆盐和胆汁酸在小肠内 95%以上被肠黏膜吸收入血，经门静脉回到肝脏，再组成胆汁被分泌入肠，胆盐在肝、肠之间反复的利用，称为胆盐的肠肝循环。胆盐每循环一次约损失 5%，回到肝脏的胆盐依然能直接刺激肝细胞，促进肝胆汁的分泌，故胆盐是体液调节中作用最强的因素。研究发现鳐鱼肝脏能持续分泌胆汁，但与门静脉血压呈正相关关系。

②胃肠激素中胰泌素、胃泌素以及胆囊收缩素均可促进胆汁的分泌。胰泌素主要作用于胆管系统引起水和 HCO_3^- 分泌增加，从而增加了胆汁的分泌量。胃泌素主要作用肝细胞和胆囊，促进肝胆汁的分泌和胆囊收缩；也可通过其对胃的泌酸作用，再由胃酸刺激十二指肠黏膜，引起胰泌素的释放，从而间接影响了胆汁的分泌。

胆囊收缩素：可引起胆囊收缩降低奥的氏括约肌的紧张性，而使胆汁大量排出。它也能刺激胆管上皮细胞，使胆汁流量和 HCO_3^- 增加。血管活性肠肽和胰高血糖素也可使胆汁分泌增加。P 物质则抑制胆囊收缩素和血管活性肠肽促胆汁分泌效应。生长抑素亦使水及 HCO_3^- 的分泌减少。除此之外，血管活性肠肽和胰高血糖素也可使胆汁分泌增加，P 物质亦可抑制胆囊收缩素和血管活性肠肽的促胆汁分泌效应。生长抑素可使水及 HCO_3^-；的分泌减少，胰多肽抑制胆红素的分泌。

(三)小肠液的分泌

小肠内有小肠腺和十二指肠腺。前者又名李氏腺,位于小肠的黏膜层,其分泌物构成小肠液的主要成分。后者又名勃氏腺,位于十二指肠黏膜下层,保护十二指肠黏膜不受胃酸侵蚀。鱼类没有特化的多细胞肠腺,多数是存在于细胞内的消化酶。

1. 小肠液的成分及其生理功能

小肠液呈碱性,pH 约为 7.6,渗透压与血浆相同,含有水、电解质和蛋白质。小肠液的成分与功能与小肠的吸收功能有关,较大量的小肠液可稀释被消化的营养物质,降低其渗透压从而有利于吸收。小肠液还能被绒毛重吸收,这种分泌—吸收不断地进行为小肠内营养物质的吸收提供了有利条件。其次,能激活胰液中的胰蛋白酶的肠致活酶,使得活性胰蛋白酶可以消化蛋白质。再有小肠所特有的细胞内消化,使得吸收后的营养物质可继续被消化,这种消化依赖于肠上皮的刷状缘部分的细胞内酶。与哺乳动物不同,鱼类没有肠腺,肠液中的酶类来源于肠黏膜的杯状细胞分泌的酶、胰液和胃液中的酶。

2. 小肠液的分泌调节

小肠液的分泌是经常性的,在不同条件下其分泌的变化较大。

(1)神经调节　肠壁内在神经系统在肠液分泌调节中很重要,当食糜刺激十二指肠黏膜时,肠液分泌增加。但是大脑皮层也调控肠液的分泌,其传出神经为迷走神经,迷走神经兴奋,十二指肠的肠液分泌增加,肠液内酶的含量增高。交感神经可能抑制肠液的分泌。

(2)体液调节　小肠液的分泌同样受胃肠激素的调节:胰泌素和胆囊收缩素能够刺激肠液分泌,并使其酶的含量增加,这一效应必须有胆汁或胰液参与;血管活性肠肽、胰高血糖素和胃泌素对肠液分泌均有刺激作用。肾上腺皮质激素对肠液中菌的分泌亦有调节作用。正常动物若注射皮质素或促肾上腺皮质激素可使小肠液酶的含量明显增加,而生长抑素则抑制肠液分泌,而且还能抑制胰高血糖素的作用。

二、小肠运动

小肠运动主要依靠小肠平滑肌的收缩活动,肠壁内层为环行肌,外层为纵行肌。

(一)意义

小肠运动使得小肠液和食糜充分混合,并能与使消化产物与黏膜接触,利于小肠营养物质的吸收,并能推动食糜继续向后移动。

(二)运动方式

小肠运动分为非消化期和消化期运动两种情况。在非消化期,小肠的运动为周期性移行的收缩波(胃肠移行复台波),其作用主要是防止结肠内的细菌在消化间期逆向迁入回肠,将小肠内的残留物清除到结肠,使小肠保持良好的机能状态。此波从胃或十二指肠开始,经空肠到回肠末端,移行过程中传播的速度会逐渐减慢,当一个收缩波到达回肠末端时,又有一波从胃或十二指肠开始,如此进行周期性移动。

消化期小肠运动的形式除了紧张性收缩外,还有分节运动、摆动和蠕动。

①分节运动主要是环形肌为主的节律性收缩和舒张活动,许多点的环形肌同时收缩,可将食糜分成许多段,然后原来收缩处舒张,原来舒张处收缩,食糜再次被分割、如此反复进行。这

种运动方式在反刍动物及犬、猫等肉食性动物中较常见，十二指肠的频率最高，频率自小肠的上部向下部递减，此种节律控制了分节运动的频率，这样的活动梯度，有利于肠内容物向小肠下部移行。

②蠕动是小肠的环行肌和纵行肌自小肠始端向末端依次进行的推进性收缩；一般小肠蠕动的速度很慢，每秒钟 0.5～2.0 cm，每个蠕动波也只把食糜推进很短距离后即行消失。动物体内还有一种更为常见的速度快(每秒 2～25 cm)、传播远的蠕动称为蠕动冲，其可将食糜从小肠的始端推送到末端，甚至可以送到大肠，其可能由吞咽或食糜对十二指肠的刺激而引起的。在动物的十二指肠和回肠末端还有一种逆蠕动，其运动的方向与蠕动相反，这样可以防止食糜过早的通过小肠，确保食糜在小肠内充分地被混合、消化与吸收。

③摆动是以纵形肌为主的节律性舒缩活动，当食糜进入小肠，肠一侧的纵形肌收缩，对侧的纵行肌舒张。然后原来舒张的纵形肌收缩，原来收缩的纵形肌舒张，由此使肠产生摆动。在草食性动物中摆动较为明显。

(三)运动方式的调节

小肠的运动受交感神经与迷走神经的双重支配。交感神经兴奋，小肠壁平滑肌的紧张性减弱，从而抑制小肠运动受，这是由于分布到平滑肌细胞的交感神经末梢释放去甲肾上腺素，直接作用于肌肉引起的抑制效应。迷走神经对小肠具有胆碱能兴奋作用，迷走神经兴奋，肠壁平滑肌的紧张性提高，小肠的运动增强；阿托品刺激迷走神经，小肠运动是先抑制后兴奋，这主要是由于非肾上腺素能抑制神经元形成突触，抑制小肠运动。

交感神经、迷走神经对小肠运动的影响，与平滑肌的机能状态有关。如果平滑肌的紧张性高，交感神经或迷走神经的兴奋均能使小肠运动受到抑制；如果紧张性降低，这两种神经的兴奋均使小肠运动增强。

回肠末端增厚的括约肌(回盲括约肌)，平时回盲括约肌呈轻微收缩状态，可以防止回肠内的贪糜过早进入结肠，延长食糜在小肠内停留的时间，有利于消化吸收。当盲肠黏膜受到扩展时，括约肌的收缩增强，回肠蠕动受到抑制，可延缓回肠的排空。从盲肠到回盲括约肌及回肠的一系列反射都是在内在神经丛和外来神经的共同调节下完成，此外，回盲括约肌处还有活瓣样结构，可阻止大肠内容物向回肠倒流.这将保护小肠免受细菌的侵害。

第六节　大肠消化

不同动物大肠的消化方式和功能不同(表 5-5)，有的是吸收水分和电解质，将食物残渣形成的粪便暂储存并排出体外，如人；有的则是对大肠内容物进行微生物消化，如单胃草食动物。因此，大肠内消化在整体消化活动中仍占有相当重要地位。

表 5-5　不同动物盲肠碳水化合物发酵产生的各种 VFA 比例　%

动物	乙酸	丙酸	丁酸
猪	40～75	15～36	5～10
人	45～70	19～38	5～14

续表 5-5

动物	乙酸	丙酸	丁酸
兔	75～82	8～11	8～17
马	67	14	14
牛	65～75	18～23	4～6

引自 Piischner 等(1988)。

一、大肠液的分泌和微生物消化

大肠液主要由大肠黏膜中的腺体分泌，呈碱性，pH 维持在 8.3 左右，富含黏液、HCO_3^-、HPO_4^- 及很少量的消化酶。其中，HCO_3^- 来自于胰液和肠液，HPO_4^- 主要来自饲料，其在肠内不易被吸收。黏液可以保护肠黏膜和润滑粪便。大肠中有来自于饲料和外环境的大量细菌，可以分解食糜中尚没有被消化的蛋白质、脂肪和糖，并能利用肠内的简单物质合成 B 族维生素和维生素 K，并被大肠吸收。大肠液的分泌主要受神经调节。副交感神经兴奋，肠液分泌增加；交感神经兴奋则肠液分泌减少。

二、草食动物的大肠消化

因各种动物胃和小肠的消化不同，大肠内微生物消化差异很大。草食动物大肠内消化特别重要。尤其是马属和兔等动物，饲料中的纤维素等多糖物质的消化吸收，全靠大肠内微生物的作用。马的盲肠和结肠可消化食糜中 40%～50%的纤维素，39%的蛋白质，24%的糖。反刍动物的盲肠、结肠能消化饲料中 15%～20%的纤维素，其终产物挥发性脂肪酸可被吸收利用。未被消化的蛋白质和糖也可以被细菌分解，分解蛋白质、氨基酸产生的氨被吸收，然后生成尿素，再从血液扩散到大肠，氨和尿素又可以被细菌合成蛋白质。

三、杂食动物的大肠消化(猪)

饲喂植物性饲料的条件下，大肠内微生物消化占有重要作用。猪大肠具备了草食动物相似的微生物繁殖条件。饲料中纤维素和未被消化的可溶性糖在发酵菌的作用下，产生有机酸，即乳酸和 VFA 及气体(CH_4、CO_2、N_2、H_2)。猪大肠的微生物还能分解蛋白质、氨基酸和尿素，产生氨、胺和有机酸。

四、肉食动物的大肠消化

肉食性动物的大肠内容物中，未被消化的蛋白质能够被腐败菌分解为、胨、氨基酸、氨、硫化氢、组织胺、吲哚、甲基吲哚、酚、甲酚等。糖和脂肪也能被细菌分解，糖的发酵产物为乳酸、乙酸、甲酸、草酸、丁酸、CO_2、甲酚等，脂肪的发酵产物为脂肪酸、甘油、胆碱等。这些分解产物部分由肠壁吸收，其中有害物质经过肝脏解毒后由尿排出，其余则由粪便排出。

五、禽类和鱼类的大肠内消化

禽类的大肠主要由两条盲肠和一条很短的盲肠组成，其 pH 为 6.5～7.5，主要含有厌氧的革兰氏杆菌，能发酵饲料中全部的粗纤维，产生挥发性的脂肪酸、CO_2 和 CH_4 等气体。有些脂肪酸可以在盲肠被吸收。

鱼类中的肠道细菌，因鱼的种类、数量而异。吃含有甲壳质动物的鱼类，其肠道内含有分解甲壳质的细菌，如鲈鱼肠道内的嗜几丁质单孢杆菌、史克氏气单胞杆菌等，摄取海藻的鱼类肠道内存在木聚糖分解细菌、果胶分解细菌，摄取动物性饵料的鱼肠中含有大肠杆菌、链球菌、威氏杆菌等数，摄取植物性饵料的鱼类肠道中的嗜酸杆菌、双歧杆菌分解蛋白质能力较弱；还有一些鱼类的肠道细菌能够合成 B 族维生素和维生素 K。

六、大肠的运动与排粪

1. 大肠的运动及调节

大肠的主要运动形式有袋状往返运动、复袋推进运动、蠕动和集团运动。

(1)袋状往返运动为空腹及安静时常见的运动形式，主要由内环行肌无规律的收缩而引起的非推进性分节运动。结肠袋内容物在肠腔内往返运动。

(2)多袋推进运动或推进性的分节运动，是指一个结肠袋或一段结肠收缩，将肠内容物向前推进。

(3)蠕动：大肠的蠕动速度慢、强度弱，有时还存在较弱的逆蠕动，这样可延缓肠内容物的推进。

(4)集团运动是一种移行速度快、传播远的强烈蠕动。一般从横结肠开始，将肠内容物推进到降结肠，甚至到达直肠。这种运动方式常见于进食以后，可能是食物刺激胃壁或食糜由胃进入十二指肠所引起的十二指肠—结肠的反射活动。以上这些运动均有利于水分吸收。

调节大肠运动主要通过副交感神经：迷走神经和盆内脏神经。这两种神经具有胆碱能兴奋作用，使大肠的运动增加。另外，盆内脏神经中同时具有非胆碱能兴奋纤维和部分与非肾上腺素能纤维抑制性神经元，这样刺激盆内脏神经还会出现先抑制后增强肠运动的效果。支配大肠运动的交感神经为腰结肠神经和腹下神经，它们兴奋可抑制结肠的运动。

2. 排粪

经过大肠吸收水分后的未被消化的食物残渣经过微生物发酵便可形成粪便。此外，粪便还有脱落的肠上皮细胞、细菌、胆色素衍生物以及回肠壁排出的盐。排粪是一种反射活动，主要是进入直肠的粪便刺激直肠壁机械感受器，冲动沿盆神经、腹下神经传入位于脊髓骶部和大脑皮层的排便中枢，产生便意和排粪反射，中枢传出的信息支配直肠和肛门内括约肌，引起排粪。一般盆神经兴奋，直肠收缩，肛门内括约肌舒张；腹下神经则起到相反的效果。正常情况下排粪反射由大脑皮层控制，因此，意识可以在一定程度上控制排粪，但是当大脑皮层经常性的抑制排粪，直肠壁对粪便刺激的敏感性便会减弱，从而由于过度吸收水分造成粪便干硬引起排粪困难和便秘。

第七节 吸 收

一、吸收的部位及结构特征

(一)吸收的部位

消化道不同部位的吸收能力差别很大。没有吸收功能的是口腔和食道。吸收能力较低的是胃和大肠,其中胃只吸收少量的水和无机盐,而反刍动物的前胃可吸收大量的低级脂肪酸、氨、葡萄糖和多肽。小肠是吸收的主要部位,大部分蛋白质、糖和脂肪的吸收主要在十二指肠和空肠,而回肠能主动地吸收胆盐和维生素 B_{12},如图 5-11 所示。

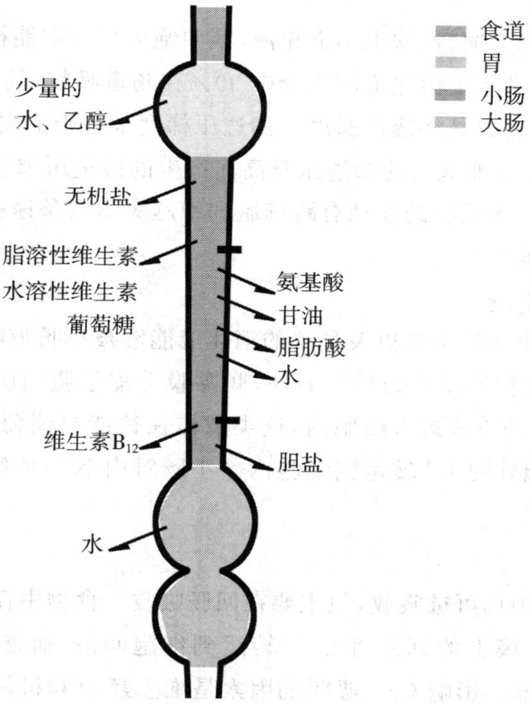

图 5-11 物质吸收的部位

其主要吸收作用的小肠有着独特的结构:①小肠的黏膜上的环形皱褶和皱褶上的大量绒毛使得吸收面积增大。②小肠绒毛中具有深入绒毛的丰富毛细血管、淋巴管、平滑肌纤维和神经纤维网。进食可引起绒毛产生节律性伸缩和摆动,加速绒毛内血液和淋巴的流动,促使营养物质从肠腔进入绒毛。内脏大神经兴奋加强绒毛的运动,小肠黏膜可释放绒毛收缩素增强绒毛的运动。③绒毛的上皮细胞上具有许多与吸收有关的转运蛋白和参与营养物质吸收后的储存、代谢与转运的细胞器。④食物在小肠内停留的时间较长,能够分解为适宜吸收的小分子物质,利于吸收。

（二）吸收途径与方式

1. 吸收途径

（1）跨细胞途径　即通过绒毛上皮细胞的腔面膜进入细胞内，再通过细胞底侧膜进入血液或淋巴，如葡萄糖和氨基酸的吸收；

（2）旁细胞途径　即物质或水通过细胞间的紧密连接进入细胞间隙，然后再转入血液或淋巴，如水和一些大离子的吸收，其中水和某些小离子也通过跨细胞途径被吸收。

2. 吸收的方式

包括扩散、易化扩散、主动转运、胞饮。

二、小肠内主要营养物质的吸收

（一）水的吸收

消化道内的水分来自于饲料、饮水和消化液，其中绝大部分都能被消化道所吸收。吸收水分的主要部位在小肠，如进入牛消化道的水分中90%在肠道吸收，其中小肠吸收80%。

水吸收为被动吸收，动力是渗透压梯度。渗透压梯度来自于上皮细胞主动吸收溶质时，尤其是吸收 Na^+、Cl^- 时，上皮细胞内的渗透压升高而产生的渗透压梯度。可以说水的吸收是伴随着溶质吸收而进行的。水吸收的途径有跨细胞和细胞旁路两条途径。

（二）无机盐的吸收

1. Na^+ 和 Cl^- 的吸收

95%～99%的来自摄入的饲料以及分泌的消化液能够被小肠吸收，方式主要主动转运，是钠泵（Na^+-K^+-ATP 酶）活动的结果。另外，肠黏膜上皮细胞的肠腔面上存在多种肠 Na^+ 载体，Na^+ 可靠易化扩散的方式进入细胞内，这类载体往往能与葡萄糖、氨基酸等共用。钠泵转运 Na^+ 的同时，将细胞外的 K^+ 转运到细胞内。小肠对内 Na^+ 的吸收使收 Cl^- 顺着电化学梯度被吸收。

2. Ca^{2+} 的吸收

Ca^{2+} 在小肠和结肠中均可被吸收，但主要在回肠吸收。食物中仅有可溶性的 Ca^{2+} 能被吸收，大部分随粪便排出。膜上的钙泵将 Ca^{2+} 转运到细胞间液、血液。小部分的 Ca^{2+} 则通过 $Ca^{2+}-Na^+$ 交换进入血液。影响 Ca^{2+} 吸收的因素是维生素 D 和机体对 Ca^{2+} 的需要。

3. 铁的吸收

铁的吸收主要在十二指肠和空肠。食物中的铁绝大部分为高价铁，不易被吸收，必须还原成亚铁后方才被吸收，维生素 C 能将高铁还原成亚铁，铁在酸性环境中易溶解而被吸收，故胃酸能促进铁的吸收。铁主要在小肠上部被吸收。影响铁吸收的主要因素是机体的需要。铁吸收的机制是黏膜上皮细胞释放转铁蛋白到肠腔，与肠内容物中的 Fe^{2+} 形成复合物，进而以受体介导的入胞作用进上皮细胞，其中一部分 Fe^{2+} 氧化为 Fe^{3+} 并与铁蛋白结合储存在黏膜细胞内，慢慢向血浆释放，另一部分未结合的 Fe^{2+} 通过主动转运方式从细胞转运至血液，当转铁蛋白释放 Fe^{2+} 之后，可重新回到肠腔。

西藏农区牛主要物质表观代谢利用率见表 5-6。

表 5-6　西藏农区牛主要物质表观代谢利用率

N 平衡	粗蛋白	总碳水化合物	粗纤维	Zn 沉积量	K 沉积量	灰分沉积量
g/($W^{0.75}$·d)	g/($W^{0.75}$·d)	g/($W^{0.75}$·d)	g/($W^{0.75}$·d)	mg/($W^{0.75}$·d)	g/($W^{0.75}$·d)	g/($W^{0.75}$·d)
1.19±0.43	7.53±2.56	25.86±9.85	36.06±19.50	3.84±1.32	0.54±0.22	3.78±2.38
P 平衡	**Fe 沉积量**	**Na 沉积量**	**Mg 沉积量**	**Cu 沉积量**	**Mn 沉积量**	**Ca 沉积量**
g/($W^{0.75}$·d)	g/($W^{0.75}$·d)	g/($W^{0.75}$·d)	g/($W^{0.75}$·d)	mg/($W^{0.75}$·d)	mg/($W^{0.75}$·d)	g/($W^{0.75}$·d)
0.09±0.08	0.064±0.06	0.52±0.16	0.09±0.60	1.03±0.84	18.11±10.00	0.45±0.32

注：14 头西藏黄牛的平均值(采用全粪全尿法)。

(田发益，等，2010 年)

(三)糖的吸收

在肠道，糖几乎全部分解为单糖，糖只有分解为单糖时才能被吸收。主要的单糖有葡萄糖、半乳糖和果糖。六碳糖的吸收速度快于五碳糖，而在六碳糖中，葡萄糖和半乳糖的吸收最快，果糖次之，甘露糖最慢。这主要是由于转运单糖载体的种类以及单糖与载体的亲和力不同所致。葡萄糖和半乳糖的吸收是主动吸收，它逆着浓度差进行，其动力来自 Na^+ 泵，属于继发性主动转运。果糖不同，它以易化扩散的方式被吸收。

(四)蛋白质的吸收

蛋白质有三种吸收形式(图 5-12)。

(1)小肠内的蛋白质分解为氨基酸后几乎全部被吸收。氨基酸的吸收过程是耗能的主动转运过程。肠黏膜微绒毛的上皮细胞刷状缘上至少有 7 种载体蛋白，分别选择转运中性、酸性和碱性氨基酸。这些转运系统多与 Na^+ 转运偶联，为继发性主动转运。

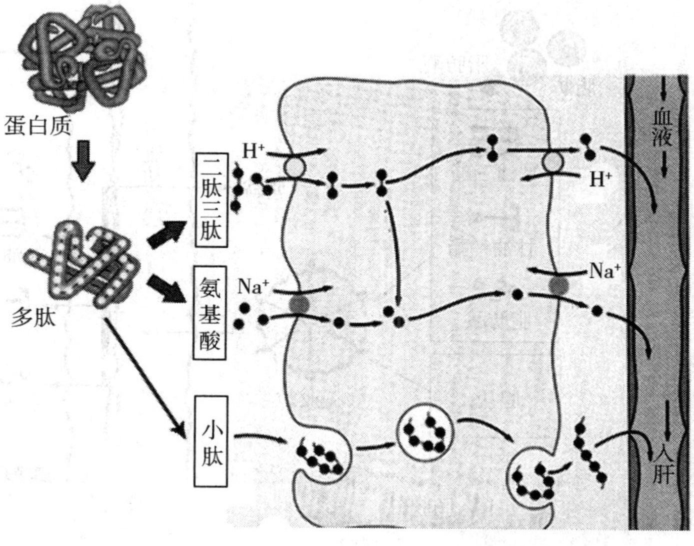

图 5-12　蛋白质的分解及氨基酸的吸收

(2)蛋白质还可以二肽和三肽的形式被吸收，而且二肽、三肽的吸收率比氨基酸的高。上皮细胞刷状缘上具有 H^+—肽同向转运系统，H^+ 顺着浓度梯度向细胞内转运，同时将二肽与三肽逆着浓度梯度运入细胞，也是一种继发性主动转运过程。在细胞内二肽与三肽再由肽酶分解为氨基酸。这种转运是依靠 Na^+ 泵的运转维持 Na^+ 的跨膜势能，进而维持 H^+ 的浓度差。

(3)少量的蛋白还可以通过胞饮作用被吸收入血液，只是这种方式可能作为抗原引起过敏或中毒反应。

(五)脂肪和胆固醇、磷脂的吸收(见图 5-13)

(1)在小肠腔内,甘油可以直接溶于肠液被吸收。脂肪酸,甘油一酯,胆固醇等很快与胆汁盐形成混合微胶粒。微胶粒穿过小肠表面的水膜层到达绒毛上。

(2)在绒毛上皮细胞膜表面,甘油一酯、脂肪酸和胆固醇又逐渐从微胶粒中释出,经扩散作用透过微绒毛的脂蛋白膜进入黏膜细胞。胆盐则留在肠腔被重新利用,或依靠主动转运在回肠被吸收。

(3)在肠上皮细胞内,长链脂肪酸及甘油一酯在肠上皮细胞内大部分重新合成甘油三酯,并与细胞中生成的载脂蛋白结合成乳糜微粒,乳糜微粒进入细胞间隙,再进入淋巴。

(4)中、短链脂肪酸和甘油一酯,因是水溶性的可直接进入门静脉。因此脂肪的吸收有血液和淋巴两条途径,因动、植物脂肪中长链脂肪酸占多数,所以脂肪的吸收以淋巴为主。

(5)动物肠道的胆固醇主要来自饲料,其余来自胆汁和脱落的肠上皮细胞。饲料中的胆固醇经酶水解后形成与来自胆汁一样的游离胆固醇进入脂肪微粒,在小肠被吸收。也有研究显示,胆固醇可通过载体的主动转运进入细胞,只是速度比脂肪酸、甘油一酯慢。在细胞内,大多数的胆固醇再次酯化生成胆固醇酯,然后与载体蛋白组成乳糜微粒,进入淋巴。而肠道内大部分的磷脂经水解为脂肪酸、甘油、磷酸盐等被吸收。

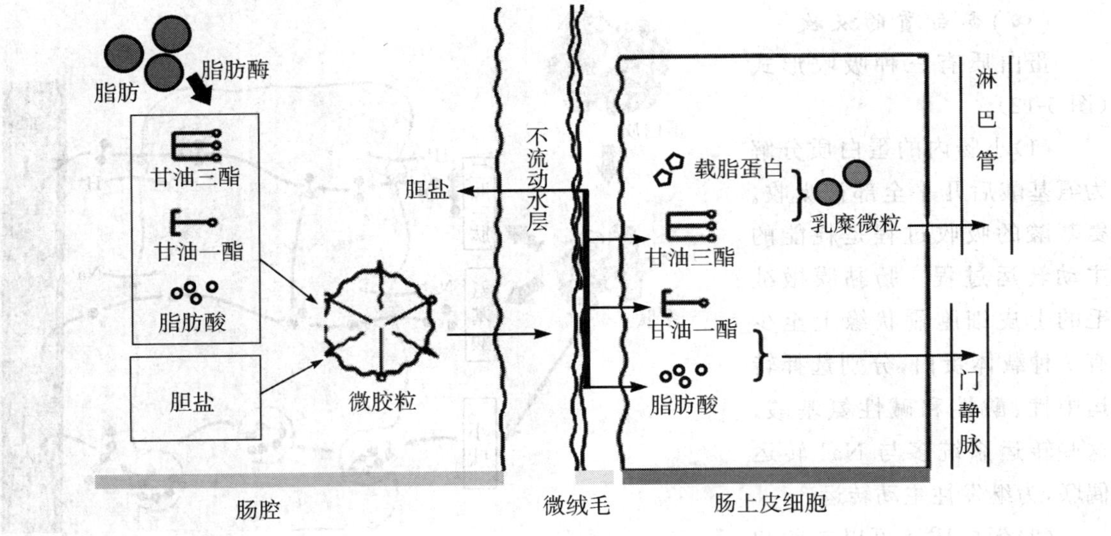

图 5-13 脂肪的吸收

(六)消化机能的整体性

机体的整个消化过程由各个器官独立进行,但是从动物察觉到饲料开时,整个消化系统及其他机能就相互协调、有序进行。首先,动物可通过视、听、嗅、味等感受器,感受食物的信号。当食物进入口腔后,开始机械性消化和化学性消化,同时胃肠道运动相应地增强,消化液分泌相应地增多,为食物进入下一段的消化做好准备。当食糜进入十二指肠,对肠壁感受器的刺激可以反射性的抑制胃的运动及胃液的分泌。消化道的肠—胃反射即是一例。食糜对小肠黏膜的刺激,引起了胰泌素、胆囊收缩素的分泌,在明显抑制胃的消化功能的同时,又促进了胰液和胆汁的分泌。当盲肠压力感受器受到刺激时,可抑制小肠的运动。当食物被消化吸收以后,血液中营养物质水平的升高,会使饱感中枢兴奋而终止摄食。而当摄食中枢兴奋,迷走神经活动增强,动物食欲增加;饱感中枢兴奋,产生饱感,增强了交感神经的活动,动物停止摄食。动物还能感受其营养和代谢的状态,如血脂、血糖、血中氨基酸水平等,当感受食物缺乏、胃肠空虚、血液中营养物质水平降低等刺激时,摄食中枢兴奋、使动物产生食欲激发其摄食行为。

消化机能的完整性还表现在反馈机制,胃的排空、消化液的分泌均具有反馈性调节机制,使消化道以适当的速率和适量的消化酶达到稳定的消化功能。如消化道的运动使食物磨碎、食物与消化液充分混合,为化学性消化提供了有利条件,被消化液消化了的食糜又能够刺激消化造影响其运动,消化后的营养物质被小肠吸收后也可以影响消化液的分泌。

三、高原条件下的吸收差异

高原地区常常引起食欲降低和体重减轻。在考虑能量平衡中,基础代谢率在 4 000～6 000 m 的时候基础代谢率提高 10%～17%,随海拔升高,基础代谢率将更高。长期生活在高海拔地区的人群,基础代谢率比生活在低海拔地区的高。当海拔高于 5 500 m 时,将会导致食物吸收障碍和肠的通透性增加。

(一)低氧条件下的肠吸收

随着动脉氧饱和度的降低,木糖吸收率也在降低。当补足氧时,木糖吸收增加,但是低于70%时,吸收衰减。研究报道表明当海拔达到 5 600 m,待足 60 min 时,血糖木糖的浓度才降低。但是这种试验受到胃中木糖的影响,因此,通过 *D*-木糖和 3-O-甲基化 *D*-木糖的研究来说明木糖吸收和海拔低氧的关联。在 6 300 m 的海拔上,*D*-木糖吸收降低 34%,3-O-甲基化 *D*-木糖吸收降低 15%。在 5 400 m 的海拔上,60 min 血糖木糖和 3-O-甲基化 *D*-木糖的比例比海平面比例降低 17%。

(二)脂肪吸收

5 500 m 海拔上,不存在脂肪吸收障碍。也有研究报道久居在 6 300 m 的人群脂肪吸收降低 49%。

(三)肠通透性

低氧环境下,小肠临近上皮细胞之间的间隙降低,机制可能是肌动蛋白-肌球蛋白细胞骨架系统的缩小引起,这可能导致降低横跨腔细胞壁偶联物质的转运。当登山者到尼泊尔肠道由于菌群的改变而通透性增加。在 5 730 m 时,单糖 *L*-鼠李糖的转细胞通透性降低 45%,这可能与细胞膜的流动性变化有关。

(四)蛋白代谢

研究发现 4 500 m 低氧可引起肌肉中氨基酸的净丢失,可能与蛋白合成降低有关,添加支链氨基酸可改善这种情况。

总之,研究发现,高原地区高碳水化合物低脂肪食物可使呼吸熵从 0.8 增加到 1.0。在海拔 4 300 m 食用高碳水化合物的食物对大体力活动具有较大的耐受力。高原地区还表现为铁的吸收增加。4 500 m 以上中枢神经系统功能下降,脑中儿茶酚胺的浓度降低,乙酰胆碱的合成是氧依赖的方式进行的。在海拔 5 000 m 待上 3 周,蛋白吸收没有变化,在 6 542 m,总能量的吸收降低到85%。总之超过5 000 m时，碳水化合物、脂肪和蛋白存在吸收障碍，这可能与低氧引起的肠胰功能降低有关。

本章思考题

1. 名词解释：消化、机械消化、化学消化、生物学消化、胃排空、基础电节律、肠-胃反射、反刍、分节运动、吸收。

2. 试述消化道平滑肌的生理特性。

3. 胃和小肠运动的基本形式有哪些？

4. 胃液的分泌机制如何？胃液有哪些主要成分？各有何作用？

5. 试述胰液的主要成分及其作用。

6. 试述胆汁的成分及其在消化中的作用。

7. 消化的方式有哪几种？

8. 简述小肠是消化吸收的主要部位的原因。

9. 试述糖、蛋白质和脂肪的消化吸收过程。

10. 试述猪的消化特点。

11. 试述反刍动物的消化特点。

12. 试述鱼类的消化特点。

13. 高原条件下动物吸收有何差异？

国家执业兽医资格考试本章相关内容真题示例

（79～80题共用被选答案）

79. 胃腺细胞中，细胞大而圆，胞质呈嗜酸性染色，分泌盐酸的细胞是（ ）

80. 胃腺细胞中，细胞呈柱状，细胞质为嗜碱性染色，分泌胃蛋白酶原的细胞是（ ）

A. 主细胞　B. 壁细胞　C. 柱状细胞　D. 银亲和细胞　E. 颈黏液细胞

（83～85题共用被选答案）

83. 消化液中由主细胞分泌，能被盐酸激活并发挥作用的成分是（ ）

84. 消化液中能与维生素B结合成复合体，并促进维生素B吸收入血的成分是（ ）

85. 消化液中能降低脂肪表面张力，增加脂肪与酶的接触面积，并促进脂肪分解产物吸收的成分是（ ）

A. 胆盐　B. 内因子　C. 胃蛋白酶　D. 胰蛋白酶　E. 胰脂肪酶

注：以上为2010年全国执业兽医资格考试（基础科目）B1型题，题号未变动。

144. 一头奶牛偷食了大量玉米，随后食欲废绝，反刍停止，精神沉郁，鼻镜干燥，喜饮水，临床检查时重点诊断的部位是（ ）

A. 瘤胃　B. 网胃　C. 瓣胃　D. 真胃　E. 盲肠

145. 一头奶牛下颌及腹下轻度水肿，排尿减少，弓腰，肾区触诊敏感，尿液检查未见有红细胞，如进一步检查血液，应重点检测血液中（ ）

A. 酮体　B. 尿素　C. 胆固醇　D. 胆红素　E. 葡萄糖

146. 奶牛食入大量刚收割的青绿饲料，突然出现流涎，腹泻，腹痛，肌肉震颤，瞳孔缩小，据此症状，最有可能发生的疾病是（　　）

A. 有机磷中毒　　B. 有机氟中毒　　C. 有机氯中毒

D. 氢氰酸中毒　　E. 亚硝酸盐中毒

148. 奶牛，瘤胃、瓣胃蠕动音减弱，按压右侧第 7～9 肋间肩关节水平线上下，病牛躲闪、反抗；粪便减少、干硬，呈算盘珠状，表面有黏液，粪内有多量未消化的饲料和粗纤维。如采用手术治疗，其最佳切口部位是（　　）

A. 左肷部前切口　　B. 左肷部后切口　　C. 右肷部前切口

D. 右肷部中切口　　E. 右肷部后切口

注：以上为 2010 年全国执业兽医资格考试（基础科目）A2 型题，题号未变动。

本章参考文献

[1]李红，郑必海，郑建保，等. 高原缺氧对急进高原个体胃肠动力激素及其黏膜屏障的影响. 激光杂志，2010，31(4)：78-79.

[2]次仁央金，旦增. 慢性高原缺氧对人体消化管道的影响. 西藏医药杂志，2010，31(4)：3-4.

[3]杨秀平. 动物生理学. 4 版. 北京：中国农业出版社，1983.

[4]林浩然. 鱼类生理学. 广州：广东高等教育出版社，1997.

[5]刘敏雄. 反刍动物消化生理学. 北京：北京农业大学出版社，1991.

[6]Ward MP，Milledge JS and West JB. High altitude medicine and physiology. 3rd edition. New York. Oxford university press，2000. 156-294.

[7]Wardrop ID and Coombe JB. The post-natal growth of the visceral organs of the lambl：The growth of the visceral organs of the grazing lamb from birth to sixteen weeks of age. J. Anim. Sci. 1960，54：140-143.

[8]田发益，巴平，李晓忠，等. 高原反刍家畜 Ca、P 代谢. 中国兽医学报，2011，06：913-916，925.

[9]田发益，李晓忠，巴平，等. 西藏农区黄牛主要瘤胃微生物及瘤胃液物质特征值. 中国兽医学报，2010，09：1239-1244.

[10]田发益，李晓忠，何冰梅，等. 西藏农区牛对纤维素的代谢及 GM(1,1)模型的建立. 畜牧与兽医，2010，07：1-5.

[11]田发益，李晓忠，何冰梅，等. 西藏农区牛主要物质和能量代谢. 中国草食动物，2009，05：9-13.

第六章　能量代谢与体温调节

学习目的和要求

1. 掌握能量代谢的基本概念、测定原理和方法以及影响能量代谢的因素。
2. 了解体温及其变化规律，掌握产热的形式和散热的过程。
3. 了解体温调节相关概念和体温调节学说。

第一节　能量代谢概述

能量代谢(energy metabolism)是指动物机体与外界环境之间的能量交换和动物机体内能量的释放、转移、贮存和利用过程。动物机体在生命活动过程中，不断从外界环境获得营养物质合成机体新的物质，并贮藏能量；同时动物机体不断分解自身物质，释放能量以满足各种生命活动需要。

一、能量来源及利用

动物机体的一切生命活动如呼吸、心跳、血液循环、肌肉活动、神经活动、生长、生产产品和使役等都需要能量。饲料经动物采食消化吸收后，三大养分(糖、脂肪、蛋白质)在糖酵解、三羧酸循环和氧化磷酸化过程中释放能量。三磷酸腺苷(adenosine triphosphate，ATP)和磷酸肌酸 CP(creatine phosphate)是能量的载体，ATP 中含有两个高能磷酸酐键。当 ATP 水解为二磷酸腺苷 ADP 或水解为一磷酸腺苷 AMP 时释放出大量能量，供机体利用；当 ATP 消耗减少时，CP 将所贮藏的能量再转移给 ADP，生成 ATP，以补充 ATP 的不足。所以 CP 可看作 ATP 的贮藏库，但它不能直接为细胞生命活动提供能量。ATP 合成和分解是体内能量转换和利用的关键，被称为动物机体内的“能量货币”。

(一)动物机体能量来源

动物机体所需能量间接来自于太阳能，直接来源于饲料三大养分糖、脂肪和蛋白质中贮存的化学能。哺乳动物和禽饲料能量的最主要来源是碳水化合物，因为，碳水化合物在常用植物性饲料中含量最高，来源丰富。脂肪的有效能值约为碳水化合物的 2.25 倍，但在饲料中含量较少，不是主要的能量来源；蛋白质用作能源的利用效率比较低，并且蛋白质在动物体内不能完全氧化，氨基酸脱氨产生的氨过多，对动物机体有害，因而，蛋白质不宜作能源物质使用。鱼类对碳水化合物的利用率较低，其有效供能物质主要为蛋白质，其次是脂肪。

(二)饲料中三大有机营养物质在体内的能量转化

1. 糖

体内的糖(carbohydrate)代谢以葡萄糖为中心。一般经过有氧氧化和无氧酵解两种方式产生能量。有氧氧化使1 mol葡萄糖完全氧化合成38 mol ATP,能量转化效率为66%。体内大多数组织细胞通过糖的有氧氧化方式获得能量。氧气供应不足时,葡萄糖通过无氧酵解方式获得能量,1 mol葡萄糖通过无氧酵解形成乳酸的过程中产生2 mol ATP,能量转化效率为3%。

2. 脂肪

脂肪(fat)在动物体内主要功能是储能和供给能量。在体内氧化时,每克脂肪所释放的能量约为糖有氧氧化时释放能量的2.25倍。机体需要时,体脂肪在脂肪酶的作用下分解为甘油和脂肪酸。甘油主要在肝脏中代谢,在甘油激酶的作用下,转变为α-磷酸甘油,脱氢生成磷酸二羟丙酮,后者沿糖分解途径进一步分解,或经糖异生途径转变为葡萄糖或糖原。脂肪酸可以在机体许多细胞内氧化代谢,长链脂肪酸经β-氧化,逐步生成乙酰辅酶A而进入糖的有氧氧化途径,彻底分解,释放能量。脂肪不能在机体缺氧情况下供能。

3. 蛋白质

蛋白质(protein)由氨基酸组成,在机体内主要构成组织、细胞,合成酶、激素等活性物质,提供能量是次要功能。当机体吸收的蛋白质超过动物体的营养需要量时或组成蛋白质的氨基酸不平衡时,多余的蛋白质或氨基酸在肝脏被降解,转化为脂肪或糖,或供能。经脱氨基作用产生的α-酮酸可进入柠檬酸循环。氨基酸在体内氧化分解不完全,一部分以尿素(哺乳动物)或尿酸(禽类)形式排出体外,1 g蛋白质生物氧化所产生的能量大约与1 g葡萄糖所生成的能量相当。

(三)饲料能量在动物体内的转化

动物摄食后,伴随着饲料中营养物质的消化、吸收、代谢,饲料中所含的能量也在转化,饲料能量在动物体内的转换如图6-1所示。

1. 总能

总能(gross energy,GE)是指饲料中有机物质完全氧化燃烧生成二氧化碳、水和其他氧化物时释放的全部能量,主要为碳水化合物、粗蛋白质和粗脂肪能量的总和。总能可用弹式测热计(Bomb Calorimeter)测定。饲料的总能取决于其碳水化合物、脂肪和蛋白质含量。三大养分能量的平均含量为:碳水化合物17.5 kJ/g;蛋白质23.64 kJ/g;脂肪39.54 kJ/g。

2. 消化能

消化能(digestible energy,DE)是饲料可消化养分所含的能量,即动物摄入饲料的总能与粪能之差。粪能占总能的比例因动物种类和类型不同而异,幼龄动物不到10%,马约40%,猪约20%,反刍动物采食精料时为20%～30%,采食粗饲料时为40%～50%,采食低质粗饲料时可达60%。

3. 代谢能

代谢能(metabolizable energy,ME)指饲料消化能减去尿能(energy in urine,缩写UE)及消化道可燃气体的能量(energy in gaseous products of digestion,缩写Eg)后剩余的能量。尿能是指尿中未被彻底氧化的物质,主要是蛋白质代谢的含氮物,如尿素、尿酸、肌酐等所含的能量。猪的尿能占2%～3%,反刍动物尿能占总能的4%～5%。消化道可燃气体能指胃肠道中饲料因发酵产生的气体损失的能量,如甲烷气体、氢气和二氧化碳,反刍动物消化道(主要是瘤胃)微生物发酵产生的气体量大,含能量可达饲料GE的3%～10%。这些气体排出动物体外，一方面造成饲料能量的损失，另一方面所形成的甲烷气体、二氧化碳对环境造成污染，特别是甲烷气体是一种主要的温室气体。

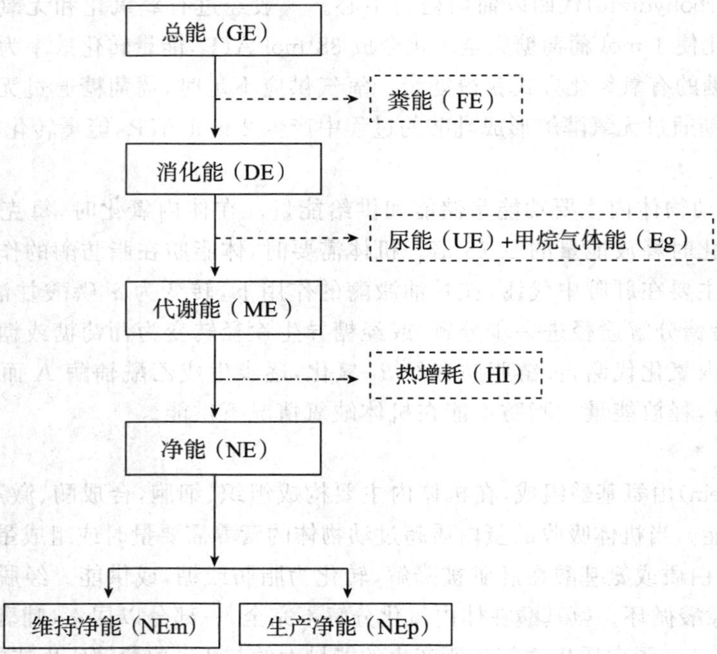

图 6-1　饲料能量在动物体内的分配

——表示可用能量　-----------表示不可用能量　—·—·—表示在冷应激情况下有用

4. 净能(net energy，NE)

NE 是饲料中用于动物维持生命和生产产品的能量，即饲料的代谢能减去饲料在体内的热增耗(heat increment，HI)后剩余的那部分能量。包括维持净能和生产净能。HI 过去又称为特殊动力作用或食后体增热，是指绝食动物在采食饲料后短时间内，体内产热高于绝食代谢产热的那部分热能。

特殊动力作用来源于以下几个方面：

①消化过程产热，例如：咀嚼饲料，营养物质的主动吸收和将饲料残余部分排出体外时的产热。

②营养物质代谢做功产热。体组织中氧化反应释放的能量不能全部转移到 ATP 上被动物利用，一部分以热的形式散失掉。例如：葡萄糖(1 mol)在体内充分氧化时 31% 的能量以热的形式散失掉。

③与营养物质代谢相关的器官肌肉活动所产生的热量。

④肾脏排泄做功产热。

⑤饲料在胃肠道发酵产热(heat of fermentation，缩写为 HF)。

特殊动力作用或食后体增热在环境温度较低时，可用于维持动物机体体温，在环境温度较高时，对动物是一种负担，这些热量不能顺利散发到环境中，会造成动物机体的热应激，对动物的生命活动和生产性能造成一定的负面影响。

按照净能在体内的作用，NE 可以分为 NEm 和 NEp。NEm 指饲料能量用于维持生命活动、适度随意运动和维持体温恒定的部分。NEp 指饲料能量用于沉积到产品中的部分，也包括用于劳役做功的能量。因动物种类和饲养目的不同，生产净能的表现形式也不同，包括：增重净能、产奶净能、产毛净能、产蛋净能和使役净能等。

二、能量代谢的测定

能量的国际单位为焦(Joules，J)或千焦(kilojoules，kJ)，传统的热量单位为“卡”，为使用方便，实践中常用单位千卡(kcal)和兆卡(Mcal)来表示。三者关系为：

$$1\ kcal = 1\ 000\ cal; 1\ Mcal = 1\ 000\ kcal$$

卡与焦耳的换算关系如下：

$$1\ cal = 4.184\ J; 1\ kcal = 4.184\ kJ; 1\ Mcal = 4.184\ MJ$$

(一)能量代谢有关概念

1. 食物的热值

食物的热值(thermal equivalent of food)是指每克食物在动物体内氧化(或在体外燃烧)时所释放的热量。可分为物理热价和生物热价。物理热价是指食物在体外物理燃烧时释放的热量。生物热价是指食物在动物体内经过生物氧化时所释放的热量。糖和脂肪的生物热价相等，而蛋白质由于在体内不能完全氧化分解，蛋白质的物理热价高于生物热价，如表 6-1 所示为糖、脂肪、蛋白质氧化时的参数。

表 6-1 糖、脂肪、蛋白质氧化时的参数

营养物质	产热量 kJ/g			耗 O_2 量	CO_2 产量	氧热价	呼吸商
	物理热价	生物热价	营养学热价	(L/g)	(L/g)	kJ/L	RQ
糖	17.15	17.15	16.70	0.83	0.83	21.17	1.00
蛋白质	23.43	17.99	16.70	0.95	0.76	18.07	0.80
脂肪	39.75	39.75	37.70	2.03	1.43	19.62	0.71

(引自陈杰，2003)

2. 食物的氧热价

食物氧化时消耗 1 L 氧所产生的热量称为食物的氧热价(thermal values of oxygen)。如果以耗氧 1 L 时的产热量而言，氧热价就是热当量(Heat equivalent)。可用于计算食物的能量代谢率。

3. 呼吸商

动物机体通过呼吸作用吸入 O_2，以供机体氧化分解各种营养物质，并产生 CO_2 呼出体外。呼吸商(respiratory quotient，简写 RQ)就是机体在一定时间内呼出的 CO_2 量与吸入的 O_2 的比值。即：

$$RQ = \frac{\text{产生的二氧化碳摩尔数}}{\text{消耗的氧气摩尔数}} = \frac{\text{产生的二氧化碳容积(mL)}}{\text{消耗的氧气容积数(mL)}}$$

糖完全氧化时产生的二氧化碳和消耗的氧气相等，糖的呼吸商等于 1；脂肪的呼吸商约为

0.71，蛋白质的呼吸商约为0.8。不同的饲料其中糖、脂肪、蛋白质的比例不同，其呼吸商不同，整体的呼吸商在0.71～1.0。

如葡萄糖在体内氧化时的反应为式为：

$$C_6H_{12}O_6+6O_2\longrightarrow 6CO_2+6H_2O+2\ 837\ kJ$$

氧化1 mol葡萄糖，消耗6 mol的氧气，产生6 mol的二氧化碳和6 mol的水，并释放能量，葡萄糖的呼吸商为

$$RQ=\frac{6\ mol\ CO_2}{6\ mol\ O_2}=1$$

对于三棕榈酯氧化时的反应式可以写为

$$C_3H_5(C_{16}H_{31}O_2)_3+72.5O_2\longrightarrow 51CO_2+49H_2O+32.037\ MJ$$

$$RQ=\frac{51\ mol\ CO_2}{72.5\ mol\ O_2}\approx 0.703$$

蛋白质分子不能在体内完全氧化，只能通过蛋白质分子中的碳和氢被氧化时的需 O_2 量和 CO_2 产量，间接算出蛋白质的呼吸商，接近于0.8。鸟类的代谢机理不同于哺乳动物，其RQ值约为0.741。

4.非蛋白呼吸商

机体内能量主要来自糖和脂肪的氧化，可根据糖和脂肪按不同比例混合氧化时所产生的 CO_2 量和消耗的 O_2 量，计算出相应的呼吸商。这种呼吸商称为非蛋白呼吸商（non-protein respiratory quotient，NPRQ）表6-2。

表6-2 非蛋白呼吸商

非蛋白呼吸商	氧化的百分比(%)		氧热价(kJ/L)	非蛋白呼吸商	氧化的百分比(%)		氧热价(kJ/L)
	糖	脂肪			糖	脂肪	
0.707	—	100	19.62	0.86	54.1	45.9	20.41
0.71	1.10	98.9	19.64	0.87	57.5	42.5	20.46
0.72	4.75	95.2	19.69	0.88	60.8	39.2	20.51
0.73	8.40	91.6	19.74	0.89	64.2	35.8	20.56
0.74	12.0	88.0	19.79	0.90	67.5	32.5	20.61
0.75	15.6	84.4	19.84	0.91	70.8	29.2	20.67
0.76	19.2	80.8	19.89	0.92	74.1	25.9	20.71
0.77	22.8	77.2	19.95	0.93	77.4	22.6	20.77
0.78	26.3	73.7	19.99	0.94	80.7	19.3	20.82
0.79	29.0	70.1	20.05	0.95	84.0	16.0	20.87
0.80	33.4	66.6	20.10	0.96	87.2	12.8	20.93
0.81	36.9	63.1	20.15	0.97	90.4	9.58	20.98

续表 6-2

非蛋白呼吸商	氧化的百分比(%) 糖	脂肪	氧热价(kJ/L)	非蛋白呼吸商	氧化的百分比(%) 糖	脂肪	氧热价(kJ/L)
0.82	40.3	59.7	20.2	0.98	93.6	6.37	21.03
0.83	43.8	56.2	20.26	0.99	96.8	3.18	21.08
0.84	47.2	52.8	20.31	1.00	100.0	—	21.13
0.85	50.7	49.3	20.36				

(引自欧阳五庆,2006)

(二)能量代谢的测定原理和方法

根据能量守恒定律,恒温动物为保持体温恒定,在正常生理状态下,动物机体内的三大有机营养物质氧化所产生的热量通过机体散发至外界环境中,以维持体温恒定,通过测定机体散发的总热量,就可计算出机体在单位时间内的能量总消耗,即能量代谢率。能量代谢测定方法分为直接测热法和间接测热法。

1. 直接测热法

把动物放在测热室中测定机体一定时间内散发的热量称为直接测热法(direct calorimetry),常用呼吸热量计测定。呼吸热量计由外层的隔热壁、壁间层、内壁与测试室组成,用调节温度的装置控制隔热壁与测试室之间的空气温度,使与测试室内的温度相等,以防测试室内的热量因传导而损失。机体散发的热量便由测试室内管道中流动的水吸收。根据流过管道的水量和温度差,按照水的比热计算出水所吸收的热量。通过呼吸和皮肤上蒸发的水蒸气的蒸发热,把室内空气通过吸水的浓硫酸测出水蒸气的量,计算蒸发所耗的热量。

总产热量=循环水量(L)×平均温度上升值(℃)+蒸发水分量(g)×水分潜热(J,在 20℃条件下)

2. 间接测热法

间接测热法(indirect calorimetry)就是根据一定时间内动物机体氧化分解的糖、脂肪、蛋白质的量,间接计算出该段时间内机体所释放的热量。

步骤:

①测定机体在一定时间内的耗氧量、二氧化碳产生量和尿氮排出量;

②根据尿氮排出量计算出蛋白质的氧化量(尿 N 排出量×6.25)和蛋白质的产热量。在总耗氧量和总二氧化碳产量中减去蛋白质氧化分解的耗氧量和二氧化碳产量。再根据耗氧量和二氧化碳产量计算出 NPRQ;

③根据 NPRQ 计算出非蛋白食物的产热量;

④计算总产热量。

三、影响能量代谢的主要因素

1. 肌肉运动

主要体现在劳役的动物方面。肌肉运动使机体耗氧量增加,呼吸、循环系统不能满足对氧的供应时,造成骨骼肌的相对缺氧状态,即产生氧债。

2.精神活动

在动物处于应激状态时，由于肌肉紧张增强，甲状腺、肾上腺髓质等分泌的激素增多，使机体代谢水平提高，产热量增加。动物在睡眠状态时，代谢率比清醒时低10%～15%。

3.食物的特殊动力作用

特殊动力作用（热增耗）以热的形式散失。在高原气候条件下，动物容易产生冷应激，热增耗是有益的，可用于维持体温。但在炎热条件下，热增耗将成为动物的额外负担，必须将其散失，以防止体温升高；而散失热增耗，意味着能量的损失。

4.环境温度

环境温度在等热区内，动物的能量代谢率最稳定。当环境温度低于临界下限温度或高于临界上限温度时，代谢率均表现为增加。低于临界下限温度时，代谢率增加，原因是由于寒冷刺激反射性地引起战栗和肌肉紧张度增强所引起的，产热增加以维持体温恒定；当环境温度高于临界上限温度时，代谢率也会增强，这可能是与细胞内化学反应速度变快以及呼吸、循环功能增强有关。

四、基础代谢和静止能量代谢

1.基础代谢

基础代谢（basal metabolism）指健康正常的动物在适温环境条件下、处于空腹、清醒、绝对安静及放松状态时，维持自身生命活动（如心跳、呼吸、泌尿、兴奋传导、腺体分泌等）所必要的最低限度的能量代谢。基础代谢的高低常用基础代谢率来表示。基础代谢率（basal metabolism rate，BMR）是指动物为维持基本的生命活动，单位时间内每平方米体表面积的产热量来表示。因为基础代谢率与体重不成比例关系，而与体表面积基本成正比，体表面积难测量，家畜的体重容易测定，而根据形态相同、密度相等的物体其表面积与重量（W）的2/3次方（$W^{0.67}$）成一定比例的原理，可以用动物的体重来估测其体表面积。又经过大量实践校正，发现以$W^{0.73}$次方与基础代谢产热量最为密切，因此，人们目前常用$kW^{0.75}$计算成年动物的静止能量代谢产热量，W表示体重，$W^{0.75}$称为代谢体重。

2.静止能量代谢

动物基础代谢的条件很难控制，因此很难测定，通常测定静止能量代谢代替基础代谢。静止能量代谢指动物在畜舍或实验室条件下，早晨进食之前卧息时的能量代谢水平称为静止能量代谢。静止能量代谢与基础能量代谢不同点是静止能量代谢还包括不定的特殊动力作用的能量、用于生产的能量以及可能用于调节体温的能量消耗。静止能量代谢率用下式表示：

$$Q=kW^{0.75}$$

式中：Q表示静止能量代谢率[kJ/(kg·天)]，k为常数，奶牛为117、绵羊为72.4、猪为68.1，兔为64.7。W表示体重，$W^{0.75}$表示代谢体重。

五、影响基础代谢率和静止能量代谢率的因素

1.动物种类

动物种类不同，个体大小不同，基础代谢率也不同。基础代谢率或静止代谢率与个体大小

有一定关系，体重大的动物绝对产热量高，体重小的动物绝对产热量低，但按单位重量的体重来讲，大动物的产热量反而小，如牛、马的产热量比大鼠高 1 000～2 000 倍，但按每千克体重计，牛、马的反而低于大鼠。

2. 品种

生长速度快的品种一般比生长慢的品种代谢水平高；瘦肉型品种比肉脂型品种的代谢高。生长速度快的品种生长激素分泌较多，生长激素对细胞代谢有直接的刺激作用，从而使基础代谢率提高 15%～20%。

3. 性别

在性成熟时，雄性动物的静止能量代谢水平高于雌性动物，原因是雄性激素可使基础代谢率提高 10%～15%。

4. 年龄

幼龄动物的能量代谢率高于成年动物，因为幼龄动物生长快速较快。

5. 生理状况

母畜发情、妊娠期间代谢加强。

6. 营养状况

营养状况良好的家畜代谢水平比营养状况差的高。

7. 季节与气候

季节不同，温度、光照等条件不同，也影响着畜禽的能量代谢。一般春季最高，夏季降低，秋季又稍增高，冬季最低。生长在热带地区哺乳动物的静止能量代谢要低于温度和寒带的动物。

8. 其他

冬眠、蛰伏时动物代谢较低，长期饥饿的机体静止能量代谢较低，体质弱的个体代谢水平较低，动物睡眠时的代谢低于觉醒时。

第二节　体温调节

一、动物体温

动物按体温划分，可分为恒温动物（homoeothermic animal）、变温动物（poikilothermal animal）和异温动物（heterothermic animal）。高等动物体核温度相对恒定的动物称为恒温动物。恒温动物的代谢率随环境温度的升高而降低。低等动物（爬行类、两栖类）的体核温度随着环境的变化而变化，称为变温动物。还有一类动物具有冬眠的习性，在非冬眠季节能维持体温的恒定，而在冬眠季节体温仅维持在高于环境温度约 2℃，这类动物称为异温动物。畜禽是恒温动物，在相对恒定的体温下，机体才能实现其生命活动。畜禽体温降低，则代谢作用减弱，体机功能失衡；机体温度低于 34℃，则动物丧失体温调节能力，体温低于 27～29℃，则出现心肌震颤或死亡。体温高于 45℃，则对大脑造成致命伤害。

动物机体的温度称为体温（body temperature），体温分为体表温度（shell temperature）和体核温度(core temperature)。体表温度是指机体体表部分,包括皮肤、皮下组织,四肢、耳和尾等部位的温度。体表温度随部位不同而不同,因各部位的血液供应、皮毛厚度和散热程度不同而存在差异。体核温度是指机体深部(心、肺、脑和腹腔内脏等处)的温度。体核温度比体表温度高,相对稳定。畜禽生理上所说的体温是指身体深部的平均温度。人一般测定腋窝温度或口腔温度来表示体温,动物通常用直肠温度来代表体温。直肠温度的测量应使温度计的感温头插入肛门一定的深度,如大家畜(牛、马)15 cm,中等家畜(猪、羊)10 cm,小家畜及禽5 cm,否则所测温度不准确,因为愈接近肛门处温度愈低。各种畜禽的直肠温度见表 6-5。

动物种类、品种、性别、生理状况和生活环境不同以及动物体的不同部位,体温有一定的差异。禽类体温高于哺乳类动物;同种动物幼畜体温较成年略高;公畜较母畜略高;母畜在发情期和妊娠期的体温较平时高,排卵时有体温降低现象,这种现象是与性激素的周期性分泌有关;肌肉活动时代谢增强,产热量增加可使体温升高;动物进食后体温可升高 0.2～1℃,并持续 2～5 h,长期饥饿后体温降低;大量饮水也能降低体温。体温存在着昼夜节律,清晨 2～6 时体温最低,午后 1～6 时最高,这种昼夜节律性变化是由生物节律所决定。西藏不同种类动物以及同种动物不同海拔高度体温见表 6-3、表 6-4。

表 6-3 西藏绵羊、山羊、黄牛、牦牛体温

家畜类别	平均	体温范围
绵羊	38.86	37.1～40
山羊	38.48	37～39.2
黄牛	38.03	37～38.9
牦牛	38	36～39.6

兰州兽医研究所蔡全林测定。

表 6-4 西藏不同海拔高度家畜体温平均测定值

品种	海拔高度(m)			
	1 700～1 900	3 400～3 900	4 100～4 500	4 700
绵羊	39.1	38.64	38.82	38.89
山羊	38.5	38.11	38.5	38.81
黄牛	38.09	38.06	38.11	38.14
牦牛			37.75	38.00

兰州兽医研究所蔡全林测定。

表 6-5 各种畜禽的直肠温度 ℃

动物	平均	范围	动物	平均	范围
猪	39.2	38.0～40.0	马	37.6	37.2～38.6
鸡	41.7	40.6～43.0	驴	37.4	37.0～38.0
鸭	42.1	41.0～42.5	骡	38.5	38.0～39.0

续表 6-5

动物	平均	范围	动物	平均	范围
鹅	41.0	40.0～41.3	黄牛	38.3	37.5～39.0
火鸡	40.6	40.1～41.2	水牛	37.8	37.5～39.5
鸽	41.7	41.3～42.2	奶牛	38.6	38.0～39.3
兔	39.5	38.5～39.5	肉牛	38.3	36.7～39.1
犬	38.9	37.0～39.0	犊牛	39.0	38.5～39.5
猫	38.6	38.0～39.5	牦牛	38.3	37.0～39.7
豚鼠	38.5	37.8～39.5	骆驼	37.5	34.2～40.7
大白鼠	39.1	38.5～39.5	绵羊	39.1	38.5～40.5
小白鼠	38.2	37.0～39.0	山羊	39.1	37.6～40.0

（引自张庆茹，2007）

二、恒定体温的维持

畜禽正常体温的维持对动物机体的生命活动及生产性能的正常发挥起着重要的作用。动物维持正常体温是通过体内的产热和散过程保持平衡来实现的，如产热多于散热则体温升高，如产热少于散热则体温降低。

（一）动物体热的产生

1. 主要产热器官

动物机体所有的组织细胞活动时都会产生热，由于新陈代谢水平的差异，各器官的产热量并不相同。肌肉、肝脏、腺体产热最多，安静时，肝脏产热最多。运动时，占体重 40% 的骨骼肌是主要的产热器官。运动量小时，其产热量可比安静时高 3～5 倍，如人在剧烈运动时，其产热量可提高 40 倍，占机体总产热量的 90%。草食动物所采食饲料在消化道发酵时产生大量热量。大脑、腺体也会产热。

2. 机体热量的来源

①基础代谢产热：家畜基础代谢产热量用于维持动物机体的基本生命活动，大量研究表明，家畜基础代谢产热量按每千克体重计算，体型愈小的动物反而愈高。

②热增耗：以纯养分而论，蛋白质的热增耗最大，约占代谢能的 30%。脂肪最少，占代谢能的 5%～10%。反刍动物对精料的热增耗占饲料总能的 15%～20%，占代谢能的 25%～40%，对粗料而言约占总能的 20%，代谢能的 40%～80%。

③肌肉活动产热：动物的肌肉运动可增加产热量。除马属动物外，各种动物站立时的能量消耗较躺卧时增加 15%。动物为觅食的行走、役畜使役时肌肉运动均产生热量，如使役时，所消耗的能量仅有 20% 转变为机械能，其余 80% 直接转变为热能。

④生产产热：家畜的生殖、生长、产乳、产毛和产蛋，都在维持产热的基础上增加一定的产热量，这主要是在养分转化为上述畜产品的过程中产生的。所以生产性能愈高的家畜其生产产热量也愈大，应防止产生热应激。另外，由于生产增加了养分需要和采食量，因此热增耗也

相应上升。

⑤外源热:一般情况下,家畜都是向外发散热量,但晴天放牧的或在运动场的家畜或畜舍中空气温度高于家畜体表温度时;或有取暖设备,家畜也可从这些外源得到热量。此外,瘤胃发酵热与温热了的饲料与饮水也是外源热。

3. 冷应激情况下机体产热形式

高原动物冬春季节因环境温度一般较低,容易造成冷应激,冷应激情况下动物的表现为身体蜷缩、被毛蓬松、挤堆、颤抖、呼吸加深变慢等行为。持续的低温会使高原动物产生一定的适应性,如被皮变厚,被毛变厚而加强机体的保温性能,同时机体能量代谢也会发生一定的反应,提高产热量,以适应低温环境。冷应激情况下动物主要通过战栗产热和非战栗产热使来增加产热量。

①战栗产热(shivering thermogenesis):战栗产热是骨骼肌发生不随意节律性收缩的表现,战栗的特点是屈肌和伸肌同时收缩,不对外做功,但产热量高。战栗时机体代谢率可提高4～5倍。寒冷刺激机体,出现温度刺激性肌紧张(thermal muscle tone),代谢率有所增加。随着寒冷刺激的持续,在温度刺激性肌紧张的基础上出现肌肉战栗,产热量大大增加,有利于维持机体在寒冷环境中的体热平衡。

②非战栗产热(non-Shivering thermogenesis):非战栗产热是指机体处于寒冷环境中,除战栗产热外,机体会通过非战栗形式使代谢产热增加的现象。寒冷刺激使动物机体肾上腺素、去甲肾上腺素和甲状腺激素等分泌增多,促进机体组织器官(如肝脏)产热量增加;另外激活了脂肪分解的酶系统,使脂肪分解、氧化产热而产生热量。特别是在含有丰富线粒体的褐色脂肪组织(brown fat tissue)中,产热量约为非战栗产热的70%。褐色脂肪组织分布于颈部、两肩以及胸腔内的一些器官,周围有丰富的血管供应。有人认为环境温度降低时动物机体产热增加的主要机理是由腺苷酸环化酶(AC)引起的cAMP浓度升高以及$Na^{+}-K^{+}-ATPase$活性增强共同调节的。

4. 等热区(zone of thermoneutrality,TN)

指恒温动物依靠物理和行为调节即可维持体温正常的环境温度范围。此时,动物的代谢强度和产热量在生理最低水平,而体温仍能维持恒定。当气温下降时,动物的散热增加,物理和行为调节无法使动物保持体温正常,必须提高代谢率(化学调节)以增加产热量。开始提高代谢率时的环境温度,称为"下限临界温度"(lower critical temperature),有时也称为临界温度(critical temperature),即必须提高代谢率增加产热量才能抵御寒冷维持体温恒定的环境温度。而当气温达到某一温度时,动物的散热受阻,这时由于体内蓄热而致体温升高,使呼吸与循环加速,代谢率也要提高。这种因高温而提高代谢率的环境温度称为"过高温度",也称为临界温度上限。

高原动物在冬春季节,气温低时,机体将提高代谢强度,增加产热量才能维持体温。此时,饲料的消耗增加,冬春枯草季节,由于饲草缺乏,动物往往通过分解体内贮存的营养物质以维持生命活动,维持体温的恒定,这就是草原放牧家畜冬瘦、春乏的原因,如表6-6所示为各种家畜的等热区范围。

表 6-6 各种家畜的等热区范围

家畜种类	等热区范围	家畜种类	等热区范围
牛	16～24	豚鼠	25
牦牛	8～14	大鼠	29～31
猪	30～23	兔	15～25
绵羊	10～20	鸡	16～26
犬	15～25		

(引自柳巨雄,2011)

(二)动物体散热

动物机体利用传导、辐射、对流等方式散热。机体还可通过呼吸器官、消化器官和排尿等途径散热。

1. 辐射散热(thermal radiation)

动物机体不需要介质以红外线的形式将热量传给外界的一种散热方式。常温和安静状态时,60%的热量是以辐射的方式散发的。辐射散热量的多少与动物皮肤和周围环境之间的温差、有效辐射面积及辐射率有关。家畜向外界散热,而周围环境中的物体也向动物机体散热。所以,动物体通过辐射方式的真正散热量,也就是辐射净散热量是依这两者之差决定的。一般情况下是向外散热,但有可能为零散热或者从环境得热。皮肤温度高于环境温度,其差值越大,散热越多;当环境温度高于皮肤温度,机体反而要吸收环境的热量。寒冷时机体通过蜷曲身体减少有效辐射面积,减少散热量;环境温度高于临界上限温度时,机体可通过舒展肢体增加散热量。

2. 传导散热(thermal conduction)

动物机体通过接触周围介质,把热量直接传给比它温度低的物体的一种散热方式。传导散热量的多少与接触面积、动物体与介质的温度差、物体的导热性能有关。

3. 对流散热(thermal convection)

对流散热是指机体通过与周围环境空气的流动来交换热量的一种散热方式。散发的热量传给空气,空气的流动带走热量。这种方式散热量的多少与风速有关,风速越大,散热越多。高原动物冬季应注意防风以减少散热,夏季高温地区通过加强通风增加散热。

4. 蒸发散热(evaporation)

蒸发散热是体液的水分在皮肤和黏膜表面(主要是呼吸道黏膜)由液态转变为气态,同时带走大量热量,叫蒸发散热。环境温度高于皮肤温度时,机体不能用辐射、传导、对流等方式散热,蒸发散热就是机体主要的散热方式。

蒸发散热有不显汗蒸发(non-sweating perspiration)和显汗蒸发(sweating perspiration)两种。不显汗蒸发是指机体中水分直接渗透到皮肤和黏膜表面,在未聚集成明显汗滴前就被蒸发掉。幼龄动物的不显汗蒸发速度比成年动物大。因此,在缺水时,幼年动物容易发生脱水。对犬、牛、猪等汗腺不发达动物来讲,不显汗蒸发是主要的散热方式,它们通过热喘呼吸和增加唾液水分蒸发来增强散热。

通过汗腺主动分泌汗液,由汗液蒸发散发热量的方式称为显汗蒸发。环境温度等于或超过体表温度时，汗腺发达的家畜如马属动物主要通过显汗蒸发散发热量。

汗液主要成分为水分，固体成分主要为 NaCl，也有少量的 KCl、乳酸和尿素。动物体在高温环境下大量出汗，经汗丢失较多的盐分，当大量出汗造成脱水时，可适当补充盐分。

发汗的反射性活动，受下丘脑的发汗中枢支配。机体汗腺受胆碱能纤维的支配，乙酰胆碱有促进小汗腺分泌的作用。由于机体的一些汗腺受肾上腺素能神经纤维的支配，温热刺激和精神紧张都能引起发汗。温热环境引起小汗腺分泌称为温热性发汗，由于精神紧张或情绪激动引起的小汗腺发汗称为精神性发汗，精神性发汗是通过大脑皮层运动区，与气温和体温无关，即所谓的“冷汗”，发汗区域主要有掌心、脚底和腋窝。

温热性发汗是由温热环境刺激皮肤中的温觉感受器，冲动传入至发汗中枢，反射性引起发汗。另外温热环境使皮肤血液被加温，被加温的血液流到下丘脑发汗中枢的热敏神经元，可引起发汗。

三、体温调节

恒温动物的体温是通过体内产热和散热的动态平衡而维持在一个相对恒定的范围内，产热和散热的平衡是在神经和内分泌体温调节机制的控制下实现的。

(一)体温调节反射弧

体温调节由温度感受器、体温调节中枢、效应器协同完成，使健康动物的体温维持在正常范围之内。体温随内外环境温度变化而干扰，这些干扰通过反馈途径协调产热和散热，使体热维持平衡，保证体温维持恒定。

(二)温度感受器

是感觉机体各个部位温度变化的特殊神经末梢。温度感受器按部位可分为外周感受器和中枢温度感受器。按其感受的刺激可分为冷感受器和热感受器。

1. 外周温度感受器

外周温度感受器存在于机体皮肤、黏膜和腹腔内脏中，分为冷感受器和热感受器。当皮肤温度升高时，热感受器兴奋，当皮肤温度下降时，冷感受器兴奋。皮肤中冷感受器数量较多，是热感受器的 4～10 倍。皮肤温度感受器在体温调节中主要感受外界环境的冷刺激，防止体温下降。

2. 中枢温度感受器

中枢温度感受器指分布于脊髓、延髓、脑干网状结构、下丘脑及大脑皮质运动区与体温调节相关的中枢性温度敏感神经元。根据对温度的反应不同，可分为热敏神经元（warm-sensitive neuron）和冷敏神经元（cold-sensitive neuron）。

热敏神经元指主要分布于视前区一下丘脑前部（preoptic-anterior hypothalamus）（PO/AH）中，冲动频率随局部组织温度升高而增加的神经元。

冷敏神经元指主要分布于脑干网状结构、下丘脑的弓状核中，随着局部组织温度下降而冲动频率增加的神经元，这种神经元在 PO/AH 中也有分布。局部脑组织温度变动 0.1℃，这两种温度敏感神经元的放电频率就会发生变化，而且不出现适应现象。PO/AH 中的某些温度敏感神经既可感受局部脑温的变化，还能对下丘脑以外的中脑、延髓和皮肤、内脏等部位的温度变化发生反应，说明中枢和外周的温度变化都可刺激这类神经元发生变化。另外热源、5-HT、去甲肾上腺素和许多多肽类物质能直接作用于这类神经元而导致体温的改变。

脊髓、延髓、脑干网状结构中也有温度敏感神经元。脊髓中传导温度信息的上行纤维在前侧侧索中，它把信息发送给 PO/AH。皮肤、脊髓和中脑的传入温度信息都要会聚于延髓中的温度敏感神经元；同时延髓也接受来自 PO/AH 的信息，并向 PO/AH 输送信息。脑干网状结构有对局部温度变化发生反应的神经元，它接受皮肤、脊髓的温度信息，并向 PO/AH 输出温度信息。

（三）体温调节中枢

1. 体温调节中枢

体温调节基本中枢在下丘脑，下丘脑局部破坏或电刺激实验观察到，破坏 PO/AH，则散热反应消失，体温升高；刺激 PO/AH，则引起散热反应，且战栗受到抑制；破坏下丘脑后部，则引起战栗。说明下丘脑前部是散热中枢，而下丘脑后部是产热中枢。体温调节中枢结构存在于脊髓到大脑中枢的整个中枢神经系统内。体温调节是由多方输入温度信息和多系统参与的传出反应，因此是一种高级的中枢整合作用。当外界环境温度改变时，外周传入神经和血液深部温度以及脊髓和下丘脑中枢以外的中枢温度感受器的信息共同作用于下丘脑，整合指令的传出是广泛性的输出。

2. 体温调节信号传出途径与效应器

由 PO/AH 区发出的信号通过植物性神经系统、躯体运动系统和内分泌系统三种途径以维持体温的恒定。

（1）植物性神经系统　冷热刺激引发的体温调节中枢的传出信号作用于心血管、呼吸系统、皮肤并进而引起代谢的变化，改变机体的产热和散热过程。寒冷刺激使交感神经兴奋，导致代谢增强，增加产热，同时皮肤血管和竖毛肌收缩，使体表温度下降，被毛竖立，减少热的散发。热应激时，交感神经兴奋性降低，皮肤小动脉舒张，动一静脉吻合支开放，皮肤温度升高，散热作用增强。热应激时可使交感神经兴奋，引起大量汗液分泌，使蒸发散热加强；热应激时使副交感神经支配的唾液腺兴奋，分泌增强也有利于蒸发散热。

（2）躯体神经系统　控制动物机体骨骼肌的紧张性和运动，引起机体的非战栗产热和战栗产热。另外还通过控制动物的行为变化，如炎热时动物寻找阴凉处并伸展肢体以增加散热，加强热辐射；寒冷时则身体蜷缩，拥挤在一起、寻找较温暖的环境以减少散热，防止体温下降。

（3）内分泌系统　温度调节中枢通过垂体分泌促甲状腺激素和促肾上腺皮质激素控制甲状腺和肾上腺激素的分泌，调节机体的产热和散热过程。甲状腺激素加速细胞内的氧化过程，促进分解代谢，使产热量增加。肾上腺素和去甲肾上腺素促进糖和脂肪的分解，也可增加产热；肾上腺皮质激素促进糖原异生和脂肪分解，也有增加产热的作用。

（四）体温调节理论

1. 体温调节的调定点学说

体温调节定点学说（set-point theory）　调定点学说的主要观点是（图 6-2）：在 PO/AH 区中有一个控制体温的调定点，其中的温度热敏感神经元可能是起调定点作用的结构基础。体温调定点的作用是把机体体温设定在一个恒定的温度值，调定点的高低决定着体温的水平。当体温处于这一温度值时，热敏神经元和冷敏神经元的活动处于动态平衡状态，使机体的产热和散热处于动态平衡状态，体温维持在调定点设定的温度值水平。当中枢的温度超过调定点时，散热过程增强而产热过程受抑制，体温因而不致过高。如果中枢的温度低于调定点时，产热增强而散热过程受抑制，使体温不致过低。

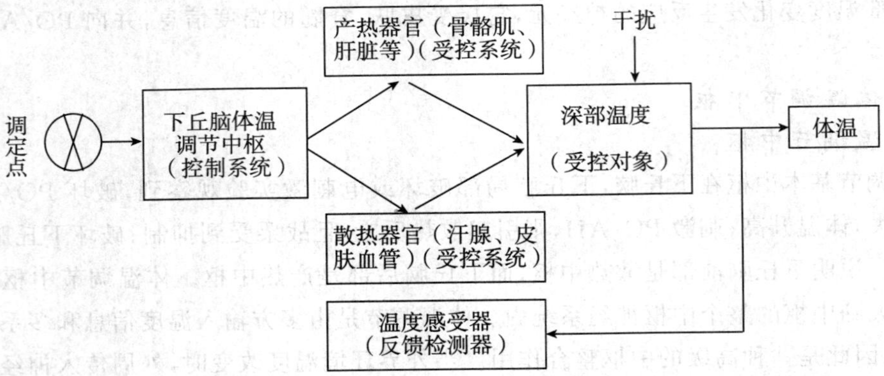

图 6-2　体温调节自动控制示意图（引自陈杰，2003）

机体受细菌等所引起的发热（图 6-3），是因为致热原物质使 PO/AH 热敏神经元的阈值升高，冷敏神经元的阈值下降，调定点上移（如 39℃）的结果。发热开始先出现战栗等产热反应，直到体温升高到上移后的调定点以上时才出现散热反应。只要致热因素不消除，产热与散热两个过程就继续在此新的体温水平上保持着平衡。发热时的体温调节功能并无阻碍，而只是由于调定点上移，体温才被调节到发热水平。

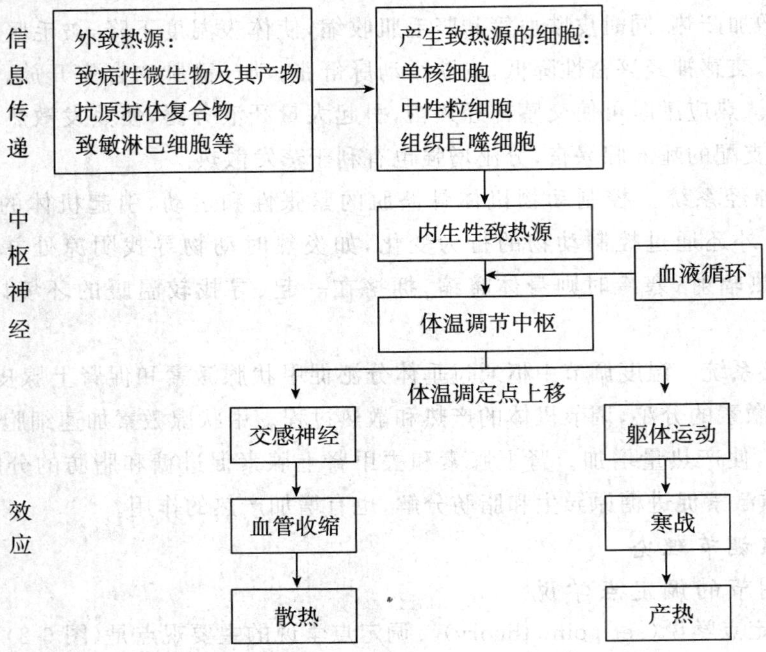

图 6-3　发热机制基本环节模式图（仿自余承高，2007）

2. 单胺学说

在哺乳动物的下丘脑与体温调节有关的神经末梢中含有丰富的单胺物质。在犬、猫和猴的实验中证明，用5-OH色胺灌注动物的脑室或微量注入于下丘脑，动物的体温上升，同时伴有血管收缩反应和战栗；而去甲肾上腺素则使动物的体温降低0.5～2℃，同时伴有血管舒张。单胺学说认为，5-OH色胺和去甲肾上腺素这两种物质在量上的动态平衡可保持体温的恒定。目前认为，这两种物质对体温调节中枢的活动只能起到调整作用，而对于体温的恒定水平没有决定作用。

四、高原动物的冷应激

1. 冷应激的分类

高原动物冬春季节易遭受冷应激。冷应激通常分为急性冷应激(acute cold stress)和长期冷应激(chromic cold stress)。急性冷应激指动物在气温(或环境温度)急剧下降时动物遭受的应激，一般时间较短，在一天之内。长期冷应激指动物在低温环境中所处时间较长(1天至数月不等)而遭受的应激。长期冷应激的动物机体代谢发生变化，儿茶酚胺、糖皮质激素、血管紧张素Ⅱ、甲状腺素等激素分泌增多，机体能量代谢持续增强，动物由战栗产热转为非战栗产热，从而使激素水平和其他生理反应在低温条件下达到新平稳，称为冷适应(cold adaption)。长期在寒冷环境中生长的高原动物，动物生理调节逐渐发生变化，体表绝热保温能力和对低温环境的适应能力增强，能量代谢及产热量变化不大，称为冷驯化(acclimatization)。急性冷应激时，动物的静止能量代谢增加；长期冷应激可使动物的褐色脂肪组织增多，产热量增加。

2. 冷应激对高原动物的影响

①冷应激使动物的产热增加，为维持体温恒定，使机体营养物质消耗过多，引起生产性能下降。

②冷应激是一种非特异性致病因素，有时可直接导致动物发病，有时则由于影响机体正常的生理平衡，而导致抗病力减弱，诱发亚临床疾病的发生。适度的冷应激可提高机体的免疫能力，并能增强对其他应激的抵抗力。冷应激强烈时，机体免疫力下降，容易引发对其他应激原的反应。冷应激时分泌型IgA减少，细胞和黏膜免疫机能下降。如仔猪受冷应激时，肠道微生态失衡，易发生白痢，同时可提高猪对传染性胃肠炎的敏感性。

五、恒温动物对环境的适应

(一)动物的抗寒与耐热性能

1. 动物的抗寒性能

高原动物抵御寒冷的能力一般较强。如牦牛被毛的密度、长度和单位面积毛纤维的重量大，毛纤维中绒毛占的比例高，被毛的空气层厚，绝热性好。牦牛被毛由不同毛纤维类型组成的混型被毛组成，具有保温性良好的空气层，其特点是比单类型被毛的空气层厚而且相对稳定，保暖性高。

牦牛皮肤比较厚，具皮层及其下面的脂肪层发育较好，容易沉积皮下脂肪，脂肪是热的不良导体，能防止体热过度散发。牦牛的汗腺发育差，在低温环境下，体表的蒸发散热少。牦牛在低温条件下，还可通过降低呼吸频率以减少呼吸散热，如在28℃时呼吸为80次/min，在10℃时呼吸为49.4次/min，而在5℃时呼吸频率为25次/min，在零下6℃，呼吸频率可降至7～15次/min。

2. 动物的耐热性能

不同动物种类，对温热环境的耐受程度不同，且与环境湿度有一定关系。骆驼耐热力最高，主要通过加强体表的蒸发散热和使体温升高来调节。绵羊在高温下主要通过喘息使热量从呼吸道散发。马通过发达的汗腺蒸发而散发热量。牛的耐热能力不如羊，役用牛比乳牛耐热，乳牛对热应激反应强烈。猪的耐热能力较差，高温高湿环境下，耐热力更差。湿度越大，高湿条件下动物机体体表热量的散发越困难，导致体热不易散发而体温升高。

（二）动物对低温和高温的适应

恒温动物通过自主性的体温调节和行为性的体温调节来保持体温的相对恒定，长期处于寒冷或炎热环境中，初期可通过各种体温调节机制保持体温恒定，随后发生不同程度的适应现象。

1. 习服(acclimation)

动物短期内生活在极端环境温度（寒冷或炎热）中所发生的生理适应性调节反应称为习服。如高原动物在冷应激环境中，通常战栗产热是维持体温的主要方式。习服过程中，战栗产热转变为非战栗产热，即通过甲状腺、肾上腺、去甲肾上腺调节，糖、脂代谢有关的酶的活性和代谢率发生变化、褐色脂肪储存增多。经过冷习服的动物，在严寒中存活的时间延长，其代谢率可持续增强，但启动产热调节的临界温度并无明显降低。

2. 风土驯化(acclimatization)

动物机体的生理性调节随季节性变化而逐渐发生变化，形成对环境温度的适应。冷应激时，动物首先通过习服而短期适应寒冷，但大量、长期消耗机体贮藏的能量以维持体温对动物不利，容易使动物掉膘，引起生产性能下降。冷驯化动物主要是通过增加身体的隔热层和减少散热来维持正常体温。如通过增加被毛厚度和皮下脂肪的厚度与数量，汗腺萎缩以及增厚表皮来增加身体的隔热层；皮肤血管的收缩性改变，增加了机体的保温性能。这时，动物的代谢率并没有增高，有的甚至有所降低，体温确能保持正常。

3. 气候适应(climatic adaptation)

动物的遗传特性会经过几代自然选择和人工选择而发生变化，不仅本身对当地的温度环境表现良好的适应能力，而且还能遗传给后代，成为该种或品种的特性。在高原地区，如牦牛对寒冷气候的适应主要体现在其散热机能不发达。体质结实紧凑，四肢相对较短，耳、垂皮小，体表皱褶少，相对体表面积小，为0.018 2 m^2，单位体重的体表散热少，有利用保存体内热量。同时，牦牛的被毛系统也利于耐寒，进入冷季，粗毛间密生绒毛，身体各凸出部位、腹部及臀部及臀部的粗毛（又称裙毛）密且长，与尾毛一起裹着躯体（臀、后肢、乳房或睾）、腹部（内脏器官）、胸部和前肢，保护着这些部位免受冻害。

本章思考题

1. 名词解释：能量代谢、直接测热法、食物的卡价（热价）、氧热价、呼吸商、食物的特殊动力作用、基础代谢、恒温动物、变温动物、辐射散热、传导散热、蒸发散热、对流散热、行为性体温调节、生理性体温调节、等热范围或代谢稳定区、冷适应、冷训化、气候适应。

2. 简述能量的来源、利用及测定方法。

3. 什么是基础能量代谢和静止能量代谢，影响能量代谢的主要因素有哪些？

4. 常见动物的直肠温度是多少？

5. 简述恒温动物体温的维持和体温的调节。

6. 简述高原动物的冷应激。

7. 恒温动物如何适应环境？

国家执业兽医资格考试本章相关内容真题示例

A1 型题

43. 动物维持体温相对恒定的基本调节方式是 （ ）

A. 体液调节　　B. 自身调节　　C. 自分泌调节

D. 旁分泌调节　　E. 神经一体液调节

注：2009 年全国执业兽医资格考试试卷（上午卷）A1 型题第 43 题，题号未变动。

40. 恒温动物体温调节的基本中枢位于 （ ）

A. 小脑　　B. 大脑　　C. 脊髓

D. 延髓　　E. 下丘脑

注：2010 年全国执业兽医资格考试试卷（上午卷）A1 型题第 40 题，题号未变动。

本章参考文献

[1]陈杰. 家畜生理学. 4 版. 北京：中国农业出版社，2003.

[2]欧阳五庆. 动物生理学. 北京：科学出版社，2006.

[3]杨嘉实. 畜禽能量代谢. 北京：中国农业出版社，2002.

[4]韩正康. 家畜生理学. 3 版. 北京：中国农业出版社，1997.

[5]张容昶. 中国的牦牛. 兰州：甘肃科学技术出版社，1989.

[6]杨凤. 动物营养学. 2 版. 北京：中国农业出版社，2010.

[7]颜培实. 家畜环境卫生学. 4 版. 北京：高等教育出版社，2011.

[8]柳巨雄. 动物生理学. 北京：高等教育出版社，2011.

[9]张庆茹. 动物生理学. 北京：中国农业科学技术出版社，2007.

[10]余承高. 图表生理学. 北京：中国协和医科大学出版社，2007.

[11]陈明勇. 全国执业兽医资格考试试题解析和模拟试题. 北京：中国农业大学出版社，2011.

[12]中国兽医协会. 2013 年执业兽医资格考试单元强化自测与详解（兽医全科类）全套. 北京：中国农业出版社，2013

[13]James G. Cunningham，Bradley G. Klein. Text of veterinary physiology. Fourth Edition. USA：Saunders，639-650

第七章 泌尿生理

学习目的和要求

1. 了解机体的排泄途径。

2. 掌握尿的生成过程及影响因素。

3. 了解排泄对维持机体内环境相对稳定的意义。

动物体将新陈代谢过程中所产生的代谢产物，经血液循环，通过排泄器官排出体外的过程称为排泄(excretion)。这一过程主要是通过肾脏形成尿的方式完成。排泄系统在排出尿的同时还具有调节体内水、盐代谢和酸碱平衡、维持体内环境的相对稳定的功能。体内具有排泄功能的器官主要有：

(1)呼吸器官　排泄二氧化碳和水。

(2)皮肤　排泄水、氯化钠和尿素等代谢产物。

(3)消化道　排泄血红蛋白代谢产物血红素及来自血液的钙、镁、铁等。消化道排出未被吸收的食物残渣过程不属于排泄范畴。

(4)肾脏　以生成和排出尿的形式排泄体内大部分代谢产物及进入体内的异物、药物，不仅排泄量大而且品种多，是体内最主要的排泄器官。

肾脏除排泄功能外，还具有调节酸碱平衡，稳定环境和内分泌等功能。

第一节 概　述

一、肾脏的结构特征

(一)肾单位和集合管

1. 肾单位(nephron)

是肾的基本功能单位，它与集合管(collecting duct)一起共同完成尿生成的功能。

每个肾单位包括肾小体(renal corpuscle)和肾小管(renal tubule)两部分(图 7-1)。

肾小体包括肾小球(renal glomerulus)和肾小囊(renal capsule)两部分。

肾小球是一团毛细血管网，其峡谷端分别与入球小动脉和出球小动脉相连。肾小球的包囊称为肾小囊。它有两层上皮细胞，内层(脏层)紧贴在毛细血管壁上，外层(壁层)与肾小管壁相连；两层上皮之间的腔隙称为囊腔，与肾小管管腔相通。血浆中某些成分通过肾小球毛细血管网向囊腔滤出。滤出时必须通过肾小球毛细血管内皮细胞、基膜和肾小囊脏层上皮细胞，这三者构成滤过膜。

肾小管始于肾囊腔，止于集合管，是一弯曲细管，由近球小管(proximal tubule)、髓袢(Henle's loop)和远球小管(distal tubule)三部分组成。近球小管包括近曲小管和髓袢降支粗段。髓袢由髓袢降支和髓袢升支组成，前者可分为髓袢降支粗段(也是近球小管的组成部分)和降支细段，后者是指髓袢升支细段和升支粗段(也是远球小管的一部分)。远球小管包括髓袢升支粗段和远曲小管。远曲小管末端与集合管相连。

2. 集合管

集合管不包括在肾单位内，但在功能上和远球小管密切相关，它在尿生成过程中，特别是在尿浓缩过程中起重要作用，每一集合管接受多条远曲小管运来的液体。它从皮质层下进入髓质，到达髓质内带(内髓)时，许多集合管又汇入乳头管并开口于肾乳头，最后形成的尿液经肾盏、肾盂、输尿管而进入膀胱，由膀胱排出体外。

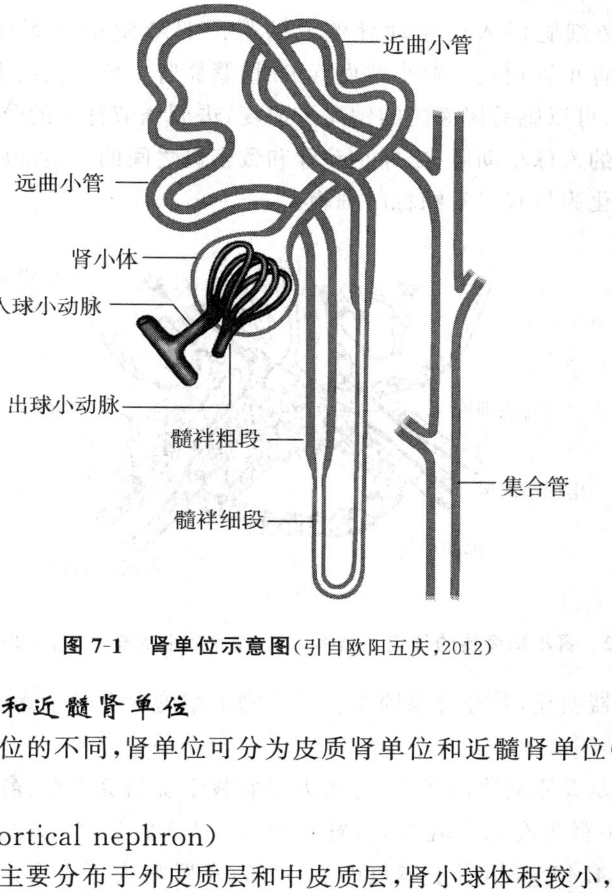

图 7-1 肾单位示意图(引自欧阳五庆，2012)

(二)皮质肾单位和近髓肾单位

根据肾小体所在部位的不同，肾单位可分为皮质肾单位和近髓肾单位(髓旁肾单位)两种类型。

1. 皮质肾单位(cortical nephron)

这类肾单位肾小体主要分布于外皮质层和中皮质层，肾小球体积较小，入球小动脉的口径比出球小动脉的粗。出球小动脉离开肾小体后主要在皮质内形成毛细血管网，它们几乎全部分布于皮质部分的肾小管周围。这类肾单位的髓袢不发达，升支、降支都很短，一般不超过髓质外带。

2. 近髓肾单位(juxtamedullary nephron)

它们的肾小体分布于靠近髓质的内皮质层，肾小球体积较大，出球小动脉不仅分支形成缠绕在邻近的近曲小管或远曲小管周围的毛细血管网，而且还形成细而长的“U”形直小血管。直小血管可深入到髓质，并形成毛细血管网包绕髓袢升支和集合管。近髓肾单位的髓袢甚长，可深入到内髓质层，有的甚至到达乳头部。以上特点，是确保它们在尿的浓缩与稀释过程中起重要作用的结构基础。

两类肾单位数目的比例在不同动物有很大差异，主要与机体水代谢强度有关。猪、河马、象、驯鹿等动物的水代谢率高，所以85%以上是皮质肾单位，近髓肾单位数量少。水代谢率稍低的马、驴、牛等，近髓肾单位占20%～40%。而羊、骆驼等动物水代谢率更低，近髓肾单位可达40%～80%。人的近髓肾单位占肾单位总量的10%～15%。

(三)肾小球旁器(近球小体)

肾小球旁器是肾小管与肾小体血管极相接触部位的一个具有内分泌功能的特殊结构。位于入球小动脉、出球小动脉及远端肾小管之间的区域，由球旁细胞、致密斑、球外系膜细胞组成。(图7-2)①球旁细胞由入球小动脉壁上的平滑肌细胞衍化而成，有分泌肾素的功能。②致密斑是由远端肾小管接近于肾小球血管极时，紧靠肾小球一侧的上皮细胞变得窄而高，形成一个椭圆形隆起，可以感受尿液内的钠离子浓度，进而调节肾素的分泌。③球外系膜细胞是位于肾小体血管极的入球小动脉、出球小动脉和致密斑之间的一组细胞群。在一些刺激下，球外系膜细胞可以转化为具有肾素颗粒的细胞。

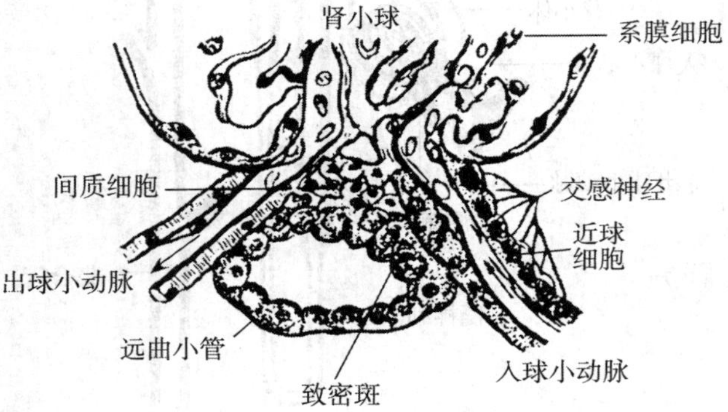

图7-2　肾小球旁器的位置和结构(引自南京农业大学《家畜生理学》,2007)

牦牛肾小球旁器明显，除球外系膜细胞及致密斑细胞含有较丰富的糖原外，其他细胞糖原极少。

双峰驼和牦牛是高原动物的代表，青海大学农牧学院的莫重存、俞红贤对青海牦牛肾脏结构进行了报道：牦牛肾为有沟多乳头肾，肾叶为11.19±2.77个，左肾肾叶略多于右肾肾叶。左右肾总重量约614.46 g，相当于体重的0.33%，左肾略大于右肾。肾体积与重量成正比。右肾呈长椭圆形，肾门位于腹内侧，呈宽大裂隙状。左肾呈三棱形，从肾门前端开始沿长轴向右扭转，肾门位于背侧面的前外侧，呈宽大斜形裂隙。

甘肃农业大学动物医学院的王雯慧、陈怀涛对成年双峰驼肾脏进行了详细的光镜观察和测定，报道指出：为了适应干旱而多变的生存环境，双峰驼肾脏结构具有许多独特之处：双峰驼肾髓质宽厚，与皮质的厚度比为3∶1，在肾盂周围常有大量的脂肪组织。肾被膜很厚

(347 μm),主要由致密的胶原纤维构成,无平滑肌分布。肾小体的平均直径为 203.5 μm,皮质浅层(171 μm)小于深层(236 μm)。血管球平均直径(172.5 μm)大于象、牛、马等动物。近曲小管很长,在被膜下分布十分丰富;肾小囊和近曲小管腔内有时可见圆形的透明小滴;亨利氏袢细段(18.9 μm)、远曲小管(30.5 μm)和集合管(35.5 μm)直径小于牛、马、羊、猪、犬和猫;远曲小管胞质十分丰富;集合管中的亮细胞在髓质常出现局部性复层上皮;致密斑为单层。被膜下有星形静脉,髓质载脂间质细胞分布很丰富,间质基质显示阿尔辛蓝阳性,血管束间纤维和细胞成分多,而血管束内则少。过碘酸雪夫(PAS)反应显示肾小囊壁层和亨利氏袢细段基膜最厚,血管球基膜和近曲小管次之,系膜基质在高倍镜下呈网状结构(球内较球外密集),球内系膜细胞丰富并呈 PAS 阳性。骆驼能产高浓缩尿是因为它具备了长而密集的亨利氏袢、集合管和长而丰富的直小血管、近曲小管以及丰富的载脂间质细胞等;而厚的血管球基膜则是其滤过率低、尿量少的主要结构基础。

(四)肾的神经支配

来自肾的各种感受器的传入纤维经肾神经传入脊髓,并从脊髓投射到中枢的不同部位。

经过中枢整合的信号,通过交感神经纤维经腹腔神经丛支配肾动脉(尤其是入球小动脉和出球小动脉的平滑肌)、肾小管和近球细胞。肾交感神经末梢释放去甲肾上腺素,调节肾血流量、肾小球滤过率、肾小管的重吸收和肾素释放。有人认为,未发现肾有副交感神经支配。

二、肾脏的血液循环

(一)肾的血液供应

肾脏的血液供应十分丰富。肾脏各部分的血液供应不同,皮质外层约占肾血流总量的80%,皮质内层及髓质外带约占肾血流总量的 15%,髓质内带及乳头部约占肾血流总量的5%,因而髓质内带及乳头部易缺血缺氧而受损伤肾脏可以说是一个无私的器官,虽然流经它的血量很大,但是它从血流中摄取的养分等却很少,而所摄取的养分用于重吸收水、钠等人体所需物质,以及排泄体内代谢产生的废物。肾脏的血流量主要通过自身调节来完成,当全身血压升高时,肾内血流阻力增大,反之则肾内血流阻力缩小,保持肾血流量基本恒定,另外它亦受交感神经、迷走神经和乙酰胆碱、儿茶酚胺及抗利尿激素等的调节。

南京农业大学动物医学院的陈秋生、刘仪对双峰驼的肾动脉分布进行了研究,他们指出双峰驼不仅左、右肾动脉的分支情况有差异,各肾背、腹部的动脉供应也不相同。猪、牛、山羊的肾动脉在肾脏内首先分为一前干和一后干,再由两干分别发出叶间动脉或肾段动脉供应肾脏。而绵羊、犬和人的肾动脉在肾脏内不是分为前、后干,而是分为一背干和一腹干,各叶间动脉或肾段动脉再由干上发出,但背干上的动脉分支可分布于肾腹部,腹干上的动脉分支也可分布于肾背部。而且在不同动物的肾脏中,肾段动脉的数量不尽相同,一般牛 7 支,猪、山羊和人各 5 支,各种动物肾段动脉的分支分布情况也不一样。双峰驼肾动脉在进入肾门前就分为一腹干和一背干,在肾窦内由两干分出的肾段动脉有 13 支(左肾)或 12 支(右肾)。

王世全研究指出双峰驼肾静脉在肾窦内由前干静脉和后干静脉汇聚而成。双峰驼肾静脉前干主要收集肾脏前端的血液,由三条支静脉汇聚而成,分别为:前干背支静脉、前干腹支静脉、前干中腹支静脉;后干静脉沿途主要收集肾后端的血液,由后干背支静脉和后干腹支静脉聚于肾脏后干静脉的起始端，然后斜向肾门处穿行，沿途收集后干中背支静脉的血液。肾脏被膜静脉丰富，在肾脏表面形成广泛的吻合网，包裹整个肾脏实质。肾门处被膜的血液直接注入肾静脉，其他部位肾被膜静脉收集肾脏被膜的血液，然后呈树枝状聚于被膜形成的血液收集中心，每个中心收集约 2 cm^2 被膜的血液，收集中心由与小叶间静脉平行的静脉组成，再注入集合静脉。小叶间静脉与肾脏表面垂直，直接注入集合静脉，集合静脉位于弓形静脉之上，集合静脉在聚于弓形静脉前随弓形静脉走行一段。各弓形静脉长短不一，以不同的锐角汇入叶间静脉。髓质部微血管的特征：髓质浅部的血管由血管束和位于血管束之间的毛细血管网组成，血管束包含直小动脉和直小静脉。直小动脉分出许多小支，这些小支在髓质浅部的不同面上形成毛细血管网，然后在不同水平面上汇聚于直小静脉。位于髓质浅部的直小动脉在髓质深部逐渐离开血管束形成复杂的毛细血管网，主要汇聚在血管网里的直小静脉中。虽然髓质深部的毛细血管网是髓质浅部毛细血管网的延续，但髓质深部毛细血管网的网孔较髓质浅部大。

(二)肾脏血液供应的特点

1. 肾血流量很丰富

肾动脉直接由腹主动脉分支而来，肾脏的血流量很丰富，在安静时，心输出量的 1/4～1/5 流经肾脏。而在肾内，血流量并非均匀分布，绝大部分流经肾皮质，占全肾血流量的 94%；髓质血流量只占很小一部分，且以外髓为主，约占全肾血流量的 5%，内髓血流量更少，仅占 1% 左右。

2. 两次形成毛细血管网

肾血管分支中，形成肾小球毛细血管网和肾小管周围毛细血管网，二者由出球小动脉相串联。其中，肾小球毛细血管网是机体内唯一的存在于小动脉之间的毛细血管网，其功能是对流经的血浆进行滤过。肾小球毛细血管网内血压较高，尤其是皮质肾单位的出球小动脉较入球小动脉细，有利于血浆在流经肾小球时被滤过进入肾小囊；分布于肾小管周围的毛细血管网是存在与小动脉与小静脉之间的毛细血管网，它由出球小动脉进一步分支形成，其血压较入球小动脉低。同时，血浆经过肾小球滤过后其胶体渗透压升高，有利于肾髓质间隙体液重吸收入毛细血管中。

(三)肾血流量的调节

1. 肾血流量的自身调节

在离体肾脏或去掉神经支配的肾脏，采用灌流方法将肾动脉压由 20 mmHg(2.7 kPa)提高到 80 mmHg(10.7 kPa)，肾血流量随着肾动脉压的升高而成比例的增加；当肾动脉灌流压在 80(10.7)～180 mmHg(24 kPa)范围内变动时，肾脏的血流量保持相对恒定；进一步加大肾动脉灌流压，肾血流量又随着肾动脉压的升高而增加。这种在没有外来神经支配的情况下，当肾动脉灌流压在一定范围内(80～180 mmHg)变化时，肾血流量保持相对恒定的现象，称为肾血流量自身调节(autoregulation of renal blood flow)。肾血流量自身调节是肾脏本身内在的一种特性。这一调节使肾小球滤过率不会因血压波动而有明显改变，从而维持肾小球滤过率相对恒定。

2. 肾血流量的神经和体液调节

肾脏受交感神经支配，肾交感神经活动加强时，肾血管，主要是入球小动脉和出球小动脉收缩,肾血流量减少。肾上腺素、去甲肾上腺素、血管升压素和血管紧张素等都能使肾血管收缩;内皮细胞通过旁分泌释放一氧化氮和前列腺素使肾血管舒张。

在生理条件下,血压不会发生急剧变化,因此肾主要依靠自身调节来保持血流量的相对稳定,以维持正常的泌尿功能。在紧急情况下,通过神经、体液因素减少肾血流量,全身血液将进行重新分配,使分配到脑、心脏等重要器官的血流量增加,这对维持脑和心脏的生理机能有重要意义。

第二节 尿的生成

尿生成基本过程包括肾小球滤过、肾小管和集合管重吸收、肾小管和集合管分泌与排泄三个基本步骤。①肾小球的滤过作用,形成滤过液(一般称为原尿);②肾小管和集合管对原尿的重吸收;③肾小管和集合管的分泌、排泄作用,最后生成尿液(终尿)排出。因此,尿排泄=滤过-重吸收+分泌(图 7-3)。

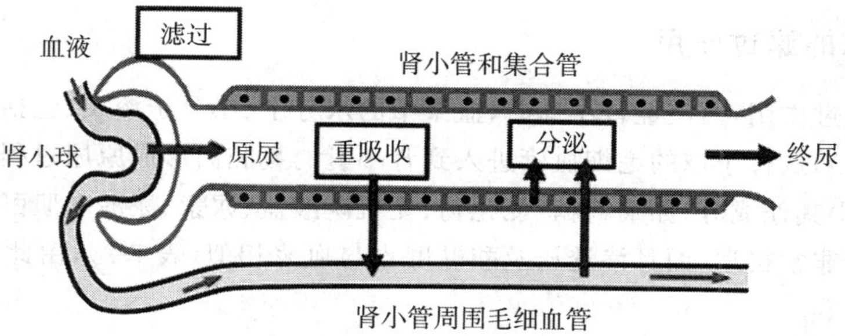

图 7-3 尿生成的基本过程示意图

一、尿的成分和性质

1. 尿的正常化学成分

尿由水和溶质(包括有机物和无机物)组成。但其化学组成随动物所采食的饲料性质和机体组织活动状态而变化。在一般的情况下,尿中 95%～97%是水,溶质以无机物和有机物为主,无机物中 Cl^-、Na^+、K^+ 三种离子较多,硫酸盐、磷酸盐次之,还有铵离子和氯离子等。有机物中尿素含量最多,其他如肌酐、尿酸、肌酸、肌酸酐、马尿酸、草酸、尿胆素、葡萄糖醛酸酯以及某些激素、维生素和酶等。

2. 色泽和透明度

家畜的尿液颜色变化很大,有无色、淡黄色、暗褐色等,主要决定于尿液中所含色素的量。一般情况下,草食动物的尿多为淡黄色,猪尿则色淡如水。

尿的透明度随动物种类不同而异,一般家畜的尿在刚排出时都是透明而无沉淀的清亮液体,但马尿则混浊而黏稠,若静置片刻就有沉淀物出现。这是因为马尿中含有较多的碳酸钙及不溶解的磷酸盐。马肾盂中的黏液细胞可分泌较多的黏蛋白,它的混入使尿液呈现黏稠性。

3. 密度

尿的密度取决于尿量及其成分,在一般情况下,草食动物尿的比重较杂食动物和肉食动物的高。正常饲养条件下，动物尿的相对密度见表 7-1。

表 7-1 动物正常尿的相对密度

动物	尿的相对密度	动物	尿的相对密度
马	1.025～1.055	猪	1.018～1.050
牛	1.025～1.055	骆驼	1.030～1.060
绵羊	1.025～1.070	犬	1.025～1.050
山羊	1.015～1.070	兔	1.010～1.015

4. 酸碱度

尿的酸碱度与动物种类及它们采食的饲料种类有关。在一般情况下，草食动物多采食植物性饲料，尿一般呈碱性。肉食动物所采食的大都是蛋白质含量较高的食物，尿通常为酸性。杂食动物由于兼食植物性和动物性饲料，所以尿可为碱性或酸性。如猪尿 pH 范围为 6.5～7.8，马和牛为 7.2～8.7，而山羊为 8.0～8.5。

二、肾小球的滤过作用

肾小球的滤过作用：血液经肾小球时，血浆中的水分子、小分子溶质（包括相对分子质量较小的血浆蛋白质），从肾小球的毛细血管进入到肾小囊的囊腔而形成原尿过程。

因此，原尿中其他成分，如葡萄糖、氯化物、无机磷酸盐、尿素、尿酸和肌酐等各种晶体物质的浓度都与血浆非常接近，而且渗透压及酸碱度也与血浆相似（表 7-2），由此可见囊内液确实为血浆的超滤液。

表 7-2 血浆、原尿和（终）尿成分比较 g/100 mL

成分	血浆	原尿	（终）尿	尿中浓缩倍数
水	90	98	96	0.11
蛋白质	7～9	0.03	0	—
葡萄糖	0.1	0.1	0	—
Na^+	0.33	0.33	0.35	1
K^+	0.02	0.02	0.15	7.5
Cl^-	0.37	0.37	0.6	1.6
磷酸盐	0.004	0.004	0.15	37.5
尿素	0.03	0.03	1.8	60.0
尿酸	0.004	0.004	0.05	12.5
肌酐	0.001	0.001	0.1	100.0
氨	0.000 1	0.000 1	0.04	400.0

(一)肾小球的滤过功能指标

1. 肾小球滤过率(glomerular filtration rate,GFR)

单位时间(每分钟)内两侧肾脏生成的超滤液量称为肾小球滤过率。通常动物的 GFR 都很高。据测定,50 kg 体重的猪,肾小球滤过率为 100 mL/min 左右。两侧肾一昼夜从肾小球滤出的原尿总量将高达 144 L,此值约为其体重的 3 倍,全身血浆量的 6 倍。

2. 滤过分数(filtration fraction)

为肾小球滤过率与肾血浆流量的比值。研究表明流经肾的血浆约有 1/5 由肾小球滤到囊腔中形成原尿,即滤过分数为 20%。

肾小球滤过率和滤过分数是衡量肾小球滤过功能的重要指标,主要受有效滤过压、滤过膜面积及其通透性等因素的影响。

(二)影响肾小球滤过作用的因素

1. 有效滤过压的改变

(1)肾小球毛细血管血压(Cap) 当动脉血压在 10.7~24.0 kPa 范围内变动时,肾血流量通过自身调节作用而保持相对稳定,使肾小球毛细血管血压无明显变化,肾小球滤过率保持不变。但当动脉血压下降到 10.7 kPa 以下时(如大失血),超过了自身调节范围,肾血流量减少,肾小球毛细血管血压明显降低,有效滤过压下降,肾小球滤过率减少,出现少尿,甚至无尿。

(2)血浆胶体渗透压 正常时血浆胶体渗透压变动很小。只有在血浆蛋白浓度降低时(如快速输入生理盐水),才会引起血浆胶体渗透压下降,有效滤过压升高,肾小球滤过率增加,原尿量增多。

(3)肾小囊内压 正常时肾小囊内压比较稳定。当某些原因使肾小管或输尿管阻塞(如肾盂或输尿管结石、肿瘤压迫),肾小囊内压升高,有效滤过压下降,肾小球滤过率降低,原尿量减少。

构成有效滤过压的三个因素中任一因素改变,都将影响肾小球有效滤过压,从而改变滤过率(图 7-4)。

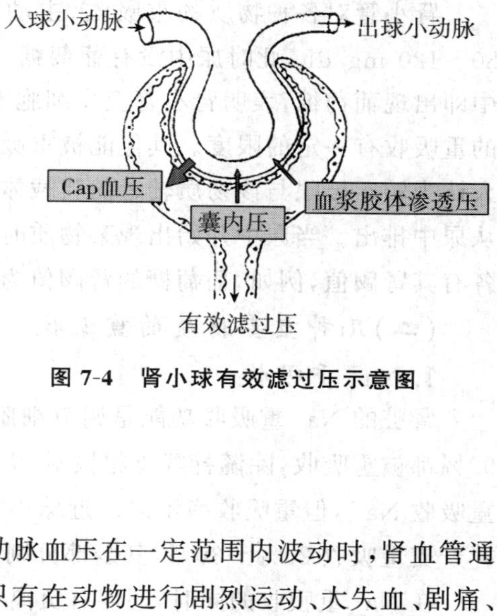

图 7-4 肾小球有效滤过压示意图

2. 肾小球血浆流量的改变

正常时,肾小球血浆流量约为每分钟 660 mL,当动脉血压在一定范围内波动时,肾血管通过自身调节作用,使肾小球血浆流量保持相对稳定。只有在动物进行剧烈运动、大失血、剧痛、严重缺氧和休克时,交感神经兴奋性加强,可使肾血管收缩,肾小球血浆流量减少,肾小球滤过率下降,致使原尿量减少。

3. 肾小球滤过膜的改变

①滤过膜的面积:正常时肾全部肾小球均处于活动状态,总滤过面积可达 1.5~2 m^2。病理情况下,如急性肾小球肾炎,使炎症部位的肾小球毛细血管管径变窄或完全阻塞,有效滤过面积减少,肾小球滤过率随之降低,导致原尿量减少。

②滤过膜的通透性:动物的肾小球滤过膜通透性较为稳定,一般只允许分子质量小于

69 000 的物质通过。当肾小球受到炎症、缺氧或中毒等损害时，某些部位的滤过膜通透性增加，使大分子蛋白质甚至红细胞滤出，出现蛋白尿和血尿。

三、肾小管和集合管的重吸收作用

肾小管和集合管的重吸收(reabsorption)是指肾小管上皮细胞将小管液中的水分和某些溶质，部分地或全部地转运到血液的过程。原尿中 99%的水，全部葡萄糖、氨基酸、部分电解质被重吸收，尿素部分被重吸收，肌酐完全不被重吸收。

重吸收原尿生成后进入肾小管被称为小管液(tubular fluid)，小管液经过肾小管和集合管的重吸收与分泌作用后成为终尿(urine)，最后被排出体外。

据测定牛两侧肾脏每天产生的原尿在 1 400 L 以上，而每天排出的终尿量只有 6～20 L。终尿量通常仅占原尿量的 1%左右。

(一)重吸收的特点

1. 选择性

肾小管和集合管的重吸收具有选择性，既能保留对机体有用物质，又可有效地清除对机体有害的和过剩的物质，从而维持机体内环境的稳态。

2. 有限性

肾小管对各种物质的重吸收(主动的)常有一定的限度。比如对于人来说，正常血糖为 80～120 mg/dL，此时尿中没有葡萄糖，而当血液中葡萄糖浓度超过 160～180 mg/dL 时，尿中即出现葡萄糖，表明肾小管上皮细胞不能把滤液中的全部葡萄糖重吸收，即肾小管对葡萄糖的重吸收有一定的限度。其他能被重吸收的物质也有一个重吸收的界限，称为转运极限。有人认为转运极限与该物质转运的膜载体有关，当膜载体完全饱和后，则该物质就不再被转运而从尿中排出。当尿中开始出现某物质时，血浆中该物质的浓度称为该物质的肾阈值，每种物质各有其肾阈值，例如，葡萄糖的肾阈值为 160～180 mg/dL。

(二)几种重要物质的重吸收

1. Na^+ 重吸收

肾脏的 Na^+ 重吸收功能是调节细胞外液容积的关键(图 7-5)。肾滤过的 Na^+ 有 96%～99%都被重吸收，除髓袢降支粗段对 Na^+ 几乎不通透外，其余肾小管的各部分和集合管均能重吸收 Na^+，但重吸收率不同。近球小管是 Na^+ 重吸收的主要部位，吸收量为 65%～70%，髓袢升支重吸收 20%～30%，其余部分则在远曲小管和集合管被重吸收。

在 Na^+ 重吸收的同时，还伴有负离子、葡萄糖、氨基酸等的协同转运，并促进 Na^+ 与 H^+ 的交换，有利于 H^+ 的排出。这种 Na^+ 主动吸收与其他溶质的偶联转运关系，对于维持体内水、电解质和酸碱平衡等具有重要的作用。

2. 水的重吸收

原尿中的水 65%～70%在近球小管被重吸收，髓袢降支细段和远曲小管各重吸收 10%，其余(10%～20%)在集合管被重吸收。水的重吸收主要通过渗透途径。由于 Na^+、HCO_3^-、葡萄糖、氨基酸和 Cl^- 等被重吸收后，降低了小管液的渗透压，而提高了细胞间隙的渗透压，于是小管液中水通过紧密连接和跨细胞两条途径进入细胞间隙。另外，由于管周毛细血管内静水压较低，胶体渗透压较高，水很容易从小管周围组织间隙进入毛细血管。

成年动物原尿中的水约99%被重吸收，仅有1%左右排出。因此，肾小管和集合管对水的重吸收的微小变化都将明显影响终尿生成量。例如，只要水吸收减少1%～2%，终尿量即可增1～2倍。值得指出的是，远曲小管和集合管上皮细胞对水是不易透过的，这个部位对水的重吸收，是由垂体后叶释放的抗利尿激素来调控的。

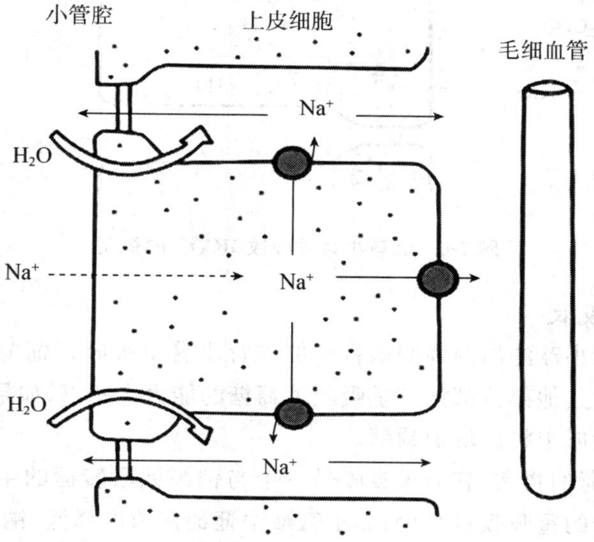

图 7-5　Na^+重吸收示意图

3. 氯离子的重吸收

氯离子重吸收依赖于钠离子的重吸收，两者同步化水平很高，各段肾小管重吸收氯离子的百分比与钠离子的相似。重吸收氯离子的能量间接来源于位于底侧膜上的 Na^+-K^+-ATP 酶。参与氯离子转运的转运蛋白在近曲小管主要有 Cl^- 碱基反向转运蛋白、K^+-Cl^- 共转运蛋白等，在髓袢升支粗段主要有 $Na^+-K^+-2Cl^-$ 共转运蛋白等，在远端小管和集合管主要是氯离子通道、Na^+-Cl^- 共转运蛋白和 $Cl^--HCO_3^-$ 反向转运蛋白等。

4. K^+的重吸收

K^+的重吸收是主动转运过程，主要部位在近球小管，小部分在髓袢升支粗段、远曲小管和集合管。研究发现：小管液的 K^+ 浓度为0.1 mmol/L，而细胞内的 K^+ 浓度高达3.8 mmol/L。显然 K^+ 的重吸收是逆电位差进行的。

5. HCO_3^- 的重吸收

肾小球滤出的 HCO_3^-，80%～85%在近球小管被重吸收(图 7-6)。小管液中的 HCO_3^- 都是以 Na^+ 盐的形式存在，通常解离为 Na^+ 和 HCO_3^-。但 HCO_3^- 不易通过管腔膜，因此它必须先与 H^+ 结合成 H_2CO_3，再解离为 CO_2 和 H_2O。CO_2 是高脂溶性物质，可迅速通过管腔进入细胞内，所以近球小管对 HCO_3^- 的吸收是以 CO_2 的形式进行的。进入细胞的 CO_2 与 H_2O 在碳酸酐酶的催化下再合成 H_2CO_3，然后解离成 HCO_3^- 和 H^+，最后回到血液中。肾小管细胞分泌的 H^+ 与 Na^+ 交换，使 Na^+ 经小管细胞重新返回血液。

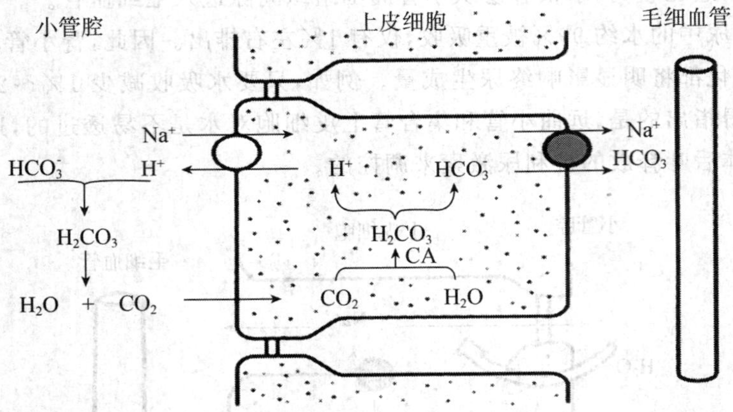

图 7-6 近球小管重吸收 HCO_3^- 的机制

6. 葡萄糖的重吸收

生理状态下，由肾小球滤出的葡萄糖将全部被肾小管重吸收。葡萄糖重吸收的部位仅限于近球小管，肾小管的其他部位都没有重吸收葡萄糖的能力。所以，如果在近球小管后的小管液中仍含有葡萄糖，则尿中将出现葡萄糖。

葡萄糖是不带电荷的物质，它的重吸收是一个与钠泵偶联转运的主动过程。小管液中钠离子浓度下降，葡萄糖的重吸收将减少，而小管液中葡萄糖浓度降低，钠的重吸收也将减少（图7-7）。

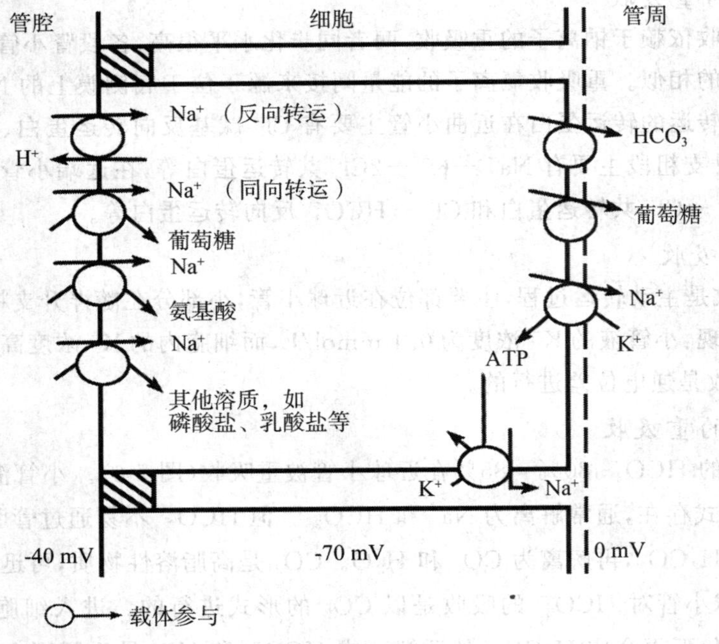

图 7-7 Na^+ 转运与其他溶质转运之间的偶联关系（引自陈杰，2003）

7. 其他物质的重吸收和分泌

小管液中的氨基酸的重吸收与葡萄糖的重吸收机制相同。但是，转运体可能不同。此外，HPO_4^{2-}、SO_4^{2-} 的重吸收也与 Na^+ 偶联。正常情况下，进入滤液中的微量蛋白质则通过肾小管上皮细胞的吞饮作用而被重吸收。

四、肾小管和集合管的分泌与排泄作用

尿中有些成分是由肾小管和集合管上皮细胞分泌或排泄到管腔中去的。由小管上皮细胞经过新陈代谢，将所产生的物质送入管腔的过程，称为分泌；由小管上皮细胞直接将血浆中的某些物质送入管腔的过程，称为排泄。二者难以严格区分，一般倾向于统称为分泌。

1. 氢离子的分泌

氢离子来源于血液中和小管上皮细胞代谢产生的二氧化碳。二氧化碳和水在肾小管上皮细胞内碳酸酐酶(CA)的催化下生成碳酸，而碳酸又解离成氢离子和碳酸氢离子，氢离子被主动分泌入小管腔中，碳酸氢离子仍留在细胞内。氢离子的分泌造成了小管内外电荷的不平衡。所以在分泌氢离子的同时，小管液中的钠离子向上皮细胞内弥散，形成氢离子—钠离子交换。经过交换，弥散入上皮细胞的钠离子与碳酸氢离子一起被转运回血液。这样每分泌一个氢离子就可以吸收一个钠离子和一个碳酸氢离子。补充血浆碱储—碳酸氢钠含量。这就是肾小管和集合管的排酸保碱作用，对维持体内酸碱平衡起决定作用。至于分泌入管腔的氢离子则与小管液中的碳酸氢离子结合成碳酸，碳酸再分解成水和二氧化碳，二氧化碳又能迅速弥散入小管上皮细胞内。

肾小管各段和集合管上皮细胞都有分泌氢离子的作用。不同的是远曲小管和集合管不仅分泌氢离子，还分泌钾离子。钾离子可以和小管液中的钠离子进行交换。所以除氢离子—钠离子交换外，还有钾离子—钠离子交换。在氢离子、钾离子与钠离子的交换中，氢离子、钾离子之间存在着竞争现象(见钾离子的分泌)。

2. K^+ 的分泌

终尿中的 K^+ 是由远曲小管和集合管所分泌。远曲小管后段和集合管管壁上的主细胞(principal cell)可重吸收 Na^+、水，分泌 K^+。

主细胞分泌 K^+ 的动力主要来自：①重吸收由于 Na^+ 的主动重吸收，小管液内带负电荷，管外为正电荷，使管腔内电位比管腔外低 10～40 mV，这种电位梯度成了主细胞分泌 K^+ 的动力(这种关系称为 Na^+-K^+ 交换)；②主细胞内的 K^+ 浓度明显高于小管液中 K^+ 浓度，K^+ 便顺浓度梯度通过管腔膜上的 K^+ 通道进入小管液；③Na^+ 进入主细胞后，可刺激基侧膜上的 Na^+ 泵，把更多的 K^+ 从细胞外液泵入主细胞内，增加细胞内和小管液之间的 K^+ 浓度梯度，从而促进 K^+ 分泌，因此 K^+ 的分泌与 Na^+ 的重吸收密切有关(图 7-8)。

3. NH_3 的分泌

在远曲小管和集合管上皮细胞代谢过程中，谷氨酰胺在谷氨酰胺酶的作用下不断的生成 NH_3。NH_3 是脂溶性的，能通过细胞膜向小管周围组织间液和小管液自由扩散。扩散量和方向取决于两种液体的 pH。小管液的 pH 较低(H^+ 浓度较高)，NH_3 较易向小管液中扩散。分泌的 NH_3 能与小管液中的 H^+ 结合生成 NH_4^+，小管液的 NH_3 浓度因而下降，于是管腔膜两

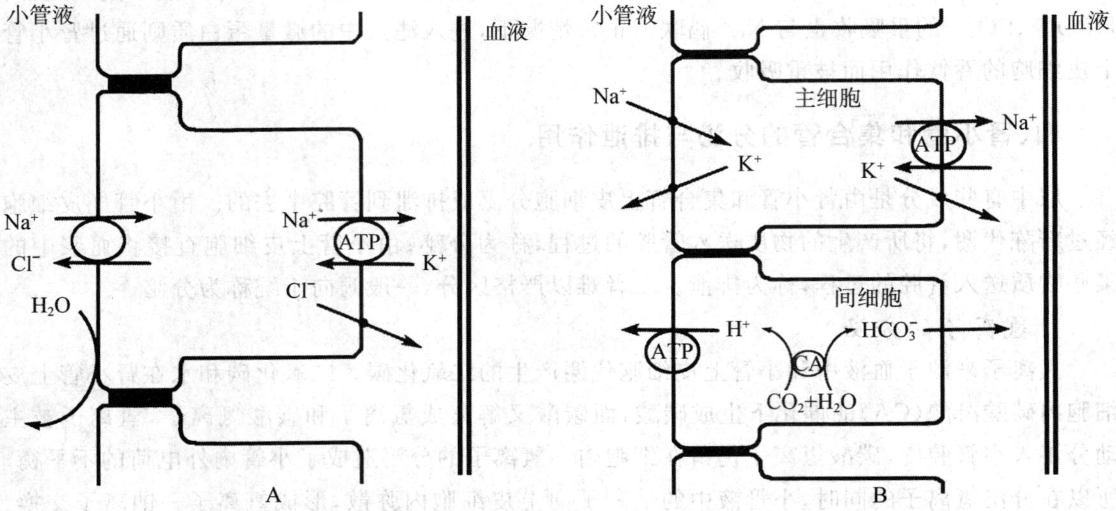

图 7-8 远曲小管和集合管分泌 K^+ 和 H^+ 示意图

A. 远曲小管初段　B. 远曲小管后段和集合管　(引自陈杰,2003)

侧形成了 NH_3 的浓度梯度,此浓度梯度又可加速 NH_3 向小管液中扩散。H^+ 分泌增加可促使 NH_3 分泌增多。NH_3 与 H^+ 结合并生成 NH_4^+ 后,可进一步与小管液中的强酸盐(如 NaCl 等)的负离子结合,生成酸性铵盐(NH_4Cl 等)并随尿排出。强酸盐的正离子(如 Na^+)则与 H^+ 交换而进入肾小管细胞,然后和细胞内 HCO_3^- 的一起被转运回血液。所以,肾小管细胞分泌 NH_3,不仅由于铵盐形成而促进排 H^+,而且也能促进 $NaHCO_3$ 的重吸收(图 7-9)。

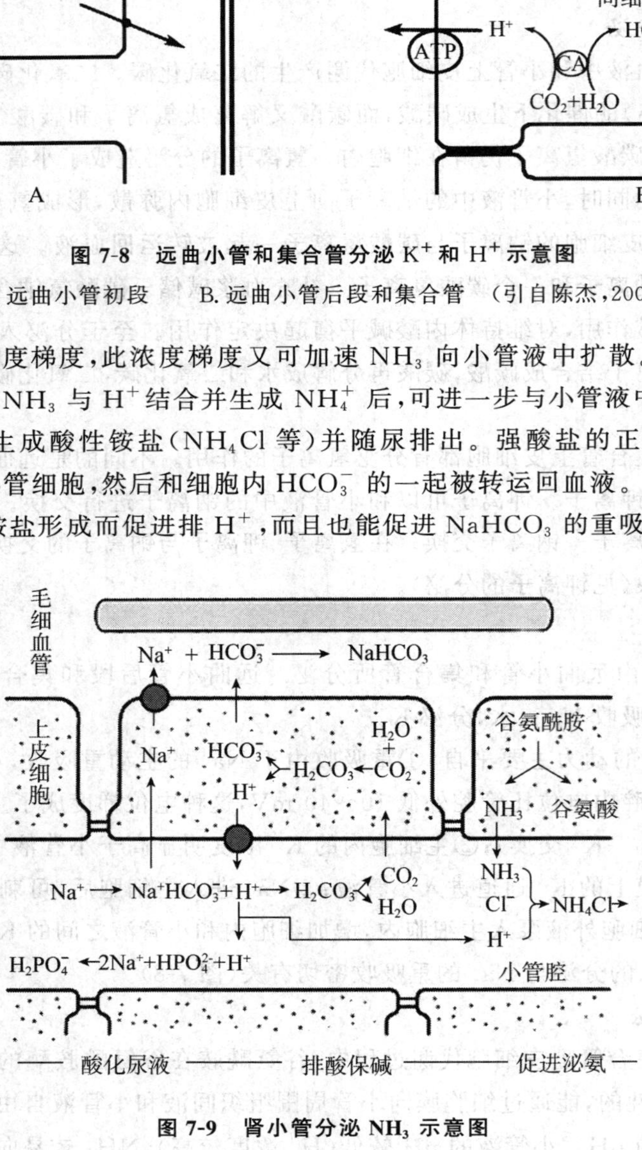

图 7-9 肾小管分泌 NH_3 示意图

4. 其他物质的排泄

一些物质不仅可以经肾小球滤过，也能由肾小管上皮细胞排出，如肌酐、对氨基马尿酸等。也有些进入体内的物质主要是由肾小管上皮细胞排出的，如青霉素、酚红等。临床上常用酚红排泄试验检查肾小管的分泌机能。

第三节 尿的浓缩和稀释

尿浓缩与稀释是肾的功能之一，对于机体内水平衡和渗透压的稳定，具有十分重要的意义。尿的渗透浓度可由于体内缺水或水过剩等不同情况而出现大幅度的变动。当体内缺水时，机体将排出渗透浓度明显高于血浆渗透浓度的主渗尿，即尿被浓缩。而体内水过剩时，将排出渗透浓度低于血浆渗透浓度的低渗尿。所以，根据尿的渗透浓度可以了解肾的渗透浓度和稀释能力。肾的浓缩和稀释能力，在维持体液平衡和渗透压恒定中有极为重要的作用。

一、尿的稀释

尿液的稀释是由于小管液的溶质被重吸收而水不易被重吸收造成的。这种情况主要发生在髓袢升支粗段。前已述及，髓袢升支粗段能主动重吸收 Na^+ 和 Cl^-，而对水通透，故水不被重吸收，造成髓袢升支粗段小管液为低渗。在体内水过剩而抗利尿激素释放被抑制时，集合管对水的通透性非常低。因此，髓袢升支的小管液流经远曲小管和集合管时，NaCl 继续重吸收，使小管液渗透浓度进一步下降，形成低渗尿，造成尿液的稀释。如果抗利尿激素完全缺乏时，如严重尿崩症患者，每天可排出高达 20 L 的低渗尿，相当于肾小球滤过率的 10%。

二、尿的浓缩

尿液的浓缩是小管液中水分被重吸收进而引起溶质浓度增加的结果。尿液的浓缩发生在肾脏的髓质部。研究证明肾脏髓质部和皮质部的渗透浓度有很大的差别，皮质部的组织间液与血浆等渗，其渗透浓度比为 1.0；而髓质部组织间液与血浆渗透压之比，则随髓质外层向乳头部的深入而逐渐升高（图 7-10），最高可达血浆渗透压的 4 倍以上，这表明肾组织液的渗透压存在由外髓到内髓不断增高的渗透压梯度。髓袢是形成髓质渗透梯度的结构基础。当来自远曲小管的低渗或等渗小管液流经集合管时，要流经髓质高渗区。在抗利尿激素作用之下，集合管上皮细胞对水的通透性增大，小管液中水分顺渗透压梯度被吸出管外，尿被浓缩，形成高渗尿（图 7-11）。

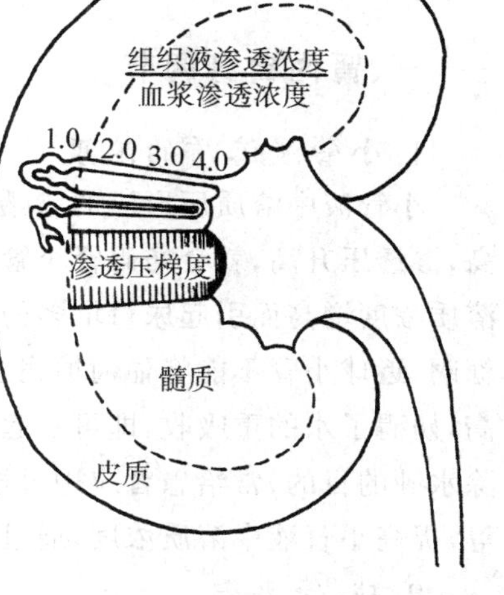

图 7-10 肾髓质渗透压梯度示意图

（引自南京农业大学《家畜生理学》，2007）

动物形成高渗尿的能力与髓袢长度有关，髓袢愈长，浓缩能力愈强。人可产生渗透压 4～5 倍于血浆的尿液，猪约为 1.5 倍，骆驼为 8 倍，猫为 10 倍，生活在沙漠中的沙鼠为 20 倍，跳鼠为 25 倍。

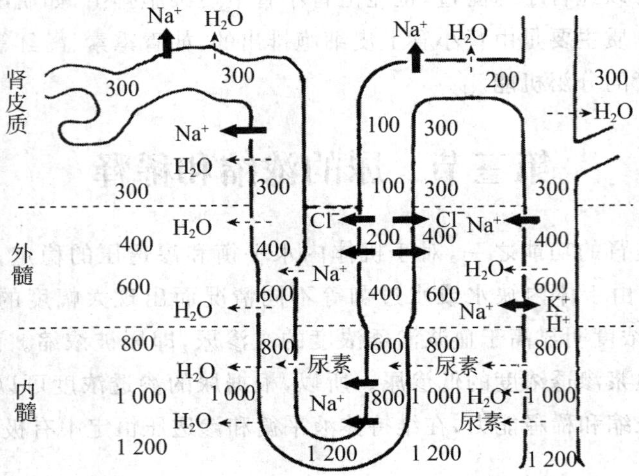

图 7-11　尿液的浓缩示意图(引自南京农业大学《家畜生理学》,2007)

第四节　尿生成的调节

机体对尿生成的调节是通过对滤过作用、重吸收和分泌作用的调节来实现的。有关肾血流量的调节以及影响肾小球滤过作用的因素,前文已有叙述。本节主要讨论机体对肾小管和集合管重吸收和分泌的调节。肾小管和集合管功能的调节包括肾内自身调节和神经、体液调节。

一、肾内自身调节

1. 小管液溶质的浓度

小管液中溶质所形成的渗透压是对抗肾小管重吸收水的力量。如果小管液溶质浓度增高,渗透压升高,就会妨碍肾小管尤其是近球小管对水的重吸收,使尿量增多。这种由小管液溶质浓度增高而引起尿量增多的现象称为渗透性利尿。例如糖尿病患者因血糖升高超过了肾糖阈,近球小管不能将葡萄糖完全重吸收回血,使小管液中葡萄糖含量增多,小管液渗透压升高,妨碍了水的重吸收,即可引起渗透性利尿而导致尿量增多。有时临床上为了达到利尿和消除水肿的目的,常给患者应用可被肾小球滤过,而不被肾小管重吸收的物质,如甘露醇、山梨醇等,提高小管液中溶质浓度,通过渗透性利尿使更多水从体内排出。

2. 球-管平衡

实验证明,无论肾小球滤过率增大或减小,近曲小管的重吸收率始终占肾小球滤过率的65%～70%,这一现象称为球-管平衡。其生理意义在于使尿中排出的溶质和水不会受肾小球滤过率的增减而出现大幅度的变动。

球-管平衡形成的机理可能与肾脏的血液流量调节有关。当滤过率升高时,出球小动脉及其毛细血管分支的血流量下降，而血浆胶体渗透压则上升，使小管外组织间液加速进入毛细血管，即加快重吸收的速度。相反则重吸收速度减慢，因此仍能维持约65%～70%的重吸收率。因此，认为球-管平衡不是肾以外体液因素所致，而是肾内自身调节的过程。目前认为球-管平衡障碍与临床上见到的某些水肿的形成机制有关。

此外有人认为，肾小管重吸收功能的变化也可反过来引起肾小球滤过率发生相应变化。如近球小管的重吸收量减少，可导致小管内压增加，进而使囊内压增加，于是有效滤过压降低，肾小球滤过率反而减少，这也是球-管平衡现象。

3. 管-球反馈

管-球反馈是肾血流量和肾小球滤过率自身调节的重要机制之一。当肾血流量和肾小球滤过率增加时，到达远曲小管致密斑的小管液流量增加，致密斑将发出信息，使肾血流量和肾小球滤过率恢复至正常。相反，当肾血流量和肾小球滤过率减少时，流经致密斑的小管液流量下降，致密斑发出信息，使肾血流量和肾小球滤过率增加至正常水平。这种小管液流量变化影响肾血流量和肾小球滤过率的现象称为管-球反馈。通过这一反馈性调节，保持肾血流量、肾小球滤过率与小管液流量的相对恒定。

二、神经和体液调节

1. 肾交感神经的作用

肾血管主要受交感神经支配。交感神经兴奋对尿生成的影响包括：①引起入球小动脉和出球小动脉收缩，特别是前者的反应更为明显，由此肾小球毛细血管的血浆流量减少和肾小球毛细血管的血压下降，最后导致肾小球的有效滤过压下降，肾小球滤过率减少；②刺激近球小体中近球细胞释放肾素，导致循环血液中的血管紧张素Ⅱ和醛固酮含量增加，促进肾小管对NaCl和水的重吸收；③增加近球小管和髓袢内皮细胞对 Na^+、Cl^- 和水的重吸收。这是因为肾交感神经兴奋末梢释放的去甲肾上腺素，作用于近球小管和髓袢细胞膜上的 α_1 肾上腺素能受体，进而促进了 Na^+、Cl^- 和水重吸收。肾交感神经活动的抑制则有相反的作用。

2. 抗利尿激素

抗利尿激素(antidiuretic hormone，ADH)又称血管升压素(vasopressin，VP)，是由下丘脑视上核和室旁核神经元的胞体合成，经下丘脑-垂体束运输到神经垂体后释放的肽类激素。其作用主要是提高远曲小管和集合管上皮细胞对水的通透性，从而增加水的重吸收，使尿液浓缩、尿量减少而抗利尿。此外，抗利尿激素还能增加髓袢升支粗段对NaCl的主动重吸收和内髓部集合管对尿素的通透性，从而使髓质组织间液的溶质浓度增加，提高髓质组织间液的渗透浓度，为尿液浓缩创造条件。

调节抗利尿激素分泌的主要因素是血浆晶体渗透压和循环血量。当机体大量出汗、严重呕吐或腹泻导致失水时，血浆晶体渗透压升高，对渗透压感受的刺激增强，可引起抗利尿激素分泌增多，使远端小管和集合管对水的重吸收明显增加，导致尿液浓缩和尿量减少。反之，大量饮清水后，血浆晶体渗透压降低，则抗利尿激素合成、分泌减少，远曲小管和集合管对水的重吸收减少，引起尿液稀释，尿量增多。这种由于大量饮清水引起尿量增多的现象，称为水利尿。

当循环血量过多时，可刺激左心房和胸腔大静脉的容量感受器(心肺感受器)，反射性的抑制下丘脑-神经垂体系统释放抗利尿激素,水重吸收减少,引起尿量增多,使循环血量得以恢复(图 7-12)。

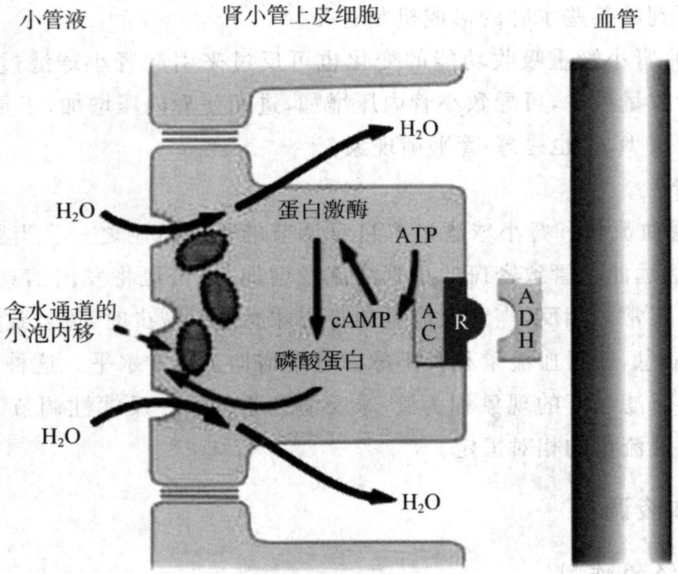

图 7-12 抗利尿激素的作用机制示意图(仿自欧阳五庆,2012)

ADH:抗利尿激素 R:受体 AC:腺苷酸环化酶

3.肾素-血管紧张素-醛固酮系统

肾素主要是由近球小体中的近球细胞分泌的一种蛋白水解酶,能催化血浆中的血管紧张素原,使之生成血管紧张素Ⅰ(angiotensin Ⅰ,十肽)。血液和组织中,特别是肺组织中有血管紧张素转换酶,可使血管紧张素Ⅰ降解,生成血管紧张素Ⅱ(八肽)。血管紧张素Ⅱ可刺激肾上腺皮质球状带合成和分泌醛固酮(aldosterone)。血管紧张素Ⅱ在血管紧张素酶 A 的作用下,失去一个氨基酸,称为七肽的血管紧张素Ⅲ,血管紧张素Ⅲ也能刺激肾上腺皮质合成和释放醛固酮(图 7-13)。

肾素的分泌受多种因素的调节。在肾内有与肾素分泌有关的两种感受器:一个是位于入球小动脉的牵张感受器,另一个是致密斑感受器。当动脉血压下降、循环血量减少时,入球小动脉内的压力也下降,血流量减少,对入球小动脉壁的牵张刺激减弱,肾素释放量因此而增加。同时,由于入球小动脉内的压力降低和血流量减少,滤过的 Na^+ 减少,激活了致密斑感受器,使肾素释放量增加。此外,近球细胞受交感神经支配,循环血量减少时,肾交感神经兴奋,肾素的释放量增加。肾上腺素和去甲肾上腺素也可直接刺激近球细胞,促使肾素释放增加。

(1)血管紧张素Ⅱ对尿生成的调节 ①刺激肾上腺皮质球状带合成和分泌醛固酮;②直接刺激近球小管对 NaCl 的重吸收,使尿中排出的 NaCl 减少;③刺激垂体后叶释放抗利尿激素,因而增加远曲小管和集合管对水的重吸收,使尿量减少。

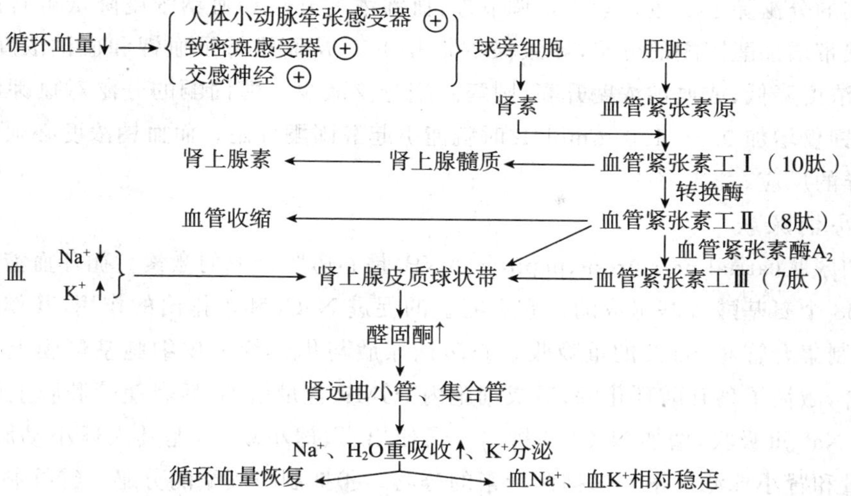

图 7-13　肾素-血管紧张素-醛固酮系统分泌调节示意图

(2)醛固酮对尿生成的调节　促进远曲小管和集合管的主细胞重吸收 Na^+，同时促进 K^+ 的排出。醛固酮有保 Na^+ 排 K^+ 作用。

醛固酮进入远曲小管和集合管的上皮细胞后，与胞浆受体结合，形成激素-受体复合物；后者通过核膜与核中的 DNA 特异性结合位点相互作用，调节特异性 mRNA 转录，最后合成多种醛固酮诱导蛋白。醛固酮诱导蛋白的作用可能是：①作为管腔膜的 Na^+ 通道蛋白，从而增加管腔 Na^+ 通道数量；②增加线粒体中 ATP 的生成，为上皮细胞活动（Na^+ 泵）提供更多的能量；③增强 Na^+ 泵的活性，促进细胞内的 Na^+ 泵回血液和 K^+ 进入细胞，提高细胞内的 K^+ 浓度，有利于 K^+ 分泌（图 7-14）；由于 Na^+ 重吸收增加，造成了小管腔内的负电位，有利于 K^+ 的分泌和 Cl^- 的重吸收。结果，在醛固酮的作用下，远曲小管和集合管对 Na^+ 的重吸收增强的同时，Cl^- 和水的重吸收也增加，导致细胞外液量增多，K^+ 的分泌量增加。

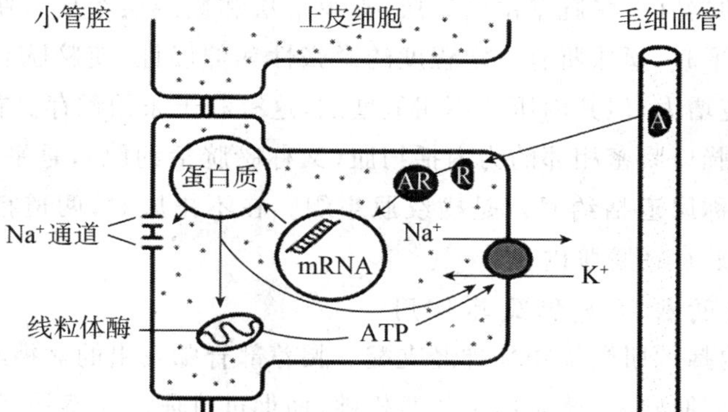

图 7-14　醛固酮作用机制示意图

醛固酮的分泌除了受血管紧张素调节外，血钾浓度升高和血钠浓度降低可直接刺激肾上腺皮质球状带增加醛固酮的分泌，导致保 Na^+ 排 K^+，从而维持了血钾和血钠浓度的平衡；反之，当血钾浓度降低，或血钠浓度升高，则醛固酮分泌减少。醛固酮的分泌对血钾浓度升高十分敏感，血钾仅增加 0.5～1.0 mmol/L 时就能引起醛固酮分泌。而血钠浓度必须降低很多才能引起同样的反应。

4. 心房钠尿肽

心房钠尿肽(atrial natriuretic pepitde，ANP)是心房肌合成的激素。循环血液中的心房钠尿肽是由 28 个氨基酸残基组成的。它有明显的促进 NaCl 和水排出的作用，其作用机制可能包括：①抑制集合管对 NaCl 的重吸收。心房钠尿肽与集合管上皮细胞基侧膜上的心房钠尿肽受体结合，激活了鸟苷酸环化酶，造成细胞内 cGMP 含量增加，后者使管腔膜上的 Na^+ 通道关闭，抑制 Na^+ 重吸收，增加 NaCl 的排出。②使出、入球小动脉，尤其入球小动脉舒张，增加肾血浆流量和肾小球滤过率。③抑制肾素的分泌。④抑制醛固酮的分泌。⑤抑制抗利尿激素的分泌。

第五节 排 尿

尿液的生成是个连续不断的过程，生成的尿液由集合管流出，汇入乳头管，经肾盏到肾盂，再通过输尿管运送到膀胱贮存，当膀胱内贮存的尿液达到一定量时引起排尿反射，将尿液经尿道排出体外。因此尿液的排出是间歇的。排尿(micturition)受神经反射性调节。

1. 输尿管和膀胱的结构与功能

输尿管是把尿液由肾脏导入膀胱的一对细长管道，其管壁具有丰富的平滑肌纤维。输尿管起始部(与肾盂相连接)的平滑肌细胞有自动节律性，能发生蠕动，并由此将尿液输入膀胱。输尿管进入膀胱的部位没有括约肌，而是以一定的角度和适当的长度穿过膀胱壁。当膀胱内压升高时，输尿管入口因膀胱的紧张而被压闭，故膀胱内的尿液不会逆向流入输尿管。

膀胱是贮存尿的器官。膀胱壁由肌肉层、黏膜下层和黏膜层组成。肌层由多层平滑肌构成，合称逼尿肌。在平时，逼尿肌有一定程度的紧张性和伸展性，使膀胱容积能在一定范围内随尿量的增加而相应增大，但其内压并不明显增加，这有利于尿的贮存。在膀胱和尿道相连处有两道括约肌，与膀胱口紧密相邻的为内括约肌(又称膀胱括约肌)，是平滑肌组织；接近尿道口的为外括约肌(又称尿道括约肌)，是横纹肌组织。在不排尿时，两道括约肌均处于收缩状态，使尿液能暂时地贮存在膀胱内。

2. 膀胱与尿道的神经支配及其作用

膀胱逼尿肌和内括约肌受植物性神经支配。腰荐部脊髓发出的盆神经中含副交感神经纤维，它的兴奋可使逼尿肌收缩、膀胱内括约肌松弛，而促进排尿。交感神经纤维由腰髓发出，经腹下神经到达膀胱。它的兴奋则使逼尿肌松弛、内括约肌收缩，阻抑尿的排放。但在排尿活动中交感神经的作用一般比较次要。

除植物性神经外，尿道括约肌还受阴部神经(由荐髓发出的躯体神经)支配，其活动受意识的控制，兴奋时可使外括约肌收缩。至于外括约肌的松弛，则是阴部神经活动的反射性抑制所造成的。上述三种神经中也含有传入纤维，膀胱充胀感觉的传入纤维在盆神经中；传导膀胱痛觉的纤维在腹下神经中；而传导尿道感觉的传入纤维在阴部神经中（图 7-15）。

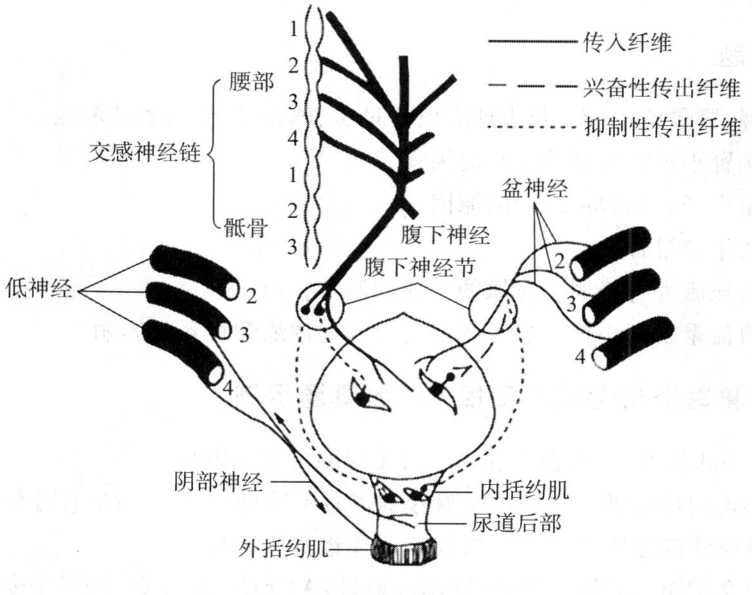

图 7-15　膀胱和尿道的神经支配

3. 排尿反射

排尿过程是一种反射性活动。膀胱中的尿液储集到一定容量时，膀胱壁的牵张感受器受到刺激而兴奋。冲动沿盆神经传入，到达腰荐部脊髓排尿反射的初级中枢。同时，冲动也上传到脑干和大脑皮层的排尿反射高级中枢，产生尿意。如果当时条件不适于排尿，低级排尿中枢可被大脑皮层抑制，使膀胱壁进一步松弛，继续储存尿液，直至有排尿的条件或膀胱内压过高时，低级排尿中枢的抑制才被解除。这时排尿反射的传出冲动沿盆神经传到膀胱，引起逼尿肌收缩、内括约肌松弛，于是尿液进入尿道。这时进入尿道的尿液刺激尿道的感受器，冲动沿阴部神经也传到脊髓排尿中枢，进一步加强其活动，使外括约肌开放，于是尿液被排出。逼尿肌的收缩又可刺激膀胱壁的牵张感受器，它的兴奋又进一步反射性地引起膀胱收缩；尿液对尿道的刺激可进一步反射性地加强排尿中枢活动。这是一种正反馈，它使排尿反射一再加强，直至尿液排完为止。在排尿末期，由于尿道海绵体肌肉收缩，可将残留于尿道的尿液排出体外。此外，在排尿时，腹肌和膈肌的收缩也产生较高的腹内压，协助克服排尿的阻力。

大脑皮层等排尿反射高级中枢能对脊髓初级中枢施加易化或抑制性影响，以控制排尿反射活动。所以动物排尿的地点及频率，可通过调教或训练加以控制，即采用建立条件反射的方法，使动物能定时、定地点排尿，这对于节省管理用工、减轻劳动强度和改善环境条件均具有实际意义。

排尿或贮尿任何一方发生障碍，均可出现排尿异常，临床上常见的有尿频、尿潴留和尿失禁。排放次数过多者称为尿频，常常是由于膀胱炎症或机械性刺激（如膀胱结石）而引起的。

膀胱中尿液充盈过多而不能排出者称为尿潴留，多半是由于腰荐骶部脊髓损伤使排尿反射初级中枢的活动发生障碍所致，但尿流受阻也能造成尿潴留。当脊髓受损，以致初级中枢与大脑皮层失去功能联系时，可出现尿失禁。

本章思考题

1. 名词解释：肾单位、肾素、肾小球有效滤过压、球管平衡、渗透性利尿。
2. 简述影响肾小球滤过率的大小的因素。
3. 简述大量出汗引起尿量减少的原因。
4. 试述尿的生成过程。
5. 简述抗利尿激素与醛固酮对尿的生成的调节。
6. 简述肾血流量及肾小球滤过率的改变对尿的浓缩和稀释的影响。

国家执业兽医资格考试本章相关内容真题示例

41. 急性肾小球肾炎时，动物出现少尿或无尿的主要原因是 （　　）

A. 肾小囊内压降低　B. 肾小球滤过率降低　C. 毛细血管血压下降
D. 血浆胶体渗透压升高　E. 血浆晶体渗透压升高

注：2010 年全国执业兽医资格考试（基础科目）A1 型题第 41 题，题号未变动。

96. 一犬因腹泻脱水，某兽医门诊实习生误给病犬静脉输入过量注射用水，引起其尿量增多，分析该犬尿量增多的生理机制是 （　　）

A. 囊内压降低　B. 肾血流量下降　C. 血浆胶体渗透压下降
D. 血浆晶体渗透压下降　E. 肾小球毛细血管血压下降

注：2009 年全国执业兽医资格考试（基础科目）A2 型题第 96 题，题号未变动。

本章参考文献

[1]陈杰. 家畜生理学. 4 版. 北京：中国农业出版社，2003.
[2]李鉴轩. 家畜生理学. 西宁：青海人民出版社，1992.
[3]南京农业大学. 家畜生理学. 3 版. 北京：中国农业出版社，2007.
[4]杨秀平. 动物生理学. 2 版. 北京：高等教育出版社，2009.
[5]欧阳五庆. 动物生理学. 2 版. 北京：科学出版社，2012.
[6]陈杰，朱祖康，周杰. 动物生理学. 北京：化学工业出版社，2007.
[7]陈守良. 动物生理学. 2 版. 北京：北京大学出版社，1996.
[8]孙镇平. 简明动物生理学. 北京：中国农业出版社，2004.
[9]何小瑞，姚泰. 管球反馈对肾小球血流动力学的影响及其机制. 生理学进展，1991；22：216-220.
[10]陈香美. 当前肾脏病的研究热点. 中华内科杂志，2002(2).
[11]邱海玉，崔燕. 双峰驼肾动脉血管分布的铸型观察. 中国兽医科学. 2007，37(07)：619-622.

[12]陈秋生，刘仪. 双峰驼肾动脉分布. 中国兽医学报. 2000，20(06)：565-568.
[13]莫重存，俞红贤. 青海牦牛肾脏的形态学观测. 甘肃畜牧兽医. 2004，34(05)：12-13.
[14]王雯慧，陈怀涛. 双峰驼肾脏的比较组织学研究. 兰州大学学报. 2000，36(05)：73-79.
[15]王世全. 双峰驼肾脏静脉系统与微血管系统研究. 甘肃农业大学硕士论文. 2008.

第八章　神经系统生理

学习目的和要求

1. 掌握神经元与突触的类型、突触传递过程及其特点。
2. 掌握中枢抑制的类型及其机制。
3. 掌握牵张反射的概念、类型及其机制。
5. 掌握自主神经的结构与功能特征及其对内脏活动的调节。
6. 熟悉神经递质与受体的概念、分类及其作用。
7. 熟悉胆碱能和肾上腺素能神经纤维的概念,递质、受体和功能。
8. 熟悉神经反射活动的规律,反射弧,中枢神经元的联系方式。
9. 熟悉大脑皮层、基底神经节、小脑、脑干对躯体运动的调节。
10. 了解大脑皮层感觉区和运动区的定位及其功能特征。
11. 了解非化学性突触传递和电突触传递。
12. 了解两种睡眠时相的特点及其意义。
13. 了解脑的高级神经活动和脑电活动。

动物机体是一个极为复杂的有机体,各器官、系统的功能不是孤立的,它们之间互相联系、互相制约;同时,动物体生活在经常变化的环境中,环境的变化随时影响着体内的各种功能。这就需要对体内功能不断做出迅速而完善的调节,使机体适应内外环境的变化。这一调节功能的实现有赖于机体神经、体液及自身调节三大调节系统的控制,其中神经调节起主导作用。它整合或协调各种同时或相继接收的输入信息,使机体各种机能活动有规律地进行,以适应环境变化。动物越进化,神经系统越发达,对各系统活动的控制和调节作用越精细灵活,适应内、外环境变化的能力也越强。

动物体的神经系统由中枢神经系统(central nervous system)和外周神经系统(peripheral nervous system)两大部分组成。位于颅腔和椎管内的脑和脊髓属中枢神经系统,主要由神经细胞(又称神经元)和神经胶质细胞构成;位于颅腔及椎管外的神经组织属于外周神经系统,包括神经干和神经节。

神经系统的功能复杂多样,归纳起来包括:①感觉功能:即神经系统感受体内外刺激(信息)的机能。分布于体表、体内的感受器接受刺激后,可使脑立即做出适当的反应,也可将信息转变为记忆,储存于脑中,记忆可对以后的生理活动产生影响。②效应功能:控制效应器(骨骼肌、平滑肌、心肌、内分泌腺、外分泌腺等)活动的功能,是神经系统最终的也是最主要的机能。③信息整合功能:神经系统具有强大的信息过滤能力。内外环境作用于机体的信息是很多的,经过神经系统的过滤,99%以上的信息被大脑认为是不相关或不重要的,只对那些重要的信息进行整合、发出指令并做出适当的反应。④信息储存功能：作用于神经系统的信息中，只有很少一部分重要信息会引起直接的躯体运动反应，大部分则作为参考信息被大脑储存，参与大脑以后对新信息的筛选、分析和对躯体反应的控制和调节。因此，神经系统除整合感觉、调控躯体随意运动与内脏活动外，还整合脑的高级功能，以实现觉醒与睡眠、学习与记忆，以及思维、意识、情绪等高级神经活动。

第一节　组成神经系统的基本元件

一、神经元与神经纤维

（一）神经元的基本结构与功能

1. 神经元的基本结构与分类

根据神经元的形态，可将其分为锥体细胞、星形细胞、梭形细胞等。但其结构大都可分为胞体与突起两部分，突起又有树突（dendrite）和轴突（axon）两种（图 8-1）。树突较短，数量较多，如树冠样反复分支并丛集在胞体的周围。轴突则较长，一个神经元一般只有一个轴突。轴突离开胞体的部位叫轴丘，其起始的一段是裸露的，称为轴突的始段。始段膜的兴奋阈最低，往往是产生神经冲动的部位。轴突离开细胞体若干距离后，便获得髓鞘成为神经纤维（nerve fiber）。习惯上把神经纤维分为有髓纤维（myelinated fiber）与无髓纤维（unmyelinated fiber）两大类，无髓纤维实际上也有一薄层髓鞘，并非完全无髓鞘。

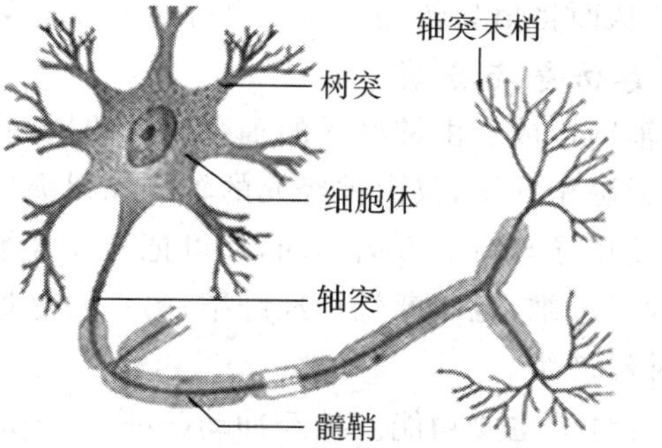

图 8-1　神经元模式图

而根据神经元的功能，可将其分为感觉神经元（又称传入神经元）、中间神经元（又称联络神经元）和运动神经元（又称传出神经元）三种；如果按照对下一级神经元的影响，则可分为兴奋性神经元和抑制性神经元两种。

2. 神经元的功能

神经元具有接受、整合和传递信息的功能。一个神经元一般都有四个重要的功能部位组成（图 8-2）。

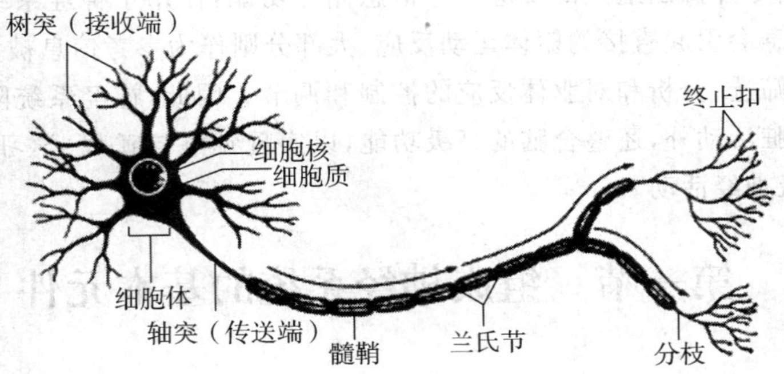

图 8-2　有髓神经元的功能分段

(1)接受信息，并进行整合的部位　神经元的胞体及树突膜上的受体能特异性地与某些化学物质结合，并引起膜的局部兴奋或抑制，再由胞体对众多的兴奋性或抑制性信息进行整合。所以树突和胞体是神经元接受信息并进行整合的部位。

(2)产生神经冲动(即动作电位)的部位　由于轴突的始段或起始郎飞氏结膜的兴奋阈最低，因此当经过胞体整合后的局部电位达到其阈值时便可产生可扩布的动作电位。

(3)传导动作电位的部位　神经冲动在胞体和末梢间的传导是通过轴突进行的。此外，由神经元合成的多种蛋白(包括酶)也是通过轴突转运到末梢的。

(4)释放递质的部位　当神经冲动传到末梢时可促使储存在末梢内的神经递质向外释放。

所以，通常是由树突和胞体接受来自神经元的信息，并由胞体整合，神经冲动则通过轴突传递到末梢，引起递质释放从而将信息传递给后一个神经元或效应器。

(二)神经纤维的兴奋传导与分类

神经纤维由神经元的轴突构成。由神经元的轴突或长的树突以及包裹在轴突外的髓鞘构成有髓鞘纤维。还有一种无髓鞘纤维，仅由神经元的轴突和树突二者构成。髓鞘绝缘性很高，有规则地分节段地形成。按传导兴奋的方向不同，又可把神经纤维分为两类：一类是把兴奋从外周传向脑、脊髓的传入神经纤维，也叫感觉神经纤维；另一类是把兴奋从脑、脊髓传向外周的传出神经纤维，又叫运动神经纤维。

传导神经冲动是神经纤维的主要功能。神经冲动(nerve impulse)就是沿神经纤维传导着的兴奋即动作电位。

1. 神经纤维传导兴奋的一般特征

(1)生理完整性　神经纤维在结构上及生理功能上应该是完整的，即使结构完整，而局部环境发生变化，如麻醉、低温，也可阻滞冲动的传导。

(2)绝缘性　每条神经干包含的任何一条神经纤维都沿本身传导冲动，与相邻纤维相互隔绝，不相干扰，这种绝缘性使神经调节更为精确。

(3)双向传导　神经纤维任何一点受到的刺激所产生的冲动可沿纤维向两端传导即双向传导。

(4)不衰减性　神经纤维传导冲动时，动作电位的幅度、传导速度不会因传导距离的增大而变小、减慢，这一特性称为不衰减性。它使调节作用能达到及时、迅速和准确。

(5)相对不疲劳性　神经纤维有相对不疲劳性，始终保持传导能力。

2. 神经纤维的分类和传导速度

神经纤维的分类方法很多，如根据神经纤维的分布，可分为中枢神经纤维和外周神经纤维；根据传导方向，可分为传入纤维、传出纤维和联络纤维；根据结构可分为有髓神经纤维和无髓神经纤维。

通常根据外周神经纤维的直径大小和传导速度而分为 A、B、C 三型。

A 型神经纤维具有发达的髓鞘，直径最粗，一般为 1～22 μm。传导速度很快，每秒可达 5～120 m，大多数的躯体感觉和运动纤维属此类。这类神经纤维对抗损伤的能力很低，损伤后恢复较慢。

B 型神经纤维也具有髓鞘，神经纤维较细，直径为 1～3 μm，传导速度慢，每秒为 3～15 m。植物性神经的节前纤维属此类。这类神经纤维对抗损伤的能力稍强，损伤后易恢复。

C 型神经纤维最细，直径仅 0.5～1 μm，都属于无髓纤维。传导速度很慢，每秒为 2 m。这类神经纤维受损伤后很易恢复，由于恢复过程中不生成髓鞘，所以再生较快。

3. 影响神经纤维传导速度的因素

神经纤维的传导速度可用电生理方法准确地加以测定。测定神经纤维的传导速度，对诊断神经纤维疾患和评估预后具有一定的临床价值。

神经纤维的传导速度与下列因素有关：

(1)纤维的直径　直径越粗，传导速度越快。

(2)髓鞘　有髓神经纤维比无髓神经纤维的传导速度快得多。

(3)温度　温度在一定范围内升高可使传导速度加快。相反，温度降低则传导速度减慢，当温度降至 0℃以下，神经传导发生阻滞，这是临床上局部低温麻醉的机制。

(三)神经纤维的轴浆运输

神经元是一种分泌细胞，但与其他分泌细胞的不同之处在于蛋白质的合成部位与分泌部位相距较远。神经纤维轴突内的轴浆经常在流动，其作用在于运输物质，此现象称为轴浆运输(axonplasmic transport)。轴浆运输是双向的，包括顺向与逆向。

1. 顺向轴浆运输(anterograde axonplasmic transport)

是指自胞体向轴突末梢的转运。胞体是神经元合成代谢的中心，能高速地合成蛋白质及其他分子物质；而轴突则无这种功能。因此，维持轴突代谢所需的蛋白质、轴突终末释放的神经肽及合成递质的酶类等物质，均在细胞体合成，然后运至轴突末梢。

顺向轴浆运输可分为快速与慢速两类。快速轴浆运输是指具有膜的细胞器，如线粒体、递质囊泡和分泌颗粒等囊泡结构的运输，其转运速度可达 300～400 mm/d。而慢速轴浆运输，指的是由胞体合成的蛋白质所构成的微管、微丝等结构不断向前延伸，其他轴浆的可溶性成分也随之向前转运，其速度仅为 1～12 mm/d。

2. 逆向轴浆运输(retrograde axonplasmic transport)

是指自末梢向胞体的转运。逆向运输除向胞体转运经过重新活化的突触前末梢囊泡外，还能转运末梢摄取的外源性物质，是外源性亲神经物质的转运渠道。神经毒和病毒也可借助逆向转运，进入神经元内。如破伤风毒素、狂犬病病毒由外周侵犯中枢，就是逆向轴浆运输的结果。近年来，运用神经元逆向转运的特点，将辣根过氧化物酶(HRP)、荧光素或放射性标记的凝集素等大分子物质注入末梢区，被末梢摄取并转运到胞体，以追踪神经通路，成为神经解剖学上常用的研究方法之一。逆向轴浆运输的速度约为205 mm/d。

(四)神经的营养性作用和支持神经的营养性因子

1.神经的营养性作用

神经对其所支配的组织能发挥两方面的作用。一方面是借助于兴奋冲动传导抵达末梢时突触前膜释放特殊的递质，作用于突触后膜，从而改变所支配组织的功能活动，这一作用称为功能性作用。另一方面神经还能通过末梢经常释放某些物质，持续地调整被支配组织的内在代谢活动，影响其持久性的结构、生化和生理的变化，这一作用与神经冲动无关，称为营养性作用。目前认为，神经营养性作用是借助由胞体流向末梢的轴浆运输释放的某些营养性因子，作用于所支配的组织而完成的。神经的营养性作用在正常情况下不易观察出来，但在神经切断后产生的变性与再生过程中表现明显。如实验性切断运动神经，则该神经所支配的肌肉内的糖原合成减慢、蛋白质分解加速，肌肉逐渐萎缩，这就是肌肉失去了神经营养性作用的缘故；如经过神经再生或外科缝合，肌肉重新获得神经支配后，不仅功能逐步恢复，肌肉内糖原、蛋白质的合成也加快，肌肉萎缩现象逐步改善，这是肌肉重新获得神经的营养性作用的结果。

2.支持神经的营养性因子

第一个神经营养因子-神经生长因子(nerve growth factor，NGF)的发现是激发研究生长因子和寻找其他神经营养因子的里程碑。现已知道，NGF仅仅是一系列具有促进神经元存活的分泌因子之一。研究最多的一类营养因子是神经营养因子(neurotrophin，NT)。四种主要的神经营养因子已从哺乳动物中分离出来，它们是：NGF、脑源神经营养因子(brain derived neurotrophic factor，BDNF)，神经营养因子3(NT-3)和神经营养因子4/5(NT-4/5)。此外，可能还有神经营养因子6(NT-6)。

NGF广泛存在于人和多种动物体内。若将NGF的抗血清注入新生动物，可使几乎所有的交感神经节受损；而将抗血清注入母鼠则可导致胎鼠感觉神经系统缺失。可见NGF对交感神经元和感觉神经元的生长和存活是必需的。实验还表明，NGF能提高基底前脑和纹状体胆碱能神经元的cAMP水平，增高胆碱乙酰移位酶的活性，并对这些神经元的生长和存活起重要作用。各种NT在保护神经元和阻止细胞凋亡中有不同的作用，但也有一些交叉和重叠。剔除NT-3基因可引起皮肤触-压觉感受器明显缺失；DBNF缺乏的小鼠，其周围感觉神经元数量减少，前庭神经节严重变性。

二、神经胶质细胞

神经胶质细胞(neuroglia cell)是神经系统的重要组成部分，广泛地分布于中枢神经系统与外周神经系统，其数量很大，约为神经元的数十倍。胶质细胞存在于神经元和毛细血管之间，有重要的生理功能。中枢神经系统内的胶质细胞主要有星形胶质细胞、少突胶质细胞、小胶质细胞与室管膜细胞等；而在外周神经系统，有包绕轴索形成髓鞘的雪旺细胞(Schwann cell)和脊神经节中的卫星细胞。神经胶质细胞也具有突起，但无树突和轴突之分，也不与邻近细胞形成突触样结构。它们也存在膜电位变化，但不能产生动作电位。

1.神经胶质细胞的分类及其形态结构特点

分布在中枢神经系统中的神经胶质细胞(图8-3)分为两类：一类为大胶质细胞，是中枢神经系统中主要的胶质细胞，包括星形胶质细胞和少突胶质细胞；另一类包括小胶质细胞、室管膜细胞和脉络丛上皮细胞。而分布在周围神经系统中的胶质细胞主要有神经膜细胞（或称雪旺细胞）和卫星细胞。神经膜细胞可形成神经纤维髓鞘，卫星细胞则位于周围神经节中节细胞周围。

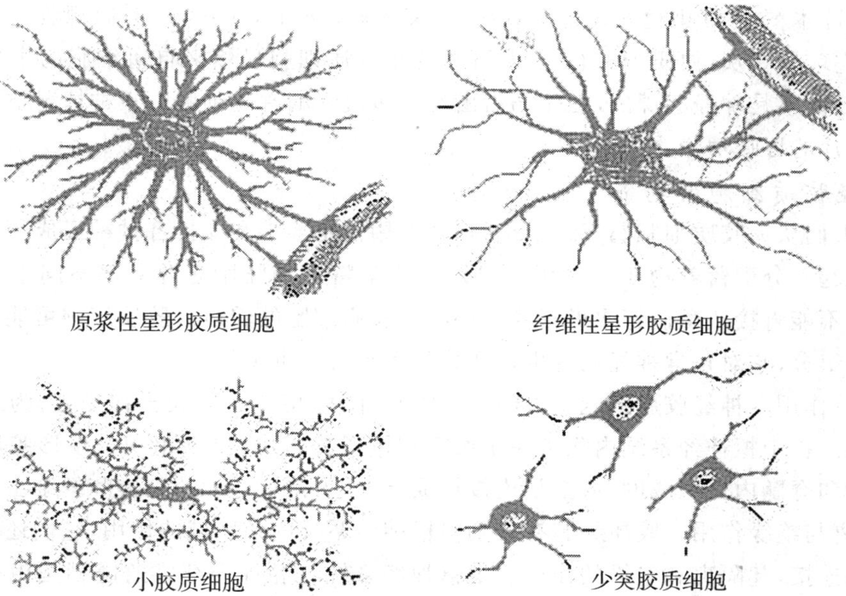

图 8-3　神经胶质细胞

（1）星形胶质细胞　它是最大的神经胶质细胞，形态呈星形，胞体直径 3～5 μm，核呈圆球形常位于中央，淡染。它有许多长突起，其中一个或几个伸向邻近的毛细血管，突起的末端膨大形成血管足突，围绕血管的内皮基膜形成一层胶质膜。某些星形细胞突起还附着在脑、脊髓软膜和室管膜的下膜上，把软膜、室管膜与神经元分隔开。星形细胞又分为原浆型和纤维型两种。原浆型星形细胞多见于灰质，突起较粗而多分枝，呈薄板状包围在神经元胞体及树突表面未被突触覆盖的部分，与神经元细胞之间有小的间隙。纤维型星形细胞突起长而光滑，分枝不太多，在胞体和突起的胞浆中有很多原纤维样的物质，集成大小不等的束。电镜观察表明，原浆型和纤维型星形细胞的核周围胞浆和大的突起内含有相同的细胞器，以及明显的糖原颗粒和胞浆原纤维等，说明两型可能同属一种胶质细胞。有人认为，异常状态下星形细胞可因损伤或刺激经有丝和无丝分裂而增殖，但小鼠大脑皮层损伤部附近的星形细胞，并不摄取^{3}H 标记的胸腺嘧啶核苷，所以还不能确证细胞增殖。

（2）少突胶质细胞　它比星形细胞小，直径 1～3 μm，突起也比其他胶质细胞少而短，无血管足，胞浆中不生成纤维，但较星形细胞有更多的线粒体。少突细胞在灰质和白质中都有，在灰质中紧靠神经元周围称为卫星细胞。人类中枢神经系统每个神经元辅有的少突细胞数量最多。神经元的卫星细胞在对损伤起反应时数量增加，并能吞噬髓鞘变性产物。在白质中少突细胞在有髓鞘纤维之间成行出现。中枢神经组织的髓鞘是由少突细胞突起形成的，因此，其功能与外周神经的雪旺氏细胞相同。一个少突细胞可以其不同的突起，形成多极神经纤维结间部位的鞘膜(可多至20个)。少突细胞核圆而小,有浓密的染色质,细胞质电子密度大,含线粒体、核糖体和微管,这些特点使它们在电镜图中可以被鉴别出来。在组织培养中看到其有周期性的强烈运动。

(3)小胶质细胞　它体小致密呈长形。核中染色质甚浓,核随细胞体的长轴亦呈长形。小胶质细胞在苏木精-伊红染色切片中别具特征:突起短,密布大量小枝,形似棘刺。小胶质细胞的数量虽不多,但在灰、白质中都有,有些吞噬的小胶质细胞显然来自血细胞的生成中的单核细胞干细胞,而不是神经起源的,在受伤后出现许多侵入的吞噬细胞。正常情况下星形细胞有清除细胞碎片的吞噬功能。

2.神经胶质细胞的功能

起初,人们认为胶质细胞属于结缔组织,其作用仅是连接和支持各种神经成分。其实神经胶质细胞还起着分配营养物质的作用,在形态、化学特征和胚胎起源上都不同于普通结缔组织。神经元不能直接从微血管取得营养而要经过胶质细胞的转运。胶质细胞可能是构成血脑屏障的重要组分,它对正常神经元的生长和分化也是必不可少的。

(1)支持作用　神经胶质细胞与神经元紧密相邻,能将神经元胶合在一起,为神经元提供一定的支架。在中枢神经系统内除了在小血管周围以外,没有结缔组织。星形胶质细胞以其长突起在脑和脊髓内交织成网,或互相连接构成支架,支持神经元的胞体和纤维。

(2)隔离与绝缘作用　胶质细胞有分割中枢神经系统内各区域的作用,它们还分割神经细胞群和突触连接,起隔离和绝缘的作用。中枢神经系统有髓神经纤维的髓鞘是由少突胶质细胞形成,周围神经系统中的雪旺细胞包绕轴索形成髓鞘。髓鞘的绝缘作用,有助于防止神经冲动传导时的电流扩散,使神经元活动互不干扰。

(3)修复与再生作用　成年动物的神经胶质细胞依然保持生长和分裂的能力,尤其在脑和脊髓受伤时能大量增生。当神经元由于疾病、缺氧或损伤而发生变性时,可见局部出现许多巨噬细胞,吞噬变性的神经组织碎片;在神经细胞因损害或衰老而消失后,其空隙由分裂增生的神经胶质细胞所填充,并主要由纤维性星形胶质细胞完成修复。反应性星形胶质细胞能释放大量神经营养因子,刺激神经细胞及其突起的生长,有利于脑损伤的再生与修复。

(4)屏障作用　在电子显微镜的观察下,有10%～30%的星形胶质细胞的终足与毛细血管的内皮细胞、基膜紧密相连,其间无结缔组织纤维分开,构成脑-血屏障。在血管终足内含有大量的线粒体,这种线粒体可能起着离子泵作用促使某些离子和水通过血-脑屏障。星形胶质细胞在血-脑屏障的形成中具有重要的诱导和调节作用。

(5)参与神经免疫调节作用　一是产生细胞因子和补体等免疫分子,二是起抗原细胞作用,三是吞噬作用等。

(6)维持适当的K^+浓度　星形胶质细胞可通过加强自身膜上的钠泵活动,把细胞外液中积聚的K^+泵入胞内,在通过缝隙连接将其分散到其他神经胶质细胞内,从而缓冲了细胞外液中K^+的过分增多,中枢神经系统内环境的离子成分的稳定对神经元正常生理活动极其重要。

(7)摄取和分泌神经递质,参与信息传递　星形胶质细胞反馈调节神经元活动常常是通过产生一些神经活性物质,参与信息传递,能影响神经元活动与突触传递,从而参与神经元网络功能的整合与调节。神经胶质细胞摄取和分泌神经递质有助于维持合适的神经递质浓度。

(8)物质代谢和营养作用　星形胶质细胞还能产生神经营养因子，来维持神经元的生长、发育和生存，并保存其功能的完整性。此外，星形细胞还可合成并分泌 NGF、bFGF(碱性成纤维细胞生长因子)、层黏蛋白、纤黏蛋白、胰岛素样因子及其他细胞外基质成分，有营养和维持神经元生存并促进神经突起生长作用。脑内毛细血管表面 85%的面积被星形胶质细胞的终足所包围，其余的突起则穿行于神经元之间附于神经元胞体的树突上，可能对神经元起到运输营养物质和排除代谢产物的作用。

第二节　神经元之间的功能联系

一、两个神经元之间的信号传递——突触传递

神经元之间没有原生质的直接连续，只是靠彼此靠近而发生接触，一个神经元(突触前神经元)的轴突末梢与其他神经元(突触后神经元)的胞体或突起相接触处所形成的特殊结构，称为突触(synapse)。神经元之间的兴奋传递就是通过突触传递完成的。此外，兴奋也能从一个神经元传递给产生效应的细胞，如肌细胞或腺细胞，神经元与效应细胞相接触而形成的特殊结构也是一种特化的突触。生理学上将这种特化的突触称为接头(junction)，如神经—肌肉接头(nerve-muscle junction)。

(一)经典的突触传递

一个经典的突触由突触前膜(presynaptic membrane)、突触间隙(synaptic cleft)和突触后膜(postsynaptic membrane)三部分组成(图 8-4)。一个神经元一方面能够通过突触传递，作用于许多其他神经元；另一方面，也可以与许多来自不同神经元的突触小体而构成突触。如视网膜中某些神经元只有一个突触，脊髓腹角运动神经元有成千个突触，小脑浦肯野氏细胞则有多达几十万个突触。可见，中枢神经系统神经通路数量较多，并构成十分复杂的网络。

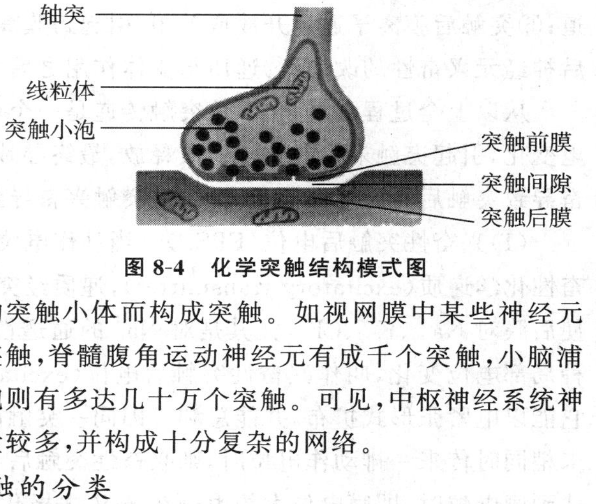

图 8-4　化学突触结构模式图

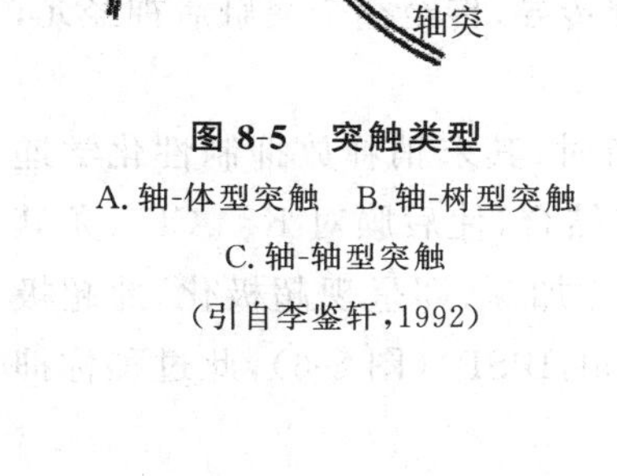

图 8-5　突触类型

A. 轴-体型突触　B. 轴-树型突触

C. 轴-轴型突触

(引自李鉴轩，1992)

1. 突触的分类

通常根据接触的部位与功能特点对突触进行分类。按接触部位分，常见的有轴突—胞体、轴突—树突、轴突—轴突三种类型(图 8-5)。但近年来又发现了其他类型的突触，包括树突—树突、树突—胞体、树突—轴突、胞体—树突、胞体—胞体和胞体—轴突等。按突触的功能，则可分为兴奋性突触与抑制性突触两种。

2. 突触的超微结构

突触前神经元的轴突末梢分出许多小支，每个小支的末梢失去髓鞘并膨大成球状，形成突触小体（synaptic knob），它贴附在下一个神经元的表面，构成突触。突触小体的末梢膜，称为突触前膜；与之相对的下一个神经元的胞体膜或突起膜，称为突触后膜；突触前膜与突触后膜均较一般神经元细胞膜稍厚，约 7.5 nm；两膜之间的缝隙为突触间隙，宽 20～40 nm。在突触前膜内侧有致密突起，它与突触小体内的网格形成囊泡栏栅，栏栅大小恰好容纳一个囊泡（突触小泡，synaptic vesicle）。栏栅结构具有引导突触小泡与突触前膜接触的作用，可促进突触小泡内递质的释放。在突触小体的轴浆内，含有较多的线粒体与大量聚集的突触小泡，其直径为 20～80 nm，内含高浓度的神经递质。突触小泡按大小、形态不同一般分为四种：①小而清亮透明的圆形小泡，内含乙酰胆碱递质；②小且具有致密中心的小泡，内含儿茶酚胺类递质；③大且具有致密中心的小泡，内含神经肽类递质；④扁平小泡，内含 GABA（γ-氨基丁酸）等抑制性神经递质。一种突触可含一种或几种形态的囊泡，其内含有不同的神经递质。在突触后膜上，有丰富的特异性受体或化学门控式通道。

3. 突触的传递机理

化学性突触（chemical synapse）的传递过程主要包括如下几个步骤：①突触前神经元兴奋、动作电位抵达神经末梢，引起突触前膜去极化；②去极化使前膜结构中电压门控式 Ca^{2+} 通道开放，产生 Ca^{2+} 内流；③突触小泡前移与前膜接触、融合；④小泡内递质以胞裂外排方式释放入突触间隙；⑤递质从间隙扩散到达突触后膜，作用于后膜的特异性受体或化学门控式通道；⑥突触后膜离子通道开放或关闭，引起跨膜离子活动；⑦突触后膜电位发生变化，引起突触后神经元兴奋性的改变；⑧递质与受体作用之后立即被分解或移除。

从以上全过程来看，化学性突触传递是一个电-化学-电的过程，即由突触前神经元的生物电变化，引起突触末梢的化学物质释放，最终导致突触后神经元的生物电改变；兴奋性突触兴奋导致突触后膜局部去极化；抑制性突触兴奋导致突触后膜超极化。

（1）兴奋性突触后电位（EPSP） 当动作电位传至轴突末梢时，使突触前膜兴奋，并释放兴奋性化学递质（excitatory transmitter），递质经突触间隙扩散到突触后膜，与后膜的受体结合，使后膜对 Na^+、K^+、Cl^-，尤其是对 Na^+ 的通透性升高，Na^+ 内流，使后膜出现局部去极化，这种局部电位变化，叫作兴奋性突触后电位（excitatory postsynaptic potential，EPSP）（图 8-6）。它能以电紧张形式扩布，并能总和。即同一突触前末梢连续传来多个动作电位，或多个突触前末梢同时传来一排动作电位时，则兴奋性突触后电位就可叠加起来，使电位幅度加大。当电位达到阈电位时，即膜电位大约由 −70 mV 去极化达 −52 mV 左右时，便引起突触后神经元的轴突始段首先暴发动作电位，产生扩布性的动作电位，并沿轴突传导，传至整个突触后神经元，表现为突触后神经元的兴奋，此过程称兴奋性突触传递。

（2）抑制性突触后电位（IPSP） 当抑制性中间神经元兴奋时，其末梢释放抑制性化学递质（inhibitory transmitter）。递质扩散到后膜与后膜上的受体结合，使后膜对 K^+、Cl^-，尤其是对 Cl^- 的通透性升高，K^+ 外流和 Cl^- 内流，使后膜两侧的极化加深，即呈现超极化，此超极化电位叫作抑制性突触后电位（inhibitory postsynaptic potential，IPSP）（图 8-6），此过程称抑制性突触传递。

在中枢神经系统中，一个神经元常与许多其他神经元构成突触联系。在这些突触中，有的是兴奋性突触，有的是抑制性突触，它们兴奋时分别产生的EPSP与IPSP可在突触后神经元的胞体进行整合（即EPSP与EPSP或IPSP与IPSP叠加；EPSP与IPSP抵消），轴突始段则是神经元对两种电位进行整合的整合点。因此，突触后神经元的状态实际上取决于同时产生的EPSP与IPSP的代数和。如果EPSP占优势并达阈电位水平时，突触后神经元产生兴奋；相反，若IPSP占优势，突触后神经元则呈现抑制状态。

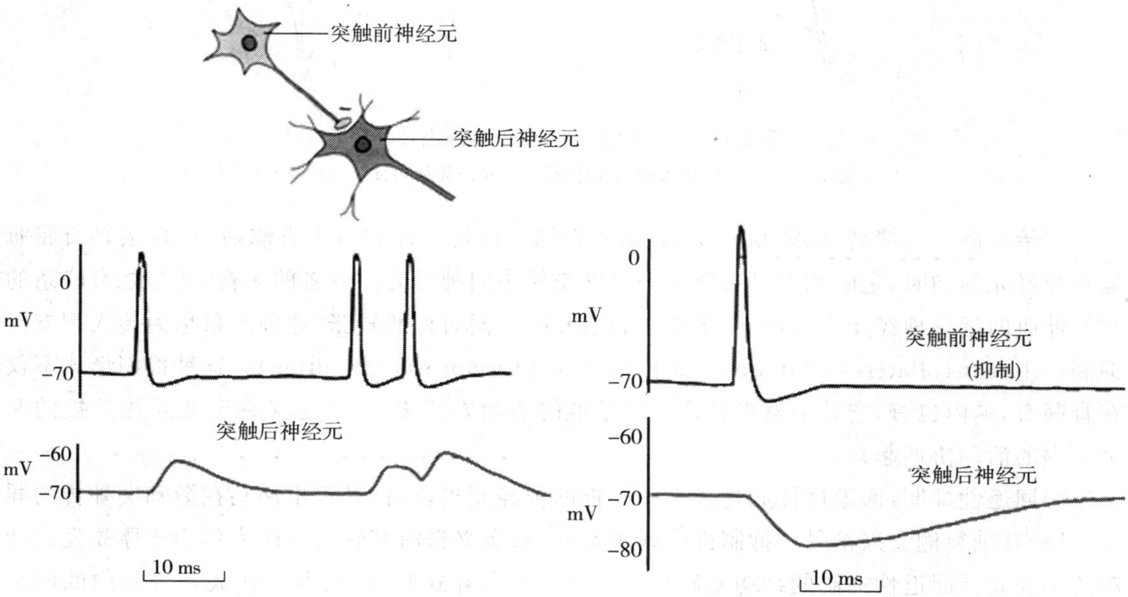

图 8-6　EPSP 和 IPSP

4. 突触的抑制和易化

抑制过程是中枢神经系统的另一种基本神经活动。表现在使机体内某些反射活动减弱或停止，在中枢本身，表现为兴奋性降低，暂时失去传递兴奋的能力，电活动呈超极化状态。所以，抑制过程并不是简单的静止或休息，而是与兴奋过程相对立的主动的神经活动。中枢抑制(central inhibition)有许多与中枢兴奋相类似的基本特征。例如，抑制的发生也需要由刺激引起，抑制也有扩散、集中、总和和后放等。根据中枢神经系统内抑制发生机制的不同，目前认为抑制可分为两类。

(1)突触后抑制(postsynaptic inhibition)　由于突触后膜的兴奋性降低，接受信息的能力减弱所造成的传递抑制。突触后抑制是由抑制性中间神经元的活动引起的，当一个兴奋性神经元的活动唤起抑制性中间神经元兴奋时，因抑制性中间神经元轴突末梢释放抑制性递质，使与其构成突触联系的突触后膜超极化，产生IPSP，从而降低了突触后神经元的兴奋性，使其呈现抑制效应。根据抑制性神经元功能与联系方式的不同，突触后抑制可分为传入侧支性抑制与回返性抑制(图 8-7)。

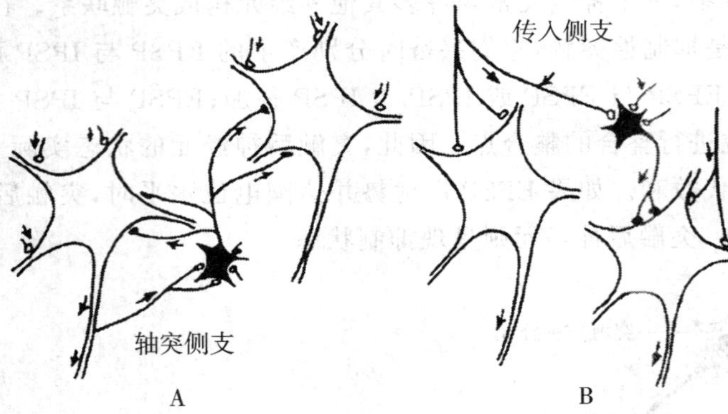

图 8-7　两类突触后抑制(引自陈杰,2003)

A. 回返性抑制　B. 传入侧支性抑制(黑色神经元代表抑制性神经元)

①传入侧支性抑制:以图 8-7(B)为例:兴奋屈肌的传入冲动进入脊髓后,在直接兴奋屈肌运动神经元的同时,它的侧支又兴奋了一个抑制性中间神经元。后者的兴奋,使与之有联系的支配伸肌的运动神经元产生抑制,于是在屈肌收缩的同时伸肌舒张,这种现象称为传入侧支性抑制(afferent collateral inhibition),又称交互抑制(reciprocal inhibition)。这种抑制形式不仅在脊髓有,脑内也有,它是中枢神经系统最基本的活动方式之一,其意义在于使互相拮抗的两个中枢的活动协调起来。

②回返性抑制:回返性抑制是指某一中枢的神经元兴奋时,其传出冲动在沿轴突外传的同时,又经其轴突侧支兴奋另一抑制性中间神经元,后者兴奋沿其轴突返回来作用于原先发放冲动的神经元。回返性抑制的结构基础是神经元之间的环式联系,其典型代表是脊髓内的闰绍细胞对运动神经元的反馈抑制,脊髓腹角运动神经元在发出轴突支配骨骼肌时,其轴突在尚未离开脊髓腹角灰质前发出侧支支配腹角灰质中一种小的神经细胞—闰绍细胞。闰绍细胞是个抑制性中间神经元,它兴奋时使原发放冲动的运动神经元发生抑制。闰绍细胞轴突末梢释放的递质可能是甘氨酸,其作用可被士的宁和破伤风毒素所破坏。如果闰绍细胞的功能被破坏,将会出现强烈的肌肉痉挛。回返性抑制在中枢内广泛存在,它使神经元的兴奋能及时终止,起着负反馈的调节作用。

(2)突触前抑制(presynaptic inhibition)　其结构基础是具有轴突—轴突式突触与轴突—胞体式突触的联合存在。图 8-8 表示突触前抑制的发生过程。脊髓初级传入神经元的轴突末梢(轴突 1)分别与运动神经元 3 的胞体、中间神经元的轴突末梢(轴突 2)构成轴突—胞体式兴奋突触以及轴突—轴突式突触。当轴突 1 单独兴奋时,可在神经元 3 上产生 EPSP,触发该神经元的兴奋。如果先兴奋轴突 2,随后再兴奋轴突 1,则神经元 3 上产生的 EPSP 明显减小。研究表明,轴突 2 兴奋时,释放递质 GABA,激活末梢 1 上的 $GABA_A$ 受体,引起末梢 1 的 Cl^- 电导增加,使传到末梢 1 的动作电位幅度变小。因而 Ca^{2+} 内流量减少,轴突 1 末梢释放的兴奋性递质量减少,导致神经元 3 形成的 EPSP 显著降低,使之不能或难以产生动作电位而表现为抑制效应。由于这种抑制是通过中间神经元的活动,使突触前膜发生去极化幅度降低、释放的递质量减少而产生抑制,故称为突触前抑制。又因为这种抑制发生时,后膜产生的是去极化，而不是超极化，形成的只是减小了的EPSP，而不是IPSP，所以也称之为去极化抑制。

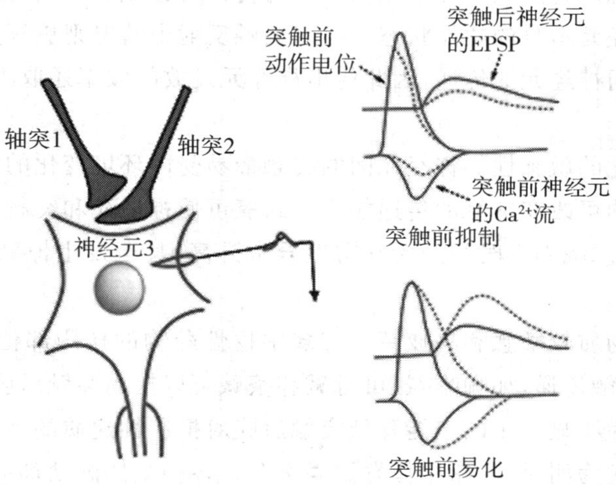

图8-8　产生突触前抑制的神经元联系示意图

突触前抑制在中枢神经系统内广泛存在，尤其多见于感觉传入途径中，因此对调节感觉传入活动具有重要作用。与突触后抑制相比，突触前抑制的潜伏期较长，抑制效应持续时间也长，是一种很有效的抑制作用。

(3)突触前易化(presynaptic facilitation)　研究发现海兔体内存在与产生突触前抑制相似的神经元联系，但神经元1释放的递质是5-HT，它可以引起神经元2内cAMP浓度升高，使K^+通道发生磷酸化而关闭，进而延缓了动作电位的复极化过程，进入末梢的Ca^{2+}增多，2末梢释放递质的量增加，导致神经元3的EPSP幅度增大，此时神经元3的兴奋容易发生。这种通过突触传递使某些生理过程容易发生的现象称为突触前易化。

5. 突触传递的特征

与冲动在神经纤维上的传导相比，突触的传递具有明显不同的特征。

(1)单向传递　突触传递只能由突触前神经元沿轴突传给突触后神经元，不可逆向传递。因为只有突触前膜才能释放递质。因此兴奋只能由传入神经元经中间神经元，然后再由传出神经元传出，使整个神经系统活动有规律进行。但近年来发现，由于突触后靶细胞释放的一些物质(如一氧化氮、多肽等)，可逆向传递到突触前末梢，改变突触前神经元的递质释放过程。因此，从突触前后信息沟通的角度来看也可认为是双向的。

(2)突触延搁　神经冲动由突触前末梢传递给突触后神经元，必须经历递质的释放、扩散及其作用于后膜引起EPSP，总和后才使突触后神经元产生动作电位，这种传递需较长时间的特性即为突触延搁。据测定，冲动通过一个突触的时间约0.3～0.5 ms。

(3)总和作用　突触前神经元传来一次冲动及其引起递质释放的量，一般不足以使突触后膜神经元产生动作电位。只有当一个突触前神经元末梢连续传来一系列冲动，或许多突触前神经元末梢同时传来一排冲动，释放的递质积累到一定的量，才能激发突触后神经元产生动作电位。这种现象称为总和作用。抑制性突触后电位也可以进行总和。

(4)兴奋节律的改变　在一个反射活动中，如果同时分别记录背根传入神经和腹根传出神经的冲动频率，可发现两者的频率并不相同。因为传出神经的兴奋除取决于传入冲动的节律外，还取决于传出神经元本身的功能状态。在多突触反射中情况则更复杂，冲动由传入神经进入中枢后，要经过中间神经元的传递，因此传出神经元发放的频率还取决于中间神经元的功能状态和联系方式。

(5)对内环境变化的敏感性　神经元间的突触最易受内环境变化的影响。缺氧、酸碱度升降、离子浓度变化等均可改变突触的传递能力。缺氧可使神经元和突触部位丧失兴奋性、传导障碍甚至神经元死亡。碱中毒时神经元兴奋性异常升高，甚至发生惊厥；酸中毒时，兴奋性降低，严重时致昏迷。

(6)对某些化学物质较敏感和易疲劳　许多中枢性药物的作用部位大都是在突触。有些药物能阻断或加强突触传递，如咖啡碱、可可碱和茶碱可以提高突触后膜对兴奋性递质的敏感性，对大脑中突触尤为明显。士的宁能降低突触后膜对抑制性递质的敏感性，导致神经元过度兴奋，对脊髓内作用尤为明显，临床用作脊髓兴奋药。各种受体激动剂或阻断剂可直接作用于突触后膜受体而发挥生理效应。

突触是反射弧中最易疲劳的环节，突触传递发生疲劳的原因可能与递质的耗竭有关，疲劳的出现是防止中枢过度兴奋的一种保护性抑制。

6. 突触的可塑性

广义的突触可塑性(plasticity)包括突触传递可塑性、突触发育可塑性和突触形态的可塑性，一般如未作特殊说明，即指突触传递可塑性，突触可塑性是神经科学领域近年来进展最快、取得成果最大的研究领域。其主要表现形式——长时程增强(LTP)和长时程抑制(LTD)现象已被公认为是学习记忆活动的细胞水平的生物学基础。随着有关研究的深入，现已发现突触传递的可塑性除了与学习记忆功能关系密切外，还参与了感觉、心血管调节等其他重要的生理或病理过程。

(二)突触传递的其他方式

除了上述经典的化学性突触外，机体还存在其他类型的兴奋传递方式，如电突触和非突触性化学传递。

1. 电突触传递

构成突触的两个神经元的膜紧贴在一起形成的缝隙连接(gap junction)是电突触(electrical synapse)的结构基础。此种结构的特点是，突触连接处的膜不增厚，突触间隙仅为2～3 nm，阻抗很低，邻近突触膜两侧轴浆内无突触小泡存在，膜上有允许带电离子和局部电流通过的水相蛋白通道。因此电突触无前膜后膜之分，传递一般为双向，而电传递速度快，几乎不存在潜伏期。电突触传递可能有促进不同神经元产生同步化放电的功能。电突触可存在于树突与树突、胞体与胞体、轴突与胞体、树突与胞体以及轴突与树突之间。在哺乳动物的某些脑区，如大脑皮质的星状细胞、小脑皮质的篮状细胞、前庭核、下橄榄核等部位均存在电突触。

2. 非突触性化学传递(non-synaptic chemical transmission)

人们在研究交感节后神经元对平滑肌和心肌的支配方式时发现，肾上腺素能神经元的轴突末梢分支上分布有许多串珠状的膨大结构，称为曲张体(varicosity)，内含装有递质的囊泡，但曲张体与效应器细胞之间并不形成经典的突触联系，而是沿着轴突末梢分支分布于效应器细胞附近。当神经冲动到达曲张体时，曲张体释放出递质，通过扩散到达效应器细胞受体，使效应器细胞发生反应。这种无特定突触结构的化学信息传递，称为非突触性化学传递(图 8-9)。

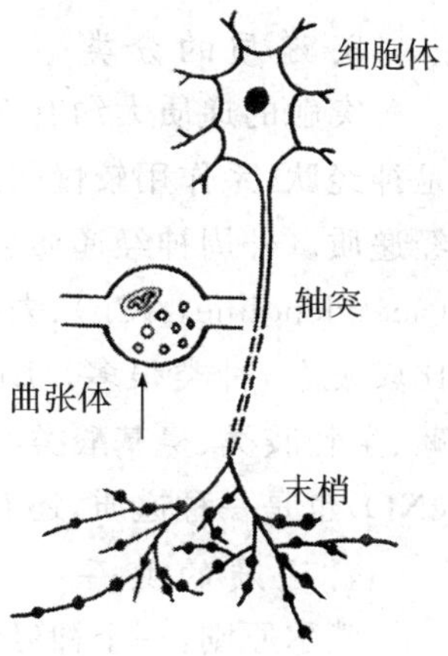

图 8-9　交感神经肾上腺素能神经元示意图

(引自欧阳五庆，2012)

目前已明确，这种传递方式也存在于中枢神经系统内。例如，在大脑皮层内有直径很细的无髓鞘的去甲肾上腺素能纤维，在灰质中的多巴胺能纤维也有许多曲张体；中枢内的 5-羟色胺能纤维也存在非突触性化学传递。因此认为，单胺类神经纤维都能进行非突触性化学传递。此外，这类传递还可以在轴突末梢以外的部位进行，如有的轴突膜能释放乙酰胆碱，有的树突膜能释放多巴胺。

与突触性化学传递相比，非突触性化学传递具有以下几个特点：①不存在特化的突触前膜和后膜等结构；②不存在一对一的支配关系，一个曲张体能支配较多的效应器细胞；③曲张体和效应器细胞间的距离一般大于 20 nm，远的可达几十微米；④递质扩散距离较远，因此传递所费时间可大于 1 s；⑤释放的递质能否产生效应，取决于效应器细胞上有无相应受体。

二、突触传递的信息物质和信息接收机制——神经递质和受体

(一)神经递质

1. 神经递质的概念

神经递质(neurotransmitter)是指在化学突触传递中担当信使的特定化学物质，简称递质。随着神经生物学的发展，陆续在神经系统中发现了大量神经活性物质。

神经递质应符合或基本符合以下几个条件：①在突触前神经元内具有合成递质的前体物质与酶系统，并能合成该递质；②递质贮存于突触小泡内，当兴奋抵达神经末梢时，小泡内递质能释放到突触间隙；③递质经突触间隙作用于突触后膜上的特异受体而发挥其生理作用；④存在能使递质失活的酶或其他失活方式(如重摄取)；⑤有特异的受体激动剂或拮抗剂，并能够分别拟似或阻断该递质的突触传递作用。事实上，用实验方法全部验证上述条件是很困难的，因此关于递质的鉴定标准，意见仍有分歧。

2. 调质的概念

调质是指神经元产生的另一类化学物质，它能调节信息传递的效率，增强或削弱递质的效应，因此把这类化学物质称为神经调质(neuromodulator)，调质所发挥的作用就称为调制作用(modulation)，以区别于递质的传递作用。

但是也有人把递质概念规定得非常严格，认为只有作用于膜受体后导致离子通道开放从而产生兴奋或抑制的化学物质才能称为递质；其他一些作用于膜受体后通过第二信使转而改变膜的兴奋性或其他递质释放的化学物质，均应称为调质。根据后一种观点，递质为数不多，

氨基酸类物质是递质，神经肌肉接头部位释放的乙酰胆碱也是递质，而肽类物质一般均属于调质。但是一般来说，递质与调质无明确划分的界限，调质是从递质中派生出来的概念，不少情况下递质包含调质；本文就没有把两者严格区分开来，统称为递质。

3.递质的分类

突触的递质大约有50多种，大体可分为两类：一类是小分子物质，作用速度很快；另一类是神经肽，系作用较慢的递质或生长因子。根据递质存在部位的不同，又可分为外周与中枢神经递质。外周神经递质包括自主神经和躯体运动神经末梢所释放的递质，主要有乙酰胆碱(acetylcholine，ACh)、去甲肾上腺素(noradrenaline，NA)和肽类递质三类。而中枢神经递质比较复杂，种类很多。脑内可作为中枢神经递质的化学物质有几十种，大致可归纳为乙酰胆碱、生物胺类、氨基酸类与肽类四大类。此外近年来还发现，作为脑内的气体分子，一氧化氮(NO)也是一种递质，还有一氧化碳(CO)也可能作为脑内递质。

4.递质的共存

戴尔原则：一个神经元只含有一种神经递质。后来，免疫细胞化学法应用于生理学之后，人们发现一个神经元可以存在一种或一种以上的神经递质，一般为：递质—递质共存，递质—神经肽共存，神经肽—神经肽共存。(实际上肽类也属于神经递质的一种，此处的递质一般指经典递质)。

5.递质的代谢

包括递质的合成、储存、释放、降解、再摄取和再合成等步骤。

乙酰胆碱和胺类递质的合成是在有关酶的催化下进行的，一般先在胞浆中合成，后被摄入突触小泡内贮存。肽类递质的合成在核内进行，由基因调控，在核糖体上通过翻译而合成。递质由突触前膜释放的过程称为胞吐或胞裂外排。在递质释放过程中，Ca^{2+}的转移具有重要作用。递质作用于受体产生生理效应后的消除过程是多途径的，如ACh主要由胆碱酯酶(ChE)水解产生胆碱和乙酸，胆碱则被重摄取回末梢用于重新合成ACh；NA的消除则通过末梢重新摄取和酶解失活，重摄取是其消除的主要方式；肽类递质的消除主要依靠酶促降解。递质的迅速消除是防止其持续作用、保持神经冲动正常传递的必要条件。

(二)受体

受体(receptor)是指细胞膜或细胞内能与某些化学物质(如递质、调质、激素等)发生特异性结合并诱发生物效应的特殊生物分子。神经递质的受体是带糖链的跨膜蛋白质分子。

能和受体发生特异性结合的化学物质统称为配体(ligand)；受体对相应的配体具有极高的识别能力。体内存在许多能与受体结合的生理功能调节物质，称之为内源性配体，受体都有相应的内源性配体，如神经递质、激素、自身活性物质等；而能与受体特异性结合的药物等外来物质则称为外源性配体。配体充当第一信使的角色，多数不进入细胞，与细胞表面的特异性受体结合，通过改变受体的构型，激活细胞内信号转导过程；少数亲脂性配体可直接进入细胞内与胞内或核内的受体结合，发挥信号转导作用。

受体与配体的结合一般具有以下三个特性：①特异性：特定的受体只能与特定的配体结合，激动剂与受体结合后能产生特定的生物效应，特异性结合并非是绝对的，而是相对的。②饱和性：分布于细胞膜上的受体数目是有限的，因此能与之结合的配体数量也是有限的。③可逆性：配体与受体的结合是可逆的，可以结合，也可以解离，但不同配体的解离常数是不同的，有些拮抗剂与受体结合后很难解离，几乎为不可逆结合。

（三）主要的递质、受体系统

1. 乙酰胆碱（Ach）及其受体

乙酰胆碱（acetylcholine，ACh）是胆碱的乙酰酯，由胆碱和乙酰辅酶 A 在胆碱乙酰转移酶的催化下合成。合成在胞质中进行，然后被输送到末梢储存于突触小泡内。

以 ACh 为递质的神经元称为胆碱能神经元（cholinergic neuron）。胆碱能神经元在中枢分布极为广泛，如脊髓前角运动神经元，包括其轴突发出到闰绍细胞的侧支，丘脑后部腹侧的特异性感觉投射神经元等都是胆碱能神经元，脑干网状结构上行激动系统的各个环节、纹状体、边缘系统的梨状区、杏仁核、海马等部位都含有 ACh。在外周，支配骨骼肌的运动神经纤维、所有自主神经节前纤维、大多数副交感节后纤维（少数释放肽类或嘌呤类递质的纤维除外）、少数交感节后纤维，即支配多数小汗腺引起温热性发汗和支配骨骼肌血管引起防御反应性舒血管效应的纤维，都属于胆碱能纤维。

能与 ACh 特异性结合的受体称为胆碱能受体（cholinergic receptor）。根据其药理特性，胆碱能受体可分为毒蕈碱受体（muscarinic receptor，M 受体）和烟碱受体（nicotinic receptor，N 受体）两类，它们因分别能与天然植物中的毒蕈碱和烟碱这两种生物碱相结合并产生两类不同生物效应而得名。两类受体广泛分布于中枢和周围神经系统。分布有胆碱能受体的神经元称为胆碱能敏感神经元。中枢胆碱能系统几乎参与了神经系统所有的功能，包括学习和记忆、觉醒与睡眠、感觉与运动、内脏活动以及情绪等多方面的调节活动。

（1）毒蕈碱受体（muscarinic receptor，M 受体）　在外周，M 受体分布于大多数副交感节后纤维（除少数释放肽类或嘌呤类递质的纤维外）所支配的效应器细胞、交感节后纤维所支配的汗腺，以及骨骼肌血管的平滑肌细胞膜上。目前已分离出 M1～M5 受体 5 种亚型，均为 G-蛋白偶联受体。

当 M 受体激活时，可改变细胞内第二信使（cAMP 或 IP3 和 DG）的浓度，进而产生一系列自主神经效应，包括心脏活动抑制，支气管平滑肌、胃肠平滑肌、膀胱逼尿肌、虹膜环行肌收缩，消化腺、汗腺分泌增加和骨骼肌血管舒张等，这些作用称为毒蕈碱样作用，简称 M 样作用。毒蕈碱样作用可被 M 受体拮抗剂阿托品（atropine）阻断。

（2）烟碱受体（nicotinic receptor，N 受体）　N 受体存在于自主神经节的突触后膜和神经-骨骼肌接头的终板膜上。小剂量 ACh 能兴奋自主神经节后神经元，也能引起骨骼肌收缩，而大剂量 ACh 则可阻断自主神经节的突触传递。这些作用称为烟碱样作用，简称 N 样作用。烟碱样作用不能被阿托品阻断，但能被筒箭毒碱（tubocurarine）阻断。

N 受体可再分为 N1 和 N2 受体两种亚型，前者分布于中枢神经系统和周围神经系统的自主神经节突触后膜上，因而又称为神经元型烟碱受体（neuron-type nicotinic receptor），可被六烃季铵（hexamethonium）特异性阻断；后者位于神经-骨骼肌接头的终板膜上，所以也称肌肉型烟碱受体(muscle-type nicotinic receptor),可被十烃季铵(decamethonium)特异性阻断。

2.去甲肾上腺素和肾上腺素及其受体

去甲肾上腺素(norepinephrine,NE 或 noradrenaline,NA)和肾上腺素(epinephrine,E 或 adrenaline,A)都属于儿茶酚胺(catecholamine),即含有邻苯二酚基本结构的胺类。在外周神经系统以 NA 为递质的神经纤维,称为肾上腺素能纤维。除少数引起汗腺和骨骼肌血管舒张的交感舒血管纤维外,大多数交感神经节后纤维均为肾上腺素能纤维。在外周,尚未发现以 NA 为递质的神经纤维,外周的肾上腺素是由肾上腺髓质合成和分泌的一种内分泌激素,不属于递质的范围。

在中枢神经系统,肾上腺素、去甲肾上腺素和多巴胺分别组成不同的递质系统:

(1)肾上腺素　以肾上腺素为递质的神经元,称为肾上腺素能神经元。其胞体主要位于延髓和下丘脑,主要参与血压与呼吸的调控。

(2)去甲肾上腺素(NA)　绝大多数 NA 能神经元分布在低位脑干,尤其是中脑网状结构、脑桥的蓝斑、延髓网状结构的腹外侧部分。NA 递质系统对睡眠与觉醒、学习与记忆、体温、情绪、摄食行为以及躯体运动与心血管活动等多种功能均有调节作用。

(3)多巴胺　多巴胺能神经元主要位于黑质-纹状体、中脑边缘系统以及结节-漏斗部分,与调节肌紧张、躯体运动、情绪精神活动以及内分泌活动有密切关系。

机体内能与儿茶酚胺类物质相结合的受体称为肾上腺素能受体(adrenergic receptor),可分为 α 型和 β 型两种。α 受体又可分为 α1 和 α2 受体两个亚型,β 受体则能分为 β1、β2 和 β3 受体三个亚型。

肾上腺素能受体的分布极为广泛,在外周神经系统,多数受交感节后纤维末梢支配的效应细胞膜上都有肾上腺素能受体。但受体种类有所不同,有的效应器仅有 α 受体,有的仅有 β 受体,有的两种受体兼有。而且,受体不仅对交感递质起反应,也可对血液中存在的儿茶酚胺类物质起反应。肾上腺素能受体激动后产生的效应也较为复杂,有兴奋,也有抑制,某些效应器则既有兴奋性的、也有抑制性的效应。效应的不同与以下因素有关:

(1)受体的特性　一般而言,α 受体(主要是 α1)与肾上腺素和 NA 结合后,产生的平滑肌效应主要是兴奋性的,包括血管收缩、子宫收缩、扩瞳肌收缩等,但也有抑制性的,如小肠舒张;β 受体(主要是 β2)与肾上腺素和 NA 结合后产生的平滑肌效应是抑制性的,包括支气管、胃肠道、子宫以及冠状动脉、骨骼肌血管等血管平滑肌的舒张,但心肌 β1 受体与肾上腺素和 NA 结合后产生的效应却是兴奋性的。

(2)配体的特性　NA 对 α 受体作用较强,对 β 受体的作用较弱;肾上腺素则对 α 受体和 β 受体的作用都强;异丙肾上腺素主要对 β 受体有强烈作用。

(3)器官上两种受体的分布情况　如两种受体在血管平滑肌上均有分布,在皮肤、肾、胃肠血管的平滑肌上 α 受体占优势,肾上腺素的作用是产生收缩效应;在骨骼肌和肝脏的血管上,β 受体占优势,肾上腺素的作用主要产生舒张效应。存在于不同部位不同类型的肾上腺素能受体产生的生物效应见表 8-1。

表 8-1 肾上腺素能受体的分布及效应

效应器		受体	效应
眼	虹膜辐射状肌	α1	收缩(扩瞳)
	睫状体肌	β2	舒张
心	窦房结	β1	心率加快
	传导系统	β1	传导加快
	心肌	α1、β1	收缩力加强
血管	冠状血管	α1	收缩
		β2(主要)	舒张
	皮肤黏膜血管	α1	收缩
	骨骼肌血管	α1	收缩
	脑血管	β2(主要)	舒张
		α1	收缩
	腹腔内脏血管	α1(主要)	收缩
		β2	舒张
	唾液腺血管	α1	收缩
	支气管平滑肌	β2	舒张
胃肠	胃平滑肌	β2	舒张
	小肠平滑肌	α2	舒张
		β2	舒张
	括约肌	α1	收缩
膀胱	括约肌	α1	收缩
	逼尿肌	β2	舒张
	三角区和括约肌	α1	收缩
	子宫平滑肌	α1	收缩(有孕子宫)
		β2	舒张(无孕子宫)
皮肤	竖毛肌	α1	收缩
代谢	肝脏	β2	糖酵解增加
	脂肪	β3	分解增加

现代生理学和药理学家已研制出许多肾上腺素能受体的激动剂和受体阻断剂,例如:哌唑嗪(prazosin)为选择性 α1 受体阻断剂,它可阻断 α1 受体的兴奋效应产生降压作用;育亨宾(yohimbine)能选择性阻断 α2 受体;而酚妥拉明(phentolamine)可阻断 α1 与 α2 两种受体的作用,可乐定(clonidine)是 α2 受体激动剂。

阿替洛尔(Atenolol)为选择性 β1 受体阻断剂;普萘洛尔(propranolol)是临床上常用的非

选择性β受体阻断剂，对β1和β2两种受体均有阻断作用。

3. 5-羟色胺及其受体

5-羟色胺(5-HT)递质系统也比较集中，其神经元胞体主要位于低位脑干近中线区的中缝核群内。中枢内的5-HT递质与睡眠、情绪精神活动、内分泌活动、心血管活动以及体温调节有关。此外，它还是脑与脊髓内的一种痛调制递质。

到目前为止，已知的5-羟色胺受体有$5\text{-}HT_1$～$5\text{-}HT_7$共7种受体，在$5\text{-}HT_1$，受体中可分出$5\text{-}HT_{1A}$、$5\text{-}HT_{1B}$、$5\text{-}HT_{1D}$、$5\text{-}HT_{1E}$、$5\text{-}HT_{1F}$五种亚型；在$5\text{-}HT_2$受体中又分出$5\text{-}HT_{2A}$、$5\text{-}HT_{2B}$、$5\text{-}HT_{2C}$（以前称为$5\text{-}HT_{1C}$）三种亚型，在$5\text{-}HT_5$受体中也可分出$5\text{-}HT_{5A}$、$5\text{-}HT_{5B}$两种亚型。这些受体中的大多数是与G-蛋白和腺苷酸环化酶或磷脂酶偶联，但$5\text{-}HT_3$受体是离子通道。这些受体中有些是突触前受体，如部分$5\text{-}HT_{1A}$受体。

4. 氨基酸类递质及其受体

氨基酸类递质主要存在于中枢神经系统内，可分为兴奋性氨基酸和抑制性氨基酸两类。

(1)兴奋性氨基酸　包括谷氨酸(glutamate)和门冬氨酸(aspartate)。谷氨酸在脑和脊髓中含量很高，脑内以大脑皮层、小脑与纹状体的含量最高，脊髓中以背侧部分的含量较多。谷氨酸对所有中枢神经元都表现明显的兴奋作用，可能是感觉传入神经和大脑皮层内的兴奋性递质。它在学习与记忆以及应激反应中均起重要作用，还是脊髓中传递初级痛信息的神经递质。

(2)抑制性氨基酸　包括甘氨酸(glycine)和γ-氨基丁酸(γ-aminobutyric acid，GABA)。甘氨酸为低位中枢如脊髓、脑干的抑制性递质，它可能对感觉和运动反射进行抑制性调控。GABA主要分布在大脑皮层浅层、小脑皮质、浦肯野细胞层、黑质、纹状体与脊髓。它对中枢神经元具有普遍的抑制作用。GABA在调节内分泌活动，维持骨骼肌的正常兴奋性以及镇痛等方面均起重要作用。此外，它还参与睡眠与觉醒机制，并有抗焦虑的作用。

兴奋性氨基酸中谷氨酸受体包括促代谢型受体(metabolic receptor)与促离子型受体(ionotropic receptor)两种类型。促代谢型受体属于G-蛋白偶联受体，已有11种亚型被识别；促离子型受体属于配体化学门控通道，通常有三种类型，分别命名为海人藻酸受体、AMPA受体与NMDA受体。

抑制性氨基酸中的γ-氨基丁酸受体也跟谷氨酸受体一样，分为促代谢型受体和促离子型受体两类。前者称为$GABA_B$受体，为G-蛋白偶联受体；后者称为$GABA_A$受体，是由不同的亚单位构成的Cl^-通道。

5. 肽类递质及其受体

神经肽(neuropeptide)是指分布于神经系统的信息传递或调节信息传递作用的肽类物质。它们可以以调质、递质或激素的形式发挥作用。神经肽主要有以下几类。

(1)速激肽　哺乳类动物的速激肽(tachykinin)包括P物质(substance P)、神经激肽A、神经肽K、神经肽α、神经激肽A(3-10)和神经激肽B等6个成员。已发现和克隆出3种神经激肽受体，即NK-1、NK-2和NK-3受体，分别对P物质、神经肽K和神经激肽B敏感。它们都是G-蛋白偶联受体，均可激活磷脂酶C而增加IP3和DG。P物质在脊髓初级传入纤维中含量丰富，很可能是慢痛传入通路中第一级突触的调质；在黑质-纹状体通路中浓度也很高，其含量与多巴胺成正比;而在下丘脑可能起神经内分泌调节作用。在外周,P物质可引起肠平滑肌收缩,血管舒张和血压下降等效应。

(2)阿片肽 阿片肽(opioid peptide)主要包括β-内啡肽(β-endorphin)、脑啡肽(enkephalin)和强啡肽(dynorphin)三类。β-内啡肽分布于下丘脑、丘脑、脑干、视网膜和腺垂体等处,主要起抑制性调制作用。脑啡肽在脊髓后角胶质区浓度很高,可能与痛觉传入的调制有关。强啡肽在中脑中央灰质、延髓头端腹侧和脊髓后角胶质区浓度较高。已确定的阿片受体有μ、κ和δ受体,均为G-蛋白偶联受体,均可降低cAMP水平。激活μ受体可增加K^+电导,引起中枢神经元和初级传入的超极化;激活κ和δ受体,则可导致Ca^{2+}通道关闭。分布在神经系统各个部位的阿片受体的功能十分复杂。

(3)下丘脑调节肽和神经垂体肽 下丘脑调节腺垂体功能的肽类激素称为下丘脑调节肽(hypothalamic regulatory peptides)。其中大部分激素及其受体也存在于下丘脑以外的脑区,如促甲状腺激素释放激素(TRH)和生长抑素等可在许多脑区发挥神经递质的作用,参与感觉传入、运动传出和智能活动等方面的调节。已发现5种生长抑素受体,即SSTR1~SSTR5受体。它们都与G-白偶联,并通过降低cAMP水平而引起不同的生理效应。其中SSTR2受体可能介导智能活动和抑制生长激素的分泌,而SSTR5受体则可能参与对胰岛素分泌的抑制性调节。

此外,室旁核含有催产素和血管升压素的纤维向脑干和脊髓投射,具有调节交感和副交感神经活动的作用,并能抑制痛觉。

(4)脑-肠肽 脑-肠肽(brain-gut peptide)是指在胃肠道和脑内双重分布的肽类物质,主要有缩胆囊素(CCK)、血管活性肠肽(VIP)、神经降压素、胃泌素释放肽等。脑内有两种CCK,即CCK-4(四肽)和CCK-8(八肽),以及两种CCK受体,即CCK-A和CCK-B受体。CCK-8可作用于两种CCK受体,而CCK-4仅作用于CCK-B受体。CCK在脑内具有抑制摄食行为等多种作用。神经降压素受体和VIP受体也已被克隆,也均为G-蛋白偶联受体。

(5)其他 如血管紧张素Ⅱ、心房钠尿肽、降钙素基因相关肽、神经肽Y等均存在于许多脑区,参与中枢神经系统的调节活动。

6. 其他递质、受体系统

下丘脑后部的结节乳头核内存在组胺能神经元的胞体,它们发出的投射纤维到达中枢内几乎所有部位,包括大脑皮层和脊髓。已知存在H_1、H_2和H_3三种组胺受体。组胺能系统在中枢内的功能尚不确定,可能与觉醒、性行为、腺垂体激素的分泌、血压、饮水和痛觉等的调节有关。

一氧化氮(NO)是一种由血管内皮细胞释放的内皮舒张因子,也在脑内产生。NO与其他递质不同,是一种气体分子,很容易透过细胞膜,直接结合并激活鸟苷酸环化酶。NO可通过改变突触前神经末梢的递质释放,从而调节突触功能。NO还可介导突触传递的可塑性,使用NO合酶抑制剂后,海马的长时程增强效应被完全阻断。NO还具有神经保护作用。

一氧化碳(CO)是另一种可能作为脑内递质的气体分子,它是在血红素代谢过程中由血红素氧合酶的作用而形成的。其作用与NO相似,也能激活鸟苷酸环化酶。

三、多个神经元之间的功能联系——反射与反射弧

神经系统中神经元的数量巨大、突触联系错综复杂，递质、受体系统多种多样。然而，神经活动的进行是遵循一定的规律的，反射（reflex）则是实现神经系统功能的最基本方式。

（一）反射与反射弧

1.反射的概念

反射是指在中枢神经系统的参与下，机体对内、外环境变化所做出的规律性应答。执行反射的全部神经结构称为反射弧，任何反射活动都要通过反射弧才能实现。

2.反射弧的组成

反射的结构基础和基本单位是反射弧（reflex arc）。反射弧包括感受器、传入神经、反射中枢、传出神经和效应器五个组成部分（图 8-10）。

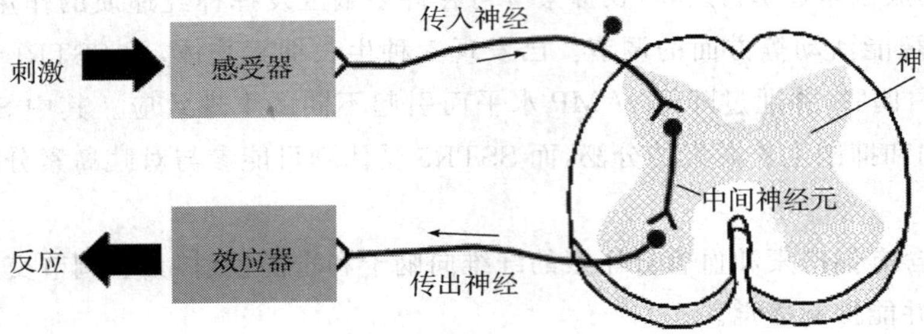

图 8-10　反射弧的基本组成

感受器一般是神经末梢的特殊结构，是一种换能装置，可将所感受到的各种刺激的信息转变为神经冲动。感受器的种类多，分布广，有严格的特异性，只能接受某种特定的适宜刺激。

传出神经纤维末梢及其所支配的肌肉或腺体一起称为效应器（effector）。这种从中枢神经向周围发出的传出神经纤维，终止于骨骼肌或内脏的平滑肌或腺体，支配肌肉或腺体的活动。

按神经末梢分布部位的不同，可分为躯体运动神经末梢和内脏运动神经末梢。运动神经末梢分布到骨骼肌纤维并和肌纤维紧密相贴组成运动终板。

内脏运动神经末梢分布在内脏的平滑肌和腺上皮细胞等处。神经纤维较细，无髓鞘，末梢分支呈丛状；末端膨大成小结或扣环，包绕肌纤维或穿行于腺细胞之间。

3.反射的基本过程

感受器感受到一定的刺激并产生兴奋，兴奋以神经冲动的形式经过传入神经传向神经中枢，神经中枢通过分析与综合产生兴奋，经一定传出神经到达效应器，发生相应活动。反射弧的任何一个环节中断，反射都不能发生。

在整体情况下发生反射活动时，感觉冲动传入脊髓或脑干后，一方面在同一水平与传出部分发生联系并发出传出冲动，同时还有上行冲动传导到更高级的中枢部位，乃至位于大脑皮层的中枢，通过高级中枢的整合，再发出下行冲动来调整反射的传出冲动。因此，在反射发生时，

既有初级水平的整合活动，又有较高级水平的整合活动，通过多级水平的整合后，反射活动便具有更大的复杂性和适应性。

神经中枢的活动可通过传出神经直接作用于效应器，在某些情况下，传出神经还可以作用于内分泌腺，通过分泌激素再间接地作用于效应器。这时的激素调节成了神经调节的延伸部分。反射效应在内分泌腺的参与下，往往变得比较缓慢、广泛而持久。例如，强烈的疼痛刺激可以通过交感神经反射性地引起肾上腺髓质激素分泌增加，从而产生广泛的反应。

（二）中枢神经元的联系方式

中枢神经系统由数以千亿、种类繁多的神经元所组成，它们之间通过突触联系，构成非常复杂多样的联系方式。归纳起来最基本的联系方式有辐散式、聚合式、链锁式与环式等几种（图 8-11）。

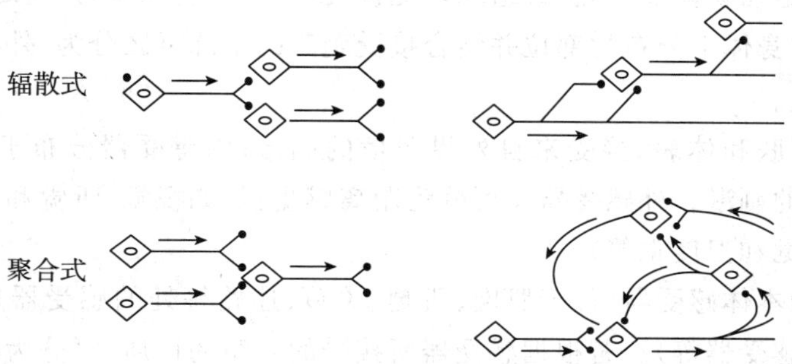

图 8-11　中枢神经元的联系方式

⟶：兴奋传导方向

1. 辐散式

一个神经元的轴突通过其分支分别与许多神经元建立突触联系的方式称为辐散式联系。这种联系方式能使一个神经元的兴奋引发许多其他神经元同时兴奋或抑制，从而扩大了神经元活动的影响范围。机体内传入神经元与其他神经元发生突触联系时主要取此种方式。

2. 聚合式

一个神经元的胞体和树突接受来自许多神经元的突触联系的联系方式，称为聚合式联系。它使许多神经元的作用集中到同一神经元上，从而发生总和或整合作用。传出神经元接受的不同轴突来源的突触联系，主要表现为聚合式的联系。

3. 链锁式与环式

在中间神经元之间的联系形式中，辐散式与聚合式可同时存在。有的还形成链锁式（chain circuit）或环式（recurrent circuit）的联系方式。神经元一个接一个依次连接，构成链锁式联系；兴奋通过链锁式联系，可以在空间上加强或扩大作用范围。一个神经元通过其轴突侧支与多个神经元建立突触联系，而后继神经元通过其轴突，又回返性的与原来的神经元建立突触联系，形成一个闭合环路，称环式联系。兴奋通过环式联系可能引起正、反两种反馈，相应地产生后发放（after discharge）效应或使兴奋及时终止。

机体通过反馈调节确保反射活动的正常进行。

第三节 神经系统的感觉功能

感觉是神经系统反映机体内外环境变化的一种特殊功能。感觉的产生首先是由体内外的感受器或感觉器官感受刺激,并将各种各样的刺激能量转换成在传入神经上传导的动作电位,并通过各自的神经通路传向中枢,经中枢分析综合后,到达大脑皮层的特定区域形成感觉。因此,感觉是由感受器、传入系统和大脑皮层感觉中枢三部分共同活动而产生的。

一、感受器

(一)感受器的定义和分类

感受器(receptor)是动物体表、体腔或组织内能接受内、外环境刺激,并将之转换成神经冲动的结构。按感受器在身体上分布的部位并结合接受刺激的来源可区分为:外感受器、内感受器和本体感受器三大类。

外感受器分布于皮肤和体表,接受来自外界环境的刺激;内感受器分布于内脏和躯体深部,接受来自机体内部的刺激。外感受器又可分为距离感受器(如视觉、听觉和嗅觉)和接触感受器(如触觉、压觉、味觉和温度觉等)。

内感受器又可分为本体感受器(位于肌肉、肌腱、关节、迷路等处的感受器)和内脏感受器(位于内脏和血管上的感受器等)。若根据感受器所接受的刺激的性质,可分为机械感受器、温度感受器、光感受器和化学感受器等。

本体感受器分布于骨骼肌肌腹、肌腱、关节囊、韧带和内耳味觉器等处,接受机体运动和平衡时产生的刺激。

(二)感受器的一般生理特性

1. 感受器的适宜刺激

一种感受器通常只对一种特定能量形式的刺激最敏感,这种形式的刺激就称为该感受器的适宜刺激(adequate stimulus)。引起某种感觉所需要的最小刺激强度称为感觉阈(sensory threshold)。感受器对于适宜刺激以外的一些非适宜刺激也可以起反应,但所需的刺激强度往往要比适宜刺激大得多。所以,机体内、外环境的各种刺激,总是先被它们相对应的感受器感受。

2. 感受器的换能作用

即能把作用于它们的各种形式的刺激能量转变为相应传入神经纤维上动作电位,传入中枢神经系统相应部位。中枢神经系统通过众多传入神经纤维获得来自各感受器的传入信号。

3. 感受器编码作用

来自任何感受器的传入冲动,都是一些在波形和产生原理上基本一致的动作电位,而不同类型的感觉则是通过感受器的编码作用实现的。实验证明,不同种类的感觉的引起,不但决定于刺激的性质和被刺激的感受器,也决定于传入冲动所到达的大脑皮层的终端部位。例如,用电刺激作用视神经,人为地使它产生传向枕叶皮层的传入冲动或者直接刺激枕叶皮层使之产生兴奋，均会引起光亮的感觉。这说明，感觉的性质决定于传入冲动所到达的高级部位而不决定于动作电位本身的特性。也就是说，在整体情况下对刺激物类型的分辨过程是：在进化过程中由于感受装置的分化，使其一感受器变得对某种性质的刺激特别敏感而分辨出刺激物的类型。

4. 感受器的适应现象

当刺激作用于感受器时，刺激虽然仍在继续作用，但传入冲动频率已开始下降，这一现象称为感受器的适应现象。感觉的适应不仅与感受器有关，也与产生感觉的中枢特性有关。不同的感受器适应出现的快慢有很大差别，并各有其意义：

①快适应感受器：如皮肤触觉感受器。快适应可以看作是一种信息封闭的形式，目的在于避免神经系统被那些不再能提供有效信息的刺激所掩没。例如，触觉的作用一般在于探索新异的物体或障碍物，它的快适应有利于感受器再接受新的刺激。

②慢适应感受器：如肌梭、痛觉、颈动脉窦压力感受器。慢适应有利于对机体某些机能如姿势等进行持久的调节，并对那些特别重要的刺激保持高度的警惕性。适应并非疲劳，因为对某一刺激产生适应之后，增加此刺激的强度又可引起传入冲动的增加。

5. 对比现象和后作用

在接受某种刺激之前或同时又受到另一种性质相反的刺激时，感受器的敏感性提高的现象，称为对比现象。例如在黑暗的背景上看到白色物体或白色背景上看到黑色物体，都会产生黑白分明的感觉。

感觉有明显的后作用。当引起感觉的刺激消失后，感觉一般会持续存在若干时间，然后才逐渐消失。刺激越强，感觉的后作用也越长。例如，当光源发出的闪光频率达到一定值时，在视觉中产生的是不间断的光觉，电影就是根据这一原理发明的。

二、感觉传导通路

传导通路可分为感觉（上行）传导通路和运动（下行）传导通路。感觉冲动经过周围神经传入中枢，通过几次中继后，最后到达大脑皮质，这种从感受器到达脑的神经通路称为感觉（上行）传导通路，大脑皮质分析信息后，再发冲动经下行纤维，至脑干或脊髓中继后，再经周围神经到达效应器，这种从脑到达效应器的神经通路称为运动（下行）传导通路。来自各感受器的神经冲动，除通过脑神经传入中枢以外，大部分经脊神经背根进入脊髓，然后分别经由各自的前行传导路径传至丘脑，再经换元抵达大脑皮层感觉区。

（一）脊髓的感觉传导功能

由脊髓前传到大脑皮层的感觉传导路径可分为两大类：

1. 浅感觉传导路径

传导痛、温觉与轻触觉。其传入纤维由背根的外侧部进入脊髓，在背角更换神经元后，再发出纤维在中央管前交叉到对侧，分别经脊髓—丘脑侧束（传导痛、温觉）和脊髓—丘脑腹束（传导轻触觉）前行抵达丘脑。

2. 深感觉传导路径

深感觉传导路径传导肌肉本体感觉和深部压觉，其传入纤维由后根的内侧部（粗纤维部分)进入脊髓后,其上行分支在同侧后索上行,抵达延髓下部薄束核和楔束核后更换神经元,再发出纤维进行交叉到对侧,经内侧丘系至丘脑。皮肤触觉中的辨别觉,其传导路径却和深感觉传导路径一致。

因此,浅感觉传导路径是先交叉再上行,而深感觉传导路径是先上行再交叉;在脊髓半离断的情况下,浅感觉的障碍发生在离断的同侧(图 8-12)。在脊髓空洞症患者,中央管部分有空腔形成,破坏了在中央管前进行交叉的浅感觉传导路径,造成浅感觉障碍。但由于痛、温觉传入纤维进入脊髓后,在进入水平的 1～2 个节段内更换神经元交叉到对侧,而轻触觉传入纤维进入脊髓后分成上行与下行纤维,分别在多个节段内更换神经元交叉至对侧,因此较局限地破坏中央管前交叉的浅感觉传导路径,仅使相应节段双侧皮节的痛、温觉发生障碍,而轻触觉基本不受影响(辨别觉完全不受影响),造成脊髓空洞症患者出现痛、温觉和触觉障碍的分离现象。

来自头面部的痛觉、温度觉冲动主要由三叉神经脊束核中继,而触觉与肌肉本体感觉主要由三叉神经的主核和中脑核中继,自三叉神经脊束核和主核发出的二级纤维交叉至对侧组成三叉丘系,它与脊髓丘脑束毗邻前行,终止于丘脑的后内侧腹核。

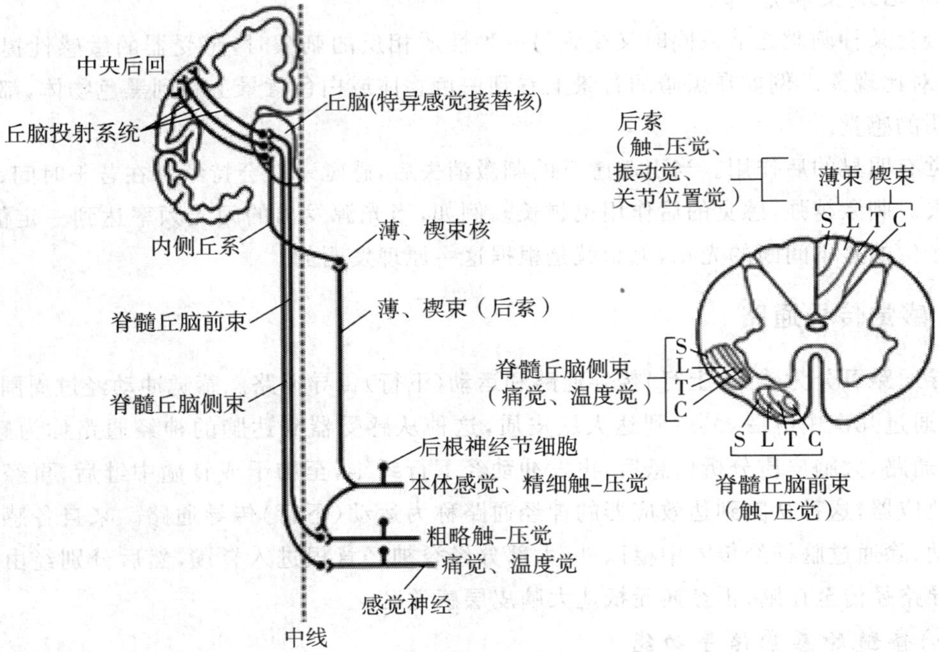

图 8-12　四肢和躯干的体表感觉传导通路及脊髓横断面示意图(引自陈杰,2003)

S:骶　L:腰　T:胸　C:颈

(二)丘脑及其感觉投射系统

丘脑是位于皮质下的卵圆形灰质块,有数十个神经核团(简称神经核)组成。丘脑接受除嗅觉外的所有感觉的投射,是最重要的感觉接替站,可进行感觉的粗糙分析与综合。丘脑与下丘脑、纹状体之间有纤维彼此联系,三者成为许多复杂的非条件反射的皮层下中枢。丘脑与大脑皮质之间的联系所构成的丘脑-皮质投射，决定大脑皮质的觉醒状态与感觉功能。故丘脑的病变可能导致感觉异常，如感觉减退或感觉过敏等。在大脑皮层不发达的动物中，丘脑是感觉的最高级中枢。

1. 丘脑核团的分类

根据神经联系和感觉功能特点，丘脑的核团大致可分为三大类(图 8-13)。

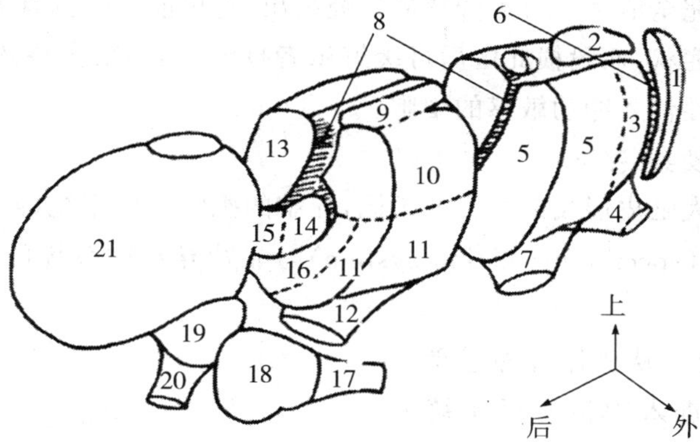

图 8-13　右侧丘脑主要核团示意图

(引自 南京农业大学《家畜生理学》，2007)

1. 网状核(大部分已切去，只显示前面一部分)　2. 前核　3. 前腹核　4. 苍白球传来纤维　5. 外侧腹核　6. 外髓板　7. 小脑传来纤维　8. 内髓板及髓板内核群　9. 背外侧核　10. 后外侧核　11. 后外侧腹核　12. 内侧丘系　13. 背内核　14. 中央中核　15. 束旁核　16. 后内侧腹核　17. 视束　18. 外侧膝状体　19. 内侧膝状体　20. 外侧丘系　21. 丘脑枕

(1)第一类(感觉接替核)　是接受感觉的投射纤维，并经过换元进一步投射到大脑皮层感觉区的那些细胞群，例如后腹核的外侧与内侧部分(分别称为后外侧腹核和内侧腹核)、内侧膝状体、外侧膝状体等。后外侧腹核为脊髓丘脑束与内侧丘系的换元站，同躯干、肢体感觉的传导有关；后内侧腹核为三叉丘系的换元站，与头面部感觉的传导有关。后腹核发出的纤维向大脑皮层感觉区投射，不同部位传来的纤维在后腹核内换元有一定的空间分布，下肢感觉在后腹核的最外侧，头面部感觉在后腹核内侧，而上肢感觉在中间部位；这种空间分布与大脑皮层感觉区的空间定位相对应。内侧膝状体是听觉路的换元站，发出纤维向大脑皮层听区投射。外侧膝状体是视觉传导路的换元站，发出纤维向大脑皮层视区投射。因此，上述细胞群是所有特定的感觉冲动(除嗅觉外)传向大脑皮层的换元接替部位，称为感觉接替核。

(2)第二类(联络核)　接受由第一类核团和其他皮层下中枢来的纤维(但不直接接受感觉的投射纤维)，换元后投射到大脑皮层某一特定区域。例如，丘脑枕接受内侧与外侧膝状体的纤维，并发出纤维投射到大脑皮层的顶叶、枕叶和颞叶的中间联络区，参与各种感觉的联系功能。此外，丘脑还有许多神经核，发出纤维向下丘脑、大脑皮层的前额叶和眶区或顶叶后部的联络区等区域投射；丘脑前核接受下丘脑乳头体来的纤维，并发出纤维投射到大脑皮层的扣带回，参与内脏活动的调节；丘脑的外侧腹核主要接受小脑、苍白球和后腹核的纤维，并发出纤维投射到大脑皮层的运动区，参与皮层对肌肉运动的调节。以上这些核团投射到大脑皮层的联络区，在功能上与各种感觉在丘脑和大脑皮层水平的联系协调有关，总称为联络核。

(3)第三类(主要是髓板内核群)　是靠近中线的所谓内髓板以内的各种结构,主要是髓板内核群,包括中央中核、束旁核、中央外侧核等。一般认为,这一类细胞群没有直接投射到大脑皮层的纤维,但也有人认为其中部分核团可向边缘叶、眶回投射。事实上,这些细胞群可以间接地通过多突触接替换元后,然后弥散地投射到整个大脑皮层,起着维持大脑皮层兴奋状态的重要作用。一般认为,这些核群向大脑皮层作弥散性投射,是间接通过丘脑网状核等实现的,但具体投射途径还不完全清楚。对束旁核的研究指出,它可能与痛觉有关;刺激人的丘脑束旁核可加重患者的痛觉症状,而毁损此区后可缓解患者疼痛;动物束旁核的电生理研究观察到,核内确实存在对伤害性传入冲动敏感的细胞。

2.丘脑的感觉投射系统

根据丘脑核团向大脑皮层投射特征的不同,丘脑的感觉投射系统(sensory projection system)分特异投射系统(specific projection system)与非特异投射系统(non-specific projection system)(图 8-14)。

(1)特异投射系统　从机体各种感受器发出的神经冲动,进入中枢神经系统后,由固定的感觉传导路径,集中到达丘脑的一定神经核(嗅觉除外),由此发出纤维投射到大脑皮质的各感觉区,产生特定感觉,这种传导系统叫作特异性投射系统。

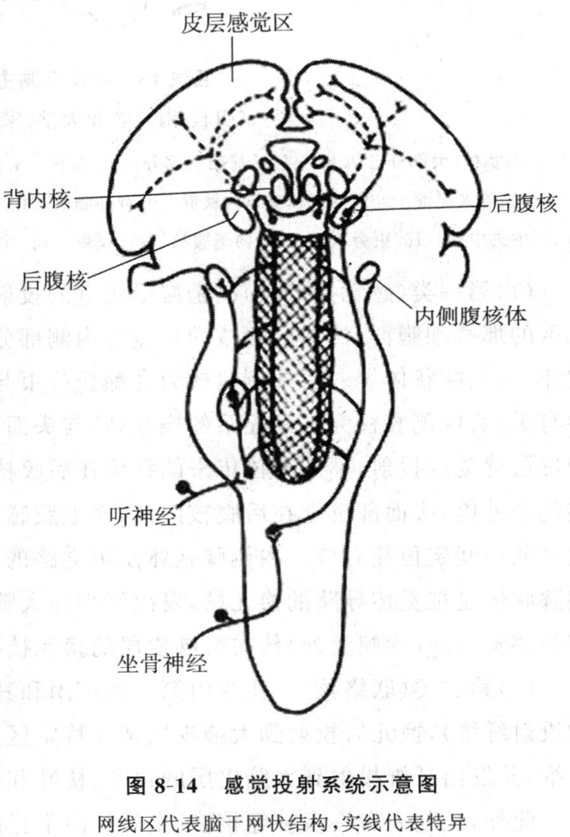

图 8-14　感觉投射系统示意图

网线区代表脑干网状结构,实线代表特异投射系统,虚线代表非特异系统

(引自杨秀平,2009)

典型的感觉传导路径,一般是由三级神经元的接替完成的。第一级神经元位于脊神经节或有关的脑神经感觉神经节内;第二级神经元位于脊髓背角或脑干的有关神经核内;第三级神经元在丘脑的后腹核内。但特殊感觉(视觉、听觉、嗅觉)的传导路径较为复杂。因此,丘脑是特异性传导系统的一个重要接替站,它对各种传入冲动(嗅觉除外)进行汇集,并作初步的分析和综合,产生粗略的感觉,但对刺激的性质和强度,则不能进行精确的分析。

(2)非特异投射系统　感觉传导向大脑皮质投射时,即特异性投射系统的第二级神经元的纤维通过脑干时,发出侧支与脑干网状结构的神经元发生突触联系,然后在网状结构内通过短轴突多次换元而投射到大脑皮质的广泛区域。这一投射系统是不同感觉的共同前行途径。由于各种感觉冲动进入脑干网状结构后，经过许多错综复杂交织在一起的神经元的彼此相互作用，就失去了各种感觉的特异性，因而投射到大脑皮质就不再产生特定的感觉。所以，把这个传导系统叫作非特异性投射系统。此系统的作用一是激动大脑皮质的兴奋活动，使机体处于醒觉状态，所以非特异性投射系统又叫脑干网状结构上行激动系统(ascending activating system)。当这一系统的传入冲动增多时，皮质的兴奋活动增强，使动物保持醒觉状态，甚至引起激动状态；当这一系统的传入冲动减少时，皮质兴奋活动减弱，使动物处于相对安静状态，甚至皮质的广大区域转入抑制状态而引起睡眠。二是调节皮质各感觉区的兴奋性，使各种特异性感觉的敏感度提高或降低。如果这一系统受到损伤，使皮质的兴奋活动减弱，动物将陷入昏睡。由于这一系统是一个多突触接替的前行系统，所以它易受麻醉药物的作用而发生传导障碍。有些麻醉药如冬眠灵等，就是作用于脑干网状结构，阻断了这条通路，降低了皮质的兴奋性，从而引起安静和睡眠。

要在大脑皮质产生感觉，有赖于特异性和非特异性投射系统的互相配合。只有通过非特异性投射系统的冲动，才能使大脑皮质的感觉区保持一定的兴奋性。同时只有通过特异性投射系统的各种感觉冲动，才能在大脑皮质中产生特定的感觉。

三、大脑皮层的感觉分析功能

大脑皮层是感觉的最高级中枢，它接受身体各部分传来的冲动，进行精细的分析与综合后产生感觉，并发生相应的反应。不同的感觉在大脑皮层内有不同的代表区。但大脑皮层的感觉代表区的功能性差别不是绝对的，它只能表明在一定的区域内对一定功能有比较密切的联系，并不意味着各感觉区之间互相孤立和各不相关。事实上，它们之间在功能上密切联系，协同活动，产生各种复杂的感觉。

(一)躯体感觉区

定位于大脑皮质顶叶。全身的浅感觉和深感觉的冲动，经丘脑都投射到此区。低等哺乳类如兔、鼠等的躯体感觉区与躯体运动区基本重合在一起，统称感觉运动区(sensorimotor area)。而猫、犬和家畜的躯体感觉区与躯体运动区也有重叠之处，但躯体感觉区主要在十字沟的后侧和外侧，叫做第一感觉区。动物愈高等，躯体感觉区与躯体运动区愈明显分离。如灵长类动物(如猴)躯体感觉区在顶叶中央后回，而躯体运动区则在额叶中央前回。

躯体感觉在大脑皮质的投影有以下规律：①具有左右交叉的特点，但头面部的感觉投影是双侧性的。②前后倒置，即后肢投影在大脑皮质顶部，且转向大脑半球内侧面，而头部投影在底部(图 8-15)。③投影区的大小取决于感觉的灵敏度、机能重要程度和动物特有的生活方式。研究表明，马和猪的躯体感觉以鼻部所占的投影区最大，而绵羊和山羊则以上下唇最大。这说明鼻、唇是这些动物觅食的主要器官，机能重要，灵敏度高，故投影区大。

在人和高等动物的脑，还存在着第二感觉区(somatic sensory area Ⅱ)。它位于中央前回与脑岛之间，其面积较小，体表感觉在此区的投射是双侧性的，空间安排呈正立位。它对感觉仅有粗糙的分析作用，其感觉定位不明确，性质不清晰。

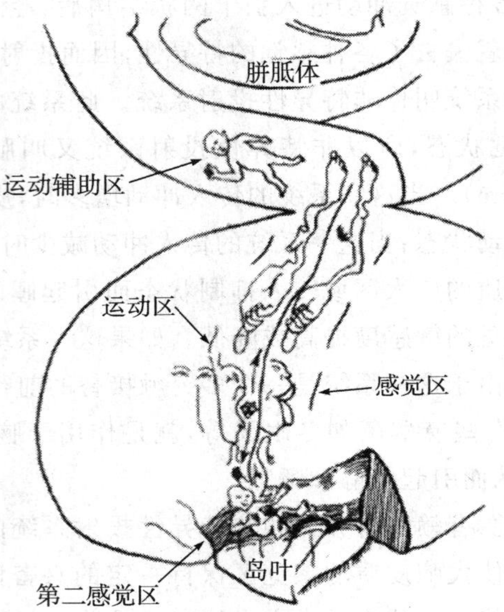

图 8-15　大脑皮层体表感觉与躯体运动

功能代表区示意图(引自陈杰,2003)

(二)感觉运动区

位于中央前回,即躯体运动区,也是肌肉本体感觉投影区,它与外周神经联系是对侧的。

(三)视觉区

位于皮层的枕叶,此区接受视网膜传入的冲动,再通过特定的纤维,投射到此区的一定部位。

(四)听觉区

位于皮层的颞叶。听觉的投射是双侧性的,即一侧皮层的代表区接受来自双侧耳蜗的传入投射,但与对侧的联系较强。

(五)嗅觉和味觉区

嗅觉区在大脑皮层的投射区随着进化而缩小。在高等动物只有边缘皮层的前底部区。味觉区在中央后回面部感觉投射区的下部。

(六)内脏感觉区

该区的投射范围较为弥散,传入纤维可重叠在一定的体感区。如上腹部内脏的传入与躯干区重叠,盆腔的传入则投射于下肢代表区。此外,边缘系统的皮层部位也是内脏感觉的投射区。

四、痛觉

痛觉是有机体受到伤害性刺激或潜在伤害性刺激所产生的感觉。疼痛发生时常伴有植物性的反应,如肾上腺素的分泌,血压上升、血糖升高等,是有机体内部的警戒系统,能引起防御性反应,具有保护作用。但是强烈的疼痛会引起机体生理功能的紊乱,甚至休克。

(一)伤害性感受器

伤害性感受器(nociceptor)是背根神经节和三叉神经节中感受和传递伤害性信息的初级感觉神经元的外周末梢部分。形态学上是未特化的游离神经末梢,广泛地分布于皮肤、肌肉、关节和内脏器官。

一般认为伤害性感受器并无特殊的适宜刺激,任何形式的刺激只要达到一定强度而且对机体有伤害性者,都可作用于伤害性感受器而引起疼痛。也有人认为,伤害性感受器是特异性的,但其特异性不如其他感受器,因为它可以对其他各种强刺激起反应,如对电、机械与化学能量的刺激起反应。此外,温热性刺激也可以引起痛觉,但其引起伤害性感受器兴奋的阈值比引起温度感受器兴奋的阈值要高约100倍以上。

近年来,疼痛的化学性感受学说已为人们所注意,该学说认为伤害性感受器实际上是一种化学感受器,在外伤、炎症、缺血、缺氧等伤害性刺激的作用下,损伤组织局部释放或合成一些致痛的化学物质,主要包括 H^+、K^+、5-羟色胺、组胺、缓激肽、P物质、前列腺素、白三烯、血栓素与血小板激活因子等,它们在达到一定浓度时,或兴奋伤害性感受器,或使伤害性感受器致敏,产生痛觉传入冲动,进入中枢引起痛觉。

(二)皮肤痛觉

伤害性刺激作用皮肤时,可先后出现快痛(fast pain)与慢痛(slow pain)两种性质的痛觉。快痛又称第一痛或急性痛,是一种尖锐的刺痛,其特点是产生与消失迅速,感觉清楚,定位明确,常引起时相性快速的防卫反射,吗啡对快痛无止痛作用或作用很弱。快痛一般属生理性疼痛。

慢痛又称第二痛,一般在刺激作用后0.5~1.0 s才能感觉到,特点是定位不太明确,持续时间较长,为一种强烈而难以忍受的烧灼痛,通常伴有情绪反应及心血管与呼吸等方面的反应,吗啡止痛效果明显。慢痛一般属病理性疼痛。在外伤时,上述两种痛觉相继出现,不易明确区分;皮肤有炎症时,常以慢痛为主。此外,深部组织(如骨膜、韧带和肌肉等)和内脏的痛觉,一般也表现为慢痛。

实验证明,传导快痛的神经纤维可能是有髓鞘的 $A\delta$ 纤维,其传导速度较快,兴奋阈值较低;传导慢痛的神经纤维可能是无髓鞘的C纤维,其传导速度较慢,兴奋阈值较高。痛觉传入冲动可通过痛觉传导通路抵达大脑皮层的体表感觉区而产生定位的痛觉,也可通过侧支传导经脑干网状结构而抵达边缘系统,引起痛的植物性反应和情绪反应。

痛觉的中枢神经通路,不像其他感觉那样明确。过去一直认为脊髓中的前外侧索传导痛觉,因为经外科手术切断人脊髓的前外侧索,可以使切面以下的身体表面丧失痛觉,但是切断后经过一个时期,痛觉又会出现,这使人们相信痛觉的中枢通路是弥散的。研究发现在脊髓中存在着6条传导痛觉的通路(新脊丘束、旧脊丘束、脊网束、脊颈束、背索、灰质神经元链)。在脑内,和痛觉有关的神经通路也是很弥散的,这是痛觉特殊的地方。

脑和脊髓内的痛觉通路虽然是弥散的,但是,如果用微电极(尖端只有1 μm左右)记录神经细胞电反应,还是可以在一定的部位找到只对伤害性刺激发生反应的细胞。例如在脊髓背角的第Ⅰ层就有这样的细胞。中国神经生理学家张香桐在丘脑内侧的束旁核找到只有在给皮肤伤害性刺激时,才发生反应的细胞。这种反应表现为长而持续的放电,潜伏期长(在大鼠约

200 ms)，缺少适应性(反应不随反复刺激而减弱)，可以被吗啡所取消或减弱。这种细胞被称为痛敏神经元。20 世纪 70 年代以后，在中枢许多部位都发现痛敏神经元。

在脊髓第Ⅴ层有一种广动力型细胞，它和痛觉信息的传递也有密切的关系。这种细胞接受各种类型的皮肤传入纤维的投射，对于触毛、触、压、温度及伤害性刺激等都能发生反应，而对伤害性刺激的反应具有特殊形式，即高频持续放电。此外，在从脊髓到丘脑的许多部位还看到另一现象，即有一些神经自发的放电活动，给予身体伤害性刺激时，放电活动暂时减少或停止。看来，痛觉信息在中枢的传递是复杂的、多样的。

(三)内脏痛与牵涉痛

1. 内脏痛

内脏痛的感受器也是游离神经末梢，其传入纤维走行在植物神经干中，即迷走神经、交感神经和盆神经中。

内脏痛与皮肤痛相比较有下列的特征：①由于内脏感觉神经末梢的分布比皮肤神经末梢稀疏，因此由内脏传入所产生的感觉比较模糊、弥散、定位不精确，有时甚至不引起主观感觉。产生内脏痛时，也不易明确指出疼痛的确切部位，而且内脏痛比较缓慢而持久。②引起皮肤痛的刺激(如刀割、烧灼等)，一般不引起内脏痛，而脏器的过度膨胀、牵拉、缺血、痉挛、炎症等刺激则能产生内脏病。

2. 牵涉痛

某些内脏疾病往往可引起体表一定部位发生疼痛或痛觉过敏，这种现象称为牵涉痛(referred pain)。每一内脏有特定牵涉痛区，如心肌缺血时，可出现左肩、左臂内侧、左侧颈部和心前区疼痛；胆囊炎、胆结石时，可出现右肩胛部疼痛；阑尾炎初期，常感上腹部或脐区疼痛。牵涉痛并非内脏痛所特有，深部躯体痛、牙痛也可发生牵涉性痛。

产生牵涉痛的机制，有会聚学说与易化学说。会聚学说认为，患病内脏的传入纤维与被牵涉部位的皮肤传入纤维，由同一背根进入脊髓同一区域，聚合于同一脊髓神经元，并由同一纤维上传入脑，在中枢内分享共同的传导通路。由于大脑皮层习惯于识别来自皮肤的刺激，因而误将内脏痛当作皮肤痛，故产生了牵涉痛。易化学说认为，内脏痛觉的传入冲动，可提高内脏—躯体会聚神经元的兴奋性，易化了相应皮肤区域的传入，可导致牵涉性痛觉过敏。目前认为牵涉痛的发生与这两种机制都有关。

五、视觉

视觉是由眼、视神经和视觉中枢的共同活动实现的。眼是视觉感受器，波长 400～750 nm 的可见光是视觉的适宜刺激。

光线通过眼的折光系统到达视网膜成像，兴奋沿视神经传入中枢，经丘脑的外侧膝状体换元后投射到大脑皮层枕叶的视觉区，产生视觉。

1. 折光系统的功能

眼的折光原理类似凸透镜，它的光心在晶状体内，按照凸透镜的成像原理，从物体上反射出来的光线，经过角膜、房水、晶状体和玻璃体等折光系统，在睫状肌、虹膜肌等的精细配合下，调整瞳孔大小与晶状体的曲率半径，使光线亮度恰当并聚焦于视网膜上，在视网膜上形成真实的倒像。这种倒置的映像经大脑皮层整合后就还原为正立的形象。

2. 视网膜的功能

视网膜上有两种感光细胞，在光的作用下发生光化学反应，产生感光细胞电位，进而激发神经冲动，传至大脑皮层视觉区，最后产生视觉。

视网膜中的感光细胞是视杆细胞和视锥细胞，它们都含有感光色素。视杆细胞含视紫红质，对光的敏感性强，可感受弱光，它只有明与暗的黑白感觉，不能辨别颜色；视锥细胞含有三种吸收光谱特性不同的视色素，可感受较强的光和不同波长的光，因而可以辨别颜色。

不同动物的视网膜上，视杆细胞和视锥细胞的比例不同。大多数鸟类是昼行性动物，它们的视网膜中全部是视锥细胞，有色觉；而夜行性动物（如大鼠、蝙蝠）的视网膜中只有视杆细胞，因而只有明与暗的黑白感觉。

视杆细胞所含的视色素是视紫红质（rhodopsin）。视紫红质是一种结合蛋白质，由 1 分子视蛋白（opsin）和 1 分子 11-顺视黄醛（retinal）的生色基团组成。视黄醛由维生素 A 衍生而来。视紫红质对光非常敏感。在光照射下，视紫红质迅速分解，视蛋白和视黄醛分离，这时的视黄醛为全反型，经过复杂信息传递系统的活动，诱发视杆细胞出现感受器电位。视紫红质的光化学反应是可逆的，它在光照下分解，在暗处又重新合成。全反型视黄醛在异构酶催化下转变成 11-顺型视黄醛，这是一个耗能的酶促反应，一旦 11-顺型视黄醛形成，就可很快与视蛋白结合成为视紫红质，此过程不耗能。

在暗处视物时，视紫红质既有分解，也有合成，这是暗视觉的基础。维生素 A 是视黄醛的主要来源，在视紫红质的分解和合成过程中，有一部分视黄醛被消耗，必须靠血液中的维生素 A 来补充。当机体维生素 A 缺乏时，将导致视紫红质合成障碍，影响暗视觉，发生夜盲症（nyctalopia）。

视锥细胞功能的重要特点是具有辨别颜色的能力。视锥细胞外段具有特殊的视色素。视网膜上有三种不同的视锥细胞，分别含有对红、绿、蓝三种光敏感的感光色素，正常人眼的视网膜能分辨出波长在 380～760 nm 之间的颜色不下 150 种。当某一波长的光线作用于视网膜时，以一定的比例使三种不同的视锥细胞产生不同程度的兴奋，这样的信息经处理后转化为不同组合的神经冲动，传到大脑皮层就产生不同的色觉。例如红、绿、蓝三种视锥细胞兴奋程度的比例为 4∶1∶0 时，产生红色色觉；比例为 2∶8∶1 时产生绿色色觉等。

如受遗传因素影响，缺乏相应的视锥细胞时，对三原色中的一种或两种缺乏辨别能力者，称为色盲（color blindness）。色盲可分为全色盲（不能分辨颜色）和红绿色盲（缺乏感受红光和绿光的视锥细胞）。而对三种原色反应能力降低时，称为色弱。

3. 双眼视觉

两眼同时看一物体时所产生的视觉，称为双眼视觉（binocular vision）。当物体成像在两眼视野互相重叠的范围内，而且来自物体同一部分的光线，成像在两眼视网膜的相称点上，这样在主观视觉印象上就产生单一的像，称为单视。两眼视网膜的中央凹是相称点，中央凹之外，一眼的颞侧视网膜和另一眼的鼻侧视网膜互相对称，而鼻侧视网膜则与另一眼的颞侧视网膜互相对称。若物像不落在视网膜的相称点上，则将产生复视。

双眼视觉的优点：①扩大单眼视觉的视野；②弥补单眼视野小有盲点的缺陷；③增强判断

物体大小和距离的准确性；④形成立体视觉。立体视觉指两眼视物时，能看到物体的高度、宽度和深度。它主要由两眼的视差造成同一物体在两眼视网膜上形成的像并不完全相同，右眼从右方看到物体的右侧面较多，左眼从左方看到物体的左侧面较多，经过中枢神经系统的综合，就能得到一个立体形象。立体视觉(stereopsis)是由于两眼的视差所造成的。

猫和犬有较大的双眼视野区，如猫在100°～130°能够准确地捕获快速运动的猎物；草食动物两眼距离较宽，它们能观察更广阔的全景视野(330°～350°)，轻微移动头部，就可以看到它周围的各种景物。

六、听觉

声源引起空气振动产生的疏密波，通过外耳道、鼓膜和听骨链的传递，引起耳蜗中淋巴液和基底膜的振动，使耳蜗螺旋器中的毛细胞受刺激而产生兴奋，将声波的机械能转变为听神经纤维上的神经冲动，并以神经冲动的不同频率和组合形式对声音进行编码，然后传送到在大脑皮层的听觉中枢，产生听觉。听觉对动物适应环境和人类认识自然有着重要的意义。

家畜一般都具有很发达的听觉。耳的最适宜刺激因畜种不同差异很大。一般哺乳动物的可听声频范围为20～20 000 Hz；犬为16～36 000 Hz；大鼠能听到的最高音频为40 000 Hz；蝙蝠可高达98 000 Hz；家禽的听力范围为125～10 000 Hz。

1. 外耳和中耳的功能

外耳(external ear)包括耳廓和外耳道。耳廓的形状有利于接受外界的声波，有“集音”作用，对判断声源方向也有一定作用。外耳道是声波传导的通路，可作为一个共鸣腔，根据物理学原理，其最佳共振频率约为3 800 Hz，这种声波由外耳口传到鼓膜附近时，其强度可以增加约10倍。

中耳(middle ear)由鼓膜、听小骨、鼓室和咽鼓管等结构组成。中耳的主要功能是将空气中的声波振动的能量高效率地传递到内耳淋巴液，其中鼓膜和听骨链在声音传递过程中起着重要的作用。

声音是通过气传导与骨传导两种途径传入内耳的。在正常情况下，以气传导为主。

(1)气传导　声波经外耳道引起鼓膜振动，再经听骨链和卵圆窗膜进入耳蜗，这条声音的传导途径称为气传导(air conduction)，是声波传导的主要途径。此外，鼓膜的振动也可引起鼓室内空气的振动，再经卵圆窗膜(第二鼓膜)的振动传入耳蜗。

(2)骨传导　声波可直接引起颅骨的振动，再引起位于颞骨骨质中的耳蜗内淋巴的振动，这种传导途径称为骨传导(bone conduction)。骨传导的敏感性比气传导低得多，因此在正常听觉的引起中其作用甚微。

2. 内耳的功能

内耳(inner ear)又称迷路(labyrinth)，由耳蜗 (cochlea)和前庭器官(vestibular apparatus)组成。前者为听觉感受器官，后者属平衡感觉器官。耳蜗主要有两个方面的作用：

(1)传音功能　即将前庭窗所接受的声能传送到毛细胞。

(2)感音功能　即将螺旋器收到的声能转化为蜗神经的冲动。故耳蜗与听觉密切有关，前庭器官则与平衡感觉有关。

耳蜗是一个螺旋形骨质管腔，形似蜗牛壳而得名。在耳蜗的横断面上有两个分界膜：一为斜行的前庭膜，一为横行的基底膜，此二膜将管道分为三个腔，即充以外淋巴的前庭阶和鼓阶以及充满内淋巴的蜗管（图 8-16）。

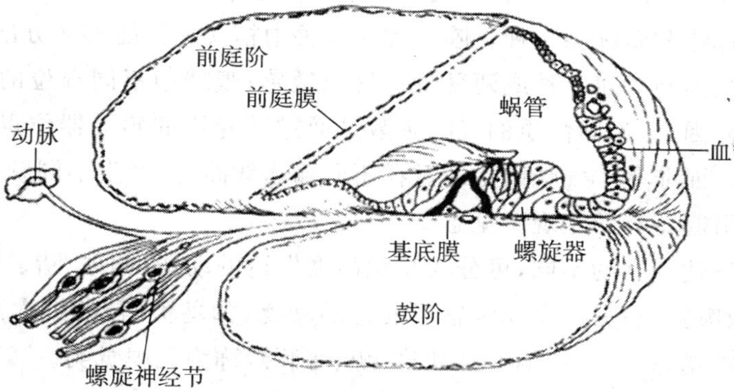

图 8-16　耳蜗管的横断面（引自南京农业大学，2000）

基底膜上有声音感受器——螺旋器，也称柯蒂器（organ of corti）。螺旋器由毛细胞（hair cell）及支持细胞等组成。毛细胞是听感受器，它与听神经纤维末梢之间有突触联系。每个毛细胞的顶部都有上百条排列整齐的听毛，并浸浴在蜗管的内淋巴中，毛细胞的基部则与外淋巴相接触，毛细胞的底部有丰富的听神经末梢。

声波传到内耳，振动内、外淋巴，引起基底膜振动，使排列其上的螺旋器发生相应振动，刺激毛细胞的听纤毛，进而激发毛细胞兴奋，使振动能转化为电能而产生感受器电位，即微音器电位（microphonic potential）。微音器电位又刺激毛细胞基部的神经末梢，触发动作电位，经耳蜗的传入神经传至脊髓同侧的耳蜗背核和耳蜗腹核。换元后耳蜗发出的大部分上行纤维交叉到对侧，延伸至后丘与对侧上行纤维相连接，经内侧膝状体到达大脑皮层的听区，产生听觉。

七、嗅觉和味觉

嗅觉与味觉的感受器都是特殊分化了的外部感受器。嗅觉是由气体状态的化学物质刺激鼻黏膜嗅细胞所引起的感觉。而味觉是由溶解状态的化学物质刺激味蕾所引起的感觉。这两种感觉在鉴别化学物质上，既相互影响又互相联系，对于选择食物和防止有害物质侵入体内有重要作用。

（一）嗅觉

嗅觉感受器即嗅细胞（olfactory cell）位于上鼻道及鼻中隔后上部的嗅上皮中。嗅上皮由嗅细胞、支持细胞和基底细胞组成。嗅细胞是双极细胞，它的轴突穿过筛板，进入嗅球与嗅球内的第二级感觉细胞发生突触联系。后者的轴突组成嗅神经，在杏仁核及梨状区等部位换元后，再传到边缘系统的一些部位，产生嗅觉。

嗅觉感受器的适宜刺激是空气中有气味的化学物质，通过呼吸，这些分子被鼻腔中的黏液吸收，并扩散到嗅细胞纤毛，与纤毛表面膜上的受体蛋白结合。这种结合可通过 G 蛋白引起第二信使类物质(例如 cAMP)的产生,最后导致膜上门控式 Na^+ 通道开放,引起 Na^+ 的内流,在嗅细胞的胞体膜上产生去极化型的感受器电位。后者以电紧张方式触发轴突膜产生动作电位,动作电位沿轴突传向嗅球,进而传向更高级的嗅觉中枢,引起嗅觉。

自然界能够引起嗅觉的有气味物质多达 2 万余种,基本气味至少有樟脑、麝香味、花草味、乙醚味、薄荷味、辛辣味和腐腥味 7 种。嗅上皮和有关中枢又如何能够区分出众多不同的气味呢? 实验发现每个嗅细胞只对一种或两种特殊气味敏感;嗅球中不同部位的细胞也只对某种特殊的气体有反应。因此,不同性质的气味刺激是通过其专用的感受器位点和传输线路到达皮层的特定部位的。而非基本气味则是通过在不同输送线路上,产生不同频率的冲动,并进行组合编码后到皮层引起特有的主观嗅觉感受。

根据动物嗅觉发达程度的不同,可分为嗅觉高度发达的动物,如牛、猪、马、羊、犬等大多数家畜,它们被称为敏嗅觉类;另一类嗅觉很不发达的动物,如鸟类(包括家禽),称为钝嗅觉类;还有某些动物没有嗅觉,如某些水栖哺乳动物(鲸、海豚),称为无嗅觉类。

(二)味觉

味觉的感受器是味蕾(taste bud),味蕾由味细胞、支持细胞和基底细胞组成。味细胞的顶部有纤毛,称味毛,是味觉感受的关键部位。味细胞的更新率很高,平均约 10 d 更换一次。味蕾主要分布在舌背部表面和舌缘,口腔和咽部黏膜表面也有散在分布。

味蕾的数量、分布情况及舌表面不同部位对不同味刺激的敏感程度不一,并有种别差异。一般是舌尖部对甜味比较敏感,舌两侧对酸味比较敏感,而舌两侧的前部则对咸味比较敏感,软腭和舌根部对苦味比较敏感。目前已知有四种基本味觉:酸、甜、苦、咸,其他众多的味道都是由这四种基本味觉组合而成的。

实验证明:在单一味觉细胞上可记录到感受器电位,在四种基本味觉的换能或跨膜信号的转换机制并不相同。咸味与特殊的化学门控式 Na^+ 通道有关;糖(甜味)与 Gs 蛋白活动有关;酸的换能机制与钠盐类似;苦味剂则由于物质结构不同,可通过上述两种形式换能。总之,目前对其换能机制还不十分清楚。味感受器细胞没有轴突,它产生的感受器电位通过突触传递引起感觉神经末梢产生动作电位,动作电位通过专用神经通路将四种基本味觉信号传向味觉中枢。中枢可根据专用通路上四种基本味觉的神经信号的不同组合来认知各种味觉。

味觉也是一种快适应感受器,某种味质长时间刺激时,其阈值迅速升高,此时如果通过舌的运动来改变味质的部位,则适应变慢。

另外,最近的研究发现除酸、甜、苦、咸四种基本味觉以外,还有一种“美味”(umami)也被列为基本味觉。据认为“美味”与某些氨基酸(如谷氨酸等)有关,它与味精有共同的谷氨酸草酸钠的结构。这些氨基酸通过激活特殊的化学门控式通道而产生感受器电位。

第四节　神经系统对躯体运动的调节

躯体运动是动物对外界反应的主要活动。任何形式的躯体运动,都是以骨骼肌的活动为基础的。不同肌群在神经系统的调节下,互相协调和配合,形成各种有意义的躯体运动。神经系统不同部位对躯体运动的整合作用有明显的程度差别。越是复杂的躯体运动,越需要高水平的神经系统的参与。

脊髓对躯体运动的整合能力有限,因此脊髓动物只能完成牵张反射等极其简单的骨骼肌运动;延髓动物不能很好地保持正常姿势,只能勉强站立;中脑动物能较好地保持正常姿势,而且还有翻身、卧倒或站立等动态姿势反射的能力,但不能行走;丘脑动物不但姿势正常,而且能跑、跳和完成其他复杂动作;大脑皮层完整的动物能极其完善地适应环境和完成高度精细复杂的躯体运动。

一、脊髓对躯体运动的调节

躯体运动最基本的反射中枢位于脊髓,通过脊髓可以完成一些较简单的反射活动。在生理学上,为了研究脊髓机能的特征,常用去大脑动物(decerebrate animal),也称脊髓动物(spinal animal)为对象,这样可以避免脑的各级部位对脊髓机能的影响。最基本的脊髓反射(spinal reflex)包括两类:牵张反射和屈肌反射。

(一)脊髓腹角运动神经元

在脊髓腹角存在大量的运动神经元,它们的轴突经腹根离开脊髓后直达所支配的肌肉。这些神经元可分为α、γ与β三种类型。

1.α运动神经元与运动单位

α运动神经元既接受来自皮肤、肌肉和关节等外周的传入信息,也接受从脑干到大脑皮层各上位中枢下传的信息,产生一定的反射传出冲动,调节肌肉的活动。因此,α运动神经元可称为脊髓反射的最后公路。α运动神经元发出Aa传出纤维,其末梢在肌肉中分成许多小支,每一小支支配一根骨骼肌纤维。因此,当这一神经元兴奋时,可引起它所支配的许多肌纤维收缩。由一个α运动神经元及其所支配的全部肌纤维组成的功能单位,称为运动单位(motor unit)。一个运动单位所包含的肌纤维数目多少不一,参与粗、重运动的肌肉,其运动单位的肌纤维数目较多;而参与精细运动的肌肉,运动单位所包含的肌纤维较少。α运动神经元的大小不等,不同大小的α运动神经元可支配不同类型的运动单位。根据α运动神经元对运动单位内肌纤维反应特性的不同,可将运动单位大致分为两类:一类为动态性运动单位,由轴突传导速度快的大的运动神经元支配快肌纤维;另一类为静态性运动单位,由轴突传导速度慢的小的运动神经元支配慢肌纤维。

2.γ运动神经元

胞体较小,发出Aγ传出纤维分布肌梭两端支配骨骼肌肌梭内的梭内肌纤维。

γ运动神经元的胞体分散在α运动神经元之间,其胞体较α运动神经元小。γ运动神经元的轴突也经前根离开脊髓,支配骨骼肌的梭内肌纤维。据观察,前根中神经纤维的1/3来自γ运动神经元。γ运动神经元的兴奋性较高,常以较主频率持续放电。在安静和麻醉的运动中都观察到,即使α运动神经元无放电,一些γ运动神经元仍持续放电。γ运动神经元和α运动神经元一样,末梢也是释放乙酰胆碱作为递质的。在一般情况下,当α运动神经元活动增加时,γ运动神经元也相应增加,从而调节着肌梭对牵拉刺激的敏感性。

3.β运动神经元

胞体较大,其传出纤维支配骨骼肌的梭内肌与梭外肌纤维。

(二)脊髓反射

脊髓是调节躯体运动最基本的反射中枢,通过脊髓能完成一些比较简单的躯体运动反射;包括牵张反射、屈反射和交叉伸肌反射等。脊髓反射的基本反射弧虽然较为简单,但在整体内受高位中枢调节。

1. 牵张反射

牵张反射(stretch reflex)是指有神经支配的骨骼肌在受到外力牵拉而伸长时,能引起受牵拉的肌肉收缩的反射活动(图 8-17)。这在伸肌表现得特别明显。牵张反射的感受器和效应器都存在于骨骼肌内,是维持动物姿势最基本的反射。牵张反射有两种类型,即腱反射(tendon reflex)和肌紧张(muscle tonus)。

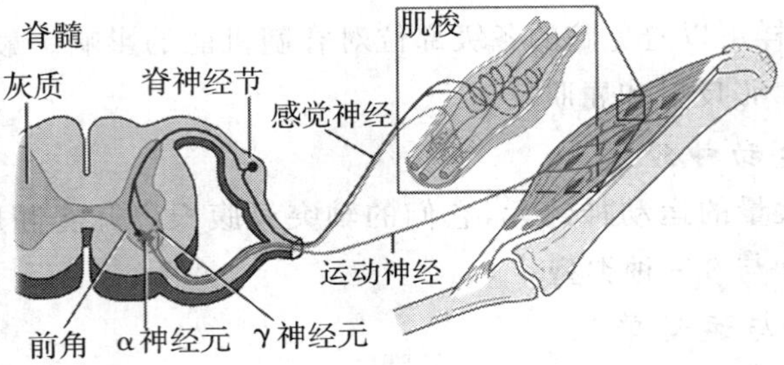

图 8-17 肌牵张反射示意图

(1)腱反射 又称深反射,其实是指快速牵拉肌腱时发生的不自主的肌肉收缩,其实是肌牵张反射的一种(另一种为肌紧张)。腱反射的传入纤维直径较粗(12～20 μm),传导速度较快(90 m/s 以上)。腱反射是单突触反射,反射的潜伏期很短(约 0.7 ms)。例如膝反射,叩击膝关节下的股四头肌肌腱,股四头肌即发生一次收缩。腱反射是体内唯一的单突触反射。

(2)肌紧张 又称紧张性牵张反射,肌紧张是缓慢持续牵拉肌肉(肌腱)时,所引起的牵张反射,表现为受牵拉的肌肉处于持续的轻度收缩状态,但不表现为明显的动作,为多突触反射。

肌紧张是维持躯体姿势的最基本的反射活动,是姿势反射的基础。例如,在人取直立体位时,支持体重的关节由于重力影响而趋向于弯曲,从而使伸肌的肌梭收到持续的牵拉,引起被牵拉的肌肉收缩,使背部的骶棘肌,颈部以及下肢的伸肌群的肌紧张加强,以对抗关节的屈曲,保持抬头、挺胸、伸腰、直腿的直立姿势。

牵张反射的感受器是位于肌梭(图 8-17)中央部分的螺旋状感受器,效应器即梭外肌纤维。肌肉受到牵拉时,螺旋状感受器兴奋,冲动经肌梭传入纤维传入脊髓,再经 α 运动神经元传出,使其所支配的梭外肌纤维收缩。牵张反射弧的特点是感受器和效应器在同一块肌肉中。

2. 屈反射与交叉伸肌反射

在脊髓动物的皮肤接受伤害性刺激时,受刺激一侧的肢体出现屈曲的反应,关节的屈肌收缩而伸肌弛缓,称为屈肌反射(flexor reflex)。如火烫、针刺皮肤时,该侧肢体立即缩回,其目的在于避开有害刺激,对机体保护。屈反射是一种多突触反射,其反射弧的传出部分可支配多个关节的肌肉活动。

该反射的强弱与刺激强度有关,其反射的范围可随刺激强度的增加而扩大。如足趾受到较弱的刺激时，只引起踝关节屈曲，随着刺激的增强，膝关节和髋关节也可以发生屈曲。当刺激加大达到一定强度时，则对侧肢体的伸肌也开始激活，可在同侧肢体发生屈反射的基础上，出现对侧肢体伸直的反射活动，称为交叉伸肌反射(crossed extensor reflex)。该反射是一种姿势反射，当一侧肢体屈曲造成身体平衡失调时，对侧肢体伸直以支持体重，从而维持身体的姿势平衡。

(三)脊休克

脊髓突然横断失去与高位中枢的联系，断面以下脊髓暂时丧失反射活动能力，进入无反应状态，这种现象称为脊休克(spinal shock)。

产生原因：反射消失是由于失去了高位中枢对脊髓的调节作用(主要是易化作用)，而不是由于损伤刺激引起的。

特点：反射活动暂时丧失，随意运动永久丧失。表现为：断面下所有反射均暂时消失，发汗、排尿、排便无法完成，同时骨髓肌由于失去支配神经的紧张性作用而表现紧张性降低，血管的紧张性也降低，血压下降。

脊休克常见于动物实验中将脊髓与延髓的联系切断，用以研究脊髓单独的功能，在这种动物被称为脊动物。人类由于外伤也可出现脊休克。

脊休克的恢复：

①一些以脊髓为中枢的反射活动可以逐渐恢复，恢复速度与动物种类密切相关，越低等恢复越快，青蛙几分钟，人类数周到数月。

②反射恢复的顺序为由简单到复杂。

③脊休克恢复后再次横切脊髓不再出现脊休克。

④脊休克恢复后部分反射比脊髓横切前亢进，如屈肌反射、发汗反射，这是由于失去上位中枢的抑制作用所致。

⑤脊髓神经轴突虽然可以再生，但是由于局部胶质细胞的浸润、形成瘢痕，阻碍了其再生，所以横断面以下的感知觉和随意运动能力不能恢复，甚至永远丧失，临床上称为截瘫。

二、脑干对肌紧张和姿势的调节

脑干包括延髓、脑桥和中脑。脑干除了有神经核以及与它相联系的前行和后行神经传导束外，还有纵贯脑干中心的网状结构。脑干网状结构是中枢神经系统中重要的皮层下整合调节机构，有多种重要功能。其中对牵张反射和姿势反射等躯体运动就有着重要的整合调节作用。

(一)脑干对肌紧张的调节

1. 脑干网状结构的易化和抑制

脑干网状结构是指从延髓、脑桥、中脑内侧全长直到间脑这一脑干中央部分的广大区域，有许多散在的神经元以短突起相互形成突触联系，交织成网状的部位。脑干网状结构对脊髓运动神经元具有易化和抑制两方面的作用，尤其是对伸肌的牵张反射的调节作用。

延髓网状结构的腹内侧部兴奋时，发放冲动到脊髓，能抑制四肢伸肌的牵张反射。如以电流刺激这一部位，原来进行中的腿部伸直动作即被制止，四肢肌肉紧张性立即下降，因此，这部分结构及其后行神经路径称为脑干网状结构的抑制区。在正常情况下，网状结构抑制区的活动需要大脑皮层、尾状核和小脑下行抑制系统的始动作用。如果失去这种始动作用，可使该抑制区的活动减弱，使肢体的肌紧张亢进。

与上述抑制效应相反，电刺激脑干网状结构的背外侧部，则将使正在进行中的四肢牵张反射大大加强。此区域较大，包括延髓网状结构的背外侧部、脑桥和中脑的被盖，向上直至间脑的网状结构。这一脑干部位及其后行通路叫作脑干网状结构的易化区。它通过网状脊髓束和前庭脊髓束兴奋 γ 运动神经元，对肌紧张和躯体运动起加强作用。

由此可见，在正常机体内，脑干对脊髓躯体运动神经元的后行作用，包括易化和抑制两方面，而且经常保持着动态平衡，从而使全身骨骼肌的紧张性收缩保持适当的强度，躯体运动也得以正常进行，当病变造成这两个系统之间的关系失调时，将出现肌紧张亢进或减弱。

2. 去大脑僵直

为了分析脑各部位在协调躯体运动及内脏活动中的作用，常常用分段切除脑的方法来观察其效应，如果将动物麻醉并暴露脑干，在中脑前、后丘之间切断，造成所谓去大脑动物，使脊髓仅与延髓、脑桥相联系，动物则出现全身肌紧张(特别是伸肌)明显加强。表现为四肢僵直，头向后仰，尾巴翘起，躯体呈角弓反张状态，这种现象叫作去大脑僵直(decerebrate rigidity)(图 8-18)。

图 8-18 去大脑僵直

去大脑僵直的特征是：全身所有抗重力的肌肉群都发生过强的收缩。现认为这种现象发生的机制是：一方面，网状结构的后行抑制区由于失去了大脑皮质和纹状体后行抑制性冲动的控制，其抑制作用相对地减弱；另一方面，网状结构的易化系统和前庭核的活动又有所加强；两方面效应相结合，四肢伸肌及所有抗重力肌肉群的牵张反射便处于绝对的优势。

肌紧张亢进所出现的僵直有 α 僵直与 γ 僵直两种类型。一种是由于高位中枢的后行性作用，直接或间接通过脊髓中间神经元提高 α 运动神经元的活动，从而导致肌紧张加强而出现僵直，这称为 α 僵直。另一种是由于高位中枢的后行性作用，首先提高脊髓 γ 运动神经元的活动，使肌梭的敏感性提高而传入冲动增多，转而使脊髓 α 运动神经元的活动提高，从而导致肌紧张加强而出现僵直，这称为 γ 僵直。由前庭核后传的作用主要是直接或间接促使 α 运动神经元活动加强，导致 α 僵直；由网状结构易化系统后传的作用主要使 γ 运动神经元活动提高，转而发生肌紧张加强，出现 γ 僵直。经典的去大脑僵直主要属于 γ 僵直，因为在消除肌梭传入冲动对中枢的作用后，僵直现象可以消失。

(二)姿势反射的调节

中枢神经系统通过对骨骼肌的肌紧张或相应运动的调节，以维持动物在空间的姿势，这种反射活动总称为姿势反射。不同的姿势反射与不同的中枢水平相关联。上述由脊髓整合的牵张反射和交叉伸肌反射是最简单的姿势反射。由脑干整合而完成的姿势反射有状态反射、翻正反射等。

1. 状态反射(attitudinal reflex)

当动物头部在空间的位置改变或头部与躯干的相对位置改变时，反射性地改变躯体肌肉的紧张性，从而形成各种形式的状态，叫作状态反射(attitudinal reflex)。状态反射用去大脑动物实验最为适宜。如果将去大脑动物(猫)的头部向腹侧屈曲，其前肢将反射地被抑制呈屈曲状态，而后肢的伸肌反射反而加强。这种姿势恰似猫站在架上俯视下面的状态；相反，如果将猫头部向背侧屈曲时，其前肢伸肌反射增强，而后肢的伸肌被抑制，恰似猫在架子下面，头上仰准备上跳时的动作。可见改变去大脑动物的头部位置时，四肢的肌紧张发生不同程度的改变，形成各种姿势(图 8-19)。

图 8-19　状态反射

头部位置的改变之所以能引起姿势改变是通过反射实现的。由于动物改变头部在空间的位置时，既刺激了颈部肌肉内的肌梭，又刺激了内耳迷路的前庭器官，两方面的感受冲动经延髓中枢的分析综合，共同影响了脊髓的运动神经元，引起四肢肌肉的紧张性改变，从而形成各种姿势，保持了躯体平衡。这两方面的传入冲动有一方面存在，就能引起状态反射。在正常情况下，马在上坡时头向下俯，引起前肢伸肌紧张性减弱，后肢伸肌紧张性加强；下坡时，前肢伸肌紧张性加强，后肢伸肌紧张性减弱，就是这种状态反射的结果。

2. 翻正反射

当动物被推倒或使它从空中仰面下落时，它能迅速翻身、起立或改变为四肢朝下的姿势着地，这种复杂的姿势反射称为翻正反射(righting reflex)(图 8-20)。

中脑动物可以保持接近正常的站立状态，而且在被推倒后可以自行翻正。如将猫四脚朝天，从空中坠下时，首先是头颈扭转，然后前肢和躯干紧接着也扭转过来，最后后肢也扭转过来，当坠到地面时，先由四肢着地。这个翻正反射过程包括一系列反射活动，其感受冲动先后来自内耳迷路、颈部肌肉和躯干肌肉等本体感受器以及视觉感受器，所有这些感受器的冲动传到脑干，在中脑进行分析综合，从而调节躯干和四肢的肌肉活动，使姿势恢复正常。

图 8-20　猫从空中坠落时的翻正反射

三、小脑对躯体运动的调节

小脑是躯体运动调节的重要中枢。它与脑的其他部位通过 3 条途径发挥对躯体运动的调节作用。一是通过它与前庭系统的联系，维持身体平衡；二是通过与中脑红核等部位的联系，调节全身的肌紧张；三是通过与丘脑和大脑皮层的联系，控制躯体的随意运动。

按小脑的传入、传出纤维联系可将其分为前庭小脑、脊髓小脑与皮层小脑三个功能部分(图 8-21)。

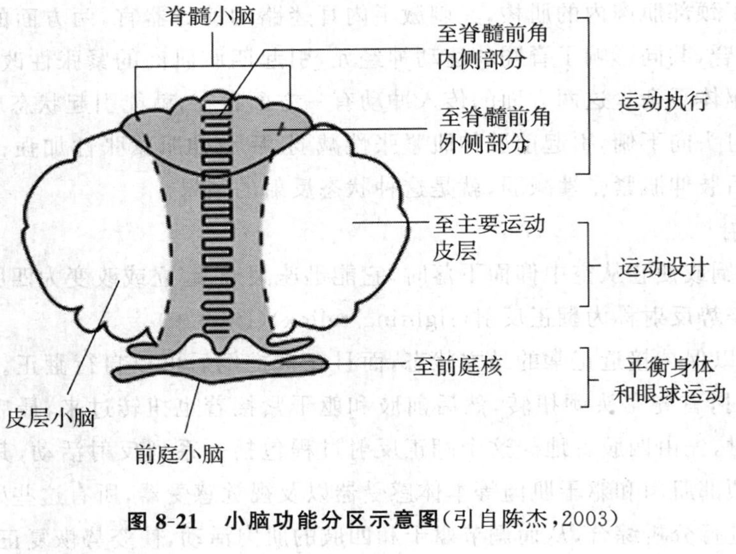

图 8-21　小脑功能分区示意图(引自陈杰，2003)

1. 维持身体平衡

前庭小脑(vestibulocerebellum)的主要功能是维持身体平衡。前庭小脑主要由绒球小结叶构成，并完成对躯体平衡的调节。躯体的平衡调节是一个反射性过程，绒球小结叶是这一反射活动的中枢装置。躯体平衡变化的信息由前庭器官所感知，经前庭神经和前庭核传入小脑的绒球小结叶，小脑据此发出对躯体平衡的调节冲动，经前庭脊髓束到达脊髓前角运动神经元，再经脊神经到达肌肉，协调了有关拮抗肌群的运动和张力，从而使躯体保持平衡。例如，当人站立而头向后部仰时，膝和踝关节将自动地作屈曲运动，以对抗由于头后仰所造成的身体重心的转移，使身体保持平衡而不跌倒。在这一过程中，膝与踝关节为配合头向后仰而作的辅助性屈曲运动，就是由于小脑发出的调节性冲动，协调了有关肌肉的运动和张力的结果。如果绒球小结叶受到损伤，将破坏躯体的平衡机能。切除了绒球小结叶的猴不能站立，总是坐在笼子的角落里，以笼子的两边支撑身体来保持平衡。在人类，绒球小结叶如受损伤或压迫，患者的身体平衡将严重失调，身体倾斜，走路时步态蹒跚。研究还表明，蚓部皮层也接受与躯体平衡有关的本体感觉和视觉冲动的传入，顶核与前庭核之间有许多纤维来往。因此，由蚓部皮层和顶核组成的纵向内侧区也参与了躯体平衡，主要是站立的调节，内侧区的损伤也将造成平衡和站立的困难。

2. 调节肌紧张

脊髓小脑(spinocerebellum)的主要功能是调节肌紧张与协调随意运动。脊髓小脑由小脑前叶(包括单小叶)和后叶的中间带(包括旁中央小叶)组成。

小脑抑制肌紧张的作用主要是前叶蚓部的机能，这一抑制作用在去大脑动物上表现得最为明显。刺激去大脑猫小脑前叶的蚓部，可以减弱动物因去大脑而造成的伸肌过度紧张现象；反之，切除该部位则使去大脑僵直加强，这些现象都说明小脑有抑制肌紧张的作用。

小脑前叶主要接受来自肌肉、关节等本体感受器的传入冲动，也少量接受视、听觉与前庭的传入信息；其传出冲动分别通过网状脊髓束、前庭脊髓束以及腹侧皮层脊髓束的后行系统，调节脊髓 γ 运动神经元的活动，转而调节肌紧张。小脑前叶对肌紧张具有抑制和易化的双重调节作用。小脑前叶蚓部有抑制肌紧张的功能。实验观察到，刺激前叶蚓部可抑制去大脑动物的伸肌肌紧张，使去大脑僵直减退；相反，损伤前叶蚓部则出现伸肌肌紧张亢进。前叶蚓部抑制肌紧张的作用具有一定的空间定位，一般呈倒置关系。

加强肌紧张主要是前叶两侧部的功能。刺激猴的前叶两侧部可使肌紧张明显增强。易化肌紧张的区域，其空间安排也是倒置的。在生物进化过程中，前叶对肌紧张的抑制作用逐渐减弱，而易化肌紧张的作用逐渐占优势。此外，小脑后叶中间带也有易化肌紧张的功能，它对双侧肌紧张均有加强作用。这部分小脑损伤后，可出现肌张力减退或肌无力现象。

3. 协调随意运动

协调随意运动是小脑后叶中间带的重要功能。由于后叶中间带还接受脑桥纤维的投射，并与大脑皮层运动区有环路联系，因此在执行大脑皮层发动的随意运动方面起重要协调作用。当小脑后叶中间带受到损伤时，可出现随意运动协调的障碍，称为小脑性共济失调(cerebellar ataxia)；表现为随意运动的力量、方向及限度等将发生很大的紊乱，动作摇摆不定，指物不准，不能进行快速的交替运动。患者还可出现动作性或意向性震颤(intention tremor)。由此说明，这部分小脑在肌肉运动进行过程中起协调作用。

皮层小脑(cerebellar cortex)是指后叶的外侧部，它仅接受来自大脑皮层感觉区、运动区、联络区等广大区域传来的信息，其传出冲动回到大脑皮层运动区。皮层小脑与大脑皮层运动区、感觉区、联络区之间的联合活动参与运动计划的形成和运动程序的编制。后叶外侧部损伤除引起远端肢体的肌张力下降和共济失调外，还可引起运动起始的延缓。该部分小脑损伤的患者不能完成诸如打字、乐器演奏等精巧动作。

四、基底神经节对躯体运动的调节

1. 基底神经节的组成与主要功能

基底神经节包括尾(状)核、豆状核、丘脑底核和黑质组成。有时还涉及杏仁核。尾状核和豆状核合称纹状体。豆状核包括苍白球(内侧)和壳核(外侧)两部分，其中苍白球是纤维联系的中心。尾核与壳核进化较新，称新纹状体；而苍白球则是较古老的部分，称旧纹状体。基底神经节与丘脑、丘脑底、中脑黑质、红核等有功能上密切联系。尾状核、壳核、丘脑底核、中脑红核、黑质等均发出纤维投射到苍白球；而苍白球也发出纤维与丘脑、丘脑底核、黑质、红核以及脑干网状结构相联系。在结构与功能上是紧密相联系地。锥体外系统从大脑皮层起源后即通过苍白球这一传出径路支配脊髓腹角运动神经元的活动。

基底神经节的主要功能是直接(通过红核、网状结构等)或间接(通过回路影响大脑皮质)地调节运动，对肌紧张有抑制作用。临床上在基底神经节损害的主要表现可分为两大类：一类是具有运动过多而肌紧张不全的综合征，另一类是具有运动过少而肌紧张过强的综合征。前者的实例是舞蹈病与手足徐动症等，后者的实例是震颤麻痹(帕金森病)。临床病理的研究指出，舞蹈病与手足徐动症的病变主要位于纹状体，而震颤麻痹的病变主要位于黑质。

2. 震颤麻痹症状

全身肌紧张增高、肌肉强直、随意运动减少、动作缓慢、面部表情呆板。此外，患者常伴有静止性震颤，此种震颤多见于上肢(尤其是手部)，其次是下肢及头部；震颤节律每秒钟约 4～6 次，静止时出现，情绪激动时增强，进入自主运动时减少，入睡后停止。关于震颤麻痹的产生原因，目前已有较多的了解。近年来，通过对中枢递质的研究，已明确中脑黑质是多巴胺能神经元存在的主要部位，其纤维上行可抵达纹状体。震颤麻痹患者的病理研究证明，其黑质有病变，同时脑内多巴胺会明显下降。在动物中，如用药物(利血平)使儿茶酚胺(包括多巴胺)耗竭，则动物会出现类似震颤麻痹的症状；如进一步给予左旋多巴(*L*-dopa，多巴胺之前体，能通过血脑屏障进入中枢神经系统)治疗，使体内多巴胺合成增加，则症状好转。由此说明，中脑黑质的多巴胺能神经元功能被破坏，是震颤麻痹的主要原因。

早已知道，震颤麻痹患者能用 M 型胆碱能受体阻断剂(东莨菪碱、安坦)治疗，说明震颤麻痹的产生与乙酰胆碱递质功能的改变也有关系。在震颤麻痹患者进行苍白球破坏手术治疗过程中，如将乙酰胆碱直接注入苍白球，则导致对侧肢体症状加剧，而注入 M 受体阻断剂则症状减退。由此说明，纹状体内存在乙酰胆碱递质系统，其功能的加强将导致震颤麻痹症状的出现。总结多巴胺递质系统和乙酰胆碱递质系统的不同作用，目前认为黑质上行抵达纹状体的多巴胺递质系统的功能，在于抑制纹状体内乙酰胆碱递质系统的功能；震颤麻痹患者由于多巴胺递质系统功能受损，导致乙酰胆碱递质系统功能的亢进，才出现一系列症状。如果应用左旋多巴以增强多巴胺的合成，或应用 M 受体阻断剂以阻断乙酰胆碱的作用，均对震颤麻痹有一定的治疗作用。

静止性震颤的发生，可能与丘脑外侧腹核等结构的异常活动有关。用微电极记录震颤麻痹患者丘脑外侧腹核的神经元放电，可以观察到某些神经元具有周期性放电，其周期节律与震颤肢体的节律相同步，破坏丘脑这些区域后则静止性震颤消失。有人认为，这种异常活动是神经环路活动的结果，其通路可能为：丘脑外侧腹核→大脑皮层运动区→纹状体→丘脑外侧腹核。因为，切断苍白球至丘脑外侧腹核的纤维联系后，也可使静止性震颤消失。

3. 舞蹈病主要症状

不自主的上肢和头部的舞蹈样动作，并伴有肌张力降低等。病理研究证明，遗传性舞蹈病患者有显著的纹状体神经元病变，新纹状体严重萎缩，而黑质—纹状体通路是完好的，脑内多巴胺含量一般也正常。在这类患者，若采用左旋多巴进入治疗反而使症状加剧，而用利血平耗竭包括多巴胺在内的神经递质，却可使症状缓解。神经生物化学的研究发现，患者的纹状体中胆碱能神经元与γ-氨基丁酸能神经元的功能明显减退。因此认为，舞蹈病病变主要是纹状体内的胆碱能和γ-氨基丁酸能神经元功能减退，而黑质多巴胺能神经元功能相对亢进，这和震颤麻痹的病变正好相反。目前知道，黑质和纹状体之间有环路联系的；黑质的多巴胺能神经元的轴突上行抵达纹状体，能控制纹状体内的胆碱能神经元的活动，转而改变纹状体内γ-氨基丁酸能神经元的活动，然后γ-氨基丁酸能神经元的轴突下行抵达黑质，反馈控制多巴胺能神经元的活动。当纹状体内的胆碱能和γ-氨基丁酸能神经元病变时，上述环路功能受损，导致多巴胺能神经元活动亢进。

五、大脑皮层对躯体运动的调节

大脑皮层是中枢神经系统控制和调节躯体运动的最高级中枢，它通过锥体系统和锥体外系统这两条运动传导通路实现。

（一）大脑皮层运动区

大脑皮层的某些区域与骨骼肌运动有着密切关系，这个部位叫皮层运动区。如刺激哺乳动物大脑皮质十字沟周围的皮质部分，可引起躯体的广泛部位的肌肉收缩。

运动区对骨骼肌运动的支配有如下特点：①交叉支配，即一侧皮质支配对侧躯体的骨骼肌，两侧呈交叉支配的关系，但对头面部肌肉的支配大部分是双侧性的。②具有精细的功能定位，即对一定部位皮质的刺激，引起一定肌肉的收缩。而这种功能定位的安排，总的呈倒置的支配关系。即支配后肢肌肉的定位区靠近中央，支配前肢和头部肌肉的定位区在外侧。③支配不同部位肌肉的运动区，可占有大小不同的定位区，运动较精细而复杂的肌群（如头部），占有较广泛的定位区，而运动较简单而粗糙的肌群（如躯干、四肢）只有较小的定位区。但这种运动区的功能定位并不是绝对的，当某一区域损伤后，其他区域可部分地代偿受损区域的功能。左右交叉，前后倒置，定位精细，大小不同。

（二）运动传导通路

大脑皮层对躯体运动的调节是通过锥体系与锥体外系两大传出系统的协调活动完成的。

1. 锥体系统及其功能

锥体系统（pyramidal system）是指由大脑皮质发出并经延髓锥体而后行达脊髓的锥体束（皮质脊髓束）和由大脑皮层发出抵达脑神经运动核的皮质脑干束。两者都是由皮层运动神经元（上行运动神经元）下传抵达支配肌肉的下行运动神经元（脊髓腹角运动神经元和脑神经核运动神经元）的最直接通路。

锥体系统的功能在于：控制脊髓腹角 α 运动神经元和 γ 运动神经元的活动。对 α 运动神经元的作用主要是发动肌肉运动；对 γ 运动神经元主要是调整肌梭的敏感性，以配合运动。通过两者的协同活动来控制肌肉的收缩，完成精细的动作。此外，锥体系统后行纤维与脊髓中间神经元亦有突触联系，可改变脊髓颉颃肌运动神经元之间的对抗平衡，使肢体运动更具有合适的强度，使运动保持更好的协调性。

2. 锥体外系统及其功能

锥体外系统包括三部分：①经典的锥体外系统。它起源于皮层下的某些核团，如尾核、壳核、苍白球、黑质、红核等，经某些下行径路控制脊髓运动神经元的活动。②皮层起源的锥体外系统(extrapyramidal system)。它由大脑皮层下行，并通过皮层下核团，换元后控制脊髓运动神经元。③旁锥体系统。由锥体束侧支进入皮层下核团，换元后控制脊髓运动神经元的传导系统。

锥体外系统的上述三个组分，全部均不经过延髓锥体，所以称为“锥体外系统”(图 8-22)。

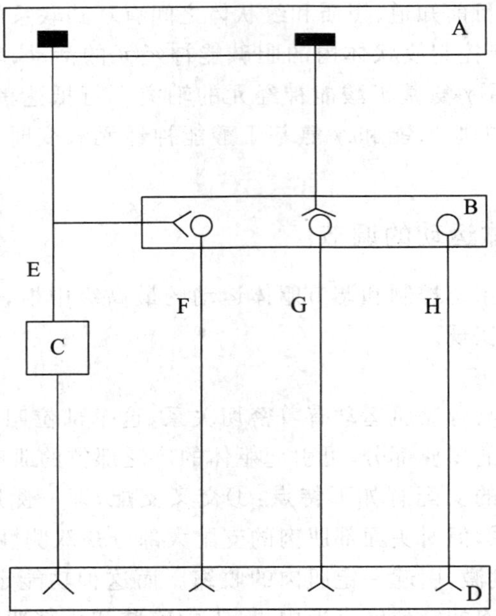

图 8-22　锥体系和锥体外系示意图

A. 大脑皮层　B. 皮层下核团　C. 延髓锥体　D. 脊髓　E. 锥体束
F. 旁锥体外系　G. 皮层起源的锥体外系　H. 经典的锥体外系

锥体外系统的机能主要是协调全身各肌肉群的运动，保持正常姿势。由于锥体外系统后行路径中多次更换神经元，因此不像锥体系统那样指挥肢端的精细运动。

总之，锥体外系统的皮质起源比较广泛，它的后行通路不通过延髓锥体，不直接到达脊髓或脑神经的运动核。它对脊髓反射是双侧性的，主要作用是调节肌紧张，协调各部肌群的运动。当锥体外系统损伤后，各部分的肌紧张不能协调一致，以致随意运动缓慢出现异常动作。

锥体系统和锥体外系统都是大脑皮质调节骨骼肌活动的后行途径。前者是调节单个肌肉的精细动作，后者是协调肌群的动作。正常情况下，大脑皮质发出的运动信息，通过这两个系统分别后传，使躯体运动协调而准确。在家畜，锥体系统不发达，锥体外系统较发达。

第五节　神经系统对内脏活动的调节

内脏活动的调节不受意识的控制，称为自主神经系统(autonomic nervous system)，又称内脏神经系统。相对于躯体的随意运动，自主神经系统所支配的内脏器官不能随意改变其空间位置，因此自主神经系统又被称为植物性神经系统。

自主神经系统的一个最显著特征是能够在很短时间内使内脏功能发生剧烈的改变。如在3～5 s之内，可以使心跳增加1倍；10～15 s内可使动脉血压上升1倍，或者在4～5 s之内使血压下降以至昏迷；出汗可以在几秒钟内发生；膀胱也可在几秒钟内排空。人类的测谎器正是根据这些迅速的内脏活动变化来探测内心深处的情感活动。

自主神经系统分为中枢和外周两部分。中枢部分包括脊髓、脑干、下丘脑以及大脑皮层，尤其是大脑边缘皮层等有关的神经结构。外周部分包括传入神经和传出神经，但习惯上仅指支配内脏器官的传出神经，并将其分为交感神经(sympathetic nerve)和副交感神经(parasympathetic nerve)两部分。

(一)交感和副交感神经的结构特征

交感和副交感神经系统从中枢发出以后，在到达效应器之前都要在神经节中更换一次神经元。由脑和脊髓发出到神经节的纤维称为节前纤维(preganglionic fiber)，为有髓鞘的B类纤维。由节内神经元发出终止于效应器的纤维称节后纤维(postganglionic fiber)，属无髓鞘的C类纤维(表8-2)。

表8-2　交感和副交感神经的结构特征

	交感神经	副交感神经
起源	脊髓胸腰段(1～3)灰质侧角的中间外侧柱	脑干Ⅲ、Ⅶ、Ⅸ，Ⅹ对脑神经核；骶髓2-4节段
外周神经节	椎旁神经节 椎下神经节	副交感神经节
节前纤维	较短	较长
节后纤维	较长	较短
反应范围	广泛	局限
分布范围	广泛	局限
作用时间	潜伏期长，持续时间长	潜伏期短，持续时间短
神经递质	节前纤维释放ACh(N1受体) 节后纤维释放NE(α/β受体) 汗腺、交感舒血管纤维节后释放ACh(M受体)	节前纤维释放ACh(N1受体) 节后纤维释放ACh(M受体)

1. 交感神经

交感神经的节前纤维起源于胸、腰段脊髓(T_1-L_3)灰质侧角细胞，它们分别在椎旁或椎下神经节换元。其节后纤维分布极为广泛，几乎所有内脏器官、血管、汗腺等都受其支配（图8-23），但肾上腺髓质例外。肾上腺髓质直接受交感神经节前纤维的支配，本身相当于一个交感神经节。交感神经的节前纤维较短而节后纤维相对较长。一根交感神经节前纤维可以和许多节后神经元发生突触联系。例如，猫颈上交感神经节中的节前与节后纤维之比为 1∶(11～17)。因此，交感神经兴奋时其影响的范围就比较广泛。

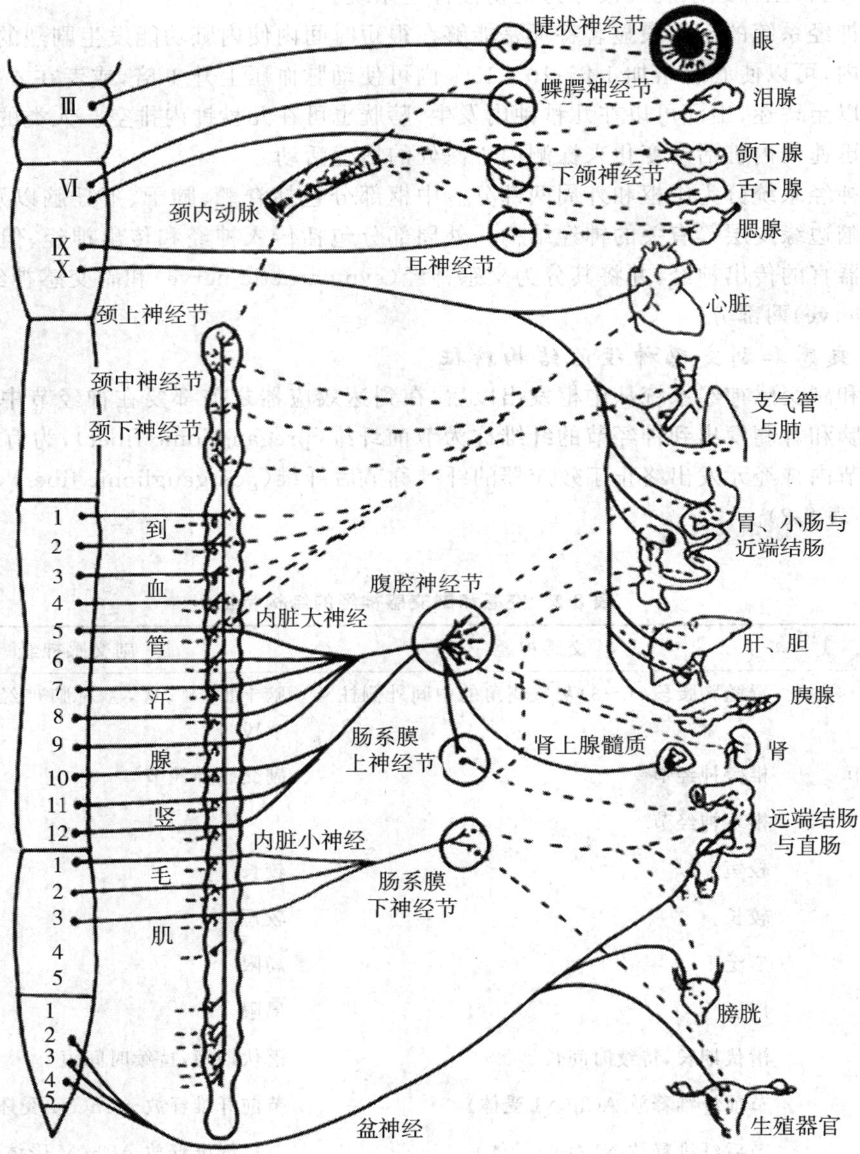

图 8-23　自主神经分布示意图（引自李鉴轩，1992）

细线：交感神经　粗线：副交感神经　实线：节前纤维　虚线：节后纤维

2. 副交感神经

副交感神经发源于脑干的第Ⅲ、Ⅶ、Ⅸ、Ⅹ对脑神经核和荐段脊髓（S_2～S_4）灰质相当于侧角的部位。副交感神经的分布比较局限，某些器官没有副交感神经的支配，例如皮肤和肌肉的血管、汗腺、竖毛肌、肾上腺髓质和肾等，只有交感神经支配。约有 75％的副交感纤维在迷走神经内，支配胸腔和腹腔内的内脏器官。发源于荐段脊髓的副交感神经分布于盆腔内一些器官和血管。副交感神经的节前纤维较长而节后纤维较短，靠近所支配的器官。一根副交感神经的节前纤维只与几个节内神经元形成突触，例如睫状神经节内的副交感节前与节后纤维之比仅为 1∶2。所以副交感神经兴奋时，影响范围较为局限。

（二）交感和副交感神经系统的功能特点

交感和副交感神经系统的功能在于调节心肌、平滑肌和腺体（消化腺、汗腺、部分内分泌腺）的活动（表 8-3）。

1. 对同一效应器的双重支配

除少数器官外，一般组织器官都接受交感和副交感的双重支配。在具有双重支配的器官中，交感和副交感神经的作用往往具有拮抗的性质。例如，对于心脏，迷走神经具有抑制作用，而交感神经具有兴奋作用；对于小肠平滑肌，迷走神经具有增强其运动的作用，而交感神经却具有抑制作用。这种拮抗性使神经系统能够从正反两个方面调节内脏的活动，拮抗作用的对立统一是神经系统对内脏活动调节的特点。在一般情况下，交感神经中枢的活动和副交感神经中枢的活动是对立的，也就是说当交感神经系统活动相对加强时，副交感神经系统活动就处于相对减退的地位，而在外周作用方面却表现协调一致。但是，在某些情况下，也可出现交感和副交感神经系统活动都增强或都减退，然而两者间必有一个占优势。在某些外周效应器上，交感和副交感神经的作用是一致的，例如唾液腺的交感神经和副交感神经支配都有促进分泌的作用；但两者的作用也有差别，前者的分泌黏稠，后者的分泌稀薄。

表 8-3　交感和副交感神经的功能特征

项目	交感神经	副交感神经
眼	瞳孔放大，睫状肌松弛	瞳孔缩小，睫状肌收缩
皮肤	竖毛肌收缩，促进精神性发汗	促进温热性发汗
心脏	心率加快，收缩力加强	心率减慢，收缩力减弱
呼吸	支气管平滑肌舒张，肺通气量增加	支气管平滑肌收缩，肺通气量减少
脏器血管	收缩	舒张
消化	抑制	兴奋
代谢	促进糖酵解和脂肪分解	促进糖、脂肪和蛋白质的合成和贮存
总体反应	一般作用为“应急”：动员机体储备力量、适应环境紧急变化	一般作用为“同化”：休整机能、促进消化、储蓄能量、加强排泄和生殖机能等

2. 紧张性作用

自主神经对效应器的支配，一般具有持久的紧张性作用，例如，切断支配心脏的迷走神经，则心率增加，说明心迷走神经本来有紧张性冲动传出，对心脏具有持久的抑制作用；切断心交感神经，则心率变慢，说明心交感神经也有紧张性冲动传出。又如，切断支配虹膜的副交感神经，则瞳孔散大；切断其交感神经，则瞳孔缩小，也说明自主神经的活动具有紧张性。

自主神经中枢具有紧张性冲动传出的原因是多方面的，其中有反射性和体液性原因。例如来自主动脉弓和颈动脉窦区域的压力和化学感受器的传入冲动，对维持自主神经的紧张性活动有重要作用；而中枢神经组织内 CO_2 浓度，对维持交感缩血管中枢的紧张性活动与有重要作用。

3. 自主神经的外周性作用与效应器本身的功能状态有关

例如，刺激交感神经可引致动物无孕子宫的运动受到抑制，而对有孕子宫却可加强其运动（因为无孕与有孕子宫的受体不一样）；又如，胃幽门如果原来处于收缩状态，则刺激迷走神经使之舒张，如原来处于舒张状态，则刺激迷走神经使之收缩。

4. 对整体生理功能调节的意义

交感神经系统的活动一般比较广泛，常以整个系统参与反应。例如，当交感神经系统发生反射性兴奋时，除心血管功能亢进外，还伴有瞳孔散大、支气管扩张、胃肠活动抑制等反应。有人认为，交感神经系统作为一个完整的系统进行活动时，其主要作用在于促使运动机体能适应环境的急剧变化。在剧烈肌肉运动、窒息、失血或冷冻等情况下，机体出现心率加速、皮肤与腹腔内脏血管收缩、血液贮存库排出血液以增加循环血量、红细胞计数增加、支气管扩张、肝糖原分解加速以及血糖浓度上升、肾上腺素分泌增加等现象，这些现象大多是由于交感神经系统活动亢进所造成的。所以，交感神经系统在环境急剧变化的条件下，可以动员机体许多器官的潜在力量，以适应环境的急变。

交感神经系统活动具有广泛性，但并不意味着毫无选择性，实际上交感神经系统发生反射反应时，各部位的交感神经活动还是有判别的。例如，失血后的开始 10 min 内，交感神经传出的活动增加，主要表现为心脏活动增强与腹腔内脏血管的收缩，而其他反应就明显；又如，加温刺激下丘脑引致体温调节反应时，皮肤血管的交感神经活动减弱而使皮肤血流增加，但内脏血管的交感神经活动却增强。这些都说明，交感神经系统的反应还是具有相对选择性的。

副交感神经系统的活动不如交感神经系统的活动那样广泛，而是比较局限的。其整个系统的活动主要在于保护机体、休整恢复、促进消化、积蓄能量以及加强排泄和生殖功能等方面。例如，心脏活动的抑制，瞳孔缩小避免强光的进入，消化道功能增强以促进营养物质吸收和能量补给等，这些都是副交感神经积蓄能量和保护机体的例子。

（三）内脏活动的中枢调节

在中枢神经系统不同部位，如脊髓、脑干、下丘脑和大脑边缘叶都存在着调节内脏活动的中枢，但是，它们对内脏活动的调节能力却大不相同。

1. 脊髓对内脏活动的调节

交感神经和部分副交感神经，起源于脊髓灰质的侧角内，因此，脊髓是调节内脏活动的最基本中枢，通过它可以完成简单的内脏反射活动。例如排粪、排尿、血管舒缩以及出汗和竖毛等活动。但是这种反射调节功能是初级的，不能更好地适应生理机能的需要，在正常时脊髓受高级中枢的调制（modulation）。

2. 低位脑干对内脏活动的调节

部分副交感神经由脑干发出，支配头部的腺体、心脏、支气管、食管、胃肠道等。同时在延髓中还有许多重要的调节内脏活动的基本中枢。如调节呼吸运动的呼吸中枢；调节心血管活动的心血管运动中枢；调节消化管运动和消化腺活动的中枢等，可完成比较复杂的内脏反射活动。延髓一旦受到损伤，可导致各种生理活动失调，严重时可引起呼吸或心搏停止，因此延髓被称为“生命中枢”。

此外，中脑是调节瞳孔反射中枢。近年来的资料还表明，中脑是防御性心血管反应的主要中枢部位，刺激中脑的一定部位，可引起典型的防御反应和有关的心血管活动变化，表现为非常明显的自主神经反应，如心缩加强加快、血压升高、瞳孔扩大、竖毛等。

3. 下丘脑对内脏活动的调节

下丘脑由第三脑室底部及其周围的一群核团构成，大致可分为前区、内侧区、外侧区与后区四个区。前区包括视前核、视上核、视交叉上核、室旁核和下丘脑前核等；内侧区又称结节区，包括腹内侧核、背内侧核、结节核和灰白结节，还有弓状核与结节乳头核；外侧区包括有分散的下丘脑外侧核；后区主要有下丘脑后核和乳头体核群。

下丘脑与边缘前脑和脑干网状结构有密切的形态和功能联系，共同调节机体内脏活动。此外，下丘脑还可通过垂体门脉系统和下丘脑-垂体束调节腺垂体与神经垂体的活动。

下丘脑是皮层下最高级的内脏活动调节中枢。它把内脏活动与其他生理活动联系起来，调节体温、营养摄取、水平衡、内分泌、情绪反应、生物节律等生理过程。

4. 大脑皮层对内脏活动的调节

(1)新皮层　新皮层是指在系统发生上出现较晚、分化程度最高的大脑半球外侧面结构(图 8-24)。电刺激动物的新皮层，除引起躯体运动外，还可引致内脏活动的改变。例如，刺激皮层 4 区内侧面，能引起直肠与膀胱运动的变化；刺激 4 区外侧面，可产生呼吸与血管运动的变化；刺激 4 区底部，会出现消化道运动和唾液分泌的变化；刺激 6 区一定部位，会出现竖毛、出汗，以及上、下肢血管的舒缩反应。如果切除动物新皮层，除感觉和躯体运动功能丧失外，很多自主性功能如血压、排尿、体温等的调节均发生异常。这些现象表明，新皮层与内脏活动密切相关，而且有区域分布特征。

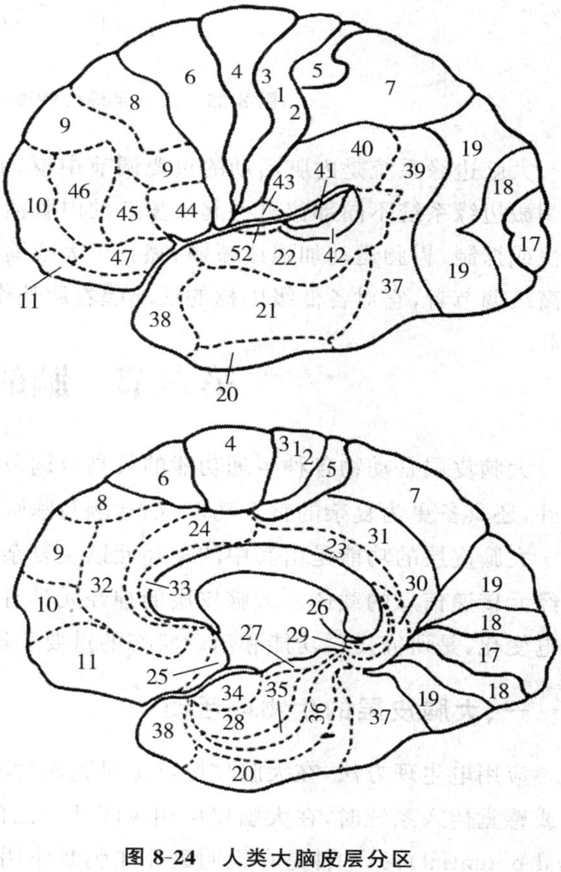

图 8-24　人类大脑皮层分区

(2)边缘系统　大脑半球内侧面皮质与脑干连接部和胼胝体旁的环周结构，叫作“边缘叶”。与大脑半球外侧面皮质相比，这些结构属于进化上比较古老的皮质，故又叫旧皮质，边缘叶包括扣带回、胼胝体回、海马沟与海马回等。

由于边缘叶在结构上和大脑皮质的岛叶、颞极、眶回等，以及杏仁核、隔区、下丘脑、丘脑前核等密切相关。于是常把边缘叶连同这些结构统称为边缘系统(limbic system)(图 8-25)。

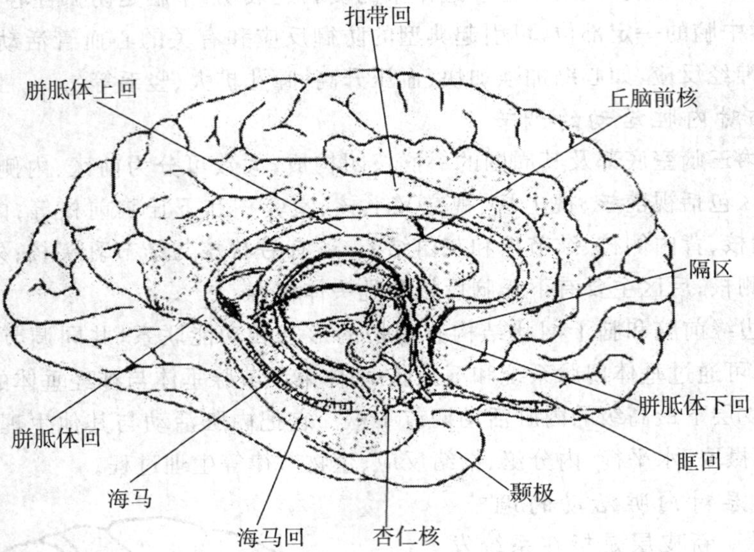

图 8-25　大脑半球内侧面(引自欧阳五庆,2012)

大脑边缘系统是内脏活动的重要调节中枢,而且还与情绪(emotion)、记忆功能有关。用电刺激边缘系统不同部位可引起很复杂的内脏活动反应。如可表现为血压升高或降低;呼吸加快或抑制;胃肠运动加强或减弱;瞳孔扩大或缩小等。这说明边缘系统是许多初级中枢活动的高级调节者,它对各低级中枢的活动起着调整作用(促进或抑制)。

第六节　脑的高级功能

大脑皮层是动物各种生理功能的最高级调节中枢。它除了参与感觉和躯体及内脏活动调节外,还具备更为复杂的整合功能,如觉醒与睡眠、学习与记忆以及各种复杂的动物行为等。

大脑皮层的功能是由其中的神经元以及复杂的神经网络完成的。神经冲动同样也是皮层神经元传递信息的载体。大脑皮层的神经元具有生物电活动。应用电生理方法记录皮层的生物电变化,是研究皮层功能和活动状态的重要手段之一。

一、大脑皮层的生物电活动

应用电生理方法,在大脑皮层可记录到两种不同形式的脑电活动:一种是刺激某特定感受器或感觉传入系统时,在大脑皮层相应区域引出的电位变化,称为皮层诱发电位(evoked cortical potential);另一种是在无明显外加刺激作用的情况下,大脑皮层经常性地自发地产生的节律性电位变化,称为自发脑电活动(spontaneous electric activity of the brain)。脑电活动的形成机制,除了大脑皮层神经元本身的电生理特性以外,前者与特异感觉投射系统的活动有关,而后者则与非特异感觉投射系统的活动有关。

(一)皮层诱发电位

大脑皮层诱发电位一般是指感觉传入系统受刺激时，在皮层上某一局限区域引出的电位变化。由于皮层随时在活动着并产生自发脑电波，因此诱发电位时常出现在自发脑电波的背景之上。

在动物皮层相应的感觉区表面引起的诱发电位可分为两部分，一为主反应，另一为后发放。主反应出现的潜伏期是稳定不变的，为先正后负的电位变化。后发放尾随主反应之后，为一系列正相的周期电位变化。皮层诱发电位是用以寻找感觉投射部位的重要方法，在研究皮层功能定位方面起着重要的作用。

诱发电位也可在人体头颅外头皮上记录到。由于记录电极离中枢较远，颅骨的电阻很大，记录到的电位变化极微弱；而且诱发电位夹杂在自发脑电之间，电位很难分辨。运用电子计算机将电位变化叠加、平均起来，能够使诱发电位显示出来，这种方法记录到的电位称为平均诱发电位(averaged evoked potential)。平均诱发电位目前已成为研究人类的感觉功能、神经系统疾病、行为和心理活动的一种手段。临床常用的有体感诱发电位、听觉诱发电位和视觉诱发电位几种。在神经科学研究中，诱发电位可用于神经通路追踪。在人医临床，诱发电位对于中枢和感觉传导途径损伤部位的诊断具有一定的价值。

(二)脑电图

脑电图是将扣结状电极置于人或其他脊椎动物的头皮上，这些电极与远置的(如耳垂)参考电极之间可记录到光滑而连续的自发电位波动，为脑电图(electroencephalogram，EEG)。在动物将颅骨打开或在病人进行脑外科手术时，直接在皮层表面记录到自发脑电活动，称为皮层电图(electrocorticogram，ECG)。一般说来，皮层电图的振幅比脑电图大10倍，而节律、波形和相位则基本相同。

根据波形，脑电图由四种基本节律构成，即：α、β、δ和θ节律(图8-26)。一般地说，频率慢的波其波幅常较大，而频率快的波其波幅较小，各种波均可在皮层的不同区域记录到，但在不同脑区和机体的不同状态下，如安静、激动、困倦和睡眠等情况下，脑电图的波形有明显差异。

(1)α波　频率为8～13 Hz，振幅为20～100 μV。正常人在清醒、闭目、安静时出现，在枕叶较显著。α波波幅常出现自小而大、自大而小的周期性变化，形成所谓的α节律的梭形。当受试者睁开眼睛或接受其他刺激时，α波立即消失出现快波，这一现象称为α阻断(α-block)。如果受试者再安静闭目，α波又重新出现。因此一般认为，α波是大脑皮层在安静状态时电活动的主要表现。

(2)β波　频率为14～30 Hz，振幅为5～20 μV。在睁眼视物、思考问题或接受其他刺激时出现，在额叶区与顶叶区较显著。一般认为，β波是新皮层处于紧张状态时的主要脑电活动的表现。

(3)θ波　频率为4～7 Hz，振幅为20～150 μV。该波在枕叶和顶叶较明显，在成人困倦时出现。幼儿时期，脑电频率较成人慢，常见θ波；到10岁开始出现α波。

(4)δ波　频率为0.5～3 Hz，振幅为20～200 μV。正常成人在清醒时几乎没有δ波，只有在睡眠时才出现。此外，在深度麻醉、智力发育不成熟的人，也可出现δ波。在婴儿时期，脑电频率较幼儿更慢，常可见到δ波。一般认为δ波或θ波可能是大脑皮层处于抑制状态时脑电活动的主要表现。

脑电图的波形随大脑皮层活动状态的不同而变化，当大脑皮层许多神经元的电活动趋于步调一致时，就出现高幅慢波（如α波），此现象称为同步化；相反，当皮层神经元的电活动不一致时，就出现低幅快波（如β波），称为去同步化。一般认为，脑电活动由同步化转变为去同步化时，表示皮层的兴奋活动增强；相反，由去同步化转变为同步化时，则表示皮层抑制过程的加深。

脑电图在临床上对某些颅脑疾患具有重要的诊断价值。如癫痫患者的脑电图可呈现棘波、尖波、棘慢综合波等。颅内占位性病变患者，即使在清醒状态下，也可引出δ波或θ波。

在动物行为学研究中，脑电图可用来判断动物的觉醒和睡眠状态。

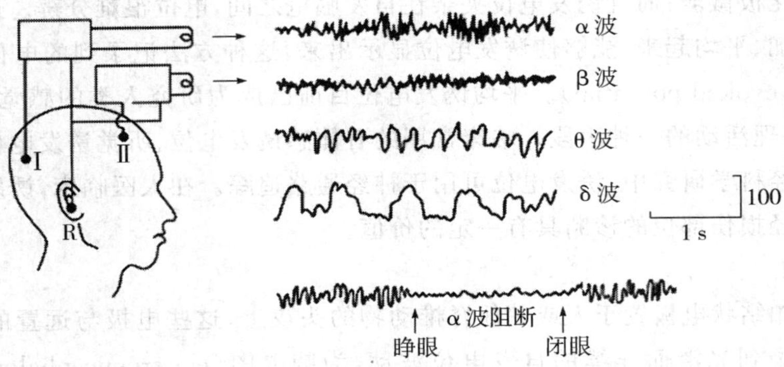

图 8-26　人正常脑电图波形（引自杨秀平，2009）

二、觉醒和睡眠

睡眠和觉醒是人和高等动物普遍具有的生理现象，是维持正常生理活动的两个必要过程。在正常情况下，觉醒和睡眠随昼夜周期而互相交替。这种交替现象，是生物体周期性活动规律的典型范例。觉醒时，机体对内、外环境刺激的敏感度增高，并且能做出有目的的和有效的反应。睡眠时，机体对内、外环境刺激的敏感度降低。睡眠时，虽然仍保持着植物性神经系统的功能调节，但是脑的一些高级功能，如学习、记忆、思维等都停止。不过，睡眠时的这一切变化随着觉醒的出现会迅速恢复，这就是睡眠与麻醉、昏迷不同的地方。从生理意义上讲，睡眠的主要功能在于促进体力精神的恢复。觉醒是保证大脑正常工作的生理条件，睡眠是大脑维持正常功能的自律抑制状态。睡眠机能障碍常导致中枢神经系统的功能失常。

（一）觉醒状态的维持

觉醒是动物进行正常活动的基础，但对它的发生和维持的机理至今尚不完全清楚。各种感觉冲动的传入对觉醒状态的维持十分重要。

动物实验中观察到，单纯在中脑网状结构的头端加以破坏，而保留各种感觉上传的特异传导途径，动物即进入持久的昏睡状态；各种感觉刺激都不能唤醒动物，脑电波不能由同步化慢波转化成去同步化快波，虽然这时感觉传入冲动完全可以沿特异传导途径抵达大脑皮层。因此认为，觉醒状态的维持是脑干网状结构上行激动系统的作用。目前认为，脑干网状结构上行激动系统可能是乙酰胆碱递质系统，因此静脉注射阿托品能阻断脑干网状结构对脑电的唤醒作用。

觉醒状态包括脑电觉醒与行为觉醒两种状态。脑电觉醒指脑电波形由睡眠时的同步化慢波变为觉醒时的去同步化快波，而行为上不一定出现觉醒状态。行为觉醒指觉醒时的各种行为表现。

进一步的研究观察到，动物在注入阿托品后，脑电呈现同步化慢波而不再出现快波，但动物在行为上并不表现睡眠。看来，觉醒状态的纤维比较复杂，脑电觉醒状态（呈现快波）与行为觉醒状态的维持有不同的机制。

动物实验观察到，单纯破坏中脑黑质多巴胺递质系统后，则动物在行为上不能表现觉醒，对新异的刺激不能表现探究行为，但脑电仍可有快波出现。因此，行为觉醒的维持可能是黑质多巴胺递质系统的功能。动物实验还见到，破坏蓝斑上部（去甲肾上腺素递质系统）后，则动物电波快波明显减少；但如有感觉刺激传入冲动时，则动物仍能唤醒脑电呈现快波，不过唤醒作用很短暂，感觉传入刺激一停止，唤醒作用即终止。所以，蓝斑上部去甲肾上腺素递质系统与脑电觉醒的维持也有关系。其作用是持续的紧张性作用；而上行激动系统（乙酰胆碱递质系统）的作用是时相性作用，它调制去甲肾上腺素递质系统的脑电觉醒作用。

（二）睡眠觉醒周期

不同种类的动物有不同的睡眠觉醒周期。大多数鸟类都在白天保持觉醒而在夜间进入睡眠。这种每昼夜只进行一次觉醒与睡眠交替的形式叫单相睡眠。成年灵长类动物和许多家畜，包括牛、羊等反刍动物都倾向于单相睡眠。许多野生动物和大多数哺乳动物的幼畜在一昼夜中呈现多次觉醒和睡眠交替的多相睡眠。马每昼夜交替 3～16 次（平均 9 次），猪白天 50%～60%的时间睡眠，每昼夜有 10 次以上的交替。

（三）睡眠的时相变化

睡眠具有两种不同的时相状态，表现不同的脑电图波形特点，分别称为慢波睡眠与快波睡眠。

1. 慢波睡眠

与觉醒状态相比，其脑电图呈现同步化的高幅慢波，因而称为慢波睡眠（slow wave sleep，SWS）或同步化睡眠（synchronized sleep）。这时动物意识暂时丧失，视、听、嗅、触等感觉功能减退，骨骼肌反射运动和肌紧张减弱，并伴有一些自主神经功能的改变，如血压下降、心率减慢、瞳孔缩小、体温下降、呼吸减慢、胃液分泌增多等交感活动水平降低，而副交感活动相对增强的现象。

2. 快波睡眠

脑电波呈现去同步化的快波时相，称为快波睡眠（fast wave sleep，FWS）或去同步睡眠（desynchronized sleep）。在此期间，脑电表现脑活动增强的特征，类似于觉醒状态。但实际上，各种感觉功能进一步减退，以致唤醒阈提高；骨骼肌反射活动和肌紧张进一步减弱，肌肉几乎完全松弛。由于在这个过程中，动物的行为表现与脑电变化特征不相符合，故又称为异相睡眠（paradoxical sleep，PS）。此外，在异相睡眠期间还有间断的阵发性的躯体和内脏活动变化，例如快速的眼球转动，因而又称为快动眼睡眠（rapid eye movement sleep，REM）。快速眼球转动还常伴有部分躯体抽动、心率加快、血压上升、呼吸加快而不规则。

慢波睡眠与快波睡眠能互相转化。睡眠开始时,先进入慢波睡眠,持续一段时间后转入快波睡眠。快波睡眠持续时间较短,一般为 10 min,而猪可达 30 min 左右,之后又转入慢波睡眠,随后再转入快波睡眠,如此反复进行。在整个睡眠过程中,两个时相可以反复转化。在正常情况下,慢波睡眠与快波睡眠均可直接转入觉醒状态,但觉醒状态不能直接进入快波睡眠,而只能进入慢波睡眠。

快波睡眠占整个睡眠期的比例在不同种类的动物也有所不同。肉食动物不仅每天的睡眠时间比较长,而且快波睡眠发生的频率和所占全部睡眠时间的比例也较高,而大多数草食动物不仅总的睡眠时间短,快波睡眠所占的比例也较小,这可能与动物在长期进化过程中的适应有关,处于深睡状态的草食动物容易成为肉食动物的猎物。睡眠的时间和类型与动物的年龄有关,幼畜每天的睡眠时间较长,并且快波睡眠所占的比例也较大,以后随着动物的发育成熟而逐渐减少。例如,30 日龄以内的新生犊牛一天 75%的时间都处于睡眠状态,而几乎一半的睡眠时间处于快波睡眠时相。

研究表明,腺垂体生长激素的分泌与睡眠的不同时相有关。在觉醒状态下,生长激素分泌较少,进入慢波睡眠后生长激素的分泌明显升高,转入快波睡眠后,生长激素分泌又减少。因此,慢波睡眠有利于生长和体力恢复。

快波睡眠是正常生命活动所必需的。动物长期缺乏快波睡眠时,行为上变得易于激怒。如果动物在一段时间内快波睡眠不足,随后一段时间会补偿性地增加快波睡眠在整个睡眠中的比例。在动物实验中观察到,快波睡眠期间,脑组织的蛋白质合成率加快,因此快波睡眠与幼畜神经系统的发育和成熟有密切关系,并且动物机体可能在快波睡眠期间建立新的突触联系而促进学习记忆的活动。

(四)睡眠发生机制

目前认为,睡眠不是脑活动的简单抑制,而是一个主动过程。有人认为,在脑干尾端存在一个能引起睡眠和脑电波同步化的中枢,称为脑干网状结构前行抑制系统(ascending inhibitory system)。它们的前行冲动作用于大脑皮层,与脑干网状结构前行激动系统相对抗,从而调节睡眠与觉醒的相互转化。进一步的研究表明,脑干的睡眠诱导区主要位于脑桥中央水平与延髓尾侧之间的若干脑区,包括中缝核、孤束核、蓝斑以及网状结构背内侧的一些神经元。睡眠的产生与中枢内某些递质有密切关系。实验表明,慢波睡眠主要与脑干 5-羟色胺递质系统活动有关;而快波睡眠主要与脑干内去甲肾上腺素、5-羟色胺以及乙酰胆碱递质系统的功能有关。此外,近年来在体内还发现若干内源性肽类睡眠因子。

三、学习与记忆

动物通过多种多样的行为来适应环境的变化,维持生存并保证种族的繁衍。行为是一系列有次序、有目的、高度协调配合的反射活动的集合。其中大多数行为不是通过遗传获得的本能的行为,而属于适应性行为,是后天在适应环境的过程中获得的。学习和记忆是动物建立并完善这些适应性行为模式的基础。

学习和记忆是脑的高级功能,是两个相互联系的神经活动过程。学习是指新行为的获得或发展,即由于经验引起的行为改变;记忆则是指习得行为的保持与再现,即过去经验在大脑中的储存和再现。

(一)学习的形式

学习主要有两种形式即非联合型学习(nonassociative learning)和联合型学习(associative learning)。

1. 非联合型学习

非联合型学习是一种简单的学习形式,不需要在刺激与反应之间形成某种明确的联系,不同形式的刺激使突触产生习惯化和敏感化的可塑性改变就属于这种类型的学习。

习惯化是指由于同一刺激物的重复出现引起行为反应的减弱,如动物在适应一段时间以后,对熟悉的固定的饲养员的出现不再产生应激反应;而敏感化则正好相反,是指由于一种强烈或有害的刺激引起的反射性反应增强,如动物受到惊吓后,对所有其他刺激的反应都增强。敏感化对动物的适应有重要的意义,新的刺激使动物保持警惕以提防可能的捕食者和环境中其他潜在的有害刺激。

2. 联合型学习

联合型学习是两个事件在时间上很靠近地重复发生,最后在脑内逐渐形成固定的联系,如经典的条件反射和操作式条件反射均属此种类型的学习。

在动物实验中,给犬吃食物会引起唾液分泌,这是非条件反射,食物是非条件刺激。而给犬以铃声刺激则不会引起唾液分泌,因为铃声与食物无关,因此铃声称为无关刺激。但是,如果每次给犬吃食物之前先给以铃声刺激,然后再给以食物,这样多次结合后,当铃声一出现,动物就会出现唾液分泌。铃声本身是无关刺激,现在已成为进食的信号,因此又称为信号刺激或条件刺激。这种通过无关刺激和非条件刺激在时间上反复多次的结合而建立的条件反射称为经典条件反射,这个反复结合的过程称为强化(reinforcement)。

操作式条件反射比较复杂,它要求动物完成一定的操作。例如,将大鼠放入实验笼内,当它在走动中偶尔踩在杠杆上时,即有食物出现。强化这一操作,如此重复多次,大鼠就学会了自动踩杠杆而得到食物。然后,在此基础上进一步训练动物只有在出现某一特定的信号(如灯光)后踩杠杆,才能得到食物的强化。训练完成后,动物见到特定的信号,就去踩杠杆而得食。这类条件反射的特点是,动物必须通过自己完成某种动作或操作后才能得到强化,所以称为操作式条件反射(operant conditioning)。这类条件反射是一种很复杂的行为,更能代表动物日常生活的习得性行为。

(二)条件反射活动的基本规律

1. 建立经典条件反射的基本条件

条件反射的建立要求无关刺激与非条件刺激在时间上的多次结合,一般无关刺激要先于非条件刺激而出现。条件反射的建立与动物机体的状态和周围的环境有密切的关系。动物要健康、清醒、食欲旺盛,环境要避免嘈杂干扰。处于饱食状态的动物很难建立食物性条件反射,动物处于困倦状态时也很难建立条件反射。

2. 条件反射的泛化、分化和消退

当一种条件反射建立后,若给予和条件刺激相近似的刺激,也可获得条件刺激效果,引起同样条件反射,这种现象称为条件反射的泛化。它是由于条件刺激引起大脑皮层兴奋向周围

扩散所致。如果这种近似刺激得不到非条件刺激的强化，该近似刺激就不再引起条件反射，这种现象称为条件反射的分化。而条件反射的消退是指在条件反射建立以后，如果仅使用条件刺激，而得不到非条件刺激的强化，条件反射的效应就会逐渐减弱，直至最后完全消退。条件反射的分化和消退都是大脑皮层发生抑制过程的表现。前者是分化抑制，后者为消退抑制，两者都是条件反射性抑制。分化抑制是大脑皮层对各种传入冲动具有高度精确的分辨能力的生理基础。分化抑制的建立对动物的正常活动具有重要意义。动物可借助它把内外环境中无数类似的刺激区别开来，对某些有信号意义的刺激产生兴奋性反应，而对其余类似刺激发生抑制性反应。消退抑制也是动物适应不断变化的环境的重要生理机制，动物可以根据环境的变化建立新的条件反射。

3.条件反射的生物学意义

机体对内外环境的适应，都是通过非条件反射和条件反射来实现的。条件反射与非条件反射相比，无论在数量上及性质上都有很大的区别。非条件反射的数量有限，而可形成的条件反射的数量几乎是无限的；非条件反射比较恒定，而条件反射具有很大的可塑性，既可以建立，也可以消退。因此条件反射具有较广泛、精确而完善的适应性。此外，条件反射使动物具有预见性，能更有效地适应环境。例如，依靠食物性条件反射，家畜不再是消极地等待食物进入口腔，而是根据食物的形状和气味去主动寻找；也不再是等食物进入口腔才开始消化活动，而是在此之前就做好消化的准备。

（三）记忆的过程

通过感觉器官进入大脑的外界信息，估计只有1%左右被长时间贮存、记忆，而大部分被遗忘。被贮存的信息都是对机体有重要意义的，而且是反复作用的信息。根据信息贮存的长短，记忆可分为短时记忆（short term memory）和长时记忆（long term memory）。人类的记忆过程可分成感觉性记忆、第一级记忆、第二级记忆和第三级记忆四个连续阶段。前两个阶段相当于短时记忆，后两个阶段相当于长时记忆。

感觉性记忆是感觉系统获得信息后首先在大脑感觉区贮存的阶段，其性质粗糙，贮存时间不超过1 s。若经过分析处理，将那些不连续的、先后到达的信息整合成新的连续印象，即可转入第一级记忆。信息在第一级记忆中贮存的时间也只有几秒钟，大多仅有即时应用的意义。如果反复学习运用，信息可在第一级记忆中循环，延长了信息在第一级记忆中停留的时间，从而转入第二级记忆之中，记忆持续时间可达数分钟乃至数年不等。第二级记忆的有些记忆痕迹，如自己的姓名和每天都在进行的工作等，由于长年累月应用，不大会遗忘，这类记忆属于第三级记忆。它是一种牢固的记忆，常可保持终生。显然，上述各类记忆之间是相互联系的。其中，短时记忆是形成长时记忆的基础。

（四）记忆障碍

遗忘（amnesia）是指部分或完全丧失回忆和再认的能力，也称为记忆障碍。它可分为顺行性遗忘症与逆行性遗忘症。顺行性遗忘症主要表现为近期记忆障碍，不能保留新近获得的信息，但对障碍发生前的记忆依然存在。其机理可能是第一级记忆发生障碍，不能将信息从第一级记忆转入第二级记忆所造成的。逆行性遗忘症主要表现为远期记忆障碍，即在脑功能障碍发生之前的一段时间内的记忆均被遗忘，不能回忆起障碍发生前的一切往事。其发生机制可能是由于第二级记忆发生紊乱，而第三级记忆不受影响所致。

(五)学习和记忆的机制

现代神经生物学的研究指出，学习和记忆是通过神经系统突触部位的一系列生理、生化和组织学可塑性改变而实现的。

1. 神经生理学机制

学习过程是许多不同的神经元参加的。神经元有一定的后放电作用，这种作用对后继刺激能产生易化效应，它可能是感觉性记忆的基础。此外，在脑的神经元网络中，回返环路的连续活动，可能是第一级记忆的基础。近年来的研究表明，由海马→穹窿→下丘脑乳头体→丘脑前核→扣带回→海马所构成的回路，即海马环路，与第一级记忆的保持以及第一级记忆转入第二级记忆有关。当海马环路任何一个环节受到损坏时，均可导致近期记忆能力的丧失。进一步的研究还发现，当海马受到高频电脉冲的短暂刺激时，引起突触活动的长时程增强，其持续时间甚至可达 10 h 以上。由此认为，长时程突触增强效应(long term potentiation，LTP)可能是学习记忆的神经生理学基础。实验表明，记忆能力强的动物，其 LTP 大；而记忆能力差的动物则 LTP 小。

2. 神经生物化学机制

长时记忆可能与脑内物质代谢，特别是与脑内 RNA 和蛋白质的合成有关。实验表明，长时记忆有赖于脑内蛋白质的合成；在动物脑内注射蛋白质合成抑制剂，动物不能建立条件反射，学习记忆能力发生明显障碍。中枢递质和神经肽也与学习记忆活动有关：①乙酰胆碱(ACh)可显著促进学习记忆行为。中枢 ACh 递质系统的活动可能主要是通过海马环路与脑干网状结构前行激动系统两条通路，促进第一级记忆保持以及第一级记忆向第二级记忆转移。老年遗忘症很可能是由于脑内 ACh 递质系统的功能衰退所致。②去甲肾上腺素(NE)能增强学习记忆的保持过程，其作用机制可能是调节广泛脑区内的突触传入活动，增强环境中的信息传入，促进信息的贮存与再现。③兴奋性氨基酸(EAA)可加强学习与记忆的保持。有人还提出，EAA 如 NMDA(N-甲基-*D*-门冬氨酸)受体通道是决定学习记忆的关键物质。目前认为，EAA 神经元传递功能减弱是引起老年性痴呆的另一个重要原因。④γ-氨基丁酸(GABA)能加快学习速度，促进记忆的巩固。⑤促肾上腺皮质激素可增强记忆的保持，主要促进短时记忆。血管升压素可增强记忆的保持，临床上用其治疗遗忘症收到满意效果。此外，催产素、脑啡肽与 β-内啡肽均损害记忆的保持，使记忆减退。

3. 神经解剖学机制

持久性记忆可能与新的突触联系的建立有关。实验表明，学习记忆活动多的大鼠，其大脑皮层发达，突触联系多。人类的第三级记忆的机制可能与此相关。近年来的资料还表明，海马及其相关结构是实现中期记忆的间脑结构；长期记忆是大脑联络区的功能；短期记忆可能涉及多个脑区，前额皮层的参与尤为重要，它涉及人类的高级学习记忆能力。

(六)家畜的动力定型

家畜在一系列有规律的条件刺激与非条件刺激结合的作用下，经过反复多次的强化，神经系统能够巩固地建立起一整套与刺激相适应的功能活动，表现出一整套有规律的条件反射活动。这种整套的条件反射称作动力定型。家畜在长期生活过程中所形成的“习惯”，实际上就是动力定型的表现。

在正常的饲养管理制度下，经常使家畜接受按一定规律出现的一系列条件刺激和非条件刺激结合在一起的刺激，可以使家畜建立一整套适应于其生活环境的条件反射。当生活环境较长期地保持原有的变化规律时，这些条件反射就越来越精细和巩固，最后建立起动力定型。这时神经系统通过调节和整合活动，会使畜体内所有的活动十分迅速而高度精确地适应环境。如果动力定型建立得十分巩固，只要动力定型中的第一个条件刺激出现，就可使一整套的反射活动有次序地自动发生。动力定型的原理对畜牧业实践有重要的指导意义。动物的饲养管理要求遵循一定的制度，要尽量做到有规律，就是为了有利于家畜建立和巩固动力定型，从而减轻皮层及皮层下高级中枢调节、整合活动的负担，并使家畜的各种生理活动最大限度地适应其生活环境，达到提高家畜生产性能的目的。

本章思考题

1. 名词解释：传导的双向性、兴奋性突触后电位、抑制性突触后电位、突触、突触前抑制、突触后抑制、特异投射系统、非特异投射系统、牵涉痛、脊休克、牵张反射、腱反射、肌紧张、去大脑僵直、状态反射、翻正反射、锥体系统、锥体外系统、条件反射、非条件反射、动力定型。

2. 神经元有哪些基本联系方式？神经纤维传导的特点有哪些？

3. 突触是如何进行分类的？突触传递有哪些特点？

4. 小脑的主要功能有哪些？

5. 何谓脊休克？它的主要表现和发生原因是什么？

6. 简述内脏痛的特点。

7. 非条件反射与条件反射的特点及其生理意义是什么？

8. 试比较躯体运动神经和植物性神经的机能特点。

国家执业兽医资格考试本章相关内容真题示例

44. 神经元兴奋性突触后电位产生的主要原因是　　　　（　　）

A. K^+ 内流　　B. K^+ 外流　　C. Na^+ 内流

D. Na^+ 外流　　E. Cl^- 内流

注：2009 年全国执业兽医资格考试（基础科目）A1 型题第 44 题，题号未变动。

42. 能被阿托品阻断的受体是　　　　（　　）

A. α 受体　　B. β 受体　　C. M 受体

D. N1 受体　　E. N2 受体

注：2010 年全国执业兽医资格考试（基础科目）A1 型题第 42 题，题号未变动。

本章参考文献

[1]陈杰. 家畜生理学. 4 版. 北京：中国农业出版社，2003.

[2]李鉴轩. 家畜生理学. 西宁：青海人民出版社，1992.

[3]南京农业大学. 家畜生理学. 3 版. 北京：中国农业出版社，2007.

[4]杨秀平.动物生理学.2版.北京:高等教育出版社,2009.

[5]欧阳五庆.动物生理学.2版.北京:科学出版社,2012.

[6]陈杰,朱祖康,周杰.动物生理学.北京:化学工业出版社,2007.

[7]陈守良.动物生理学.2版.北京:北京大学出版社,1996.

[8]孙镇平.简明动物生理学.北京:中国农业出版社,2004.

[9]陈明勇.全国执业兽医资格考试试题解析和模拟试题.北京:中国农业大学出版社,2011.

[10]中国兽医协会.2013年执业兽医资格考试单元强化自测与详解(兽医全科类)全套.北京:中国农业出版社,2013.

第九章　内分泌生理

学习目的和要求

1. 了解和掌握激素的概念及分类，内分泌、旁分泌、自分泌与神经内分泌等概念。
2. 了解和掌握下丘脑激素的种类和主要功能。
3. 了解和掌握垂体的内分泌功能。
4. 了解和掌握甲状腺激素的主要生理功能及其分泌调节。
5. 了解和掌握甲状旁腺激素和降钙素的生理功能及其分泌调节。
6. 了解和掌握糖皮质激素和盐皮质激素的主要生理功能及其分泌的调节。
7. 了解和掌握胰岛素和胰高血糖素的作用及其分泌的调节。
8. 了解和掌握性腺激素的功能及其分泌的调节。

第一节　概　　述

动物的许多腺体或组织细胞能够分泌一种或多种生物活性物质，这些生物活性物质或在局部或者通过血液运输，到达某一敏感的靶器官或靶组织，调节器官分泌或代谢功能，这种现象称为内分泌(endocrine)。多细胞生物的发育始于受精及受精卵的分裂，其后的发育则取决于细胞的增殖、生长和分化，通过组织生成和器官生成形成完整的机体。这些发育现象及代谢、呼吸、排泄、运动、繁殖等生理过程的整合取决于动物体内特化细胞的化学信息。

内分泌是动物机体的一种特殊分泌方式，它作为一种信息传递过程，调节各有关器官、组织的生理功能，使机体表现出各种奇妙的生命现象。研究这种基本生命现象及其异常变化的科学称为内分泌学(endocrinology)。

一、脊椎动物的内分泌系统

内分泌腺主要包括下丘脑、脑垂体(神经垂体和腺垂体)、松果腺、甲状腺、甲状旁腺、胰岛、肾上腺、性腺(睾丸和卵巢)及胸腺等。在动物进化过程中，一方面是由于生殖、发育和生长季节性调节的需要；另一方面是由于颚的形成，变被动滤食方式为有选择性的主动捕食方式，需要调节消化与代谢的机能，而使内分泌腺的结构、分布发生了某些变化。散在的内分泌细胞则广泛分布于体内许多器官组织中，如脑、心、肺、肾、消化道黏膜、皮肤及胎盘中。在脑组织中，特别是下丘脑中的一些具有内分泌功能的细胞同时也是神经元。所有内分泌细胞都是通过分泌激素在细胞之间传递信息而发挥调节作用的。

内分泌系统(endocrine system)是机体重要的调控系统之一。它是由机体各分泌腺和分散存在于某些组织器官中的内分泌细胞(endocrine cell)共同组成的一个信息传递系统；通过释放具有生物活性的化学物质—激素(hormone)调节靶细胞(target cell)或靶组织(target tissue)、靶器官(target organ)的活动;而靶细胞活动改变的结果又往往反馈性地影响到内分泌活动。因此,就整体功能而言,内分泌系统是包括靶细胞在内的一个庞大的稳态调节系统。

内分泌腺是没有导管的腺体(又称无管腺),其分泌物由腺细胞直接分泌入体液,并以体液为媒介在体内传播信息。与内分泌腺相比,外分泌腺是有导管的腺体(又称有管腺),其分泌物由固定的导管运送到皮肤或体腔内,如汗腺、消化腺等。

二、内分泌系统的生理作用

内分泌系统的生理作用可以概括为三个方面。

(一)保证机体内环境的相对稳定

通过各种激素之间的相互作用,调节体液和物质代谢,使其保持动态平衡,控制机体正常的生长、发育和成熟。

1. 控制消化道运动及消化腺的分泌

消化道的胃泌素、缩胆囊肽、肠促胰液肽和胰高血糖素等激素,均能控制胃肠运动和唾液腺以外的消化腺分泌。

2. 控制能量产生

参与体内代谢物质的贮存、动员、相互转换和利用。这类激素包括胰岛素、胰高血糖素、肾上腺素、生长激素、甲状腺素和皮质醇等。

3. 控制细胞外液的组成和容量

促肾上腺皮质激素、抗利尿素、皮质醇、醛固酮、降钙素、甲状旁腺激素和血管紧张肽酶(肾素)等激素互相协同,对体液的离子组成和血管内容量起着调节作用,使细胞保持适宜环境和正常代谢。

(二)调节机体与外界环境的相对平衡

神经系统和内分泌系统互相配合,使动物机体对外环境的变化起着重要的适应性调节。环境的突然变化要求机体能迅速做出反应时,由神经冲动来承担;而较长期的变化要求动物能做出适应性反应,这就需要有内分泌系统的参与。

(三)调节生殖功能

内分泌与生殖的关系极为密切,从配子的产生、发育、成熟到受精、妊娠的建立、识别、维持,以至分娩和泌乳,都受着内分泌系统的调节。因此,诞生了一门专门研究动物生殖活动的内分泌调控的学科,称之为生殖内分泌学(reproductive endocrinology)。

三、内分泌系统作用的调节

内分泌系统作用的调节是一个极为复杂的过程,它涉及内分泌腺功能的相互调节、神经系统和内分泌系统之间的相互调节,以及内分泌腺与体液和物质代谢之间的相互调节。神经系统—内分泌系统—体液三者之间的协调活动,便成为体内各系统、各器官进行正常功能活动的重要保证,而神经—内分泌—免疫网络之间的互相调节则对机体的功能发挥全面、准确和精细的调节。

(一)内分泌腺功能的相互调节

内分泌腺功能的相互调节十分复杂,因为内分泌腺之间的相互影响,并不是在任何情况下都一致，在两种腺体之间可以相互协同或相互刺激，也可相互抑制，有时还必须有另一个腺体的参与。激素之间的拮抗或协同作用，也不是在任何场合都一致，它们在一种场合可以相互拮抗，在另一种场合却可以协同作用。例如，雌激素与孕酮对生殖的调节作用就有拮抗与协同的双重关系；甲状腺素与胰岛素在糖类代谢与蛋白的合成代谢中也是如此。这些腺体之间和激素之间相互关系的多样性，显示着调节的复杂性。这种复杂调节关系，迄今仍不十分清楚。

（二）神经系统和内分泌系统的相互调节

神经系统对内分泌功能也发挥重要的调节作用。例如，丘脑下部的神经分泌细胞就控制着垂体，并通过垂体控制靶腺的功能。丘脑下部的神经内分泌功能又受着更高级的中枢神经及周围感觉神经的影响。例如环境改变、精神紧张等应激状态就可使肾上腺皮质的分泌功能增强。刺激感觉器官对内分泌功能的影响更为明显，例如动物的性腺活动与嗅觉、视觉、听觉都有密切关系，对生殖道的机械刺激可以诱发排卵；肢体的痛觉可通过传入内分泌神经引起丘脑下部-垂体-肾上腺轴系的分泌活动增加。

内分泌系统一方面受着神经系统的调节，另一方面又影响神经系统的功能。靶腺激素可反馈性地调节丘脑下部的内分泌功能，激素对维持高级神经中枢的功能也起着重要作用，一些激素（如甲状腺素、皮质醇等）过多或过少都可以引起神经系统的功能障碍，严重时可以引起精神失常甚至昏迷。

（三）神经系统-内分泌系统-体液之间的相互调节

内分泌系统的重要功能之一就是对体液的调节作用。通过神经-内分泌系统的调节作用，得以保持机体内环境的动态平衡，使体液的容量、渗透压、各种化学成分（如血糖、血钙）的浓度保持相对稳定，从而保证机体各系统、各器官的功能正常运行。

内分泌系统之所以能够调节体液，使其保持动态平衡，一方面是由于激素相互之间既有拮抗作用，又有协调作用；另一方面，体液代谢状态对神经内分泌功能也起着密切的调节作用。例如在动物机体内，抗利尿素和醛固酮对水和钠代谢的调节，往往起着协同作用；当体液丢失，出现脱水、失钠时，体液容量和有效血容量降低，抗利尿素和醛固酮的分泌都受到兴奋，于是尿量减少，尿钠降低，起到潴水潴钠的作用。反之，当体内水、钠过多，体液容量扩张时，抗利尿素和醛固酮的分泌都受到抑制，于是尿量增多，尿钠排出增加，从而解除体液的过剩。

血糖浓度也是在多种激素的相互作用下保持相对恒定的。当血糖增高时，刺激胰岛 β 细胞分泌更多的胰岛素，同时抑制 α 细胞分泌胰高血糖素，使血糖降低；当血糖过低时，胰岛 α 细胞、肾上腺髓质都受到兴奋，于是胰高血糖素和肾上腺素分泌增加。此外，血糖过低可使肾上腺皮质和垂体生长激素分泌增多，从而提高血糖水平，使血糖浓度恢复正常。

再例如血钙过低时，刺激甲状旁腺分泌甲状旁腺激素，同时抑制甲状腺滤泡旁细胞释放降钙素，于是血钙升高；反之，当血钙过高时，甲状旁腺激素的释放被抑制，而降钙素的分泌受到兴奋，于是血钙下降，恢复正常。

（四）神经-内分泌-免疫调节网络

内分泌细胞、神经细胞及神经胶质细胞等都可以产生多种细胞因子，免疫细胞也可以产生多种神经肽和激素。神经、内分泌和免疫三个系统均可表达神经递质、激素及细胞因子和相应受体。

免疫系统是一个极为复杂的系统，在维持机体的稳态和健康方面起着重要的作用。免疫系统本身有着非常精细的调控机制，它的各个部分在功能上相互依赖、相互制约、相互协调。

大量研究表明，免疫系统受神经和内分泌系统的调控，反过来，免疫系统也调节着神经和内分泌系统，从而形成复杂的神经内分泌免疫调节网络。随着对神经—内分泌—免疫调节研究的逐步深入，神经内分泌免疫学(neuroendoimmunology)已经迅速发展成为一门新学科。

综上所述，可见神经系统-内分泌系统-体液之间的相互调节，以及各种内分泌腺所分泌的激素在功能上的互相拮抗和互相协调，是使机体内环境能保持对立统一和相对稳定的可靠保证。

第二节 激素的转运方式及其分类

一、细胞间信息传递的方式

激素(hormone)是内分泌系统产生的高效能的生物活性物质。激素可以通过远距离分泌(telecrine，即经典的内分泌方式)、旁分泌(paracrine)、自分泌(autocrine)和神经分泌(neurocrine)、神经内分泌(neuroendocrine)、逆分泌(retrocrine)等多种方式传递化学信息(图 9-1)，作用于相应的靶器官或靶组织，调节其代谢和功能。

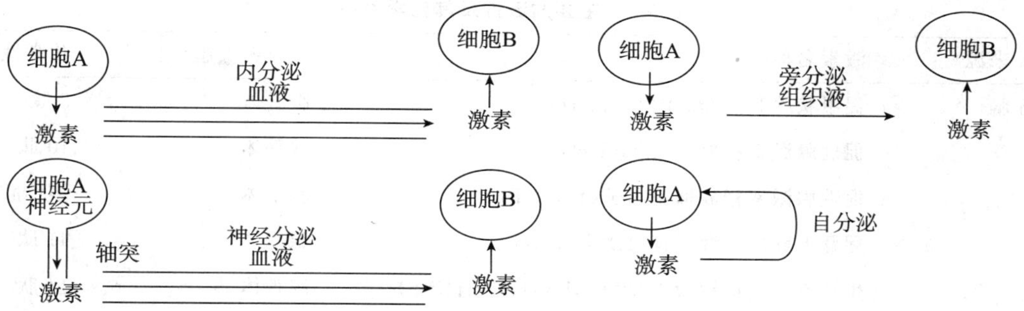

图 9-1 细胞间信息传递的方式

1. 内分泌或远距离分泌

内分泌细胞分泌的化学信使进入血液，经血液循环到达靶细胞发挥生理作用，即经典的内分泌(endocrine)概念。

2. 旁分泌

细胞分泌的化学信使进入细胞间液，通过扩散到达邻近的靶细胞发挥作用。

3. 自分泌

细胞分泌的化学信使进入细胞间液对其自身发挥调节作用，通常表现为负反馈作用。

4. 神经分泌

神经细胞分泌化学信使(神经递质)由轴突末端释放，经突触传递至突触后细胞影响其生理功能。

5. 神经内分泌

神经细胞分泌化学信使(激素)进入血液，通过血流到达靶细胞发挥作用。

6. 逆分泌

为控制生长的一种细胞因子作用模式，通常是可溶性受体细胞膜表面的一种成分，其通过与细胞产生的膜结合型细胞因子结合，作用于远端靶细胞。

此外，化学信使还可以通过细胞间的微管的连接到达另一细胞起调节作用，称为表分泌。

总之，从动物进化的角度而言，激素是细胞与细胞之间相互交流的一种信号分子，其合成部位并没有严格的局限性。无论进化到哪个阶段，激素都是传递信息的工具。在单细胞生物，只能在细胞内部起自分泌作用；多细胞的个体才需要旁分泌作用的调节；有了神经系统，才可能发生神经分泌、神经内分泌及神经递质的传递。哺乳动物随着个体的增大，细胞分化形成了靶组织和靶器官，腺体也进化到能大量产生激素，因此具备了远距离通讯的结构基础，使细胞远距离通讯成为必要和可能。细胞含有每种激素的基因，某一基因通过哪些细胞表达是固定的，其表达时空均受许多因子的调节。

二、激素的分类

激素的来源复杂，种类很多，当前已知的主要激素达到60种以上，其分类方法也各不相同，可以根据化学性质以及产生部位和作用进行分类。

根据化学性质，可将激素归纳为3类(表9-1)：①含氮激素，包括蛋白质、多肽、胺类激素(氨基酸衍生物)；②类固醇激素，又称甾体激素；③不饱和脂肪酸衍生物，总称为前列腺素。

表9-1　主要的激素及其化学性质

主要来源	激素名称	主要靶细胞	化学性质
下丘脑	促甲状腺激素释放激素(TRH)	腺垂体	3肽
	促性腺激素释放激素(GnRH)	腺垂体	10肽
	促性腺激素释放抑制因子(鱼，GnRIF)	腺垂体	多巴胺
	促肾上腺皮质激素释放激素(CRH)	腺垂体	41肽
	生长素释放抑制激素/生长抑素(GHRIH/SS)	腺垂体	14肽
	生长素释放激素(GHRH)	腺垂体	44肽
	催乳素释放因子(PRF)	腺垂体	肽
	催乳素释放抑制激素(PIH)	腺垂体	多巴胺
	促黑(素细胞)激素释放因子(MRF)	腺垂体	肽
	促黑(素细胞)激素释放抑制因子(MIF)	腺垂体	肽
	抗利尿激素/血管加压素(ADH/VP)	肾、血管	9肽
	催产素(OXT)	输卵管、子宫、乳腺等	9肽
腺垂体	促甲状腺激素(TSH)	甲状腺	糖蛋白
	促卵泡激素(FSH)	性腺	糖蛋白
	黄体生成素/间质细胞刺激素(LH/ICSH)	性腺	糖蛋白
	促性腺激素(鱼，GtH)	鱼类性腺	糖蛋白
	生长激素(GH)	全身组织	191肽
	催乳素(PRL)	乳腺	199肽
	促肾上腺皮质激素(ACTH)	肾上腺皮质	39肽

续表 9-1

主要来源	激素名称	主要靶细胞	化学性质
	促黑(素细胞)激素(MSH)	黑素细胞	18 肽
	促脂解素(LPH)	脂肪组织	18 肽
松果腺	褪黑激素(MT)	多种组织	胺类
甲状腺	甲状腺素(T_4)	全身组织	胺类
	三碘甲腺原氨酸(T_3)	全身组织	胺类
甲状腺 C 细胞	降钙素(CT)	骨、肾、肠	32 肽
甲状旁腺	甲状旁腺激素(PTH)	骨、肾、肠	32 肽
胰岛 β 细胞	胰岛素	多种组织	蛋白质
胰岛 α 细胞	胰高血糖素	肝、脂肪组织	29 肽
胰岛 D 细胞	生长抑素(SS)	消化器官等	14 肽
胰岛 F 细胞	胰多肽	消化器官等	36 肽
消化道、脑	胃泌素(G)	消化器官	17 肽
	胰泌素(S)	消化器官	27 肽
	胆囊收缩素(CCK)	消化器官	33 肽
肾上腺髓质	去甲肾上腺素(NE)	多种组织	胺类
	肾上腺素(E)	多种组织	胺类
肾上腺皮质	糖皮质激素(如皮质醇)	多种组织	类固醇
	盐皮质激素(如醛固酮)	肾等排泄器官	类固醇
胸腺	胸腺素	T 淋巴细胞	肽类
睾丸	睾酮(T)	睾丸及全身组织	类固醇
睾丸、卵巢	抑制素	腺垂体	糖蛋白
卵巢，胎盘	雌二醇(E_2)	卵巢及全身组织	类固醇
	孕酮(P)	子宫	类固醇
人胎盘	人绒毛膜促性腺激素(hCG)	卵巢等	糖蛋白
	人绒毛膜生长腺激素(hCS)	母体及胎儿	191 肽
母马胎盘	马绒毛膜促性腺激素(eCG)	卵巢	糖蛋白
肾脏	1,25-二羟维生素 D_3(1,25-$(OH)_2$-D_3)	消化道	类固醇
	促红细胞生成素(EPO)	骨髓	165 肽
尾下垂体(鱼)	尾紧张素Ⅰ、Ⅱ(UⅠ、UⅡ)	肾、鳃等	41 肽、23 肽
其他组织	前列腺素(PG)	全身组织	脂肪酸衍生物
	血管紧张素	血管、肾上腺皮质	小分子肽

根据产生部位及其作用可将与动物生殖关系密切的激素分为 8 类：①松果体激素；②丘脑下部激素；③垂体前叶激素；④胎盘激素；⑤性腺激素；⑥神经垂体(垂体后叶)激素；⑦局部激素；⑧外激素。

(一)多肽/蛋白质激素(peptide/protein hormones)

是一类形式多样，相对分子质量差异大、生成和分布范围广泛的激素，都是由氨基酸残基构成的肽链：①肽类激素主要有下丘脑激素、降钙素、胰岛素、胰高血糖素、胃肠道激素(gastrointestinal hormone)、促肾上腺皮质激素、促黑(素细胞)激素等；②蛋白质类激素主要有生长素、催乳素、促甲状腺素、甲状旁腺素等。

(二)胺类激素(amine hormone)

主要为酪氨酸衍生物，包括甲状腺激素、儿茶酚胺类(catecholamine，CA)激素(肾上腺素、去甲肾上腺素)和褪黑素等。

胺类、肽类和蛋白质激素因为都含有氮元素，故又称为含氮类激素。

(三)类固醇激素(steroid hormones)

又称为甾体激素，均为脂质衍生物，包括类固醇激素(steroid hormones)和固醇激素(sterol hormones)。类固醇类激素相对分子质量小，而且都是脂溶性的非极性分子，可以直接透过靶细胞膜，多与胞内受体结合发挥生理效应：①类固醇激素，是具有环戊烷多氢菲(cyclopentanoperhydro-phenanthrene)母核的一类物质，主要包括肾上腺皮质和性腺分泌的激素，如醛固酮、皮质醇、雄激素、雌激素和孕激素等；②固醇激素，在人体内主要为由皮肤、肝脏、肾等器官转化并活化的胆固醇衍生物-1，25-二羟基维生素 D_3(1，25-dihydroxycholecalciferol)。

(四)不饱和脂肪酸衍生物

总称为前列腺素，是结构上都含有 20 个碳原子的不饱和脂肪酸衍生物，这类激素的前体是细胞膜的脂质成分膜磷脂。主要包括由花生四烯酸(arachidonic acid)转化的前列腺素类(prostaglandins，PG)、血栓素(thromboxanes，TX)和白细胞三烯类(leukotrienes，LT)等生物活性物质，它们均可作为短程信使参与细胞的代谢活动。

三、激素的合成、分泌、转运与代谢

(一)激素的合成

肽类和蛋白质激素的合成与一般蛋白质合成过程相似，即需要通过基因转录、翻译并合成肽链，先形成的是比激素相对分子质量大的前体物质，即前激素原(preprohormone)，前激素原进一步裂解为激素原(prohormone)，最后经高尔基复合体包装和降解形成有活性的激素。类固醇激素和胺类激素分别以胆固醇、酪氨酸等为原料，依靠细胞浆或分泌小泡制造的各种专门的酶，经过一系列酶促反应过程而合成。

(二)激素的分泌

内分泌细胞将激素释放到细胞外液的过程，称为分泌。各种激素由于其合成和储存的方式不同，分泌的方式也有较大差异。含氮类激素合成后都以颗粒形式在细胞内储存，然后经胞吐作用从细胞释放到细胞外液中。类固醇激素合成后很少储存，主要通过单纯扩散经细胞膜释放至细胞外液中。

(三)激素的转运

激素分泌后，经血液循环或体液扩散，到达靶细胞的过程叫转运。转运的路程有长、有短，方式也多种多样，而激素的转运方式随激素种类的不同而有差异。

1. 含氮激素

含氮激素在腺体内产生后常贮存于该腺体内；当机体需要时，分泌到邻近的毛细血管中。

2. 类固醇激素

类固醇激素产生后立即释放，并不贮存。但血液中却含有各种类固醇激素，这是因为血浆中含有运载类固醇激素的载体蛋白，例如皮质类固醇结合球蛋白（又称为皮质激素传递蛋白）、性激素结合球蛋白等。这种结合作用可以限制激素扩散到组织中去，并能延长激素的作用。

结合形式的激素没有活性，一定要转变为游离形式才能发挥作用。例如，妊娠期间与蛋白结合的甲状腺素或碘增多，但基础代谢率并无多大变化，因为在组织中呈游离状态的甲状腺素仍保持着常量。某些哺乳动物在妊娠期间结合睾酮的蛋白显著增加，这可防止大量睾酮对母体和胎儿的敏感组织发生有害作用。

一般来说，水溶性高的激素分泌后，在溶液中无需特殊机制就可转运；而水溶性低的激素则需要运转蛋白。在绝大多数情况下，只有游离的或未结合的激素才能进入靶细胞，因此转运蛋白主要在少量的游离激素和结合激素的动态平衡中发挥调节库的作用。游离激素进入细胞后，其量可以马上由从载体蛋白新释出的激素去补充，这样可确保激素能够到达所有细胞。

结合蛋白可以分为两类：第一类为白蛋白和前白蛋白，它们是通用型结合分子；第二类为特异性结合蛋白，如甲状腺素结合球蛋白（TBG）、睾酮结合球蛋白（TeBG）、皮质醇结合球蛋白（CBG）。它们对相应激素的亲和力高，但结合位点有限，与激素的结合就特异性而言，更类似于细胞内的受体结合蛋白。

转运蛋白的主要特点：①对激素的清除率有很大影响。一般来说，结合蛋白对激素的亲和力越高，结合能力越大，激素的清除率越低。②转运蛋白的结合能力通常比激素的循环浓度高。因此，如果激素的产生过量或用药理剂量进行治疗时，大量的激素可以到达靶组织。③激素产生的速度取决于游离激素的浓度，这样，转运蛋白浓度的变化也可以调节激素的合成速度。

关于激素通过细胞膜的机理目前尚不完全明了。一般来说，多肽激素与细胞表面的受体结合，激素受体复合物经胞吞作用而内化。内化过程的主要作用是将激素转运至细胞内的降解位点，因此可能是一种终止信号来限制激素的作用。

3. 脂肪酸衍生物类激素

当前所知，此类激素只有前列腺素。它是在机体需要时分泌，随分泌随应用，并不贮存。主要是在局部起作用，只有个别的进入循环，对全身发挥作用。

游离态激素与结合态激素之间可以相互转变，并保持动态平衡。虽然游离态激素比例很低，但只有这些游离态激素才能通过毛细血管壁进入靶细胞，发挥调节作用。因此，就生理意义而言，激素游离态浓度比结合态更为重要。

（四）激素的代谢

激素从释放出来到失活并被消除的过程，称为激素的代谢。代谢通常以半衰期（halflife），即指激素的浓度或活性在血液中减少一半需要的时间表示。激素在血液中的半衰期很短，一般只有几分钟到几十分钟，最短的（如前列腺素）甚至不到 1 min，较长的如类固醇激素也不过几天。为了保证经常性的调控作用，各种内分泌组织都经常处于活动状态，维持激素在血液中的基础浓度，并随着机体内环境的变化而不断调整它们的分泌速率。

激素在靶组织发挥作用后被降解，也可在肝、肾等被降解、破坏，随胆汁经粪和尿排出体外；极少量激素也可不经降解，直接随尿、乳等排出。

第三节　激素作用的特点

一、激素作用的一般特点

激素虽然种类很多，作用也很复杂，但它们在对靶细胞的调节过程中却表现出许多共同的特征：

（一）信使作用

激素发挥作用的方式犹如信使传递信息。它们作用于靶细胞时，既不添加成分，也不提供能量，只能将携带的信息传递给靶细胞，促进或抑制靶细胞内原有的生理生化过程。含氮激素与膜受体结合时，都不对靶细胞直接发挥调节作用，而只作为第一信使（first messenger）先引起胞浆中第二信使（second messenger）的生成，由第二信使调节细胞内酶类的活性，再改变细胞的功能。

（二）特异性

激素的作用具有较高的组织特异性与效应特异性，即激素能选择性地作用于某些器官和组织细胞，产生特异的作用。被激素作用的器官、组织或细胞，分别称为该激素的靶器官、靶组织或靶细胞。这是由于靶细胞膜上、或细胞浆内、或细胞核内具有该激素的受体。即使有些激素（如生长素、甲状腺激素等）能广泛作用于身体许多靶组织、靶细胞，也是由于这些靶组织、靶细胞中普遍存在着它们的受体。有些激素专一地选择作用于某一内分泌腺体，该内分泌腺称为靶腺。

（三）高效性

激素在血液中的生理浓度极低，一般在纳摩尔（nmol/L）或皮摩尔（pmol/L）水平变化，就能发挥强大的生理效应。激素与受体结合后，在细胞内发生了一系列酶促放大作用，逐级放大其后续效应，形成一个高效能生物放大系统。例如，下丘脑内 0.1 μg 的 CRH 可使腺垂体释放 1 μg ACTH，后者能使肾上腺皮质分泌 40 μg 糖皮质激素，结果放大了 400 倍。

（四）协同性与拮抗性

动物体的各内分泌腺所分泌的激素之间是相互联系、相互影响的，由此构成了一套精密的调节机理，与神经系统共同来完成调节机体内、外环境稳定的任务。激素之间的相互影响主要表现为相互增强和相互拮抗两种形式。例如，雌激素和催产素都可促进子宫收缩，当两者同时存在时，促进子宫收缩的效应就会增强，表现出相互加强的作用。又如雌二醇和促卵泡素可以增加促黄体素的分泌；雌二醇可以增加子宫细胞上孕酮受体的含量，从而增强子宫对孕酮的反应；孕酮可以抑制子宫收缩，当孕酮和雌二醇同时存在时，两者就会相互抵消一部分作用，因孕酮可以降低子宫细胞上的雌二醇受体，从而降低子宫对雌二醇的反应，故表现出相互拮抗的影响。

此外，有些激素之间还具有“允许作用（promising action）”，即某种激素本身对某组织细胞并无直接作用，但由于它的存在，能为其他激素发挥生理作用创造条件。例如，糖皮质激素对血管平滑肌并无收缩作用，但当它存在时才能使去甲肾上腺素发挥收缩血管的作用。

(五)复杂性

激素的作用是极为复杂的,这种复杂性反映在,一种激素在不同组织及同一组织的不同生长阶段可以发挥不同的作用;有些生物学过程受一种激素的调控,而有些过程则受多种激素相互作用的调控。

1. 一种激素多种作用

最为典型的例子是睾酮,其作用如在胚胎(embryogene-sis)引起雄性胚胎阴唇囊褶(labioscrotal fold)的融合,诱导吴尔夫管向雄性发育,引起雄性尿生殖道的生长,诱导精子生长,促进肌肉生长,引起氮贮留,增加碱性蛋白的合成等。以前曾认为,雄激素通过不同的机理发挥这些作用,但近年来在遗传学和分子生物学的研究表明,这种不同的作用是受一种机理调节的,睾酮或其代谢产物双氢//酮与其特异性的胞浆受体结合,之后激素—受体复合物转移到靶组织细胞核,与DNA结合,产生mRNA。因此激素作用的不同并非是由于作用机理的不同,而是由于不同的发育阶段的细胞以不同的方式对激素受体复合物发生反应。而且激素的作用还可因其他激素或外激素调节因子的作用而被促进或受到抑制。

2. 多种激素一种功能

受内分泌控制的所有复杂生理过程都受一种以上激素的影响,例如糖浓度的稳定,其上限受胰岛素的调节,而升高血糖的激素则主要是胰高血糖素;此外,肾上腺素、去甲肾上腺素、皮质激素和生长激素对血糖浓度也发挥重要的调节作用。再例如泌乳,促乳素、糖皮质激素、甲状腺素、雌激素、孕酮和催产素均发挥重要的调节作用。这种一种功能受多种激素的调节,可以使对生理功能的调节更加精细,也可以通过这种复杂的调节机制使得对生理功能的调节更加完善。如果一种激素功能异常,可以通过其他途径得到补偿。

二、受体与激素的作用

(一)受体的基本特点

受体(receptor)是激素发挥作用的关键因素,作为激素受体,必须要具有三个相关的功能。

1. 识别和结合受体

某一部分的立体构象具有高度选择性,能准确识别并特异性地结合某些立体特异性配体,这种特定结合部位也称之为受点(receptor site)。单一细胞可能存在多种不同类型的受体。配体指细胞外信息物质或称第一信息,如激素,其中有些不进入细胞而是与膜表面特异性受体结合,有些则进入细胞,与胞浆内的受体结合,进而改变受体构象。能激活受体的配体称为激动剂(agonist),能阻断其活性的配体称为拮抗剂(antagonist)。

2. 转导信号

第一信使与受体相互作用产生的信号,通过第二信使将获得的信息增强、分化、整合并能传给后续的效应机制。

3. 产生相应的生理效应

依每种激素的不同,产生的生理效应也不同。

除上述三个相互关联的功能外,受体还具有以下特征:

(1)特异性　一种特定的配体只与其特定受体结合而产生特定效应。

(2)饱和性　配体与受体达到最大结合值后不再随配体浓度增高而加大。

(3)组织特异性　受体以不同密度存在于靶细胞的不同区域。

(4)高亲和性　受体与配体的表观解离常数 K_d 值应在 $10^{-9}\sim10^{-12}$ 之间。

(5)结合可逆性　配体与受体复合物可以解离，也可被其他专一配体置换。

(二)受体的分类

一般对受体的分类采用药理学和分子生物学方法进行命名，通常可将受体分为四种不同的类型：离子通道型受体、G 蛋白偶联受体、酪氨酸激酶活性受体和细胞内受体。各种受体的特点及效应见表 9-2。

表 9-2　受体的分类及效应特点

类型	结构特点	效应特点	配体
离子通道受体	由 4～5 个单一肽链反复 4 次穿透细胞膜组成跨膜离子通道	介导可兴奋信息的快速传递	GABAA(Cl^-)、甘氨酸(Cl^-)、NMDA($Na^+/K^+/Ca^{2+}$)；非 NMDA：AMPA、Na^+/K^+、$Na^+/K^+/Ca^{2+}$、5-HT
G 蛋白偶联受体	由单一肽链形成 7 个 α-螺旋来回穿越细胞膜，并由 α、β、γ 亚单位组成异构三聚体	缓慢而复杂，通过改变细胞内第二信使分子浓度赋予反应系统敏感性、灵活性及多样性	肾上腺素(α_1、α_2、$\beta_{1\sim3}$)、多巴胺($D_1\sim D_5$)、5-HT、M-乙酰胆碱($M_1\sim M_5$)，阿片肽(μ、δ、κ)，缓激肽、神经肽、GABAB、组胺(H_1、H_2)、腺苷、生长激素、钙调素
具有络氨酸激酶活性的受体	一次性穿越细胞膜的跨膜结构，胞外有识别部位，胞内含络氨酸激酶活性	发动细胞内级联蛋白磷酸化反应，影响发育过程中细胞信号传递	胰岛素、胰岛素样生长因子、表皮生长因子、血小板生长因子、成纤维细胞生长因子
细胞内受体	有激素识别区域和由大约 70 个氨基酸残基组成 DNA 结构区域，形成"锌指"结构	调节核内信号传递及蛋白合成速度，但细胞效应很慢，需要若干小时	糖皮质激素、性激素、甲状激素、维生素 D

三、激素的作用原理

受激素作用的靶细胞的膜或细胞质内具有识别某一激素的特种蛋白—受体。只有受体存在，才能使激素这种信息变为动力，让细胞表现其特有功能。激素作用的强弱，一方面取决于该激素的含量，另一方面取决于细胞受体的数目，一定含量的激素，在与足够数目受体的结合下，方能很好地发挥激素的作用。激素的研究进展越来越多地证明，激素根据其化学性质不同，是通过三种方式而发挥作用的。含氮激素、性腺类固醇激素及脂肪酸激素的作用原理迥然不同。

激素作用的原理实际上就是细胞信号的转导过程。20 世纪 60 年代，研究者们曾提出了"第二信使学说"和"基因表达学说"分别解释含氮激素和类固醇激素的作用机制。随着分子生物学的发展，已往的激素作用机制的学说和理论不断得到修正和完善。作为信息物质的激素，在体内要对靶细胞发挥作用，至少需要经过三个基本环节：①靶细胞对激素的识别与结合；②激素-受体复合物转导调节信号；③所转导的信号引起靶细胞的生物效应，乃至激素作用的终止。激素对靶细胞的作用是通过受体介导的，不同结构的激素可分别与细胞膜上受体（或称胞膜受体）或者细胞内受体（或称胞内受体）结合，并通过不同信号转导途径最终引起靶细胞的生物效应。

（一）由胞膜受体（membrane receptor）介导的机制

主要是针对那些含氮激素以及前列腺素。含氮激素均为非脂溶性物质，不能穿透细胞膜，只能与胞膜上（外侧面）受体结合，而脂溶性的前列腺素则能透过细胞膜与细胞膜内侧的受体结合。这些激素先与胞膜受体结合，再通过激发细胞内生成第二信使物质，而实现调节效应。较为著名的第二信使学说是Sutherland于1965年提出，具体内容是：含氮激素作为第一信使与靶细胞膜上的特异受体结合，并通过鸟苷酸结合蛋白（简称G蛋白）激活膜内侧的腺苷酸环化酶（adenylate cyclase，AC）。活化的腺苷酸环化酶，在Mg^{2+}存在的条件下催化ATP形成环一磷酸腺苷（cyclic adenosine-monophosphate，cAMP）。cAMP的功能是接续传递信息，故被称为第二信使。它能激活细胞内的cAMP依赖性蛋白激酶A（cAMP dependent protein kinase，cAMP-PKA）cAMP-PKA正常时处于不活动状态。当它被cAMP激活后，能在ATP供能和供给磷酸基团的条件下，使细胞内的很多种蛋白质（包括酶蛋白）磷酸化，改变它们的构型和功能，进而引起细胞内各种生物效应，如腺细胞分泌、肌细胞收缩、细胞膜通透性改变等（图9-2）。通过AC和PKA进行信号转导的激素有多种，如肾上腺素、胰高血糖素、CRH、TSH、LH、GHRH、VP等。cAMP在完成第二信使作用后，被细胞内的磷酸二酯酶（phosphodiesterase）降解成为5-磷酸腺苷（5-AMP）而灭活。

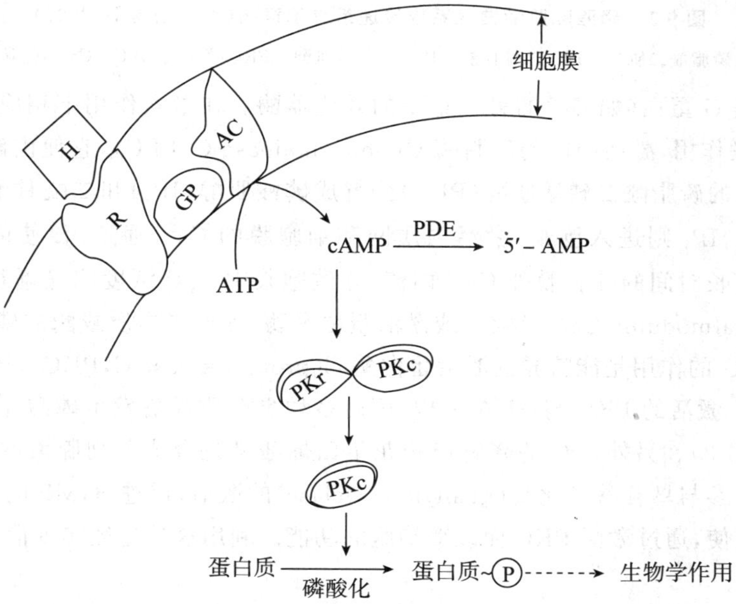

图9-2　含氮激素作用机制示意图（引自杨秀平，2002）

H.激素　R.受体　GP.G蛋白　AC.腺苷酸环化酶　PDE.磷酸二酯酶

PKr.蛋白激酶A调节亚单位　PKc.蛋白激酶A催化单位

1965 年 Sutherland 提出第二信使学说时，只肯定 cAMP 是第二信使。以后的大量实验证明除 cAMP 外，环一磷酸鸟苷(cyclic guanosine-monophosphate，cGMP)、Ca^{2+}、三磷酸肌醇(IP_3)、二酰甘油(DG)等也是细胞内的第二信使。细胞内起重要作用的蛋白激酶除 PKA 外，还有蛋白激酶 C(PKC)和蛋白激酶 G(PKG)等。

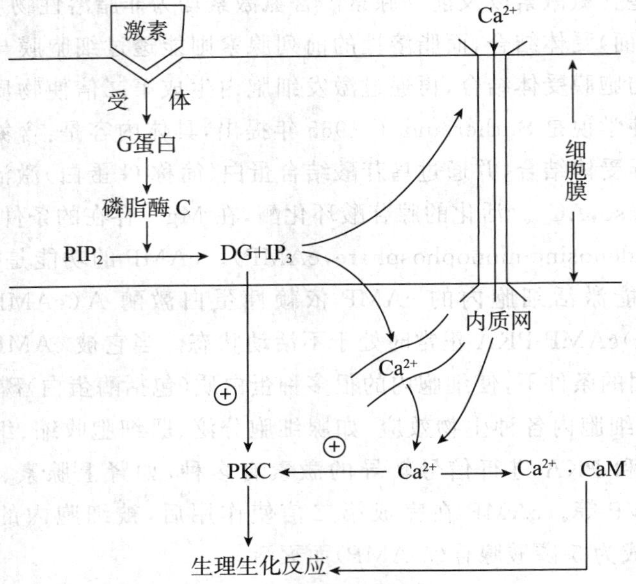

图 9-3　磷脂酰肌醇信息系统传递系统示意图(引自杨秀平，2002)

PIP_2：磷脂酰二肌醇　DC：二酰甘油　IP_3：三磷酸肌醇　PKC：蛋白激酶 C　CaM：钙调蛋白

磷脂酶 C 是 G 蛋白(如 Gq)的另一重要的效应器酶。在激素作用下相应的膜受体活化，经 G 蛋白的偶联作用，激活膜内的磷脂酶 C(phospholipase C，PLC)，它使由磷脂酰肌醇(PI)二次磷酸化生成的磷脂酰二磷酸肌醇(PIP_2)分解成磷酸肌醇(IP_3)和二酰甘油(DG)。DG 生成后仍留在膜中，IP_3 则进入胞浆，激活内质网和细胞膜的 Ca^{2+} 通道，促使内质网短暂释放 Ca^{2+} 和其后的较长时间的细胞膜外 Ca^{2+} 内流，导致胞浆中 Ca^{2+} 浓度明显增加。Ca^{2+} 与细胞内的钙调蛋白(calmodulin，CaM)结合，或激活蛋白激酶，促使蛋白质或酶的磷酸化，从而调节细胞的功能。DG 的作用是能特异性激活蛋白酶 C(protein kinase C，PKC)，PKC 的激活依赖于 Ca^{2+} 的存在。激活的 PKC 与 PKA 一样，可使多种蛋白质或酶发生磷酸化，进而调节细胞的功能活动(图 9-3)。另外，DG 的降解产物花生四烯酸又是合成前列腺素的原料，花生四烯酸的过氧化物又参与鸟苷酸环化酶(guanylate cyclase)的激活，促进 cGMP 的生成。cGMP 作为另一种第二信使，通过激活 PKC 而改变细胞的功能。利用这种途径实现信号传递的激素有 OXT、GnRH 等。

(二)胞内受体(intracellular receptor)介导的机制

类固醇一类激素并不与胞膜受体结合，而是直接进入细胞内，与胞内受体结合成复合物，直接起介导靶细胞效应的信使作用。这类激素进入细胞后一般需经两个步骤影响基因的表达，增加新的酶和功能蛋白质而发挥作用，故将此种作用机制称为二步作用原理或“基因表达学说”。胞内受体分为胞浆受体和核内受体(intranuclear recepter)。类固醇、维生素 D 和甲状腺激素等亲脂性激素的受体位于细胞内，而且大多数是核内受体。这类激素分子为非极性，呈脂溶性，相对分子质量小：①可透过细胞膜进入细胞与胞浆受体结合，形成激素-受体复合物，受体蛋白发生构型变化，使激素-受体复合物入核内后，再与核受体结合变成有生物活性的核内激素-受体复合物（简称活性复合物），附着于 DNA 上，从而触发基因的转录过程。③生成新的 mRNA 诱导新的蛋白质的合成，再引起细胞的最终效应（图 9-4）。另外雌激素、孕激素及雄激素等在进入细胞后，直接穿过核膜与核受体结合，调节基因表达。甲状腺激素虽属含氮激素，但其作用机制却与类固醇激素相似，它进入细胞内，直接与核受体结合调节转录过程。

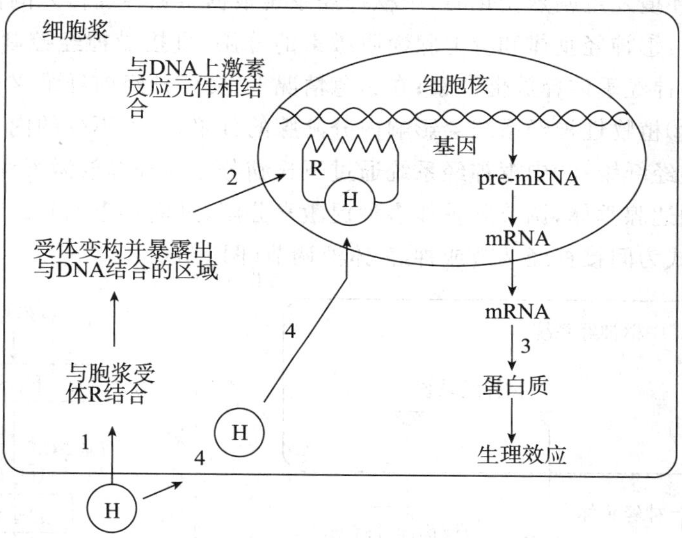

图 9-4　细胞内受体介导的激素作用机制（引自杨秀平，2002）

H：激素　R：受体　pre-mRNA：前体

（三）受体的调节

受体是靶细胞接受激素信息的装置。受体也和其他蛋白质一样，处于不断合成与降解的动态平衡之中，它受多种生理和病理因素的影响。激素可以通过对靶细胞受体调节的方式，改变靶细胞对激素的反应性。一般有两种方式，第一种称为上调（up-regulation），即激素与受体结合时，可使该激素受体或另一种受体数量增加，受体与激素的亲和力（affinity）增强。另一种称为下调（down-regulation），即激素与受体结合时，可使该激素受体或另一种受体数量减少，受体与激素的亲和力减弱。例如，给去卵巢大鼠注射少量的雌激素，可使子宫组织雌激素的受体数量增加；糖皮质激素能使血管平滑肌上的 β 受体数量增加，与儿茶酚胺的亲和力增加，均属于上调现象。当长期使用大剂量的胰岛素时，在淋巴细胞膜上的胰岛素受体会出现减少，这属于下调现象。

受体调节的机制尚不清楚，一般认为下调与受体内化（receptor internalization）有关。受体内化是指受体与相应激素结合后，其复合物在进入细胞的过程中，部分复合物被细胞内溶酶体降解，引起受体下调。而部分由高尔基复合体处理后，受体重新转运至膜表面，形成受体的再循环过程。受体合成与分解处于动态平衡之中，其数量的多少与激素的水平相适应，从而调节靶细胞对激素的敏感性与反应强度。

第四节　激素分泌的调控、激素免疫与抗激素

一、激素分泌的调控

激素分泌受神经和体液因素的双重调节。

(一)神经调节

当机体内、外环境发生剧烈变化时,中枢神经系统根据感觉神经传入的信息可直接或间接地调节激素的分泌:①神经垂体和肾上腺髓质激素的分泌,直接受神经控制;吮吸乳头或扩张阴道可反射性引起神经垂体释放催产素;在紧急情况下,交感神经前纤维兴奋可引起儿茶酚胺类激素大量释放;②植物性神经系统会影响内分泌腺的分泌,因为不少的内分泌腺体含有丰富的交感或副交感神经纤维;③中枢神经系统通过下丘脑分泌各种释放激素和释放抑制激素,经过垂体门脉系统到达腺垂体,调节腺垂体多种促激素分泌,进而再影响和调节其他内分泌腺的分泌,这种调节方式为间接神经调节或神经-体液调节(图 9-5)。

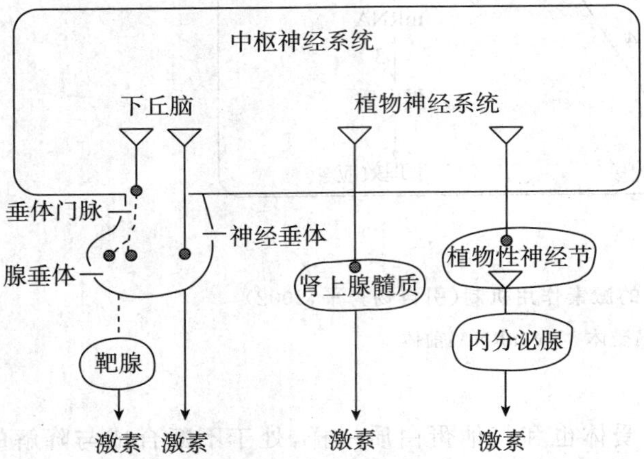

图 9-5　神经系统对内分泌系统功能的调节

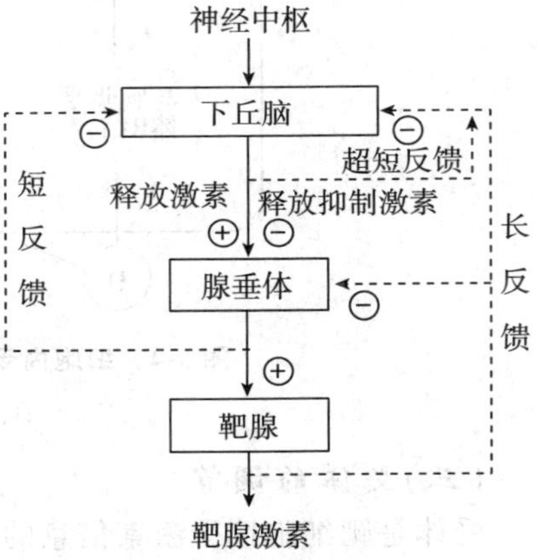

图 9-6 激素分泌的体液调节

——→促进　- - →抑制

(二)体液调节

主要分为激素的反馈调节和血浆无机盐或有机营养物质浓度的反馈调节:①激素的反馈调节,受控的内分泌腺或内分泌细胞产生的激素可对控制部分的内分泌腺或细胞产生调节作用,这种作用称为反馈性调节:负反馈和正反馈,体内以负反馈为多见。根据反馈路线的长短分长反馈、短反馈和超反馈三种形式(图 9-6)。下丘脑、腺垂体及外周靶腺(甲状腺、肾上腺皮质、性腺)所分泌的激素之间就存在这种调节方式。靶腺激素对下丘脑激素和腺垂体激素的反馈性调节为长反馈(longloop)。腺垂体激素对下丘脑相应激素分泌的反馈作用叫短反馈(shortloop)。下丘脑激素的浓度变化,反过来作用于下丘脑,调控它本身的分泌,这种调节形式叫超短反馈(ultrashortloop)。②血浆无机盐或有机营养物质浓度的反馈调节,有些激素引起体内代谢发生变化,而血中代谢产物的浓度对该激素的分泌也有负反馈或正反馈作用,以维持该激素的正常分泌和血中代谢物质浓度的相对稳定。例如,胰岛素能降低血糖浓度,而血糖

浓度升高或降低则可促进或抑制胰岛素的分泌;甲状旁腺素和降钙素调节血钙浓度,血钙浓度降低或升高则可分别调节甲状旁腺素和降钙素的分泌,以维持血钙血钙浓度的相对稳定。

二、激素免疫与抗激素

20 世纪 60 年代末,在内分泌学、免疫学、生物化学等学科迅速发展的基础上,兴起了一门边缘科学—激素免疫学。即以激素作抗原,产生抗体即抗激素(antihormone),然后以激素抗体主动或被动地中和动物体内相应的激素,使该激素的生物活性降低或全部丧失,引起内分泌平衡的改变,从而发生各种生理变化。借此可以研究激素的生理功能、作用机理,以及可能由此而产生的有意义的生物学效应。目前,主要的生殖激素都已用于激素免疫的研究,涉及猪、牛、羊、马、犬、兔、鼠、猴等多种动物和人。

抗激素的作用在不同激素之间存在着区别,但大部分都是通过干扰激素与受体相结合而影响激素的正常功能。归纳起来,可以分为三类:其一,是以激素本身为抗原,形成的抗体,即如上述的激素抗体(hormone antibody)。实验证明,只有给动物机体连续注射另一种动物的激素抗原时,才能产生抗激素。这种抗激素一般无抑制本身内源性激素的作用。其二,是激素的类似物与激素竞争其受体,即激素拮抗剂(antagonist)。其三,是生理作用相反的两种激素,即抗生理作用的抗激素(physiological anti-effect),例如雌激素与孕酮、雌激素与雄激素均可互为抗激素。

蛋白质激素的抗体对研究内分泌学的基本问题具有重要价值。它的主要用途可概括为以下几个方面。

1. 用于发展高度灵敏的激素测定方法

Yalow 和 Berson (1961)利用激素抗原及抗体的相互作用原理,能够测出很微量的人类胰岛素,现已广泛应用于很多激素的测定,这就是放射免疫测定法。

2. 用于提高动物的繁殖力

1988 年 D'Occhio 等对未性成熟的母牛分别采用雄烯二酮和 17β-雌二醇进行免疫,发现 LH 分泌增加,卵巢活动增强,母牛性成熟提早。可望用这种方法使母牛产生一定的生殖优势。1987 年 Thomas 等采用孕酮主动免疫美利奴母羊,结果母羊排卵间隔和 LH 分泌峰的间隔都缩短,LH 脉冲的频率增加,排卵率显著提高。

3. 用于确定激素分泌细胞的定位

利用荧光抗体技术可以研究某种激素的分泌细胞存在于何处。其方法是将新鲜组织的冰冻切片或石蜡切片与荧光标记的抗体结合,以确定该激素(抗原)的产生部位,因为抗体可用荧光染料事先进行标记,而激素存在于何处,可以与标记抗体形成一种稳定的复合体,就可用荧光显微镜观察出来。例如应用羊促乳素荧光抗体已经确定出在大鼠垂体中分泌促乳素的细胞类型,也可对胎盘促乳素的分泌细胞进行定位。

4. 用于激素的纯化工作

采用化学方法,从某种组织或器官提取的激素,往往不是纯净的产品,要想进一步研究其化学结构,找出活性片段,就必须加以纯化。对激素的分离纯化,可以选用不同的色谱法(如柱层色谱、薄层色谱、气相色谱、液相色谱等技术),也可以采用激素抗体中和法。例如从垂体提取的 FSH，大约混有 10％的 LH，为了得到纯净的 FSH，就可以利用抗 LH 抗体，中和 LH，从而将 LH 除去。

由上述情况得知，激素免疫属于抗激素内容之一。激素免疫学的兴起和发展，为内分泌学的基础及应用研究开辟了一条新的途径，在医学和畜牧业生产中，激素免疫已经产生了重要的作用。

目前对激素免疫学的研究，以针对正常状态的内分泌活动为多。如果对因激素之间的平衡紊乱引起的生殖疾病，采用激素免疫研究其病理机制，纠正病理过程，将会对疾病的防治产生重大意义。在医学方面，现已发现抗 GnRH 疫苗有可能用于前列腺癌、某些乳腺癌、子宫内膜异位及青春期性早熟的治疗。在畜牧兽医方面，应用抗激素疫苗的目的在于提高动物的生育力，现在这种疫苗被称为促生育疫苗。其作用原理是通过抗抑制素、卵巢肽类调节因子、雄烯二酮或 PMSG 的作用，促使更多的卵泡发育成熟，达到超排或多产的目的。例如双胎素和 PMSG 抗体已经显出提高动物繁殖率的作用。

第五节　下丘脑和垂体的内分泌

下丘脑(hypothalamus)与垂体结构和机能密切相关，可看作一个功能单位，称为下丘脑-垂体。对下丘脑和垂体功能联系的研究形成了一门新学科—神经内分泌学，是研究机体二大调节系统—神经系统与内分泌系统相互关系的领域，发展非常迅速。

一、下丘脑与垂体的结构和机能联系

(一)下丘脑

下丘脑是间脑的一部分，位于间脑之下，并构成第三脑室侧壁的一部分及其底部；通常认为丘脑下部包括视交叉、灰结节、乳头体、正中隆起、漏斗及垂体神经部 6 部分。丘脑下部与垂体前叶之间的激素传递是通过丘脑下部—垂体门脉系统进行的。门脉系统的动脉起于垂体上动脉及垂体下动脉。垂体上动脉在丘脑下部形成毛细血管袢，与正中隆起组织及神经紧密接触。毛细血管袢汇合入垂体蒂的门脉干(长门脉血管)，再进入垂体前叶，分支成为窦状隙。垂体下动脉分出的短门脉血管，也分支成为窦状隙，分布于垂体前叶周围。窦状隙汇合为垂体外侧静脉传出。由体内及外界而来的刺激经体液及神经系统传到丘脑下部，激活其中的神经分泌细胞(neuroendocrine cell)，产生释放或抑制因子/激素沿轴突而下，至其末梢释出，进入正中隆起的毛细管袢内，然后经门脉干传至垂体前叶。有的神经细胞则借长轴突经过垂体蒂传至短门脉血管，进入垂体前叶。下丘脑与垂体一起组成下丘脑垂体功能单位(图 9-7)。

(二)垂体

垂体位于蝶骨鞍内，由两个主要部分即腺垂体和神经垂体组成，也有将垂体分为前叶、中间部和后叶三个部分，前叶与腺垂体，后叶与神经垂体含义近似，但并不等同。中间部则是腺垂体的一部分。腺垂体含至少 6 种分泌细胞，根据其对染料的亲和力不同可分为嗜酸性、嗜碱性和嫌色性细胞。嗜酸性细胞合成和分泌蛋白质激素(生长激素和催乳素)，嗜碱性细胞合成和分泌糖蛋白激素(促卵泡素、黄体生成素和促甲状腺激素)，嫌色性细胞分泌肽类激素(促肾上腺皮质激素、β-促脂解素和内啡肽)。神经垂体不能分泌激素,而是加压素和催产素储存和释放的场所。

(三)下丘脑与垂体的联系

二者之间有神经联系和体液联系。

1. 下丘脑-垂体束

起于下丘脑视上核和室旁核,经漏斗柄终于神经垂体。主要是神经内分泌大细胞的轴突,近年发现来自同侧下丘脑核团的神经内分泌小细胞也有轴突分支加入。

2. 结节-漏斗束

起于弓状核、腹内侧核终于正中隆起的触及毛细血管丛,主要为神经内分泌小细胞的轴突,来自神经垂体和中脑的上行细纤维也有并入此束。

3. 下丘脑-垂体门脉系统

起于正中隆起,终于腺垂体,是下丘脑与垂体间的体液联系通道。下丘脑促垂体区释放的激素都在正中隆起进入毛细血管,经门脉系统到达腺垂体,调解腺垂体的激素分泌。

4. 下丘脑多突室管膜细胞

这种细胞位于第三脑室两侧紧靠正中隆起部的漏斗隐窝处,有短突伸向第三脑室,有长突与正中隆起处的毛细血管袢接触,可从脑室摄取下丘脑释放的激素,再由长突释放到正中隆起处的毛细血管;或者相反,从正中隆起处的毛细血管中摄取垂体激素并把它们转运到第三脑室液中,以实现下丘脑与垂体间的功能联系。

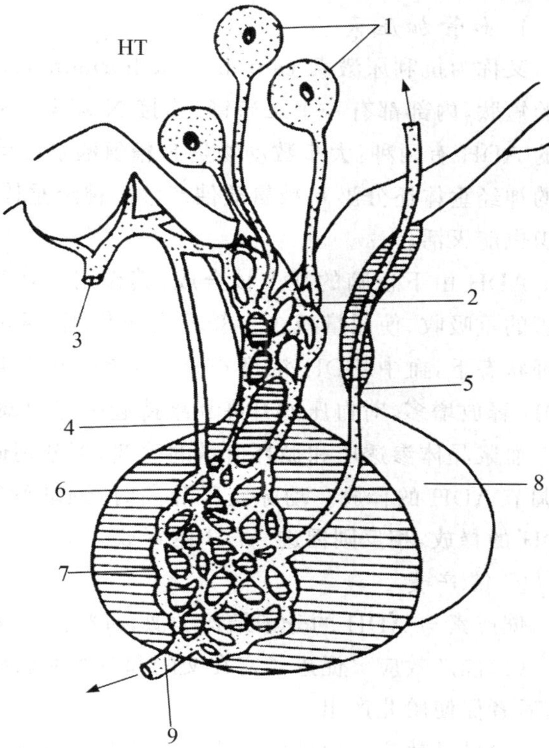

图 9-7 丘脑下部与垂体的关系(引自陈北亨,2001)

1. 丘脑下部神经细胞 2. 毛细血管丛 3. 垂体上动脉 4. 垂体门脉 5. 回流至丘脑下部的静脉血 6. 垂体前叶 7. 毛细血管丛 8. 垂体后叶 9. 静脉(走向海绵窦)

二、下丘脑-神经垂体分泌的激素

下丘脑-神经垂体合成和分泌的激素统称为神经垂体激素,主要有两种:加压素(VP,又称抗利尿激素(ADH))和催产素(OXT)。

(一)神经垂体激素的合成、运输和分泌

VP 和 OXT 均为 9 肽,两者的氨基酸序列仅在第三和第八位不同。加压素根据第八位氨基酸的不同又可分为精氨酸加压素(AVP)和赖氨酸加压素(LVP)。催产素如第八位的亮氨酸被精氨酸取代则称为精氨酸催产素。现已清楚 OXT 和 VP 的合成部位在下丘脑的视上核和室旁核,其中视上核主要合成 VP,室旁核主要合成 OXT。二者合成后立即与各自的运载蛋白结合，沿轴突运输并在神经垂体的轴突末梢储存，在中枢和外周两方面的刺激下 VP 和 OXT 与运载蛋白分离而释放。

（二）神经垂体激素的生理功能

1. 血管加压素

又称为抗利尿激素（antidiuretic hormone，ADH），与催产素的结构相似，都是含 8 个氨基酸的短肽，内部都有一个二硫键，连接 N-端第 1 位与第 6 位的两个半胱氨酸成胱胺酸。哺乳类的 ADH 有两种：大多数动物是 8-精氨酸加压素，而猪、野猪和河马是 8-赖氨酸加压素。禽类的神经垂体还分泌 8-精氨酸催产素。神经垂体激素主要在肾和肝中降解，在肌肉和子宫等组织也能灭活。

ADH 由下丘脑的视上核合成，其作用是：①抗利尿作用，通过促进水在肾远曲小管和集合管的重吸收，使尿量减少。②升血压作用，通过促使小动脉的平滑肌收缩，引起血压升高。生理状态下，血中 ADH 浓度很低，不能引起血管收缩和血压升高。在机体脱水或失血时，ADH 释放增多，对血压的升高和维持起一定的调节作用。

血浆晶体渗透压和循环血量的改变，可分别通过脑内渗透压感受器和心房及肺容量感受器调节 ADH 的释放。动脉血压升高时，颈动脉窦压力感受器受到刺激，则可反射性地抑制 ADH 的释放，相反则促进 ADH 的释放。

2. 催产素

催产素与 ADH 的分子结构类似，有相互交叉的生理作用，但较弱。

（1）催产效应　促进子宫在交配和分娩时收缩，前者促使精子通过雌性生殖道到达受精部位，后者促使胎儿产出。

（2）排乳效应　使乳腺腺泡周围的肌上皮细胞收缩，将乳汁排出。吸吮乳头或挤乳时可诱导催产素释放，从而加速乳汁从腺泡中排出。在临床上，催产素在分娩困难时可用来助产，也用于阻止产后子宫出血。虽然雄性也有催产素，但其作用不明。哺乳类和禽类催产素的结构相同。

催产素参与的排乳反射是通过神经-体液途径实现的。吮吸乳头的刺激通过乳头和皮肤感受器将信息沿传入神经传至下丘脑，使合成催产素的神经元兴奋，再将信息沿下丘脑-垂体束传送到神经垂体，使储存在此处的催产素释放，引起乳腺腺泡肌上皮细胞的收缩，促使腺泡、导管和乳池中的乳汁排出。畜牧生产中，良好的环境和操作能使母牛形成良性排乳条件反射，提高产奶量。

交配或分娩时对阴道、子宫颈的刺激，可反射性地引起催产素释放，导致子宫肌收缩加强，交配时利于精子通过雌性生殖道，分娩时利于胎儿产出。雌激素能增加子宫对催产素的敏感性，孕激素的作用相反。

（三）神经垂体激素分泌的调节

神经垂体激素的分泌受中枢和外周两方面的调节。中枢调节主要受神经递质和神经肽的影响，如乙酰胆碱刺激 VP 和 OXT 分泌，去甲肾上腺素 α-肾上腺能通路对 VP 和 OXT 分泌起兴奋作用，经 β-肾上腺能通路则起抑制作用。阿片肽显著抑制 VP 和 OXT 分泌，而来自中枢和外周的血管紧张素Ⅱ则是 VP 分泌的有效刺激物。

外周调节表现为外周感受器的反射性影响。VP 分泌主要来自渗透压感受系统和血液容量感受系统的反射性调节，而 OXT 分泌则主要受来自引道和乳腺的感受性刺激的反射性调节。血浆渗透压和血量变化刺激渗透压感受器(中枢主要在下丘脑)和容量感受器(左心房等处)可经神经传入下丘脑，直接影响 VP 分泌，也可经肾素-血管紧张素系统影响 VP 的分泌。在渗透压升高和血容量下降时，VP 分泌增加，排尿减少，同时循环血液中血管紧张素Ⅱ升高，血管紧张素Ⅱ本身既是有效的血管收缩剂，又能刺激 VP、ACTH 和醛固酮的分泌，诱发渴欲和饮水，从而维持血液渗透压、容积和血压的稳定。

催产素的释放来自子宫颈、阴道和乳房的刺激。当交配、分娩和吮乳时都可反射性地引起催产素的释放。与其密切相关的各种条件刺激如幼仔出现、喊叫、挤乳准备等还可引起 OXT 条件反射性释放。

三、下丘脑促垂体区分泌的激素

下丘脑促垂体区神经内分泌小细胞分泌的激素都是肽类激素，经垂体门脉系统运送到腺垂体，分别促进或抑制有关激素的分泌，总称“下丘脑调节性多肽”，又称下丘脑释放(或释放抑制)激素。

(一)释放激素的种类和生理作用

现知这类激素有 9 种，其中 6 种为释放激素，3 种为释放抑制激素，它们的名称，英文缩写和主要生理作用如下：

(1)促肾上腺皮质激素释放激素(CRH，CRF) 41 肽，主要作用是促使阿黑皮素原的合成，促进 LPH、ACTH 等释放。

(2)促甲状腺激素释放激素(TRH，TRF) 3 肽，主要作用是促使 TSH 的合成与释放，还轻度刺激生长激素和催乳素的释放。

(3)促性腺激素释放激素(GnRH，GnRF) 10 肽，其作用是调节 FSH 和 LH 的合成和分泌。

(4)生长激素释放激素(GRF，GRH，SRF，SRH) 44 肽，作用是促使生长激素分泌。

(5)生长激素释放抑制激素(GRIH，GRIF，SRIH，SRIF，SIH，GIH) 又称为生长抑素，14 肽，其作用是抑制生长激素的分泌，还可抑制胰岛素、高血糖素等激素的分泌。

(6)催乳激素释放激素(PRF，PRH) 多肽，化学结构未明，作用是促使催乳激素释放。

(7)催乳激素释放抑制激素(PRIF，PIF，PIH，PRIH) 多肽，化学结构未明，作用是抑制催乳激素的分泌。

(8)促黑素细胞激素释放激素(MRF，MRH) 5 肽，作用是促使 MSH 的分泌。

(9) 促黑素细胞激素释放抑制激素(MRIH，MRIH) 3 肽，作用是抑制 MSH 的分泌。

(二) 释放激素分泌的调节

分泌这类激素的下丘脑神经内分泌小细胞的活动接受两方面的调控，一方面是来自其他脑部(主要是中脑、边缘系统和大脑皮层)传来的神经纤维及其所释放的神经递质如脑啡肽、内啡肽和 P 物质等肽类物质，以及多巴胺、去甲肾上腺素和 5-羟色胺等单胺类物质的作用；另一方面是体液中激素和代谢物的反馈作用，例如血糖下降可促使 GRH 释放。

四、腺垂体分泌的激素

腺垂体分泌 8 种激素:促卵泡激素(FSH)、黄体生成素(LH)、催乳素(PRL)、促肾上腺皮质激素(ACTH)、促甲状腺激素(TSH)、生长激素(GH)、促脂解素(LPH)和促黑素细胞激素(MSH)。最前面两种又合称促性腺激素。按化学性质分为三类:①肽类激素,包括 ACTH、MSH 和 LPH;②糖蛋白激素,包括 FSH、LH 和 TSH;③蛋白激素,包括 GH 和 PRL。

(一)腺垂体激素的生理功能

1. 促性腺激素

在雌性动物 FSH 作用于卵巢的卵泡,促进卵泡生长发育,使卵泡分泌卵泡液,最后卵泡生长得以完成(卵泡成熟的过程中 FSH 和 LH 的协同作用是必要的,可能还有性激素的作用)。在雄性动物 FSH 作用于曲精细管的生殖上皮,促进精子的生成。如同在雌性动物一样,FSH 也不能完成整个精子的生成过程,需要有 LH(ICSH)的协同作用的睾酮的作用。FSH 还使支持细胞分泌雄激素结合蛋白,后者可以维持曲精细管内有高浓度的睾酮,以刺激生精细胞的成熟分裂。

LH 对已被 FSH 预先作用过的卵泡有明显的促生长作用,还有促使内膜细胞分泌睾酮、卵泡破裂排卵和转变成黄体的作用。在多种哺乳动物,如绵羊、牛、兔和豚鼠等,LH 有刺激黄体分泌孕酮的作用。在雄性动物,LH 刺激睾丸间质细胞,促使它们分泌睾酮。促性腺激素控制睾酮和雌二醇的合成和分泌。

2. 促肾上腺皮质激素

给正常的或切除垂体的动物注射 ACTH,肾上腺皮质的活动加强,肾上腺静脉血内的皮质类固醇含量增加,皮质细胞的脂类减少,肾上腺的胆固醇和抗坏血酸的浓度降低,肾上腺血流量增加。ACTH 主要刺激树状带和网状带增生,促进糖皮质激素合成和分泌,而对醛固酮的分泌无重要作用。但在鸟类,醛固酮的分泌需要 ACTH;在应激等情况下,ACTH 似乎也促使醛固酮分泌。

3. 促甲状腺激素

可促使甲状腺形态和机能发生变化。腺泡上皮的高度较前增高,储存的胶质出现空泡。切除垂体后,甲状腺生理机能,包括碘的积聚、碘的有机结合、甲状腺素的生成、甲状腺素的释放等都减弱。给予 TSF 后则可是甲状腺机能恢复正常。

4. 生长激素

GH 的主要生理作用是促进物质代谢和生长发育。GH 对机体各组织器官均有影响,特别是对骨骼、肌肉及内脏器官的作用尤为显著,因此也称为躯体刺激素(somatotropin)。GH 还参与机体的应激反应。

(1)促生长作用　GH 促进骨、软骨、肌肉及其他组织细胞分裂增殖,促进蛋白质合成。幼年时若缺乏 GH,则生长发育停滞,人或动物会患侏儒症 (dwarfism);而 GH 过多则会患巨人症 (gigantism)。成年期若 GH 分泌过多,由于长骨的骨骺已钙化不能再生长,只有软骨成分较多的部位如面部骨骼、手足肢端骨恢复生长,以致出现手足粗大、下颌突出。内脏器官如肝和肾等也增大,称肢端肥大症。

GH 并不直接刺激细胞生长，而是作用于肝脏使其产生生长介素（somatomedin，SM），再直接作用于细胞。SM 是相对分子质量为 4 000 的多肽，因其化学结构与胰岛素相似并具有其活性，故又称为胰岛素样生长因子（insulin-like growth factor，IGF）。目前已分离出两种 SM，即 IGF-Ⅰ和 IGF-Ⅱ，它们分子组成的氨基酸有 70%是相同的。IGF-Ⅰ是含有 70 个氨基酸的多肽，而 IGF-Ⅱ有 67 个氨基酸。GH 的促生长作用与 SM 密切相关。SM 以内分泌的形式作用于各种组织器官，且主要由 IGF-Ⅰ介导，而 IGF-Ⅱ则主要在胚胎期生成，对胎儿的生长发育起重要作用。肝脏作为 GH 重要的靶组织，是产生 IGF-Ⅰ的最主要的部位，因此认为下丘脑-垂体-肝脏轴作为生长轴的主轴是调控动物生长发育的关键。

(2)促进代谢　GH 通过 IGF 促进氨基酸进入细胞，加强 DNA、RNA 的合成进而促进蛋白质合成，促进机体呈正氮平衡。GH 抑制糖的消耗，促进脂肪分解，增强脂肪酸氧化，特别是使肢体组织脂肪含量减少。脂肪进入肝脏，增强氧化，提供能量。GH 抑制外周组织摄取和利用葡萄糖，减少葡萄糖消耗，提高血糖水平。GH 分泌过多的患者，由于血糖过高，可出现糖尿。此外，GH 促进胸腺基质细胞分泌胸腺素，参与机体免疫功能的调节。

GH 通过其靶细胞膜上的特异性受体而发挥其作用。GH 受体是由 620 个氨基酸组成的跨膜糖蛋白，其中第 1～246 氨基酸残基分布于细胞膜内，第 247～272 氨基酸残基位于细胞膜中，第 273～620 氨基酸残基位于细胞膜外。机体许多细胞都存在 GH 受体，如肝、脑、骨骼肌、心、肾、肺、胃、肠、软骨、胰腺、睾丸、卵巢和子宫等。GH 与其受体结合后直接或通过 SM 间接促进生长发育。在胎儿期和新生儿期，各类细胞上的 GH 受体数量较多，所以对 GH 的反应十分敏感。

生长激素的重要作用是促进生长。促生长效应在骨、肌肉、肾、肝和脂肪组织表现很明显，长骨的骨骺对生长激素特别敏感。实验证明生长激素对软骨生长一定要有一种物质——生长素介质(somatomedin)存在时才有效。生长素介质是肝、肾分泌的一种肽类物质，有明显的胰岛素样作用，可加速蛋白质合成和软骨细胞分裂，使软骨生长。生长激素还抑制糖的分解利用，使进入细胞的葡萄糖减少，因而使血糖升高。

5. 催乳素

催乳素的名称来自它能刺激鸽子嗉囊的上皮细胞增生，生成嗉囊乳。这也是催乳素生物测定的依据。催乳素在哺乳动物的主要作用是促进乳腺生长、发动并维持泌乳。在少数动物(如小鼠、大鼠，可能还有雪貂)催乳素还有促黄体分泌的作用，但山羊、牛、豚鼠、兔的促乳素则没有这种作用。促乳素与生长激素具有相似的化学结构特点，因此促乳素也具有较弱的生长激素的作用，而生长激素也具有类似促乳素的活性。促乳素对雄性动物有促进前列腺和精囊腺发育的作用；在鼠和羊还能协同 LH/HCG 调节雄激素的合成与分泌。

6. 促黑素细胞激素

MSH 主要生理作用是促使黑素细胞生成黑色素。体内黑素细胞分布于皮肤、毛发、眼球虹膜及视网膜色素层内。位于表皮与真皮之间的黑素细胞的胞浆中有特殊的黑色素小体，内含酪氨酸酶，可催化酪氨酸转变成黑色素。MSH 使两栖类黑素细胞中的黑素颗粒在细胞内分散而使肤色加深，有利于动物在黑暗处隐蔽。MSH 促进哺乳动物和人黑色素的合成，使皮肤与毛发的颜色加深。

7. 促脂解素

主要作用是促进脂肪组织分解，释放脂肪酸，表现溶脂肪作用。另外，因为它与ACTH、MSH同源，并有部分相同的肽段结构，因此也具有某些类似ACTH和MSH的作用。

（二）腺垂体激素分泌的调节

腺垂体的分泌功能一方面受中枢神经系统特别是下丘脑的控制，另一方面也受外周靶腺所分泌的激素和代谢产物的反馈调节（图9-8）。

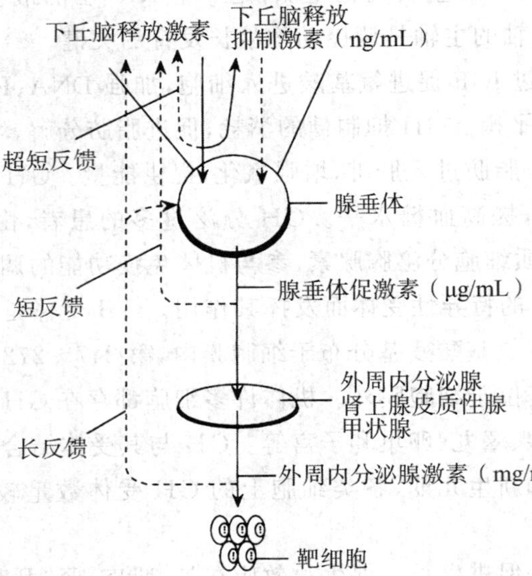

图9-8　腺垂体激素分泌的调节（引自周定刚，2010）

1. 下丘脑的调控

表现在以下3个方面：

（1）下丘脑促垂体区释放激素和释放抑制激素的作用　促性腺激素、促甲状腺激素和促肾上腺皮质激素的分泌直接受下丘脑分泌的相应的释放激素的控制，而生长激素、促乳素和促黑素细胞激素则分别受下丘脑释放的释放激素和释放抑制激素的双重控制。

（2）神经肽、神经递质和神经调制物的作用　加压素、神经降压肽、P物质、阿片样肽、5-羟色胺等可促进GH分泌，肾上腺素、去甲肾上腺素、γ-氨基丁酸、5-羟色胺等对MSH和ACTH分泌有调节作用。

（3）其他中枢部位和外周感受器的作用　MSH分泌还受下丘脑的直接控制，切除中间叶与脑的联系或用某种方法抑制下丘脑可见MSH分泌增加；吮吸刺激乳头可反射地引起催乳素分泌增加。

2. 反馈调节

靶腺激素在血液中的浓度通过反馈途径可直接影响，也可间接通过下丘脑影响腺垂体激素的分泌。例如用化学方法或切除手术消除甲状腺和肾上腺的作用后血液中甲状腺素和皮质醇浓度的下降既可直接作用于腺垂体，也可通过对下丘脑释放激素的改变间接作用于腺垂体，从而使 TSH 和 ACTH 分泌加强。相反,给予甲状腺素或皮质醇可通过同样途径引起 TSH 或 ACTH 分泌减少。

血糖和血液中氨基酸特别是精氨酸的浓度可调节生长激素的分泌。长期饥饿或注射胰岛素引起血糖过低时,血浆中生长激素增多。注射精氨酸可促进生长激素分泌,而且在高血糖情况下也不能影响和抑制这个反应。

第六节 甲状腺的内分泌

甲状腺激素是唯一含卤族元素(碘)的激素。从圆口类到哺乳动物的各类群都有甲状腺,但形态和结构有所不同。在硬骨鱼类。两栖类和鸟类通常是一对。在哺乳类为一对或一个(猪)。甲状腺位于喉后方,气管的两侧和腹面,分左右两叶,中间由峡部相连。甲状腺的外面包有一薄层结缔组织膜,内部有很多由单层立方上皮围成的大小不等的圆形或椭圆形滤泡和滤泡间细胞团,滤泡周围有丰富的毛细血管和淋巴管。腺泡腔内充满了上皮细胞的胶质分泌物,主要成分是含有甲状腺激素的甲状腺球蛋白。腺泡上皮细胞是甲状腺激素合成与释放的部位,而腺泡腔的胶质是激素的储存库。腺泡上皮细胞在功能活跃时呈柱状,腔内胶质减少;功能减弱时,细胞呈扁平状,胶质增多。胶质有储存甲状腺素的作用,因此使甲状腺素成为机体唯一的一种储存于细胞外的激素。

在甲状腺腺泡之间和腺泡上皮细胞之间有滤泡旁细胞,又称 C 细胞,可分泌降钙素。

一、甲状腺激素的合成与代谢

甲状腺激素主要有甲状腺素(thyroxine)[又称四碘甲腺原氨酸(3,5,3′,5′,-tetraiodothyronine,T_4)]和三碘甲腺原氨酸(3,5,3′-Miodothyronine,T_3)两种,它们都是酪氨酸的碘化物。在组织中 T_4 可脱掉一个碘原子成为活性更强的 T_3。甲状腺也可合成极少量的逆-三碘甲腺原氨酸(3,3′,5′-T_3,rT_3),但不具有甲状腺激素的生物活性。

(一)甲状腺激素的合成

合成甲状腺激素的主要原料是碘和甲状腺球蛋白。碘主要从食物摄取,滤泡上皮细胞可从血液中摄取碘,甲状腺球蛋白由腺泡上皮细胞分泌,其中的酪氨酸经过碘化后合成甲状腺激素,并以胶状物的形式大量储存在腺泡腔内。甲状腺激素的合成过程包括聚碘、活化、碘化与偶联三个环节。

1. 甲状腺腺泡聚碘

由肠吸收的碘,以 I^- 的形式存在于血液中,甲状腺内 I-浓度比血液中高 20～25 倍。I^- 的转运是继发性主动转运过程,在甲状腺腺泡上皮细胞基底面的膜上可能存在一种 I^- 转运蛋白。TSH 能促进甲状腺的聚碘过程。

2. I^- 的活化

进入腺泡上皮细胞的 I^-,在腺泡上皮细胞顶端质膜微绒毛与腺泡腔交界处,在过氧化酶的催化下被活化,可能由 I^- 变成 I,或与过氧化酶形成某种复合物。I^- 活化后才能取代酪氨酸残基上的氢原子。

3. 酪氨酸的碘化和甲状腺激素的合成

腺泡上皮细胞可生成一种由四个肽链组成的大分子糖蛋白-甲状腺球蛋白（thyroglobulin，TG），酪氨酸碘化和碘化酪氨酸的偶联过程都发生在 TG 分子上。甲状腺球蛋白酪氨酸残基上的氢原子被碘原子取代叫作碘化。碘化后先合成一碘酪氨酸残基（MIT）和二碘酪氨酸残基（DIT），然后两分子 DIT 偶联生成四碘甲腺原氨酸，即甲状腺素（T_4），或一分子的 MIT 与一分子的 DIT 偶联生成三碘甲腺原氨酸（T_3）。T_3、T_4 统称为甲状腺激素。此外，甲状腺还能合成极少量 rT_3。在一个甲状腺球蛋白分子上，T_4 与 T_3 之比为 20 ∶ 1，这种比值常受碘含量的影响。当甲状腺内碘化活动增强时，DIT 含量增加。T_4 含量也相应增加；缺碘时 MIT 增多。则 T_3 含量明显增加。

酪氨酸碘化和碘化酪氨酸的偶联过程同样需要甲状腺过氧化酶（thyroperoxidase，TPO）。TPO 是由腺泡上皮细胞生成的一种含铁卟啉的蛋白质，在甲状腺腺泡上皮细胞顶缘的微绒毛处分布最多，所以甲状腺素的合成主要在此处。TPO 的活性受 TSH 的调控，大鼠摘除垂体 48 h 后，TPO 的活性消失，注射 TSH 后此酶活性再现。硫氧嘧啶与硫脲类药物可抑制 TPO 活性，从而抑制甲状腺激素的合成，可用于治疗甲状腺功能亢进。

(二)甲状腺激素的储存、释放、运输与代谢

1. 储存

甲状腺激素在腺泡腔内以胶质的形式储存，并具有两个特点：一是储存于细胞外（腺泡腔内）；二是储存量很大，可供机体利用长达 50～120 d 之久，是储存量最多的激素。

2. 释放

当甲状腺受到 TSH 刺激后，腺泡细胞顶端的微绒毛伸出伪足，将含有 T_4、T_3 及其他碘化酪氨酸残基的甲状腺球蛋白胶质小滴通过胞饮，摄入腺细胞内，随即与溶酶体融合而形成吞噬体，并被溶酶体蛋白水解酶水解，生成 T_4、T_3 及 MIT 和 DIT。TG 分子较大，一般不易进入血液循环，而 MIT 和 DIT 分子虽小，但在脱碘酶作用下很快脱碘。脱下的碘大部分储存在甲状腺内并可重新利用，另一小部分从腺泡上皮细胞释出，进入血液。T_4 和 T_3 对腺泡上皮细胞内的脱碘酶不敏感，可迅速进入血液。此外，尚有微量的 rT_3、MIT 和 DIT 可以从甲状腺释放进入血中。已脱掉 T_4、T_3、MIT 和 DIT 的 TG 则被溶酶体水解酶所分解。

TG 分子上的 T_4 数量远大于 T_3，因此甲状腺激素中 T_4 分泌量约占总量的 90%以上，但 T3 的生物活性比 T_4 约大 5 倍。

3. 运输

T_3 和 T_4 释放入血后，几乎 99%的 T_4 与蛋白质结合，其中有 60%与甲状腺素结合球蛋白（thyroxine-binding globulin，TBG）结合，30%与前白蛋白结合；10%与白蛋白结合。T_3 则主要以游离形式存在。结合和游离的激素之间可相互转变，但只有游离的激素才能进入细胞内，并与细胞中受体结合，发挥生理作用。随着游离激素的消耗，结合的 T_4 解离，使血浆中结合的激素与游离的激素保持动态平衡。

4. 代谢

血浆 T_4 半衰期为 6～7 d，T_3 半衰期为 1 d～3 d。约 80%的 T_4 在外周组织 5′-脱碘酶或 5-脱碘酶的作用下，变为 T_3（占 45%）与 rT3（占 55%）。T_3 主要由 T_4 脱碘而来，血液中的 T_3

有75%来自T_4，其余来自甲状腺；rT_3仅有极少量由甲状腺分泌，绝大部分是在组织内由T_4脱碘而来。由于T_3的作用比T_4大5倍，所以脱碘酶的活性影响T_4在组织内发挥作用的大小。如T_4浓度减少，脱碘酶可使T_4转化为T_3增加，而使rT_3减少。由于脱碘酶中含有硒，当硒缺乏时，T_4脱碘成了T_3的过程受阻，导致外周组织中T_3含量减少。此外，还有20%的T_4和T_3在肝内降解，形成葡萄糖醛酸或硫酸盐的代谢产物，经胆汁排入小肠，随粪排出。

二、甲状腺激素的生理作用

甲状腺激素的作用十分广泛，其作用主要有两方面：代谢性效应和生长发育效应。其特点是范围广、持续时间长、作用机制十分复杂。

（一）对代谢的影响

1. 产热效应

甲状腺激素可促进糖和脂类的分解代谢，提高基础代谢率，使大多数组织如肝、肾、心脏和骨骼的耗氧量和产热量增加，但对成年动物和人的脑和性腺等组织无此影响。甲状腺激素调节机体的代谢水平以维持哺乳动物和鸟类体温的恒定，因此很多在环境中生活的哺乳动物摄食量较大，大部分食物被用于产热。T_3、T_4的产热效应有一定的差别，T_3的产热作用比T_4强3～5倍。但作用持续时间较短。甲状腺激素的产热效应与靶组织细胞Na^+-K^+-ATP酶活性升高密切相关。

甲状腺激素分泌过多时。机体的代谢率过高，出现烦躁不安、心率加快，对热环境难以忍耐、体重降低。与此相反，甲状腺激素分泌不足时。机体的代谢率降低，出现智力迟钝、心率降低、肌肉无力、对冷环境异常敏感、体重增加。

2. 对蛋白质、糖和脂肪代谢的影响

（1）蛋白质代谢　甲状腺激素对蛋白质的作用依剂量而变，生理剂量的甲状腺激素促进蛋白质的合成，尿氮减少。而高剂量的甲状腺激素促进蛋白质的分解，特别是加速骨骼肌蛋白质的分解，并可促进骨的蛋白质分解，导致血钙升高和骨质疏松，氮的排出量增加。

（2）糖代谢　甲状腺激素促进小肠黏膜对糖的吸收，增强肝糖原分解，抑制糖原合成，并可加强肾上腺素、胰高血糖素、皮质醇和GH的升糖作用。由于T_4与T_3也可加强外周组织对糖的利用，因此也有降血糖作用。甲状腺功能亢进时，血糖常常升高，有时出现糖尿。

（3）脂肪代谢　甲状腺激素促进脂肪酸氧化，增强儿茶酚胺和胰高血糖素对脂肪的分解作用；对胆固醇的作用有双重性，一般分解作用要强于合成作用。

甲状腺功能亢进时，由于对糖、蛋白质和脂肪的分解代谢增强，所以患者常感饥饿，食欲旺盛，且明显消瘦。

3. 对水和电解质的影响

甲状腺激素对毛细血管正常通透性的维持和细胞内液的更新有调节作用。甲状腺功能低下时，毛细血管的通透性增大，水和钠滞留在组织间液而发生黏液性水肿（myxedema），补充甲状腺素后水肿可消除。

（二）对生长发育的影响

甲状腺激素是机体生长、发育和成熟的重要因素，特别是对脑和骨的发育尤为重要。人的

克汀病 (cretinism)即呆小病,就是由于幼年期甲状腺激素缺乏所出现的智力低下和体格矮小症状,这有别于 GH 缺乏所引起的侏儒症,后者的智力发育是正常的。切除甲状腺的蝌蚪,生长与发育停滞,不能变态成蛙,若及时给予甲状腺激素,又可恢复生长发育。若甲状腺机能亢进,血液中甲状腺激素水平增高,所有的脊椎动物都会出现早熟性发育。甲状腺激素对生长和发育的影响与动物的年龄有关,年龄越小,其影响越显著。甲状腺激素分泌不足还可使动物的生殖功能受损,如生精过程受损、受精率降低、发情紊乱、流产和死胎等。

(三)对神经系统的影响

甲状腺激素对已分化成熟的神经系统活动也有作用。甲状腺功能亢进时,中枢神经系统的兴奋性增高,表现为不安、过敏、易激动、失眠多梦及肌肉颤动等。甲状腺功能低下时,中枢神经系统兴奋性降低,出现感觉迟钝、反应缓慢、记忆力减退、嗜睡等症状。另外,甲状腺激素可使心率加快、心肌收缩力增强、心输出量增加。

三、甲状腺激素分泌的调节

甲状腺激素的合成和释放受垂体 TSH 的调节,而 TSH 又受下丘脑 TRH 的调节。甲状腺激素可反馈调节垂体 TSH 和下丘脑 TRH 的分泌。在下丘脑、垂体和甲状腺三者之间存在着复杂的下行和上行调节机制(图 9-9)。此外,甲状腺还可进行一定程度的自身调节。

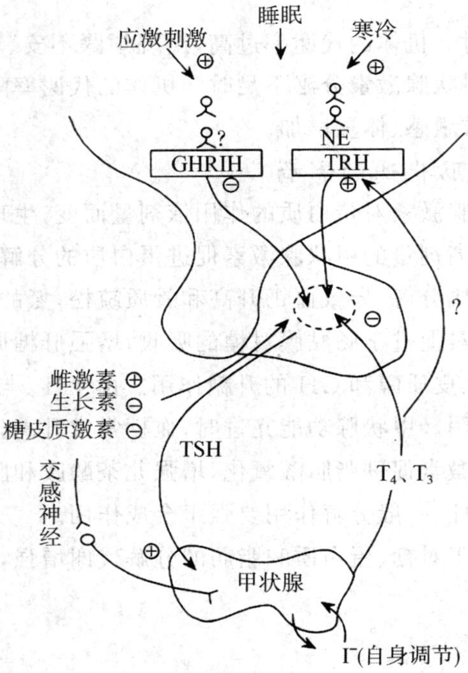

图 9-9 甲状腺素分泌的调节(引自周定刚,2010)
⊕表示促进或刺激 ⊖表示抑制

1. 下丘脑-腺垂体对甲状腺的调节

下丘脑 TRH 神经元接受神经系统其他部位传来的信息,把环境因素与 TRH 神经元活动联系起来，然后 TRH 神经元通过释放 TRH，经垂体门脉系统作用于腺垂体，促进 TSH 的合成和释放。TSH 对甲状腺功能活动的调节包括促进甲状腺细胞增生、腺体肥大和甲状腺激素的合成与释放。

2. 甲状腺激素的反馈调节

血液中游离的 T_4、T_3 浓度发生改变时，对腺垂体 TSH 的分泌起着经常性反馈调节作用。T_4、T_3 浓度增高，可刺激腺垂体促甲状腺激素细胞产生一种抑制性蛋白，使 TSH 的合成与分泌减少，并降低腺垂体对 TRH 的反应性，血中 T_4 和 T_3 的浓度随之降低。有些激素也可影响腺垂体分泌 TSH，如雌激素可增强腺垂体对 TRH 的反应，使其分泌增加，而 GH 与糖皮质激素则抑制 TSH 的分泌。

3. 自身调节

甲状腺自身具有因碘供应的变化而调节自身对碘的摄取与合成甲状腺激素的能力，称为甲状腺的自身调节。这是一种较为缓慢的调节过程，与 TSH 的作用相似，也涉及甲状腺激素合成和分泌的每一个步骤。食物中长期缺碘可引起甲状腺激素分泌不足，并产生代偿性甲状腺肿(goiter)。山区或缺少海产品地区的人或动物易患甲状腺肿，通过在食盐中添加碘可预防此病。

此外，肾上腺素能纤维兴奋可促进甲状腺激素的合成与释放，胆碱能纤维兴奋则抑制甲状腺激素的分泌。

第七节　甲状旁腺激素与调节钙、磷代谢的激素

参与钙代谢的激素主要有甲状旁腺分泌的甲状旁腺激素（parathyroidhormone，PTH）、甲状腺 C 细胞分泌的降钙素（calcitonin，CT）和肾脏分泌的 1，25-二羟维生素 D_3（1，25-dihydroxycholecalciferol，1，25-$(OH)_2$-D_3），三者作用于骨、肾小管和小肠黏膜，共同维持体内血浆中钙和磷的平衡。

一、甲状旁腺激素

甲状旁腺是位于甲状腺附近的小腺体，通常有两对，一般与甲状腺并列。甲状旁腺的位置在各种动物间有较大变化，如肉食动物的两对甲状旁腺包埋在甲状腺内部，犬的两对位于甲状腺前方，禽类的两对则位于甲状腺后方。甲状旁腺由主细胞和嗜酸细胞组成。主细胞合成和分泌甲状旁腺激素，嗜酸细胞的功能尚不清楚。某些动物如鼠、鸡和低等动物的甲状旁腺只含主细胞，没有嗜酸细胞。

甲状旁腺主细胞分泌的 PTH 是含有 84 个氨基酸的直链肽，相对分子质量为 9 000。先合成的是一个含 115 个氨基酸的前甲状旁腺激素原（prepro-parathyroidhormone），以后依次脱掉 N 端 25 肽和 6 肽，生成 90 肽的甲状旁腺激素原（pro-parathyroidhormone）和 PTH。

（一）甲状旁腺激素的生理作用

PTH 是调节血钙和血磷水平最重要的激素，可使血钙水平升高，血磷降低。

(1)对骨的作用　PTH 使骨钙溶解进入血液，导致血钙升高。当血钙浓度下降时，PTH

数分钟内即可刺激破骨细胞溶解其周围的骨盐，使血钙迅速恢复到正常水平，这是PTH升高血钙作用的快速效应。PTH还可促进破骨细胞的生成并加强其活性，并抑制成骨细胞的活动，引起升血钙延迟效应，在PTH作用后12～14 h出现，通常要在几天或几周后方达高峰。

(2)对肾的作用　PTH促进肾小管的远球小管和髓袢细段对钙的重吸收，使尿钙减少；抑制近球小管对磷的重吸收。增加尿中磷酸盐的排出。PTH对肾的作用是通过cAMP-PKA信号传递途径而发挥作用的。

(3)对小肠的作用　PTH激活肾1α-羟化酶，促进25-OH-D_3转变为有活性的1，25-(OH)2-D_3，进而促进小肠对钙磷的吸收，使血钙升高。

(二)甲状旁腺激素分泌的调节

PTH的分泌主要受血浆钙浓度变化的调节。甲状旁腺主细胞对低血钙极为敏感，只要有轻微下降，在1 min内就可迅速增加甲状旁腺分泌PTH，促进骨钙释放，肾小管重吸收钙活动增强，使血钙浓度迅速回升。相反，血浆钙浓度升高时，PTH分泌减少。长时间的高血钙，可使甲状旁腺发生萎缩，而长时间的低血钙，则可使甲状旁腺增生。

研究证明，在人和多种动物的甲状旁腺细胞膜上存在由1 078个氨基酸组成的钙受体，它有一个较大的膜外区段，上有Ca^{2+}结合位点，跨膜区为返转7次的α螺旋肽链，膜内区段上有4个PKC的磷酸化位点。钙受体对Ca^{2+}有较高的亲和力，可感受细胞外Ca^{2+}浓度的变化。当细胞外Ca^{2+}水平升高时，Ca^{2+}与钙受体结合并使之活化，通过G蛋白偶联，激活IP_3和DA-PKC系统，使胞浆Ca^{2+}水平升高，从而抑制PTH的分泌。

此外，血磷升高可使血钙降低，从而刺激PTH的分泌。血镁浓度降低可使PTH分泌减少。儿茶酚胺和PGE_2可促进PTH分泌，PGF，。使其分泌减少。

二、降钙素

降钙素(calcitonin，CT)由哺乳动物甲状腺内部的滤泡旁细胞(又叫C细胞)和其他脊椎动物的腮后体(ultimobranchial gland)分泌，是由32个氨基酸组成的多肽，相对分子质量为34 000。CT的血浆半衰期小于1 h，主要在肾降解后排出。

(一)降钙素的生理作用

CT的主要作用是降低血钙和血磷，其作用与PTH相反。主要靶器官是骨，对肾也有一定的作用。

(1)对骨的作用　CT抑制破骨细胞的活动，增强成骨过程，抑制骨钙的吸收，导致骨组织钙、磷沉积增加，血钙、血磷降低。

(2)对肾的作用　CT抑制肾小管对钙、磷、钠及氯等离子的重吸收，增加其排出。

(3)对小肠的作用　CT对消化道吸收钙没有直接作用，但能通过抑制肾内25-OH-D_3转变为1，25-$(OH)_2$-D_3，间接抑制小肠对钙的吸收，使血钙水平降低。

(二)降钙素分泌的调节

CT的分泌主要受血钙浓度的调节。血钙浓度升高时，CT分泌增加；血钙浓度降低时，CT分泌减少。CT与PTH对血钙的作用相反，共同调节血钙浓度的相对稳定。CT只对血钙水平产生短期调节作用，而PTH对血钙浓度调节作用时间较长。

胃泌素、胰泌素等胃肠道激素和胰高血糖素都可促进 CT 的分泌；其中胃泌素的作用最强。

三、1，25-二羟维生素 D_3（1，25-$(OH)_2$-D_3）

维生素 D_3，亦称胆钙化醇，除来源于食物之外，主要由皮肤中的 7-脱氢胆固醇经日光中紫外线的照射转变而来。它本身并无生物学效应，须在肝脏和肾脏经两次羟化生成 1，25-$(OH)_2$-D_3，才能参与血钙浓度调节。各种形式的维生素 D_3 在血中运输时，需要与维生素 D 结合蛋白相结合。1，25-$(OH)_2$-D_3 主要在靶细胞内以侧链氧化或羟化的方式灭活，代谢产物在肝脏与葡萄糖醛酸结合后随胆汁排出，其中部分在小肠内被吸收入血液。

（一）1，25-$(OH)_2$-D_3 的生理作用

1. 对小肠的作用

1，25-$(OH)_2$-D_3 促进小肠上皮合成钙结合蛋白（calcim binding protein，CaBP），由 CaBP 与 Ca^{2+} 结合并转运 Ca^{2+} 进入血液。1，25-$(OH)_2$-D_3 也促进小肠对磷的吸收。

2. 对骨的作用

维持骨的正常更新，溶解并吸收老的骨质，提高血钙、血磷水平；也可通过刺激成骨细胞的活动参与新骨的钙化。骨质中存在一种主要由成骨细胞合成的 49 个氨基酸组成的多肽，称为骨钙素（osteocalcin）。骨钙素是骨基质中含量最丰富的非胶原蛋白，可调节并维持骨钙含量，其分泌受 1，25-$(OH)_2$-D_3 的调节。

3. 对肾的作用

促进肾小管对钙、磷的重吸收，减少尿中钙、磷的排出量。

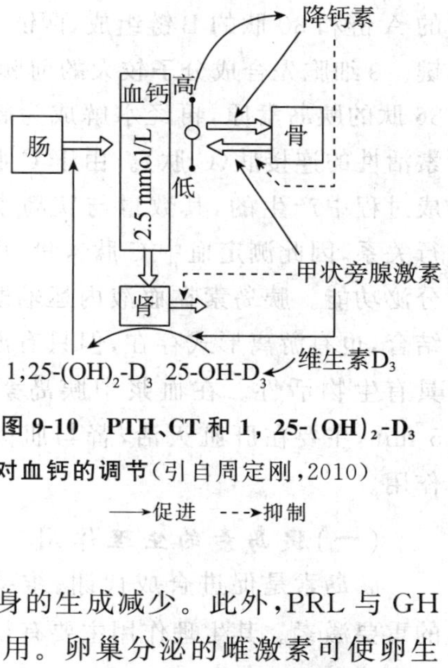

图 9-10　PTH、CT 和 1，25-$(OH)_2$-D_3 对血钙的调节（引自周定刚，2010）

⟶促进　- - -→抑制

（二）1，25-$(OH)_2$-D_3 分泌的调节

低血钙、低血磷和 PTH 均能增强肾 1α-羟化酶的活性，促使 25-OH-D_3 转化成 1，25-$(OH)_2$-D_3。1，25-$(OH)_2$-D_3 增多时，可负反馈抑制 1α-羟化酶的活性，又使自身的生成减少。此外，PRL 与 GH 促进 1，25-$(OH)_2$-D_3 的生成，糖皮质激素对其则有抑制作用。卵巢分泌的雌激素可使卵生动物的血钙浓度升高，并使钙沉积到卵黄和卵壳中。

四、甲状旁腺素、降钙素和 1，25-二羟维生素 D_3 对血钙的调节

钙、磷代谢在畜禽生命活动中有重要的意义。血液中钙的水平在 PTH、CT 和 1，25-$(OH)_2$-D_3 的共同作用下，始终保持着一种动态平衡（图 9-10）。

第八节 胰岛的内分泌

胰腺既有外分泌功能，又有内分泌功能。由胰岛构成的内分泌部分只占胰腺总重量的1%～2%，可分泌胰岛素和胰高血糖素等激素，以扩散方式释放到血液中。胰腺中有几十万个胰岛，每个胰岛的细胞主要分三种：①分泌胰岛素(insulin)的B细胞，占60%～70%。②分泌胰高血糖素(glucagon)的A细胞，约占20%；③分泌生长抑素的D细胞。此外，还有少量分泌胰多肽(pancreatic polypeptide，PP)的PP细胞和分泌血管活性肠肽的D_1细胞(图9-11)。

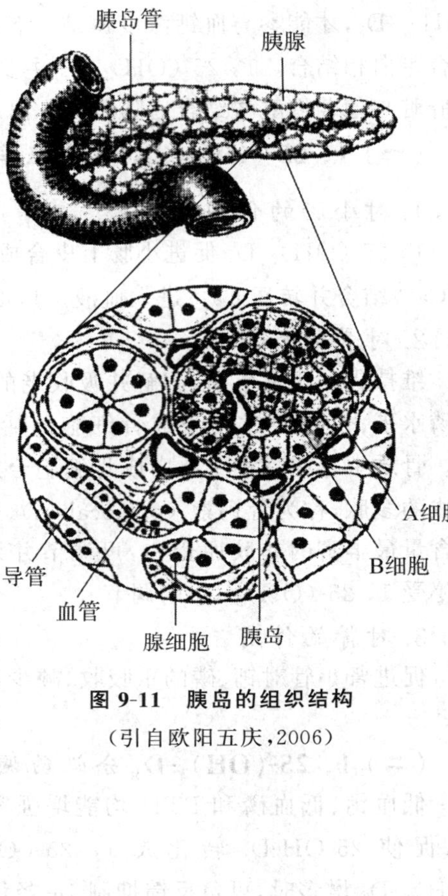

图9-11 胰岛的组织结构

(引自欧阳五庆，2006)

一、胰岛素

胰岛素是含51个氨基酸的双链蛋白，由21肽的A链和30肽的B链组成，两链之间有两个二硫键。β细胞先合成分子较大的前胰岛素原，加工成86肽的胰岛素原，再经水解成为胰岛素和无胰岛素活性的连接肽(C肽)。由于C肽是在胰岛素合成过程中产生的，其数量与胰岛素的分泌量有平行关系，因此测定血中C肽含量，可反映B细胞的分泌功能。胰岛素在血液内运输既可与血浆蛋白结合，也有游离形式存在，但只有游离型的胰岛素具有生物活性。在血浆中胰岛素的半衰期只有5 min，主要在肝脏灭活，肾与肌肉组织也有灭活作用。

(一)胰岛素的生理作用

胰岛素是促进合成代谢、维持血糖相对稳定的重要激素。其生理作用主要有：

1. 对糖代谢的作用

胰岛素促进组织细胞对葡萄糖的摄取和利用，加速葡萄糖合成为糖原并储存在肝和肌肉中，抑制糖异生，促进葡萄糖转变为脂肪酸，储存于脂肪组织中，结果使血糖水平下降。胰岛素缺乏时血糖浓度升高，如超过肾糖阈，糖从尿中排出，引起糖尿病。

2. 对脂肪代谢的作用

抑制脂肪组织中脂肪酶活性，减慢脂肪分解，同时又促进肝脏合成脂肪酸，然后转运到脂肪细胞储存，还能促进糖转变为脂肪。胰岛素缺乏时因糖利用受阻而由脂肪分解供能，生成大量酮体，引起酮血症与酸中毒；脂肪代谢紊乱使血脂增加，可引起动脉硬化，导致心、脑血管系统疾病。

3. 对蛋白质代谢的作用

胰岛素既促进蛋白质合成，又抑制蛋白质分解。它促进细胞对氨基酸的摄取、增加DNA和RNA的生成及蛋白质的合成、抑制蛋白质分解和糖原异生，利于细胞的生长。胰岛素对机体生长的促进作用是与GH的作用相辅相成的。

（二）胰岛素分泌的调节

1. 血中代谢物质的作用

胰岛素的分泌主要取决于血糖水平。进食之后血糖升高，血糖可直接作用于胰岛B细胞，刺激胰岛素的分泌，使血糖进入细胞内合成糖原。当血糖水平下降时，胰岛素的分泌减少，使血糖水平不会过低。血中游离脂肪酸、酮体和多种氨基酸含量增多时，也可促进胰岛素的分泌。

2. 激素的作用

胃泌素、促胰液素、胆囊收缩素、抑胃肽和胰高血糖样多肽等胃肠激素均可促进胰岛素的分泌，其中以抑胃肽和胰高血糖样多肽的作用最强。GH、甲状腺激素、皮质醇等可通过升高血糖浓度间接引起胰岛素的分泌。胰岛A细胞分泌的胰高血糖素和D细胞分泌的生长抑素均可通过旁分泌途径作用于B细胞，前者促进胰岛素分泌，后者则起抑制作用。肾上腺素和去甲肾上腺素也有抑制其分泌的作用。

3. 神经调节

胰岛受迷走神经与交感神经支配。迷走神经兴奋时，通过乙酰胆碱作用于M受体，促进胰岛素的分泌；迷走神经还可通过刺激胃肠激素间接促进胰岛素的分泌。交感神经兴奋时，则通过去甲肾上腺素作用于α受体，抑制胰岛素的分泌。

二、胰高血糖素

胰高血糖素是由胰岛A细胞分泌的含29个氨基酸的直链多肽，在血浆中半衰期为5～10 min，主要在肝内灭活，在肾中也可降解。

（一）胰高血糖素的生理作用

胰高血糖素的作用与胰岛素相反，可促进肝糖原分解和糖异生作用，使血糖水平升高。它还可促进脂肪和蛋白质分解，增强心肌收缩力，抑制胃肠道平滑肌的运动。另外，胰高血糖素可促进胰岛素和胰岛生长抑素的分泌。

（二）胰高血糖素分泌的调节

1. 血中代谢物质的作用

影响胰高血糖素分泌的主要因素是血糖，低血糖可促进其分泌，氨基酸也可促进其分泌。

2. 激素的作用

胰岛素可通过降低血糖间接引起胰高血糖素的分泌，但胰岛素和D细胞分泌的生长抑素也可通过旁分泌直接作用于邻近的A细胞，抑制胰高血糖素的分泌。胃肠道激素中，胆囊收缩素和胃泌素可刺激胰高血糖素分泌，胰泌素则有抑制作用。

三、生长抑素和胰多肽

胰岛D细胞分泌的生长抑素有SS_{14}和SS_{28}两种，可通过旁分泌作用抑制胰岛A、B和PP

三种细胞的分泌活动。

胰岛 PP 细胞分泌的胰多肽是含有 36 个氨基酸的直链多肽。在人类有减慢食物吸收的作用,但其确切的生理作用尚不清楚。

第九节　肾上腺的内分泌

肾上腺位于肾脏的前缘,由两层不相关的腺体组织构成,外层是皮质(cortex),由外向内分别由球状带、束状带和网状带组成,内层是髓质(medulla)。皮质和髓质无论在胚胎发生、形态结构和生理功能各方面都是两个不同的内分泌腺。

一、肾上腺皮质的内分泌

(一)肾上腺皮质激素

肾上腺皮质分泌的皮质激素分为三类,即盐皮质激素(mineralocorticoid)、糖皮质激素(glucocorticoid)和性激素,分别由球状带、束状带和网状带的细胞所分泌。这些激素都是以胆固醇为前体,在线粒体内膜或内质网中所含有的裂解酶与烃化酶等酶系的催化下经过一系列反应生成的。

血液中皮质激素以结合型和游离型两种形式存在,两种形式的皮质醇可以相互转化,以保持动态平衡,但只有游离型激素有生物效应。皮质醇进入血液后,75%～80%与皮质类固醇结合球蛋白(corticosteroid binding globulin,CBG)结合,15%与血浆白蛋白结合,5%～10%是游离的。醛固酮与血浆白蛋白及 CBG 的结合能力很弱,主要以游离状态存在和运输。

血浆中皮质醇的半衰期为 70 min,醛固酮为 20 min。它们都在肝中被降解,代谢产物与葡萄糖醛酸或硫酸结合,随尿排出。

(二)肾上腺皮质激素的作用

1. 糖皮质激素的作用

糖皮质激素主要为皮质醇,其次为皮质酮,以皮质醇的作用最强。血中皮质酮的含量仅为皮质醇的 5%～10%。

(1)对物质代谢的影响　糖皮质激素对糖、蛋白质、脂肪和水盐代谢均有作用。①糖代谢。糖皮质激素是调节体内糖代谢的重要激素之一,可促进糖异生,使血糖水平升高,向肌肉和神经组织快速提供能源。这是由于皮质醇可促进蛋白质分解;抑制外周组织对氨基酸的利用而异生成肝糖原,使糖原储存增加。同时通过抗胰岛素作用,降低肌肉和脂肪等组织对胰岛素的反应性,使外周组织对葡萄糖的利用减少,导致血糖升高。②蛋白质代谢。糖皮质激素促进肝外组织,特别是肌肉组织蛋白质的分解,加速氨基酸转移至肝,生成肝糖原。糖皮质激素分泌过多会引起生长停滞、肌肉消瘦、营员疏松、皮肤变薄、淋巴组织萎缩等现象。③脂肪代谢。糖皮质激素促进脂肪分解和脂肪酸在肝内氧化,抑制外周组织对葡萄糖的利用,利于糖原异生。肾上腺皮质功能亢进时,糖皮质激素引起体内脂肪重新分布,使四肢脂肪减少,躯干和面部脂肪增多。④水盐代谢。皮质醇有较弱的储钠排钾作用,即对肾远球小管和集合管重吸收 Na^+ 和排出 K^+ 有轻微的促进作用。糖皮质激素还可增加肾小球血流量,使肾小球滤过率增加,促进水的排出。糖皮质激素分泌不足时，机体排水功能低下，严重时可导致水中毒，补充糖皮质激素后可使症状缓解。

（2）在应激反应中的作用 当动物受到各种有害刺激，如缺氧、创伤、手术、饥饿、疼痛、寒冷以及精神紧张等，血液中 ACTH 和糖皮质激素含量立即升高。一般将能引起 ACTH 与糖皮质激素分泌增加的各种刺激，称为应激刺激，产生的反应称应激（stress）。其意义在于从多方面调整机体对应激刺激的适应性和抵御能力，从而保护自身。在应激反应中，除垂体-肾上腺皮质系统参加外，交感-肾上腺髓质系统也参加，因此血中儿茶酚胺含量也相应增加。此外，在机体产生应激反应的过程中，血液中 GH、PRL、胰高血糖素、β-内腓肽、抗利尿激素及醛固酮等激素的含量也增加，说明应激反应是以 ACTH 和糖皮质激素分泌增加为主，多种激素参与的使机体抵抗力增强的非特异性反应。

（3）对组织器官的作用 ①血细胞。糖皮质激素可使血中红细胞、血小板和中性粒细胞的数量增加，而使淋巴细胞和嗜酸性粒细胞减少。糖皮质激素可抑制胸腺与淋巴组织的细胞分裂，使淋巴细胞生成减少。糖皮质激素还能促进淋巴细胞与嗜酸性粒细胞的破坏。②血管系统。糖皮质激素通过增强血管平滑肌对儿茶酚胺的敏感性（即允许作用），有利于提高血管的张力和维持血压。糖皮质激素还可降低毛细血管壁的通透性，减少血浆的滤出，利于血容量的维持。③神经系统。糖皮质激素可提高中枢神经系统的兴奋性。肾上腺皮质功能低下、糖皮质激素分泌不足时，动物表现精神萎靡。④消化系统。糖皮质激素促进多种消化液和消化酶的分泌。胃消化活动中，糖皮质激素能增加胃酸及胃蛋白酶原的分泌，还能提高胃腺细胞对迷走神经和胃泌素的反应性。

此外，糖皮质激素还有增强骨骼肌收缩力、抑制骨的形成、促进胎儿肺表面活性物质的合成等作用。在临床上可使用大剂量的糖皮质激素及其类似物用于抑制免疫、抗炎、抗过敏、抗中毒和抗休克等的治疗。

2. 盐皮质激素的作用

盐皮质激素以醛固酮为代表，对水盐代谢作用最强的是醛固酮，其次为脱氧皮质酮。醛固酮是调节机体水盐代谢的重要激素，可促进肾远曲小管及集合管重吸收钠、水和排出钾，即保钠、保水和排钾作用，进而调节细胞外液和循环血量的相对稳定。醛固酮还增加汗腺、唾液和肠腺中 Na^+ 的重吸收。当醛固酮分泌过多时，将使 Na^+ 和水潴留，引起高血钠、高血压和低血钾。相反，若醛固酮缺乏则钠与水排出过多，血钠减少，血压降低，而尿钾排出减少，血钾升高。

此外，盐皮质激素与糖皮质激素一样具有允许作用，能增强血管平滑肌对儿茶酚胺的敏感性，且作用强于糖皮质激素。

（三）肾上腺皮质激素分泌的调节

1. 糖皮质激素分泌的调节

无论机体处于正常状态还是应激状态，下丘脑-垂体-肾上腺皮质轴的功能活动都非常重要。各种应激刺激作用于神经系统的不同部位，通过神经递质将信息汇聚于下丘脑 CRH 神经元，合成并释放 CRH，作用于腺垂体 ACTH 细胞，促进其合成和释放 ACTH，进而促进肾上腺皮质合成并释放糖皮质激素。ACTH 还可刺激束状带与网状带细胞的生长发育。

在下丘脑-垂体-肾上腺皮质轴中糖皮质激素有负反馈调节作用。皮质醇在血中浓度升高时,可反馈性作用于下丘脑 CRH 神经元和腺垂体 ACTH 细胞,减少 CRH 和 ACTH 的合成。ACTH 也可反馈性地抑制 CRH 神经元的活动。有实验表明,海马在正常状态和应激状态时都参与下丘脑-垂体-肾上腺皮质轴的调节活动。皮质醇也可以通过海马影响下丘脑-垂体-肾上腺皮质轴的活动水平。

综上所述,下丘脑、垂体和肾上腺皮质组成一个密切联系、协调统一的功能轴,以维持血中糖皮质激素浓度的相对稳定和在不同状态下的适应性变化(图 9-12)。

2. 盐皮质激素分泌的调节

醛固酮的分泌主要受肾素-血管紧张素系统的调节。另外,血 K^+、血 Na^+ 浓度变可以直接作用于球状带细胞,影响醛固酮的分泌。ACTH 在一般情况下对醛固酮的分泌不起显著作用,但在应激情况下可使其分泌量稍有增加。

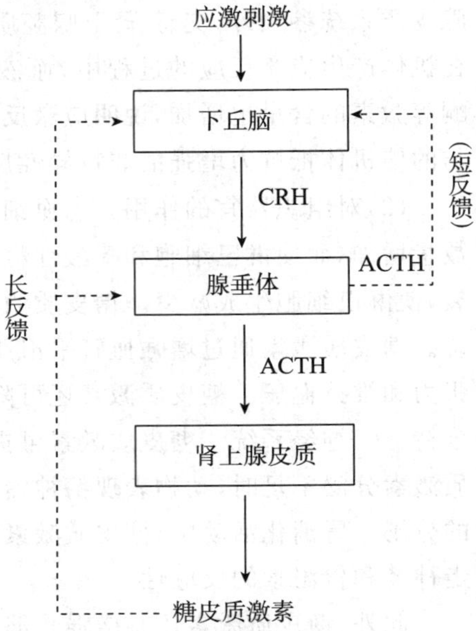

图 9-12 糖皮质激素分泌的调节

实线表示促进 点线表示抑制

二、肾上腺髓质的内分泌

(一)肾上腺髓质激素的合成与代谢

肾上腺髓质细胞与交感神经节均来自神经嵴,实质上是没有纤维的交感神经节后神经元,其分泌活动受交感神经节前纤维的激活,分泌物直接进入血液。髓质的嗜铬细胞可分泌结构上相似的两种激素:肾上腺素(epinepMne)和去甲肾上腺素(norepinephrine),后者也是交感节后神经元的递质,都属于儿茶酚胺类化合物。

肾上腺髓质激素的合成与交感神经节后纤维合成去甲肾上腺素的过程基本一致,不同的是嗜铬细胞胞浆中存在大量苯乙醇胺 N-甲基(phenylethanolamine-N-methyl-transferase,PNMT)可使去甲肾上腺素甲基化而成肾上腺素,而交感神经节后纤维末梢不含 PNMT,所以不能产生肾上腺素。髓质激素合成后储存在髓质细胞囊泡内,当细胞受到刺激时再分泌到细胞外。血液循环中的肾上腺素主要来自肾上腺髓质;去甲肾上腺素除由髓质分泌外,主要来自肾上腺素能神经纤维末梢。二者在体内通过单胺氧化酶(monoamineoxides,MAO)及儿茶酚-O-位甲基转换酶(catechol-Omethyl-transferase,COMT)的作用而灭活。

(二)髓质激素的生理作用

肾上腺髓质与交感神经系统组成交感-肾上腺髓质系统,髓质激素的作用与交感神经的活动紧密联系。髓质激素的作用非常广泛,主要有:①兴奋心脏和缩血管作用,使血压升高。②加深呼吸,使支气管舒张以增大肺通气量。③加速糖原分解,使血糖水平提高。④舒张胃肠道平滑肌,但使竖毛肌和睫状肌收缩,导致动物毛发竖立、瞳孔放大。这些作用与交感神经的作用类似,参与动物对不良刺激如畏惧、逃跑、争斗、疼痛、缺氧、失血和脱水等做出的应急反应(emergency),结果是动员机体的能量储备,加速心血管和呼吸功能,情绪上表现出高度兴奋。这些反应都是由于交感神经系统兴奋和髓质激素快速释放入血所引起的。应急反应更偏重于提高机体的警觉性和应变能力，而应激反应主要是加强机体对伤害刺激的基础耐受能力。受到外界刺激时，两种反应往往同时发生，共同维持机体的适应能力。

肾上腺髓质嗜铬细胞还可分泌一种 50 肽的激素，称肾上腺髓质素（adrenomedulin，AdM）。它具有扩张血管、降低血压、抑制内皮素和血管紧张素Ⅱ释放等作用。

（三）髓质激素分泌的调节

1. 交感神经

肾上腺髓质受交感神经节前纤维支配，其末梢释放的乙酰胆碱作用于髓质嗜铬细胞的 N 型胆碱能受体，引起髓质激素的释放。

2. ACTH 的调节

ACTH 可直接或间接通过糖皮质激素提高肾上腺髓质细胞中的多巴胺 β-羟化酶和 PNMT 的活性，促进肾上腺髓质激素的合成。

3. 自身负反馈调节

血液中髓质激素可负反馈抑制自身的合成。细胞内去甲肾上腺素或多巴胺的量增加到一定程度时，可抑制酪氨酸氢化酶。肾上腺素合成增多时，也能抑制 PNMT 的作用。当髓质激素从细胞内释入血液后，胞浆内含量减少，解除了上述的负反馈抑制，激素的合成随即增加。

第十节　性腺的内分泌

性腺包括雄性性腺睾丸和雌性性腺卵巢，二者均具有产生配子和分泌激素的双重功能。

卵巢和睾丸产生的激素称为性腺激素（gonadohormone ）。卵巢产生的主要是雌激素、孕酮和松弛素；睾丸产生的主要是雄激素。此外，公、母畜都能够产生抑制素。肾上腺皮质也可产生少量的孕酮及睾酮。应当注意的是，母畜能产生少量雄激素，公畜也能产生少量雌激素。因此，雌激素和雄激素的命名只是相对而言，并不完全恰当。

性腺激素包括两大类：一类为类固醇；另一类属于蛋白质或多肽。

（一）性腺类固醇激素

类固醇激素又称为甾体激素，它们是带有不同侧链的环戊烷多氢菲的衍生物，雌激素和孕酮对生殖生理的作用在很多方面是协同的，或者是先后的，或者是拮抗的。垂体前叶促性腺激素控制着性腺激素的产生，性腺激素反过来又通过性中枢对垂体前叶发生正、负反馈作用，它们之间存在着密切而复杂的关系。正常的生殖生理现象在这些激素及神经系统精确的相互作用、相互配合下发生的，很少是由一种生殖激素单独所引起。

1. 雌激素

雌激素主要由卵泡膜细胞和颗粒细胞所分泌，此外胎盘、卵巢的间质细胞、肾上腺皮质及睾丸也能少量产生。主要的雌激素为 17β-雌二醇（$C_{18}H_{24}O_2$）（牛、马、猪），另外还有少量雌酮（$C_{18}H_{22}O_2$），均在肝脏内转化为雌三醇（$C_{18}H_{24}O_3$）（马尚有马烯雌酮、马萘雌酮及异马葵雌酮），从尿及粪中排出。

雌激素的生殖生理作用是：

（1）刺激并维持母畜生殖道的发育，因而在初情期前摘除卵巢，生殖道就不能发育，初情期以后摘除卵巢则生殖道退化。

发情时，在雌激素增多的情况下，使生殖道充血，黏膜增厚、上皮增高或增生，子宫管状腺长度增加、分泌增多，肌肉层肥厚、蠕动增强，子宫颈松软，阴道上皮增生和角化。此外，子宫先经雌激素作用后，才能为以后接受孕酮的作用做好准备。因此，雌激素对于胚胎的附植也是必要的。

(2)刺激性中枢，使母畜发生性欲及性兴奋。这种作用是在少量孕酮的协同下发生的。

(3)雌激素减少到一定量时，对丘脑下部或垂体前叶的负反馈作用减弱，导致释放促卵泡素。促卵泡素与促黄体素共同刺激卵泡发育。卵泡内膜产生的雌激素开始增多，排卵前更大为增多，它反过来作用于丘脑下部或垂体前叶，抑制促卵泡素的分泌（负反馈），并在少量孕酮的协同下促进促黄体素的释放（正反馈），从而导致排卵。

(4)刺激垂体前叶分泌促乳素。

(5)使母畜发生并维持第二性征，如骺软骨骨化早而骨骼较小、骨盆宽大、易于蓄积脂肪及皮肤软薄等。

(6)刺激乳腺管道系统的生长，与孕酮共同刺激并维持乳腺的发育。但在牛及山羊，雌激素单独即可使乳腺腺泡系统发育至一定程度，并能泌乳。因此在临床上可用于治疗不孕牛，延长其泌乳时间。

(7)妊娠期间，胎盘产生的雌激素作用于垂体，使其产生 LTH，刺激和维持黄体的机能。妊娠足月时，胎盘雌激素增多，可使骨盆韧带松软。当雌激素达到一定浓度，且与孕酮达到适当比例时，可使催产素对子宫肌层发生作用，为启动分娩提供必需的条件。

(8)促使睾丸萎缩，副性腺退化，最后造成不育，因而可用于化学去势。

2. 孕酮（黄体酮）

主要是由黄体及胎盘（马及绵羊）产生的，此外肾上腺皮质、睾丸和排卵前的卵泡也能够产生少量孕酮。

孕酮生理作用如下：

(1)生殖道受到雌激素的刺激开始发育，但只有经孕酮作用后，才能发育充分。

(2)子宫黏膜经雌激素作用后，孕酮维持黏膜上皮的增长，刺激并维持子宫腺的增长（分支、弯曲）及分泌；还能使子宫颈收缩，且使子宫颈及阴道上皮分泌黏稠黏液，并抑制子宫肌的蠕动。这些都给胚胎附植及发育创造了有利条件，所以孕酮是维持妊娠所必需的激素。但在绵羊，除了孕酮以外，13 d 以上的胚胎可以产生一种促黄体因子，能够对抗子宫内膜产生的溶黄体物质。

(3)孕酮对于丘脑下部或垂体前叶具有负反馈作用，能够抑制促卵泡素及促黄体素的分泌。所以在黄体开始萎缩以前，卵巢中虽有卵泡生长，但不能迅速发育；同时还能抑制性中枢，使母畜不表现发情。但在牛发情初期注射少量孕酮可以促进排卵；而且在少量孕酮的协同作用下，中枢神经才能接受雌激素的刺激，母畜才能发生性欲及性兴奋，否则卵巢中虽有卵泡排卵，但无发情的外表现象（安静发情或安静排卵）。

(4)在雌激素刺激乳腺腺管发育的基础上，孕酮刺激乳腺腺泡系统，与雌激素共同刺激和维持乳腺的发育。

(5)大量孕酮可以对抗雌激素的作用,抑制发情活动;少量孕酮却与雌激素发生协同作用,增强发情表现。

3.卵巢雌激素和孕激素分泌的调节

卵巢的内分泌主要受下丘脑—腺垂体—卵巢轴的调控,血液中卵巢激素对下丘脑—垂体也有反馈调节作用,性腺内部各细胞间的相互作用也有重要影响(图 9-13)。

4.雄激素

主要是由睾丸间质细胞产生的,肾上腺皮质也能分泌少量,其主要形式为睾酮。睾酮的分泌量很少,不在体内存留,分泌之后很快即被利用或发生降解。其降解产物为雄酮。通过尿液、胆汁或粪便排出体外,所以尿液中存在的雄激素主要为雄酮。

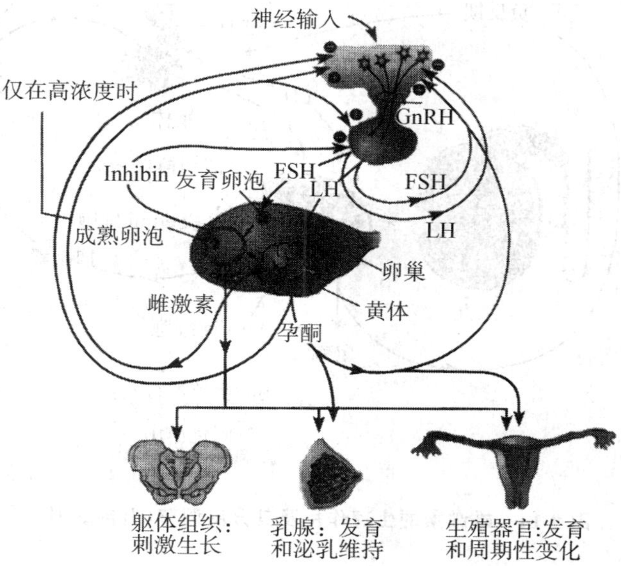

图 9-13　雌激素和孕激素的生理作用及其分泌调节

(引自欧阳五庆,2006)

(1)雄激素的生理作用:

①刺激并维持公畜性行为,去势后公畜即无这些表现。有交配经验的公畜去势后需要经过一段时间,这些表现才消失。

②在与 FSH 及 ICSH 共同作用下,刺激精细管上皮的机能,维持精子的生成。例如动物切除垂体后,在没有 ICSH 的情况下,间质细胞变性,不能产生雄激素,精细管退化;注射雄激素后,精细管则可恢复原状。

③刺激和维持附睾的发育,并维持精子在附睾中的存活时间。例如,仅将一侧睾丸切除,附睾管中精子存活的时间照常;如将两侧都切除,精子存活的时间即减半,这可能和雄激素能够抑制果糖分解及精子的氧耗有关。

④刺激并维持副性腺和阴茎、包皮(包括使幼畜包皮腔内的阴茎与包皮内层分离)、阴囊的生长发育及机能。雄性外阴部、尿液、体表及其他组织中外激素(信息素)的产生也受雄激素的调节。

⑤使公畜表现第二性征。

⑥对丘脑下部或(和)垂体前叶发生负反馈作用,即垂体前叶 ICSH 和雄激素之间存在有彼此调节的关系,ICSH 可以促睾酮的分泌;但在睾酮增加到一定浓度时,则对丘脑下部或(和)垂体前叶发生负反馈作用,抑制 ICSH 释放激素或(和)促使 ICSH 的释出。结果睾酮的分泌减少。当睾酮减少到一定程度时,负反馈作用减弱,使 ICSH 的释出增加,间质细胞分泌的雄激素亦随之增加。它们如此相互促进和制约,取得相对平衡,从而使公畜的性机能得以保持正常。

(2)雄激素分泌的调节　睾丸分泌雄激素主要受下丘脑-腺垂体-睾丸轴的调控,血液中雄激素对下丘脑-垂体也有反馈调节作用。此外，睾丸内部各细胞间的相互作用也有重要影响（图 9-14）。

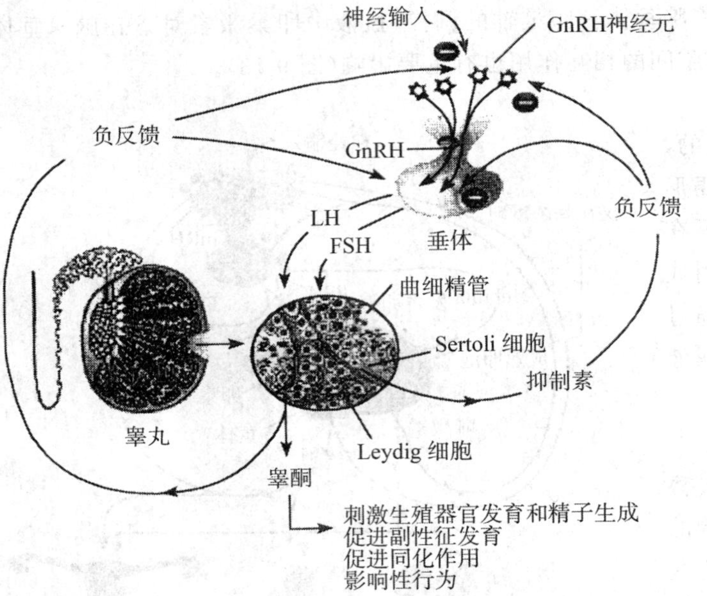

图 9-14　雄激素的生理作用及其分泌调节（引自欧阳五庆，2006）

（二）性腺多肽激素

1. 松弛素（relaxin）

在依靠黄体维持妊娠的动物，黄体是松弛素的主要来源。它存在于颗粒黄素细胞的胞浆中，一旦需要，即释放入血。已经发现，在整个妊娠期内黄体都有松弛素专一的 mRNA 存在。在家畜中，牛、猪、绵羊的松弛素都主要来自黄体。家兔则主要来自胎盘。利用免疫荧光抗体方法证明，绵羊发情周期的卵泡内膜细胞也能产生松弛素。

松弛素是一种多肽，其结构类似胰岛素。关于松弛素的分泌量，一般是随着妊娠期的增长而逐渐增多，分娩后即从血液中消失。猪在妊娠初期含量即有所增加，到 105～110 d 时达到最高值，但从产前 16 h 开始，黄体中的含量急剧下降。

在正常情况下，松弛素的单独作用很小。生殖道和有关组织只有经过雌激素和孕激素的预先作用，松弛素才能显示出较强的作用。

松弛素主要作用与动物的分娩有关。

(1)促使骨盆韧带及耻骨联合松弛，因而骨盆能够发生扩张。这在某些家畜（如牛）比较重要。

(2)使子宫颈松软，能够扩张。在分娩的开口期中，当子宫肌的收缩力逐步增强时，在某些家畜，松弛素与其他激素发生协同作用，使子宫颈组织变得柔软，产生弹性。

(3)促使子宫水分含量增加。

(4)促使乳腺发育。

(5)在豚鼠排卵时，卵泡鞘中的松弛素能够影响胶原纤维和平滑肌的收缩力。但在家畜方面尚未证实。

2. 抑制素（inhibin）

抑制素是一种水溶性多肽，不耐热，易被蛋白酶破坏。含有两个由二硫键连接的肽链（α 和 β 亚单位）。牛卵泡液抑制素有两种，分子质量为 58 000（α 亚单位 43 000，β 单位 15 000）和 31 000（α 亚单位 20 000，β 亚单位 13 000）。羊也有两种抑制素，分子质量分别为 67 000 和 32 000，后者已提纯，α 亚单位为 20 000～21 000，β 亚单位为 16 000。猪纯化的抑制素有 A、B

两种(β-A 和 β-B),分子质量均为 32 000(α 亚单位 20 000,β 亚单位 13 000),只是 β 亚单位上氨基酸序列略有不同。

在母畜,抑制素主要由卵泡的颗粒细胞所产生,其含量随卵泡的发育状态及动物类别而异。在牛,中等卵泡和大卵泡的含量较小卵泡为高;绵羊卵巢上的小卵泡(3～4 mm)及不产生雌激素的大卵泡(74 mm)是血循中抑制素的主要来源;猪在周期的第 5 天,随着卵泡直径的增大而增加,第 10 天以后,则随卵泡直径增大而趋于下降。闭锁卵泡中的含量较发育中的卵泡低。在公畜,抑制素由睾丸支持细胞产生后,被输送到附睾头而被吸收进入血液。其浓度在公畜的不同发育阶段、不同生殖状态和品种之间均有差异。上述结果表明,抑制素是一种重要的循环激素,它对动物的生殖活动有着重要的调节作用。

人和大鼠除支持细胞和曲细精管上皮可产生抑制素并存在其亚单位 mRNA 外,在间质细胞中也存在有 α 亚单位 mRNA;而且使用 hCG 激活间质细胞可以使抑制素分泌增加,但同时使用 EDS(ethane dimethane sulphonate)破坏间质细胞后,上述作用消失,说明间质细胞也是人和大鼠抑制素的来源。公羊使用 LH/hCG 后仅见睾酮增加,抑制素并不增加,说明公羊间质细胞可能没有产生抑制素的能力。在睾丸外其他部位,如副性腺、生殖道、肾上腺皮质、大脑、垂体等部位也具有抑制素 α、β 亚单位 mRNA 表达,但这些部位即使产生抑制素也不一定进入循环。

抑制素的生殖生理作用如下:

①对雌性生殖的作用:通过负反馈环路,阻滞 GnRH 对垂体的作用,抑制 FSH 的分泌。其抑制作用主要是破坏 FSHβ mRNA 的稳定性。它对 FSH 的抑制作用具有性别差异;对雌性非常强烈。

抑制素主要保留在卵泡中,卵泡液中抑制素的活性为卵巢静脉中水平的 100～1 000 倍(猴、人、大鼠),仅有少量进入血液。当 LH 和雌激素水平升高时,可以增加卵泡的血流量和血管通透性,从而使抑制素容易离开卵泡而进入血液,通过反馈作用使 FSH 维持适当水平。排卵后,卵泡液进入腹腔,其中的抑制素被腹膜吸收,因而血液中的抑制素水平升高,通过反馈作用使 FSH 浓度在 LH 峰值后第二天降至基线水平。

在绵羊的整个发情周期,抑制素与 FSH 的浓度之间呈高度负相关,而在卵泡期相关性更高,因此有人认为抑制素和 E_2 在 FSH 的分泌上发挥协同调节作用,抑制素调节 FSH 的波动范围,Ez 则发挥微调作用。

②对雄性生殖的作用:在雄性,抑制素能直接抑制 B 型精原细胞的增殖,还可选择性地抑制 FSH 的分泌而影响生殖细胞的分裂。这种抑制生精的作用,对维持精原细胞数量的恒定及阻止曲精细管的过度生长均有重要意义。

抑制素对 FSH 的分泌有负反馈抑制作用。去势公羊静脉注射经活性炭处理的牛卵泡液后 8 h,FSH 浓度下降 30%;公牛在注射后 FSH 也下降,但 LH、性欲和交配能力及精液品质均不受影响。用具有生物活性的人重组抑制素 A 和纯化的天然牛的 31 kd 抑制素处理去势公羊或正常公羊,其结果也相似。

抑制素与睾酮有协同作用。在公羊、雄鼠、雄猴,抑制素和睾酮均具有抑制 FSH 分泌的作用,而且二者之间有明显的协同作用。

抑制素影响精子的生成。使用天然的纯化抑制素或人工合成的抑制素(片段)对公羊、公牛进行主动免疫后,发现睾丸精子密度增加,但附睾重量和日产精子数量不变;强化免疫后,睾丸精子数目及附睾中存活的精子数目均有增加,但阴囊周长未发生变化。

③有时可抑制 LH 的分泌:在猴,大剂量的卵泡液可以抑制自发的以及由雌激素诱导的 LH/FSH 峰,而较低剂量则只能选择性地抑制中期 FSH 峰。在摘除卵巢的大鼠,雌激素处于低水平,抑制素可特异性地降低 FSH 的基础水平和脉冲式分泌水平。但若给予大剂量雌激素及 LHRH,抑制素则同时可抑制血浆 FSH 和 LH 水平。妇女从周期的第 5 天开始,每天注射 150 IU 人绝经期促性腺激素(hMG)诱导多卵泡排卵时,即不出现 LH 峰,也不发生排卵或卵母细胞成熟。这可能是因为应用 hMG 的妇女处于高雌激素环境,可改变 LHRH 的敏感性或分泌,从而增加 FSH 和 LH 的释放,并增高抑制素活性,继而再抑制 FSH 和 LH。

根据上述抑制素的生理作用,可以阐明动物的超排机理;通过测定 LH 峰值后的 FSH 含量或 LH 与 FSH 的比例来诊断排卵障碍;还可利用抑制素的免疫作用,增加家畜的排卵率和繁殖力,而使它在发展畜牧业中发挥更大的作用。

从作用机理而言,抑制素的作用在垂体水平。给垂体细胞培养中加入抑制素,则 FSH 的分泌降低 60%~75%。这种作用的药代动力学过程缓慢,4 h 以后达到最小,其后其作用至少延长 18 h。在相似的实验条件下,LH 的基础分泌并无改变。

延迟垂体对促甲状腺素释放激素的敏感性:促甲状腺素可以阻断抑制素对血浆 FSH 的影响。

抑制素对 GnRH 诱导的 LH 分泌没有作用或作用很小。但在绵羊却异常增多。抑制素还能对受体含量起作用。由此可见,抑制素对 GnRH 诱导的促性腺激素分泌的作用大概是通过对垂体 GnRH 受体的调节。但对 FSH 基础分泌的作用是独立的,不依赖于对 GnRH 受体的任何作用。

抑制素直接作用于垂体水平的 FSH mRNA。对去势母牛注射一次卵泡液,可使垂体中 FSH mRNA 含量减少 60%,但 LH mRNA 不受影响。切断绵羊丘脑下部—垂体联系,除去其内源性 GnRH 后,用外源性 GnRH 处理,再给动物注射卵泡液,则 FSHβ mRNA 含量减少,但对 LH β 和 α 链 mRNA 均无影响。体外用抑制素处理,垂体细胞的 FSHβ mRNA 含量亦减少。

抑制素没有中枢作用。例如,给摘除卵巢大鼠的侧脑室注射牛的纯卵泡液,并不影响 FSH 的波动性分泌;但当直接注入垂体时,则血浆 FSH 水平降低,而 LH 水平不受影响。因此认为,抑制素对 FSH 具有控制作用。这种调节环路可能参与排卵率的控制,因为它能维持固定的 FSH 基础值。

3.活化素(activin)

亦称激动素,这是由卵泡液纯化抑制素的过程中获得的一种副产品,分子质量为 24 000。抑制素是由 α-和 β-两个亚单位组成的,能刺激 FSH 分泌的二聚体称为活化素。B-亚单位又分为 β-A 和 β-B 两种,β-A 的同质二聚体(homod-imers)称为活化素 A,由 β-A 和 β-B 组成的异质二聚体称为活化素 A-B。

活化素的生殖生理作用:

(1)对雌性生殖的作用来自性腺的活化素可作用于垂体,促进 FSH 的分泌。而垂体可分泌活化素 B,促进 FSH 的释放,进而对卵巢发生作用。

在体外,活化素对颗粒细胞和泡膜细胞中类固醇激素的产生具有调节作用,它能促进孕酮的产生和 FSH 诱导的芳香环化作用,抑制 LH 诱导的雄激素的合成,又能抑制孕酮的产生。活化素对卵泡发生具有调节作用。活化素促进并保持卵泡的发生状态。在卵泡发生的腔前(preantral)和早腔(earlyantral)阶段促进颗粒细胞的分化,其后随着卵泡的发育可阻止其早熟和黄体化。

(2)对雄性生殖的作用在胚胎期、青春期以及成年的小鼠睾丸中均存在活化素的两种亚基 mRNA,这预示着睾丸分泌有生物活性的活化素贯穿在生命的始终。

在睾丸组织发育中的作用:研究表明,发育 14 d 的鼠胚性腺中有 β_B mRNA 表达,其 β_B 亚基可发现于管组织。而在发育 20 d 的鼠胚胎中,β_B mRNA 强烈表达。在体外,活化素能够迅速特异地导致支持细胞由单层向管状结构的聚合,这反映了活化素在管组织形成中具有作用。活化素在睾丸组织发生中的作用有待进一步研究。

对睾丸间质细胞的作用:在新生的及成年小鼠的睾丸细胞混合培养中,活化素减少 LH 刺激的睾酮的产生,而不影响基础睾酮的水平。与之相反,应用较纯的鼠间质细胞培养物的研究表明,活化素刺激间质细胞释放睾酮。在纯化的未成年猪的间质细胞培养物,活化素 A 可降低 hCG 刺激的脱氢异雄酮的积累,促进孕烯醇酮和脱氢雄酮向睾酮的转化。

在共同培养的 21 日龄鼠支持细胞和生殖细胞中,活化素能促进精原细胞的增殖。

活化素控制垂体和性腺功能的机理是:最初从卵泡液中分离到活化素时,发现它能正反馈作用于垂体,促进 FSH 的分泌,随着后来广泛深入的研究,才逐渐认识到活化素对垂体和性腺的调节作用主要是通过旁分泌和自分泌调节进行的。其局部作用受其结合蛋白卵泡抑素(follistatin)和受体的调节。

不同类型活化素的产生及其局部作用可以随性发育过程中的器官功能或生殖周期的阶段而变化,如需进一步了解,还有待于对活化素、活化素结合蛋白细胞表面受体测定能力的提高。

4. 卵泡抑素(follistatin,follicostatin,folliculostatin,FS)

又称卵泡调节蛋白(follicle regulatory proteins, FRP)或 FSH 抑制蛋白(FSH suppressing protein, FSP)。卵泡抑素具有与抑制素相似的生物学作用,但没有抑制素的作用大。它是由卵泡粒细胞(特别是小生长卵泡)分泌的一种活化素结合蛋白,可在许多组织中表达,能从卵泡液中提取出来。它是由糖蛋白链所构成,其分子质量在猪为 32 000 和 35 000,牛为 31 000 35 000 39 0000 在结构上与抑制素无相似之处。但同样可以抑制体内外垂体释放 FSH。

在培养的大鼠垂体细胞中,FS 是对 FSH 分泌具有选择性的有力的抑制因子。已经证明血浆中存在有卵泡抑素。

活化素、TGF-β 和卵泡抑素都通过旁分泌途径,对性腺内 FSH 作用进行调节,但对 LH 并无影响。FS 对 FSH 有拮抗作用,例如在培养情况下卵泡抑素能抑制颗粒细胞分泌雌二醇,而活化素和 TGF-β 却能增加芳香化作用。

当抑制素和卵泡抑制素下降时,活化素和 TGF-β 刺激垂体细胞分泌 FSH;FSH 再刺激卵巢分泌 4 种多肽。这些内分泌调节环路与卵巢内调节步骤协同存在,这种调节作用能加强或减弱 FSH 对卵巢的作用。例如，当抑制素降低时，垂体即分泌 FSH，在卵巢内局部能够拮抗 FSH 对芳香化酶活性的刺激作用。TGF-β 的作用却相反。

卵泡抑素的生殖生理作用如下：

(1)对丘脑下部的作用　GnRH 有促进垂体细胞分泌 FSH 和 LH 的功能，FS 可抑制 GnRH 的刺激效应，并呈剂量依赖关系。给垂体细胞培养基中加入 FS 后，细胞膜上 GnRH 受体数并无改变，说明 FS 对 GnRH 生理效应的抑制并不通过垂体细胞上的 GnRH 受体，而是对蛋白激酶 C 激动剂及钙离子载体 A_{23187} 刺激的 FSH，LH 分泌有抑制作用，但对磷酯酶 A_2 的激动剂的刺激效应无影响，说明 FS 对 GnRH 的作用可能是通过蛋白激酶 C 或 Ca^{2+}/钙调素系统。

(2)对垂体的作用　FS 具有特异性抑制垂体细胞分泌 FSH 的作用，其效力约为 INH 的 1/3；因为 INH 不仅抑制 FSH 释放，还可抑制 FSH 的细胞内合成；FS 作用时间比 INH 长，这与两种多肽类物质代谢途径不同有关。对 ACT 诱导的 FSH 分泌，FS 也有抑制作用，可能与 FS 结合 ACT 后减弱了 ACT 的生物活性有关。FS 还可与 INH 协同作用于垂体细胞，抑制 FSH、LH 的分泌。

(3)对卵巢的作用　FS 是 ACT 的结合蛋白。FS 与 ACT 结合后，粒细胞内的 P_4 合成增多，INH 合成减少，FSH 对芳香化酶活性的激活作用减弱；但单独使用 FS 时，并无上述作用。Ciudice 等证实，FS 同 ACT 结合后可阻止 ACT 的致卵泡闭锁作用，使卵泡继续发育。Hillier 等发现，排卵前粒细胞内 FS 的合成随着卵泡的生长而增多，对 ACT 生物活性的抑制作用也增强。这表明，FS 通过与 ACT 结合，以自分泌形式参与粒细胞内甾体激素和糖蛋白激素合成与分泌的调节，从而促进卵巢粒细胞分化与黄体形成。

(4)对胚胎发育的作用　FS 与 ACT 的结合比率≥2∶1，K_d 值为 0.1 mol/L，即：中和 1 分子 ACT 的生物活性至少需要 2 个 FS 分子。当结合比率≥2.2∶1，两栖类动物胚胎中胚层的发育受到抑制；结合比率≥2.0∶1 时，ACT 诱导的垂体细胞 FS mRNA 合成受到明显抑制。

(5)对胎盘激素的作用　FS 对胎盘激素的合成有局部调节作用，而对胎盘自主分泌的 hCG，P_4 无明显调节作用，但对 ACT 诱导的 hCG、P_4 合成有显著抑制效应。相反，P_4 对胎盘内 FS 合成无影响。至于 FS 是否与 INH、ACT 共同参与妊娠的维持，尚无肯定结论。FS 在胎盘内合成代谢的规律及对 hCG 的局部调节作用可部分地解释血循环中 hCG 在妊娠早期高于中、晚期的生理现象。

5. 催产素(oxytocin)

20 世纪 80 年代陆续发现绵羊、牛和妇女的黄体能合成与分泌催产素，并确定绵羊的大黄体细胞能产生催产素，其结构与垂体后叶催产素完全相同，都是 9 肽，分子质量都是 1 007 u。在合成催产素的同时，细胞内还合成一类大分肽，称为催产素运载蛋白(neurophysin)，作为催产素的载体。

牛的黄体组织能产生大量催产素，其后腔静脉中的催产素浓度比颈静脉中的浓度高；黄体侧卵巢静脉血的催产素浓度明显高于无黄体侧静脉血中的浓度，且该侧静脉血中的浓度与黄体数目成正比。当黄体被诱导溶解后，血浆催产素浓度即下降，卵巢摘除后就测不出血浆催产素。这些都说明：黄体存在时，血液催产素主要来自黄体组织。牛的卵泡液也含有少量催产素和催产素 mRNA，其催产素合成的主要细胞是卵泡的颗粒细胞。颗粒细胞在合成催产素的同时，也合成催产素运载蛋白。通过卵泡培养证明，大卵泡颗粒细胞分泌催产素的能力比小卵泡颗粒细胞更强。

卵巢催产素的分泌特点是，在发情周期和妊娠晚期均呈阵发性分泌，在发情期中催产素浓度的变化与孕酮相似，但催产素浓度在周期第 5～7 天即达到高峰，开始下降的时间也比孕酮要早。绝大部分催产素在黄体期早期被合成，黄体期中期分泌的催产素主要是早期合成而储存于细胞内。黄体组织中催产素的生成量与大黄体细胞数量相关，在周期第 4～8 天细胞数量增加 4 倍，8～12 天数量恒定，第 16 天数量下降 70%。PGF 能刺激体内黄体细胞分泌催产素，但大剂量 $PGF_{2\alpha}$ 却能降低黄体分泌催产素的反应。在黄体发生溶解时，催产素和 $PGF_{2\alpha}$ 可能存在相互刺激分泌的“正反馈回路”。这一调节过程对正常黄体溶解可能起着重要作用，但是在子宫内膜产生 $PGF_{2\alpha}$ 分泌波之前，卵巢黄体组织即可大量分泌催产素；$PGF_{2\alpha}$ 不能刺激离体黄体细胞分泌催产素，而在黄体组织发生溶解后一段时间内仍可阵发性地释放 $PGE_{2\alpha}$，这些现象都说明两种激素间的“正反馈回路”并非调节其分泌的唯一途径。

催产素的主要生殖生理作用（图 9-15）：

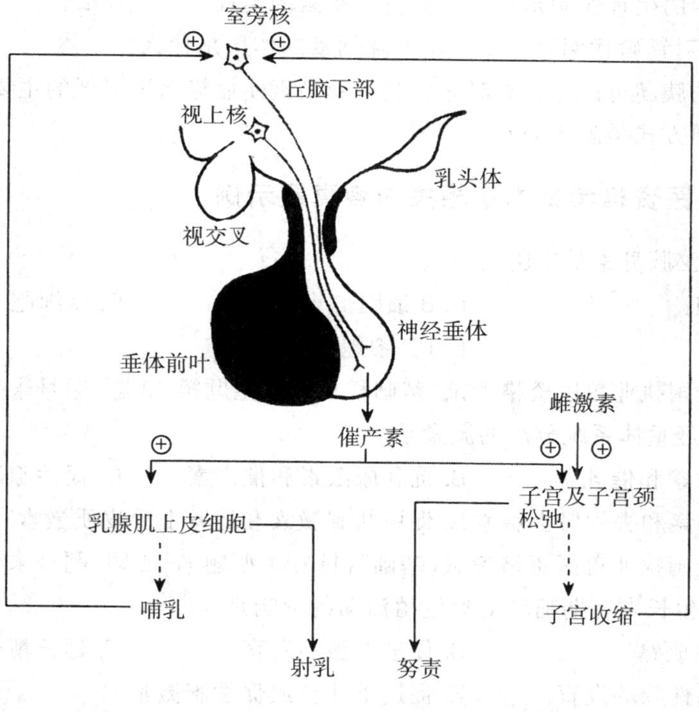

图 9-15　催产素的主要生殖生理作用（引自赵兴绪，2009）

(1)催产素是诱导反刍动物黄体溶解的重要激素　催产素可以诱导牛、绵羊、山羊的黄体溶解；可以诱导子宫 $PGF_{2\alpha}$ 释放，在催产素和 $PGF_{2\alpha}$ 之间可能存在一种正反馈调节机理；在黄体发生溶解时，催产素和 $PGF_{2\alpha}$ 均呈现明显的分泌波；子宫催产素受体浓度在黄体溶解时增加，在发情时达到峰值；无论是主动或被动催产素免疫处理均能使黄体溶解延迟。

(2)调节卵巢类固醇激素的生成　小剂量催产素处理分离的牛和人黄体细胞，可使孕酮的分泌增加，但大剂量催产素却能抑制孕酮的产生，也能抑制 hCG 诱导的孕酮分泌。如果应用发情周期第 4～5 天的牛黄体细胞，即使小剂量的催产素也能抑制孕酮的生成；但如果从充分发育的黄体中分离出的大、小黄体细胞，则催产素无抑制孕酮生成的作用。在血管平滑肌上已经发现有催产素受体，因此催产素可以使血管收缩，通过减少血流量来影响卵巢分泌类固醇激素的功能。

(3)刺激输卵管平滑肌收缩，促进精子及卵子的运送。

(4)促使子宫平滑肌发生强烈阵缩，排出胎儿。

(5)刺激乳腺腺泡的肌上皮细胞收缩而促进排乳，使乳汁从腺泡中通过腺管进入乳池，发生放乳。

本章思考题

1. 简述激素作用的特点和激素分泌的调节方式。
2. 下丘脑和垂体的内分泌机能是怎样的？
3. 甲状旁腺激素在调节钙磷代谢中有什么作用？
4. 盐皮质激素的生理作用是什么？糖皮质激素的生理作用是什么？
5. 维生素 D_3 对钙磷代谢有什么作用？降钙素的作用是什么？
6. 哺乳动物的胰岛可产生什么激素？其中胰岛素使血糖水平降低的主要机制是什么？
7. 激素的传递方式是怎样的？

国家执业兽医资格考试本章相关内容真题示例

43. 胰岛中分泌胰岛素的细胞是（　　）。

A. A 细胞　B. B 细胞　C. D 细胞
D. F 细胞　E. PP 细胞

注：2010 年全国执业兽医资格考试（基础科目）A1 型题第 43 题，题号未变动。

44. 下丘脑神经垂体系统分泌的激素是（　　）。

A. 生长激素和催乳素　B. 抗利尿激素和催产素　C. 促性腺激素和促黑激素
D. 肾上腺素和去甲肾上腺素　E. 促甲状腺激素和促肾上腺皮质激素

注：2010 年全国执业兽医资格考试（基础科目）A1 型题第 44 题，题号未变动。

45. 褪黑素对生长发育期哺乳动物生殖活动的影响是（　　）。

A. 延缓性成熟　B. 促进性腺的发育　C. 延长精子的寿命
D. 促进副性腺的发育　E. 促进垂体分泌促性腺激素

注：2010 年全国执业兽医资格考试（基础科目）A1 型题第 45 题，题号未变动。

46. 直接刺激黄体分泌孕酮的激素是（　　）

A. 褪黑素　B. 卵泡刺激素（促卵泡激素，FSH）
C. 黄体生成素（促黄体生成素，LH）　D. 促甲状腺激素
E. 促肾上腺皮质激素

注:2010 年全国执业兽医资格考试(基础科目)A1 型题第 46 题,题号未变动。

B1 型题

(83～85 题共用备选答案)

A. 皮质酮　　B. 胰岛素　　C. 醛固酮　　D. 甲状腺素　　E. 甲状旁腺素

83. 促进机体产热的主要激素是　（　　）。

84. 促进机体“保钙排磷”的主要激素是　（　　）。

85. 促进机体“保钠排钾”的主要激素是　（　　）。

注:2009 年全国执业兽医资格考试(基础科目)B1 型题第 83～85 题,题号未变动。

本章参考文献

[1]杨增明、孙青原、夏国良. 生殖生物学. 北京:科学出版社，2005.

[2]陈北亨,王建辰. 兽医产科学. 北京:中国农业出版社，2001.

[3]赵兴绪. 兽医产科学. 4 版. 北京:中国农业出版社，2009.

[4]王建辰,章孝荣. 动物生殖调控. 合肥:安徽科学技术出版社，1998.

[5]南京农业大学. 家畜生理学. 北京:中国农业出版社，1996.

[6]杨秀平. 动物生理学. 北京:高等教育出版社,2002.

[7]王建辰. 家畜生殖内分泌学. 北京:中国农业出版社,1993.

[8]欧阳五庆. 动物生理学. 北京:科学出版社，2006.

[9]周定刚. 家畜解剖生理学. 北京:中国农业出版社，2010.

[10]张家骅. 家畜生殖内分泌学. 北京:高等教育出版社,2002.

[11]赵兴绪. 羊的繁殖调控. 北京:中国农业出版社，2008.

[12]夏国良. 动物生理学. 北京:高等教育出版社,2013.

[13]朱士恩. 动物生殖生理学. 北京:中国农业出版社,2011.

[14]陈明勇. 全国执业兽医资格考试试题解析和模拟试题. 北京:中国农业大学出版社,2011.

第十章　生殖和泌乳生理

学习目的和要求

1. 了解精子和卵子的生成。
2. 掌握受精的过程。
3. 了解妊娠的建立。
4. 熟悉启动分娩的机理。
5. 掌握乳的生成过程及调节。
6. 掌握排乳过程及调节。
7. 熟悉乳腺发育的调节过程。

生殖是指生物生成复制品或类似物，以绵延或扩大种群的过程。家畜生殖过程包括生殖细胞生成、交配和受精，以及妊娠、分娩等环节。

第一节　生殖细胞的生成

一、性成熟和体成熟

动物生长发育到一定时期，生殖器官和副性征基本发育完全，开始具有生殖能力，这一时期称为性成熟。性成熟的两性个体开始生成成熟的生殖细胞(精子和卵子)，表现出各种性反射，有配种的欲望，能进行交配、受精、妊娠等生殖活动。性成熟是一个发展过程，它的开始期叫初情期。雌性动物达到初情期的主要表现是第一次发情，但发情征状不完全，也缺乏有规律的发情周期。雄性的初情期不易判定，一般可表现爬跨雌性、阴茎勃起等，但不射精或精液中缺乏成熟精子。从初情期到性成熟，通常需要几个月(猪、羊等)或1～2年(马、牛、骆驼)。

家畜性成熟时，虽然已具备繁殖能力，但由于身体仍在继续生长、发育，如果立即用于配种繁殖，必将对自身的继续发育和后代的体质产生不良影响，需推后一定时间，待身体发育成熟，即达到体成熟以后再用于繁殖。各种家畜性成熟和体成熟的年龄见表10-1。

表10-1　家畜性成熟与体成熟的年龄

动物种类	性成熟	体成熟
牛	10～18个月	2～3周岁
马	18～24个月	3～4周岁
猪	5～8个月	9～12个月

续表 10-1

动物种类	性成熟	体成熟
绵羊	6～10 个月	12～15 个月
山羊	1～10 个月	12～15 个月
骆驼	3～4 周岁	5～6 周岁
兔	4～5 个月	4～8 个月
牦牛	24～36 个月	3～4 周岁

据 Wardrop 等，1960 年

性成熟和体成熟的年龄可因品种、饲养管理和外界环境等而有差异。早熟品种，营养水平高和环境条件好可使性成熟和体成熟的年龄提早，晚成熟品种，饲养管理和环境条件差则可推迟。群体因素也常影响性成熟和初情期，有异性个体存在时，可使初情期提前，同行的群体则初情期延迟。

二、雄性生殖细胞——精子的生成

公畜达到性成熟后睾丸中不断生成精子，排入附睾，并在其中储藏和进一步发育成熟，在交配时则由附睾中排出。公畜一般没有明显的配种季节，睾丸中终年都有精子生成，但季节性繁殖的家畜如牦牛、河曲马等，在配种季节睾丸才大量生成精子。

（一）精子生成的过程

精子是由睾丸曲精细管生殖上皮的生精细胞发育而成。从生殖细胞发育成精子要经历以下几个时期：

1. 增殖期

是指由原始的生精细胞分化成精原细胞，再经多次分裂，增加数目而成为初级精母细胞。

2. 生长期

初级精母细胞不断生长，体积增大，并逐渐聚集营养物质。

3. 成熟期

初级精母细胞经二次成熟分裂（减数分裂）称为精细胞。第一次成熟分裂生成 2 个次级精母细胞，其中的染色体数减半，一个次级精母细胞经第二次成熟分裂生成 2 个精细胞，这时细胞核中的 DNA 含量减半，大多数为单倍体，极少数仍为二倍体。

4. 成形期

精细胞演变成精子。核浓缩，高尔基复合体形成精子顶体，中心粒形成精子尾部。

由精原细胞发育成精子所需的时间成为生精上皮周期，它反映精子生成的速度。各种家畜生精上皮周期长短不同：牛为 13.5d，马为 12.2 d，猪 8.6 d，绵羊 10.3 d，兔 10.9 d。

（二）影响精子生成的因素

环境温度特别是睾丸的局部温度是影响公畜精子生成的决定性因素。睾丸的温度一般较体温低 3～4℃。维持较低的温度是生成正常精子所必需的，患隐睾症的公畜因不具备这种温度特点，不能正常生精，也不能用于繁殖。睾丸的温度较低主要与下列因素有关：①睾丸位于腹腔外；②阴囊皮肤缺乏皮下脂肪保温层，汗腺发达，有利于散热；③睾丸动脉和静脉分布较接近睾丸表面,有利于睾丸表面直接散热。

公畜饲养管理条件尤其是营养水平和运动对精子生成也有重要影响。公畜过肥、缺乏运动以及使用不当等均使精子数量和质量降低。

(三)精子生成的调节

精子生成直接受下丘脑-垂体-睾丸轴的调节(图 10-1)。下丘脑分泌 GnRH,经垂体门脉系统到达腺垂体,促进其分泌 FSH 和 LH。FSH 作用于睾丸曲精细管生殖上皮,促进精子生成;LH 作用于间质细胞,促进睾酮分泌,对精子生成也有促进作用。睾丸支持细胞分泌抑制素作用于下丘脑和腺垂体,抑制 FSH 分泌,对精子生成有抑制作用。血液中睾酮浓度过高,通过负反馈作用抑制 GnRH,使 FSH 和 LH 分泌减少,从而对生精过程表现抑制性影响。

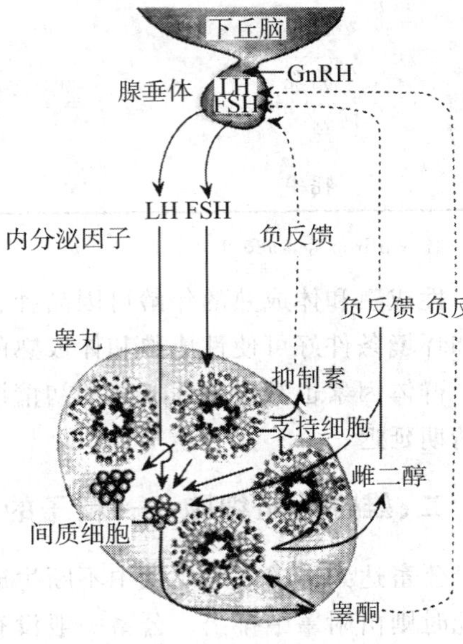

图 10-1 精子发生的内分泌调节

(引自杨利国,2008)

三、雌性生殖细胞——卵子的生成

母畜性成熟后卵巢内有卵泡的周期性发育和成熟。卵泡中含有卵子,卵子随着卵泡发育至一定阶段后即从成熟的卵泡中排出,这一过程称为排卵。排出的卵子还需在母畜输卵管经过受精,才继续发育达到成熟。

(一)卵泡的发育

卵泡在胚胎期由卵巢表面的生殖上皮演化而来。原始卵泡仅由一个卵原细胞和包围在其外面的少量卵泡细胞组成,在出生前,原始卵泡发育成为初级卵泡,至接近性成熟时初级卵泡开始进一步发育并经次级卵泡、生长卵泡或囊状卵泡阶段,最后发育成熟卵泡。

从初级卵泡到次级卵泡主要是周围的卵泡细胞逐渐增多。其分泌物积聚在卵子周围形成透明带。

在次级卵泡细胞继续发育至生长卵泡时,主要的特点是多层的卵泡细胞内部逐渐出现腔隙,并扩大成为卵泡腔,腔内充满卵泡液,随着卵泡腔扩大和卵泡液增多,逐渐将其中卵子挤至一侧,形成卵丘。这时卵泡细胞开始分化:位于卵泡腔周围的形成颗粒层,其细胞称为颗粒细胞;存在于卵泡外层的间质细胞形成卵泡膜,膜的外层为纤维状的基质细胞,内层为内皮细胞。随着生长卵泡不断发育和成熟,体积逐渐增大,卵泡可突出于卵巢表面。在牛马等大家畜应用直肠触摸法,根据卵巢表面卵泡大小可推断卵泡成熟和排卵的情况。

(二)卵子的发育

卵子发育和成熟并不随卵泡的成熟而完成。在成熟卵泡中卵子仍处在次级卵母细胞阶段。从卵原细胞发育至成熟卵子需经历以下三个时期:

(1)增殖期　随着卵原细胞经多次分裂,增加数目,称为初级卵母细胞,与此相应卵泡则从原始卵泡变为初级卵泡。

(2)生长期 初级卵母细胞经第一次成熟分裂,核内 DNA 加倍,保质和内含物增多,形成次级卵母细胞和第一极体;与此相应,卵泡也从初级卵泡发育成为次级卵泡。

(3)成熟期 次级卵母细胞进行第二次成熟分裂,但至分裂中期即停止下来,尽管这时卵泡已发育到完全成熟,而卵子则仍处在次级卵母细胞阶段,需等排卵后进入输卵管并受精后,中止的第二次成熟分裂才继续进行达到最后成熟。

(三)排卵

卵子从卵巢的成熟卵泡中排出的过程称为排卵。卵泡在排卵前要经历一系列变化,这些变化时:卵泡液增多,压力增大,其中的蛋白分解酶使卵泡膜不断溶化和松懈,形成排卵点,向卵巢表面突出,直至最后破裂,卵泡液流出。卵子随卵泡液排出卵巢后经输卵管伞部进入输卵管中。一般家畜卵巢表面的任何地方都可发生排卵,唯有母马的排卵只发生在排卵窝处。

排卵可分为两种类型:①自发性排卵—卵泡发育成熟后可自然发生破裂而排卵,牛、马、猪、羊等大多数家畜都属此型。②诱发性排卵—卵泡发育成熟后必须通过交配活动才能排卵,猫、兔、骆驼等属于此型。

卵子排除后在一定时间内保持受精能力,称为卵子的可受精期。马为 6～8 h,牛为 8～12 h,猪为 8～10 h,绵羊为 16～24 h,超过此时期卵将逐渐失去受精能力,直至最后完全不能受精。

(四)卵泡发育和排卵的调节

卵泡发育和排卵主要受下丘脑—垂体—卵巢轴的调节(图 10-2)。下丘脑分泌 GnRH,促

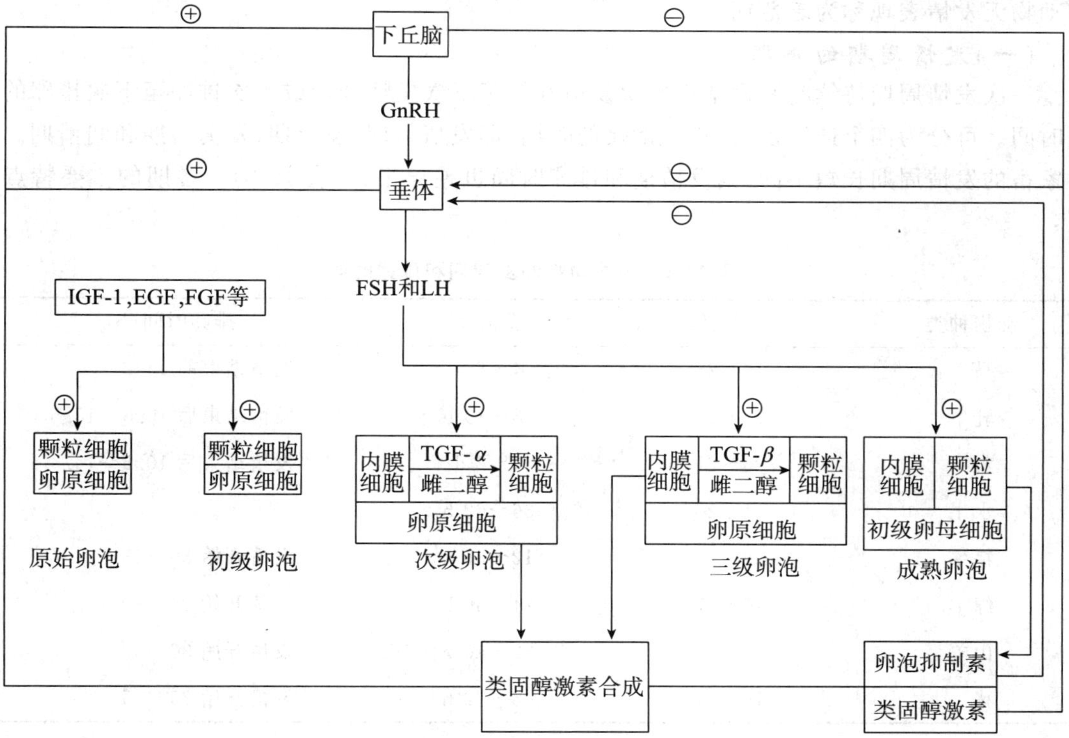

图 10-2 卵泡发育调节模式图(引自杨利国, 2008)

⊕表示促进或刺激 ⊖表示抑制

进腺垂体分泌 FSH 和 LH。在 FSH 的作用下卵泡开始生长发育,但卵泡成熟则需要 FSH 和 LH 的共同作用。在自发型排卵动物当卵泡成熟雌激素分泌达峰值时,通过正反馈作用于下丘脑能使 GnRH 大量分泌,继而激发 LH 快速大量分泌,形成 LH 高峰,即可引发排卵。诱发型动物通过交配刺激诱发 LH 高峰出现,才发生排卵。

抑制素抑制 FSH 分泌,阻止卵泡发育;动物妊娠后黄体和胎盘分泌大量孕酮,通过负反馈抑制 GnRH 和 FSH 分泌,对卵泡发育和排卵起抑制作用。

第二节　交配与受精

自然条件下,雌雄两性生殖细胞—卵子与精子的接近和结合是通过交配和受精实现的。交配一般只发生在母畜性周期的发情期。若采用人工授精,也必须在母畜发情期进行。

一、母畜的性周期

母畜从初情期开始至性机能休止的生育阶段中,伴随卵巢内卵泡发育、成熟和排卵,整个机体和生殖系统所发生的形态、功能及行为的周期性变化称为性周期或发情周期。在终年繁殖的动物如牛、猪等,发情周期在一年中可循环多次出现,称终年多次发情;季节性繁殖动物只在繁殖季节才出现发情周期,其中有的动物如马和绵羊在繁殖季节可多次发情,称季节性多次发情;有的动物如犬、熊在繁殖季节中也只出现一次发情周期,称季节性单次发情;在非繁殖季节动物无发情表现称为乏情期。

(一)发情周期的分期

一次发情周期持续时间通常指本次发情开始至下次发情开始或本次排卵至下次排卵的间隔时间。可分为四个连续发展、相互衔接的时期,即发情前期、发情期、发情后期和间情期。各种家畜的发情周期长短不同,其发情期和排卵时间也差异很大(表 10-2)。各期的主要特点如下:

表 10-2　不同动物的发情期和排卵时间

动物种类	发情周期(d)	发情期	排卵时间(h)
马	19～25	4～8 d	发情结束前 1～2
乳牛	21～22	18～19 h	发情结束后 10.5～15.5
黄牛	20～21	1～2 d	发情结束后 10.5～15.5
水牛	21～28	36～62 h	—
牦牛	19～21	12～36 h	发情开始 36～48
绵羊	16～17	24～36 h	发情开始 24～30
山羊	19～21	32～40 h	发情开始 30～36
猪	19～21	48～72 h	发情开始 35～45

1. 发情前期

是发情周期的开始阶段,卵巢中卵泡开始生长发育,接近发情期前迅速增大,充满卵泡液,生殖道上皮开始增生，腺体活动开始加强，分泌增多，但不见有大量黏液从阴道流出，动物无交配欲表现。

2. 发情期

是集中表现发情征状的阶段。动物性兴奋强烈，有交配欲，能接受公畜交配，卵巢中卵泡迅速成熟并排卵，生殖道黏膜充血、肿胀，腺体分泌活动加强，有大量黏液从阴道流出，子宫颈口开张，子宫和输卵管有蠕动现象。

3. 发情后期

是发情结束后的一段时期。性兴奋和交配欲不再表现，生殖系统的变化逐渐消退，卵巢有黄体形成并分泌孕酮，促使子宫腺增殖分泌营养液。若母畜受孕则黄体保留而成为妊娠黄体，抑制卵泡发育，使发情周期停止，转入妊娠期。如未交配或未受孕则黄体萎缩退化，而转入间情期。

4. 间情期

卵巢中黄体退化消失，孕酮分泌减少，整个生殖系统处于相对静止阶段，并向发情前期过渡。待黄体完全消失，卵巢中卵泡开始生长发育，进入下一次发情周期。

(二) 发情周期的调节

动物发情周期受内在因素和外界因素的调节（图 10-3）。内在因素主要包括与生殖有关的生殖激素及神经系统，同时也包括遗传因素的影响；此外，季节、幼畜吮乳、饲养管理和公畜等各种外界因素的刺激也通过改变机体神经系统和体液调节的功能而影响发情周期。

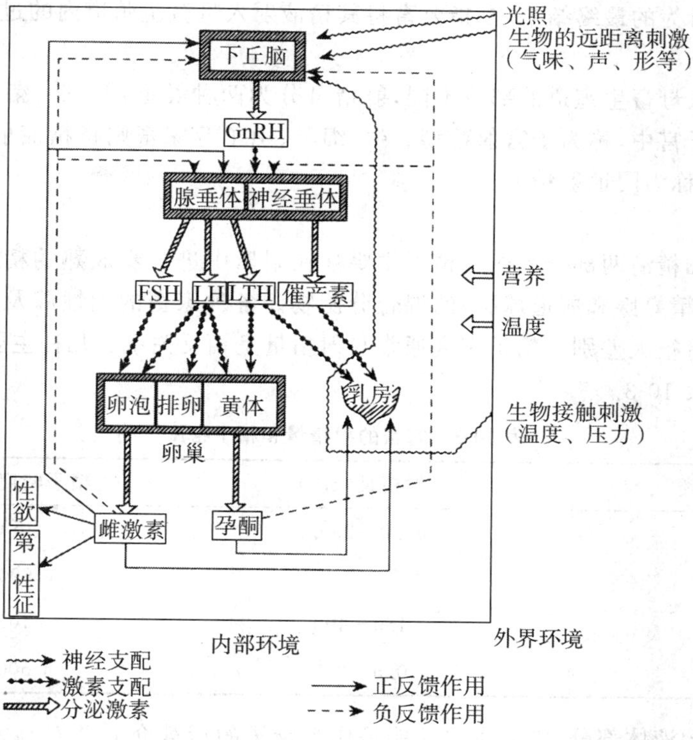

图 10-3 动物发情周期的调节模式图（引自杨利国，2008）

发情周期主要受生殖内分泌调节。参与调节的激素主要包括 GnRH、FSH、LH、雌激素、孕酮和前列腺素等。在内外环境因素的刺激下，下丘脑分泌的 GnRH 作用于腺垂体，促进 FSH 和 LH 分泌，两者协同作用促进卵巢中卵泡的生长发育。当卵泡接近成熟时，卵泡细胞分泌大量雌激素作用于生殖器官，并与少量孕酮协调作用于中枢神经系统引起发情；同时，负反馈作用抑制 FSH 分泌，正反馈引起 LH 高峰出现进而发生排卵。排卵后雌激素浓度下降，卵泡腔中的颗粒细胞在 LH 作用下形成黄体，分泌孕酮而使 LH 和 FSH 分泌减少，新卵泡不再发育，动物不再发情，发情周期转入发情后期和间情期。如卵子未受精，在前列腺素的作用下黄体退化，孕酮浓度下降，解除了对下丘脑和腺垂体的抑制，于是 GnRH 和 FSH、LH 分泌增加，从而开始下一次发情周期。如卵子受精则转入妊娠期。

二、交配

交配是畜禽生殖过程的重要环节，因为畜禽是体内受精动物，自然条件下只有通过交配精子才能输入母畜生殖道而完成受精过程。

(一)交配行为

交配是复杂的性行为，有雌雄两性个体协调配合，经过一系列性反射和性行为而完成，这些发射包括求偶、性欲激发、外生殖器勃起、爬跨、插入和射精等。母畜发情及其伴随的各种信号，是激发求偶和性欲的有效刺激，异性出现和接近又可诱发更强的性欲，这时公畜阴茎充血勃起，进行爬跨，母畜阴蒂和阴道前庭充血，阴门微开，便于公畜阴茎插入实现交配。

(二)射精

射精是交配行为的最终结果，是指公畜将其精液射入母畜生殖道内的过程。

1. 射精类型

根据精液射入母畜生殖道的部位不同，射精可分为两种类型：马、驴、猪、骆驼等家畜是将精液射入母畜的子宫中，称为子宫射精型。牛、绵羊、山羊等家畜则将精液射至母畜阴道深处和子宫颈口附近，称为阴道射精型。

2. 精液

精液由精子和精清两部分组成。精子主要是在附睾中进一步成熟的精子，精清则是副性腺(附睾、前列腺、精囊腺和尿道球腺)的混合分泌物。各种家畜的副性腺及其发育程度不同，精清的量和质也有很大差别。精子密度通常与射精量呈相反关系。几种主要家畜一次的射精量和精子密度见表 10-3。

表 10-3　家畜的射精量和精子密度

动物种类	射精量(mL)	精子密度(10^6 mL^{-1})
马	50.0～200.0	50～200
牛	1.5	600～2 500
猪	150～400	100～150
绵羊	0.5～2.5	1 500～3 000

精清是精液的液体部分，它的主要功能是作为精子的运载介质并对高密度精子起稀释作用，便于射入母畜生殖道；润滑和刺激雌性生殖道，促进精子运行；精清中含有的多种特有的有

机成分(果糖、柠檬酸、山梨醇、甘油磷酰胆碱等)、无机盐和酶,可提供精子能源,增强精子活力,参与渗透压维持,并使射出的精液部分或全部凝固,防止精液从母畜生殖道倒流。因此,精清对精子的生存,活力和受精能力有重要的意义。

三、受精

精子与卵子相遇并结合成为合子的生理过程,成为受精。受精后的卵子也可称为受精卵。受精具有重大的生物学意义,它可将亲本双方的遗传性状在新生命中体现出来,合子一经形成即开始分裂、发育并成为新的个体,因此可把合子看作是新生命的始发点。

(一)受精部位和时间

家畜的受精部位都在输卵管壶腹部。射入母畜生殖道的精子必须及时运行到受精部位才能实现受精。精子的运行除靠精子本身的运动能力外,主要是靠母畜生殖道的蠕动运动。精子从射精部位到达受精部位的时间:马约 24 min,牛 2～12 min,羊几分钟至几小时,猪 15～30 min。而精子在母畜生殖道内保持受精能力的时间:牛 15～56 h,羊 48 h,猪 50 h,马在配种后第 6 天生殖道内仍有活精子。卵子排出后在输卵管中保持受精能力的时间:牛约 8～12 h,马 6～8 h,羊 16～24 h,猪 8～10 h。但这些时间因受卵子品质和输卵管生理状态影响而有差异。由于精子和卵子在母畜生殖道内保持受精能力的时间都较短,因此及时交配或适时进行人工授精在家畜繁殖实践中是十分重要的。

(二)精子与卵在受精前的准备

1. 精子在受精前的准备

大多数家畜的精子均需在母畜生殖道内经历一定时间,发生某些形态和生理生化变化之后,才获得受精能力,这种现象称为精子获能。精子获能先在子宫内进行,而在输卵管中完成。获能所需时间:牛约 2～3 h,羊 1.5 h,猪 3～6 h。经获能的精子才能穿越卵的放射冠和透明带,进入卵与其受精。获能的机理主要是改变或移去包裹在精子表面的一层含有涎酸的糖蛋白膜(或称为去能因子)。精子获能后能耗 O_2 量增加,ATP 酶被激活,活动类型改变,尾部摆动速度和频率增加,精子质膜的流动性和渗透性增加。

精子经获能培养基培养后,也可在体外获能。该培养液中含有输卵管液,滤泡液、血清及肾上腺提取物。清蛋白和儿茶酚胺被认为是这些体液中主要的获能因子。

2. 卵子在受精前的准备

卵子在受精前也有一个与精子获能类似的生理成熟过程。马和狗排出的卵子为初级卵母细胞,须在输卵管中完成第一次成熟分裂;牛、绵羊、猪排出的卵子虽然已经过第一次减数分裂,也需继续发育才达到受精所要求的成熟程度。卵子受精前变化的机理尚不清楚,有实验表明,刚排出的卵子释放抗受精素,对精子起排斥作用使之不能受精,而生殖道液体中含有受精素,使之受精。

(三)受精过程

受精过程包括一系列连续发生的形态和生理生化变化。主要分以下三个步骤:

1. 精子与卵相遇

经获能的精子在输卵管壶腹部与卵子相遇,经过选择性识别迅速引起精子的顶体反应。这一反应表现为从精子顶体中释放出各种顶体酶如放射冠溶解酶、透明质酸酶等,这些酶溶解粘连放射冠细胞的基质，使精子穿过放射冠，到达卵子透明带的外侧，并与其接触。

2.精子进入卵子

到达透明带外侧的精子先与透明带发生非特异性的松散接触，随后发生特异性的较牢固地结合，并借顶体酶的作用穿过透明带进入卵子内部，精子穿过透明带的情况有种间差异，某些动物（如兔子）精子的核膜前部有锥状突起称穿孔器，能分泌透明带溶解酶，使透明带溶解而得以穿过。多数动物的精子无穿孔器而靠顶体反应释放顶体酶和精子的游动通过透明带。

当精子穿过透明带触及卵黄膜时，可激活卵引起卵黄膜收缩，释放出某些物质使透明带变性硬化。重又封闭，阻止随后到达的精子在进入，这一反应称为透明带反应。兔无透明带反应，可有多个精子穿过透明带；大鼠、小鼠和猪透明带反应慢，也常有补充精子进入透明带，但最后都只有一个精子进入卵黄膜与卵子受精。同时，当精子头部与卵黄膜接触时，卵黄紧缩，使卵黄膜增厚，并排出部分液体进入卵黄周围，使卵黄不在允许其他精子通过，这一反应称为卵黄封闭作用，以保证单精子（家畜一般都是单精子受精）。

3.精子与卵子融合成为合子

精子进入卵黄后头部膨大，尾部顶体脱落，核内形成若干核仁，周围生成核膜，形成类似于体细胞核样的组织为雄原核。在雄原核形成的同时，卵子也迅速继续发育，进行第二次成熟分裂，排除第二极体，形成核仁和核膜，成为雌原核。雄原核与雌原核形成后经数小时，体积迅速增大并互相接近，随后核膜破裂，原核和核仁消失，染色体互相混合成为合子。至此，受精过程完成。接着发生第一次卵裂，表明新个体发育的开始。

第三节　妊　娠

妊娠是雌性哺乳动物在卵子受精后为合子发育、胎儿生长和准备分娩所发生的生理过程。期间除生殖器官特别是子宫因胚胎生长发育发生显著形态和机能变化外，整个机体也发生一系列生理变化。

一、妊娠的建立和维持

（一）妊娠的建立

受精卵可产生某些化学因子作为妊娠信号引起母体做出相应的反应，主要表现为母体允许由受精卵发育成的胚泡进行附着而不发生排斥作用，母体的这种反应称为妊娠识别。这时的子宫上皮增厚，分泌增加，为胚泡着床做准备；卵巢中黄体不退化而转变为妊娠黄体，继续合成分泌孕酮。孕酮通过反馈机制抑制下丘脑和垂体释放 GnRH 和 FSH、LH，从而阻止卵泡排卵，使母体发情周期暂时停止。通常认为经妊娠识别之后，母畜就进入妊娠状态。同时受精卵不断分裂，经桑葚期、囊胚期发育成为胚泡，但游离存在于子宫内。随后胚泡滋养层逐渐与子宫内膜发生组织生理联系，使胚泡固着与子宫内膜，称为附植（或着床）。完成附植时间：牛约在受精后 45～75 d，马 90～105 d，猪 20～30 d，绵羊 10～22 d。

附植是在雌激素的协同下，由孕酮起主导作用完成的。此外，胚泡刺激子宫内膜，使子宫内环境发生胚胎发育同步的相应变化，也起重要作用。

（二）妊娠维持

胚泡附植后，由胚泡滋养层与子宫内膜生长嵌合形成胎盘，胚泡靠胎盘提供营养，继续在子宫内生长发育到分娩的过程，称为妊娠维持。胎盘是保证妊娠维持最重要的临时性器官，除对胎儿有营养代谢、呼吸和排泄等功能外，还是总要的内分泌器官。根据形态结构特点，胎盘有四种类型：弥散型的上皮绒毛膜胎盘（马、猪、骆驼等动物），和子叶型的结缔组织绒毛膜胎盘（牛、绵羊、山羊等），带状型的内皮绒毛膜胎盘（犬、猫、熊等）和盘状绒毛膜胎盘（兔、大鼠、小鼠、人等）。

妊娠维持主要受孕酮的调节。各种动物在妊娠前半期孕酮主要来源于妊娠黄体，而妊娠后半期有的动物主要靠妊娠黄体，另一些动物主要靠胎盘。胎盘除分泌孕酮维持妊娠外，还分泌催乳素、促性腺激素、雌激素、松弛素、前列腺素等，这些体液因素对维持妊娠和准备分娩起重要作用。

（三）妊娠期

从卵子受精至正常分娩所经历的时间，为妊娠期。各种家畜的妊娠期长短不同，并可受品种、年龄、营养、季节、温度、胎次和胎儿数目、性别等因素影响而有变化，各种动物的妊娠期见表 10-4。

表 10-4　动物的妊娠期　　d

动物种类	平均妊娠期	变动范围
马	340	307～402
牛	282	240～311
水牛	310	300～327
绵羊、山羊	152	140～169
猪	115	110～140
狗	62	59～65
猫	58	55～60
兔	30	28～33
大鼠	22	20～25

二、妊娠期胚胎的生长发育与营养

（一）胚胎发育的分期

受精卵从直径不到 0.1 mm 的单细胞合子发育成足月胎儿，一般要经历三个连续发展的时期：

1. 胚胎期

又称合子期，合子不断地进行细胞分裂和增值，细胞数目不断增加，但形态则变化很小。这一期持续时间在小实验动物不到 1 周，牛、马约 1 周，其他家畜约 2 周。

2. 胚胎发生期

细胞发生分化形成不同的胚层(内胚层、中胚层和外胚层),并由各胚层分别形成各器官和系统,这一时期在牛约发生在妊娠第 2～6 周。

3. 胎儿生长期

是妊娠期中最长和组后的时期,胎儿重量和体积不断增长,生长速度早期比较缓慢。随后快速生长,至分娩前又缓慢下来,生长曲线呈“S”状。

(二)胚胎营养

在胚芽期细胞分裂和增殖所需的营养物质,由合子自身细胞质的卵黄提供,进入囊胚阶段则靠子宫乳的简单扩散作用来提供。所谓的子宫乳,是指子宫上皮分泌物与子宫腔内的细胞碎屑、淋巴细胞和一些红细胞共同组成的组织营养物质,含有较丰富的蛋白质(马可达 18%,牛 10%)和脂肪(约 1%)等。随着胎盘的形成胚泡逐渐由吞食子宫乳转变成为通过胎盘供给营养,而在胎儿生长期胎儿完全靠胎盘从母体取得营养物质,满足其生长发育需要。由于胎盘对物质转运存在选择性通透性,可允许气体、葡萄糖、氨基酸、水溶性维生素等小分子物质和离子以不同方式通过胎盘,而大分子物质如蛋白质、磷脂、甘油三酯等一般都不能通过,因此胎儿主要靠葡萄糖提供能量和合成糖原、脂肪,靠氨基酸提供氮源合成蛋白质。

三、妊娠期母畜的生理变化

妊娠期中随着胚胎发育,母畜的生殖器官和整个机体发生一系列形态和生理变化,以适应妊娠需要,同时也保持了机体内环境的稳态。

(一)生殖系统变化

卵巢妊娠黄体分泌孕酮抑制新卵泡生长并阻止其成熟和排卵;子宫质量和体积增大,子宫肌活动减弱,黏膜增厚,子宫颈收缩,黏液形成的宫颈塞封闭子宫颈通道;乳腺增大,导管和腺泡发育完全,准备泌乳。

(二)内分泌变化

甲状腺、甲状旁腺、肾上腺和垂体表现妊娠性增大和机能亢进。孕酮在整个妊娠期维持高水平,至分娩前几天才下降。雌激素含量在妊娠中期增加,分娩前几天急剧上升。催产素和肾上腺皮质激素含量也在分娩前上升。母马在妊娠 40 d 左右出现子宫内膜杯,并分泌马绒毛膜促性腺激素,前者转移到血清中则称孕马血清促性腺激素,其含量随内膜杯的发育和消退分别在妊娠 70 d 左右达高峰,170 d 左右消失。

(三)消化代谢变化

妊娠期间为适应胚胎生长发育需要,母畜同化代谢增强,表现为食欲增加,对饲料和消化的吸收功能增强,前半期一般表现营养改善,被毛光亮,体重增加,到后期则由于胎儿快速生长而母体本身反见消瘦。

(四)其他变化

随妊娠期发展可见心脏代偿性肥大,呼吸变快变浅,呈胸式呼吸,血容量增加,血凝和血沉加快,碱储减少;排尿次数增加,尿中出现蛋白质等。

第四节 分　　娩

发育成熟的胎儿和胎衣通过母畜生殖道产出的生理过程称为分娩。分娩前母畜有一系列形态、生理和行为变化，以适应产出胎儿和哺育仔畜的需要。这些变化包括外阴部红肿、滑润、分泌物稀薄；子宫颈肿胀、松软、黏液塞软化、流失；骨盆韧带松弛；乳腺肿大、充实、开始分泌初乳；母畜食欲减少，行为谨慎，喜好僻静，有的动物还有衔草作窝现象等。

一、分娩过程

分娩主要靠子宫肌肉强烈的节律性收缩即阵缩而完成，一般可分三个时期，即开口期、胎儿排出期和胎衣排出期。

开口期　子宫平滑肌开始出现阵缩至子宫颈开放。起初阵缩的频率较低，收缩的时间较短而间歇时间较长，以后阵缩的频率逐渐增加，收缩时间延长，间歇时间缩短，将胎儿和胎膜挤入子宫颈，迫使子宫颈开放，部分胎膜通过子宫颈突入阴道并因受强烈压迫而破裂，胎水经裂孔排出，胎儿前部顺着液流进入骨盆腔。

胎儿排出期　从子宫颈口开放至胎儿产出。子宫阵缩更加强烈，频繁而持久；同时出现努责现象，即腹肌和膈肌也发生强烈收缩，使腹肌也发生强烈收缩，使腹内压显著升高，这是迫使胎儿从子宫经阴道排出体外的主要动力。

胎衣排出期　从胎儿排出至胎衣排出。胎儿排出后经一段时间，子宫阵缩又开始，这时的特点是收缩期短，间歇期长，收缩力较弱，使胎衣（胎膜和胎盘）从子宫中排出。各种家畜胎衣排出的时间不同，狗、猫等肉食动物胎衣可随胎儿同时排出；猪在全部胎儿产出后即很快排出胎衣；马胎衣较易脱落，一般不超过 1 h；牛胎衣不易脱落，排出较慢，一般也不超过 12 h。

二、分娩机制

分娩机制至今仍不十分清楚，一般认为是神经、激素、机械性刺激和免疫学等多方面因素共同协调作用而完成的（图 10-4）。对羊和牛的研究证明，胎儿的下丘脑垂体肾上腺轴在启动分娩中起决定性作用。当胎儿发育完全是下丘脑释放 CRH 引起垂体分泌 ACTH，促使胎儿肾上腺皮质分泌大量皮质激素，继而引起胎盘分泌大量雌激素和前列腺素（PG），PG 可刺激子宫收缩，并且有溶黄体作用，使血中孕酮浓度下降，于是子宫肌在妊娠期受孕酮的抑制作用被解除，同时又收到雌激素的刺激而发生收缩，使子宫内压显著升高。这时胎儿和胎膜对子宫颈的机械刺激也增大，反射地引起母体神经垂体释放催产素，刺激子宫平滑肌收缩，而胎盘和黄体释放的松弛素则使骨盆韧带和耻骨联合松弛，产道加宽，子宫颈口扩张，有助于分娩和胎儿的产出。切除胎儿垂体，或割断垂体柄，破坏下丘脑与垂体的联系，或者切除两侧肾上腺，将导致分娩的时间推迟；反之，给胎儿注射 ACTH 或肾上腺皮质激素，可使分娩提前。

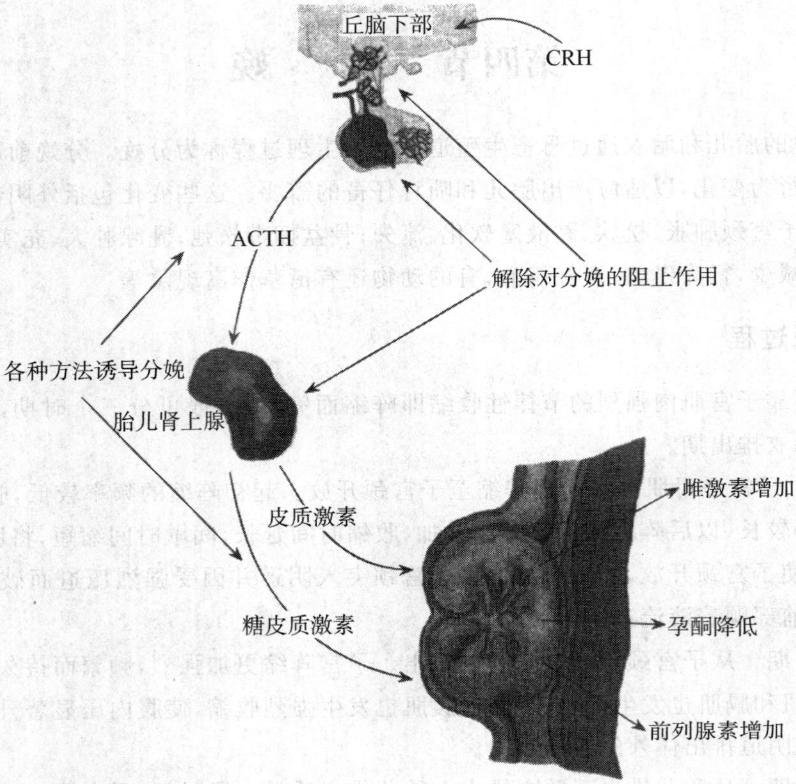

图 10-4　分娩启动机理示意图(引自赵兴绪,2009)

近年来研究证明外周神经机制在分娩过程中也发挥重要作用,子宫肌肉中的交感神经纤维能增强子宫肌对催产素的敏感性,当胎儿头部压迫子宫颈时,刺激壁内的感受器通过荐部脊髓可反射地引起子宫收缩。

大脑皮层对分娩活动的调节作用在人类十分明显,动物也有类似的现象。

第五节　泌　　乳

哺乳动物刚出生,消化能力很弱,不能利用一般的饲料而生活,必须依靠母体的乳汁生存。乳中有丰富的蛋白质、矿物质和维生素,而且易于消化吸收,所以母乳是幼年动物理想的食物。乳是由乳腺分泌的,乳的分泌(milk secretion)和乳的排出(milk ejection)是两种独立而互相制约的过程。正常时,乳腺在初次妊娠过程中达到完全发育的状态,分娩后开始分泌乳汁。母畜每次分娩后持续分泌乳汁的时期,称为泌乳期。从乳腺停止泌乳到下次分泌为止的一段时期,称为干乳期。

一、乳腺的发育及其调节

乳腺由皮脂腺体衍生而来,与生殖器官十分密切,常被认为是生殖系统的组成部分。虽然所有的哺乳动物都有乳腺，但只有雌性的乳腺才能充分发育具备泌乳（lactation）能力。各种动物乳腺的数量和位置有明显的差别，有的有一对乳腺（羊）位于胸部或腹股沟部，有的有多对乳腺位于腹白线两侧（猪）。

（一）乳腺的发育

1. 乳腺结构

乳房主要有两种组织，一种是由乳腺腺泡和导管构成的腺体组织或叫实质；另一种是由结缔组织和脂肪组织构成的间质，起保护和支持腺体组织的作用。腺泡是分泌乳汁的部分，由分泌上皮构成。腺泡的数目决定着乳腺泌乳能力，腺泡越多，泌乳能力越强。每个腺泡与一个细小的终末乳导管相连接。细小乳导管，逐级互相汇合形成中等的乳导管和较大的乳导管，最后联合成 8～12 条大乳导管，开口于乳腺基部的乳腺池（glang cisterns），然后在进入乳头池（teat cisterns），它们是贮存乳汁的地方。乳头池经乳头管顶部向外界开口（图 10-5、图 10-6）。乳腺腺泡和细小乳导管外层都有一层肌上皮细胞围绕，并互相连接成网状，当这些细胞收缩时可使腺泡中蓄积的乳汁排出。较大的乳导管和乳池周围有平滑肌围绕，收缩时参与乳的排出过程。围绕乳头部的平滑肌排列成环形，形成乳头管括约肌，使乳头管在不排乳时保持闭锁状态。

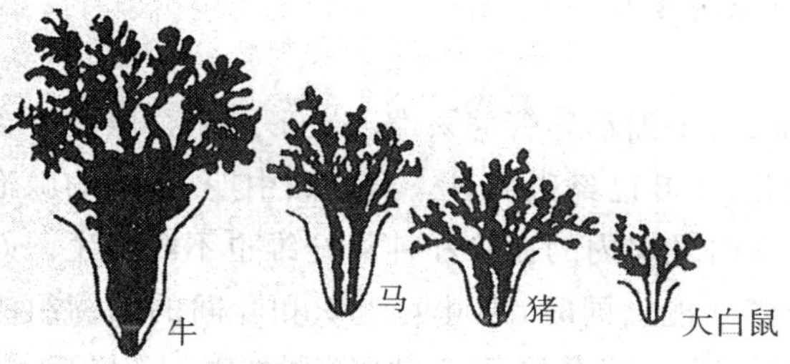

图 10-5　家畜乳腺的容纳系统模式图（引自李庆章，2009）

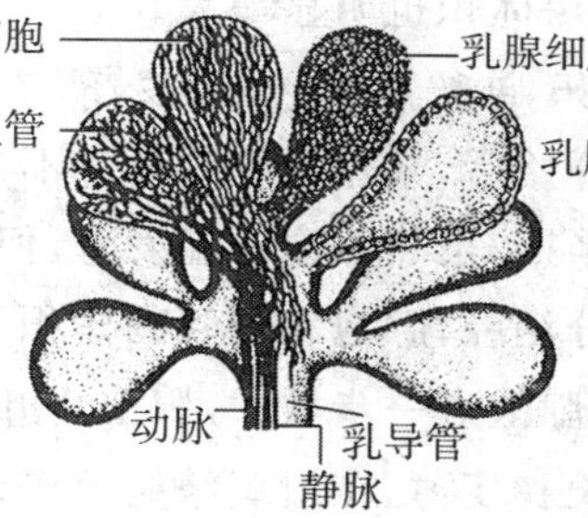

图 10-6　乳房结构（引自李庆章，2009）

乳腺有很丰富的血液供应。每一个腺泡都被稠密的毛细血管网包围。乳腺中的静脉系统比动脉系统发达很多，总横断面比动脉大很多倍。所以血液很缓慢地流过乳腺，为腺泡生成乳汁提供丰富的营养物质和氧。另外，乳腺还有丰富的淋巴系统。

乳腺中有丰富的传入和传出神经。传入神经主要为感觉神经，来自第一、第二腰神经的腹支腹股沟神经和会阴神经。这些神经在各腺泡间形成稠密神经网状。猪、犬等的乳腺还接受肋间神经和胸外神经等的支配。乳腺的传出神经来自交感神经系统。乳腺内的平滑肌对肾上腺素和去甲肾上腺素都极其敏感。刺激交感神经使乳腺内的血液循环显著减少，泌乳量也相对下降。这是泌乳母牛受到惊扰时泌乳量明显下降的主要原因。但乳腺的腺泡上皮及其周围的肌上皮不受神经支配。

乳腺各部分有丰富的内，外感受器。感受机械、化学、温度、压力的刺激，对泌乳的反射性调节起重要的作用。

2. 乳腺的生长发育

出生后至初情期之前，乳腺只有很小的乳腺池和极不发达的导管系统（图 10-7）。但纤维结缔组织和脂肪组织发育良好，并且有类似成熟乳腺那样的分叶结构。这时，犊牛乳腺的生长速度与身体的生长大致相等，乳房增大主要是由纤维结缔组织和脂肪组织增生，腺组织只有导管稍微生长。

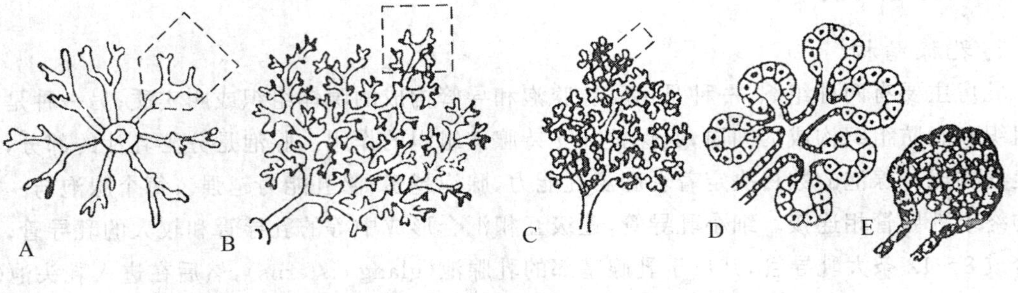

图 10-7　乳房生长发育的步骤(引自赵兴绪，2002)

母畜达到性成熟后，乳腺在发育周期中经历生长发育的周期性变化。在每次发情周期的卵泡期，乳腺导管系统迅速生长，并在黄体期开始形成少量发育不全的腺泡。在间情期，乳腺生长停止，导致系统稍微缩小。在一次又一次重复的发情周期中，导管逐渐形成分支复杂的导管系统，乳房体积也明显增大。但一般不形成真正的腺泡。

3. 妊娠期乳腺的生长发育

妊娠开始后，导管系统的发育不再显著增加，每个细小导管的末端膨大形成一个腺泡。在妊娠的前半期，虽然腺泡已经发育，但缺乏腺泡腔，小叶已经很明显。到妊娠中期，坚实的腺泡逐渐出现分泌腔，腺泡和导管的体积不断增大，同时乳房内的血管和神经纤维也不断增生。妊娠的后期，腺泡进一步增大，腺上皮开始具备分泌功能。同时，小叶间组织和叶间的结缔组织隔膜都生长和变薄，在组织结构上接近于泌乳的乳房。临分娩前，腺泡分泌初乳。分娩后，乳腺开始初次泌乳活动。

4. 乳腺的回缩(involution)

通常是在泌乳后期出现逐渐性过程。在泌乳早期终止哺乳或停止挤乳也可引起乳腺快速回缩。

乳腺的逐渐性回缩是指当分泌活动从高峰明显下降时，乳腺就开始轻度回缩。在泌乳后期和干乳前，乳腺中已经有大部分腺小叶丧失正常功能。腺上皮退化时，细胞内的大部分胞浆被大的脂肪泡取代。细胞核开始膨胀变性，最后通过细胞自溶方式完全崩溃。在此同时，乳腺中出现大量巨噬细胞浸润，移除细胞崩解后的碎片。引起乳腺快速回缩，最初是乳汁不能外排，积聚在腺泡腔和导管系统内，由此产生的压力使腺上皮的分泌活动停止；然后滞留的乳汁被逐渐吸收，腺泡萎缩，最后崩解。

乳腺回缩具有重要的生理意义，畜牧业实践证明，为了使乳牛在一个泌乳期获得高产，必须在每一次泌乳期后有一个干乳期。在干乳期中，乳牛的腺组织能最大限度地重新形成，体内的脂肪储备也较好地得到补充。乳腺的改建进程在年龄较大的母畜中进行得比较迅速；而年轻乳牛常需要较长的改建时间。年龄较大母牛的干乳期平均 40～60 d；而年轻母牛的干乳期常需 70 d 以上。乳牛一般在第 6～8 个泌乳期中，乳腺的发育达到最大程度，泌乳量也达到最高峰。以后随着年龄增大，每次乳腺改建的程度逐渐减退，泌乳量也逐年降低。

(二)乳腺发育的调节

乳腺的生长发育主要受到激素的控制，神经系统也在一定程度上参与乳腺生长发育的调节(图 10-8)。

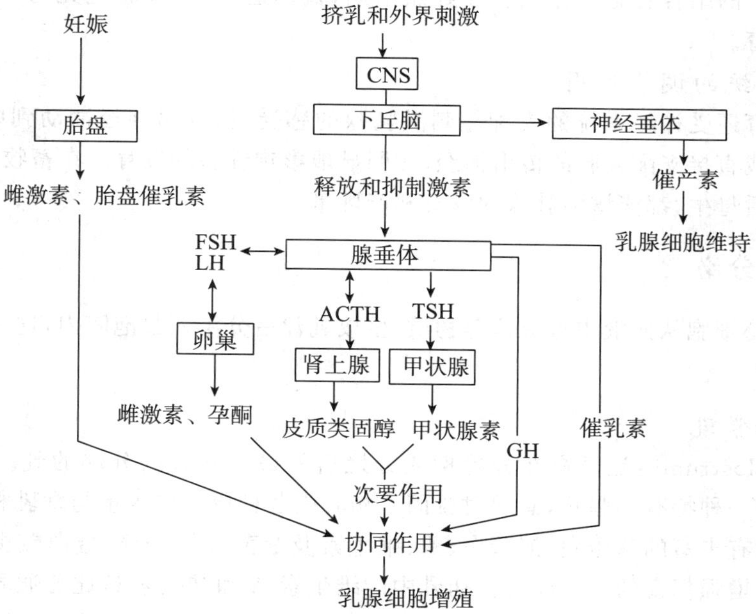

图 10-8 影响乳腺细胞增殖的因素(引自杨利国,2008)

CNS:中枢神经系统 FSH:促卵泡素 LH:促黄体素

ACTH:促肾上腺皮质激素 TSH:促甲状腺素 GH:生长激素

1. 激素的调节作用

①卵巢激素的调节作用:卵巢分泌的雌激素和孕酮是乳腺生长发育到具有正常功能状态必需的激素。单独给予雌激素通常只引起导管系统的生长发育，而同时给予雌激素和孕酮则引起腺泡小叶生长。实验还发现，不同动物的乳腺对卵巢激素的反应有明显的种间差别。例如:单独给予雌激素只能引起猫、大鼠、小鼠、兔乳腺的导管系统发育。但在山羊、绵羊、豚鼠和猴中，可使乳腺皮质能分泌一定数量的孕酮。但这样生长起来的腺泡大都是呈畸形增大，有时甚至形成囊泡，一般没有正常功能。雌激素对母牛的乳腺发育和诱发泌乳在一定程度上与山羊类似。要引起不同动物的乳腺生长发育，雌激素和孕酮的绝对浓度和两者的比例都有重要影响，而且有明显的种间差异。据报道，按 1∶1 000 的雌激素和孕激素给乳牛注射，能使其乳腺获得良好发育。孕酮的需要量通常显著高于雌激素的需要量。

②腺垂体激素的调节作用:在所有已研究过的哺乳类中，切除垂体后给予雌激素和孕酮，都不能刺激乳腺生长发育。对大鼠乳腺发育的激素调控研究确定:除卵巢激素外，至少有 5 种腺垂体激素参与乳腺生长发育的调节。它们是卵泡雌激素(FSH)、黄体生成素(LH)、生长素(GH)、促肾上腺皮质激素(ACTH)和催乳素(PRL)，其中生长素和催乳素对乳腺生长发育与卵巢激素之间起重要的协同作用;FSH 和 LH 主要通过控制卵巢激素的分泌而起调节作用;

ACTH 则通过控制糖皮质激素的分泌而起作用。

③其他激素的调节作用：胎盘在妊娠后期已经证明对乳腺的生长发育有重要作用。其中除胎盘分泌的雌激素和孕酮起促进作用外，大鼠和灵长类的胎盘能分泌特殊的胎盘催乳素。人的胎盘催乳素(HPL)在妊娠期间能作用于两个靶器官，即卵巢中的黄体和乳腺；而且 HPL 与这两个靶器官的结合有竞争作用。在妊娠末期，黄体退化，乳腺就优先与 HPL 结合，使乳腺加速生长发育。

2. 神经系统的调节作用

乳腺的发育还受神经系统的支配。刺激乳腺的感受器，发出神经冲动到中枢，通过下丘脑—垂体系统或直接支配乳腺的传出神经，能明显地影响乳腺的发育。在畜牧业生产中，按摩怀孕母牛和产后母牛，都能增强乳腺的发育和产乳量。

三、乳的分泌

乳腺的分泌细胞从血液中摄取营养物质，生成乳汁后分泌入腺泡腔内，这一过程叫泌乳。

(一)乳汁

1. 初乳和常乳

①初乳(colostrum)：是母畜在分娩期或分娩后的最初几天内分泌的乳。初乳色黄而浓稠，稍有咸味和一种特有的腥味，煮沸时凝固。初乳内各种成分的含量与常乳相差悬殊。干物质含量很高，含有丰富的球蛋白、清蛋白、酶、维生素及溶菌素等，但酪蛋白较少。其中蛋白质能直接被吸收，增强仔畜的抗病能力。初乳中的维生素 A 和维生素 C 比普通乳高 10 倍；维生素 D 比普通乳高 3 倍。初乳中含有较高的无机质，特别富含镁盐。镁盐有缓泄作用，能促使仔畜排除胎粪和促进消化道蠕动，因而有利于仔畜的消化活动。

在分娩后最初 1～2 d 内，初乳成分接近于母畜的血浆。以后，初乳成分几乎逐日都有明显变化，蛋白质和无机质含量逐日减少，酪蛋白比例逐日上升，乳糖含量逐日增加。经过 6～15 d 的时间转变成普通乳汁。乳汁成分的这种变化，对于新生仔畜有重要生理意义，能使新生仔畜逐步适应于胎儿出生后营养方式的转变。根据初乳的这种特点和新生仔畜的特殊需要，可以认为初乳是新生仔畜必不可少和不可代替的食物。

②常乳：初乳期过后，乳腺所分泌的乳汁称为常乳。所有的哺乳动物的常乳都含有水分、脂类、蛋白质、糖、无机质、维生素和酶等成分。其中糖和无机质溶解与水中呈超显微分散状，组成胶体溶液；脂类则以脂肪球的形式悬浮于乳汁中，成为悬浊液。不同动物乳的成分有明显的种间差别(表 10-5)。在同种动物中，品种、饲料、季节、年龄、气候、泌乳期、个体特征等，都对乳的成分发生不同程度的影响(表 10-6、表 10-7)。

脂类：乳中的脂肪在常温下呈液体，以球体的形式相互集合，均匀地浮游于乳中而呈乳胶状态。乳脂中 90％的是油酸、软脂酸和其他低分子脂肪酸的甘油三酯，其余大部分是磷脂和微量胆固醇及其他脂类。

蛋白质：牛乳中蛋白质总量为 3.4％左右，其中 2.8％是酪蛋白，0.6％是乳清蛋白。乳中的酶很多，主要有过氧化氢酶、过氧化物酶、脱氢酶、水解酶等。

糖类：绝大多数动物乳中的糖类是乳糖，且具有较高的浓度，是维持乳正常渗透压的主要溶质。乳糖能被乳酸菌分解生成乳酸，也可被某些微生物分解产生乙醚。

无机质：乳中几乎含有全部必需元素。乳中钙、磷、钾、镁和碘的含量常高于血液；而钠、氯、碳酸氢盐等的浓度则低于血液。乳中还含有许多微量元素，浓度常在 10 μmoL·L^{-1} 以下。乳中铁和铜的含量常不能满足幼畜哺乳期的需要。例如，仔猪在集约化饲养时，常易发生缺铁性贫血，一般必须在饲料中补充铁盐。

维生素：乳中的脂溶性维生素 A、维生素 D、维生素 E 来源于饲料。维生素 K 主要依靠肠道微生物合成。大多数哺乳类(除人和豚鼠外)都能合成维生素 C。从植物饲料可获得色素(胡萝卜、叶黄素)；从血液中可获得抗毒素和药物。

表 10-5　不同动物乳的成分

动物种类	脂肪(mmol·L^{-1})	蛋白质(g·L^{-1})	乳糖(mmoL·L^{-1})	灰分(g·L^{-})
驴	14.7	18	181.0	4
北极熊	350.0	102	14.6	12
中国水牛	142.0	60	108.0	9
骆驼	47.8	35	140.2	7
猫	80.0	101	122.6	5
荷兰牛	39.6	31	143.1	7
更赛牛	55.7	38	143.1	7
鹿	222.6	104	75.9	14
犬	107.0	93	90.5	12
海豚	469.0	109	32.1	7
猪	89.0	59	143.1	9
灰海豹	601.0	112	75.9	7
象	187.6	42	148.9	7
山羊	39.6	31	134.8	8
豚鼠	44.1	81	87.6	8
马	18.1	24	178.1	5
人	48.6	14	201.5	2
猴	44.1	21	172.3	3
小鼠	136.7	90	93.4	15
兔	137.9	104	52.6	20
大鼠	147	97	93.4	14
绵羊	117.5	68	108	9
鲸	375.2	122	40.9	14
牦牛	79.1	52	134.3	—

表 10-6　牦牛和奶牛的主要乳成分比较

	样品	蛋白质	脂肪	干物质	乳糖	EAA/TAA	矿物质	灰分	备注
常量营养素比较(%)	天祝白牦牛乳	6.53	5.64	18.38	5.31	40.25	0.87	0.77	余群力等 2005
	黑白花牛乳	3.26	3.22	12.33	5.23	39.03	0.62		
	四川麦洼牦牛乳	3.51	5.80	14.35	3.90	46.36		0.58	Qinghai Sheng 等 2008
	甘南玛曲牦牛乳	5.67	6.73	18.42	4.87				Xi Bin 等 2010
	青海天峻牦牛乳	5.82	7.04	13.54	4.40				
	吉尔吉斯牦牛乳	5.32	6.50	17.35	4.62			0.87	张容昶等
	犏牛乳	4.01	5.60	15.85	5.29			0.95	
	九龙牦牛乳	4.90	6.91	17.52	4.72			0.82	钟光辉等 1996
	尼泊尔牦牛乳	5.40	6.50	17.40	4.60			0.90	
	印度牦牛乳	5.94	6.45	17.93	4.68			0.87	

	样品	K	Ca	Na	P	Fe	Zn	Mg	Mn	Cu	备注
矿物质元素分析(mg/100 g)	天祝白牦牛乳		135.94		100.20	0.37	0.43	17.27	0.03		余群力等 2005
	黑白花牛乳		124.52		98.71	0.33	0.42	16.72	0.03		
	印度牦牛乳	82.464	118.681	20.718				11.936			Qinghai Sheng 等 2008
	四川麦洼牦牛乳	106.61	114.94	27.68		0.15	0.68	10.53	8.15	15.37	

表 10-7　四川红原县牦牛、犏牛、杂牛挤乳量、含脂率测定

牛别	胎次	头数	项目	6月	7月	8月	9月	10月	11月	合计
牦牛	1～5	136	挤乳量(kg)	40.4	40.6	37.3	27.0	20.0	11.0	176.5
			占总量(%)	22.9	23.0	21.1	15.3	11.6	6.2	100.0
			含脂率(%)	—	5.62	6.60	6.45	7.55	7.83	6.77
犏牛	1～5	125	挤乳量(kg)	64.7	61.3	43.1	29.5	17.9	11.0	227.5
			占总量(%)	28.4	26.9	19.0	13.0	7.9	4.8	100.0
			含脂率(%)	—	5.05	5.36	5.82	6.84	6.55	5.90
杂牛	—	107	挤乳量(kg)	48.5	40.9	40.9	29.5	19.4	6.7	185.9
			占总量(%)	26.1	22.0	22.0	15.9	10.4	3.6	100.0
			含脂率(%)	—	5.96	6.03	5.96	7.01	7.60	6.60

2. 乳的生成

乳的生成是极其强烈的代谢活动。在乳生成过程中，不但乳腺内部进行了剧烈的代谢活动。母畜的消化、呼吸、循环、内分泌等活动也明显增加。乳的生成是在乳腺腺泡上皮和终末乳导管的分泌上皮内进行。乳生成不是单纯的物质积聚，而是包括一系列物质基础合成和复杂的选择性吸收过程(图 10-9)。

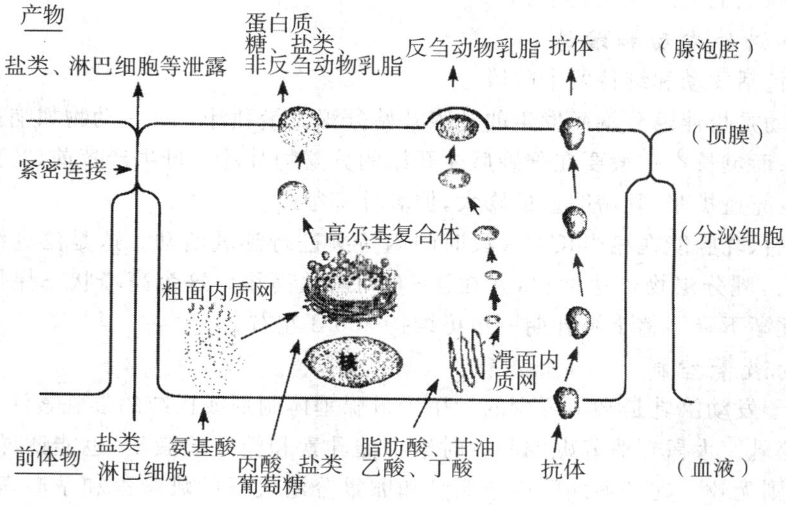

图 10-9 乳的分泌过程（引自李庆章，2009）

①乳脂的合成：乳脂几乎完全呈甘油三酯状态，组成甘油三酯的脂肪酸是 C4-C18 饱和脂肪酸以及不饱和脂肪酸-油酸。在乳腺分泌物上皮细胞的颗粒性粗面内质网中形成脂肪小球，当脂肪小球从细胞内挤出时，主要由质蜡包围脂肪小球形成薄膜（图 10-10）。反刍兽乳脂中的全部短链脂肪酸（碳原子 4～14）和 50％左右的十六碳脂肪酸，由乳腺利用乙酸和 β-羟丁酸合成。另外，50％的十六酸和长链脂肪则直接利用血浆中的甘油三酯。

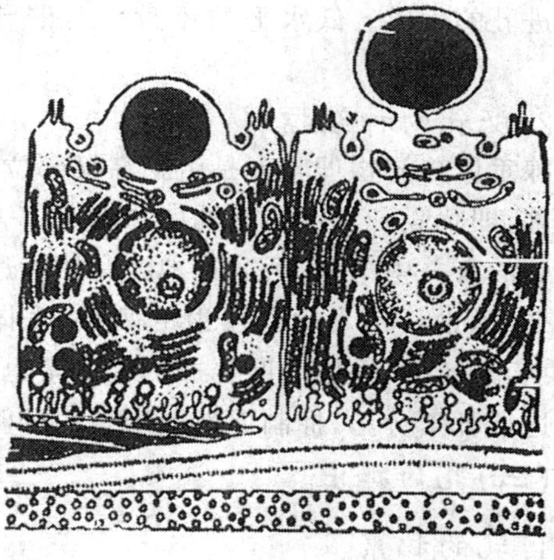

图 10-10 乳腺分泌细胞的超微结构模式图

（引自李庆章，2009）

②乳糖的合成：合成乳糖所需的原料半乳糖和葡萄糖都来源于血液葡萄糖。在乳糖合成酶的催化下，一部分葡萄糖在乳腺内先转变半乳糖，然后结合生成乳糖，葡萄糖转变成 UDP-半乳糖的过程中在机体的多种细胞内部可进行，但 UDP-半乳糖与葡萄糖结合生成乳糖的过程只能在乳腺分泌上皮内进行。反刍兽瘤胃发酵所产生的挥发性脂肪酸中的丙酸易被用于合成乳糖。

乳蛋的合成：酪蛋白、β-乳球蛋白和 α-乳清蛋白，都是由乳腺分泌细胞合成的特殊乳蛋白。合成这些蛋白质的原料是血液中的游离氨基酸。其中必需氨基酸除一部分来自血浆外，另一部分可由乳腺合成。

③免疫球蛋白质的合成和分泌：在整个泌乳期中，乳中免疫球蛋白含量有大幅度的变化。反刍兽的初乳中的免疫力球蛋白是 IgG 或 IgG_2，它们都来源于血液，由腺泡上皮选择性地转运进乳中，人和家兔初乳中的免疫球蛋白主要是 IgA，这类球蛋白质并不是来源于血液，而是由淋巴细胞-浆细胞在腺体附近合成。免疫球蛋白和其他血浆蛋白可能是以“转动泡”的形式

从组织液穿过腺泡上皮进入到乳中。

(二)乳分泌的发动和维持

乳分泌的包括发动和维持两个阶段。

泌乳的发动是指伴随分娩而发生的乳腺开始分泌大量乳汁。一些动物如啮齿类在临产前开始分泌乳汁；而灵长类一般要在分娩后才开始的分泌物乳汁。母牛产犊前，乳房中积聚大量组织液，血管也充血扩张，乳房明显的膨大，但乳汁却很少。

泌乳发动后，乳腺能在相当长的一段时间内持续进行泌乳活动。这是泌乳维持阶段。例如，母牛产犊后，乳分泌物迅速增加，并在 4～6 周内达高峰。这个高峰状态保持联系几个月后，泌乳量又逐渐下降。整个泌乳期一般可维持 300 d 左右。

1. 泌乳的激素控制

腺垂体对于发动泌乳是必不可少的。用少量腺垂体制剂或提纯的催乳素注入以育的兔乳腺内，能诱导泌乳。大鼠在假妊娠期间同时给予催乳素和糖皮质激素，也能诱导泌乳液；但单独给予催乳素则无效。在妊娠期间由于胎盘和卵巢分泌大量的雌激素和孕激素，对下丘脑和腺垂体起到反馈抑制作用，腺垂体不分泌催乳素；而分娩前后孕激素、雌激素水平明显下降，并维持在一个较低的水平的上，从而解除了它们的负反馈抑制性作用，引起催乳素迅速释放，强烈促进乳的生成。低水平的雌激素对催乳素分泌物有促进作用，当大剂量使用时则起抑制作用。

2. 泌乳的神经控制

腺垂体分泌物催乳素是由脑高级部位参与的反射活动。引起这种反射的有效刺激是哺乳和挤乳，即吮吸乳头或按摩乳房和乳头。一般认为乳房感受器发出的冲动传到脑部后，能兴奋下丘脑的有关中枢，然后通过神经和体液途径，使腺垂体释放催乳素，促进泌乳。如果不哺乳或不挤乳，由于缺乏吮乳反射的刺激，垂体前叶释放的催乳素、促甲状腺素、促肾上腺皮质激素、生长素减少，垂体后叶释放的催产素也减少，从而抑制泌乳和排乳。吮吸刺激还能反射性地促进催乳素分泌，抑制促性腺激素的分泌，使许多动物在哺乳期不发情。

(三)乳的排出

1. 乳的积累

在仔畜吮乳或挤乳之前，乳腺上皮细胞生成的乳汁连续地分泌物到腺泡腔内，当乳汁逐渐在乳导管和乳池中积聚时，乳的压力刺激腺体内的压力感受器，反射性地使管壁平滑肌的紧张性降低。所以，在腺泡、导管系统和乳池的充满程度没有达到一定水平前，乳的积聚并不引起乳腺内压力明显升高。乳腺的全部腺泡腔、导管、乳池构成了蓄积乳汁的容量系统。在母牛乳房中，乳池内的乳约为总量的 20%～30%，导管系统内的乳约占总乳量的 15%～40%，而腺泡乳占总乳量的 20%～60%。

当乳房内的容纳系统被乳充盈到一定限度时，乳汁继续积聚将使容纳系统被动扩张，压力迅速增大。这种压力将压迫乳腺中的毛细血管和淋巴管，使它们的收缩或关闭，以致阻碍乳腺血液循环，使乳生成物的速度显著减慢。乳房内乳汁积聚的程度不同不但影响生成的速度，而且影响乳的成分。在挤乳后的最初 3～4 h 内，乳生成物最旺盛，以后就逐渐减弱。乳脂、乳糖和乳蛋白的合成也有类似的波动。及时排号乳是保证乳腺中的乳生成物经常维持较高速度的必要条件。母牛尿中出现乳糖通过肾脏随尿排出。

2. 排乳反射

当哺乳或挤乳时，引起乳的腺泡和乳导管系统内紧张的度改变，使贮积其内的乳汁迅速地流向乳池，这一过程叫排乳(milk excretion)。哺乳期或挤乳时首先排出的是乳池中的乳，此时乳池和大导管周围的平滑肌强烈收缩，乳池内压力迅速地升高，乳头括约肌开放，同时也靠乳汁自身的重力而排出。随后，腺泡和细小乳导管的肌上皮收缩的，使腺泡中的乳流进导管系统，这叫射乳(reflex milk)。所以，乳汁是在正压作用下主动排放的。

乳牛的乳池约占乳量的 30%，反射约占乳量的 70%。乳池大小与排乳反射时间长短有关。我国的黄牛和水牛乳池乳很少，甚至没有乳池乳。乳牛挤乳或哺乳刺激乳房不到 1 min 的时间就可以引起排乳反射。猪的乳池不发达，但猪的排乳反射需要较长时间，仔猪用鼻突冲撞乳头需 2～5 min 后排乳才开始，并持续 1～3 min，使仔猪获得乳汁，然后排乳突然停止。母猪排乳的突然间开始和突然停止，主要是因为没有乳池，几乎全部乳汁都集在腺泡腔中。

3. 排乳的调节

排乳是有高级神经中枢、下丘脑和垂体参加活动的复杂反射活动(图 10-11)。

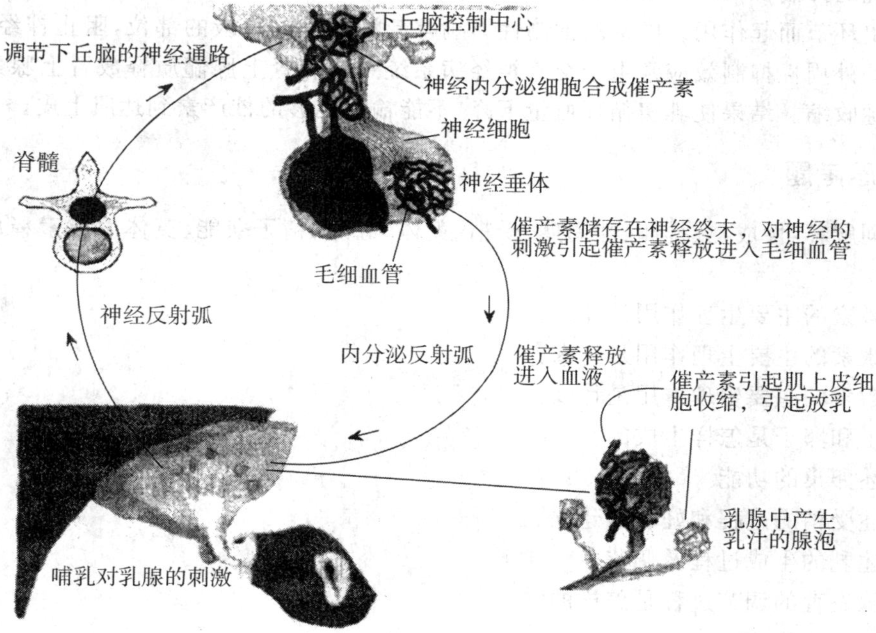

图 10-11　排乳的调控(引自赵兴绪，2009)

①神经调节：挤压和吮吸乳头时对乳房内外感受器的刺激，是引起排乳反射的主要非条件刺激。外界环境的各种刺激经常通过学习视觉、听觉、嗅觉、触觉等形成大量促进或抑制排乳的条件反射。吸吮或按摩乳房和乳头，可反射性引起中枢神经的孤束核分泌催产素(oxytoxin)。后者促进腺泡腔上皮细胞和乳腺导管平滑肌的收缩，将乳汁排出。乳汁是在正压下主动排出，不是幼畜吸吮头造成的负压的结果。

实验证明，只有乳房中与中枢神经系统保持正常的情况下，排乳反射才能出现。切断乳腺的神经支配、麻醉动物或者破坏下丘脑视上核都使排乳反射消失。

②体液调节：体液途径主要是通过神经垂体释放催产素。催产素在血液中以游离形式运

输，到达乳腺后迅速从毛细血管中扩散，作用于腺泡和终末乳导管周围的肌上皮，使它收缩。抗利尿激素也有一定的排乳作用，但效果比催产素低5～6倍，所以向颈动脉灌注高渗盐水时不但激发抗利尿激素，还伴随有排乳。

研究表明，排乳至少包括两个先后出现的反射。撞乳或吮吸乳头，大约经过5 s的潜伏期后，就出现在第一个反射，表现为乳池和大导管周围的平滑肌强烈收缩，使乳池和大导管乳开始排出。这是单纯的神经性阶段反射。冲动经交感神经传出，20～25 s后，出现第二个反射。这时腺泡和细小乳导管周围的肌上皮收缩，排出腺泡乳。这是以催产素为媒介的神经体液性反射。由于大多数动物的乳汁主要积聚在腺泡腔中，所以神经体液途径所引起的第二个反射有更重要的作用。

在非条件下排乳反射的基础上可以形成大量条件下反射。撞乳的地点、时间、各种挤乳设备、挤乳操作、挤乳员等，都能成为条件下刺激的形成条件而形成条件性排乳反射。这些条件反射对于排乳活动有显著的影响。在正确的饲养管理制度下，可形成一系列有利于排乳的条件反射。充分利用这些条件反射对于排乳活动有显著的影响。

③排乳的抑制：疼痛、不安、恐惧和其他情绪性纷乱常抑制动物排乳。抑制可通过反射中枢或者传出环节而起作用。中枢的抑制性影响常起源于脑的高级的部位，阻止神经垂体脑释放催产素。外周性抑制效应常由于交感神经病系统兴奋和肾上腺髓质释放肾上腺素，导致乳房内小动脉收缩。结果使乳房循环血量下降，不能输送足够的催产素到达肌上皮。

本章思考题

1. 名词解释：性成熟、排卵、性周期、受精、黄体、妊娠、精子获能、黄体生成素释放激素、初乳、常乳。
2. 雄激素的主要生理作用是什么？
3. 雌激素的主要生理作用是什么？
4. 孕激素的主要生理作用是什么？
5. 精子和卵子是怎样生成的？
6. 试述卵巢的功能。
7. 简述受精的过程和妊娠的建立。
8. 简述乳的生成过程及调节。
9. 乳腺发育的调节过程是怎样的？

国家执业兽医资格考试本章相关内容真题示例

45. 动物分泌雄激素的主要器官是　（　　）

A. 睾丸　B. 附睾　C. 输精管　D. 精囊腺　E. 前列腺

注：2009年全国执业兽医资格考试（基础科目）A1型题第45题，题号未变动。

本章参考文献

[1]杨增明，孙青原，夏国良．生殖生物学．北京：科学出版社，2005.
[2]杨利国．动物繁殖学．北京：中国农业出版社，2008.
[3]赵兴绪．兽医产科学．4版．北京：中国农业出版社，2009.

[4]王建辰，章孝荣. 动物生殖调控. 合肥：安徽科学技术出版社，1998.

[5]南京农业大学. 家畜生理学. 北京：中国农业出版社，1996.

[6]杨秀平. 动物生理学. 北京：高等教育出版社，2002.

[7]王建辰. 家畜生殖内分泌学. 北京：中国农业出版社，1993.

[8]欧阳五庆. 动物生理学. 北京：科学出版社，2006.

[9]李庆章. 乳腺发育与泌乳生物学. 北京：科学出版社，2009.

[10]赵兴绪. 兽医产科学. 3 版. 北京：中国农业出版社，2002.

[11]张容昶. 中国的牦牛. 兰州：甘肃科技出版社，1989.

[12]余群力，韩玲，蒋玉梅，等. 白牦牛乳营养成分及风味物质分析. 营养学报，2005，27(4)：333-335.

[13]郑王才，胡小成，钟光辉等. 不同泌乳阶段牦牛乳中几种矿物质的含量. 中国草食动物，2001，3(2)：8-10.

[14]Xi B. Comparative Analysis of Nutrient Components of Yak Milk from Different Regions. Animal Husbandry and Feed Science，2010，2(6-7)：26-27，48.

[15]钟光辉，宇向东，刘成烈，等. 九龙牦牛乳的主要成分测定. 四川草原，1996，4：45-47

[16]张容昶，段李成，陈宇知，等. 天祝白牦牛乳的主要成分测定. 中国牦牛，1986，2.

[17]Sheng Q. Gross composition and nutrient profiles of Chinese yak (Maiwa) milk. International Journal of Food Science and Technology，2008，43：568-572.

[18]陈明勇. 全国执业兽医资格考试试题解析和模拟试题. 北京：中国农业大学出版社，2011.

[19]陈北亨，王建辰. 兽医产科学. 北京：中国农业出版社，2001.

[20]周定刚. 家畜解剖生理学. 北京：中国农业出版社，2010.

[21]张家骅. 家畜生殖内分泌学. 北京：高等教育出版社，2002.

[22]赵兴绪. 羊的繁殖调控. 北京：中国农业出版社，2008.

[23]夏国良. 动物生理学. 北京：高等教育出版社，2013.

[24]朱士恩. 动物生殖生理学. 北京：中国农业出版社，2011.

第十一章 肌肉生理

学习目的和要求

1. 掌握骨骼肌的解剖结构、肌纤维的显微结构、肌小节的超微结构、肌丝的蛋白质分子结构及其功能。

2. 掌握骨骼肌的收缩形式、收缩机理及其影响因素。

3. 掌握骨骼肌的能量代谢形式及其特点。

4. 了解骨骼肌的类型、生长发育和去神经支配等。

动物体的各种运动都是靠肌细胞的收缩活动来完成的，肌肉组织是运动反应和调节的最终效应器。根据肌细胞的结构和功能特点，可将肌肉分为骨骼肌、心肌和平滑肌三大类。骨骼肌（skeletal muscle）大多通过肌腱附着在骨骼上，重量约占哺乳动物体重的40％，受中枢神经和躯体运动神经的支配，可完成躯体的随意运动、呼吸运动，维持机体的姿势和平衡，因此又被称为随意肌（voluntary muscle）。心肌（cardiac muscle）是构成心脏的肌肉，其有节律的收缩使心脏完成泵血功能；平滑肌（smooth muscle）构成血管壁、中空内脏器官和各种管道的壁，维持腔体脏器（如胃肠道、膀胱、子宫、血管等）的正常形状，它们的收缩和舒张在循环、消化、呼吸、排泄和生殖等方面发挥重要作用。心肌和平滑肌受植物性神经直接支配，产生节律性自主运动，因而也被称为非随意肌（non-voluntary muscle）。按肌肉显微结构划分，骨骼肌和心肌属于横纹肌（striated muscle），而平滑肌则属于非横纹肌（non-striated muscle）。

骨骼肌、心肌、平滑肌虽然在结构、收缩和控制上各具特点，但其收缩机制却基本一致，从分子水平来看，肌肉的收缩活动都与细胞内所含的收缩蛋白（主要是肌球蛋白和肌动蛋白）的相互作用有关。心肌和平滑肌的特性和功能在有关章节阐述，本章重点介绍骨骼肌的生理特性。

第一节 肌细胞的收缩机理

一、骨骼肌的功能结构

（一）大体解剖结构

家畜体内有300多块大小不同的骨骼肌，每块完整的骨骼肌均被有一层结缔组织外膜，被称为肌外膜（epimysium）。肌外膜坚韧而厚实，其间堆积着肌间脂肪（intermuscular fat）。肌外膜以内是粗细不等的肌束（muscle fascicle），肌束外面包裹着一层较薄的结缔组织膜，称作肌束膜（perimysium）。肌束之间的结缔组织内含有血管、神经和脂肪，脂肪称为肌内脂肪（intramuscular fat）。肌肉的功能不同，肌束的大小也不相同，力量型肌肉的肌束较大，纹理较粗糙，主要负责大的肢体运动；而动作型肌肉的肌束则较小，纹理也较细致，主要负责小的精细动作。肌束膜继续向内延伸包围每一个肌纤维（肌细胞），形成肌内膜（endomysium）。肌内膜与肌细胞膜（sarcolemma）紧贴在一起很难区分。一个肌束一般有 20～300 条肌纤维（muscle fiber），肌纤维直径 10～100 μm，长短不一，短的仅数毫米，长的可超过 10 cm。由于力量型肌肉的肌束粗大，肌纤维较粗，所以每个肌束所含的肌纤维数目反而没有负责精细运动的肌肉多（图 11-1A）。

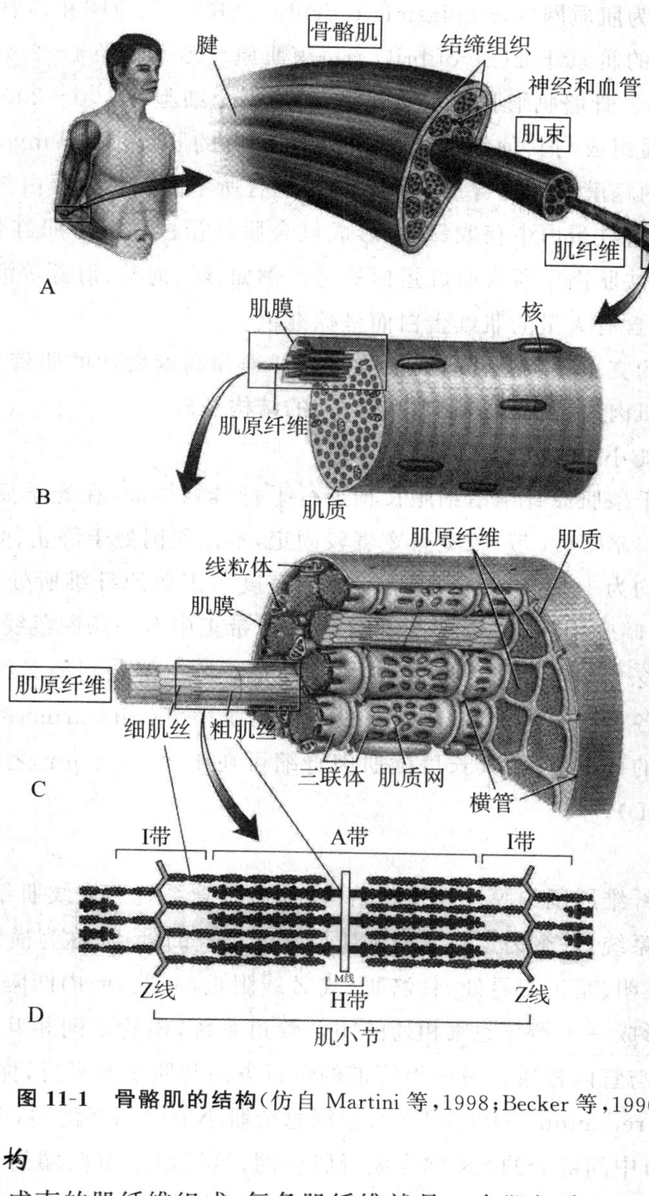

图 11-1　骨骼肌的结构（仿自 Martini 等，1998；Becker 等，1996）

（二）显微结构

骨骼肌由大量成束的肌纤维组成，每条肌纤维就是一个肌细胞。肌纤维是一种特殊分化的细胞，呈细长圆柱形，长度范围 1～340 mm（大多数在 1～40 mm 之间），平均长度 20～30 mm。由于骨骼肌纤维两端细中间粗，呈梭状，因此不同部位横切面的直径不同，中间的直径一般在 10～100 μm 之间。肌纤维的直径与动物种类、肌肉类型、使役状况、营养状况、成熟程度和纤维类型密切相关，不同动物肌纤维直径从大到小排列顺序为鱼＞两栖类＞爬行类＞哺乳类＞鸟类。同种动物短而粗的肌肉的肌纤维直径一般比长而细的肌肉的肌纤维直径大，肌纤维直径与动物的体重和体型之间没有直接关系。

骨骼肌的细胞膜又称为肌膜，细胞质又叫肌质或肌浆（sarcoplasm）（图 11-1B）。肌膜周期性垂直内陷，形成穿行于肌质的横管（transverse tubule，TT；T 管）。横管之间分布着功能特化的滑面内质网，称为肌质网（sarcoplasmic reticulun，SR）。肌质网和横管共同围成很多竹筒状结构，包绕着成熟的肌原纤维（myofibril）。每束肌原纤维的直径 1～2 μm，其长轴与肌细胞长轴一致（图 11-1C）。骨骼肌细胞为多核细胞，平均每个细胞含 100～200 个细胞核。肌细胞肌浆的功能和蛋白质组成与其他细胞类似，但其中含有的肌红蛋白（myoglobin）则为肌细胞所特有，此外，细胞内糖酵解酶的含量与别的细胞也有所不同。肌红蛋白与氧的亲和力高于血红蛋白，可以从氧合血红蛋白中获取氧气，形成氧合肌红蛋白。氧合肌红蛋白是红色的，因此，肌肉的颜色常常反映肌肉中所含肌红蛋白的量。例如，鲸、海豹、海豚等海洋哺乳动物为适应潜水的需要，肌肉中含有大量的肌红蛋白而呈棕红色。

骨骼肌细胞结构的突出特点是含有大量的肌原纤维和高度发达的肌管系统，这些高度规则有序排列的结构是肌肉进行机械运动，耗能做功的结构基础。

1. 肌原纤维和肌小节

每个肌细胞由上千条肌原纤维沿细胞长轴走行平行排列构成，在光学显微镜下呈现有规则的明暗相间的横纹。暗带（A 带）较宽且宽度较固定，不论肌肉处于静止、受到被动牵拉或是进行收缩，宽度不变，均为 1.5 μm 的；明带（I 带）的宽度可因肌原纤维所处状态而改变，舒张时较宽，收缩时变窄。暗带中间有一条亮纹叫 H 带，H 带正中有一条深色线是中膜，又被叫作 M 线。明带正中的一条暗纹为间膜，被称为 Z 线。肌原纤维上两条相邻 Z 线之间的部分包含着中间的暗带和两侧各 1/2 的明带，这样的一段结构叫肌小节（sar cormere）。肌小节是骨骼肌收缩的结构和功能的基本单位，其长度随肌肉舒缩可在 1.5～3.5 μm 之间变动，安静时为 2.0～2.5 μm（图 11-1D）。

2. 肌管系统

包绕在每条肌原纤维周围的膜性囊管状结构，称为肌管系统。横纹肌细胞有两套来源和功能完全不同的肌管系统：一组为走行方向和肌原纤维垂直的管道，称为横管或 T 管，它是细胞膜的延续，由肌膜在明、暗带交界处（骨骼肌）或 Z 线附近（心肌）向内凹陷，穿行在肌原纤维之间反复分支成网，形成一个不与胞浆相通的闭合管道系统，横管之间相互沟通，细胞外液通过肌膜凹陷处的小孔与管内相通。另一组管道的走行方向与肌小节平行，称为纵管系统，也称肌浆网（sarcoplasmic reticulum，SR）或 L 管，包绕每个肌小节并相互沟通，但不与细胞外液或胞浆沟通，包绕肌小节中间部分的 SR 称为纵行肌浆网，接近肌小节两端的 SR 到达横管处时膨大呈扁平状，称为连接肌浆网或终末池，这种结构使纵管和横管接触面积增大。每一横管和来自两侧肌小节的纵管终末池共同构成三联管结构（triad）（图 11-2）。横管和纵管在三联管结构处被胞浆隔开，不直接接触，它们之间的功能联系通过电-化学信息的传导得以实现，三联管结构正是把肌细胞膜的电变化和细胞内的收缩过程衔接起来的关键部位，横管系统将肌膜上的动作电位信息传入细胞内部，纵管系统和终末池通过 Ca^{2+} 的贮存、释放和再积聚触发肌小节的收缩和舒张。因此，三联管是骨骼肌兴奋-收缩偶联的结构基础，Ca^{2+} 是启动兴奋-收缩偶联的因子。

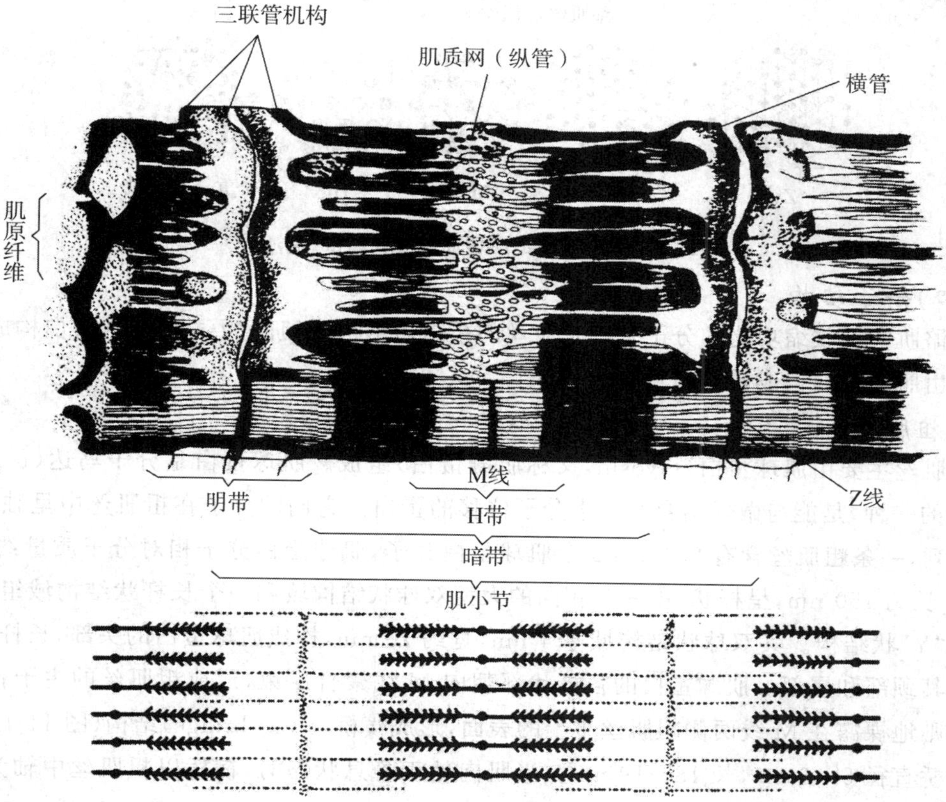

图 11-2　肌原纤维和肌管系统（引自陈杰，2003）

（三）超微结构

电子显微镜下肌小节的明带和暗带包含有更细的、纵向平行排列的丝状结构，称为肌丝(filament)。根据直径大小，肌丝分为粗肌丝、细肌丝两种。在哺乳动物的骨骼肌和心肌中，粗肌丝的直径为 14～16 nm，长度为 1.5 μm；细肌丝的直径为 6～8 nm，长度为 1.0 μm。实际上，A 带的暗色就是由于粗肌丝的存在形成的，成束的粗肌丝由 A 带中间的 M 线固定在一起。I 带由细肌丝构成，它们起于 I 带中间的 Z 线，并向两侧伸出，每侧长 1.0 μm，其游离端伸入粗肌丝内，与粗肌丝呈交错重叠状态(图 11-1D)。如果两侧的细肌丝伸入 A 带不完全，就会在 M 线两侧形成了较透明的 H 带，如果完全伸入则 H 带消失；肌肉被动拉伸时，细肌丝从 A 带重叠区拉出，肌小节长度增大、I 带和 H 带宽度增加，但 A 带宽度不变。从肌原纤维的横断面上可以看出，粗细肌丝相互重叠时也呈规则的空间排列(图 11-3)。在每个肌小节内，粗肌丝和细肌丝间隔 10～20 nm 平行排列，每一根粗肌丝周围包绕有 6 根细肌丝，相邻的粗肌丝之间隔着共用的细肌丝。

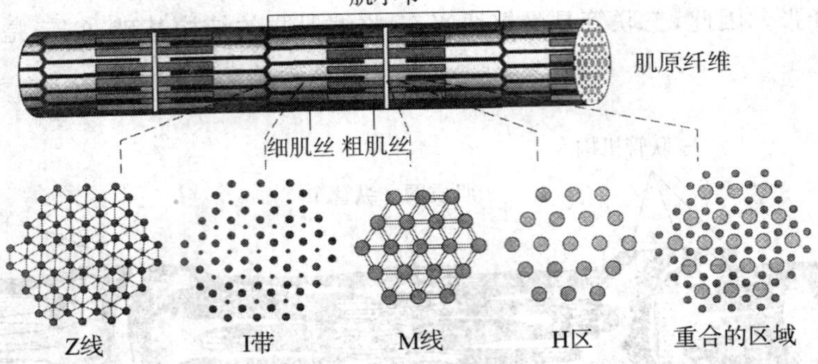

图 11-3 肌小节的不同切面(仿自 Martint 等,1998)

(四)分子结构

骨骼肌实现收缩功能的分子基础是肌丝的蛋白质结构,粗肌丝主要由肌球蛋白构成,细肌丝主要由肌动蛋白构成并实现功能。

1. 粗肌丝

粗肌丝主要由肌球蛋白(myosin,又称肌凝蛋白)组成。肌球蛋白是分子马达(molecular motor)的一种,是能与微丝结合并产生分子位移的蛋白。它们的分子在粗肌丝中呈独特的有规则排列,一条粗肌丝含有 200～300 个肌球蛋白分子,肌球蛋白分子相对分子质量约 4.8×10^5 Da,长约 150 nm,呈杆状,由一对相同的大型双球状结构域和一个长杆状结构域组合形成细长的"Y"状结构。其双球状结构域厚 4 nm,宽约 20 nm,构成肌球蛋白的头部,长杆状结构域则是其颈部和尾部。肌球蛋白的各杆状部朝向 M 线聚合成束,形成粗肌丝的主干;球状部则有规则地裸露在 M 线两侧粗肌丝主干的表面,形成横桥(cross bridge)结构(图 11-4)。

横桥直径 5～6 nm,长 18～19 nm。当肌肉处于静息状态时,横桥以粗肌丝中轴为基准,呈 90°垂直螺旋排列,突出表面约 6 nm。粗肌丝上的每个横桥分别与环绕它们的 6 条细肌丝一一对应,有利于二者间的相互作用。一方面,横桥在一定条件下可以与细肌丝上的肌动蛋白分子可逆性结合,出现横桥向 M 线方向的扭动;另一方面,横桥具有 ATP 酶活性,可以分解 ATP 获得能量,为横桥扭动和做功提供能量。

2. 细肌丝

骨骼肌细肌丝由肌动蛋白、原肌球蛋白和肌钙蛋白组成,其中 60%是肌动蛋白。肌动蛋白和粗肌丝的肌球蛋白共同完成肌丝的滑行,故两者被统称为收缩蛋白。

(1)肌动蛋白(actin filament)　又称肌纤蛋白或微丝(microfilament)。肌动蛋白单体呈球状,分子质量 4.2×10^4～4.8×10^4 Da。组成肌动蛋白丝的亚基是肌动蛋白单体(G 型肌动蛋白)。肌动蛋白单体分子相互连接成串珠状分子链,两条链又聚合成双螺旋结构,形成细肌丝的主干(图 11-5)。

(2)调节蛋白　原肌球蛋白和肌钙蛋白不直接参与肌丝间的相互作用,而是影响和控制收缩蛋白之间的相互作用,故称为调节蛋白。

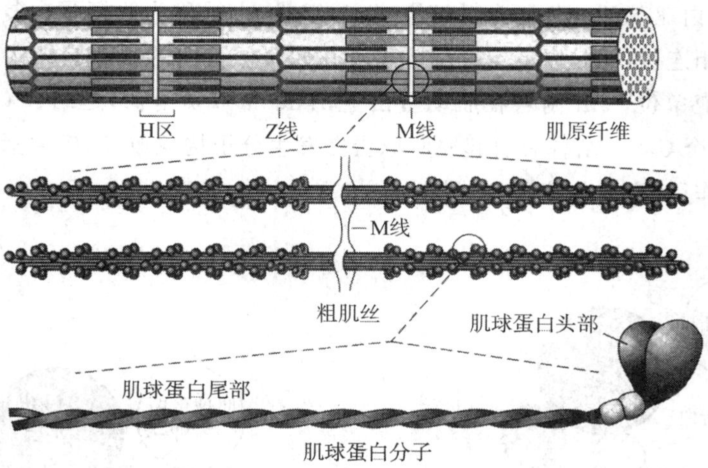

图 11-4 粗肌丝的蛋白组成和结构(仿自 Martint 等,1998)

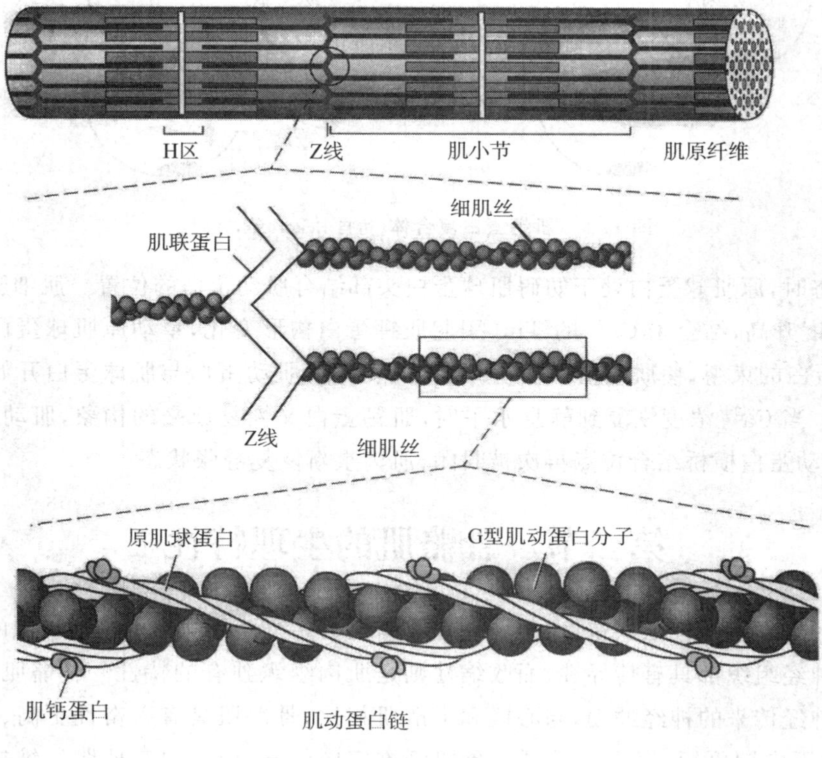

图 11-5 细肌丝的蛋白组成和结构(仿自 Martint 等,1998)

原肌球蛋白(tropomyosin) 也呈双螺旋结构,是细肌丝中与肌动蛋白链结合的蛋白,由两条多肽链组成 α 螺旋构型。其长度约相当于 7 个肌动蛋白单体,在细肌丝中和肌动蛋白双螺旋并行,走行于肌动蛋白双螺旋的浅沟附近,肌肉安静时原肌球蛋白的位置正好处在肌动蛋白和横桥之间,能阻止两者的结合,在肌肉收缩过程中起调节作用,见图 11-5。

肌钙蛋白(troponin) 又称原宁蛋白。肌钙蛋白的分子呈球形,由原肌球蛋白结合亚基

(TnT)、钙结合蛋白亚基(TnC)和抑制亚基(TnI)组成,也被称为肌钙蛋白复合体。它不直接和肌动蛋白分子相连接,而是以一定的间隔出现在原肌球蛋白的双螺旋结构上。TnT 是与原肌球蛋白结合的亚单位,TnI 附着在肌动蛋白上,TnC 带双负电荷,是结合 Ca^{2+} 的亚单位,每个 TnC 可结合 4 个 Ca^{2+},结合后引起原肌球蛋白发生分子构象改变,解除后者对肌动蛋白和横桥结合的阻碍作用,启动收缩过程(图 11-6)。

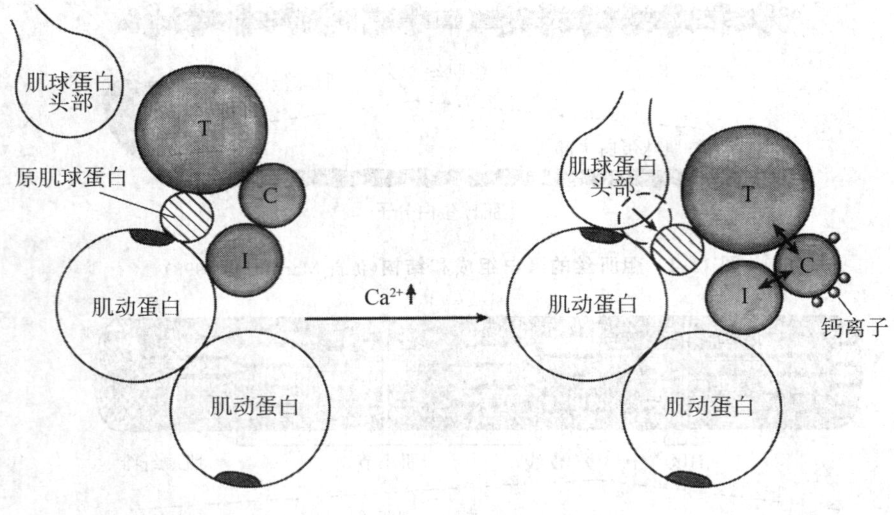

图 11-6　肌钙蛋白复合体(仿自 Eckert 等,1988)

静息状态时,原肌球蛋白处于妨碍肌球蛋白头部结合肌动蛋白的位置。肌细胞兴奋时,胞质中 Ca^{2+} 浓度升高,结合了 Ca^{2+} 的 TnC 引起肌钙蛋白构形变化,牵动原肌球蛋白移位,解除 TnI 对肌动蛋白的束缚,使肌动蛋白横桥结合位点暴露,肌动蛋白与肌球蛋白开始相互作用,使肌肉收缩。当 Ca^{2+} 浓度恢复到静息水平时,肌钙蛋白又恢复原来的构象,肌动蛋白与肌球蛋白脱离,肌动蛋白横桥结合位点再次被封闭,肌肉重新恢复舒张状态。

第二节　骨骼肌的生理特性

骨骼肌的生理特性包括兴奋性、传导性和收缩性。兴奋性是动物机体活组织的共同特性,肌肉组织和神经组织都具有传导性,而收缩性则是肌肉组织独有的特性。骨骼肌的兴奋来自于躯体运动神经传来的神经冲动,与心肌和平滑肌相比,骨骼肌具有兴奋性更高、传导速度更快、兴奋后的不应期更短,兴奋仅沿同一条肌纤维定向传导,而不向其他肌纤维扩散的特点。这些特点是神经系统对骨骼肌进行精细调节的结构基础。骨骼肌兴奋后表现出的缩短现象称为收缩性,骨骼肌的收缩速度快、强度大、但持久性差。

一、骨骼肌的收缩形式

1. 等张收缩和等长收缩

骨骼肌兴奋收缩时,根据肌肉长度与张力的变化可分为等张收缩和等长收缩两种。在实验条件下,将肌肉标本一端固定另一端游离,用电刺激肌肉引起兴奋,肌肉开始收缩,肌肉长度明显缩短,但肌肉的张力始终不变,这种形式的收缩称为等张收缩(isotonic contraction),等张收缩所消耗的能量主要转变为肌肉缩短和移动负荷所做的物理功。如果将肌肉两端固定,肌肉收缩时,其长度无法缩短,肌肉张力增大,这种收缩形式称为等长收缩(isometric contraction),肌肉等长收缩消耗的能量,主要转变为张力,而并无移位和做功。不同肌肉因负荷不同,其收缩形式也不相同,一些与维持身体固定姿势和克服外力作用(如重力)有关的肌肉,如家畜站立时,四股伸肌和屈肌因对抗重力作用而收缩时,以产生张力为主,属于等长收缩;而奔跑时,四肢伸肌和曲肌的收缩,则表现为不同程度的等张收缩。动物机体骨骼肌的收缩则表现为既改变长度又增加张力的混合收缩形式,仅因所处部位不同、功能特点各异,其收缩形式有所侧重。

2. 单收缩和强直收缩

在实验条件下,给予骨骼肌一次单个的电刺激,产生一个动作电位,随后引起肌肉产生一次迅速而短暂的收缩,称为单收缩 (single twitch,图 11-7A)。单收缩的整个过程包括收缩期和舒张期。如果给肌肉以连续的短促刺激,当第二次收缩发生在前一次收缩的基础上,则可形成一次更大的收缩,这个现象称为收缩总和(summation of contraction,图 11-7B)。刺激频率不同,肌肉收缩的表现形式也不同,当频率较低时,每一个刺激都产生在上一个刺激引起的收缩结束之后,则引起一连串各自分开的单收缩;当频率增加时,若后一个刺激产生在前一个刺激引起收缩的舒张期,则肌肉在未完全舒张的情况下再次收缩,形成不完全强直收缩(incomplete tetanus,图 11-7C);若刺激频率再增加,每一个刺激都落在前一次收缩的收缩期,则各次收缩的张力变化和长度缩短叠加在一起,形成完全强直收缩(complete tetanus 图 11-7D),此时肌肉的收缩力达到极限,是单收缩的 3～4 倍,如果刺激持续存在,肌肉会因为疲劳而出现张力下降。不完全强直收缩与完全强直收缩均称为强直收缩,收缩总和是强直收缩的基础。

骨骼肌兴奋时的绝对不应期甚短(约为 1 ms),能接受较高频率的刺激迅速形成再次兴奋,而骨骼肌的机械性收缩能持续较长时间 (可达 100 ms 以上),因此可以在收缩过程中接受新的刺激并发生新的收缩,产生收缩的总和。在生理条件下,体内运动神经传递的兴奋冲动都是快速而连续的,因此骨骼肌收缩几乎都属于完全强直收缩,产生比单收缩更大的收缩效果。即使在静息状态下,中枢神经也持续地向骨骼肌发放低频率的神经冲动,使之产生一定程度的强直收缩,这种微弱而持续的收缩使肌肉保持着一定的紧张度。

产生完全强直收缩所需最低刺激频率叫作临界融合频率。它与单收缩的收缩时间成反比,收缩时间越短则临界融合频率越高。肌纤维不同,产生强直收缩的刺激频率也不相同,30 Hz 的刺激就可以使收缩较慢的肌纤维产生强直收缩,而要使收缩很快的肌纤维产生强直收缩的刺激频率需要 100 Hz 或更高。

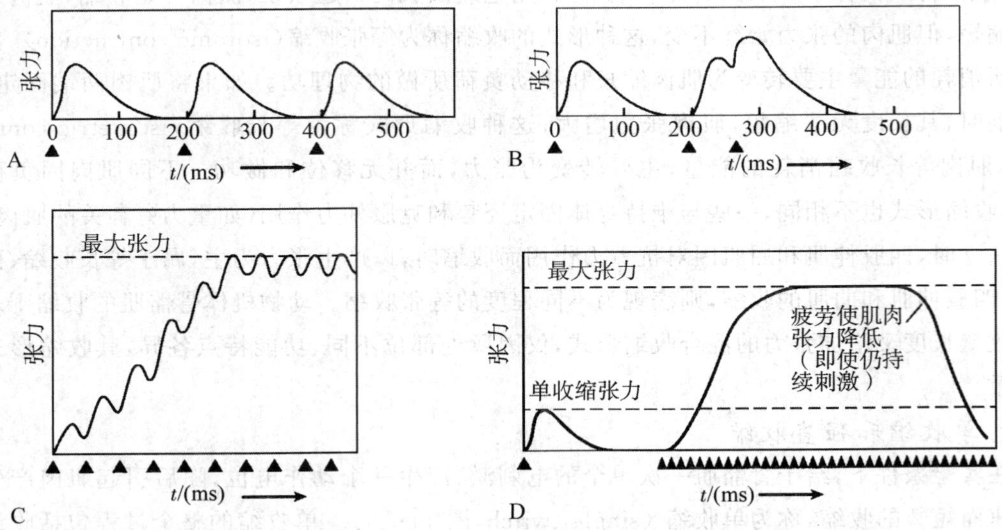

A. 单收缩：两次刺激间肌肉完全舒张；B. 收缩总和：相隔很近的刺激使肌肉不能够完全舒张；C. 收缩总和导致不完全强直收缩：刺激间隔足以使肌肉在两次刺激之间轻微舒张；D. 收缩总和导致完全强直收缩：肌肉维持稳定的张力。

图 11-7　单收缩、收缩总和以及强直收缩（引自梅岩文，2011）

3. 运动单元募集反应

一个运动神经元和受其支配的全部肌纤维组成躯体运动的基本功能单元，称为运动单元(motor unit)。来自同一运动神经元的冲动通过轴突的分支同时传到它所支配的全部肌纤维，引起这些肌纤维同步收缩，这一机制被称为运动单元的募集(recruitment of motor units)。不同运动单元的肌纤维数目也不相同，有的几条有的上千条，中枢神经就是通过激活很多的运动单元来提高肌肉的收缩效能，从而产生更大的张力。

大多数肌肉拥有大小不等的运动单元。这些运动单元被按次序募集，最小的运动单元首先被募集，产生较小的收缩张力。随着运动需求的加强，越来越多和越来越大的运动单元被募集，而最大的运动单元被最后募集。数量众多的小运动单元是对肌肉运动进行精细调节的基础，这种按顺序募集的现象解释了为什么肌肉在轻负荷下比在重负荷下更容易受到精细控制的原因。

二、骨骼肌的收缩机理

动物骨骼肌的运动都是在中枢神经系统的控制下完成的。从运动神经元的兴奋到肌肉的收缩，包括三个阶段：首先是中枢神经系统发出的指令以动作电位的形式沿躯体运动神经传导，并到达肌细胞，这个过程称为神经-肌肉间的兴奋传递；其次是肌细胞膜表面的动作电位通过肌细胞的三联管结构传到肌细胞内部，触发信息物质 Ca^{2+} 从肌浆网释放到肌浆，并将信息传递给肌浆内的调节蛋白，该过程称为兴奋-收缩偶联(excitation contraction coupling)；最后是肌浆中高浓度 Ca^{2+} 与调节蛋白结合，触发收缩蛋白移位，引起肌肉收缩。

(一)神经-肌肉间的兴奋传递

1.神经-肌肉接头

每个运动神经元的轴突有数十至数百个分支，每个分支支配一条肌纤维，当这一神经元兴奋时，可引起该运动单元支配的肌纤维收缩。运动神经纤维到达神经末梢时失去髓鞘，以裸露的轴突末梢嵌入肌细胞膜的凹陷中，形成神经-肌肉接头(neuomuscular junction)，又称运动终板(motor endplate)。轴突末梢的膜叫突触前膜(presynaptic membrane)，它与突触后膜(postsynaptic membrane)之间被充满细胞外液、宽约 50 nm 的突触间隙(synaptic cleft)隔开。突触前膜的轴浆中除线粒体外，还有大量内含乙酰胆碱(ACh)的囊泡，叫突触小泡(synaptic vesicle)(图 11-8)。突触后膜上含有能与 ACh 发生特异性结合的 N_2 型乙酰胆碱受体阳离子通道，也含有大量能分解 ACh 的胆碱酯酶。据测定，一个运动神经元的轴突末梢轴浆中大约有 30 万个囊泡，每个囊泡储存 5 000～10 000 个 ACh 分子。一般认为囊泡以出胞方式释放，称为量子式释放(quantal release)。

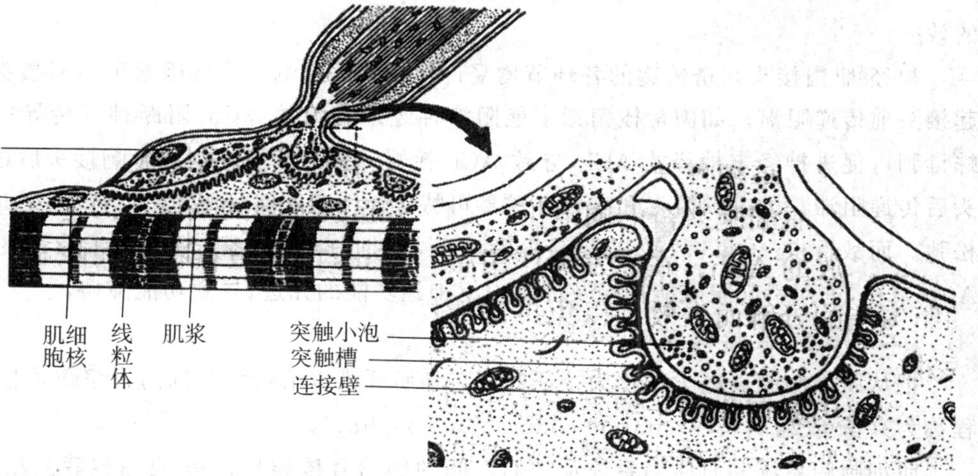

图 11-8 神经-骨骼肌接头处的超微结构示意图(引自陈杰，2003)

2.神经-肌肉接头的兴奋传递

在静息状态时，神经末梢只有少量突触小泡进行自发释放，不引起肌细胞兴奋。当神经冲动到达时，神经末梢诱发 ACh 进行量子式释放，该诱发释放过程大体可分为以下步骤：首先，突触前膜去极化。神经冲动引起突触前膜特有的电压门控式 Ca^{2+} 通道开放，细胞外的 Ca^{2+} 进入神经末梢，促使大量突触小泡向突触前膜靠近，并与之融合，然后通过胞裂外排方式将小泡中的 ACh 分子全部释放到突触间隙。据测算，一次动作电位到达末梢，能促使大约 200～300 个小泡向突触间隙同步释放近 10^7 个 ACh 分子；其次，突触后膜去极化。ACh 通过间隙扩散至接头后膜，结合并激活膜上的 N_2 型 ACh 受体阳离子通道，允许 Na^+、K^+ 和少量 Ca^{2+} 通过，出现 Na^+ 内流、K^+ 外流。由于 Na^+ 的内流远远超过 K^+ 外流，导致突触后膜的静息电位减小，完成去极化。这种去极化电位称为终板电位(endplate potential)；最后，形成动作电位。终板电位以电紧张扩布的形式影响其邻近的肌细胞膜，使之去极化，当去极化达到阈电位水平时，形成动作电位并传遍整个肌细胞，引起肌细胞兴奋，从而完成一次神经与骨骼肌之间的兴奋传递。

由此可见，神经-肌肉接头间的兴奋传递是以电-化学-电的传递方式进行的，即神经末梢的动作电位通过 ACh 与突触后膜上的 ACh 受体结合，然后触发肌细胞产生动作电位。

3. 神经-肌肉接头兴奋传递的特点

神经-肌肉接头属于兴奋性化学突触，其终板电位与动作电位相比较，有以下特点：一是终板电位不具备“全或无”的特性，而具有等级性。其大小与接头前膜释放的 Ach 的量成正相关。二是终板电位无不应期，且有总和现象。记录到的终板电位是由许多微终板电位总和的结果，是许多小泡释放时，在突触后膜上引起的微小电位变化累计的结果。三是终板电位以电紧张形式扩布。接头间兴奋的传递呈一对一关系，即运动神经纤维每兴奋一次，它所支配的肌细胞也兴奋一次。这一方面是因为每次运动神经冲动引发的终板电位的振幅，都大于肌细胞兴奋的阈电位，足以引起肌细胞的兴奋；另一方面，每次神经冲动释放的 Ach，在发挥作用后的 1～2 ms 内即被存在于突触间隙和后膜上的胆碱酯酶分解而失效，以免干扰对下次神经冲动的效应。

神经-肌肉接头兴奋传递的各环节均受许多因素的影响。有些因素可阻碍接头前过程，引起接头前传递阻滞。如肉毒梭菌毒素能阻滞神经末梢释放 ACh，阻断神经传导；而黑寡妇蜘蛛毒则可促进神经末梢释放 ACh，导致 ACh 耗竭。另一些因素则可影响接头后过程，引起接头后传递阻滞。如美洲箭毒和 α-银环蛇毒可特异性地阻断终板膜上 ACh 受体通道，引起肌肉松弛。而敌百虫、乐果、敌敌畏等有机磷农药，能抑制神经细胞末梢胆碱酯酶的活性，致使 ACh 聚积，进而引起胆碱能神经及部分中枢神经功能的亢进，导致功能障碍。

（二）兴奋-收缩偶联

把从肌细胞膜以电学变化为特征的兴奋和肌纤维以滑行为基础的收缩联系起来的生理过程称为兴奋-收缩偶联（excitation-contraction coupling）。

肌细胞膜系统和肌质网系统及它们之间的钙信号传导是兴奋-收缩偶联的结构和功能基础。横管是肌细胞膜凹入细胞内形成的小管，其开口于细胞外间隙，细胞外液经开口进入管内。肌膜上的动作电位可以通过横管传向肌细胞深处（图 11-9A）。细胞膜和横管均表达有电压依赖性的 L 型钙通道（又称为二氢吡啶受体，dihydropyridine receptor）。L 型钙通道在动作电位产生时发生构象变化，这是兴奋-收缩偶联的第一个关键步骤。

肌浆网是肌细胞的滑面内质网。两条横管之间的肌浆网小管纵向包绕在每束肌纤维的表面，管腔相互贯通。骨骼肌肌质网发达，靠近横管处的肌质网融合成囊状，和横管构成三联体（图 11-9A）。肌质网是 Ca^{+} 的贮存库，在钙离子泵（SERCA）的作用下将细胞质内的 Ca^{+} 逆浓度梯度泵入肌浆网内，使肌浆网内的 Ca^{+} 比细胞质高出数千倍，这些 Ca^{+} 将通过肌浆网上的钙释放通道释放到细胞质，这是兴奋-收缩偶联的第二个关键步骤。

参与骨骼肌兴奋-收缩偶联的内质网钙释放通道主要是 ryanodine 受体（ryanodine receptor，RyR），一个 RyR 分子由 4 个相同的亚基组成，RyR 主要有 3 个亚型，包括 RyR1（骨骼肌型）、RyR2（心肌型）和 RyR3（脑型），骨骼肌中的主要是 RyR1 亚型。RyR1 与细胞膜上电压

门控 Ca^{+} 通道的位置关系见图 11-9B。

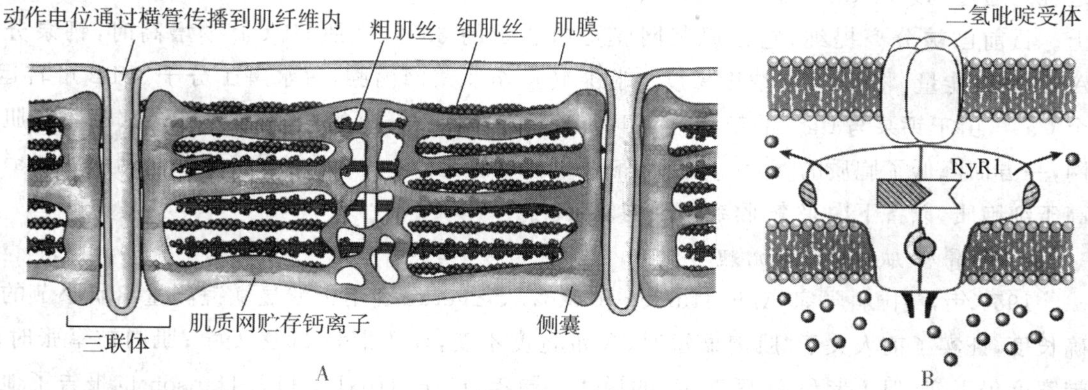

图 11-9 骨骼肌三联体系统以及 RyR 与 L 型 Ca^{+} 通道的位置关系(仿自 Martini 等,1998;Benkusky 等,2004)

骨骼肌的兴奋-收缩偶联包括三个主要步骤(图 11-10)。

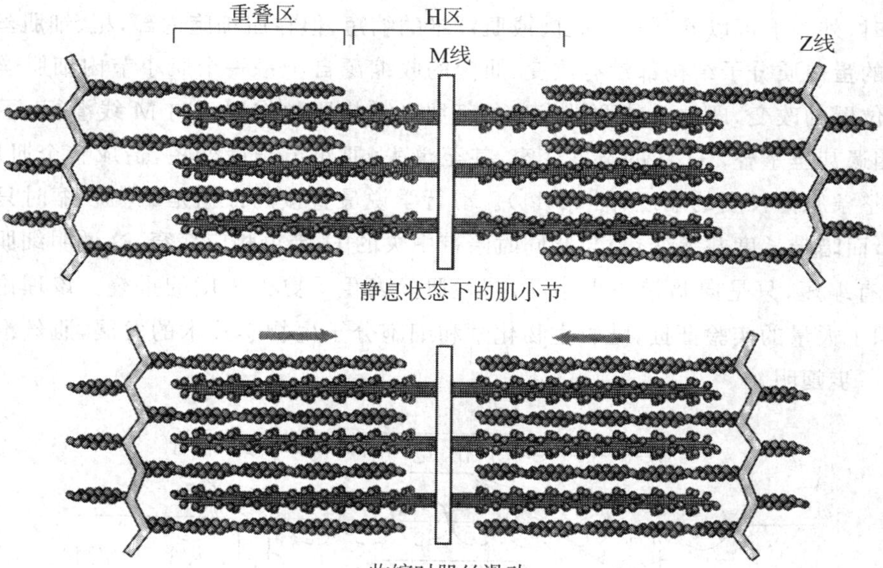

图 11-10 兴奋-收缩偶联示意图(仿自 Martini 等,1998)

(1)动作电位的传导　肌细胞兴奋产生的动作电位通过横管系统传向肌细胞深部,到达三联管结构和每个肌小节。

(2)信号在三联管部位的传递　存在于横管膜上的 L 型钙通道与 RyR1 在分子结构上两两相对。动作电位引发的 L 型钙通道构象改变可直接引起肌质网膜上大量 RyR1 同时发生构象变化,转变为开放状态,进而爆发性地释放 Ca^{2+},后者进入胞浆与肌钙蛋白结合,启动肌动蛋白与肌球蛋白间的肌丝滑行。

(3)肌浆网系统中 Ca^{2+} 的释放和再积聚　Ca^{2+} 进入肌浆引起肌丝滑行后又迅速回到肌浆

网内，由于肌浆中 Ca^{2+} 浓度降低，与肌钙蛋白结合的 Ca^{2+} 解离，引起肌肉舒张。研究表明，该过程是通过钙泵对 Ca^{2+} 的主动转运实现的。钙泵是一种 Ca^{2+} 依赖性 ATP 酶，位于肌浆网膜上。目前已被分离提纯，它占肌浆网膜蛋白总量的 60%，在肌浆[Ca^{2+}]增高时，钙泵分解 ATP 获得能量，将 Ca^{2+} 逆浓度梯度由胞浆转运至肌浆网内腔，每水解 1 分子 ATP 可转运 2 个 Ca^{2+}，由于钙泵与 Ca^{2+} 的亲和力高于肌钙蛋白，因此，释放的 Ca^{2+} 最终被全部回收入肌浆网，一方面降低了胞质的[Ca^{2+}]，使兴奋-收缩偶联终止；另一方面也保持了肌浆网内的[Ca^{2+}]高于细胞质，以备下次兴奋-收缩偶联的发生。

(三)骨骼肌收缩的机理

1954 年，英国科学家 A. F. Huxley 和 R. Niedergerke 利用干涉显微镜测量出肌小节的精确长度，证实了前人关于"肌肉缩短时，A 带宽度不变，而 I 带和 H 区变窄；肌肉被牵张时，A 带宽度仍不变，但 I 带和 H 区变宽"的说法。同年，H. E. Huxley 和 J. Hanson 也报告了他们用相差显微镜观察到肌小节缩短或被牵张时，肌球蛋白丝和肌动蛋白丝的长度不变，而肌球蛋白丝和肌动蛋白丝的重叠程度发生变化。根据这些实验证据，A. F. Huxley 和 H. E. Huxley 于 1954 年分别提出肌肉收缩的肌丝滑行学说(myofilameut sliding theory)。滑行学说认为：肌肉收缩时，外观上可以看到整个肌肉或肌纤维的缩短，但在肌细胞内部，粗、细肌丝的长度或它们所含的蛋白质分子结构都没有改变，肌肉的收缩源自于每一个肌小节内细肌丝与粗肌丝间的相对位置的改变，即由 Z 线两端发出的细肌丝受粗肌丝作用而向 M 线滑行，逐渐接近 M 线，直至相遇甚至重叠，H 区的宽度变窄，甚至消失，肌小节长度变短，造成整个肌原纤维、肌细胞乃至整条肌肉长度的缩短(图 11-11)。滑行学说最直接的证据是肌肉收缩时只看到明带宽度变窄，而暗带长度并无变化，与此同时暗带中央的 H 带也相应变窄，这说明细肌丝在肌肉收缩时没有缩短，只是向暗带中央移动，与粗肌丝发生了更大程度的重叠。该理论自提出以来，已累积了大量的实验证据，随着生物化学和细胞分子生物学技术的发展，肌丝滑行的机制得到了进一步阐明。

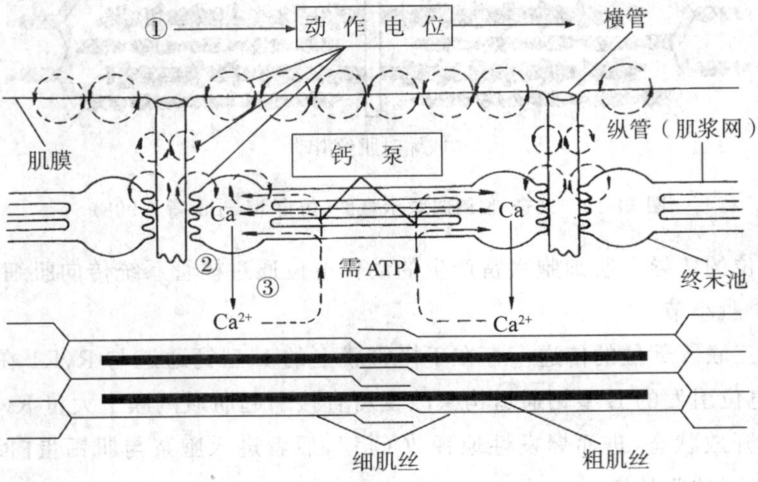

图 11-11 肌肉收缩时肌小节的变化(仿自 Martini 等，1998)

肌肉收缩的基本过程是在肌动蛋白与肌球蛋白的相互作用下，将分解 ATP 释放的化学能转变为机械能的过程，能量转换发生在肌球蛋白的横桥与肌动蛋白之间。其基本过程包括以下几个步骤(图 11-12)：第一步，横桥头部具有 ATP 酶活性，当肌肉处于舒张状态时，横桥结合的 ATP 被水解，产生 ADP 和磷酸(Pi)。此时，横桥处于高势能状态，其方位与细肌丝垂直，并保持与肌动蛋白的高度亲和力，但由于原肌球蛋白恰好覆盖在肌动蛋白和肌球蛋白横桥结合的位点上，阻碍了两者的结合。第二步，神经传递来的兴奋信号，通过细胞膜、横管的传导，引起肌浆内 Ca^{2+} 浓度升高，肌钙蛋白与 Ca^{2+} 迅速结合，并发生构象改变，导致抑制亚基 TnI 与肌动蛋白分离，使原肌球蛋白向肌动蛋白双螺旋沟槽的深部移位，从而肌动蛋白分子上能与肌球蛋白横桥结合的位点暴露，使横桥头部与肌动蛋白结合。第三步，储能的横桥头部与肌动蛋白的结合，引起横桥头部构象改变，并向桥臂方向摆动 45°，拖动细肌丝向 M 线方向滑动，从而将贮存的能量转换成克服负荷的张力，使肌小节缩短。第四步，肌球蛋白头部的能量被消耗后，附着在头部的 ADP 和 Pi 脱落，新的 ATP 再次结合到肌球蛋白头部时，横桥头部与肌动蛋白的亲和力下降，两者解离，结合的 ATP 再次水解，横桥再次储能并恢复到垂直于细肌丝的高势能状态。如果胞浆内的 $[Ca^{2+}]$ 恢复到静息水平，肌钙蛋白与原肌球蛋白也恢复到原来的构象，竖起的横桥头部便不能与肌动蛋白上的位点结合，肌肉进入舒张状态。上述横桥与肌动蛋白结合、摆动、复位、再结合的过程，称为横桥周期(cross-bridge cycling)。

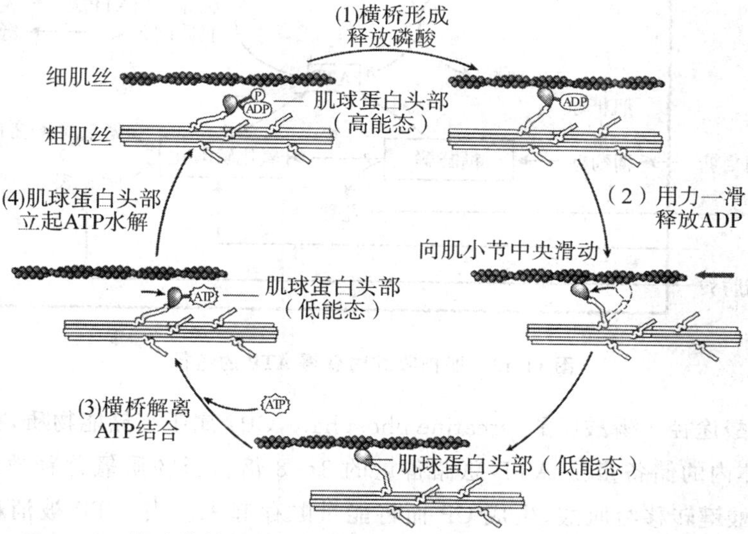

图 11-12 肌肉收缩过程及其能量转换示意图(仿自 Becker 等，1996)

(1)ATP 水解为 ADP 和 Pi，肌球蛋白获能、旋转、垂直于肌动蛋白纤维；肌钙蛋白与 Ca^{2+} 结合，肌动蛋白发生旋转，暴露出肌动蛋白结合位点。

(2)肌球蛋白头部与相邻的肌动蛋白结合，引起横桥头部构象改变，使头部向桥臂方向摆动 45°，并拖动细肌丝向 M 线方向滑动，同时 ADP 和 Pi 与之分离。

(3)肌球蛋白头部再次与 ATP 结合，减弱肌动蛋白与肌球蛋白的结合。

(4)胞浆$[Ca^{2+}]$降低，肌钙蛋白与 Ca^{2+} 结合减少，肌动蛋白恢复到静息状态时的构象，肌球蛋白与肌动蛋白分离，肌肉恢复舒张状态。

横桥的这种循环在一个肌小节乃至整个肌肉中是非同步进行的，这样才可能使肌肉产生恒定的张力和连续的缩短。在一定肌小节长度内，细肌丝滑动距离越大，肌张力也越大；活动的横桥数目愈多，肌张力和缩短的距离也愈大。例如，横桥头部每摆动一次，可使一个肌小节缩短 10 nm，而在迅速收缩过程中，每个横桥头部每秒循环运动 5 次。如果按每根肌球蛋白粗肌丝上有 300 个横桥结构计算，肌动蛋白丝和肌球蛋白丝之间能以 15 μm/s 的速度相对滑动，使肌小节在 1/50 s 内缩短约 10%的长度。

三、骨骼肌的能量代谢

1. 骨骼肌收缩的能量来源

骨骼肌收缩所需的能量全部来源于 ATP 水解成 ADP 和 Pi 时所释放的能量。释放的能量大部分用于横桥摆动和肌丝滑行，小部分用来维持钙泵、钠钾泵等各种泵的功能。

肌细胞中的 ATP 含量大约为 4 mmol，最多只能维持肌细胞收缩 1～2 s。ATP 水解产生的 ADP 在随后不到 1s 的时间内迅速磷酸化生成 ATP，源源不断地为肌肉的持续收缩提供能量。ADP 再磷酸化所需要的能量来源于以下几个途径(图 11-13)：

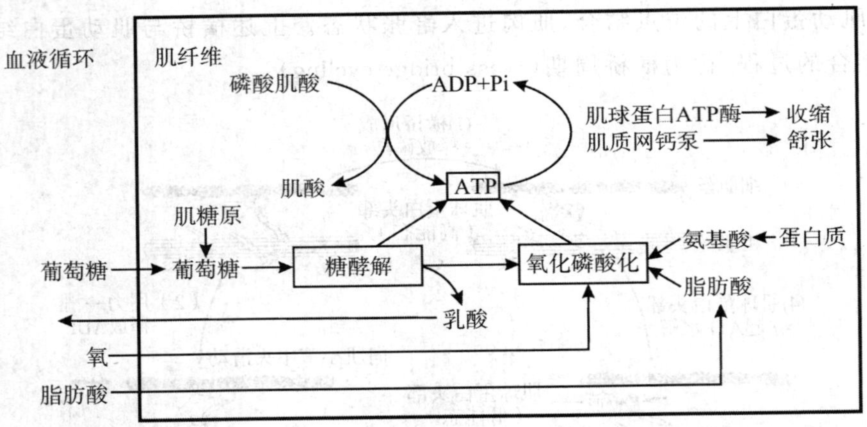

图 11-13 肌肉收缩时获得 ATP 的途径

(1)磷酸肌酸途径 磷酸肌酸(creatine phosphate，CP) 属于高储能物质，在肌肉组织中大量储存。它在体内的储备量是 ATP 总储备量的 3～8 倍。当物质氧化释放的能量过多时，ATP 将高能磷酸键转移给肌酸，生成 CP 而将能量贮存起来。当 ATP 被消耗而减少时，CP 将所贮存的能量再转给 ADP 生成 ATP，以补充 ATP 的消耗。这种补充作用的效率很高，但肌肉组织中储备的所有 CP 和 ATP 的能量也只能维持肌肉收缩 5～8 s。

(2)糖原分解途径 储存在肌细胞内的糖原快速酶解为丙酮酸和乳酸并释放能量，是骨骼肌合成 ATP 和磷酸肌酸的第二个重要来源。产生的能量使 ADP 再磷酸化成 ATP，后者可以直接用于肌肉收缩或再以 CP 的形式贮存能量。这种糖酵解机制的意义在于：①糖酵解反应可以在机体缺氧的状况下进行，即使在氧气完全缺乏的条件下肌肉收缩仍可以维持数十秒到

1 min;②通过糖酵解途径生成 ATP 的速度是食物有氧氧化生成 ATP 速度的 2.5 倍。但由于反应产物的堆积,糖酵解所供能量也最多维持肌肉收缩 1 min。

(3)氧化代谢途径　指通过氧化分解细胞内的营养物质而释放能量并合成 ATP。这是肌肉长期收缩获取能量的主要途径,肌肉收缩所需能量的 95%来源于此。糖、脂肪、蛋白质均可氧化分解释放出能量,肌肉持续活动 2～4 h 以内时,糖原氧化分解提供约一半以上的能量;当需要更长时间的肌肉运动时,才会氧化分解脂肪供能。通常,机体所需能量的 70%以上来自于糖的氧化分解,其余则来自于脂肪的分解。

2. 骨骼肌的收缩效率

骨骼肌的收缩效率较低,即使在最佳状况下的机械效率也仅为 25%,其余都转化为热能。适宜的收缩速度是骨骼肌获得最高收缩效率的关键。收缩速度过快,克服肌肉内部分子之间的摩擦将消耗过多的能量;肌肉收缩过慢,维持肌肉的持续缩短状态又会消耗较多的能量。一般来说,当收缩速度维持在最大收缩速度的 30%时,骨骼肌的收缩效率最高。

第三节　骨骼肌的类型和生长发育

一、骨骼肌的类型

根据收缩速度和代谢特性,畜禽的骨骼肌纤维可分为快收缩、糖酵解型细胞(fast-twitch, giycolytic cells, FG);快收缩、氧化-糖酵解型细胞(fast-twitch, oxidative-glycolytic cells, FOG);慢收缩、氧化型细胞(slow-twitch, oxidative cells, SO)三种类型。FG 和 SO 细胞属于两种极端类型。FG 细胞几乎全部从厌氧代谢(anaerobic metabolism)获取能量,适宜于快速但持续时间短的收缩;而 SO 细胞从有氧代谢获取能量,故适宜于速度较慢但比较持久的收缩。FG 细胞收缩的持续时间一般为 5～40 ms,而 SO 细胞通常可持续 50～100 ms。由于 FG 细胞不依赖有氧代谢供能,所以其细胞内肌红蛋白的含量很少,颜色浅,被称为白肌。

FG 细胞肌球蛋白上的 ATP 酶活性是 SO 细胞的 2～3 倍,而肌球蛋白 ATP 酶活性的高低与肌纤维的收缩速度高度相关,ATP 酶活性越高,收缩速度越快。同时,FG 细胞肌浆网膜释放和再聚积 Ca^{2+} 以及肌钙蛋白与 Ca^{2+} 结合的速度均比 SO 细胞快,所以导致 FG 细胞的收缩速度高于 SO 细胞。

FOG 细胞是一种异类细胞,其特性介于 FG 和 SO 细胞之间。FOG 细胞与 FG 细胞相似,收缩较快、收缩持续时间较短。但其代谢特性却既能像 FG 细胞一样依靠糖酵解供能,又可以像 SO 细胞那样依赖糖的有氧分解供能。由于 FOG 细胞既具有快速类型的肌球蛋白 ATP 酶,又依赖有氧分解供能而含有大量的肌红蛋白(Mb)和线粒体,因此和含 SO 细胞的肌肉颜色相似,表面呈现暗红色。故也被称为红肌。实验研究证明,牦牛等高原世居动物,体内 Mb 含量明显高于平原动物,红肌数量多,组织细胞氧供应充足,在缺氧环境下,肌肉收缩速度慢,但持久力强,与平原动物相比具有更强的耐力。畜禽骨骼肌类型的性状对比见表 11-1。

表 11-1 畜禽骨骼肌肌纤维的性状对比

性状	SO	FOG	FG
颜色	红	红	白
收缩特性	慢、持久、不疲劳	快、短暂、易疲劳	快、短暂、易疲劳
代谢特性	有氧氧化	有氧氧化、糖酵解	糖酵解
纤维直径	小	中等	大
线粒体数目和大小	多、大	中等	小、少
毛细血管密度	高	中等	低
肌红蛋白含量	高	高	低
脂质含量	高	中等	低
糖原含量	低	高	高
横桥 ATP 酶活性	低	高	高
传导速度	慢	中等	快
神经支配	脊髓腹角小 α 神经元	—	脊髓腹角大 α 神经元

(引自陈杰,2003)

对于整块肌肉来说,不能简单地按照颜色进行分类。大多数哺乳动物的骨骼肌中同时含有三种类型的肌纤维,但同一个运动单元的肌纤维则属于同一种类型。在同一块肌肉中包含不同的运动单元和不同代谢类型的肌纤维,有利于机体对骨骼肌的收缩程度、收缩速度进行精确的整合和调控。

二、骨骼肌的生长发育

骨骼肌起源于单核的成肌细胞,成肌细胞发育成肌纤维。肌纤维的发育可分为四个阶段:中胚层干细胞分化为成肌细胞(myoblast)阶段;成肌细胞不断向肌肉形成部位迁移、增殖,彼此融合形成肌管(myotube)阶段;大量合成肌原纤维形成胚胎肌纤维。胚胎肌纤维在形态上分为初级肌管和次级纤维,此时两者丧失分裂能力,细胞核向细胞膜迁移,形成肌纤维(muscle fiber)阶段;肌纤维进一步生长成熟阶段。成肌细胞是单核细胞,一部分成肌细胞发生细胞间融合后形成的肌管是梭状的多核细胞,此时细胞核仍位于细胞中央,当细胞内出现肌动蛋白,肌原纤维的量进一步增加后,细胞核移至细胞膜下,肌管才转变成肌纤维;另有部分成肌细胞不发生融合,形成卫星细胞(satellite cell),卫星细胞被束缚在肌纤维与肌纤维基底膜之间,在动物生长过程中一直保持增殖能力。

肌纤维发育的前三个阶段在胚胎期就已经完成,因此,动物肌纤维的数目在出生前就已经确定,出生后肌纤维的数目不再增加。以猪为例,初级肌管的产生大约在妊娠 35～60 d,而次级纤维的产生则出现在妊娠 50～70 d,核的迁移发生在妊娠 70～110 d。一般认为妊娠 70 d 后,肌纤维的数目已经固定,不再生成新的肌纤维,出生后肌肉的生长主要指肌纤维的肥大(myofiber hypertrophy)过程。

肌纤维的肥大是依靠肌原纤维的增多，其中细胞核的增多依赖于卫星细胞的分裂，卫星细胞可以分裂成两个细胞，一个继续成为卫星细胞，另一个则与邻近的肌纤维融合，贡献一个细胞核，因此动物出生后的肌肉生长表现为肌纤维增长（肌细胞内增加新的细胞核）和体积增大（肌细胞内增加新的肌原纤维）。这样，出生后肌纤维的细胞核数目不断增加，而卫星细胞的数目保持恒定。

成年动物的肌肉可以根据需要进行重塑，肌纤维的直径、长度、收缩强度、血管分布甚至类型都可能改变。这个重塑的过程经几个星期就可完成。实验发现。一些较为活跃的肌肉在2周内就可以完成细胞内收缩蛋白质的彻底更换。

肌肉的增大称为肥大，而缩小则称为肌肉萎缩（muscle atrophy）。肌肉的一种肥大表现为体积的增大，即肌纤维束中粗、细肌丝的增加。当肌肉在负重情况下以最大力量收缩，每天重复数次，6～10周后就会出现显著的肥大。引起这种肥大的机制尚不十分清楚。目前发现在肥大的过程中，收缩蛋白质的合成速率大大高于分解速率，从而导致肌原纤维中粗、细肌丝数目逐渐增加。此外，提供能量的酶的合成也显著增加。相反，如果某一块肌肉长期不用，收缩蛋白质的分解速率则超过合成速率，从而引起肌肉萎缩。

肌肉的另一种肥大是长度的增加，当肌肉经常被牵拉并超过它的正常长度时，肌纤维会通过在两端增加肌节而变长。事实上，新肌节的添加速度很快，有时1 min内可添加数节。相反，当肌肉长期保持在收缩状态时，肌纤维两端的肌节会消失而使肌纤维变短，这个过程也同样迅速。通过这些变化，肌肉不断被重塑到肌肉收缩所需的合适长度。

只有在非常罕见的情况下，肌纤维的数目会增加，这个过程称为肌纤维增生（myofiber hyperplasia）。这通常是由肥大的肌纤维纵向分裂一分为二来实现的。

肌肉的发育和生长受许多因素的影响，种类、品种、营养状态、训练（使役）程度均会导致肌肉发育和生长的差异；激素也参与肌肉发育和生长的调节，例如，生长激素、胰岛素、性激素、胰岛素样生长因子等。

三、骨骼肌的去神经支配和萎缩

骨骼肌的分化在神经支配出现前就已经完成，肌膜上广泛分布着乙酰胆碱受体，因此，胚胎肌肉表面对乙酰胆碱敏感，当神经支配和运动终板出现后，乙酰胆碱受体则集中于终板膜上，切断成年动物的运动神经或者损伤脊髓，运动神经丧失对肌肉的支配，运动终板以外的肌膜恢复对乙酰胆碱的敏感性，去神经后的5～15 d，肌纤维出现自动去极化而表现出颤动；2个月后肌肉中蛋白质和RNA含量下降、横纹消失、超微结构破坏，肌肉开始萎缩，肌纤维逐渐被结缔组织和脂肪取代。如果能很快恢复神经支配，肌肉结构和功能大约在3个月内恢复。如果在3个月内不能恢复神经支配，肌肉恢复功能的能力将越来越小，最终在1～2年后完全丧失功能。

此外，肌纤维的类型由支配它的运动神经元决定，脊髓腹角小α运动神经元支配的肌纤维是收缩速度较慢的SO型纤维，而由脊髓腹角大α运动神经元支配的是收缩速度较快的FG纤维。实验证明，互换支配关系，即将小α运动神经元与FG纤维连接，而让大α运动神经元支配SO型纤维。几个月后，这两种纤维的类型会发生相应的改变，原来的FG纤维变成了SO型纤维，而原来的SO型纤维变成了FG纤维。以上实验说明运动神经和所支配的肌肉之间具有密切的联系，但其中的机制尚不清楚。

本章思考题

1. 简述骨骼肌肌原纤维的结构。
2. 什么是肌小节，肌小节是由哪几部分构成的?
3. 简述细肌丝的蛋白组成和结构。
4. 简述粗肌丝的蛋白组成和结构。
5. 解释概念：等张收缩、等长收缩、单收缩、收缩的总和、不完全强直收缩、完全强直收缩。
6. 试述骨骼肌收缩过程中肌球蛋白、肌动蛋白、原肌球蛋白和肌钙蛋白的作用。
7. 简述神经-肌肉接头的兴奋传递过程。
8. 简述兴奋—收缩偶联的过程。
9. 简述肌肉收缩时获得ATP的途径。
10. 简述骨骼肌的类型。

本章参考文献

[1]陈守良. 动物生理学. 3版. 北京：北京大学出版社，2005.

[2]陈杰. 家畜生理学. 4版. 北京：中国农业出版社，2003.

[3]朱大年. 生理学. 7版. 北京：人民卫生出版社，2008.

[4]欧阳五庆. 动物生理学. 北京：科学出版社，2012.

[5]梅岩艾. 生理学原理. 北京：高等教育出版社，2011.

[6]车发梅，史福胜，李莉. 不同海拔地区牦牛血红蛋白、肌红蛋白含量的测定. 家畜生态学报. 2007，28(5)35-36.

[7]张勤文. 不同发育阶段大通牦牛骨骼肌组织学结构研究. 青海大学. 2012.

[8]http://www.ncbi.nlm.nih.gov/entrez/query.fcgi.

[9]http://www.re-quest.net/science/anatomy/.

第十二章 家禽生理

学习目的和要求

1. 了解家禽呼吸生理特点。
2. 了解家禽血液生理和血液循环生理特点。
3. 掌握家禽消化生理特点。
4. 了解家禽新陈代谢和体温调节特点。
5. 了解家禽排泄生理特点。
6. 了解家禽内分泌生理特点。
7. 掌握家禽生殖生理特点。

家禽属于鸟纲动物，在血液、循环、呼吸、消化、体温、泌尿、神经、内分泌、淋巴和生殖等方面有着自己独特的解剖生理特点，与哺乳动物之间存在着较大的差异。在高原生存的家禽种类繁多，引入高原的家禽种类亦不少，高原地区的低气压与低氧分压是严重影响家禽生理的主要生态因子。了解高原家禽的生理特点，对在高原地区正确饲养家禽、认识家禽疾病、分析家禽致病原因，以及提出合理的治疗方案和有效预防措施都有重要的意义。本章将就高原家禽呼吸生理、血液生理、血液循环生理、消化生理、新陈代谢和体温调节、排泄生理、内分泌生理和生殖生理方面进行简介，并尽可能采用图表的模式形象地表现出家禽生理学知识，供选读和参考。

第一节 呼吸生理

一、呼吸器官

家禽呼吸系统由呼吸道和肺组成。呼吸道包括鼻、咽、喉、气管、鸣管、支气管及其分支、气囊及其某些骨骼中的气腔。

家禽每侧支气管入肺前，为肺外一级支气管；进肺后的支气管，为肺内一级支气管。后者又发出背内侧和腹内侧二级支气管，向肋面分布，并分出副支气管互相连接，形成原肺；背外侧附加的副支气管网形成新肺。见表 12-1。

表 12-1　禽类呼吸器官

<table>
<tr><td>肺外</td><td colspan="4">肺内</td><td>气囊</td></tr>
<tr><td colspan="4">气体通道</td><td>气体交换</td><td rowspan="3">容纳气体，但无气体交换功能</td></tr>
<tr><td rowspan="2">一级支气管</td><td rowspan="2">一级支气管</td><td rowspan="2">背内侧和腹内侧二级支气管</td><td>原肺：肋面副支气管互相连接</td><td>毛细气管</td></tr>
<tr><td>新肺：背外侧附加的副支气管网</td><td>毛细气管</td></tr>
</table>

鸡的新肺较发达，通过其表面的小孔与各气囊（颈气囊除外）相通。而颈气囊、锁骨气囊（不成对）和前胸气囊又与腹内侧二级支气管相通；后胸气囊则又与腹外侧二级支气管相通；腹气囊则直接与肺内一级支气管末端相通（图 12-1）。总之，它们形成特殊的气体循环通道，使气囊内的气体在呼气时，可再次回肺，进行二次气体交换。

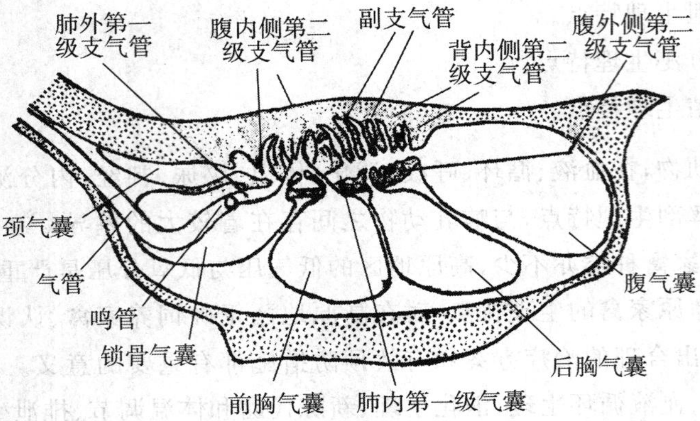

图 12-1　禽类肺和气囊的一般排列（引自韩正康，1986）

家禽的肺无肺泡，只有发自副支气管的毛细气管。每一副支气管可发出多条盲端毛细气管，与肺内毛细血管相贴而行，形成气体交换的有效区。

二、通气原理

（一）呼吸运动

家禽没有哺乳动物那样的膈肌，胸腔与腹腔仅由一层薄膜隔开，呼吸全靠肋骨运动。肋骨的椎肋与胸肋相连，胸肋与胸骨连接，呼吸时依靠呼吸肌的舒缩，见表 12-2。在每一呼吸周期中，吸气时气囊和肺内压低于大气压，为－866.59～－533.29 Pa；呼气时气囊和肺内压高于大气压，为 533.29～799.93 Pa。由于在大气压与肺及气囊间出现压力差，使气体随呼吸周期进出肺和气囊。见表 12-2。

表 12-2 家禽呼吸运动

呼吸肌		功能
吸气肌	肋间外肌	收缩时,使椎肋前移,增大了椎肋与胸肋间的角度,胸骨移向前下方,胸廓扩大,体腔内压降低,于是外界气体随之进入肺和气囊,产生吸气
呼气肌	肋间内肌	收缩时,使椎肋后移,减小了胸肋与椎肋间的角度,胸骨上移,胸廓缩小,体腔内压升高,气体由气囊经肺排出,产生呼气

(二)通气量

呼吸器官的总容气量,潮气量与呼吸频率的乘积,就是家禽肺和气囊的通气量。母鸡为298 mL(气囊占87%),公鸡为502 mL(气囊占82%);潮气量占气囊总容量的8%～15%。鸡的潮气量为15.4 mL,鸭为58 mL,鸽为5.2 mL。

(三)呼吸频率

常温条件下,家禽每分钟的呼吸次数,母鸡为20～36次,公鸡为12～20次;母鸭为110次,公鸭为42次;母鹅为40次,公鹅为20次;母火鸡为49次,公火鸡为28次。

(四)呼吸过程中气囊的作用

1. 气体储存作用

在呼吸运动时,气囊可增加肺的通气和肺内气体的交换,气囊不是一个不可缺少的结构,当全部气囊毁坏时可引起潮气量和肺通气量减少(约50%),呼吸运动仍然能继续进行。禽类气囊的容积约占全部呼吸器官容积的85%～90%,而每次呼吸的潮气量仅占全部气囊容积的10%左右,故气囊在平时主要是气体储存作用。

2. 气囊对于吸入的空气还有加温、加湿的作用,对呼吸道和肺起保护作用,并协助机体调节体温

鸽的气囊被破坏后,可使呼出气体水分含量减少15%～30%,应激条件(刺激臂神经)下体温升高2.6～3.2℃,气囊正常仅升高0.7～0.9℃。腹部气囊与睾丸接触,可以降低睾丸的温度,而有利于雄禽睾丸内精子的生成。

3. 利于飞翔和浮游

气囊储存大量的气体,还能减轻体重,便于禽类在空中飞翔,水禽在水中浮游。

三、气体交换与运输

(一)气体交换

禽体内的气体交换与哺乳动物相似,只在肺部和组织内分别进行肺呼吸和组织呼吸。副支气管以前的呼吸通道不能进行气体交换,为气体交换的无效区;副支气管分出的毛细气管为气体交换的有效区,有气体交换作用。气囊无气体交换功能。

气体交换的动力也是氧和二氧化碳的分压差:由副支气管进入毛细气管的气体中氧气分压高于血液,而二氧化碳分压却低于血液,于是氧气向血液弥散,血液中的二氧化碳则向毛细气管弥散。通常二氧化碳的弥散能力比氧气高3倍,使二氧化碳更易向毛细气管弥散。

(二)气体运输

禽类气体运输方式大体上与哺乳动物相同。比较特殊的是家禽的血红蛋白与氧气结合的饱和度较低,故易使氧合血红蛋白中的氧气解离释放。各种家禽对氧气的利用率,鸡为54%,鸭和鸽为60%,鹅仅为26%。

四、呼吸的调节

禽类能不停地进行节律性呼吸运动,并且随机体的代谢需要发生呼吸频率和深度的变化,这是依靠神经调节和体液调节的结果。

(一)神经调节

1. 感受器

感受器有位于原肺和新肺气体交换有效区的二氧化碳感受器和位于颈总动脉分支处的颈动脉体,能“监测”动脉血液中的气体含量变化。见表12-3。

2. 传入神经

呼吸性传入纤维分别存在于迷走神经、舌咽神经和交感神经干中。颈动脉体处的传入纤维存在于迷走神经和舌咽神经中。见表12-3。

表12-3 家禽呼吸的神经调节

神经调节	感受器	二氧化碳感受器:位于原肺和新肺气体交换有效区的,对肺部静脉血液中二氧化碳含量敏感	当血液二氧化碳浓度升高时,可降低二氧化碳感受器抑制性信号的传入,最后使呼吸增强
			在血液二氧化碳浓度降低时,可增强二氧化碳感受器抑制性信号的传入,最后使呼吸减弱
		颈动脉体:位于颈总动脉分支处,能“监测”动脉血液中的气体含量变化	
	传入神经	分别存在于迷走神经、舌咽神经和交感神经干中	
	呼吸中枢	前脑的视前区:促进呼吸;两侧丘脑区(圆核以前):抑制呼吸	
		调节呼吸的中枢:中脑前背区	
		调节正常呼吸节律的中枢:延髓前部和脑桥区,延髓是呼吸的基本中枢	

3. 呼吸中枢

禽类呼吸中枢见表12-3。呼吸节律的维持:吸气后期由肺部传出的抑制性传入信号,可引起吸气中枢内起搏性神经元产生超极化,并诱发呼气中枢兴奋,于是使吸气停止并转入呼气。呼气开始后,肺部的抑制性传入信号不再出现,于是吸气中枢内起搏性神经元又发生去极化,再发生吸气。这种中枢间的交互兴奋维持了家禽呼吸的正常节律。

(二)理化调节

血液中二氧化碳、氧气含量以及酸碱度的变化对家禽的呼吸运动有显著影响,是最重要的理化调节因子。

1. 二氧化碳

血液中一定浓度的二氧化碳是维持呼吸中枢的正常兴奋性所必需的,呼吸中枢对血液中二氧化碳浓度变化非常敏感:血液中二氧化碳浓度稍有增加,就将刺激呼吸中枢引起呼吸运动加深加快,通气量增加,以排除更多二氧化碳;稍有降低,则相反,可使呼吸运动抑制甚至停止;但是血液中二氧化碳浓度过高,会引起呼吸运动的抑制。

二氧化碳还可通过外周化学感受器(颈动脉体、肺内二氧化碳感受器),反射性增强呼吸中枢的兴奋性。

2. 氧

呼吸中枢对血液中氧含量的变化没有二氧化碳敏感。缺氧对呼吸中枢没有直接的兴奋作用,反而引起机能下降,对于化学感受器的作用与二氧化碳相同,通过外周化学感受器反射性兴奋呼吸。

3. 血液酸碱度

$[H^+]$对呼吸中枢和外周化学感受器都有兴奋作用。血液中酸性物质增加,pH降低,能兴奋呼吸中枢,使呼吸运动加深加快;碱性物质增加,pH升高,抑制呼吸中枢,呼吸运动减弱。

环境温度的变化也能影响呼吸节律:家禽在炎热环境中,会发生热性喘息,常使副支气管区的通气显著增大,导致严重的二氧化碳分压偏低,会引起呼吸性碱中毒。

第二节 血液生理

血液是家禽进行气体运输和交换的重要介质。

一、血液的组成及理化性状

(一)血量

公鸡血量为其体重的9%,母鸡为7%;鸭为10.2%;鸽为9.2%。据吴常信等研究报道低海拔鸡平均血量多,高海拔地区平均血量少,高海拔地区的藏鸡品种血量为80.5 mL/kg,低于低海拔地区饲养鸡种。

(二)血液组成

与家畜一样,家禽的血液由血细胞和血浆两部分组成。其血细胞比容较小,值在28%~35%之间。据吴常信等研究报道高海拔环境中生长期鸡群(藏鸡、矮小隐性白、寿光、藏鸡×矮小隐性白、藏鸡×寿光)平均红细胞比容为36.93%,显著高于低海拔环境。

而血浆中含有水分,及溶解于其中的溶质,包括有机成分和无机成分。有机成分有:血浆蛋白质(白蛋白、球蛋白和纤维蛋白原)、氨基酸、糖、脂类、维生素、激素、酶、尿素、肌酸、肌酐、有机酸等。无机成分有钠、钾、钙、镁、氯、重碳酸盐和无机磷等。

(三)血液理化性状

1. 比重

禽类全血的比重变动范围在1.045~1.060之间,公鸡1.054,母鸡1.043,鹅1.056,鸭1.056。

2. 渗透压

由于家禽血浆中白蛋白的含量较少,其形成的胶体渗透压也较低,如鸡的血浆胶体渗透压仅有 1.51 kPa。禽类血液总渗透压相当于 0.93%的 NaCl 溶液的渗透压。

3. pH

禽类血液 pH 与哺乳动物相近，呈弱碱性，pH 为 7.35～7.45。血液酸碱度的稳定性依靠血液中多种缓冲物质的缓冲功能和肺、肾的排泄功能。在低海拔环境中，鸡平均静脉血 pH 为 7.63，在高海拔环境中为 7.41，差异极显著，这可能是由于高原低气压导致呼吸时 CO_2 呼出增加，引起轻微的低碳酸血，但 pH 仍在正常范围内，未出现碱中毒症状。

4. 黏滞性

禽类血液的黏滞性较大，比蒸馏水大 3～5 倍。公鸡全血黏滞性为 3.67 kPa，母鸡为 3.08 kPa，鹅 4.6 kPa，鸭 4.0 kPa，体温升高时血液黏滞性下降。

二、血细胞

禽类的血细胞分为红细胞、白细胞和凝血细胞三类。

(一)红细胞

家禽血液中的红细胞呈卵圆形，体积较大而且有核，大小为 10.7 μm×(6.1～15.8 μm)×10.2 μm(鸡为 12.2 μm×7.3 μm，鸭为 12.8 μm×6.6 μm)，数量较哺乳动物少，红细胞比容也较低。红细胞中血红蛋白的含量，约为 130～150 g/L。禽类血液若干指标可见表 12-4。低海拔地区饲养的鸡群(藏鸡、矮小隐性白、寿光、藏鸡×矮小隐性白、藏鸡×寿光)平均红细胞数为 1.75×10^{12} 个·L^{-1} 显著低于高海拔地区饲养的鸡群平均红细胞数 2.66×10^{12} 个·L^{-1}。

家禽红细胞的存活期较短，鸡为 28～35 d，鸭为 42 d，鸽为 35～45 d。

(二)白细胞

1. 白细胞的种类

家禽的白细胞有异嗜性细胞、嗜酸性细胞、嗜碱性细胞、单核细胞和淋巴细胞五种。

(1)异嗜性细胞　异嗜性细胞细胞质无色、透明，含有许多能被酸性染料着色的杆状或纺锤状的结晶颗粒，数量较多，约占白细胞总数的 20%～50%。异嗜性细胞具有吞噬功能，能吞噬细菌和异物，对机体起保护作用。

(2)嗜酸性细胞　是家禽中嗜伊红粒细胞，细胞质中含有能被伊红染为鲜红色的球形或柱形的嗜酸性颗粒，数量占白细胞总数的 5%左右，在患寄生虫病时，家禽的嗜酸性细胞数量会增多。

(3)嗜碱性细胞　嗜碱性粒细胞形状、大小与异嗜性细胞相似，细胞核呈圆形、卵圆形或分叶，细胞质多、含有可被碱性染料着色的颗粒，数量约占白细胞总数的 2%左右。

(4)单核细胞　是最大的血细胞，细胞核不规则，细胞质较多，其中没有染色颗粒。在体内，单核细胞能进入发炎组织，吞噬细菌和坏死组织。

(5)淋巴细胞　家禽的淋巴细胞数量最多，可占白细胞总数的 40%～70%，具有细胞免疫和体液免疫两种免疫能力。淋巴细胞产自骨髓，它迁移到胸腺后可分化生成 T 细胞(胸腺诱导淋巴细胞)；迁移到泄殖腔背侧的法氏囊后，可分化产生 B 细胞。T 细胞和 B 细胞再转移到淋巴结，分为两群易与抗原结合的抗原敏感细胞。当抗原侵入淋巴结，与 T 细胞特异性受体结合时,能使T细胞分裂,产生特异性效应细胞(免疫小淋巴细胞),后者含有免疫活性物质,具有免疫功能。当抗原侵入淋巴结,与B细胞特异性受体结合时,能使B细胞增殖,分化出能产生抗体的浆细胞,浆细胞产生的抗体亦具有免疫功能。

2. 白细胞的数量

大多数禽类白细胞总数为2万～3万/mm^3,白细胞总数及其中各种白细胞所占的百分比在不同禽类有一定的正常值,见表12-4,一般异嗜性细胞比例最高,淋巴细胞比例最低。

表12-4　家禽血液的若干指标

家禽	红细胞量 (10^{12} 个·L^{-1})	白细胞量 (10^9 个·L^{-1})	血红蛋白 (g·L^{-1})	白细胞分类(%)				
				淋巴细胞	异嗜性粒细胞	嗜酸性粒细胞	嗜碱性粒细胞	单核细胞
鸡♂	3.8	16.6	117.6	64.0	25.8	1.4	2.4	6.4
♀	3.0	29.4	91.1	76.1	13.3	2.5	2.4	5.7
北京鸭♂	2.7	24.0	142.0	31.0	52.0	9.9	3.1	3.7
♀	2.5	26.0	127.0	47.0	32.0	10.2	3.3	6.9
鹅	2.7	18.2	149.0	36.0	50.0	4.0	2.2	8.0
鸽♂	4.0	13.0	159.7	65.5	23.0	2.2	2.6	6.6
♀	2.2	—	147.2					
火鸡♂	2.2	—	125.0～140.1	—	—	—	—	—
♀	2.4		132.0					
鹑♂	—	19.7	—	73.6	20.8	2.5	0.4	2.7
♀	3.8	23.1	146.0	71.6	21.8	4.3	0.2	2.7

(引自陈杰,2003)

当鸡患白痢、伤寒时,白细胞总量增多。室外饲养的鸡(如放养的藏鸡)较室内饲养的鸡白细胞总数多,单核细胞的比例高。患禽白血病时淋巴细胞增加。糖皮质激素可引起异嗜性细胞增加和淋巴细胞减少。组织胺可引起淋巴细胞增多和嗜碱性细胞减少。

(三)凝血细胞

家禽的凝血细胞大小和形状差异很大,典型的凝血细胞呈卵圆形,细胞中央有一圆形核,在胞内两极或一极有一个或几个着色鲜红的酸性颗粒,凝血细胞大小为(3.9～5.9)μm×(8.1～10.0)μm,其数量鸡为2.6×10^{10}个·L^{-1},鸭3.07×10^{10}个·L^{-1},幼年禽高于成年禽。

凝血细胞功能与哺乳动物的血小板相似:内含有较多的5-羟色胺(5-HT),当组织受损时,5-HT就引起损伤部位的血管收缩;凝血细胞也可黏聚于破损的血管壁处,形成栓塞,防止出血。凝血细胞由骨髓的单核细胞分化而来。

三、血液凝固

家禽的凝血过程及凝血因子与哺乳动物相同,只是因子Ⅸ、因子Ⅻ、因子Ⅴ和因子Ⅶ可能很低甚至缺乏。

家禽的凝血时间较为迅速，为 2～10 min，凝血主要靠外源性凝血机制，即主要靠组织释放的促凝血酶原激酶，促进凝血酶的形成。家禽血浆中缺乏促凝血酶原激酶（因子Ⅸ、即抗血友病因子 B）、接触因子（因子Ⅻ）、因子Ⅴ和因子Ⅶ，因而不能形成促凝血酶原激酶和凝血酶，故不易发生内源性凝血。凝血时还需有充足的维生素 K。维生素 K 能在肝内参与凝血酶原的形成，故有促进凝血的作用。若维生素 K 缺乏，可引起鸡皮下和肌肉出血。

第三节　血液循环生理

一、心血管生理

与哺乳动物相同，家禽的血液循环也分为体循环和肺循环，它们通过心脏相互联系。

（一）心脏生理

1. 心脏的结构

心脏是家禽的重要器官，结构与哺乳动物大致相同：分为左右两个心房和左右两个心室，心壁肌的结构分为心外膜、心肌、心内膜三层；心脏外有心包，心包内含心包液；支配心脏的神经有交感神经和迷走神经。

藏鸡长期适应高原高海拔低氧环境，心脏变大，血液循环能力加强，心脏相对重量比正常的低地鸡明显高。但低地鸡饲养在高原高海拔环境时，心脏相对重量明显增加。增加的原因可能是高原高海拔对心脏发育的限制比对体重的限制程度校，也可能是由于高原高海拔低氧刺激心脏增生，尤其刺激促使右心室增生肥大。

氧气浓度的高低对胚胎的正常发育是至关重要的。低氧使胚胎死亡率升高，生长发育受阻，体内代谢率降低，心血管输出量再分配等，胚胎发育呈现多态性。更为重要的是，在胚胎发育的过程中，凝乳酶-血管紧张素系统、下丘脑-垂体-肾上腺轴、血管内皮因子、交感神经支配等都受到了低氧的影响。在鸡胚的发育不同时期，为了满足对氧气的需要，其生理主要变化如下：从胚胎第 39 到 40 期，儿茶酚胺在气体交换的过程中也发挥着适应性的调控作用。为了适应呼吸的变化，改善 CO_2 运输能力，红细胞的碳酸酐酶（CAⅡ）在鸡胚的第 41 期达到转录高峰期。鸡胚的红细胞（RBC）在外界的氧气传递到组织的过程中起着重要的调节作用。这一调节过程是通过刺激 cAMP 通路，反馈于激素调节而实现的。RBC 的群体在胚胎第 43 期迅速扩大。并且，去甲肾上腺素和肾上腺素在鸡胚第 45 期达到释放高峰期。由此可见，在胚胎发育的关键时期，激素调节对胚胎的生理适应性变化尤为重要。在低氧孵化的条件下，从胚胎第 41 期到第 45 期，藏鸡、寿光鸡和矮小隐性白鸡三个鸡种的胚胎重差异极显著（$P<0.01$）；在常氧孵化时，藏鸡、寿光鸡和矮小隐性白鸡三个鸡种的胚胎重差异不显著（$P>0.05$）。无论在常氧条件下，还是在低氧条件下，它们的胚胎重都随着胚胎发育时期的变化而变化。同时，三个鸡种的各个器官对低氧也表现出不同程度的敏感性，尤其是心脏的重量在三个鸡种的变化多样。矮小隐性白鸡的心脏在低氧的条件下，有增大的趋势；而寿光鸡则向相反的方向变化；藏鸡在低氧和常氧两种不同的条件下，其重量基本保持不变。

2. 心肌的生理特性

与哺乳动物相同，禽类的心肌具有自律性、传导性、兴奋性和收缩性等。此处不再赘述。

3. 心率

禽类的心率与个体大小有关，个体愈大，心率愈慢；个体愈小，心率愈快。在同种禽类，心率因性别、日龄和其他生理状况不同而有显著差异。例如：公禽的心率通常较母禽为慢；一日龄白来航鸡心率为 286 次，7 周龄公鸡心率为 422 次，16 月龄为 307 次；处在冷环境中较在温热的环境中心率快，笼养的较非笼养的心率快。

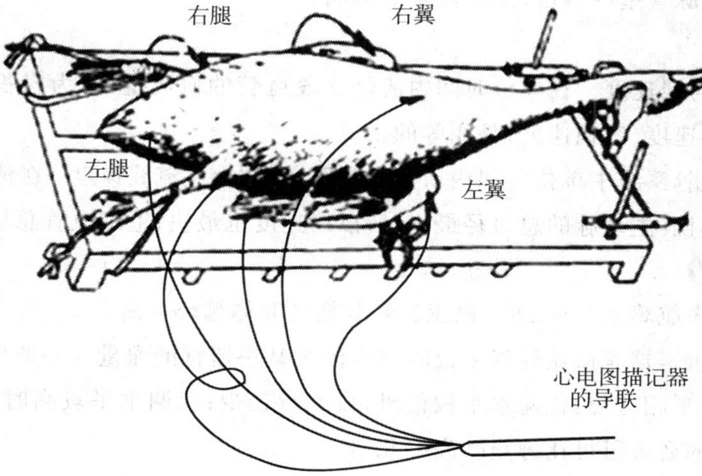

图 12-2　禽心电图描计（引自杨秀平，2004）

4. 心电图

记录家禽心电图的方法大致与哺乳动物同，只是电极为针状，可采用Ⅰ、Ⅱ、Ⅲ标准肢体导联描记出家禽心电图（图 12-2）。

采用不同导联记录的心电图，在波形上虽各有特点，但基本组成相似。哺乳动物的心电图可显示 P 波、QRS 波群、T 波，但家禽心电图中仅有 P 波、S 波和 T 波，R 波小而不全，无 Q 波。其中 P 波由心房兴奋引起，代表心房肌去极化；S 波由心室肌兴奋引起，代表心室肌去极化；T 波代表心室肌复极化，即心室兴奋后的恢复过程，为心室收缩的终止。P-S 间期表明兴奋由心房传向心室；S-T 间期表明整个心室均处于兴奋状态。缺 K^+ 可使心电图发生异常，所以家禽对 K^+ 的需求较为迫切。

5. 心输出量

与家畜一样，家禽心输出量与机体新陈代谢的强度相适应，当机体活动时，组织对血液的需要增加，心输出量也就增加。此外，它还与年龄、性别、生理状态有关，例如公鸡心输出量比母鸡多，饥饿时心输出量减少。

(二)血管生理

1. 血管的构造与分布

家禽血管根据其构造和其中血流的方向分为动脉、静脉、毛细血管，其分布与功能与哺乳动物相似。

2. 血压

正常情况下，动脉血压虽因种类、年龄、生理状态不同而有变动，但变动范围较小，表现相对稳定，以保证机体各器官组织正常的血液供应和机能。与哺乳动物相似，动脉血压受心输出量、外周阻力、大动脉管壁的弹性、循环血量的影响。

3. 血流速度

(1)容积速度与线速度　在单位时间内流经某段血管的血流量，称为容积速度，循环系统中各段血管的血流速度(容积速度)是相等的。

某段血液在血管系统中单位时间内所流经的距离，称为血流线速度。在流量不变条件下，线速度与管径成反比：主动脉的总口径最小，所以线速度也最快；毛细血管总口径最大，线速度最慢。

根据测定，白来航鸡 2.5～2.8 s 血流流经肺循环和体循环一周。

(2)器官血流量　器官血流量指单位时间内流过某一器官的血量。一般情况正常下，器官血流量与其代谢水平相适应：代谢水平较低时，血流量较少；代谢水平较高时，血流量也增加。例如，肌肉活动时的血流量可比静止时高好几倍。

二、心脏和血管活动的调节

(一)神经调节

与家畜相似，家禽心脏和多数内脏血管平滑肌的活动受交感神经和副交感神经这样的植物性神经双重支配。延髓是家禽调节心血管活动的基本中枢，其延髓有心抑制中枢(迷走中枢)、心加速中枢(交感中枢)和血管运动中枢(交感性兴奋和抑制)。比较特殊的是，在安静状态下迷走神经和交感神经对禽心脏的调节作用较为均衡，不像哺乳动物那样呈现迷走紧张。

(二)体液因素的调节

1. 激素

激素是由内分泌组织产生的，对心血管活动具有显著的调节作用。

(1)肾上腺素与去甲肾上腺素　都是由肾上腺髓质所分泌的激素，去甲肾上腺素能引起家禽大多数内脏血管收缩，肾上腺素主要加强心缩。

(2)加压素　由下丘脑分泌，在神经垂体储存、释放入血，与哺乳动物有明显的升压效应不同，在鸡上表现为减压作用，可能是引起血管舒张所致。

2. 其他

(1)5-羟色胺　体内许多细胞可以产生此物质，在哺乳动物具有促进局部血管收缩的作用，在禽类血液中5-羟色胺的含量要高于哺乳动物，可促使血管舒张，具有间接降压效应。

(2)组织胺 广泛分布于各种组织中，当组织受到刺激时可被释放出来，微量的组织胺就能使毛细血管舒张，通透性增大，导致局部充血和液体渗出。

(三)环境对心血管活动的影响

家禽的心血管功能受环境的影响较大：高温环境中生活适应的鸡，其血压水平较低；低温环境中生活适应的鸡，其血压水平较高。环境温度骤升时，可引起体温上升，使血管舒张，产生降压反应。环境温度下降时，也可产生降压反应，降压程度与低温成比例。若改变了低温条件，随着体温的恢复，血压也趋于正常。

第四节 消 化 生 理

与哺乳动物一样，家禽也需要不断从外界环境中摄取各种营养物质以进行新陈代谢，也需要将饲料在消化器官消化为小分子的过程。

家禽的消化器官：包括喙、口腔、食管、嗉囊、腺胃、肌胃、小肠、大肠、泄殖腔以及肝和胰两大消化腺。

家禽对食物的消化是通过喙、口腔、食管、嗉囊、腺胃、肌胃、小肠、大肠和泄殖腔的机械性消化活动，以及消化液的化学性消化和微生物消化共同作用完成的。

一、机械性消化

机械性消化是靠消化器官肌肉的运动，把食物磨碎、混合，并将它从消化管的一部分运到另一部分。

(一) 采食与吞咽

家禽依靠其角质喙采食，采食摄入口腔后，靠舌的强力活动和饲料的重力作用以及吞咽动作，经食管进入嗉囊(鸭、鹅咽入食管膨大部)。鸡的嗉囊发达，充满食物时呈圆球形突出于胸前方而稍偏右方，鸭、鹅没有真正的嗉囊，但食管颈段形成了一个纺锤形的食道扩张部，以贮存食物。

(二)消化道运动

1.食管和嗉囊的运动

家禽的食管分为两段，上段食管或嗉囊前食管，位于咽与嗉囊之间；下段食管或嗉囊后食管，位于嗉囊和胃之间。在吞咽时，食管能进行蠕动。

嗉囊有蠕动和排空运动两种形式，嗉囊的运动使食糜均匀混合，并向后排放。

(1)嗉囊的蠕动 是由嗉囊内环肌与纵肌有规律地交替收缩和舒张实现的，起自上段食管，进而扩展至嗉囊，直至腺胃和肌胃，形成嗉囊蠕动时的蠕动波。蠕动波通常成群出现，一般2～15个波为一个群，每群间隔1～40 min，随饥饿程度和嗉囊内食物的多少而定。一般波群节律可随饥饿程度的增大而增加，饥饿1.5 h、10 h和27 h的鸡，每小时波群出现的频率分别增为13次、55次和75次。每群收缩波的数量也随之增加。但嗉囊和肌胃充盈时，嗉囊的蠕动发生反射性抑制(鸽抑制30～40 min)。

(2)嗉囊的排空运动　从嗉囊腹侧开始，呈波状扩展至整个嗉囊，同时有食管的收缩相配合，间隔时程1～1.5 min，从而使嗉囊发生排空；但这种排空运动，可随进食而消失。在中枢神经极度兴奋、惊恐或出现挣扎时，可使嗉囊的收缩出现抑制。嗉囊排空运动的结果是将食糜混合并由嗉囊推向胃部。

嗉囊运动受迷走神经和交感神经支配，迷走神经使嗉囊强烈收缩，食物排放加快。

2. 胃的运动

(1)腺胃　家禽的胃包括腺胃和肌胃。腺胃在饥饿状态下，平均每分钟蠕动1次。食物在腺胃内停留的时间较短，很快就和胃液一起进入肌胃，肌胃依靠肌胃壁强有力的收缩将食物磨碎，对食物进行物理性的机械消化。

(2)肌胃　肌胃的胃壁由非常发达的肌组织构成，肌胃具有节律性的运动，不论是在饲喂或饥饿状态下都在进行，正常饲喂条件下平均每分钟2～3次，每次收缩的时程为20～30 s，饥饿时收缩频率减半，饱食后频率增加。肌胃收缩时，肌胃内压力升高。据测定，鸡、鸭、鹅分别可达到13～20 kPa、24 kPa和35～37 kPa。

收缩频率还与年龄、生理状态及饲料性质等有关，如肌胃内沙砾的多少及大小也与年龄及饲喂方式有关。

肌胃内壁有一层坚韧、光滑、富有弹性的角质膜，胃腔内经常有许多沙砾，有助于磨碎较坚硬的食物。由于沙砾在禽类消化中的作用，所以对集约化的笼养鸡应定时添喂适量的适当大小的沙砾以助消化，实验证明胃内有沙砾的鸡对燕麦的消化力可提高3倍，对一般谷物和种子的消化可提高10倍。如果肌胃中保持有沙砾的禽类一旦失去砂石，就会消瘦，甚至死亡。

肌胃的收缩运动受植物性神经控制：刺激迷走神经使之兴奋时，肌胃收缩加强，结扎迷走神经，肌胃收缩减少；交感神经兴奋时，则抑制肌胃运动。

3. 小肠的运动

经过肌胃消化的食糜被逐渐排入十二指肠，小肠能进行蠕动和分节运动。

(1)蠕动　蠕动是由肠壁纵肌与环肌交替发生收缩与舒张引起的，呈波状由前向后缓慢推进的运动，形似蠕虫运动，故名蠕动。蠕动的主要作用是推送食糜向后移动。同时，逆蠕动在禽类较明显，可使食糜在小肠内前后移动，甚至可使食糜由小肠返回肌胃，延长了食糜在胃肠道内的停留时间，也使十二指肠内容物常见弱酸性反应，这均有利于进行充分的消化和吸收。

(2)分节运动　分节运动是以环形肌节律性收缩为主的运动，其运动形式与哺乳动物相同，其作用主要使消化液与内容物充分混合，以便食糜更好地消化，同时也使食糜与肠黏膜紧密接触，有利于营养物质的吸收。

4. 大肠的运动

禽类的大肠有两条盲肠和一条短的直肠，饲料经过小肠消化后，一部分进入盲肠，其余进入直肠。盲肠和直肠(结-直肠)能进行蠕动和逆蠕动。直肠的逆蠕动将内容物由直肠移入盲肠，盲肠的蠕动又将这些内容物推向盲端，起自盲端的逆蠕动又使这些内容物返回直肠。直肠还可通过蠕动，将大肠内形成的粪便移送至泄殖腔，随泄殖腔的蠕动和强力收缩，使粪便通过肛门排出体外。

二、化学性消化

化学性消化主要靠消化腺分泌的消化酶的催化作用来完成。

(一)唾液

家禽的唾液腺主要分泌黏液经导管流入口腔，湿润饲料，协助吞咽过程。分泌量不同家禽有差异：鸭、鹅多食鲜湿饲料，唾液腺不发达，仅分泌较少唾液；鸡通常多食干饲料，唾液腺较发达，饥饿状态下的成年母鸡，每昼夜可分泌 7～25 mL 的唾液。鸡的唾液呈微酸性，pH 平均值为 6.75。进食时唾液分泌量增加。具体见表 12-5。

表 12-5　家禽的化学性消化

化学性消化	唾液	来源：由口腔壁和咽壁的唾液腺分泌
		主要成分：主食谷物的禽类，唾液中含有淀粉酶，可初步分解淀粉
		分泌调节：唾液分泌受神经调节
	嗉囊液	来源：嗉囊中嗉囊腺分泌的黏液，pH 为 6.0～7.0
		作用：(1)可起到软化食物的作用，有助于微生物发酵，增强生物学消化过程。 (2)不含消化酶，嗉囊中的化学性消化全靠饲料酶和十二指肠逆蠕动时返回的消化酶进行的消化。 (3)雏鸡嗉囊主要依靠细菌对淀粉和蔗糖进行生物性消化。 (4)鸽的嗉囊腺能分泌一种乳状液，叫作“嗉囊乳”或“鸽乳”，含有大量的蛋白质、脂肪、无机盐、淀粉酶及蔗糖酶，用以哺育幼鸽
		分泌调节：神经系统参与，饲喂时可引起嗉囊腺分泌活动显著增加
	胃液	来源：盐酸和胃蛋白酶都是由腺胃主细胞分泌的，胃液呈酸性，胃内 pH 一般为 3.0～4.5。呈连续性分泌，与嗉囊食物贮存功能以及采食的饲养方式有关
		作用：消化液中主要含有 HCl 和胃蛋白酶原。①HCl 可使饲料变性，又有激活胃蛋白酶原并保持胃内酸性环境(pH 2～3.5)，有利于蛋白质消化的作用。②胃蛋白酶能将蛋白质消化为蛋白胨和蛋白际也可产生少量氨基酸
		分泌调节：(1)神经反射性调节：刺激交感神经只能引起胃液的少量分泌；刺激迷走神经或者注射乙酰胆碱、毛果芸香碱等副交感神经性药物，可引起胃液分泌量和胃蛋白酶含量增加。 (2)体液调节：①胃泌素：由胃内食物的化学刺激和机械刺激，作用于幽门部和十二指肠黏膜，在黏膜内产生胃泌素，经血液循环达到胃腺，刺激胃液分泌。②缩胆囊素(CCK-PZ)有类似促胃泌素的作用，能使胃液分泌增加。③胰泌素则表现显著的抑制作用。④组织胺也有强烈的促进胃液分泌的作用。注射组织胺，不仅胃液分泌量显著增加，而且胃液的总酸度和胃蛋白酶的活性也平行增高

续表 12-5

化学性消化	小肠内	胰液	来源:由胰腺分泌,经胰导管输入十二指肠。禽类胰液为透明、味咸的液体,pH7.5~8.4
			作用:酶种类多、含量丰富,有胰蛋白酶、糜蛋白酶、羧基肽酶、胰淀粉酶、胰脂肪酶以及胰核酸分解酶等。这些酶可消化相应底物为小分子物质
		胆汁	来源:由肝脏连续分泌,经肝胆囊管输入胆囊,在胆囊中贮存和浓缩,胆汁呈酸性,pH 5.0~6.8
			作用:禽类胆汁中的胆汁酸主要是鹅(脱氧)胆酸、胆酸和异胆酸,而缺乏哺乳动物胆汁中普遍存在的脱氧胆酸。胆盐可乳化脂肪和激活胰脂肪酶
		肠液	来源:小肠黏膜中肠腺分泌的碱性消化液,pH 7.39~7.53
			作用:(1)肠激酶 能激活胰蛋白酶原。(2)肠肽酶 能把多肽分解成氨基酸。(3)脂肪酶 分解脂肪为甘油和脂肪酸。(4)淀粉酶能把淀粉或糖原分解成麦芽糖。(5)双糖酶包括麦芽糖酶、蔗糖酶、乳糖酶等,能把相应的双糖分解为单糖

(二)嗉囊液

嗉囊液是家禽嗉囊中嗉囊腺分泌的黏液,具体见表 12-5。

(三)胃液

禽类腺胃能分泌含盐酸和胃蛋白酶的消化液称之胃液。鸡的胃液分泌量约为 5.0~30.0 mL/h,胃液中胃蛋白酶的浓度为 247 IU/mL,饲喂可引起分泌增加,饥饿则使其降低,不同饲料或日粮的不同配比不仅引起分泌水平变化,胃液组成和酸度会有很大差异。见表 12-5。假饲能引起鸡、鹅胃液分泌增加,说明禽类胃液分泌受神经反射性调节,迷走神经是主要的分泌神经,而刺激交感神经只能引起胃液的少量分泌。禽类胃液分泌也受化学因素的调节。

腺胃虽然分泌胃液,因体积小,食物在腺胃内停留时间短,所以其消化力并不强,胃液的消化作用并不在腺胃,而主要在肌胃内进行。肌胃内的消化液是和食物一起由腺胃进入肌胃的,借助肌胃运动,消化液与食物充分混合而进行化学性消化。经过肌胃消化的食糜被逐渐排入十二指肠。

(四)小肠内的化学性消化

家禽小肠前段接肌胃,后接盲肠。小肠消化与哺乳动物基本相似,且主要是化学性消化,消化液包括胰液、胆汁和肠液。

1. 胰液

禽类胰腺分泌的胰液经胰导管输入十二指肠,成分有水;无机物:主要是高浓度的碳酸氢盐和氯化物;有机物:主要为各种消化酶,参与消化过程。见表 12-5。

2. 胆汁

禽类的胆汁是由肝脏连续分泌的,在胆囊中贮存和浓缩,胆汁的颜色随其中所含胆色素的种类和含量而改变,由金黄色至暗绿色。在非消化期,肝左叶分泌的胆汁量少,直接经肝管输入小肠,肝右叶分泌的胆汁量大,进食和进食后胆囊胆汁排入小肠,一般可持续 3~4 h。胆汁的分泌量在 4~6 月龄的鸡约 1 mL/h,一昼夜每千克体重可达 9.5 mL。见表 12-5。

3. 肠液

肠液是禽类小肠黏膜中肠腺分泌的碱性消化液，禽类肠液呈连续分泌。据测定体重2.5～3.5 kg的成年鸡肠液的基本分泌率平均为1.1 mL/h。见表12-5。

三、微生物消化

家禽微生物消化主要依靠栖居于消化管内的微生物参与。家禽嗉囊内和盲肠内环境适于微生物生存和繁殖，内有大量微生物，是家禽进行微生物消化作用的主要部位，见表12-6。

表12-6　家禽微生物消化

微生物消化	嗉囊内微生物的作用	微生物区系：以乳酸菌占优势，数量可高达每克内容物10^9个；其次是肠球菌和产气大肠杆菌，数量均在每克内容物10^5个左右；还有少量小球菌、链球菌和酵母菌等，但一般不含严格的肠型厌氧菌
		微生物的作用：主要是对饲料中的糖类进行发酵分解，产生有机酸，主要是乳酸，还有少量的挥发性脂肪酸（如乙酸、丙酸、丁酸等）
	盲肠内微生物的作用	微生物区系：盲肠内容物可在盲肠内停留6～8 h。禽类盲肠发达，容积很大，能容纳大量的粗纤维，盲肠的内pH 6.5～7.5，严格厌氧，很适合厌氧微生物的繁殖。据测定，1 g盲肠内容物含细菌10亿个，主要是严格厌氧的革兰氏阴性杆菌，还有双球菌、链球菌等
		微生物的作用：(1)对粗纤维的消化分解生产挥发性脂肪酸（如乙酸、丙酸、丁酸等）。鸡对盲肠内粗纤维的利用率最高可达43.5%，而草食家禽（鹅）利用率更高 (2)盲肠内的细菌，依靠其菌体酶的作用，将蛋白质、肽和氨基酸分解成氨，并能利用非蛋白氮合成菌体蛋白 (3) 有些细菌还可合成维生素K和B族维生素

四、吸收

禽类营养物质的吸收与哺乳动物区别不大，大量营养物质的吸收也是在小肠内进行，家禽的嗉囊和盲肠能吸收少量水、无机盐和有机酸，其中嗉囊的吸收能力较弱。直肠和泄殖腔也只能吸收较少的水和无机盐。腺胃和肌胃的吸收能力也较弱。

糖类主要以单糖，蛋白质主要以氨基酸在小肠内吸收进入血液。脂肪一般需分解为脂肪酸、甘油或甘油一酯、甘油二酯被吸收。不过由于家禽淋巴系统不发达，绒毛中没有中央乳糜管，因此脂肪不通过淋巴途径吸收，而是直接进入血液。

第五节　能量代谢和体温

新陈代谢是一切生命活动的基本特征，家禽也离不开新陈代谢。新陈代谢是家禽机体不断与外界环境进行物质和能量交换的过程，前者为物质代谢，后者为能量代谢。物质代谢中伴随着能量代谢，二者密不可分。

一、能量代谢

1.家禽能量转变

家禽体内能量代谢与哺乳动物相似，所需的能量来源于饲料中的糖类、脂类和蛋白质，它们须先通过机体的消化和吸收，转化为体内的代谢能，而后才能被机体利用。代谢能除极少特殊动力作用外，主要用于维持基础代谢、生产活动以及保持体温。鸡的净能约占代谢能的84%，占饲料消化前所含总能量的70%～90%。

2.家禽基础代谢

间接测热法（气体代谢测热法）可以测定家禽的基础代谢率。测定前，先使禽体处于清醒安静状态，对成年鸡还需禁食48 h（小鸡禁食12 h，并随其成长增加禁食时间），然后在20～30℃温度条件下进行测定。测定时，以每公斤体重或每平方米体表面积在1h内的产热量，代表禽体的基础代谢率。几种禽类的基础代谢率比较见表12-7。

表12-7 几种禽类的基础代谢率

种类	体重(g)	代谢率(kJ/24 h)	代谢率[kJ/(kg·h)]
鹅	5 000	1 171.50	234.30
鸡(公)	2 000	393.30	196.65
鸡(母)	2 000	422.58	209.20
火鸡	3 700	769.86	209.20
鸽	266	141.00	527.18

（引自韩正康、毛智鑫，1986）

3.影响家禽能量代谢的因素

(1)机体方面的因素

①年龄和性别：刚出壳的雏鸡代谢率比成年鸡低；成年公鸡比母鸡代谢率高；阉割后的公鸡代谢率下降。

②体重大小：基础代谢的能量取决于家禽体重大小，与成年鸡的代谢体重（体重$^{0.75}$）成正比。

③品种：不同品种的家禽代谢率不同，见表12-7。

④饥饿与采食：饥饿时产热量减少，呼吸商降低，鸡在饥饿48 h后呼吸商降至最低值。采食可引起家禽代谢率显著升高，鸡饲喂维持日粮时，产热量较基础代谢时高约50%，而在饲喂高蛋白、高能量日粮时，产热量增加更为显著。家禽具有以满足能量需要确定采食量的能力，对于高能饲料它采食到足够的能量时就不再采食了，对低能饲料，增加采食量以满足能量需要。

⑤运动：肌肉运动可使能量代谢加强。鸡站立时较腹伏时代谢率增加50%，站立伸张可使代谢率短暂增加200%。

⑥换羽：鸡在换羽期代谢率增加45%～50%。

⑦生产：家禽的生产水平越高，需要的生产净能越多，体内代谢水平亦有所增强，如产蛋量每增加 1 g，需要增加净能 8.37 kJ，体重每增加 1 g，需要增加净能 12.96～23.01 kJ。

(2)环境方面的因素

①环境温度：与哺乳动物相似，家禽在等热范围环境温度时，代谢率最低。成年鸡与肉仔鸡的适宜温度为 18～24℃，高于此范围高限温度，产热量可减少，超过一定范围产热量反而会增加；低于此范围低限温度，产热量增加 3～4 倍，长期处于冷环境可逐渐适应，产热量增加 20%～40%。

②饲养方式：平养方式约为基础代谢的 50%，笼养方式为基础代谢的 37%。

③昼夜节律：家禽的能量代谢水平呈现明显的昼夜节律，成年鸡的代谢率在上午 8 时左右最高，午后 8 时最低。此节律与采食无关，与光照周期有关，若将光照周期颠倒则此节律亦反转。

④季节：一年内鸡的代谢水平，以夏秋较高，冬季较低。这种季节性变化与产蛋活动有关。

二、体温

家禽和哺乳动物一样，在新陈代谢过程中，不断释放的能量，一部分以热能的形式用于维持体温的相对稳定，使之不会随外界温度的变化而发生明显变化。

1. 家禽的正常体温

家禽的体温指直肠温度，家禽的体温较家畜高，常见家禽的体温见表 12-8。

表 12-8　成年家禽的体温(直肠测定)

种别	鸡	鸭	鸽	火鸡	鹅
正常范围(℃)	39.6～43.6	41.0～42.5	41.3～42.2	41.0～41.2	40.0～41.3

2. 影响正常体温的因素

(1)品种　家禽的体温有种的差异(见表 12-8)，还有品种的差异，例如，来航鸡比同龄洛岛红鸡在第 7 天和第 10 天分别高 0.5℃和 0.55℃。羽毛稀少的品种鸡体温较低。

(2)年龄　1 日龄雏鸡绒毛潮湿时，由于体热大量发散，体温最低，仅在 30℃以下；随后在第 1 周内体温升高很快，第 2 周体温升高较慢，并达到成年鸡的水平；初出壳的雏鸡 3 周龄后接近于成年水平。

(3)环境温度　一般条件下，家禽体温能保持相对稳定，但是高温时，家禽由于蒸发散热不足，可使体温升高，低温时，寒战产热增加，可使深部体温也升高。

(4)性别与生殖状态　产蛋期母鸡体温较停产鸡高。

(5)昼夜节律　成年鸡的体温，也有昼夜节律，下午 5 时体温最高(41.44℃)，午夜 12 时最低(40.5℃)。这种节律性变化直接受气温、光照、禽体活动和内分泌的影响，并受产热和散热调控机制的制约；特别昼间气温高，光照强，禽体活动频繁，甲状腺分泌较旺盛，有效地促进产热、影响散热，使体温维持在高限范围内。

3. 体温调节

体温的相对稳定有赖于产热和散热两个过程的动态平衡。

(1)散热调节　此调节与散热过程有关，体热通过皮肤的辐射、传导和对流蒸发以及呼吸而向外界环境散失，其散失的多少又直接受到血管舒缩、血流和竖羽等因素的影响。

当外界环境温度在等热范围内变动时，家禽能量代谢水平基本稳定，产热量大致相同，完全通过物理方法调节。例如，外界环境温度升高时，体表血管舒张，增加血流，散热增加。反之，外界环境温度下降时，体表血管收缩，减少血流，以减少体热散失。

当外界环境温度低于等热范围临界温度情况下，散热超过产热，为维持体温，这时家禽除提高代谢水平，增加产热量外，还进行物理性调节：羽毛蓬松，肢部动脉血的热交换给静脉血以减少散热，头部藏于翅下减少体表面积散热等。

当外界环境温度高于等热范围临界温度情况下，家禽头颈伸张，翅下垂，以增加散热面积；体表无毛部位——腿、肉垂、冠的血管舒张，以增加散热；热性喘息加强，以增加蒸发散热。

(2)产热调节　当外界环境温度低于等热范围临界温度情况下，物理性散热调节不足以维持体温，需要增加产热。体内的产热过程，分为寒战性和非寒战性产热两种：寒战性产热是依靠骨骼肌的不自主收缩而产生的；非寒战性产热是由于寒冷的刺激，使甲状腺素、肾上腺素和肾上腺皮质激素分泌增多，导致代谢水平升高，产热增加。

(3)神经系统在体温调节中的作用　家禽的体温调节中枢位于下丘脑前部-视前区，感受器有中枢温度感受器和外周温度感受器，中枢感受器是存在于脊髓和脑干中的温度敏感神经元，外周感受器存在于喙部和腰部。禽类产热和散热过程中，外周温度感受器和中枢温度神经系统的温敏神经元起重要的调节作用。

4.家禽对气候的适应

(1)耐热性和对高温的适应性　家禽能耐受高温环境。随着外界温度的升高，家禽依靠蒸发散热的比例将增加，至接近或高于家禽体温时，散热则全部依靠蒸发进行，因此湿度高会妨碍散热，使家禽对热的耐受力降低。气温在27℃，母鸡直肠温度开始升高，呼吸频率增加，高于29.5℃时，产蛋母鸡产蛋性能明显下降，通常家禽对体温升高的耐受性较强，致死体温高达46～47℃。

鸡在炎热气候的风土驯化过程中，通常表现摄食量减少，体重减轻，饮水量增加，呼吸频率和每分呼吸气量减少，潮气量增加；体表血管扩张，外周阻力减少，血压和心搏率增加，体温在驯化初期急剧升高，待驯化后则无显著变化。这时，其体温调节的方式并没有变化，但高限临界温度和高限致死体温显著升高。

(2)耐寒性和对低温的适应性　家禽对寒冷的耐受性较强。在寒冷条件下，家禽首先通过减少散热，增加产热，以保持体温，如仍不足以维持体温，则体温开始下降，当降至某一体温时，鸡群50%会发生死亡，例如，成年公鸡的低限致死体温为19.3～22.1℃，母鸡为22.7～23.5℃。

家禽在适应寒冷环境过程中，甲状腺素、肾上腺素和肾上腺皮质激素分泌增多，导致代谢水平升高，产热增加。家禽在寒冷气候中，首先心搏率减少，外周血管收缩，血流外周阻力增加，以后心搏率逐渐恢复正常，风土驯化后显著提高。同时羽毛变厚，绝热性改善，大大增加机体的御寒能力。

第六节 泌 尿 生 理

肾脏泌尿是家禽排泄代谢终产物的主要途径，还参与体内水分、无机盐和酸碱平衡的调节。

一、家禽的泌尿器官

家禽的泌尿器官由一对肾脏和两条输尿管组成，没有贮尿器官(膀胱)，当生成原尿流经肾小管，小管液中的尿液经过重吸收，经集合管直接汇入输尿管。在流经泄殖腔时，可进行重吸收，最后形成终尿在泄殖腔与粪便一起排出体外，见图 12-3。

(一)家禽肾脏的功能结构

家禽肾脏占身体比例较大，位于脊柱腰荐部两旁和髂骨的肾窝里，周围不似哺乳动物，家禽没有脂肪包围，而以腹气囊的肾憩室代替。

家禽肾脏是实质性器官，两侧肾脏各分头叶、中叶和尾叶，中叶有时还可分出一侧叶，每叶又分有许多小叶，小叶内分皮质和髓质，其中有大量肾单位。

肾单位的肾小管分两型：一型为无髓袢肾小管，位于皮质内，数目较多；另一型为有髓袢(长袢和短袢)肾小管，位于髓质中，数目较少。

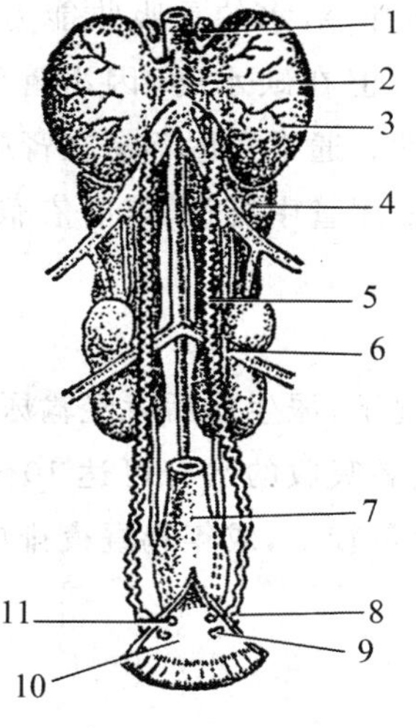

图 12-3 公鸡的泌尿生殖系统

1. 肾上腺 2. 附睾丸 3. 睾丸 4. 肾脏 5. 输精管 6. 输尿管 7. 直肠 8. 输精管囊状扩大部 9. 射精管 10. 泄殖腔 11. 输尿管口

与哺乳动物相比，家禽肾单位的特点是肾小球体积小，毛细血管的分支较少，入球与出球小动脉的口径相差不大，有些肾单位缺乏髓袢，完全位于皮质。

(二)输尿管

家禽的泌尿系统中没有肾盂和膀胱，当生成原尿流经肾小管，小管液中的尿液经过重吸收，经集合管直接汇入输尿管。输尿管是一对细长的管道，上接肾脏，下连泄殖腔。在肾内输尿管二次分支，汇集来自集合管的尿液，从肾中叶的中部走出肾表面，沿肾的腹侧面后行，最后开口于泄殖腔的泄殖道。输尿管壁由黏膜、肌膜和浆膜三层构成，可作节律性蠕动收缩。

二、尿的生成与浓缩

（一）尿的生成

与哺乳动物一样，家禽尿的生成也包括：肾小球的滤过生成原尿，肾小管和集合管的重吸收以及分泌和排泄生成终尿。

1. 原尿的生成

家禽肾小球的有效滤过压为 1～2 kPa，通过肾小球的滤过作用产生原尿。

2. 终尿的生成

原尿中全部葡萄糖，部分 Cl^-、Na^+、HCO_3^-、磷酸盐和大部分（约 98%）水，可被肾小管重吸收；但原尿中的尿素、肌酸酐、肌酸，以及由肾小管分泌的 K^+、尿酸、马尿酸、对氨基马尿酸、肌酸和肌酸酐，则不能被肾小管重吸收，而随尿排出。

鸭和鹅还可通过鼻腺分泌物排出 NaCl，以补充肾脏对盐排泄的不足。家禽的泄殖腔对水分有较强的重吸收作用，使排出的尿量减少。

（二）尿的浓缩

由于家禽的肾小管短而多无髓袢，对水的重吸收能力低，使小管液呈低渗性。在水利尿时，肾小管对水的重吸收仅有 6%。但在缺水时，因小管液的流速变慢，其中的水才被大量（99%）重吸收，于是小管液呈高渗性。通常禽尿不易在肾中被浓缩的原因，主要是其中的尿酸具有高度不溶性，并易在肾小管和输尿管中沉积，需要依靠小管液中的水将这些尿酸冲运至泄殖腔。

（三）尿量

由于禽类没有膀胱，在正常情况下，尿生成后就经输尿管直接进入泄殖腔。泄殖腔具有重吸收水分的功能。据估计鸡自泄殖腔吸收的水分可达 10～30 mL/h，从而使终尿的量和组成与输尿管尿有显著差别。禽类的尿量较少，成年鸡昼夜排尿量约为 60～180 mL。

三、尿的理化特性和组成

（一）尿的理化特性

一般呈奶油色、浓稠的半流体，其性状随机体生理状态而变，如大量饮水时，尿变稀薄。尿液的 pH 为 5.8～8.0，通常变动范围较大，鸡 pH 6.22～6.7 呈弱酸性。鸭尿相对密度为 1.0018，鸡尿为 1.002 5。渗透浓度的变动范围较大在 50～600 mOsm/L，以氯化钠的百分比表示约为 0.13%～1.3%，而血液则为 0.92%～0.94%。

禽的尿液和粪便均排入泄殖腔，要想取得纯净的尿液，必须经外科手术的方法将尿道和后段肠道分离。

(二)尿的组成

在化学组成上,家禽尿液与哺乳动物尿液有很大差别:尿酸高于尿素,肌酸多于肌酸酐。

在家禽,蛋白质代谢的终产物主要是尿酸,而不像哺乳动物主要是尿素,这是由于家禽的肝脏中没有精氨酸酶和氨甲酰磷酸合成酶,因此家禽不能通过鸟氨酸循环把氨合成尿素,只能在肝脏和肾脏将其合成嘌呤,在黄嘌呤氧化酶的作用下再转变成尿酸。禽尿内尿酸含量高于尿素,肌酸多于肌酸酐。尿酸是禽尿中主要的含氮物质,尿酸氮约占总氮量的60%~80%,而尿素氮仅占总氮量的5%左右,这些尿酸90%左右(鸡为87%~93%)是由肾小管分泌和排泄的。

尿酸在生理范围下以尿酸盐的形式存在于机体内,鸡体内的尿酸浓度变化较大,一般在100~900 μmol/L之间变动,公鸡略高于母鸡。鸡体内具有高浓度的尿酸而不形成结晶,主要是由于鸡具有将蛋白质与尿酸形成包囊的能力,加上鸡体体温较高,促进了尿酸的溶解。饥饿可降低尿中尿酸氮的百分率,而使尿中氨氮百分率增高。

四、泌尿调节

肾血流量的增减、肾小球有效滤过压的大小和肾小管重吸收作用的强弱都可影响尿的生成。这些活动分别受到神经和激素的调节。

1. 神经调节

主要通过改变肾血管口径而调节肾血流量。

2. 体液调节

主要靠激素的调节。

(1)抗利尿激素　由下丘脑进入神经垂体的神经纤维末梢释放的抗利尿激素能降低肾小球的滤过率,增强肾小管对水分的重吸收,使尿量减少。

(2)醛固酮　肾间腺(肾上腺皮质)分泌的醛固酮能促进肾小管对 Na^+ 的重吸收和 K^+ 的排出,以维持禽体内 Na^+、K^+ 平衡。随着 Na^+ 的重吸收,也控制了过多水分随尿排出。

五、鼻腺的排盐机能

在鸭、鹅及一些海鸟,具有特殊的鼻腺,又称为盐腺,位于眼眶顶壁与眼球之间,其分泌液流入鼻腔,这是由于盐腺有导管开口于鼻腔。盐腺能分泌大量氯化钠,具有补充肾脏排盐、维持体内盐和渗透压平衡的作用。鼻腺在排泄体内水分和盐类方面的相对比例视盐负荷的程度而异,例如鸭在给以淡水时,尿中排水占摄入量的60.3%,排 Na^+ 占摄入量的59.5%;若给以海水,尿中排水量与排 Na^+ 量分别仅占摄入量的36.5%和10%,间接表明在给以海水时,鼻腺排水和排盐的比例显著增加。

鼻腺受副交感神经和交感神经支配,刺激副交感神经或者注射乙酰胆碱等副交感神经性药物,可引起鼻腺分泌增加,交感神经兴奋也可引起少量分泌。但在正常情况下,盐是鼻腺分泌的主要刺激因素,盐负荷可引起鼻腺分泌增加。

鼻腺作为机体调节盐类和渗透压平衡的效应器，在其对盐负荷和渗透负荷发生反应的过程中，还必须与垂体-肾上腺皮质系统保持完整，切除垂体或肾上腺可使鼻腺分泌剧烈减少，对盐负荷的反应消失；给予促肾上腺皮质激素或皮质类固醇则可增加鼻腺分泌，并使其对盐负荷的反应恢复。

鸡、鸽和其他一些禽类没有鼻腺，全部氯化钠都靠肾脏排泄。

第七节　内分泌生理

家禽内分泌系统由许多内分泌腺组成，内分泌腺主要包括下丘脑、脑垂体、甲状腺、甲状旁腺、胰岛、肾上腺、性腺等。胃肠道激素也有重要的调节作用。

一、下丘脑-垂体系统

禽类下丘脑-垂体系统与哺乳动物有大体相似的结构和功能。但也有其特点。

禽类垂体有前叶和后叶，没有中叶。垂体前叶是腺垂体，为重要的激素分泌部位，可分泌FSH、LH、GH、ACTH、TSH、MSH、PRL等激素。腺垂体可接受来自下丘脑的各种信号，并调节相关的靶器官功能，构成了下丘脑-垂体-生长轴、下丘脑-垂体-甲状腺轴、下丘脑-垂体-性腺轴、下丘脑-垂体-肾上腺轴等多个生理功能的调节轴，具体见表12-9。后叶是神经垂体。

（一）腺垂体

1. 下丘脑-垂体-生长轴

与哺乳动物相似，家禽下丘脑生长素释放激素（GHRH）和生长抑素/生长激素释放抑制激素（SS/GHRIH）调节腺垂体生长激素（GH）的释放，GH参与禽类生长的调节，但鸡的生长很大程度上并不依赖于GH水平，例如蛋用鸡的GH水平要高于肉用鸡，而肉鸡IGF-1的浓度高于蛋鸡，说明鸡对生长的调节是主要通过肝脏产生的胰岛素样生长因子（insulin-like growth factors，IGF），也被称为“生长激素介质”（somatomedins，SM）而实现的。IGF是生长激素产生生理作用过程中必需的一种活性蛋白多肽物质，现在已知的包括IGF-1和IGF-2两种。因此，肝脏的GH受体及受体后机制是调节鸡生长的关键因素。

2. 下丘脑-垂体-甲状腺轴

与哺乳动物一样，下丘脑分泌的促甲状腺激素释放激素（TRH）调节腺垂体促甲状腺素（TSH）的分泌，TSH调节甲状腺激素（T_3 和 T_4）的分泌，随着 T_3 和 T_4 水平的提高，可以反馈性抑制TRH-TSH的功能。家禽甲状腺的位置位于颈部腹外侧，气管两旁，分泌的 T_3、T_4 能促进肝、肾、心和肌肉内糖原的分解，提高血糖；能加强细胞呼吸，增加耗氧量，增强代谢，产热量增加。此外，甲状腺激素还调节禽类换羽，换羽能诱发甲状腺分泌，分泌的激素又能促进换羽。

此外，还包括下丘脑-垂体-性腺轴、下丘脑-垂体-肾上腺轴等，后面将述及。

表 12-9 家禽下丘脑-垂体系统分泌的激素

<table>
<tr><th>名称</th><th colspan="2">分泌部位</th><th>产生激素名称(英文缩写)</th></tr>
<tr><td rowspan="3">下丘脑-垂体-生长轴</td><td colspan="2" rowspan="2">下丘脑</td><td>生长素释放激素(GHRH)</td></tr>
<tr><td>生长抑素/生长激素释放抑制激素(SS/GHRIH)</td></tr>
<tr><td colspan="2">腺垂体</td><td>生长激素(GH)</td></tr>
<tr><td rowspan="3">下丘脑-垂体-甲状腺轴</td><td colspan="2">下丘脑</td><td>促甲状腺激素释放激素(TRH)</td></tr>
<tr><td colspan="2">腺垂体</td><td>促甲状腺素(TSH)</td></tr>
<tr><td colspan="2">甲状腺</td><td>甲状腺激素(T_4/T_3)</td></tr>
<tr><td rowspan="5">下丘脑-垂体-性腺轴</td><td colspan="2">下丘脑</td><td>促性腺激素释放激素(GnRH)</td></tr>
<tr><td colspan="2" rowspan="2">腺垂体</td><td>卵泡刺激素(FSH)</td></tr>
<tr><td>黄体生成素(LH)</td></tr>
<tr><td rowspan="2">性腺</td><td>睾丸</td><td>雄激素:睾酮(T)</td></tr>
<tr><td>卵巢</td><td>雌激素:雌二醇(E2)雌三醇(E3)
孕激素:孕酮(P)</td></tr>
<tr><td rowspan="3">下丘脑-垂体-肾上腺轴</td><td colspan="2">下丘脑</td><td>促肾上腺皮质激素释放激素(CRH)</td></tr>
<tr><td colspan="2">腺垂体</td><td>促肾上腺皮质激素(ACTH)</td></tr>
<tr><td colspan="2">肾上腺皮质</td><td>糖皮质激素、盐皮质激素</td></tr>
</table>

(二)神经垂体

家禽下丘脑视上核和室旁核伸进神经垂体内的神经纤维末梢能释放催产素(oxytocin)、8-精催产素(AVT)、8-异亮催产素(mesotocin)和加压抗利尿激素。

催产素的化学组成和生理作用与哺乳动物相同,催产素和 8-异亮催产素可促进输卵管平滑肌收缩。8-精催产素为禽类特有,能诱发母鸡产蛋和公鸡爬跨行为,并能降低泌尿活动。

加压抗利尿激素可促进肾小管对水分的重吸收,减少尿的生成;还可使小动脉和毛细血管收缩,引起血压升高。

二、甲状旁腺和腮后腺

(一)甲状旁腺

家禽甲状旁腺分泌的甲状旁腺激素(PTH)与哺乳动物相似,是一种多肽,主要调节体内钙平衡,使血钙升高。主要通过以下作用实现的:

1. 对骨的作用

PTH 能促进禽体破骨细胞的分化,破骨细胞的水解酶能使骨骺端、骨内板和髓骨中骨盐溶解,释放钙、磷于血液中,引起血钙升高。

2. 对肾脏的作用

PTH 能增强肾小管对钙的重吸收和磷酸盐排出,进而提高肾脏羟化酶的活性,以形成

1,25-二羟 D_3,促进肠管对钙的吸收。

3.对肠道作用

是通过提高肾脏羟化酶的活性后促进 1,25-二羟 D_3 形成,而 1,25-二羟 D_3 可促进肠管对钙的转运机能以加强钙的吸收。

钙对于家禽蛋壳形成、肌肉收缩、血液凝固、酶系统和神经肌肉兴奋性等是必需的。因此,PTH 是维持禽体钙正常代谢所必需的。

(二)鳃后腺

家禽鳃后腺呈粉红色,椭圆形、两面稍凸而不规则,成对位于颈部两侧、甲状旁腺之后。其 C 细胞产生降钙素(calcitonin,CT),CT 能促进钙在骨质中沉积,并可抑制骨钙的溶解,降低血钙、磷酸盐和镁离子的浓度。当用高钙口粮饲喂时,CT 不能维持家禽血钙处于正常浓度。

血钙浓度影响 PTH 和降钙素的分泌:当血钙浓度升高时,PTH 分泌减少,而降钙素分泌增加;血钙浓度降低时,则产生相反的效应。

三、松果腺

与鱼类、两栖类和爬行类的松果腺可作为光感受器不同,家禽和哺乳动物相似,松果腺主要具有内分泌功能。家禽松果腺细胞分泌的褪黑激素能抑制性腺和输卵管的生长,但在雏鸡生长初期有促进性腺生长的作用。20 日龄雏鸡的褪黑激素可促进性腺生长;40～60 日龄时则有抗性腺的效应。此外,褪黑激素可抑制 GnRH 的活性,进而影响性活动。

褪黑激素的产生呈日周期性。在黑暗期间,褪黑激素的分泌达峰值;在光照期间,此激素峰值降到最低水平。

四、肾上腺

家禽的肾上腺左右各一,呈三角形或椭圆形,位于肾前叶的前内侧,紧接肺的后方,色呈淡黄色或橘黄色。肾上腺可分为内外两层,外层为皮质,内层为髓质,家禽肾上腺皮质与髓质两层的分界没有哺乳动物严格,但是依然分泌不同的激素。

(一)肾上腺皮质激素

肾上腺皮质激素包括糖皮质激素和盐皮质激素。

1.糖皮质激素

主要有皮质酮,与哺乳动物作用相似:能促进蛋白质的分解,增强肝糖原的异生,同时能提高代谢,增进食量,增加体内脂肪蓄积,以提高禽类对恶劣环境的适应能力,此外,还有抑制性腺的效应。

2.盐皮质激素

主要有醛固酮,与哺乳动物相似:能促进肾小管对 Na^+ 的重吸收和减少水的排出,维持禽体内水钠的稳定,同时促进 K^+ 的排出。

肾上腺皮质激素的分泌受下丘脑-垂体-肾上腺轴的调控,ACTH 能增强皮质酮和醛固酮的分泌,但当这两种激素分泌增加时,又通过负反馈机制,抑制 ACTH 的产生。

(二)肾上腺髓质激素

肾上腺髓质分泌主要有肾上腺素和去甲肾上腺素,去甲肾上腺素比肾上腺素少一个甲基,糖皮质激素(可的松)可加强去甲肾上腺素的甲基化,增加肾上腺素的含量,因此,血液中肾上腺素的含量较去甲肾上腺素高。其作用与哺乳动物相似。

1. 对心脏和血管的作用

肾上腺素能提高心肌的兴奋性和传导速度,使心肌收缩加强,心率加快,导致心输出量增加,有很强的强心作用;使骨骼肌血管舒张。最终导致机体血压升高。

去甲肾上腺素可使心搏加强,但对心率改变不大;使除冠状动脉以外的所有小动脉不同程度收缩,有很强的缩血管效应。最终导致血压明显升高。

2. 对内脏平滑肌的作用

肾上腺素和去甲肾上腺素对内脏平滑肌均具有抑制作用:可使胃肠道平滑肌舒张、蠕动减慢;可使胆道平滑肌舒张;可使支气管平滑肌舒张,支气管扩张;瞳孔放大。但是,去甲肾上腺素比肾上腺素的作用弱一些。此外,去甲肾上腺素还可使家禽竖毛肌收缩,羽毛耸立。

3. 对代谢的作用

主要对糖代谢有调节作用:肾上腺素能促进肝糖原和肌糖原分解,并降低组织对葡萄糖的氧化速度,结果导致血糖升高、乳酸增加。

肾上腺髓质激素的分泌受交感神经的支配。禽体在受到冷、痛、惊恐或其他兴奋性刺激时,可反射性引起交感神经兴奋加强以促进肾上腺髓质激素的分泌。

五、胰岛

家禽的胰岛内分泌细胞根据染色不同可分为 A、B、D 和 PP 型细胞。

(一)胰岛 B 细胞

胰岛 B 细胞分泌胰岛素。

1. 结构

家禽胰岛素与哺乳动物结构有差异,例如,鸡与牛胰岛素氨基酸排列顺序相比有 6 个氨基酸位置不同,鸭有 3 个位置的氨基酸不同,火鸡与牛胰岛素一级结构相同。

2. 作用

家禽与哺乳动物相似,胰岛素主要作用是降低血糖。但是,家禽远没有哺乳动物对胰岛素的敏感性高,如鸽、鸭对胰岛素的耐受力约为犬、大鼠、兔的500倍,这可能与家禽血糖较高(是哺乳动物的 2～3 倍)有关。

胰岛素降低血糖的作用是通过以下途径实现的:

①对糖代谢的作用:促进组织细胞对葡萄糖的摄取和利用,加速葡萄糖合成为糖原并储存在肝和肌肉中,抑制糖异生,促进葡萄糖转变为脂肪酸,储存于脂肪组织中,结果使血糖水平下降。

②对脂肪代谢的作用:抑制脂肪分解,同时又促进肝脏合成脂肪酸,然后转运到脂肪细胞储存,还能促进糖转变为脂肪。

③对蛋白质代谢的作用：既促进蛋白质合成，又抑制蛋白质分解。它促进细胞对氨基酸的摄取、增加DNA和RNA的生成及蛋白质的合成、抑制蛋白质分解和糖原异生，利于细胞的生长。

（二）胰岛A细胞

胰岛A细胞分泌胰高血糖素。

1. 结构

家禽胰高血糖素与哺乳动物有细小差异，例如，鸡与火鸡的胰高血糖素仅第28位为丝氨酸而不是天冬氨酸，其余与哺乳动物相同；鸭在第16位是苏氨酸而不是丝氨酸，其余与哺乳动物相同。

2. 作用

与哺乳动物相似，家禽胰高血糖素是一种多肽类激素，它的生理作用与胰岛素相反，可提高肝、心和脂肪组织细胞酶的活性，增强糖原、脂肪和蛋白质的分解，使血糖升高。家禽胰高血糖素含量比哺乳动物高约10倍左右。

胰高血糖素和胰岛素的分泌受血糖浓度的影响。低血糖或胰岛素增多时，可促使分泌胰高血糖素；高血糖或胰高血糖素增多时，则又促使分泌胰岛素。

（三）胰岛D细胞和PP型细胞

家禽胰岛D细胞分泌生长抑素，PP型细胞分泌禽类胰多肽，作用与哺乳动物相似，只是生长抑素在家禽体内含量比哺乳动物高，例如鸡含量是鼠类20多倍；家禽胰多肽与牛胰多肽比，第20位氨基酸不同。

六、性腺

家禽与哺乳动物相似，雄禽性腺为睾丸，雌禽为卵巢，除了产生生殖细胞外，还分泌性激素，由下丘脑-垂体-生殖轴调节其功能。

（一）雄性激素

由睾丸间质细胞分泌的睾酮能刺激雄性性器官发育，促进雄性鸡冠的生长，出现第二性征。睾酮对视前区的刺激，可诱发公鸡的交配行为。

光照可引起下丘脑释放GnRH，使腺垂体分泌LH，通过LH促进睾酮释放。

我国自古以来采用阉割公鸡以改变肉质，阉割鸡的第二性征，如体型、羽毛、冠髯、鸣啼等不发达，副性腺萎缩，性反射消失，基础代谢率降低，体脂蓄积增加。

（二）雌性激素

主要有雌激素和孕酮。

1. 雌激素

产自卵泡内膜细胞，在卵巢中发现的有雌二醇、雌三醇和雌酮等，其中雌二醇含量最多，活性也最强，雌三醇是雌二醇和雌酮的代谢产物。雌激素的主要生理作用是：能促进母鸡卵黄磷脂蛋白生成；增加脂肪沉积，有助于肥育；增多血脂、血钙和血清蛋白的含量；增强羽毛色泽，促进第二性征的发育；并能使输卵管生长发育。

2. 孕酮

与哺乳动物不同，家禽无黄体，其孕酮由卵泡内颗粒细胞产生，孕酮可直接作用于腺垂体，引起 LH 释放，诱发排卵。过量注射孕酮反而引起卵泡萎缩，阻断排卵和产蛋。

雌激素和孕酮的分泌受光照和温度的影响。下丘脑释放的 GnRH 使腺垂体分泌 FSH 和 LH，后者再使卵泡产生雌激素和孕酮。

第八节　生 殖 生 理

一、雄禽生殖生理

（一）雄禽的生殖器官

包括睾丸、附睾、输精管和交配器官。睾丸是精子生成和雄激素生成的场所。睾丸位于雄禽腹腔脊柱的两侧，肾脏前叶的下面，以睾丸系膜与腹腔背壁相连。

幼龄家禽的睾丸为灰黄色、橄榄状，性成熟后则呈白色、蚕豆状，成年雄禽睾丸的重量（2 个睾丸之和）为 10～20 g。

附睾和输精管是精子的储存和成熟场所。在睾丸内侧是附睾，其体积很小，性成熟后其中充满精子而略显突出。附睾后面连接的为输精管，分别位于两侧肾脏的腹面，呈索状，性成熟后因其中有大量精子呈现白色。输精管在与泄殖腔相连处膨大呈壶腹状，末端突出于泄殖腔中。

不同家禽的交配器官有一定差异：公鸡交配器官是由射精乳头、血管体、淋巴褶和阴茎乳头构成的，交配时精液经射精沟进入母鸡泄殖腔的输卵管开口处；鸭和鹅的阴茎较为发达，呈扭曲的螺旋状，长 4～6 cm。

（二）雄禽的精液

精液由精子和精清组成。

1. 精子生成

精细管壁衬以生精上皮，由生精上皮分裂发育成精原细胞，再经初级精母细胞、次级精母细胞、精细胞而成为精子以鸡为例，雏鸡出壳后约 5 周时，睾丸开始形成曲细精管，并生成精原细胞；6 周龄时出现初级精母细胞；10 周龄时分化出次级精母细胞；12 周龄时次级精母细胞已能通过减数分裂分化出精细胞；20 周龄时所有曲细精管可见到精细胞。随着公鸡性成熟，精细胞再转变成精子。

精子生成后，还要经过在附睾和输精管中的成熟阶段，才具有受精能力。成年公鸡精子的生成，需时 12 d；精子通过附睾和输精管需时 4 d。家禽的成熟精子，较哺乳动物小，且大小和形状随家禽种类不同而有很大差异。鸡精子呈细长的纤维状，有一个很长的头部，头的前端有尖形的顶体，有一个短的中段连接一个很长的尾部。

家禽精子在雌禽生殖道内可以较长时间存活，如鸡的精子在母鸡输卵管内存活时间为 10～15 d，最长的可达 32 d；火鸡可达 10 周。一般在输精后 7 d 内可保持高的种蛋受精率，以后逐渐下降。

适宜的光照可诱发促性腺激素分泌增强，FSH 促进精子的发生，LH 则刺激雄激素的产生。

2. 精液形成

精子由曲细精管生成后，在通过精细管网、输出管、附睾和输精管时，分别加入了液体部分（精清），于是形成精液并贮于输精管中。在交配时，混合性精液（输精管精液和淋巴褶产生的透明液的混合物）由交配器通过泄殖腔向外排出。

与家畜相比，家禽精液浓度较高，见表 12-10。

家禽精液中糖类物质的含量极少，原精液在室温条件下保存时间超过 30 min 就会出现大量精子的衰老和死亡。

表 12-10　某些家禽与家畜的精子密度

亿个/mL

畜禽种类	鸡	鸭	鹅	火鸡	猪	牛
精子密度	20～40	25～35	4～6	60	0.25～3.00	3～10

(三)排精反射

家禽的排精(或称射精)受盆神经和交感神经支配。以鸡为例，公鸡自然交配时，由于盆神经的兴奋使交配器官勃起，并通过交感神经节后纤维促进输精管收缩而发生排精。

人工采精时，常用腹部按摩法，通过外感受性排精反射采到精液。通过人工采精和人工授精技术可以解决笼养珍贵种禽的配种问题。采精方法很多，生产中主要用按摩采精法。

二、雌禽生殖生理

(一)雌禽的生殖器官

包括卵巢和输卵管两大部分。一般情况下，雌禽只有左侧卵巢和输卵管能正常发育并具备正常功能，右侧卵巢和输卵管在胚胎发育中期开始退化，在出壳时母雏仅留下一些痕迹。但偶尔也发现个别禽体，存在双侧性卵巢和输卵管均正常发育，但不能真实遗传。见图 13-2。

各种家禽生殖器官的结构和功能基本相似。

1. 卵巢

卵巢由皮质和髓质组成，髓质部有大量血管和神经分布，皮质层含有大量的卵泡。幼禽的卵巢位于左侧肾脏前叶的腹面，为不规则的扁平状，颜色灰白。接近性成熟时，由于卵泡中卵黄物质的沉积，卵巢表面有许多颗粒状结节，并有几个黄豆至葡萄大小的大卵泡，颜色浅黄。成年禽的卵巢如葡萄串状，表面有大小不等的卵泡。

鸡的卵巢内约有 12 000 个卵细胞，有些家禽的卵细胞较少，仅有 200～300 个。卵泡以其外膜、内膜和颗粒膜包围着卵细胞。成熟的卵泡表面有一个血管分布较少的缝痕，是排卵的部位。当卵泡发育到一定时期，成熟后，卵泡膜在缝痕破裂，排出卵子。

2. 输卵管

是形成蛋白和蛋壳的场所。根据形状、结构和功能的差别，输卵管由前向后分为五部分：①输卵管漏斗部，为输卵管始端的伞状部。②膨大部或蛋白分泌部。③峡部。④子宫部（蛋壳腺部)。⑤阴道部,起于子宫末端,止于泄殖腔,见图 12-4。

3.血液供应

卵巢由发自左肾动脉的卵巢动脉供血;输卵管前部由发自左肾动脉的输卵管前动脉供血;后部由发自髂外动脉的腹下动脉,以及髂内动脉的分支供血。输卵管的充足供血,对维持输卵管腺体分泌、蛋白和蛋壳的形成具有重要作用。

4.神经支配

卵泡上分布有肾上腺素能和胆碱能两种神经纤维,它们共同调节卵泡血管的活动。盆神经纤维沿髂内动脉分支到达输卵管;交感神经纤维则沿腹下动脉分支到达输卵管。这些神经纤维共同调节输卵管血管的舒缩,并可将输卵管的活动情况通过感觉纤维传向中枢,反射性的调节产蛋活动。

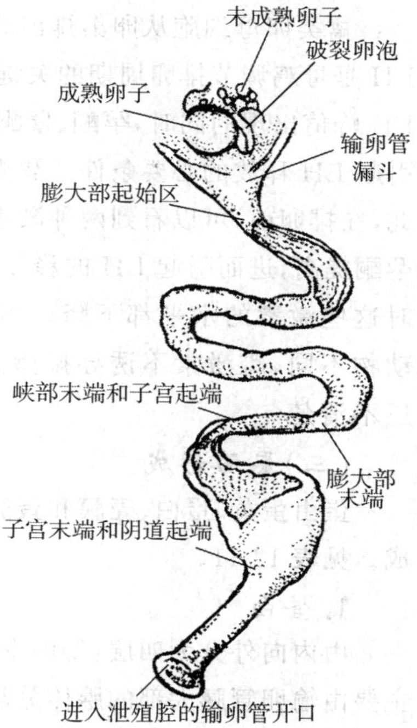

图 12-4　产蛋母鸡的生殖道

(引自陈杰,2003)

(二)禽类卵泡的生长发育和排卵

1.卵泡发育

卵泡发育是指卵泡由原始卵泡发育成为成熟卵泡的生理过程。新出雏的幼禽卵巢中的生殖细胞未形成卵泡结构,但随着身体的发育,特别是接近性成熟时,卵巢发育受其体内激素(促性腺激素为主)和细胞因子等的调控,原始卵泡开始发育,卵黄物质开始沉积,体积不断变大,形成初级卵泡,而且卵泡数量逐渐增加。性成熟以后,卵巢形态很不规则,处于性活动期的家禽卵巢体积非常大,外观像一串葡萄,常含数个大小不一的大卵泡和无数的小卵泡。卵泡的分类方式很多,如处于连续产蛋母鸡体内的卵泡按直径大小一般可分为两大类:等级前卵泡和等级卵泡(或排卵前卵泡),前者可分为:小白卵泡(<4 mm)、大白卵泡(4～6 mm)、小黄卵泡(6～8 mm)和大黄卵泡(9～12 mm);后者依体积从大到小命名为 F1、F2、F5、F6。能够发育至成熟并排卵的卵泡被称为优势卵泡,只有少数的等级前卵泡可以发育成为优势卵泡,大多数则在发育过程的各个时期发生闭锁。

禽类卵泡的生长包括卵泡细胞的生长和卵细胞成熟两个部分。卵泡细胞的生长涉及数量的增加和体积的增大。不同发育阶段的卵泡细胞增殖能力不同,选择期卵泡比进入排卵前的等级要高。同一卵泡中不同位置的颗粒细胞分化程度和增殖能力也不同。

2.卵细胞的发育和排卵

卵细胞成熟包括三个阶段,经过胚细胞发育期、缓慢和快速生长期后,当卵泡生长成熟后,卵母细胞也进入成熟期。在排卵前的最后 24 h 内,卵母细胞不再沉积卵黄。当排卵前约 2 h,初级卵母细胞发生第一次减数分裂,产生次级卵母细胞和第一极体。次级卵母细胞排出并进入输卵管漏斗后,如遇精子则发生第二次成熟分裂,并形成卵细胞和第二极体。排卵后,卵泡壁收缩以形成瘢痕组织,卵排出后,在输卵管中停留 24 h,最终形成蛋产出。在一个产蛋序列中，一般产后约 15～75 min 内，卵巢释放第二个卵子。

3. 排卵周期的调节

禽类卵母细胞从卵巢排出的过程称为排卵。卵母细胞从发育到排卵，一般约需 7～10 d。LH 是母鸡调节排卵周期的关键。每次排卵前 4～7 h，LH 水平增高。称为 LH 排卵峰。在 LH 峰值出现的同时，孕酮、睾酮和雌二醇水平都增高。母鸡排卵前 4～7 h 的高水平孕酮是引起 LH 释放的必要条件。孕酮引起 LH 的释放，而 LH 则促进母鸡颗粒细胞释放孕酮。因此，在排卵前，可以看到两种激素水平的提高，并出现瀑布现象。LH 的小量增加，导致血液中孕酮提高，进而引起 LH 的释放。对于大部分哺乳动物，孕酮抑制 LH 释放。排卵前一小时这些激素的水平都下降。睾酮也是母鸡排卵周期中 LH 水平的一个调节因子，与哺乳动物不同，雌激素不诱导排卵前的 LH 的释放。PRL 也可能起一定作用，但 FSH 的作用还不清楚。

(三)蛋的形成

蛋由蛋黄、蛋白、壳膜和蛋壳组成；其中除蛋黄随卵进入输卵管外，其他均在输卵管内形成。见表 12-11。

1. 蛋白

由内向外分为四层：①卵带膜层。②内稀薄层。③中间浓稠层。④外稀薄层。这些蛋白，主要由输卵管膨大部的腺体分泌而来；其中大部分水分来自输卵管的子宫腺，由于水分透入蛋白，便形成了内外稀薄层。

2. 壳膜

卵进入输卵管峡部后，引起该处腺体分泌黏性纤维，于是形成了包围蛋白的内、外壳膜。

3. 蛋壳

当卵通过峡部后，在已形成的外壳膜的基础上开始钙化。

蛋壳的形成与钙的转化密切相关：

(1)钙供应　形成蛋壳的钙来源于饲料和骨质。当饲料含钙量达 3.5%以上时，蛋壳钙主要来源于饲料；若饲料含钙量仅有 1.95%时，则蛋壳钙需由骨质供应 30%～40%。两种钙源的供应，昼夜间互有协调。蛋壳的形成多在夜间，但夜间从小肠吸收钙的过程相对减弱，故需利用较多的骨钙形成蛋壳；而昼间从饲料中吸取的钙相对充足，故只需利用较少的骨钙。在蛋壳形成过程中，每小时由血液主动转运到蛋壳腺的钙量，为 100～150 mg。

(2)钙吸收　产蛋前 10 d 的小母鸡，钙和磷酸盐的吸收增强，骨质也随之增加 20%。当产蛋母鸡的蛋壳腺处于相对静息状态时，空肠可吸收饲料中 40%的钙；若蛋壳腺处于形成蛋壳阶段，则可增重 72%，从而促进蛋壳的形成。

(3)钙转化　小母鸡性成熟的前 10 d，即增加骨钙的蓄积。这些钙多蓄积于股骨和胫骨的髓腔中(从密质骨内膜生出的骨针)中。蛋壳形成期，破骨细胞增多，增强对髓骨中钙的溶解；非蛋壳形成期，则成骨细胞增多，促进对髓骨中钙的蓄积。两种过程交互进行，维持了骨钙规律性的转化。

表 12-11　雌禽的生殖器官及蛋的形成

卵巢	卵泡发育、排卵和生成性激素				形成蛋黄
输卵管	名称	长度(cm)	功能	蛋停留时间	与蛋的形成关系
	输卵管漏斗部	11	将卵卷入输卵管	15 min	形成卵系带
	膨大部或蛋白分泌部	33.6	管状腺和杯状细胞，能分泌黏稠的胶性蛋白，包围着卵	3 h	蛋白：由内向外分为四层：①卵带膜层，占蛋白总量的 2.7%。②内稀薄层，占蛋白总量的 16.8%。③中间浓稠层，占蛋白总量的 50%～60%。④外稀薄层，占蛋白总量的 25%。这些蛋白，主要由输卵管膨大部的腺体分泌而来；其中大部分水分来自输卵管的子宫腺，由于水分透入蛋白，便形成了内外稀薄层
	峡部	10.6	其管壁上分布的腺体能分泌黏性纤维，形成蛋白外周的内外壳膜	1.5 h	壳膜：腺体分泌黏性纤维形成了包围蛋白的内、外壳膜。此膜为角蛋白成分的半透性膜。待卵进入子宫后，可停留较长时间，于此期间由该处腺体分泌的水和晶体物可透过内外两层壳膜，稀释了蛋白，增加了蛋白的容量
	子宫（蛋壳腺部）：为输卵管的囊状部	10.1	分布的腺体能分泌子宫液，可透入壳膜内的蛋白中。蛋在此停留期间，由蛋壳腺产生的碳酸钙、镁和色素，可形成色泽不同的蛋壳	19～29 h	当卵通过峡部后，在已形成的外壳膜的基础上开始钙化。外壳膜在子宫内，由于受到大量碳酸钙和一些镁、磷酸盐；柠檬酸盐的沉积，形成另一层真壳；随着真壳的产生，又在真壳表面盖上一层蛋白质透明膜，即形成了完整的蛋壳
	阴道	6.9	在子宫和阴道交界处，有括约肌和管状腺，能存留进入其中的精子	1～10 min	起于子宫末端，止于泄殖腔，分泌黏蛋白

(4)蛋壳钙沉积　壳腺细胞内含有碳酸酐酶，可使 CO_2 与 H_2O 形成的 HCO_3^-，进入蛋壳腺液中与 Ca^{2+} 结合为 $CaCO_3$，沉积形成蛋壳。

(四)产蛋

卵子与精子在漏斗部受精后，经 21～23 h，可形成完整的蛋，通过阴道产出。产蛋呈现规律性周期，并受其他有关因素的影响。

1. 产蛋周期

每一产蛋周期都有产蛋序数和间歇期。如连产 3 蛋停产 1 d 的，称 3 蛋周期；也有 2 蛋周期或其他周期。此外也有产蛋序数规则，而间歇期不定的，称为规则产蛋序数不规则停产；有产蛋序数不规则而间歇期固定的，称为不规则产蛋序数规则停产；也有长期产蛋序数而无间歇期的。通常鸡产蛋序数愈少者，两蛋的间隔时间愈长。

2. 产蛋调节

蛋形成后，可诱发神经垂体产生 AVT(下丘脑正中隆起也释放 AVT)，促进输卵管子宫部收缩，导致产蛋。当蛋刺激了阴道时，引起神经反射，出现产蛋行为，使腹部伏卧，呼吸加快，腹肌、子宫和阴道发生协调性收缩，将蛋产出。

(五)抱窝(就巢性)

就巢性(broodness)是家禽生殖周期中的一个环节，是繁衍后代的重要习性，特别是乌类和土种家禽显得尤为突出。就巢雌禽表现为恋巢，羽毛蓬松，食欲下降，引水量减少，体重减轻。现代研究证明，禽类的就巢性受神经内分泌控制，起关键作用的是催乳素。在此期间血液 PRL 水平明显提高。随着 PRL 水平的降低，就巢结束，进入恢复期。处于抱窝期的禽类，伴随着下丘脑-垂体-性腺轴机能的下降。血液 FSH、LH、孕酮和雌激素水平下降。现代化家禽生产中，人们并不喜欢这种特性。通常通过育种途径或药物以消除或控制。

本章思考题

1. 名词解释：抱窝、产蛋周期、嗉囊乳、致死体温。
2. 鸡的消化生理有哪些特点？
3. 鸡蛋是怎样形成的？
4. 饲料中的矿物质对鸡有何生理作用？日粮中为什么要注意钙、磷所占比例？
5. 简述禽类的血液组成及理化特性。
6. 简述禽类泌尿过程与家畜泌尿过程的区别。

本章参考文献

[1]陈杰. 家畜生理学. 4 版. 北京：中国农业出版社，2003.

[2]韩正康，毛鑫智. 家禽生理学. 江苏科学技术出版社，1986.

[3][美]斯特凯 P D. 家禽生理学. 上海：上海科学技术出版社，1964.

[4]李鉴轩. 家畜生理学. 2 版. 西宁：青海人民出版社，1992.

[5]南京农业大学. 家畜生理学. 3 版. 北京：中国农业出版社，2000.

[6]魏忠义. 家禽生产学. 北京：中国农业出版社，1999.

[7]吴常信. 藏鸡高原低氧适应的生理与遗传基础. 北京：中国农业大学出版社，2012.

[8]滑静. 动物生理学. 北京：化学工业出版社，2009.

[9]欧阳五庆. 动物生理学. 2 版. 北京：科学出版社，2012. 13-33.

[10]孙镇平. 简明动物生理学. 北京：中国农业出版社，2004. 2-8.

[11]杨焕民，计红，甄莉. 动物生理学. 北京：中国农业出版社，2012. 8-24.

[12]陈守良. 动物生理学. 4 版. 北京：北京大学出版社，2012.

[13]肖向红. 动物生理学. 哈尔滨:东北林业大学出版社,2000.

[14]张庆如. 动物生理学. 北京:中国农业科学技术出版社,2012.

[15]杨秀平. 动物生理学实验. 北京:高等教育出版社,2004.

[16]陈明勇. 全国执业兽医资格考试试题解析和模拟试题. 北京:中国农业大学出版社,2011.

[17]中国兽医协会. 2013 年执业兽医资格考试单元强化自测与详解(兽医全科类)全套. 北京:中国农业出版社,2013.

[18]江家椿,嘎玛仁增. 西藏高原畜禽血液总量的研究. 中国畜牧杂志,1990:4-7.

[19]余永新,吴德宽,王建林. 西藏高原藏鸡血液生化指标的测定及其对低氧环境适应机理的探讨. 中国兽医科技,1995:47-48.

[20]魏泽辉,贾存灵,滕可导,张浩,强巴央宗,唐晓惠,吴常信. 藏鸡胚胎血液学参数及尿囊绒毛膜血管密度分析. 中国家禽,2008,02:9-12.

[21]张浩,强巴央宗,凌遥. 藏鸡对高海拔适应的血液生理机制. 中国畜牧兽医学会. 中国畜牧兽医学会 2006 学术年会论文集(上册). 中国畜牧兽医学会,2006:4.

[22]张浩. 藏鸡高原低氧适应生理机制及其杂交利用研究. 中国农业大学,2005.

[23]苟潇. 藏鸡胚胎低氧适应的血红蛋白分子机制. 中国农业大学,2005.

[24]陆健,王志跃,杨海明,王翔宇. 两种鸡对高原环境适应性的生理机制比较研究. 山东农业大学学报(自然科学版),2011,02:215-218.

[25]林金杏. 局部性促生长因子对鸡卵泡发育的调控及其机理的研究. 浙江大学,2011.

[26]李梅. 藏鸡胚胎表型特征及其高原适应性的差异表达研究. 中国农业大学,2008.

[27]Onagbesan O,Bruggeman V,Decuypere E. Intra-ovarian growth factors regulating ovarian function in avian species:a review. Anim Reprod Sci,2009,111(2-4):121-140.

[28]Bronneberg RG,Vernooij JC,StegemanJA,etal. Follicle dynamics and its relation with plasma progesterone. luteinizing hormone and estradiol during the egg-laying cycle in ostriehes. Reprod Domest Anim,2009,44(4):705-713.

